CAD/CAM/CAE 工程应用丛书

CAXA 3D 实体设计 2020 基础教程

钟日铭　编著

机 械 工 业 出 版 社

本书以 CAXA 3D 实体设计 2020 简体中文版为软件操作平台，以其应用特点为知识主线，结合设计经验，循序渐进地介绍了 CAXA 3D 实体设计 2020 的使用方法和技巧。全书共 11 章，具体内容包括 CAXA 3D 实体设计 2020 入门基础概述，二维草图，实体特征生成，特征修改、直接编辑及变换，3D 曲线构建与曲面设计，钣金件设计，标准件、图库与参数化设计，装配设计，工程图设计，典型零件建模与工程图范例，动画设计。

本书图文并茂、结构清晰、重点突出、范例典型、应用性强，是一本很好的 CAXA 3D 实体设计学习教程和实战手册，适合从事机械设计、建筑建模、工业设计、家具造型设计等工作的专业技术人员阅读使用。同时，本书还可作为 CAXA 3D 实体设计培训班及大、中专院校师生的培训教材。

图书在版编目（CIP）数据

CAXA 3D 实体设计 2020 基础教程 / 钟日铭编著．—北京：机械工业出版社，2021.6（2025.1 重印）
（CAD/CAM/CAE 工程应用丛书）
ISBN 978-7-111-68289-9

Ⅰ.①C…　Ⅱ.①钟…　Ⅲ.①自动绘图-软件包-中等专业学校-教材
Ⅳ.①TP391.72

中国版本图书馆 CIP 数据核字（2021）第 097258 号

机械工业出版社（北京市百万庄大街 22 号　邮政编码 100037）
策划编辑：李晓波　责任编辑：李晓波　张淑谦
责任校对：张艳霞　责任印制：单爱军
北京虎彩文化传播有限公司印刷
2025 年 1 月第 1 版第 8 次印刷
184mm×260mm · 18.25 印张 · 499 千字
标准书号：ISBN 978-7-111-68289-9
定价：109.00 元

电话服务　网络服务
客服电话：010-88361066　机　工　官　网：www.cmpbook.com
010-88379833　机　工　官　博：weibo.com/cmp1952
010-68326294　金　　书　　网：www.golden-book.com
封底无防伪标均为盗版　机工教育服务网：www.cmpedu.com

前　言

CAXA 3D 实体设计 2020 是一款优秀的、具有自主版权的国产三维造型软件。它功能强大、操作简便、兼容协同、易学易用，是集创新设计、工程设计、协同设计、二维 CAD 设计于一体的新一代 3D CAD 系统解决方案。

本书以 CAXA 3D 实体设计 2020 为软件操作平台，并以其应用特点为知识主线，结合设计经验，以应用实战为导向来介绍相关知识。在内容编排上，讲究从易到难，注重基础、突出实用，力求与读者近距离接触，使本书如同一位近在咫尺的资深导师在向身边学生指点迷津，传授应用技能。

1. 本书内容框架

本书共 11 章，内容全面，典型实用，每一章均提供了“思考与小试牛刀”环节供读者检验学习效果。各章的内容如下。

第 1 章　重点介绍 CAXA 3D 实体设计 2020 的入门基础知识，包括 CAXA 3D 实体设计 2020 应用概述、启动与退出 CAXA 3D 实体设计 2020、初识 CAXA 3D 实体设计 2020 交互界面、文件管理操作、三维模型显示状态操作与设置、智能图素应用基础、拖放操作、智能捕捉、参考系、三维球工具、“无约束装配”工具与“定位约束”工具、三维智能标注工具和三维创新设计范例。

第 2 章　重点介绍二维草图的实用知识，具体内容包括二维草图概述、草图绘制、草图约束、草图修改、输入二维图形和二维草图绘制综合范例。

第 3 章　重点介绍实体特征生成的基础知识，包括拉伸、旋转、扫描、放样、螺纹特征、加厚特征和自定义孔特征。

第 4 章　重点介绍特征修改、直接编辑及变换等实用知识。

第 5 章　重点介绍 3D 点应用、创建 3D 曲线、编辑 3D 曲线、创建曲面和编辑曲面等知识。

第 6 章　重点介绍钣金件设计的相关内容，包括钣金件设计入门知识、生成钣金件、钣金件展开/还原、钣金操作进阶、钣金边角工具、实体展开与钣金转换、钣金件属性等，在本章的最后还介绍了一个钣金综合应用范例。

第 7 章　重点介绍工具标准件库、定制图库和参数化设计及其变型设计等知识。

第 8 章　重点介绍的内容包括装配入门基础、装配基本操作、齿轮与轴承、装配定位、装配检验和装配流程等。

第 9 章　重点介绍的主要内容包括进入工程图设计环境、生成视图、编辑视图、尺寸标注与符号应用、明细表与零件序号。

第 10 章　重点介绍一个典型零件的建模与工程图设计（出图），以便让读者掌握接近于职场工作的综合技能。

第 11 章　重点介绍动画设计的实用知识。

2. 本书特点及阅读注意事项

本书图文并茂、结构清晰、重点突出、范例典型、应用性强，是一本很好的 CAXA 3D 实体设计 2020 学习教程和实战手册。

本书内容全面，附有许多范例及练习题（包括上机练习题），能够使读者快速掌握软件功能和应用技能，特别适合作为培训班、大中专院校相关专业师生的教学用书。

在阅读本书时，配合书中范例进行上机操作，学习效果更佳。

本书配套的相关 ICS、EXB 文件需要使用 CAXA 3D 实体设计 2020 软件打开。

3. 配套资料包使用说明

为了便于读者学习，强化学习效果，本书提供配套资料包供读者下载，本书封底有下载入口和说明。配套资料包内含原始范例模型文件、精选的操作视频文件等。读者也可以直接扫描书中二维码来观看视频。

原始范例模型文件、范例配套文件及相关参考文件均放置在“CH#”（#为相应的章号）文件夹中；供参考学习之用的操作视频文件放在“附赠操作视频”文件夹中。操作视频文件采用 MP4 格式，可以在大多数的播放器中播放。建议读者事先将配套资料包中的内容下载或复制粘贴到计算机硬盘中，以方便练习操作。

4. 技术支持说明

如果读者在阅读本书时遇到什么问题，可以通过 E－mail 方式与作者联系，作者的电子邮箱为 sunsheep79@ 163. com，微信号为 Dreamcax。欢迎读者关注作者的微信公众号“桦意设计”（对应的微信号为 HUAYI_ ID）以及今日头条号“桦意设计”，获阅更多的学习资料和观看相关的操作演示视频。

微信搜一搜
桦意设计

5. 特别说明

为了与软件保持一致，方便读者学习，本书中提到的“线形阵列”“线性阵列”“线型阵列”与“圆形阵列”“圆型阵列”等意思表达为同一事物情况，书中只做了局部统一。

书中如有疏漏之处，请广大读者不吝赐教。

天道酬勤，熟能生巧，以此与读者共勉。

钟日铭

目 录

第 1 章 CAXA 3D 实体设计 2020 入门基础概述

本章导读

CAXA 3D 实体设计 2020 是一款版本较新的、具有自主版权的国产三维设计软件，它在机械设计、汽车工业、航天航空、造船、化工、建筑和电力设备等领域应用较为广泛。

本章介绍 CAXA 3D 实体设计 2020 的入门基础知识，包括 CAXA 3D 实体设计 2020 应用概述、启动与退出 CAXA 3D 实体设计 2020、初识 CAXA 3D 实体设计 2020 交互界面、文件管理操作、三维模型显示状态操作与设置、智能图素应用基础、拖放操作、智能捕捉、参考系、三维球工具、“无约束装配”工具与“定位约束”工具、三维智能标注工具和三维创新设计范例。

1.1 CAXA 3D 实体设计 2020 应用概述

CAXA 3D 实体设计 2020 功能强大、操作简便、兼容协同、易学易用，是集创新设计、工程设计、协同设计、二维 CAD 设计于一体的新一代 3D CAD 系统解决方案。所谓的创新设计（创新模式）是指将可视化的自由设计与精确化设计结合在一起，使产品设计跨越了传统参数化造型 CAD 软件的复杂性限制；而工程设计（工程模式）是指传统 3D 软件普遍采用的全参数化设计模式，可以在数据之间建立严格的逻辑关系，设计修改比较方便。用户可以根据自己的需要来选择创新模式或工程模式进行设计。CAXA 3D 实体设计还无缝集成了 CAXA 电子图板，便于工程师进行 3D 和 2D 设计。此外，CAXA 3D 实体设计具有业内领先的数据交互能力，兼容多数主流 3D 软件，便于交流和协作。

CAXA 3D 实体设计 2020 软件的主要功能涵盖零件设计、草图、2D 转 3D、3D 曲线搭建、曲面造型、钣金零件设计、装配设计、动画机构仿真、专业级渲染、参数化变型设计、数据交换、集成和协同和 API 二次开发等。

1.2 启动与退出 CAXA 3D 实体设计 2020

1. 启动 CAXA 3D 实体设计 2020

通常可以采用以下两种方式之一来启动 CAXA 3D 实体设计 2020 软件。

方式 1：双击桌面快捷方式。

按照安装说明正确安装好 CAXA 3D 实体设计 2020 软件后，若设置在 Windows 操作系统的桌面上出现 CAXA 3D 实体设计 2020 快捷方式图标，那么双击该快捷方式图标（见图 1-1）即可启动 CAXA 3D 实体设计 2020 软件。

方式 2：使用“开始”菜单方式。

以 Windows 10 操作系统为例，在 Windows 10 操作系统左下角单击“开始”按钮⊞，接着从“所有程序”级联菜单中展开“CAXA”程序组，并选择“CAXA 3D 实体设计 2020”启动命令

（见图 1-2），即可打开 CAXA 3D 实体设计 2020 软件程序。

图 1-1 双击快捷方式图标

图 1-2 使用“开始”菜单

2. 退出 CAXA 3D 实体设计 2020

可以采用以下两种方式之一退出 CAXA 3D 实体设计 2020。

方式 1：在功能区中单击“菜单”按钮，接着在打开的应用程序菜单中单击“退出”按钮。

方式 2：单击 CAXA 3D 实体设计 2020 窗口界面右上角的“关闭”按钮 ✕ 。

1.3 初识 CAXA 3D 实体设计 2020 三维设计环境的交互界面

首次启动 CAXA 3D 实体设计 2020 时，系统弹出图 1-3 所示的“欢迎来到 CAXA”对话框。在该对话框的“开始使用”选项卡上由用户根据自身需求单击“3D 设计环境”按钮、“图纸”按钮或“打开已有文件”按钮来新建或打开文件，也可以在“最近文档”列表中双击打开最近文档。用户可以设置在启动时不显示“欢迎来到 CAXA”对话框。该对话框还提供了一个“学习中心”选项卡，便于用户通过“技术资料”“视频教程”“用户手册”“技术论坛”来进行相应学习。

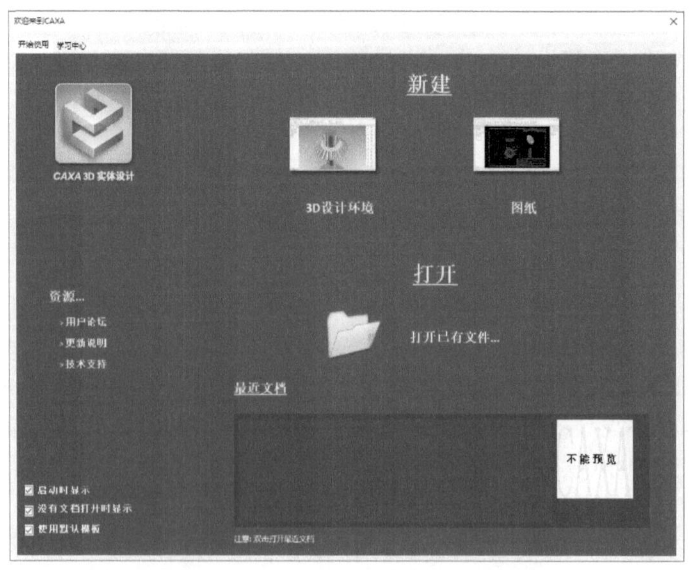

图 1-3 “欢迎来到 CAXA”对话框

以创建一个新的 3D 设计文件为例。在“欢迎来到 CAXA”对话框的“开始使用”选项卡中单击“3D 设计环境”按钮，系统弹出图 1-4 所示的“零件模式选择”对话框（若之前没有设置“不再显示本对话框”），从中单击“工程模式零件”图标按钮或“创新模式零件”图标按钮以确定创建工程模式零件或创新模式零件。

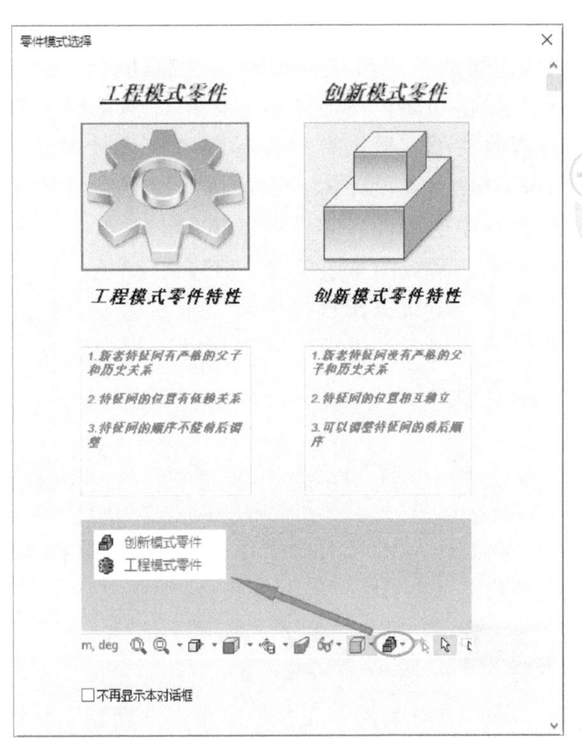

图 1-4 “零件模式选择”对话框

知识点拨：

创新模式是 CAXA CAD 实体设计特有的设计模式，零件中的新老图素、特征之间没有严格的父子关系，特征间的位置可以相互独立，可以方便地编辑某些特征而不影响其他特征，包括调整特征间的前后顺序，设计如同堆积木一样可以自由发挥。工程模式是基于全参数化设计的模式，新老特征间具有严格的父子和历史关系，特征间的位置有依赖关系，不能随意调整特征间的前后顺序，参数化设计在模型的精确编辑与修改方面是很实用的。

在 CAXA CAD 实体设计中可以灵活地在两种模式之间切换，切换的快捷方法是在状态栏中对“创新模式零件”和“工程模式零件”模式按钮进行选择。

CAXA 3D 实体设计 2020 的三维设计工作界面如图 1-5 所示，它主要由“快速启动”工具栏、

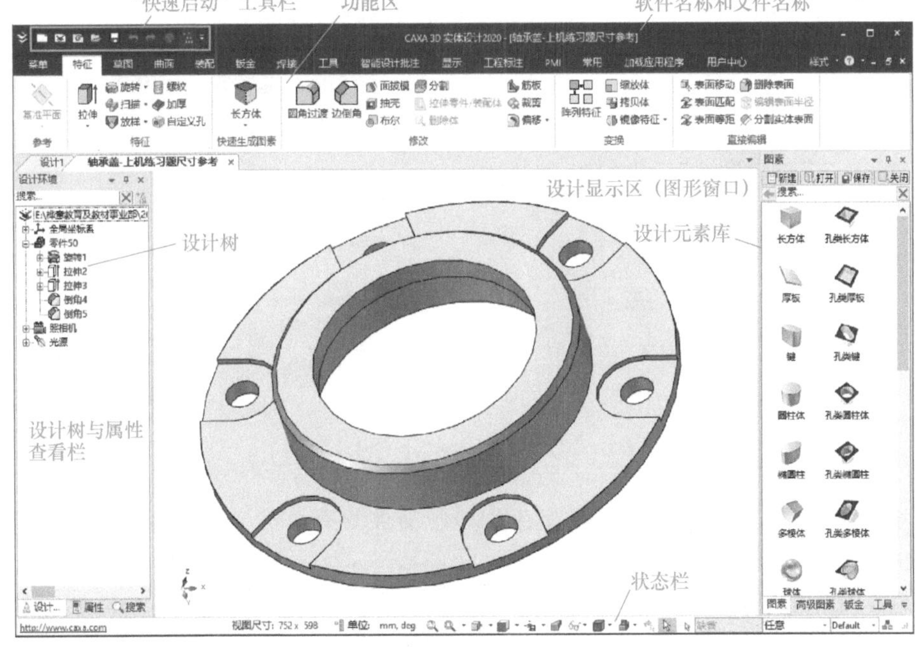

图 1-5 CAXA 3D 实体设计 2020 的工作界面

功能区、设计显示区（图形窗口）、设计元素库、设计树与属性查看栏、状态栏等组成。其中，“快速启动”工具栏（简称快速启动栏）位于软件界面的左上方，上面集中了用户最常用的几个操作功能；功能区将实体设计的功能按类别进行分组，方便用户设计操作；设计树与属性查看栏下方提供有“设计环境（设计树）”“属性”选项卡等，当使用“设计环境”选项卡时，显示有设计树，设计树以树图表的形式显示当前设计环境中所有内容，包括设计环境以及其中的零件、零件内智能图素、群组、产品/装配/组件、视向和光源等；设计元素库提供图素、高级图素、钣金、工具、颜色、纹理、动画等类别的设计元素，设计元素的作用在于通过拖放式操作直接生成三维实体或直接应用相应设计元素；状态栏位于窗口底部，主要提供操作提示、单位、视图尺寸、视向设置、配置设置、设计模式选择、拾取工具、拾取过滤器等内容。

1.4 文件管理操作

在 CAXA 3D 实体设计中，文件基本操作主要包括创建新文件、打开文件、保存文件和关闭文件等。

1.4.1 创建新文件

在“快速启动”工具栏中单击“新建”按钮，或者在应用程序菜单中选择“文件”|“新文件”命令，弹出“新建”对话框，如图 1-6 所示。在该对话框的列表框中提供了“设计”和“图纸”两个选项，前者用于创建一个新的设计环境文档，后者用于创建一个新的绘图文件（工程图文件）。在这里以创建新的设计环境文档为例，即在“新建”对话框中选择“设计”命令，接着单击“确定”按钮，弹出图 1-7 所示的“新的设计环境”对话框，从中选择一个模板或接受默认模板，然后单击“确定”按钮，即可创建一个新的设计环境文档。

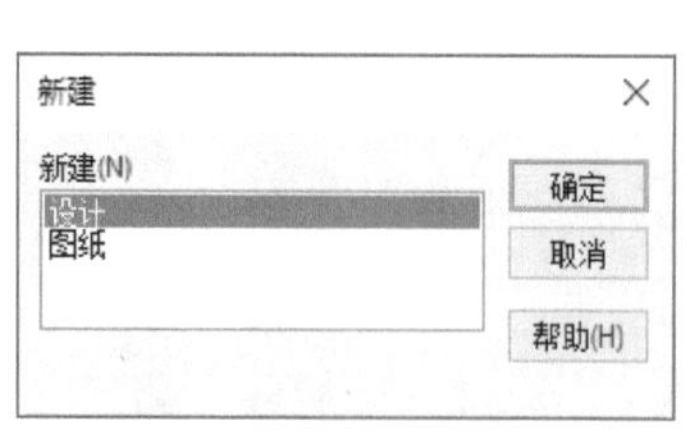

图 1-6 “新建”对话框

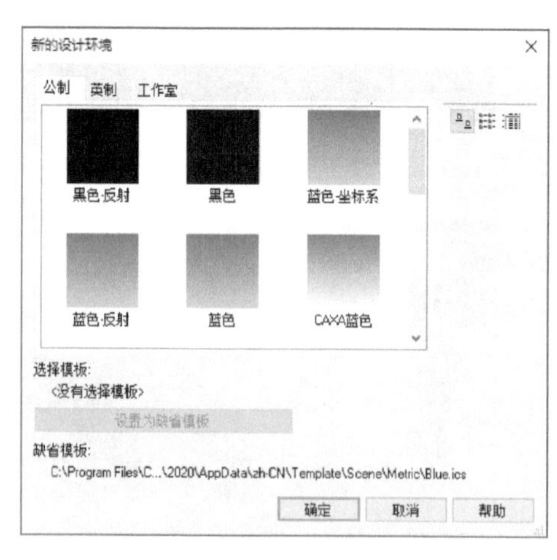

图 1-7 “新的设计环境”对话框

在“快速启动”工具栏中也提供了用于创建新文件的两个按钮，即“默认模板设计环境”按钮和“新的图纸环境”按钮，如图 1-8 所示。前者用于使用默认模板创建一个新的设计环境文档，后者用于使用默认模板创建一个新的图纸（工程图）文档。

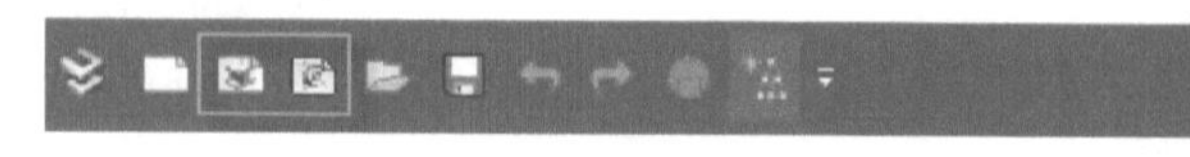

图 1-8 快速启动工具栏

1.4.2 打开文件

要打开文件，可以在“快速启动”工具栏中单击“打开”按钮，或者在应用程序菜单中选择“文件”|“打开文件”命令，弹出图1-9所示的“打开”对话框。利用该对话框选定文件类型，如CAXA 3D实体设计文件（＊.ics，＊.ic3d，＊.icsw，＊.exb）、设计文件（＊.ics）、电子图板文件（＊.exb）、DWG文件（＊.dwg）和DXF文件（＊.dxf）等，接着查找并选择要打开的文件，可以设置显示预览窗口以预览所选文件中的模型效果，然后单击“打开”按钮即可打开该文件。

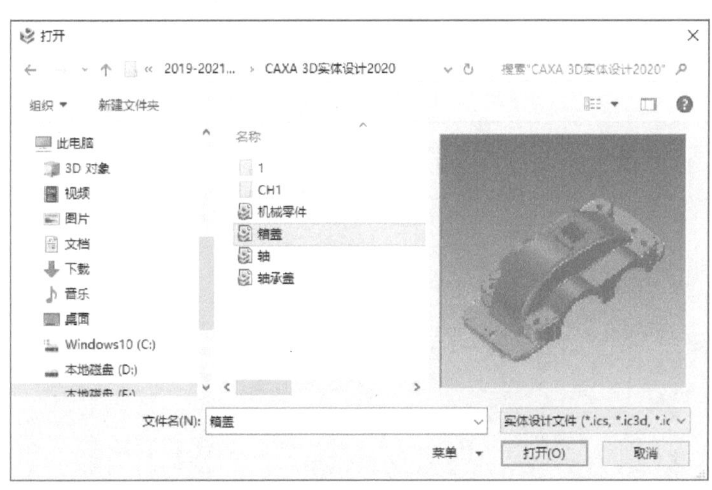

图1-9 “打开”对话框

1.4.3 存储文件

储存文件的命令有“保存”“另存为”“另存为零件/装配”“保存所有为外部链接”“只保存修改的外部链接文件”，这些命令位于应用程序菜单的“文件”菜单中。

- 保存：将当前设计环境中的内容保存到文件中。该命令映射着的相应工具按钮位于“快速启动”工具栏中，该命令的快捷键为〈Ctrl＋S〉。
- 另存为：使用新名称保存文件。
- 另存为零件/装配：将所选择的零件/装配保存到文件中。
- 保存所有为外部链接：将设计环境中所有的装配及零件按照设计树中的名称分别保存到外部链接文件。
- 只保存修改的外部链接文件：仅用于保存修改的零件/装配到外部链接文件。

1.4.4 关闭文件

要关闭当前文件，可以在应用程序菜单中选择“文件”|“关闭”命令，如果当前文件经过修改但未保存，此时系统弹出图1-10所示的“CAXA 3D实体设计2020”对话框来提示用户。若单击“是”按钮，则关闭并保存文件；若单击“否”按钮，则关闭而不保存文件；若单击“取消”按钮，则取消关闭文件的操作。

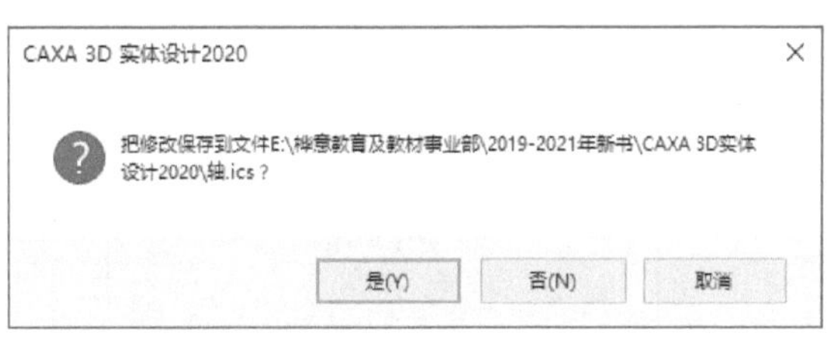

图1-10 “CAXA 3D实体设计2020”对话框

1.5 三维模型显示状态操作与设置

在设计中把握三维模型的显示状态是很重要的。状态栏提供了与三维模型显示状态相关的常用工具按钮，如图 1-11 所示。例如显示全部、局部放大、动态缩放、平移、指定面、指定视向点、定制视向，使用主视图、俯视图、左视图、右视图、后视图、仰视图等，还可以根据需要设置三维模型的显示样式，包括“带边界的真实感图”、“带边界的真实感图（加粗）”、“真实感图”、“隐藏边界的真实感图”、“线框”、“线框隐藏边线”、“线框移除边界”。

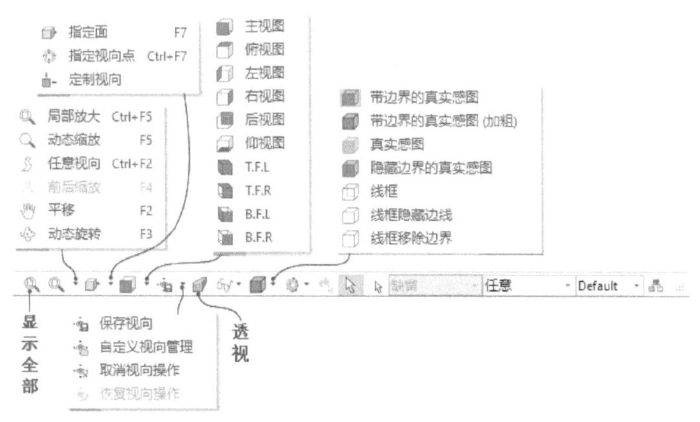

图 1-11 状态栏上关于三维模型显示状态操作与设置的工具图标

三维模型各显示样式及其示例见表 1-1。

表 1-1 三维模型显示样式及其示例

序号	显示样式	图标	示例
1	带边界的真实感图		
2	带边界的真实感图（加粗）		
3	真实感图		

（续）

序号	显示样式	图标	示　例
4	隐藏边界的真实感图		
5	线框		
6	线框隐藏边线		
7	线框移除边界		

在实际设计工作中，经常使用鼠标键来快速调整视图显示，具体操作方法见表1-2。

表1-2　使用鼠标键快速调整视图显示的方法

序号	视图操作	操作说明
1	视图平移	按住〈Shift〉键的同时按住鼠标中键，此时移动鼠标可快速使视图平移
2	视图缩放	将鼠标指针置于绘图区域，直接滚动鼠标中键（滚轮）可缩放显示模型视图；或者同时按住〈Ctrl〉键和鼠标中键，向前/向后移动也可实现视图缩放显示
3	视图翻转	将鼠标指针置于绘图区域，按住鼠标中键并移动鼠标可翻转视图

1.6 智能图素应用基础

在CAXA 3D实体设计中，智能图素是个很重要的概念元素，它是CAXA 3D实体设计中独特的三维造型元素。在CAXA 3D实体设计中，大多数的零件都是从单个图素（既可以是标准智能图素，也可以是自定义的图素）开始的。所谓的标准智能图素是指CAXA 3D实体设计中已经定义好的图素，如长方体、圆柱体、键体等常见的几何实体。标准智能图素按照形状等方式进行分类，同一类的标准智能图素便构成了一个设计元素库。在实际设计中，只需从设计元素库中将所需的标准智能图素拖放到设计环境中来使用即可。

1.6.1 选取图素及认识其编辑状态

要对零件的整体或其中的某些图素或表面进行编辑，首先需要选择所需的编辑对象。用户可以通过“选择过滤器”来选择过滤编辑对象。例如，如果要编辑某个零件的某智能图素，那么可以先从状态栏中的“选择过滤器”下拉列表框中选择“智能图素”选项，如图 1-12 所示，激活后，就能快速地通过鼠标单击的方式来拾取智能图素对象。

当“选择过滤器”被设置为“任意”时，可以通过单击方式的选择法来实现不同编辑状态的快速转换。第一次单击零件，进入的是零件的编辑状态；第二次单击零件，进入的是智能图素编辑状态，此时会在智能图素上显示黄色的包围盒和 6 个方向的操作手柄。在智能图素编辑状态下所进行的操作仅作用于所选定的图素。要在智能图素编辑状态下选定另一个图素，只要单击它即可。

智能图素的编辑状态有两种，一种是包围盒操作柄模式，另一种是特征草图操作柄模式，可以通过单击智能图素编辑状态的模式小图标来在两种状态之间进行切换，如图 1-13 所示。

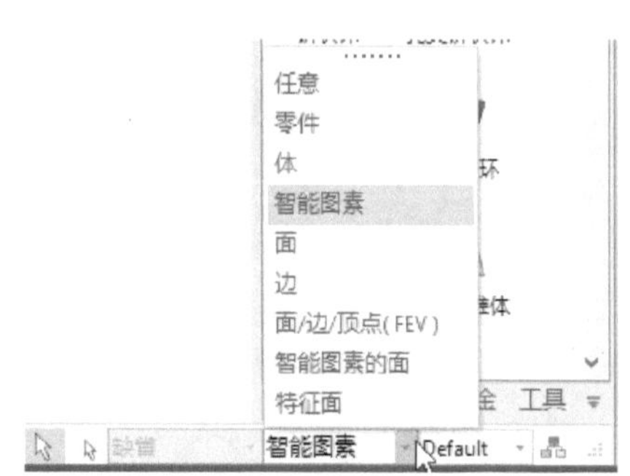

图 1-12　使用“选择过滤器”

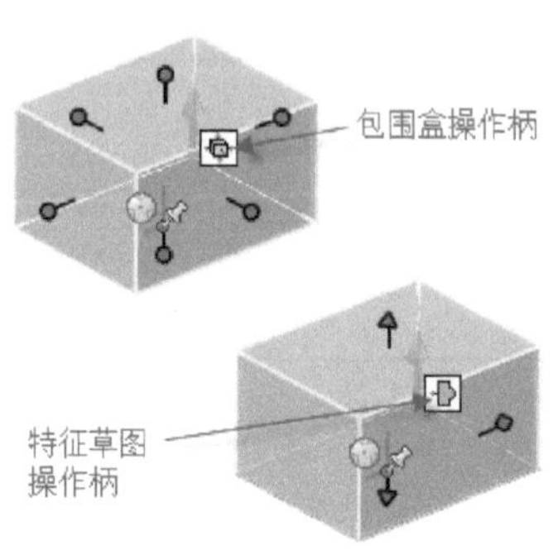

图 1-13　智能图素的编辑状态

如果第三次使用鼠标左键单击智能图素，则可以进入表面编辑状态，光标（单击）在哪一个面或边上，该面或边就呈绿色加亮显示。

【课堂范例】：拖放设计元素生成实体并进入智能图素编辑状态

打开“图素”设计元素库，在该设计元素库中找到所需要的设计元素或智能图素，例如找到“圆柱体”设计元素，使用鼠标左键将“圆柱体”设计元素拖放到绘图区域释放，并使该圆柱体处于不被选择的状态。注意：要取消对圆柱体的选定，只需在设计环境背景的任意空白处单击，则圆柱体图素上加亮的轮廓消失（表示其不再处于被选定状态）。

首次单击圆柱体将其选中，如图 1-14 所示，此时若再次使用鼠标单击一次该圆柱体，则进入该智能图素编辑状态，其显示状况如图 1-15 所示，即显示有一个黄色的包围盒和 6 个方向的操作手柄，同时在包围盒某个角点处显示一个箭头来表示生成图素时的拉伸方向。

图 1-14　单击圆柱体

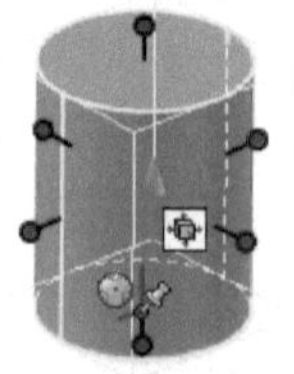

图 1-15　进入智能图素编辑状态

1.6.2 包围盒与操作手柄应用

包围盒的主要作用是调整零件的尺寸。在默认状态下，对实体单击两次，便进入智能图素编辑状态，系统显示一个黄色的包围盒和6个方向的操作手柄。此时，将鼠标放置在操作手柄处，会出现一个小手、双箭头和一个字母（字母表示手柄调整的方向，字母可以为L、W或H，其中L表示长度方向，W表示宽度方向，H表示高度方向），按住鼠标左键来拖动手柄，可以看到正在调整的尺寸值，拖放直到获得满意的大小时松开鼠标左键，此时出现一个显示有调整尺寸值的尺寸框，可以在该框中输入精确的尺寸值来完成调整零件的尺寸。示例如图1-16所示。

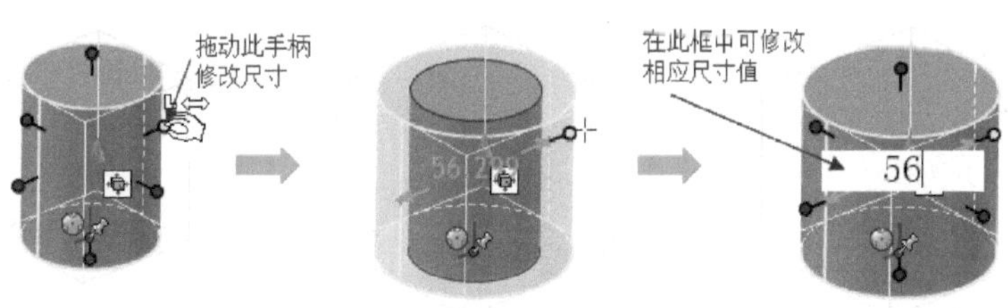

图1-16　通过可视化修改包围盒尺寸来实现零件尺寸的更改

如果要利用包围盒精确地定义所选图素的尺寸数值，其常用方法是两次单击零件，使所指的智能图素处于编辑状态，出现包围盒，当单击包围盒某手柄时将弹出一个尺寸框显示其相应的尺寸值，如图1-17所示，此时可以在该尺寸框中输入数值来修改尺寸。

在智能图素编辑状态下，可以结合〈Ctrl〉键选择智能图素包围盒的多个操作柄，并同时拖动手柄来修改多个尺寸。在拖动的同时，所属图素的定位锚也会移动，这是因为在这种情况下，图素的尺寸是关于定位锚对称修改的。

通过单击对称编辑手柄，可以将手柄编辑状态在对称编辑状态和非对称编辑状态之间切换，如图1-18所示，当显示一对该手柄时表示处于对称编辑状态。

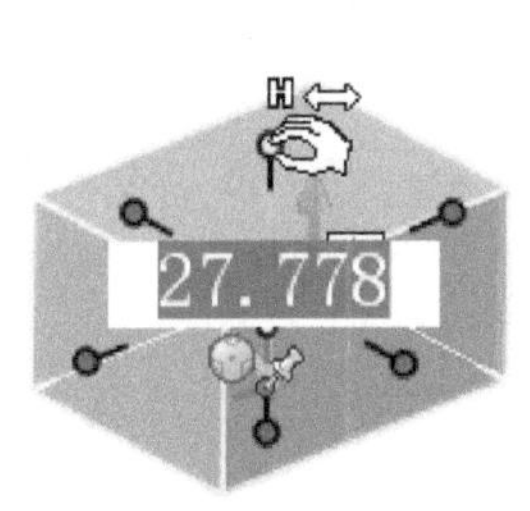

图1-17　单击手柄显示其尺寸值

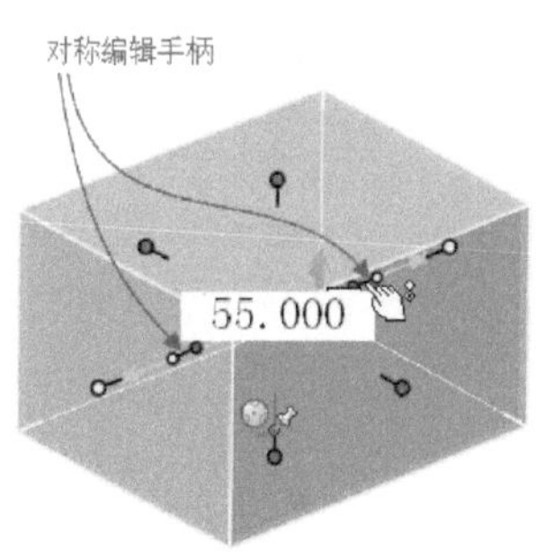

图1-18　对称编辑状态

在实际设计中，还可以巧妙地使用操作柄右键快捷菜单进行相关操作。将鼠标移动到包围盒的操作手柄上，当出现手形和双箭头时单击鼠标右键，弹出图1-19所示的快捷菜单。下面介绍该快捷菜单中各命令的功能用途。

图1-19　操作手柄的右键快捷菜单

- 编辑包围盒：主要用于编辑当前包围盒的尺寸。例如，对于一个长方体图素，从操作手柄的右键快捷菜单中选择“编辑包围盒”命令，打开图1-20所示的“编辑包围盒”对话框，从中分别修改当前包围盒的尺寸，然后单击“确定”按钮。
- 改变捕捉范围：用于设置操作柄拖动捕捉范围。从操作手柄的右键快捷菜单中选择“改变捕捉范围”命令，打开图 1-21 所示的“操作柄捕捉设置”对话框，在该对话框中可以设置线性捕捉增量，以及根据情况确定是否勾选“无单位”复选框和“缺省捕捉（按〈Ctrl〉自由拖动）”复选框。如果勾选“无单位”复选框，则捕捉增量的单位随默认单位设置变化，数值不变，反之则捕捉增量的值会随默认单位设置进行换算。如果取消勾选“缺省捕捉（按〈Ctrl〉键自由拖动）”复选框，则在拖动智能图素包围盒手柄时，需要按住〈Ctrl〉键调用设置好的捕捉增量；如果勾选“缺省捕捉（按〈Ctrl〉自由拖动）”复选框，则拖动包围盒手柄即可调用设置好的捕捉增量，而按住〈Ctrl〉键可自由拖动手柄，不受捕捉增量的约束。

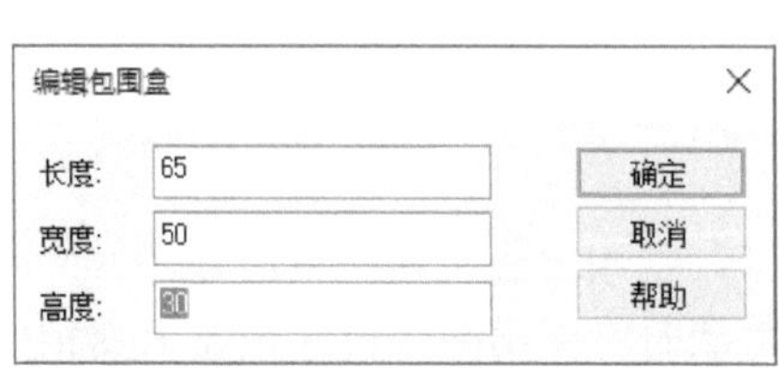

图 1-20 “编辑包围盒”对话框

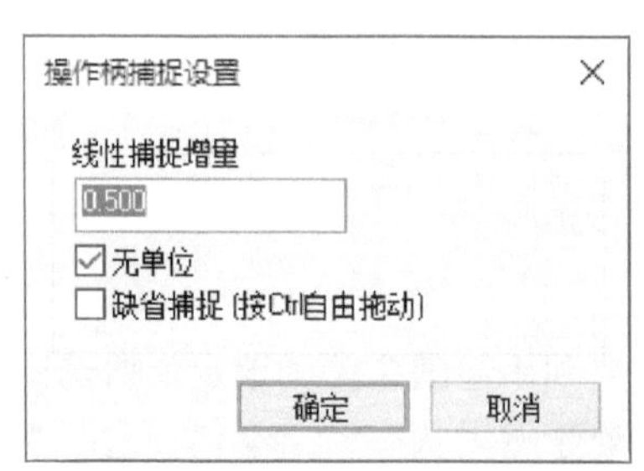

图 1-21 “操作柄捕捉设置”对话框

- 使用智能捕捉：选中此选项时，可以显示对应于选定操作柄同一零件的点、边和面之间的“智能捕捉”反馈信息。选中此选项后，按住〈Shift〉键拖动选定的该手柄到另一个图素的面所在的空间平面即可实现捕捉。“使用智能捕捉”功能在包围盒的选定操作柄上一直处于激活状态，直到取消此功能为止。使用智能捕捉的典型示例如图 1-22 所示。

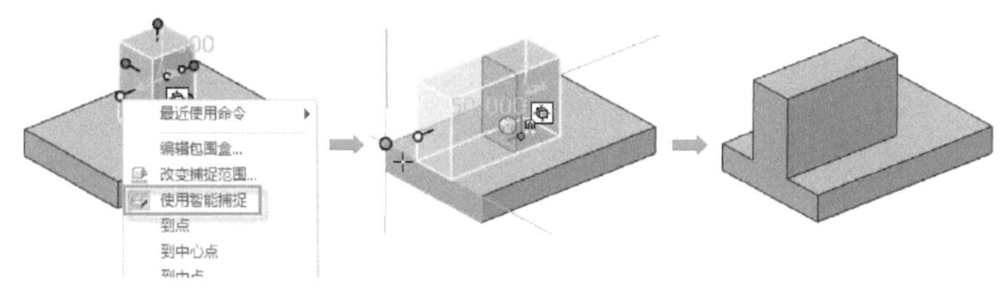

图 1-22 使用智能捕捉

- 到点：用于对齐零件上的任意点。选择此选项，可以将选定操作柄的关联面相对于设计环境中另一对象上的某一点对齐。如果操作柄捕捉增量为默认设置，使用此项会受到捕捉增量的影响。
- 到中心点：用于对齐到圆锥曲面、圆柱面、椭圆面或环面中心。选择此选项，可以将选定操作柄的关联面相对于设计环境中的某一对象的中心对齐。

在智能图素编辑状态下，用户还需要注意箭头旁边的小方框中的标识，通常将小方框标识看作是手柄开关，用来在两个不同的智能图素编辑环境（包围盒操作柄状态和特征草图操作柄状态）之间切换。图 1-23 所示的标识表示包围盒操作柄状态，图 1-24 所示的标识表示特征草图操作柄状态（也称形状设计状态），两个状态之间的切换很简单，只需单击手柄开关标识即可，也可以右击手柄开关并从快捷菜单中选择“形状设计”或“包围盒”选项来切换。

- 包围盒操作柄：可以通过拖动手柄修改围绕智能图素的包围盒的长度、宽度和高度。
- 特征草图操作柄（形状设计）：可以直接修改构成智能图素的草图的尺寸和特征操作值。

在形状设计状态下显示有图素操作柄，图素操作柄的显示样式与选定图素的类型有关，见表1-3。利用这些图素操作柄可以对图素进行可视化编辑、精确编辑等，使用方法和包围盒操作柄应用类似，这里不再赘述。

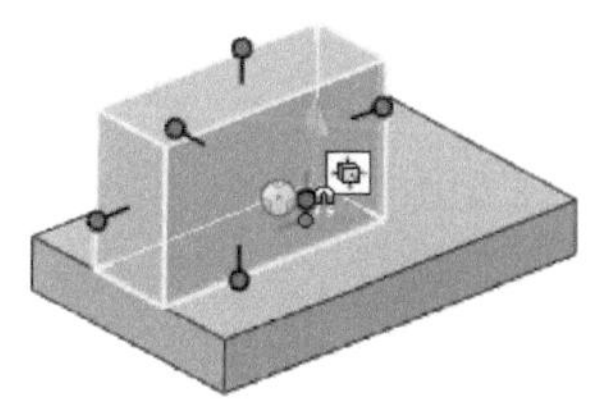

图1-23 包围盒操作柄状态

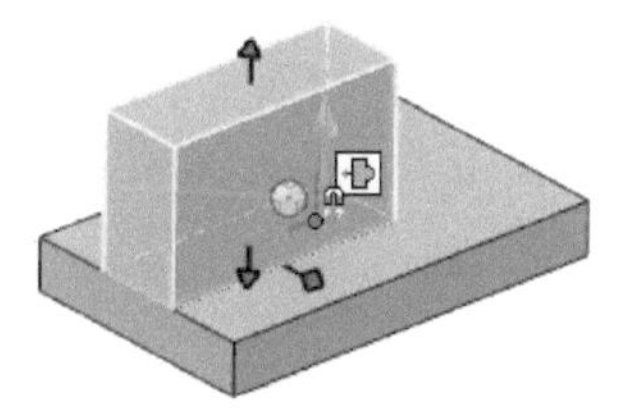
图1-24 特征草图操作柄状态（形状设计状态）

表1-3 图素操作柄的显示样式

序号	显示样式	显示位置	备注
1	红色的三角形拉伸操作柄	位于拉伸设计的起始和结束截面	——
2	红色的菱形草图操作柄	位于所有类型图素截面草图的边上	如果要查看轮廓操作柄，必须把光标移动到草图的边上
3	方形旋转操作柄	位于旋转设计的起始截面	——

1.6.3 定位锚

在CAXA 3D实体设计中，每个诸如图素、截面、零件、装配的元素都有一个定位锚，定位锚由一个绿点和两条绿色线段组成。定位锚的长线段的方向表示对象的高度轴，短线段的方向表示长度轴，没有标记的方向是宽度轴。位于设计环境中的一个元素作为独立零件时，其定位锚的位置处会显示一个图钉形标识，一般来说，元素的默认定位锚位于元素的中心，如图1-25所示。

如果要将定位锚移动到其他地方，那么可以单击定位锚原点使定位锚呈黄色状态，此时单击三维球，使用三维球的定位功能来重定位定位锚。

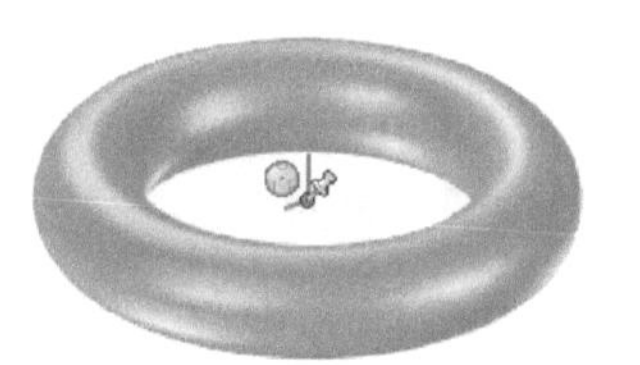
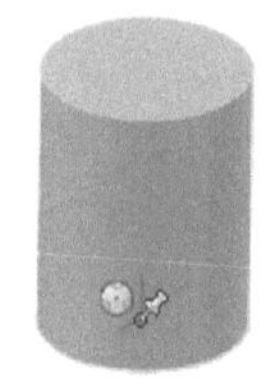
图1-25 定位锚示意

1.6.4 智能图素方向及智能图素属性设置

首先介绍智能图素方向的概念。当从设计元素库中拖出标准智能图素时，该标准智能图素本身具有一个默认的方向。当将标准智能图素拖入设计环境中作为独立图素时，其方向由它的定位锚来确定，定位锚的方向与设计环境坐标系的方向相一致，如图1-26所示。注意长方体的长、宽、高与坐标系各轴的方向关系。当将智能图素拖放在其他图素上时，智能图素的方向会受到其放置表面的影响，此时智能图素的高度正方向指离其放置表面，如图1-27所示。

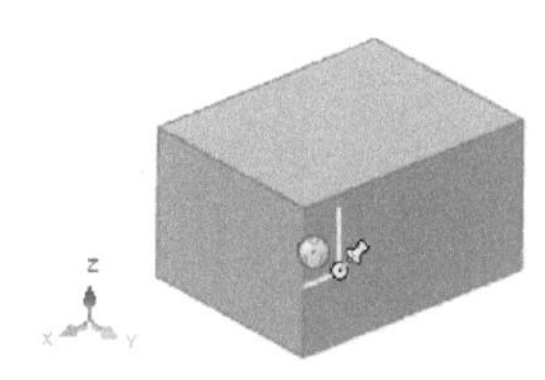
图1-26 智能图素方向示意

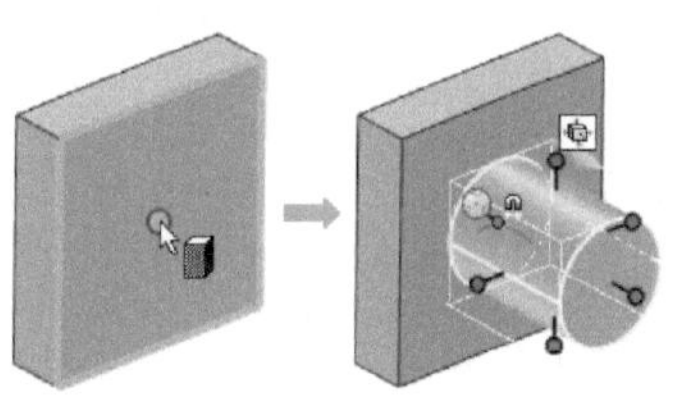
图1-27 智能图素的高度正方向指离其放置表面

在智能图素状态下选中所需智能图素，可以在图形窗口左侧选择“属性”标签以打开“属性”查看栏，如图 1-28 所示，从中可以对该智能图素的属性进行相应操作。此外，还可以通过以下方法设置智能图素的属性。

1）按住鼠标左键，在设计元素库中将选定图素拖入设计环境，确保在智能图素状态下右击该智能图素，弹出一个快捷菜单，如图 1-29 所示。

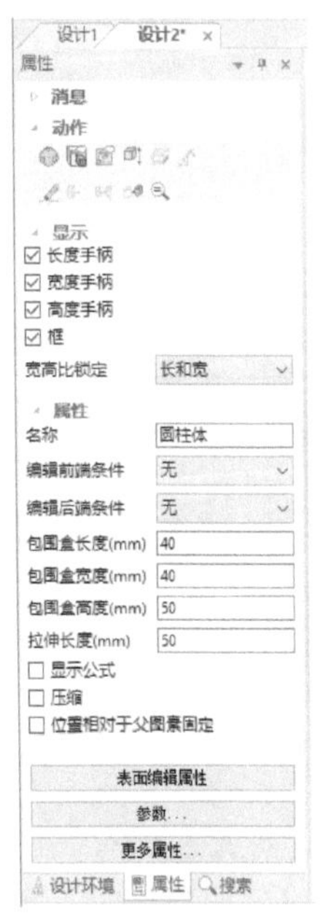

图 1-28 “属性”查看栏

图 1-29 右击以调出快捷菜单

2）从右键快捷菜单中选择“智能图素属性”命令，系统弹出图 1-30 所示的“拉伸特征”对话框。该对话框提供了“常规”“包围盒”“定位锚”“位置”“抽壳”“表面编辑”“棱边编辑”“拉伸”和“交互”选项类别。对于实体设计的高级图素，还提供了其他选项类别，如“变量”选项类别。

图 1-30 “拉伸特征”对话框

3）根据设计要求，在左窗格中选择所需的选项类别，并在右部区域进行相应设置，然后单击“应用”按钮或“确定”按钮。通过“智能图素属性”命令，可以指定图素的名称，定义包围盒尺寸和尺寸修改方式，确定定位锚的位置，对图素进行抽壳、表面编辑、棱边编辑等，对于一些高级图素，还可以对其壁厚、斜度进行设置。

1.7 拖放操作

拖放操作在 CAXA 3D 实体设计中应用较多，如使用鼠标左键从设计元素库中将所需的智能图素拖到图形区域，然后释放鼠标左键即可创建一个实体，这样的设计效率很高。用户可以根据需要通过右击设计元素库中的图素为其设置“拖放后激活三维球”，这样当将设计元素库中的该图素拖入设计环境中时，该图素便会带有三维球，如图 1-31 所示，便于模型操作。此外，用户还需要掌握右键的拖放操作和用拖放操作进行尺寸修改这两个实用知识点。

当使用右键从设计元素库中将一个图素拖到设计环境中已有的零件上时，释放鼠标右键的同时会弹出一个快捷菜单，如图 1-32 所示，从中选择“作为特征”“作为零件”或“作为装配特征”选项，从而将此图素作为已有零件的一个特征、零件或装配特征。

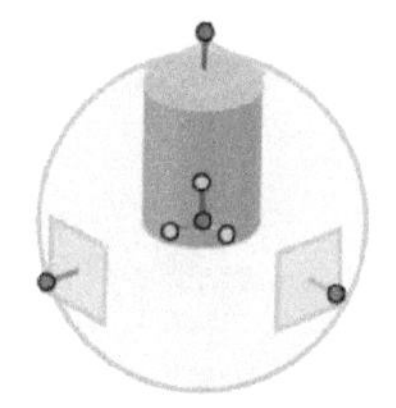

图 1-31 拖放后激活三维球

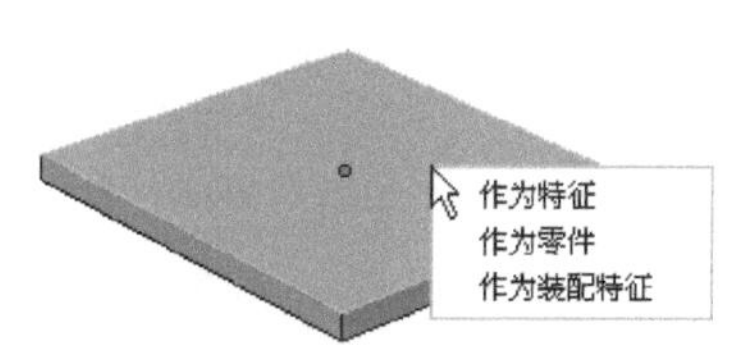

图 1-32 右键拖放时出现的快捷菜单

如果选中一个标准零件并进入智能图素编辑状态，默认时会显示黄色的包围盒和一个手柄开关。单击手柄开关可以在两个不同的智能图素编辑环境（形状设计状态和包围盒状态）之间切换。在包围盒状态下，将鼠标移向一个红色操作柄以出现一个手形和双箭头，此时按住鼠标左键并拖动操作柄可以修改尺寸。在形状设计状态下，拾取并拖动红色三角形操作柄可以修改拉伸方向的尺寸，拾取并拖动菱形操作柄可以修改截面的尺寸。

1.8 智能捕捉

在三维设计中，使用“智能捕捉”功能能够实现相关图素的快速定位。在智能图素编辑状态下，按住〈Shift〉键的同时选定并拖动图素的某个面或锚点时，可以激活智能捕捉功能，当鼠标拖动点落到相对面、边或点上，绿色智能捕捉虚线和绿色智能捕捉点会自动显示出来，这就是智能捕捉的绿色反馈。

概括地描述，绿色反馈是 CAXA 3D 实体设计智能捕捉功能的显示特征，系统将智能捕捉到的面、边、点均以绿色加亮的形式来显示。在实际操作中结合〈Shift〉键可以激活智能捕捉反馈显示功能。智能捕捉各种点的绿色反馈显示特征有 3 种：大绿点表示顶点；小绿点表示一条边的中点或一个面的中心点；由无数个绿点组成的点线表示边。

知识点拨：

如果需要，用户可以将智能捕捉设置为默认操作柄操作，其方法是在应用程序菜单中选择

“工具”|“选项”命令，打开“选项”对话框，切换到“交互”选项卡，在“操作柄行为”选项组中勾选“捕捉作为操作柄的缺省操作（无〈Shift〉键）”复选框，如图1-33所示，然后单击“确定”按钮。设置该选项后，“智能捕捉”功能在所有的操作柄（手柄）上总处于激活状态，而不必再按住〈Shift〉键来激活“智能捕捉”功能。反而要注意的是，此时按住〈Shift〉键可以禁止智能捕捉操作柄行为。如果没有特别说明，本书采用的CAXA 3D实体设计软件默认均取消勾选“捕捉作为操作柄的缺省操作（无〈Shift〉键）”复选框，即需要按住〈Shift〉键来激活“智能捕捉”功能。

图 1-33 设置操作柄行为

在实际操作过程中，右击相应的操作柄（手柄），通过弹出的快捷菜单可以设置捕捉范围和启用使用智能捕捉。这些在“包围盒与操作手柄应用”一节（1.6.2节）中已有所介绍。

利用智能捕捉可以很方便地将新图素可视化定位在零件上。

下面介绍一个典型的操作范例。

【课堂范例】：智能捕捉操作练习

1）打开位于配套资料包的CH1文件夹中的“HY_智能捕捉练习.ics”文件，该文件中存在着图1-34所示的长方体模型。

2）打开“图素”设计元素库，将鼠标光标移到“孔类圆柱体”处，如图1-35所示，接着按住鼠标左键将“孔类圆柱体”图素拖动到设计环境中，当鼠标拖着“孔类圆柱体”图素移动到长方体表面上时，屏幕上出现一个绿色的智能捕捉显示区，接着将图素拖到该表面的中心位置，智能捕捉会在深绿色中心点处显示一个更大更亮的绿色点，如图1-36所示。

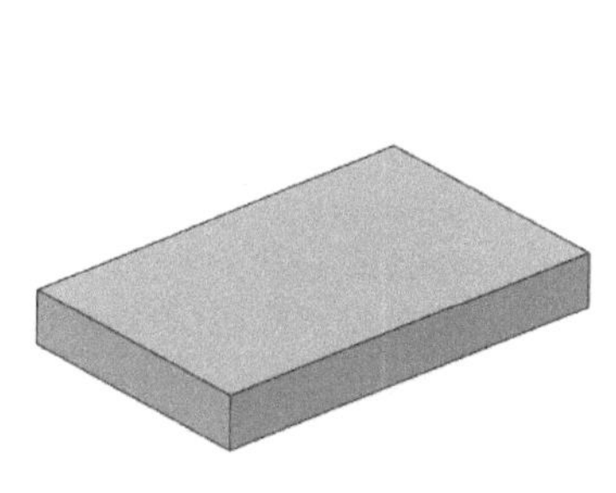

图 1-34 长方体模型

图 1-35 “图素”设计元素库

3）释放鼠标左键，则“孔类圆柱体”被添加到零件中。

4）在圆柱体孔的任意一方向操作柄上右击，弹出一个快捷菜单，接着从该快捷菜中选择“编辑包围盒”命令，打开“编辑包围盒”对话框，在该对话框中将长度和宽度的值均设置为20，将高度值设置为5，如图1-37所示。

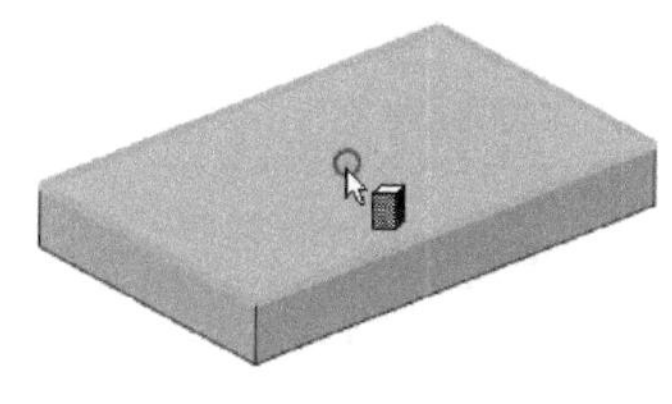

图 1-36 智能捕捉

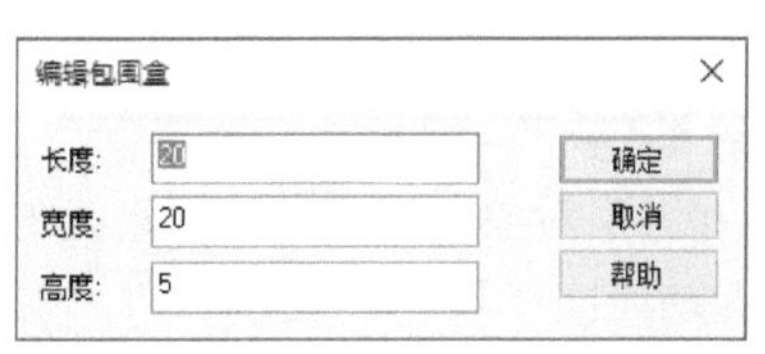

图 1-37 “编辑包围盒”对话框设置

5）单击“确定”按钮，编辑包围盒后的效果如图1-38所示。

6）练习使用智能捕捉方式定义孔类圆柱体的高度值。拖动高度向操作柄（手柄），按住〈Shift〉键，待孔类圆柱体下边缘变为绿色加亮时松开鼠标左键，则圆孔的高度值（深度值）与长方体高度值相同，如图1-39所示。

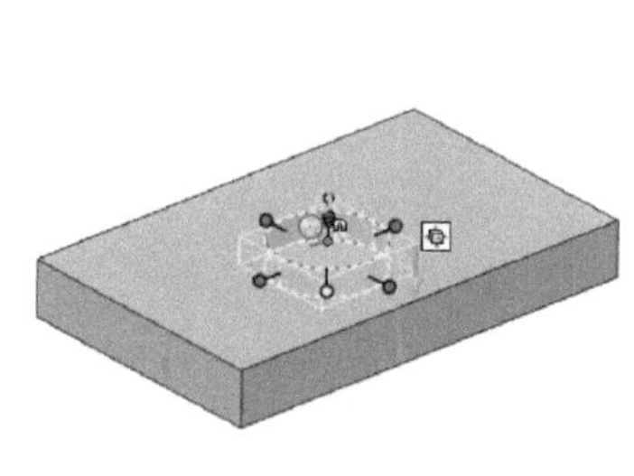

图 1-38 编辑包围盒后的效果

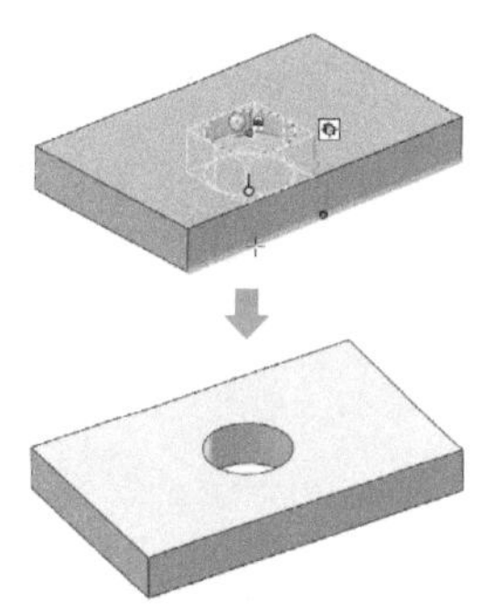

图 1-39 通过智能捕捉定义孔类圆柱体的高度值

1.9 参考系

在CAXA 3D实体设计中，可以将基准点、基准轴、基准平面和局部坐标系统等统称为参考系，它们可以为零件、特征的定位与创建提供参考，便于确定模型定向。其中，基准点、基准轴和基准平面的创建可在工程模式零件中进行。

常用参考系的创建工具见表 1-4，它们均位于功能区“特征”选项卡的“参考”面板中。

表 1-4 常用参考系的创建工具一览表

序号	类 型	图标	功能含义	备 注
1	基准点		参照存在的工程模式零件中的几何结构体创建一个参考点	参考点定位类型有“点”“圆弧的中心点”“面/曲线的中点”“面和边的交点”“线上点”“输入坐标系”“向平面上投影点”“两曲线的交点”
2	基准轴		参照存在的工程模式零件中的几何结构体创建一个参考轴	参考轴定位类型有“边”“2 点”“点和面/平面”“圆柱/圆锥的轴”“两平面的交线”“点和向量”
3	基准平面		参照存在的工程模式零件中的几何结构体创建一个参考基准面	参考面定位类型有“点”“2 点”“3 点”“过点与面平行”“从面偏置”“与面成夹角”“过点与圆柱面相切”“与边平行”“过点与曲线垂直”“平分”
4	局部坐标系统		插入一个局部坐标系，注意：坐标系统是三个相互垂直的主要参考系和坐标系的平面	在创建过程中，需要选择平面类型作为 XOY 平面，XOY 平面的定位类型有“点”“三点平面”“过点与面平行”“等距面”“过线与已知面成夹角”“过点与柱面相切”“二线、圆、圆弧、椭圆确定平面”“过曲线上一点的曲线法平面”“点到面的等分面”

这些参考系对象的创建方法都是类似的，这里以创建一根基准轴为例，具体步骤如下。

1）在功能区“特征”选项卡的“参考”面板中单击“基准轴”按钮。

2）在“属性”管理栏中出现图 1-40 所示的选项和提示信息，用户可以选择“在设计环境中选择一个工程模式的零件”单选按钮或“新生成一个独立的工程模式零件”单选按钮，“属性”管理栏进入下一页，如图 1-41 所示。

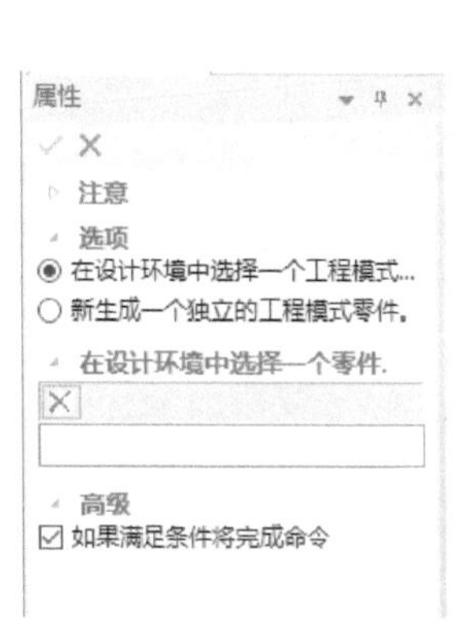

图 1-40 “属性”管理栏（1）

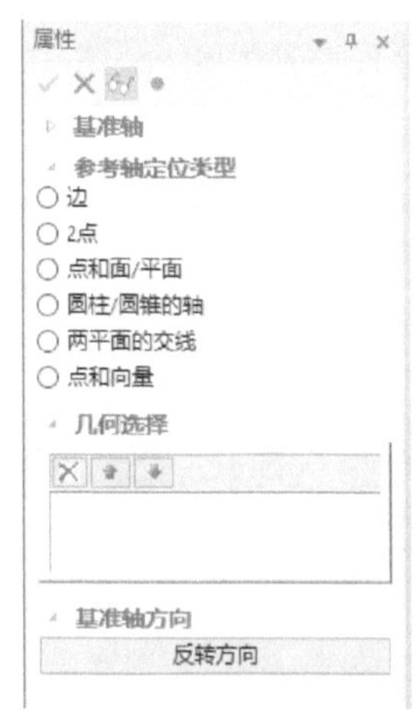

图 1-41 “属性”管理栏（2）

3）在“属性”管理栏中选择参考轴的定位类型，如选择“圆柱/圆锥的轴”单选按钮，接着根据类型在设计环境中选择几何要素来创建基准轴，如图 1-42 所示，这里选择一个圆柱曲面。

4）基准轴生成预览后，会显示一个默认的基准轴方向箭头，如果不满意，可以在“属性”管理栏中单击“反转方向”按钮。

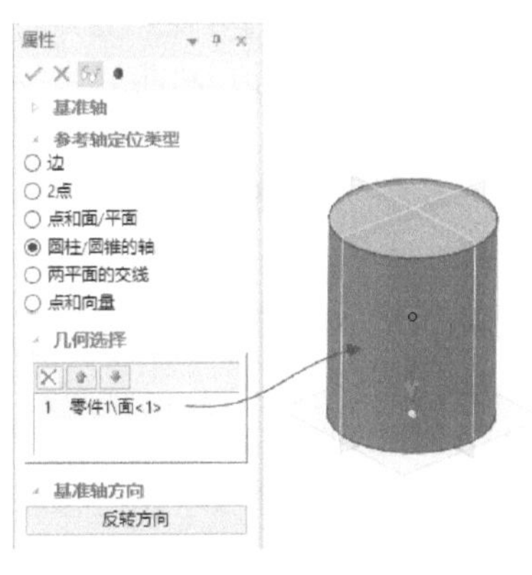

图 1-42 根据类型选择对象来创建基准轴

图 1-43 反转方向

5）在“属性”管理栏上部单击“应用”按钮●以完成操作而不退出命令，或者单击“确定”按钮✓确定生成并退出。如果要取消当前命令，则单击“属性”管理栏上的“取消”按钮✕。

再来看一下创建局部坐标系的一个简单例子。

1）在功能区“特征”选项卡的“参考”面板中单击“局部坐标系”按钮。

2）在“属性”管理栏的“平面类型”下拉列表框中选择所需的一个平面类型选项，如选择“三点平面”，接着根据所选平面类型选择几何要素，如图 1-44 所示（图中在一个长方体中分别选择 3 个顶点）。

3）确认创建和显示局部坐标系，结果如图 1-45 所示。

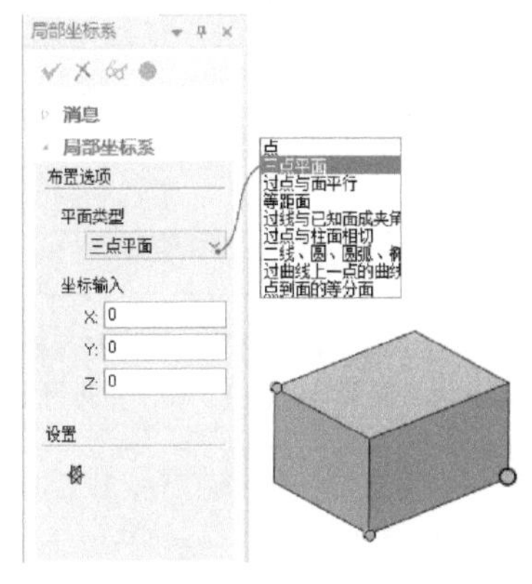

图 1-44 局部坐标系的布置选项

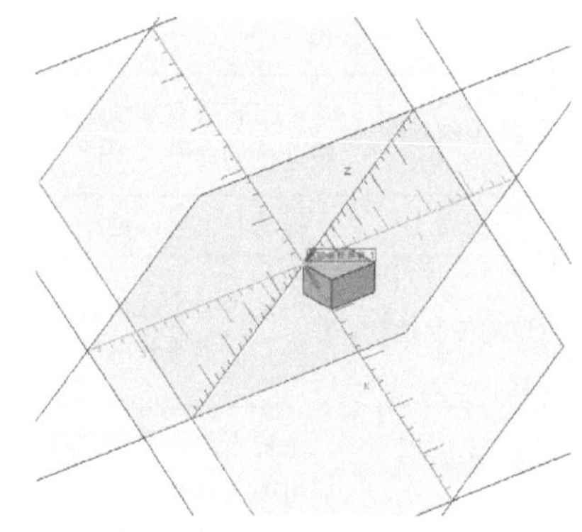
图 1-45 完成创建局部坐标系

知识点拨：

要显示局部坐标系，可以在应用程序菜单中确保选中“显示”|“坐标系”。显示或隐藏其他参考系对象，也可以在应用程序菜单的“显示”级联菜单中进行设置。

1.10 三维球工具

在 CAXA 3D 实体设计中，三维球是一个实用而直观的三维图素操作工具，使用它可以通过平移、旋转和其他复杂的三维空间变换来精确地定位任何一个三维模型，另外使用它还可以完成对智能图素、零件或组合件生成拷贝、直线阵列、矩形阵列和圆形阵列的操作功能。

选择要编辑的模型（图素或零件等）后，在“快速启动”工具栏中单击“三维球”按钮 ，或者按〈F10〉键，则可以在模型中显示三维球，如图 1-46 所示，即三维球附着在这些三维物体上。三维球在空间中有 3 个轴，并拥有 3 个外部控制手柄（长轴）、3 个内部控制手柄（短轴）和一个中心点。其中，长轴主要用于解决空间约束定位，短轴主要用于解决实体的方向，而中心点则用来解决定位。注意三维球中心最初是默认定位在定位锚上的。

默认状态下的三维球形状组成如图 1-47 所示，图中的 1 为外控制柄（约束控制柄），2 为圆周，3 为定向控制柄（短控制柄），4 为中心控制柄，5 为内侧，6 为二维平面。这些形状组成的功能应用见表 1-5。

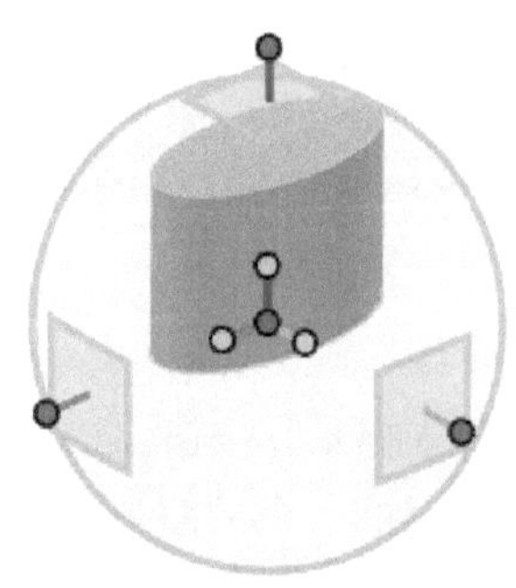

图 1-46　显示三维球

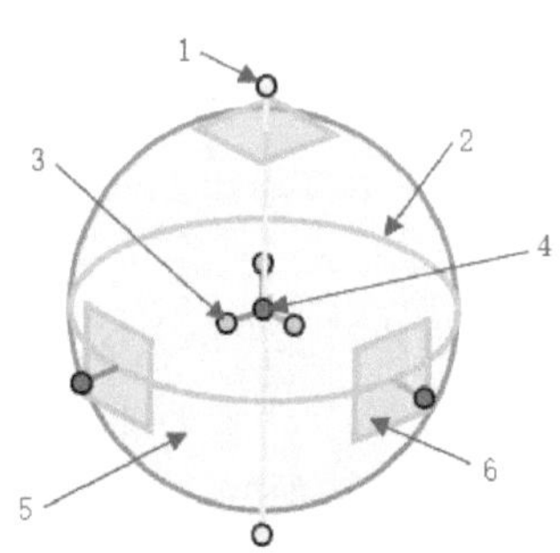

图 1-47　三维球形状构成

表 1-5　默认状态下三维球的形状操作表（标识请参照图 1-47）

标识	名　称	功能应用及操作说明
1	外控制柄	单击它可对轴线进行暂时的约束，使三维物体只能进行沿此轴线上的线性平移，或绕此轴线进行旋转
2	圆周	拖动它，可以围绕一条从视点延伸到三维球中心的虚拟轴线旋转
3	定向控制柄	用来将三维球中心作为一个固定的支点对对象进行定向，其使用方法主要有两种：拖动控制柄，使轴线对准另一个位置；右击鼠标，然后从弹出的菜单中选择一个项目进行定位
4	中心控制柄	主要用来进行点到点的移动，使用方法是将它直接拖至另一个目标位置，或右击，然后从弹出的菜单中选择一个选项；它还可以与约束的轴线配合使用
5	内侧	在这个空白区域内侧拖动进行旋转；也可以右键单击这里，通过出现的各种选项对三维球进行设置
6	二维平面	拖动这里，可以在选定的虚拟平面中移动

在 CAXA 3D 实体设计软件的初始化状态下，三维球最初是附着在元素、零件、装配体的定位锚上的。在实际设计过程中，通过单击空格键可以设置三维球与附着图素是脱离关系还是附着关系。将三维球脱离之后，移动到规定的位置，一定要再一次单击空格键，以重新附着三维球。

如果需要更改默认状态下的三维球设置，那么可以在三维球内侧右击，系统弹出图 1-48 所示的右键快捷菜单，接着从该右键快捷菜单中选择所需的命令并执行相应的设置操作即可。例如，从该右键快捷菜单中选择“显示所有操作柄”命令，则三维球显示效果如图 1-49 所示。

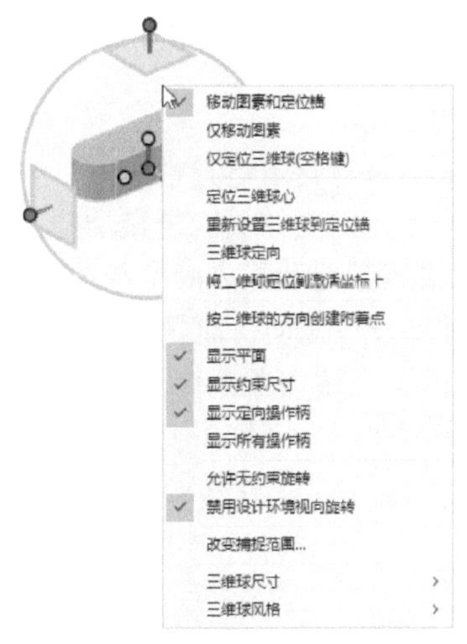

图 1-48　三维球内侧的右键快捷菜单

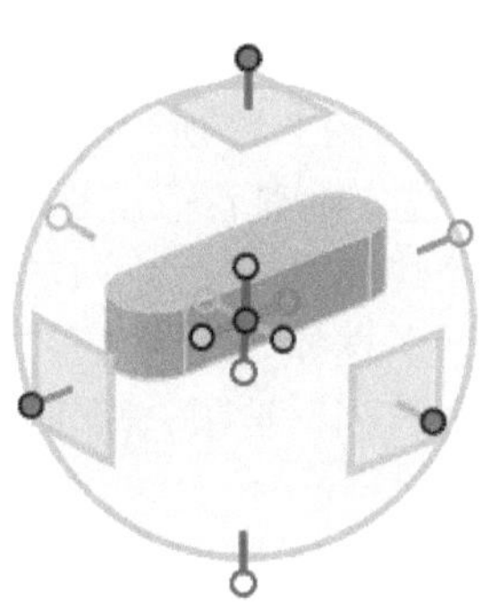

图 1-49　显示所有操作柄

1.10.1 使用三维球实现移动和线性阵列

应用三维球的外部操作柄可以在三维空间中移动装配体、零件或图素。

将光标置于三维球的某一个外部操作柄，待出现一个手形和双向箭头时，按下鼠标左键进行拖动操作，只能在被选择操作柄的轴向方向（变为黄色）移动该对象。如图 1-50 所示，拖动后可看到圆柱体被移动的具体数值，松开鼠标时出现一个屏显框显示移动距离，用户可在该屏显框内编辑移动距离数值。

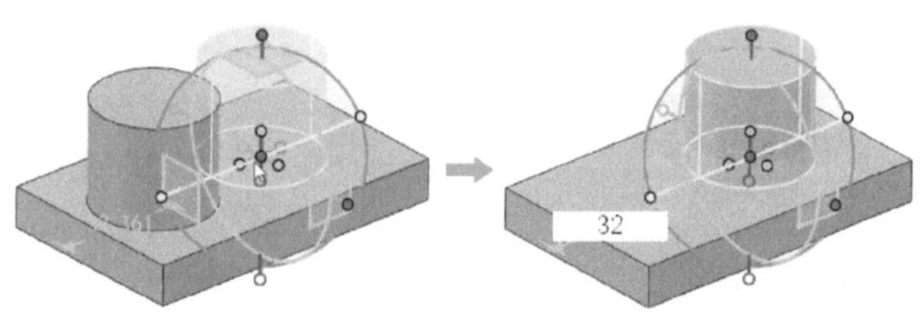

图 1-50　使用三维球移动对象

如果按下鼠标右键来拖动三维球的外部操作柄，那么在释放右键结束拖动操作时，系统会弹出一个快捷菜单，如图 1-51 所示。利用该快捷菜单可以进行“平移”“拷贝”“链接”“沿着曲线拷贝”“沿着曲线链接”和“生成线性阵列”操作。

- 平移：将零件、图素在指定的轴线方向上移动一定的距离。
- 拷贝：复制零件、图素，生成的零件、图素和原对象没有链接关系。选择此选项后，系统弹出图 1-52 所示的“重复拷贝/链接”对话框，从中可设置复制生成的数量和平移距离值等。

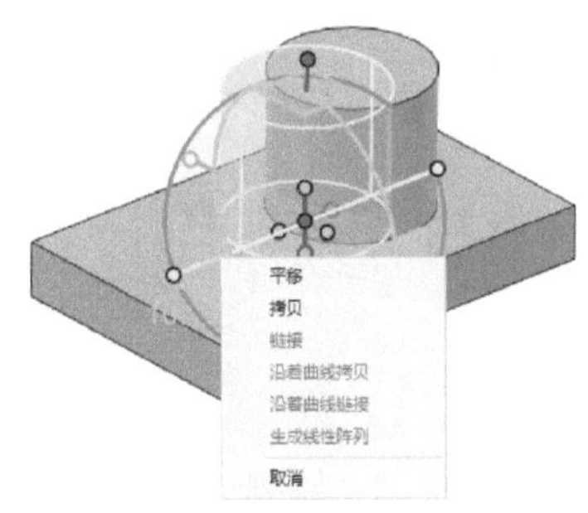

图 1-51　右键拖动外部操作柄弹出菜单

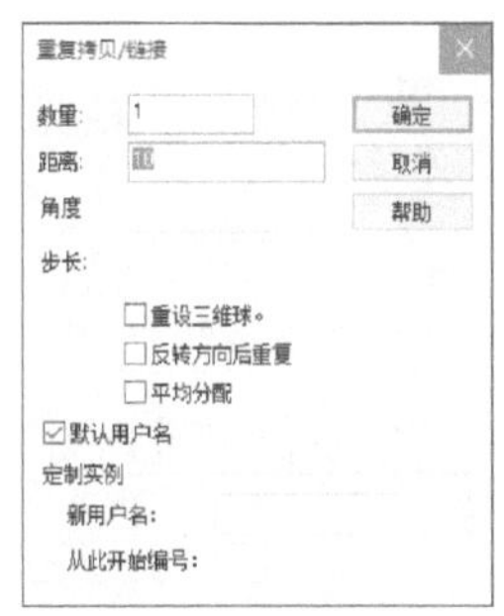

图 1-52　“重复拷贝/链接”对话框

- 链接：除了将零件、图素变成多个外，还将保持着链接性。若其中一个零件或图素发生变化，那么复制出来的其他零件或图素也同时变化。
- 沿着曲线拷贝：沿着选定曲线将零件或图素进行复制。
- 沿着曲线链接：沿着选定曲线将零件或图素进行复制，并保持着链接性。
- 生成线性阵列：用所选图素进行线性阵列操作，阵列复制的实体具有链接功能。选择此选项后，弹出图 1-53 所示的“阵列”对话框，从中可设置数量和距离等参数。

另外还要注意一种情况，就是在调出三维球后，不对对象进行拖动，而是直接右击外部控制手柄，弹出一个快捷菜单，如图 1-54 所示，该快捷菜单提供了“编辑距离”选项和“生成线性阵列”等选项。若选择“编辑距离”选项，则可通过设置平移距离来在轴线方向上移动对象；若选择“生成线性阵列”选项，则通过在“阵列”对话框中设置阵列成员数量和距离来创建所需的线性阵列。

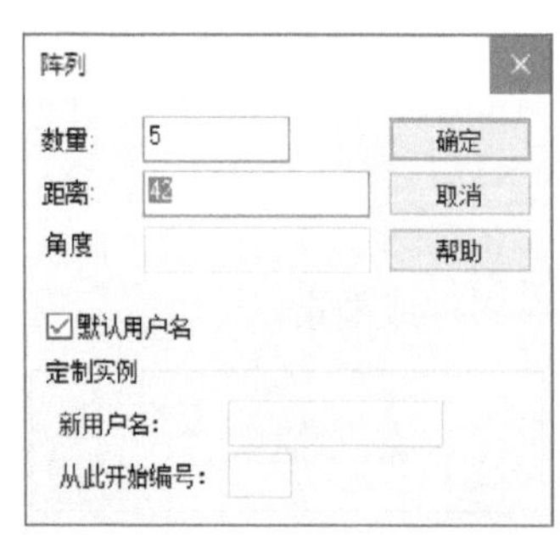

图 1-53 “阵列”对话框

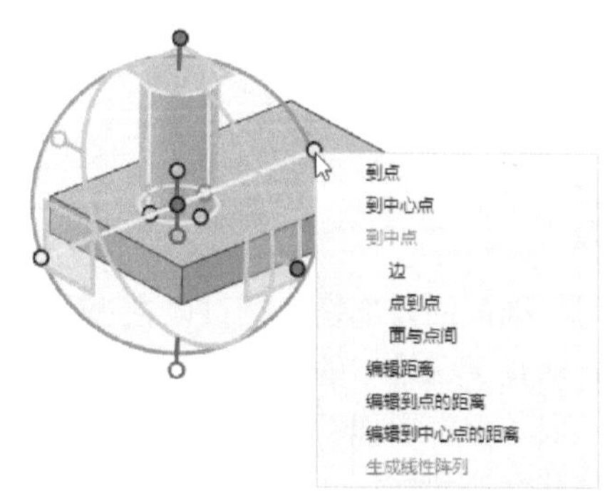

图 1-54 直接右击外部控制手柄

1.10.2 使用三维球实现矩形阵列

使用三维球实现矩形阵列需要注意以下操作方法及技巧。

调出三维球后，使用鼠标左键选择一外部操作柄，所选操作柄变为黄色显示，接着将鼠标光标移到另一个外部操作处，单击鼠标右键，如图 1-55 所示，再从出现的右键快捷菜单中选择“生成矩形阵列”命令，弹出“矩形阵列”对话框，从中分别设置方向 1 数量、方向 1 距离、方向 2 数量、方向 2 距离和交错偏置值，如图 1-56 所示，然后单击“确定”按钮。

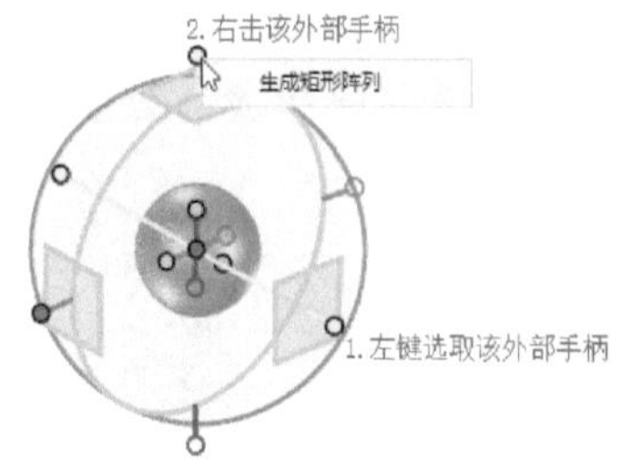

图 1-55 使用三维球实现矩形阵列的操作

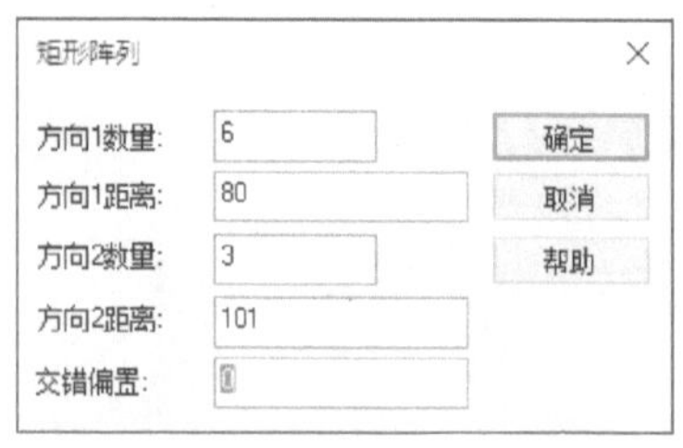

图 1-56 “矩形阵列”对话框

创建矩形阵列的示例结果如图 1-57 所示。

操作点拨：

如果在创建矩形阵列的过程中，设置一定的交错偏置值，那么可以获得一些如锯齿般交错分布的阵列效果，如图1-58所示。

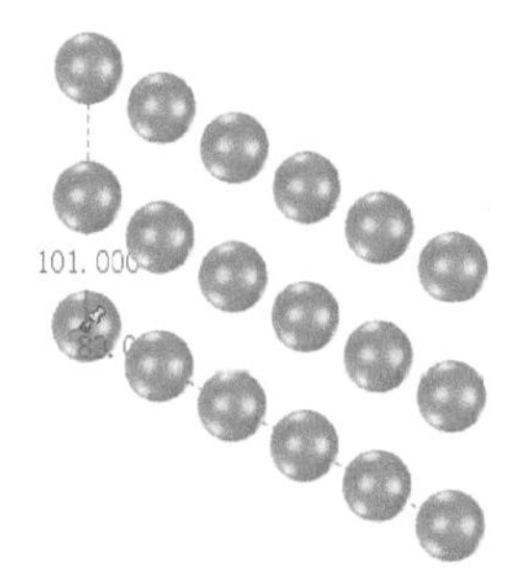

图1-57 生成矩形阵列示例

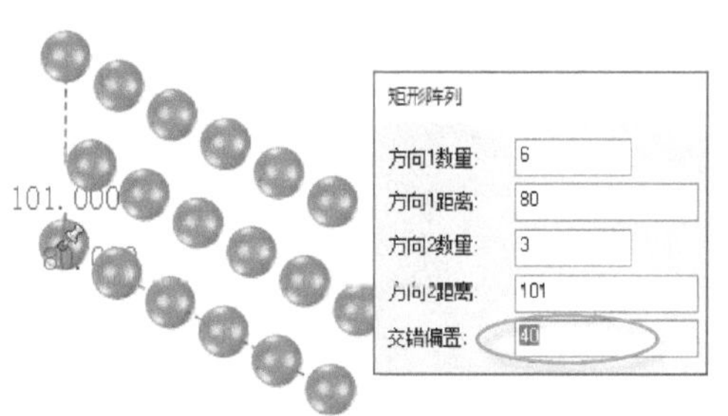

图1-58 交错偏置的矩形阵列效果

1.10.3 使用三维球实现旋转和圆形阵列

调出三维球后，单击三维球的外部操作柄，接着将鼠标移动到三维球内部，并使用鼠标左键或右键拖动三维球进行旋转操作。

如果是按住鼠标左键进行拖动旋转，释放左键后，将出现一个屏显框亮显旋转角度值，如图1-59所示，此时可以在该屏显框内直接输入新旋转角度值编辑该旋转角度。

如果是按住鼠标右键进行拖动旋转，释放右键后，将打开图1-60所示的快捷菜单，从该右键快捷菜单中选择“生成圆形阵列”命令，打开“阵列”对话框，输入数量值和阵列角度值，然后单击“确定”按钮，即可完成圆形阵列操作。当然，除了右键快捷菜单中的“生成圆形阵列”操作之外，还可以进行“平移”“拷贝”“链接”这些操作。

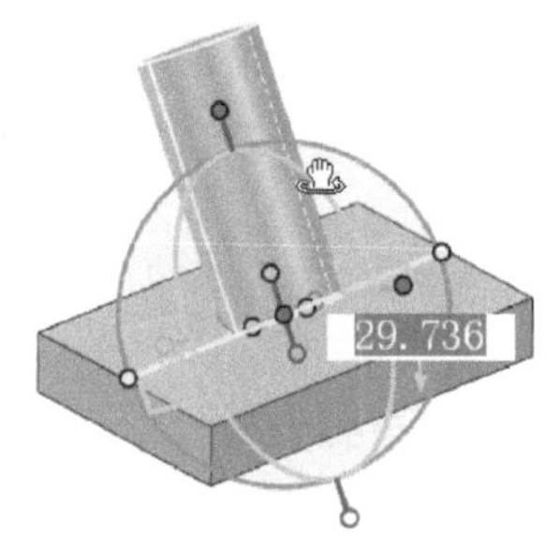

图1-59 使用左键拖动旋转

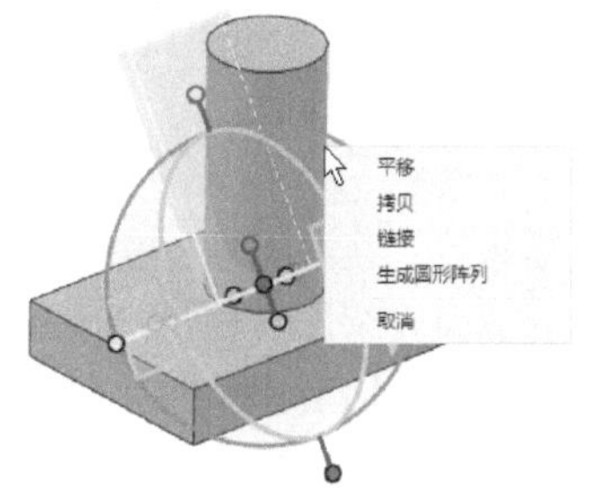

图1-60 使用右键拖动旋转

1.10.4 三维球的重新定位及其中心点的定位方法

在实际工作中，有时需要根据设计要求对三维球进行重新定位，如为了便于将图素绕着空间某一个轴旋转或者阵列，这通常要对其三维球进行重新定位。

1. 三维球重新定位的典型操作方法

选中模型对象，在“快速启动”工具栏中单击“三维球”按钮以激活三维球功能（即打开三维球），接着按一下空格键，三维球变为白色，即三维球处于分离状态，此时可以移动三维球的位置，而模型对象不随三维球运动。当将三维球调整到所需的位置时，再次按一下空格键，则三维球变回原来的颜色，即重新回到附着状态。

2. 三维球的中心点精确定位方法

如果要对三维球的中心点进行精确定位，那么首先将光标置于三维球的中心点处，使其高亮显示，接着右击，弹出图 1-61 所示的快捷菜单，利用该快捷菜单中的命令来定位三维球的中心点。

- “编辑位置”：选择此命令，打开图 1-62 所示的“编辑中心位置”对话框，从中分别输入参数值定义中心位置。

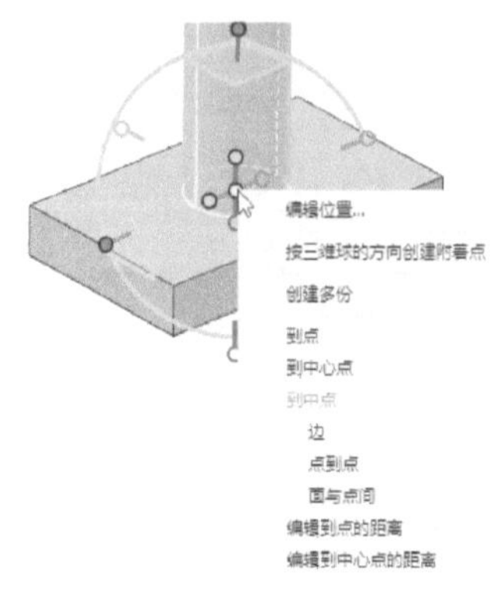

图 1-61　右击三维球中心点的快捷菜单

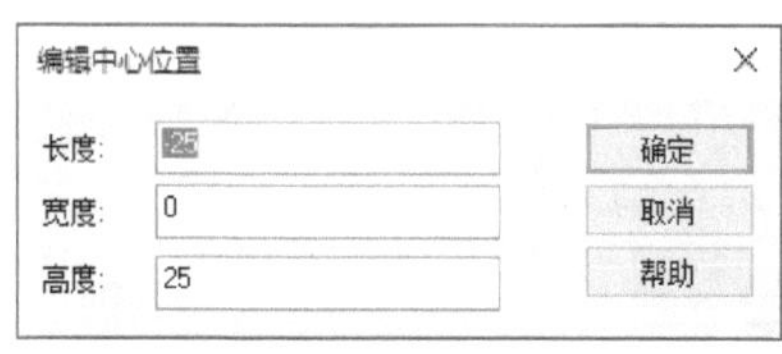

图 1-62　“编辑中心位置”对话框

- 按三维球的方向创建附着点：选择该选项，将打开“设置附着点名称”对话框，从中设置附着点名称，结果是按照三维球的位置与方向创建附着点，所述附着点可用于实体的快速定位、快速装配。
- 创建多份：有“拷贝”和“链接”两个子选项。
- 到点：选择此选项，可以使三维球附着的元素移动到第二个操作对象上的选定点。
- 到中心点：选择此选项，可以使三维球附着的元素移动到选定对象的中心位置。
- 到中点：子项有“边”“点到点”和“面与点间”选项。可以使三维球附着的元素移动到第 2 个操作对象上的中点，所提及的这个元素可以是边、两点和两个面。

1.10.5 三维球定向控制操作柄

激活三维球后，在三维球中选择定向控制操作柄，接着单击鼠标右键，弹出图 1-63 所示的右键快捷菜单。下面介绍该右键快捷菜单中各选项的功能含义。

- 编辑方向：用于编辑当前操作柄方向位置，如当前轴向（黄色轴）在空间内的角度。
- 到点：指鼠标捕捉的定向控制操作柄（短轴）指向到规定点。
- 到中心点：指鼠标捕捉的定向控制操作柄指向到规定的对象的中心点。
- 到中点：指鼠标捕捉的定向控制操作柄指向规定的中点，包括“边”“点到点”和“面与点间（两面间）”类型的中点。
- 点到点：指鼠标捕捉的定向控制操作柄与两个点的连线平行。
- 与边平行：指鼠标捕捉的定向控制操作柄与选取的边平行。
- 与面垂直：指鼠标捕捉的定向控制操作柄与选取的面垂直。
- 与轴平行：指鼠标捕捉的定向控制操作柄与指定的轴线平行。
- 反转：指三维球带动元素在选中的定向控制操作柄方向上转动 180°。
- 镜像：指使用三维球将元素以未选取的两个轴所形成的面作为面镜像。镜像选项有“平移”“拷贝”和“链接”。

实用技巧：

可以使用三维球快速镜像零件图素，其方法是在设计环境中准备所需零件图素，在零件编辑状态选定该零件，打开三维球工具并重新定位三维球，之后在三维球回到附着状态时在三维球中选择对称方向上的内手柄（选择的内手柄与对称面垂直），右击鼠标并从弹出的快捷菜单中选择“镜像”级联菜单中的“平移”“拷贝”或“链接”命令。

1.10.6 三维球配置选项

在某个操作对象上显示三维球后，可根据设计需要来禁止或激活某些三维球配置选项，其方法是此时在设计环境中的适当位置处单击鼠标右键，弹出图1-64所示的快捷菜单，利用该快捷菜单可更改默认的三维球配置选项。

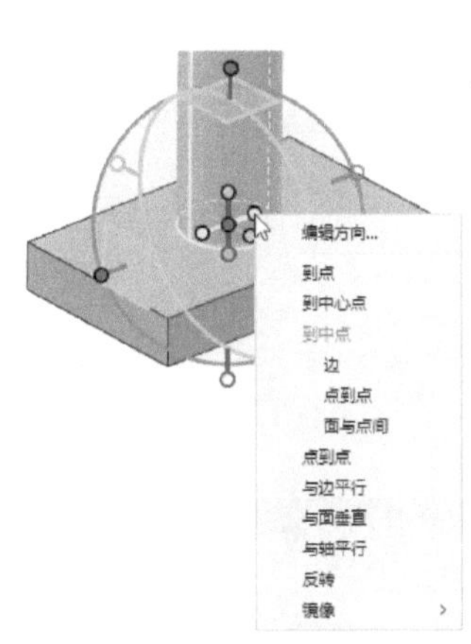

图1-63 定向控制操作柄的右键菜单

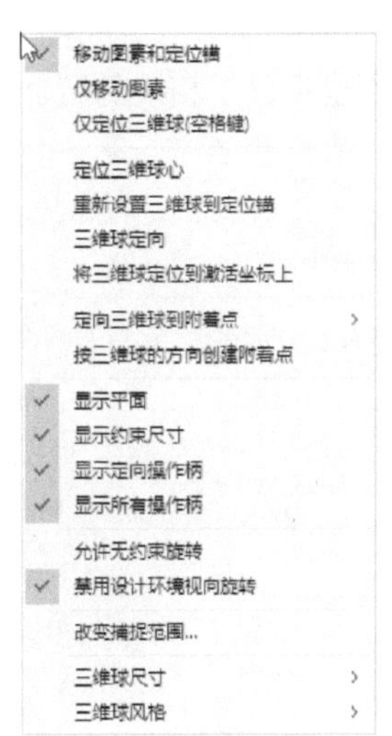

图1-64 三维球配置选项

1.11 “无约束装配”工具与“定位约束”工具

CAXA 3D实体设计提供了“无约束装配”工具与“定位约束”工具。其中，采用“无约束装配”工具可以参照源零件和目标零件快速定位源零件；而采用“定位约束”工具则通过约束条件的方法对零件和装配体进行定位和装配，且可以保留零件或装配件间的空间关系。

在功能区“工具”选项卡的“定位”面板中选中“无约束装配”按钮，或者在“工具”菜单中选中“无约束装配”命令，便可激活“无约束装配”功能，将光标移动到所选择的源对象上，会出现黄色的对齐符号，可按〈Tab〉键和空格键在可用的对齐选项间循环切换，单击确定该实体的一个定位点，接着拾取下一个实体以便在其上面定位第一个实体（注意按〈Tab〉键和空格键可在可用的对齐选项间循环切换）。无约束装配其实就是将源实体相对于目标实体进行点到点移动。

在功能区“工具”选项卡的“定位”面板中选中“定位约束”按钮，或者在“工具”菜单中选中“定位约束”命令，打开图1-65所示的“约束”命令的“属性”管理栏。从“约束类型”下拉

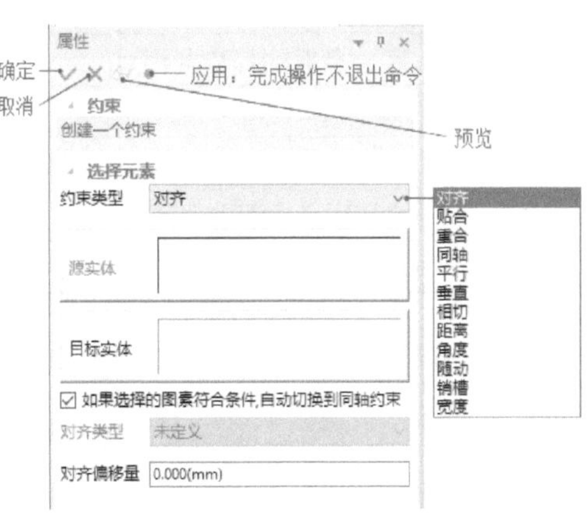

图1-65 “约束”命令的“属性”管理栏

列表框中选择所需的一种约束类型选项，接着拾取相应的参照对象来完成约束即可。系统提供的约束类型选项有“对齐”“贴合”“重合”“同轴”“平行”“垂直”“相切”“距离”“角度”“随动”“销槽”“宽度”。

1.12 三维智能标注工具

这一小节介绍三维智能标注工具的应用。在 CAXA 3D 实体设计中，智能尺寸可以在零件编辑状态或智能图素编辑状态下应用。

用于智能标注的菜单命令如图 1-66 所示。在图 1-67 所示的功能区“工程标注”选项卡的“尺寸”面板中也提供了相应的智能标注工具按钮。

图 1-66 “智能标注”的菜单命令

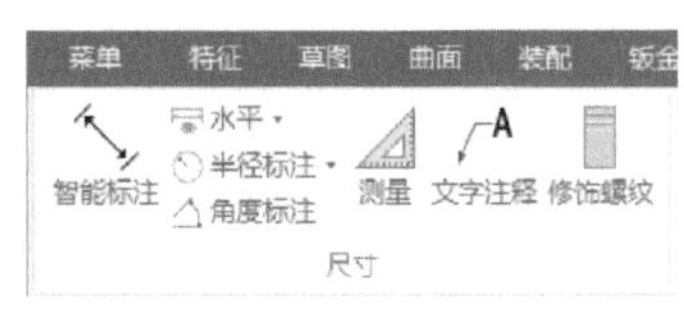

图 1-67 智能标注工具按钮

三维智能标注工具的功能含义见表 1-6。

表 1-6 三维智能标注工具的功能含义

按钮	菜单命令	功能含义
	“生成”|“智能标注”|“智能标注”	插入智能标注来测量距离和定位图素
	“生成”|“智能标注”|“水平”	在视向方向插入智能标注测量水平距离并定位图素
	“生成”|“智能标注”|“垂直”	在视向方向插入智能标注测量垂直距离并定位图素
	“生成”|“智能标注”|“角度标注”	插入智能标注来测量角度和定位图素
	“生成”|“智能标注”|“半径标注”	插入智能标注来测量半径
	“生成”|“智能标注”|“直径标注”	插入智能标注来测量直径

下面通过一个典型的操作范例来介绍三维智能标注工具的应用。

【课堂范例】：使用三维智能标注工具来精确定位孔

1）打开配套资料包的 CH1 文件夹中的“HY_三维智能标注.ics”文件，该文件存在着图 1-68 所示的长方体薄板模型（长度为 100，宽度为 150，高度为 5）。

2）从“图素”设计元素库中分别将两个“孔类圆柱体”拖到设计环境中放置，如图1-69所示。

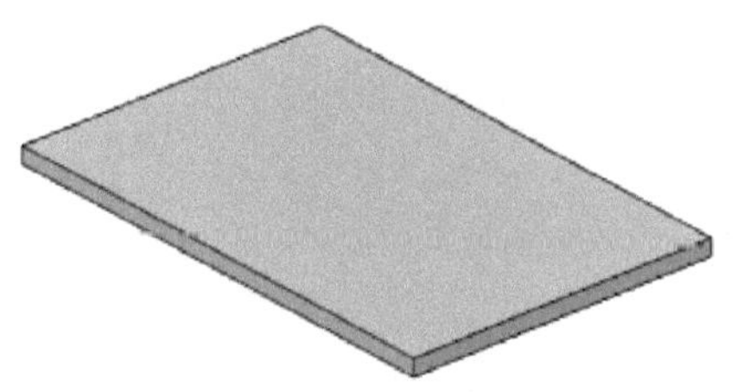
图1-68 薄板模型

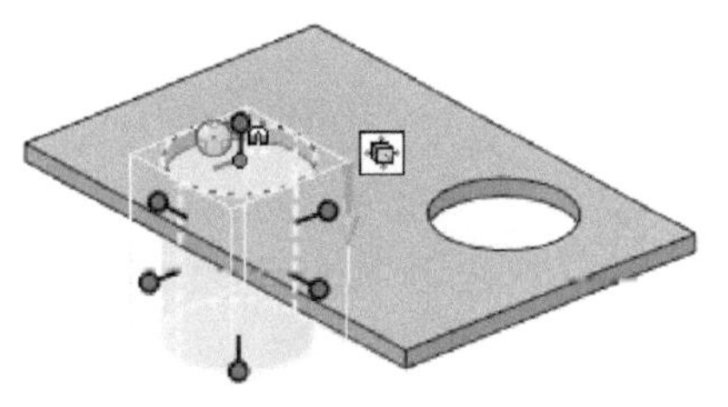
图1-69 快速生成两个圆孔

3）将功能区切换到“工程标注”选项卡，单击“尺寸”面板中的“智能标注”按钮，使用鼠标左键拾取左孔的上端圆，接着拾取板材的一条边，如图1-70所示，完成一个线性标注。

4）将鼠标左键移到该线性尺寸上，出现手形（即鼠标光标变成手形），接着右击，如图1-71所示，然后从该右键快捷菜单中选择“编辑智能尺寸”命令，弹出“编辑智能标注”对话框，在“值”文本框中输入新值为“32”，如图1-72所示，单击“确定”按钮。

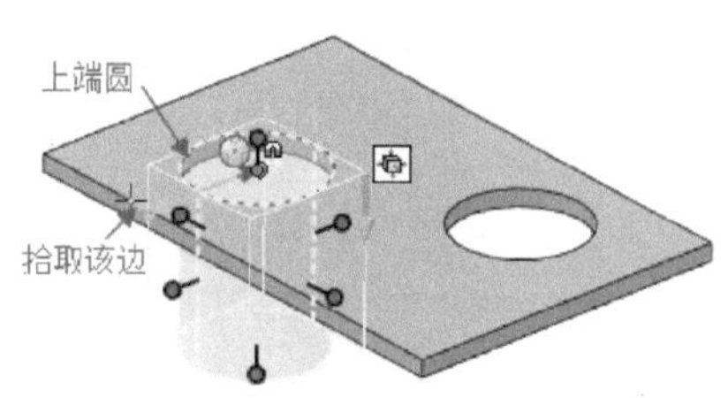

图1-70 拾取两个参照

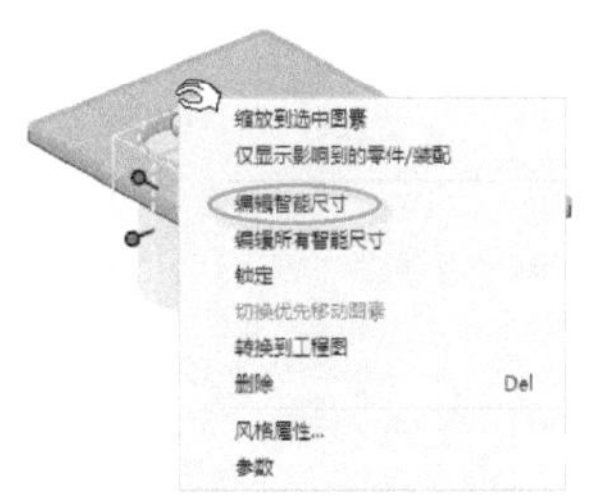

图1-71 选择“编辑智能尺寸”命令

5）使用同样的方法，确保使用“智能标准”工具为当前编辑的图素创建另一个线性尺寸，并将其智能尺寸修改为“32”，结果如图1-73所示。

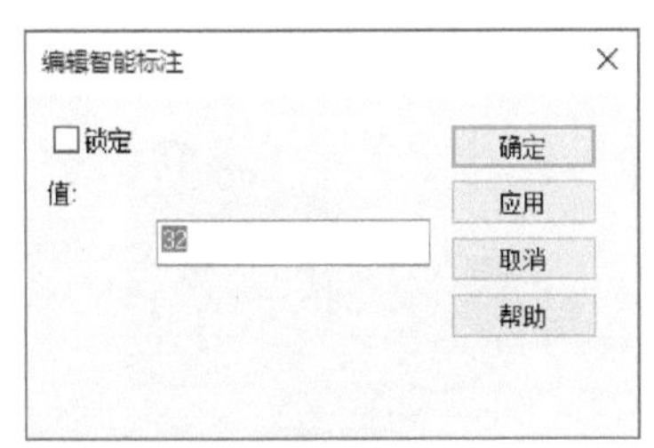

图1-72 “编辑智能标注”对话框

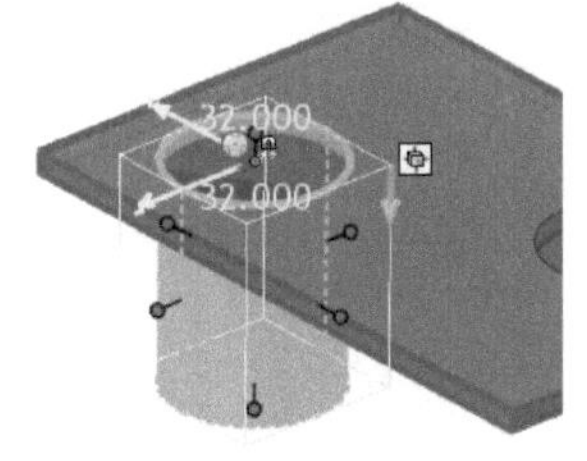

图1-73 标注两个智能线性尺寸

6）按〈Esc〉键，退出当前智能标注状态。

7）双击另一个孔使其处于智能图素编辑状态。接着在“尺寸”面板中单击“智能标注”按钮，分别创建图1-74所示的两个智能线性尺寸。

8）将鼠标左键移到其中的一个智能线性尺寸上，出现手形，接着右击，然后从出现的快捷菜单中选择“编辑所有智能尺寸”命令，弹出“编辑所有智能尺寸”对话框。从中将这两个智能尺寸均修改为“40”，如图1-75所示，单击“确定”按钮。

9）在“尺寸”面板中单击“直径标注”按钮，标注右孔的直径尺寸。由于该智能标注的直径尺寸是由同一图素的两个端点生成的，故该尺寸不能作为注释和编辑。

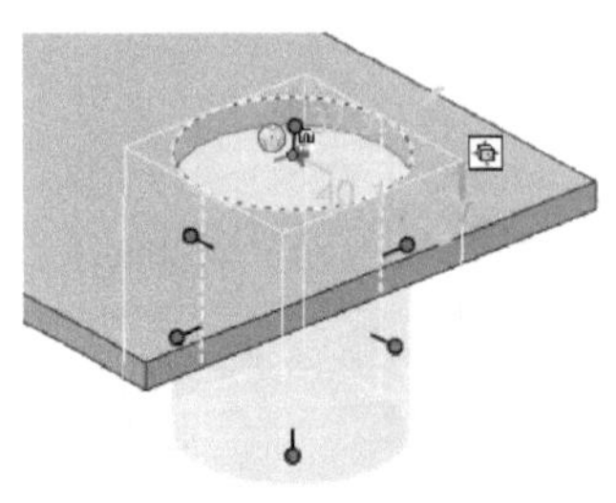
图 1-74　标注两个智能线性尺寸

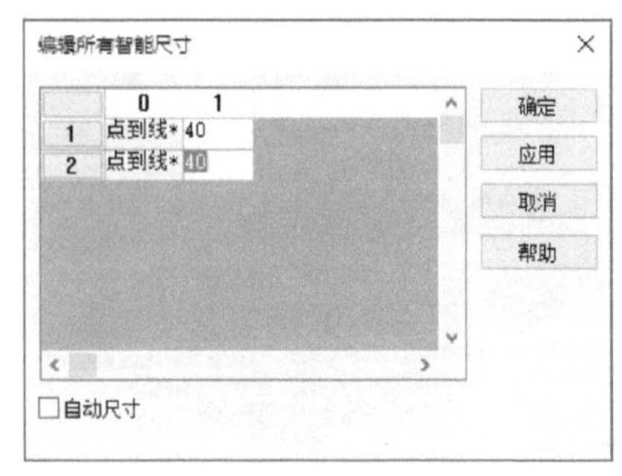

图 1-75　编辑所有智能尺寸

10）按〈Esc〉键，退出当前尺寸智能标注状态。

11）分别编辑两个“孔类圆柱体”的包围盒尺寸，其长度均为 25，宽度均为 25，高度均为 5。编辑好包围盒尺寸后，模型效果如图 1-76 所示。

12）可以将关键的智能标注锁定，使其成为零件之间的距离约束，在这里以锁定其中的一个智能标注尺寸为例。

将拾取过滤选项设置为“智能图素”，如图 1-77 所示，然后单击左边的“孔”类图素。

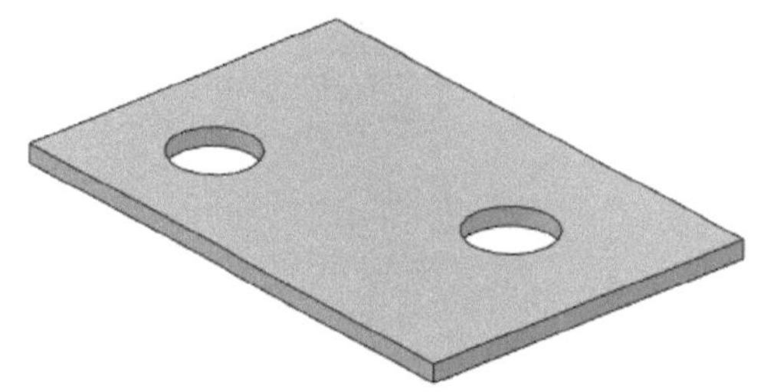
图 1-76　模型效果

图 1-77　设置拾取过滤

右击图 1-78 所示的线性尺寸，接着从出现的快捷菜单中选择“锁定”命令，从而将该智能标注的线性尺寸锁定。被锁定的该尺寸显示有一个表示已锁定的星号，结果如图 1-79 所示。

图 1-78　选择“锁定”选项

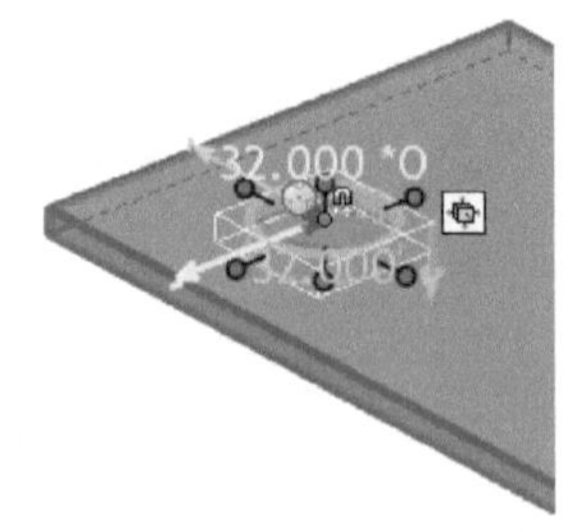

图 1-79　已锁定的尺寸显示有一个星号

1.13　三维创新设计范例

CAXA 3D 实体设计为用户提供了丰富的设计元素库，用户可以通过拖放和灵活的编辑方法来进行可视化、精确化的三维创新设计。就如同组搭积木一样，按照一定的次序将基本形状的“积木块”拖入设计环境中，并进行相关的尺寸编辑、截面编辑、表面操作等，这就是 CAXA 3D 实体设计中所谓的“智能图素叠加设计”；当设计元素库中没有所需要的“积木块”时，则可以使用软件提供的特征创建工具来创建。主要的特征创建工具有拉伸、旋转、扫描和放样等。

在进行三维创新设计的过程中，要注意可视化工具和技巧（如拖放零件设计、定位零件各个部件的“智能捕捉”反馈、为修改尺寸而使用的“智能图素包围盒”及各种手柄和按钮），还需要注意用于精确设计的工具和操作技巧。CAXA 3D 实体设计提供的精确工具和操作技巧包括设置和测量距离、角度和旋转系数的“智能标注”；指示两个“智能图素”/零件之间连接点的“附着点”；对齐两个对象的“无约束装配”；将两个对象按照指定的约束条件组合在一起的“约束装配”；为图素、零件或其他项指定属性和参数的对话框和属性表；用来创建参数和表达式的参数表，在各参数之间建立关系式来更好地应用程序进行设计。

下面通过两个典型范例来帮助读者深刻理解并掌握三维创新设计的典型思路。

1.13.1 环形连接套

要完成的环形连接套如图 1-80 所示。本范例主要的知识点为设计元素库的应用、智能图素编辑状态的应用等。

本范例的具体设计步骤如下。

（1）新建一个设计环境文件

在“快速启动”工具栏中单击“缺省模板设计环境”按钮，使用默认模板快速创建一个新的设计环境文档，接着在状态栏中选择“创新模式零件”按钮，使用创新零件模式。

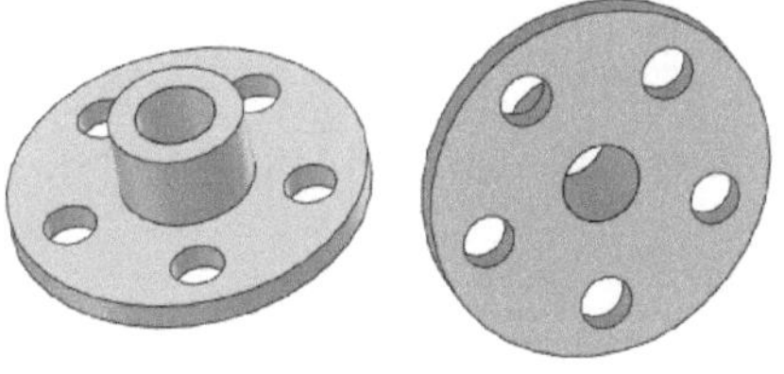

图 1-80 环形连接套零件

（2）从“图素”设计元件库中拖入圆柱体

打开“图素”设计元素库，选择“圆柱体”智能图素，如图 1-81 所示。按住鼠标左键将该图素拖放到设计环境中的合适位置，然后释放鼠标左键，从而生成图 1-82 所示的圆柱体标准智能图素。

图 1-81 “图素”设计元素库

图 1-82 圆柱体标准智能图素

（3）编辑包围盒尺寸

单击圆柱体智能图素，直到使其进入智能图素编辑状态。接着右击其中一个手柄，如图 1-83 所示，从出现的快捷菜单中选择“编辑包围盒”命令，从而打开“编辑包围盒”对话框，分别修改长度、宽度和高度值，如图 1-84 所示，然后单击“确定”按钮。

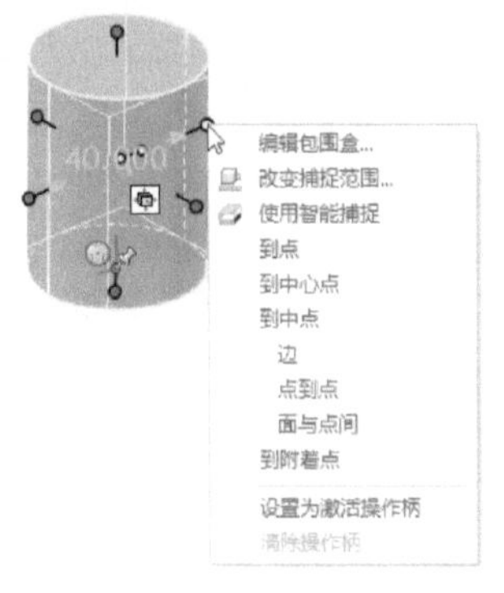

图 1-83 进入智能图素编辑状态右击手柄

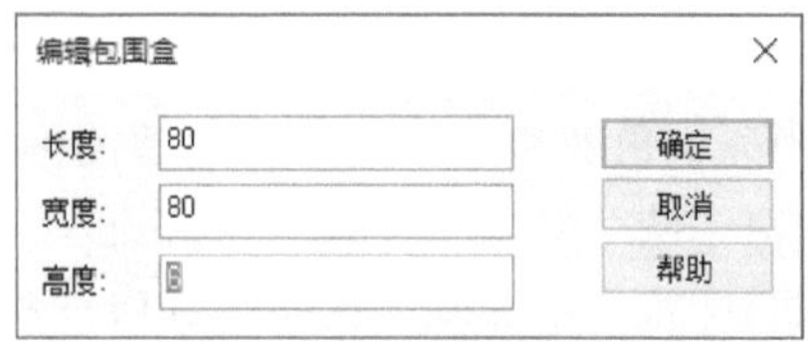

图 1-84 编辑包围盒（1）

编辑好该包围盒后的图形如图 1-85 所示。

（4）从“图素”设计元件库中拖入圆柱体作为特征

在“图素”设计元素库中选择“圆柱体”智能图素，按住鼠标右键将该图素拖入设计环境中，当鼠标光标移动到第一个圆柱体的上端面中心处时，会出现一个大的智能捕捉圆点，然后释放鼠标右键，出现图 1-86 所示的快捷菜单，从中选择“作为特征”命令。

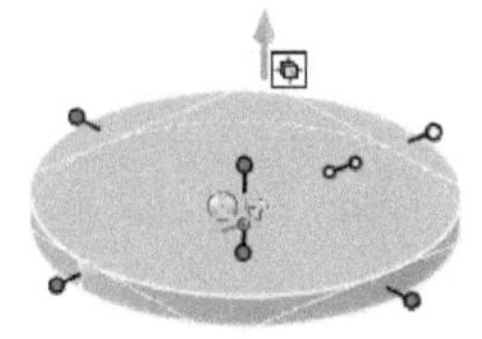
图 1-85 编辑包围盒得到的效果

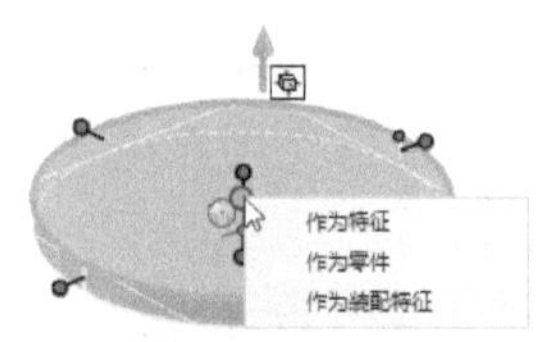

图 1-86 右键拖动后出现的快捷菜单

（5）编辑第 2 个圆柱体的包围盒尺寸

第 2 个圆柱体处于智能图素编辑状态。右击其中的一个手柄，如图 1-87 所示，接着从出现的快捷菜单中选择“编辑包围盒”命令，打开“编辑包围盒”对话框。在该对话框中分别修改长度、宽度和高度值，如图 1-88 所示。

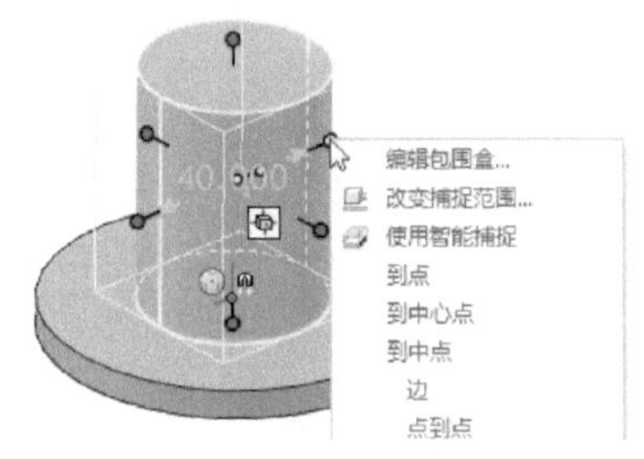

图 1-87 右击一个手柄

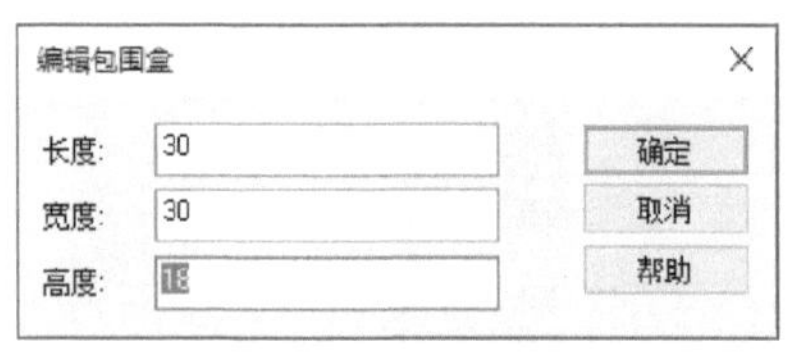

图 1-88 编辑包围盒（2）

在“编辑包围盒”对话框中单击“确定”按钮，得到的模型效果如图 1-89 所示。

（6）从“图素”设计元素库中拖入“孔类圆柱体”标准智能图素

在“图素”设计元素库中选择“孔类圆柱体”标准智能图素，按住鼠标右键将该图素拖入设计环境中，当鼠标光标移动到第 2 个圆柱体的上端面中心处时，会智能捕捉到该端面圆的圆心点，然后释放鼠标右键，从弹出的快捷菜单中选择“作为特征”命令。此时模型效果如图 1-90 所示。

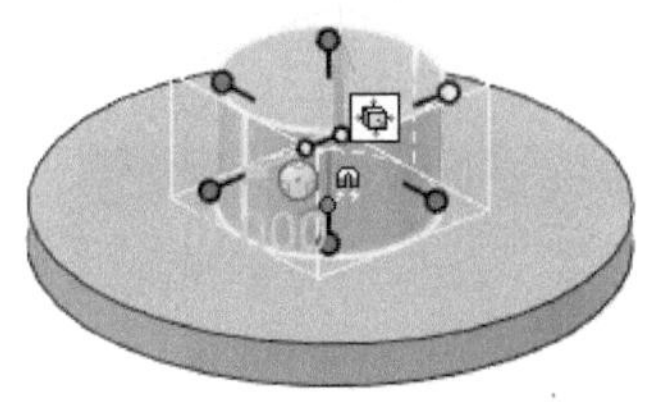

图 1-89　得到的模型效果

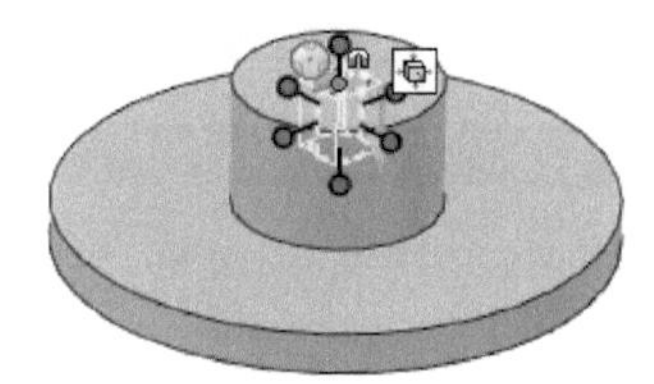

图 1-90　拖入"孔类圆柱体"标准智能图素

（7）修改孔类圆柱体的尺寸

将鼠标光标移动到"孔类圆柱体"智能图素的下手柄处，待出现一个手形和双向箭头时，按住鼠标左键将其拖动，同时按住〈Shift〉键拖动该手柄到另一个图素的底面所在的空间平面即可实现捕捉，如图 1-91 所示。

接着将鼠标光标移动到图 1-92 所示的手柄处单击，出现一个屏显框显示尺寸，在该屏显框将尺寸修改为"18"，按〈Enter〉键确认。

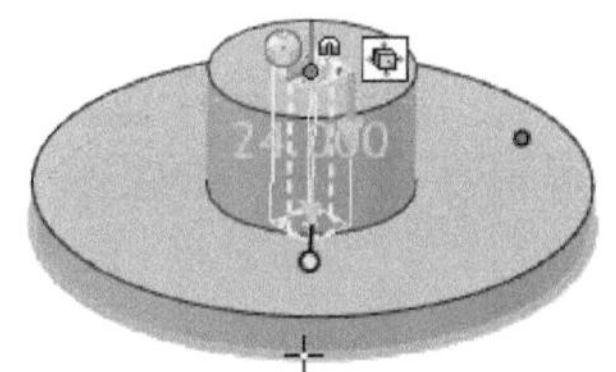

图 1-91　捕捉对象更改孔深度

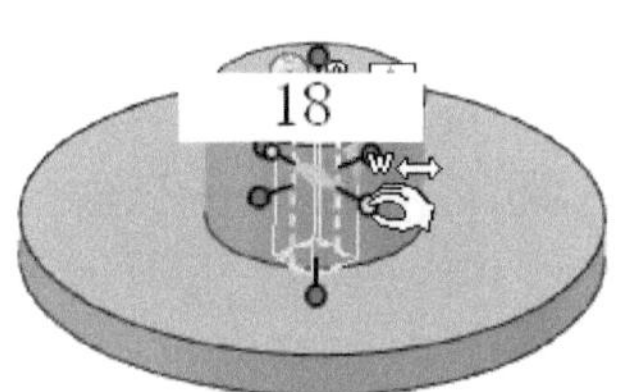

图 1-92　单击所需的一个手柄修改尺寸

编辑后的模型效果如图 1-93 所示。可以调整视角以便于下步骤操作。

（8）从"高级图素"设计元素库中拖入"孔类环布圆柱"图素

在设计元件库中选择"高级图素"标签以打开"高级图素"选项卡。在"高级图素"设计元素库中选择"孔类环布圆柱"图素。

按住鼠标右键将该图素拖入设计环境中，当鼠标光标移动到零件的底部端面中心处时，会智能捕捉到该底部端面圆孔的圆心点，然后释放鼠标右键，并从弹出的快捷菜单中选择"作为特征"命令。放置好该高级图素后，可以使用鼠标拖动相应手柄来获得大概的模型效果，如图 1-94 所示。

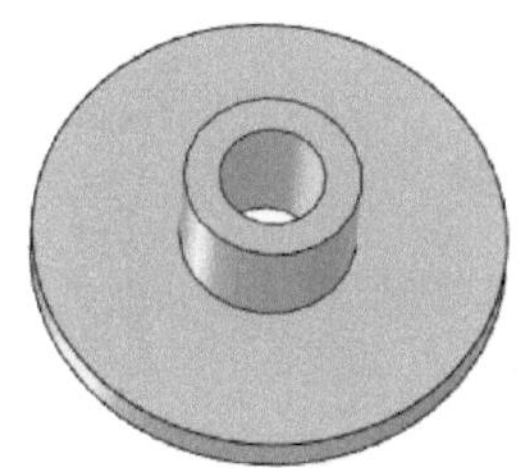

图 1-93　修改孔类圆柱体尺寸后的模型效果

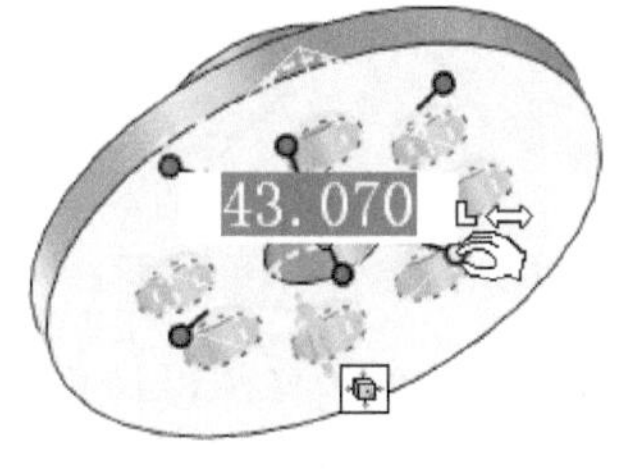

图 1-94　生成孔类环布圆柱

（9）编辑"孔类环布圆柱"高级图素属性以修改环布孔的数量等

插入的"孔类环布圆柱"处于智能图素编辑状态，右击该图素，从出现的快捷菜单中选择"智能图素属性"命令，系统弹出"拉伸特征"对话框。切换至"包围盒"类别选项卡，将长度、宽度均设置为"56"，高度设置为"10"，单击"应用"按钮。

切换至“变量”类别选项卡，将“圆的数目”由“8”更改为“5”，将“圆的半径（米)”设置为“0.006”，如图1-95所示，然后单击“确定”按钮。

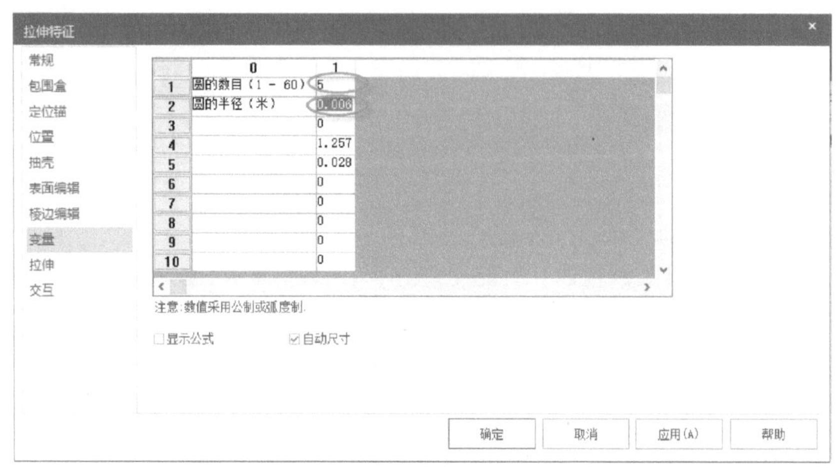

图1-95　编辑智能图素属性

在图形区域的空白区域中任意一处单击，退出智能图素编辑状态。完成的零件模型效果如图1-96所示。

1.13.2 三通管设计范例

要完成的三通管模型如图1-97所示。通过该模型学习，读者应该能够对CAXA 3D实体设计的创新模式设计过程有更深刻的认知。在该范例中将介绍的设计要素包括设计元素库、拖放式设计、智能图素的编辑、三维球工具应用（移动、阵列、复制和链接等功能）和智能图素的搭建应用。本例特意以“强迫症式”的重复方式介绍一些操作以加深初学者的认识，有些步骤可以整合为一个步骤并简化。

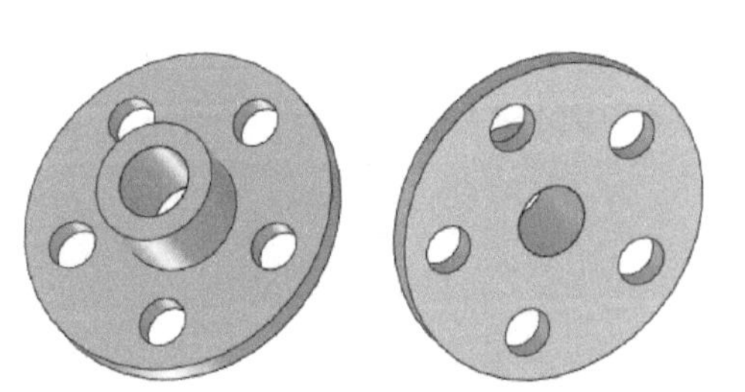

图1-96　完成的零件模型效果

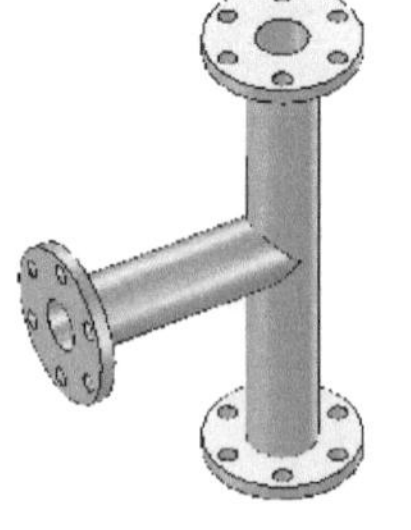

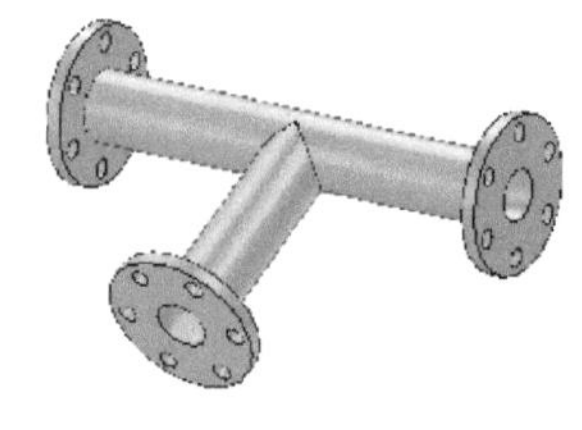

图1-97　三通管模型

本三通管设计范例的具体设计步骤如下。

（1）新建一个设计环境文件

在“快速启动”工具栏中单击“新建”按钮，弹出“新建”对话框，选择“设计”选项，如图1-98所示，单击“确定”按钮。系统弹出“新的设计环境”对话框，在“公制”选项卡中选择“CAXA蓝色”模板，如图1-99所示，然后单击“确定”按钮。

（2）调用一个“圆柱体”智能图素

从“图素”设计元件库中拖出圆柱体，将其放置在绘图区域内，此时该圆柱体1默认处于被选中的状态。接着使用鼠标左键单击一次圆柱体 1 便进入智能图素状态。在一个手柄上右击，打开一个快捷菜单，如图 1-100 所示。从快捷菜单中选择“编辑包围盒”命令，打开“编辑包围盒”对话框，设置长度为“60”，宽度为“60”，高度为“200”，如图 1-101 所示，然后单击“确定”按钮。

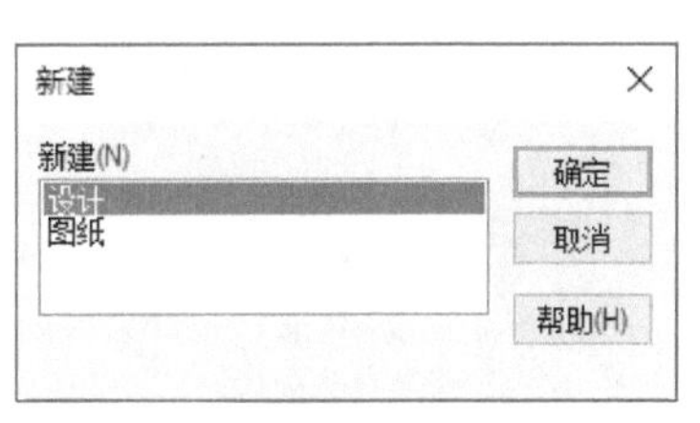

图 1-98 “新建”对话框

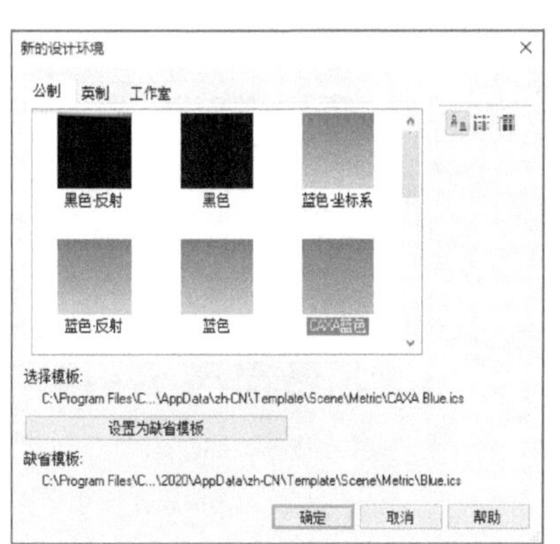

图 1-99 “新的设计环境”对话框

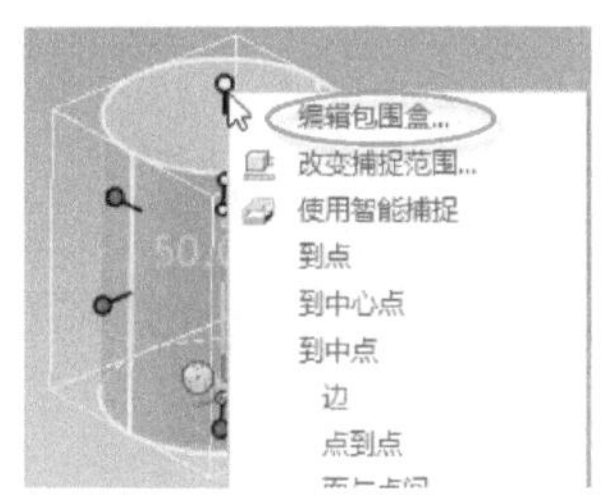

图 1-100 右击手柄

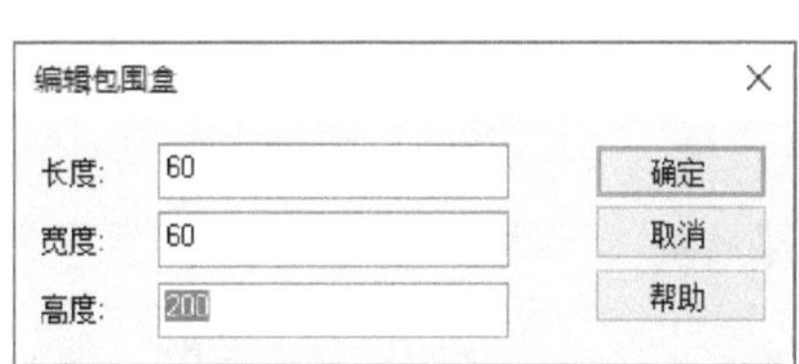

图 1-101 编辑包围盒

（3）旋转复制 1

按〈F10〉键，或者单击“三维球”按钮，三维球附着在圆柱体 1 上。使用鼠标左键选取所需的一长轴，将鼠标光标移动到三维球内部，按右键围绕这根轴旋转拖动，释放右键后弹出一个快捷菜单，如图 1-102 所示。从该快捷菜单中选择“拷贝”命令，弹出“重复拷贝/链接”对话框，设置数量为“2”，旋转角度为“90”，如图 1-103 所示。

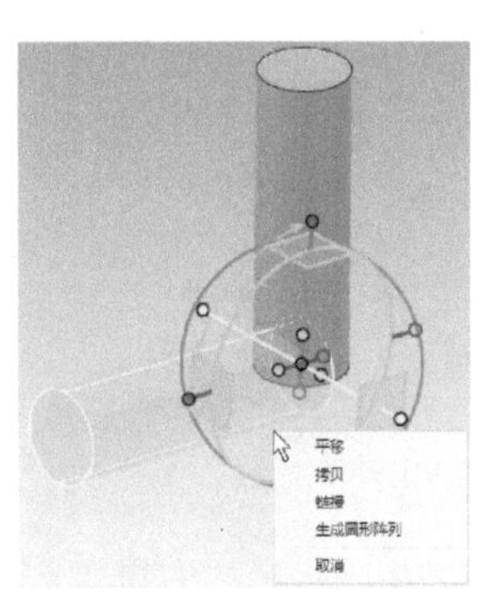

图 1-102 释放鼠标右键

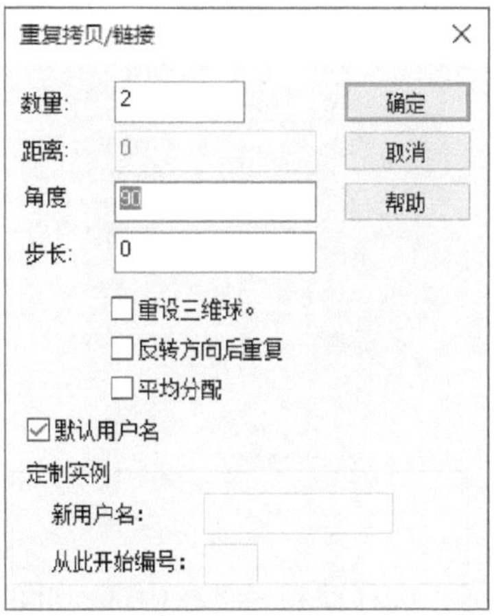

图 1-103 “重复拷贝/链接”对话框

在“重复拷贝/链接”对话框中单击“确定”按钮，然后按〈Esc〉键退出三维球工具，操作结果如图 1-104 所示。

（4）建立圆柱体 2

确保打开“图素”设计元素库，按住鼠标左键将“圆柱体”智能图素拖出，使用智能捕捉，将其放在设计环境中的一个圆柱体的端面中心点上，如图 1-105 所示。

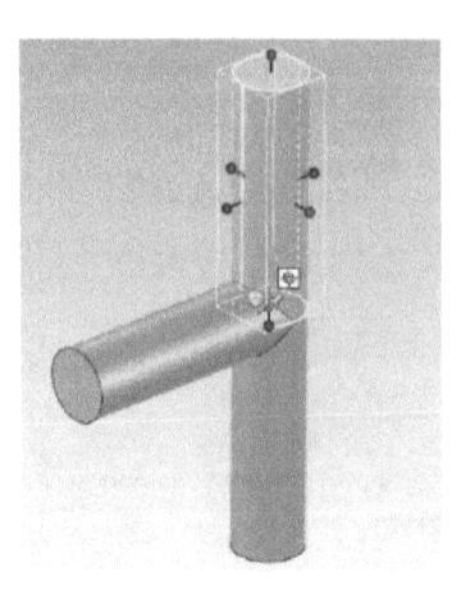

图 1-104　旋转复制的操作结果

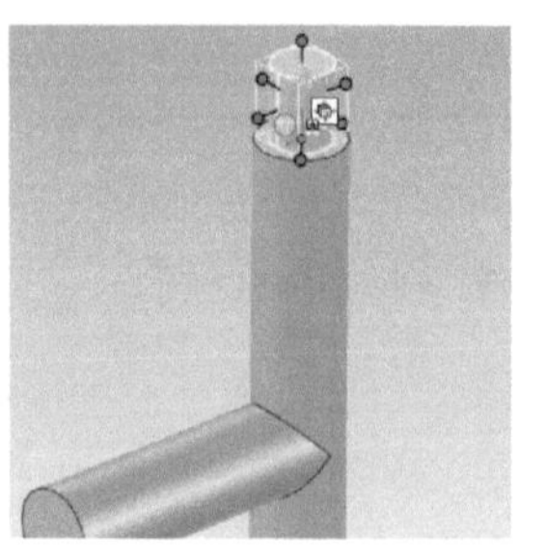

图 1-105　放置圆柱体 2

右击新圆柱体（即圆柱体 2）的其中一个手柄，接着从弹出的快捷菜单中选择“编辑包围盒”命令，打开“编辑包围盒”对话框，设置圆柱体 2 的包围盒尺寸如图 1-106 所示，然后单击“确定”按钮，结果如图 1-107 所示。

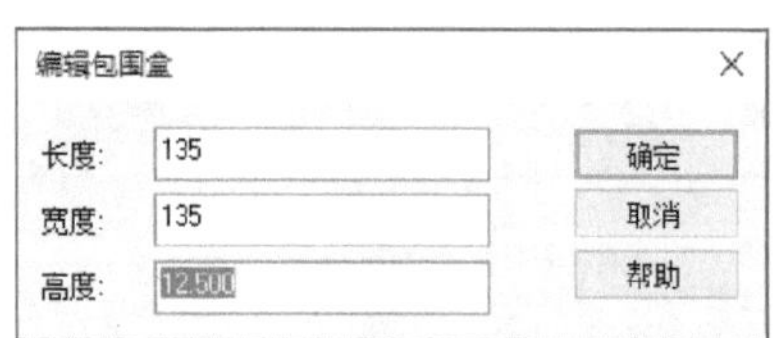

图 1-106　设置圆柱体 2 的包围盒尺寸

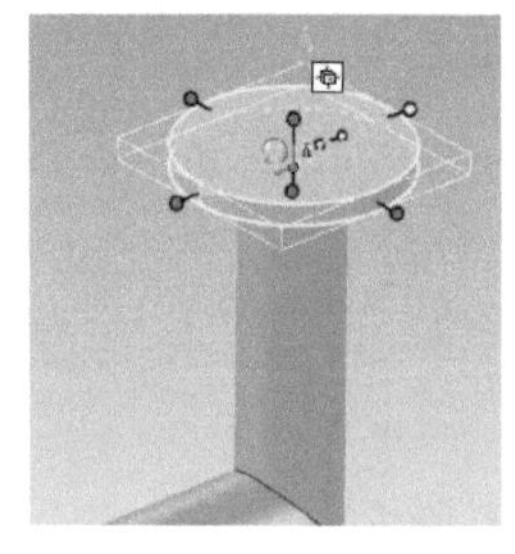

图 1-107　编辑结果

（5）旋转复制 2

按〈F10〉键，或者单击“三维球”按钮，此时三维球附着在圆柱体 2 上。单击空格键使三维球脱离，使用鼠标左键拖动三维球，将其放在图 1-108 所示的位置。

按空格键使三维球重新附着。使用鼠标左键选择图 1-109 所示的长轴。

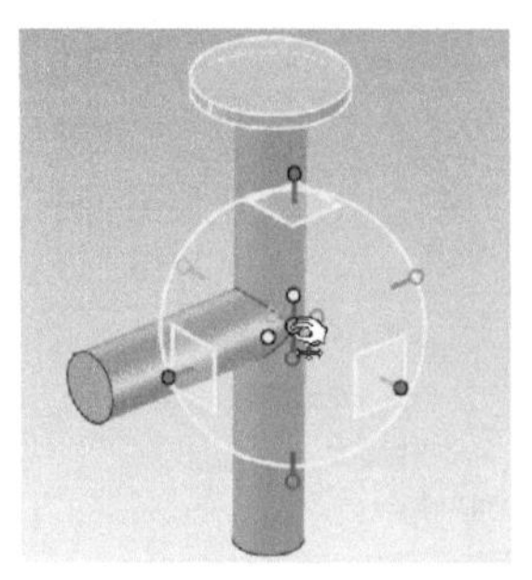

图 1-108　移动三维球

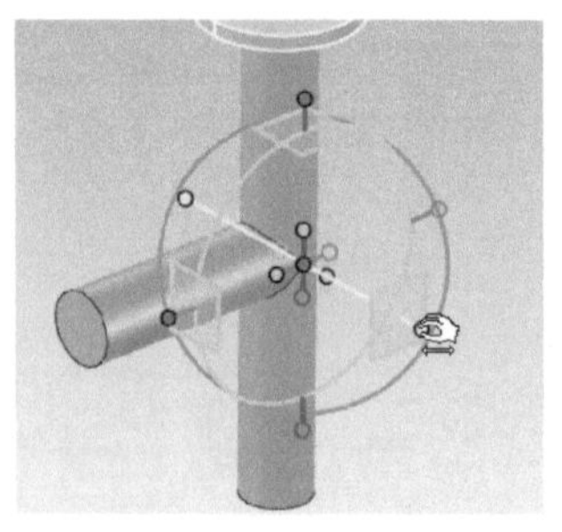

图 1-109　选择三维球长轴

将鼠标光标移动到三维球内部，此时鼠标光标显示如图 1-110 所示。按右键围绕所选长轴向所需方向旋转一定角度，接着释放右键，然后从弹出的右键快捷菜单中选择“拷贝”选项，如

图 1-111 所示。

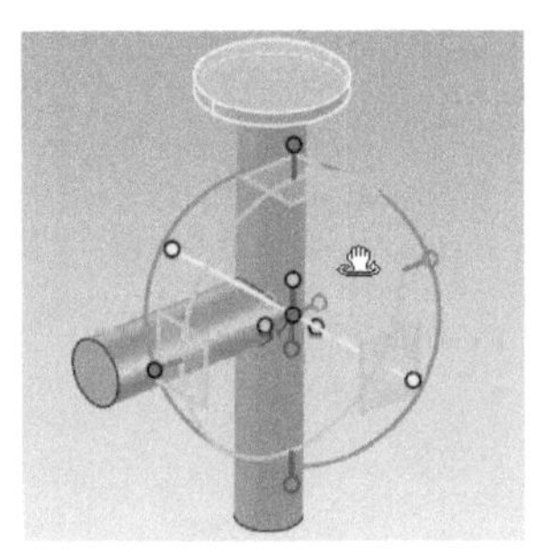

图 1-110 将鼠标光标移动到三维球内部

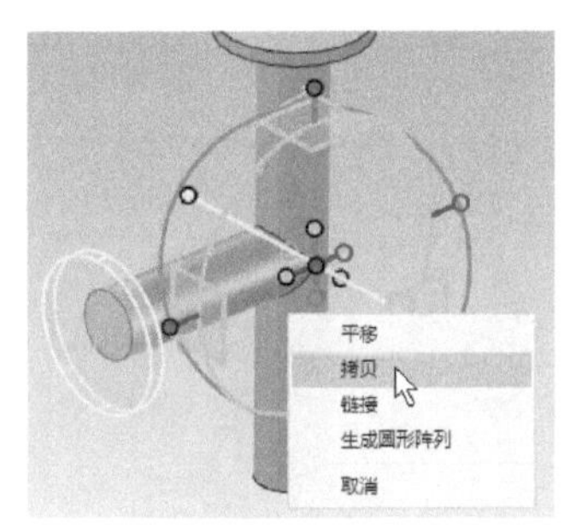

图 1-111 选择“拷贝”选项

系统弹出“重复拷贝/链接”对话框，设置数量为“2”，角度为“90”，如图 1-112 所示。然后单击“确定”按钮，再次按〈F10〉键，或者单击“三维球”按钮来取消三维球。

完成该步骤得到的模型效果如图 1-113 所示。

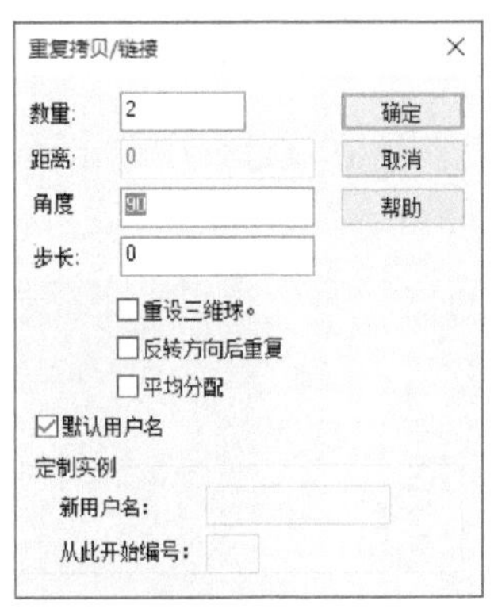

图 1-112 “重复拷贝/链接”对话框

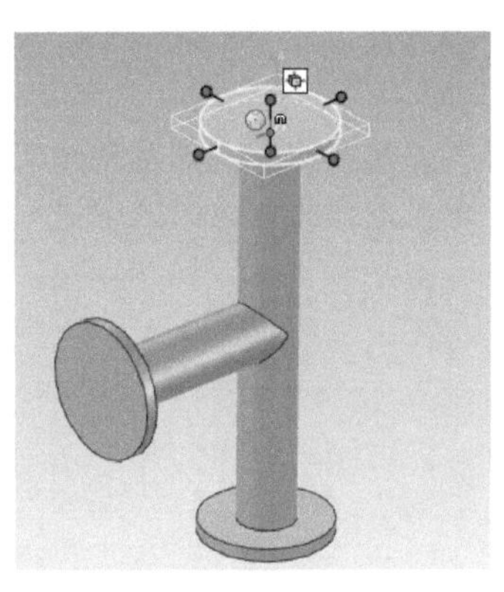

图 1-113 旋转复制的效果

（6）拖放“孔类圆柱体”智能图素

从“图素”设计元素库中使用鼠标左键将“孔类圆柱体”拖放到图 1-114 所示的圆柱体一端的中心处。接着，右击其中一个手柄，选择“编辑包围盒”命令，利用弹出来的“编辑包围盒”对话框设置长度为“45”，高度为“425”，如图 1-115 所示，然后单击“确定”按钮。

图 1-114 拖放“孔类圆柱体”

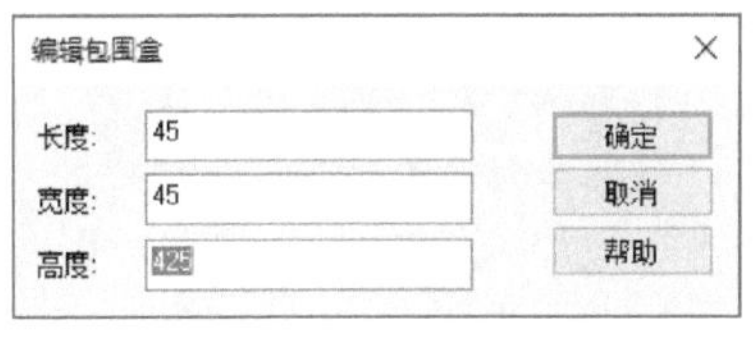

图 1-115 包围盒尺寸设置

（7）再拖放一个“孔类圆柱体”智能图素

使用同样的方法，从“图素”设计元素库中拖出“孔类圆柱体”放入设计环境中，需要智能捕捉到图 1-116 所示的端面中心，并编辑其包围盒数值为长“45”、高“212.5”，完成结果如

图 1-117 所示。

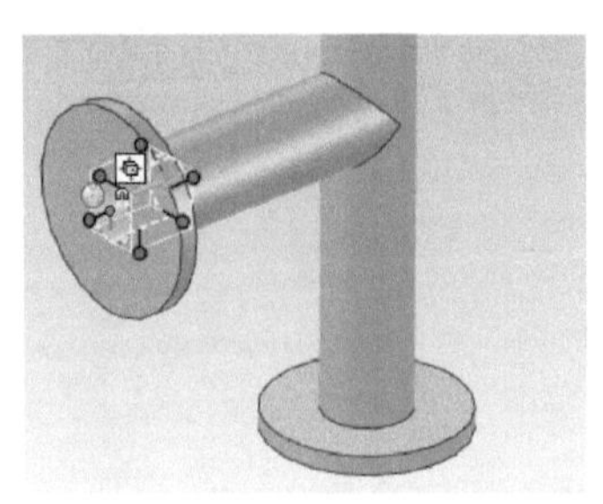

图 1-116　再次拖放“孔类圆柱体”

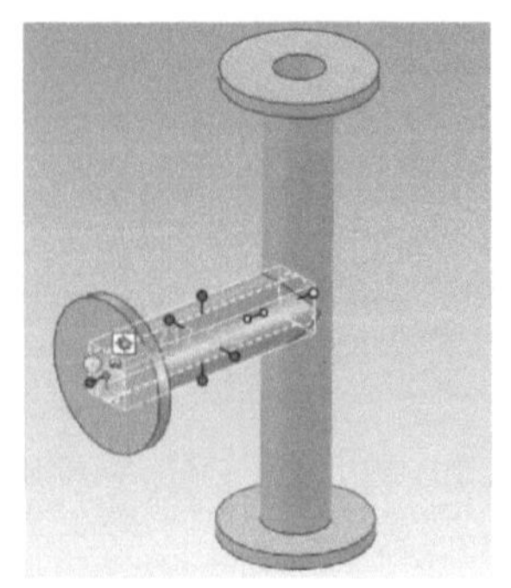

图 1-117　完成编辑包围盒

（8）继续拖放一个小的“孔类圆柱体”智能图素

使用同样的方法，从“图素”设计元素库中拖出“孔类圆柱体”，并将其放在零件的一个圆柱端面的中心点处，如图 1-118 所示。接着编辑包围盒，将其长度和宽度均设置为“16”，高度设置为“12. 5”。

如果在图形窗口中看不到该智能图素，那么可以打开设计树，在设计树中单击图 1-119 所示的图标，便可以选择和在绘图区中显示该小的孔类圆柱体。

图 1-118　拖放小圆柱孔

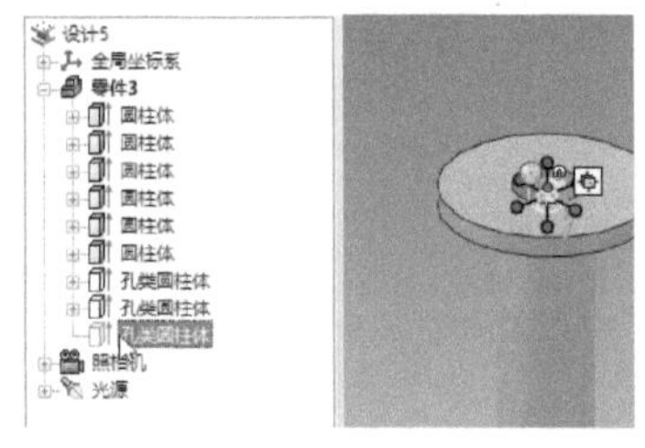

图 1-119　选择刚创建的孔类圆柱体

（9）使用三维球移动孔

使刚建立的孔图素处于智能图素编辑状态，按〈F10〉键，或者单击“三维球”按钮，启用三维球工具。选择其中一个外控制手柄，按住鼠标右键将其往外移动，松开鼠标右键，弹出一个快捷菜单，如图 1-120 所示，选择“平移”命令。在弹出来的“编辑距离”对话框中将距离设置为“53”，如图 1-121 所示。然后在“编辑距离”对话框中单击“确定”按钮。

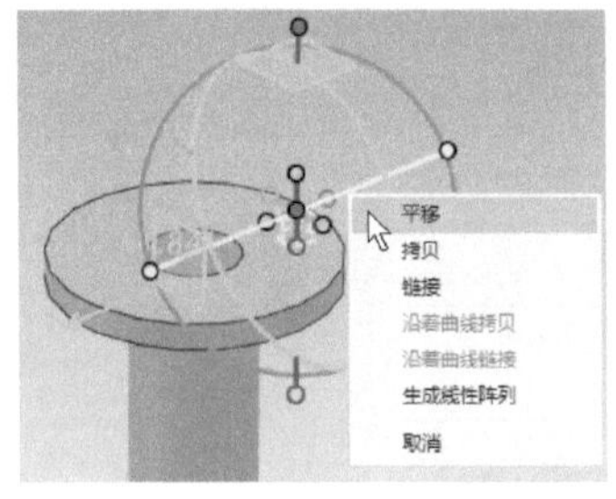

图 1-120　使用三维球移动孔

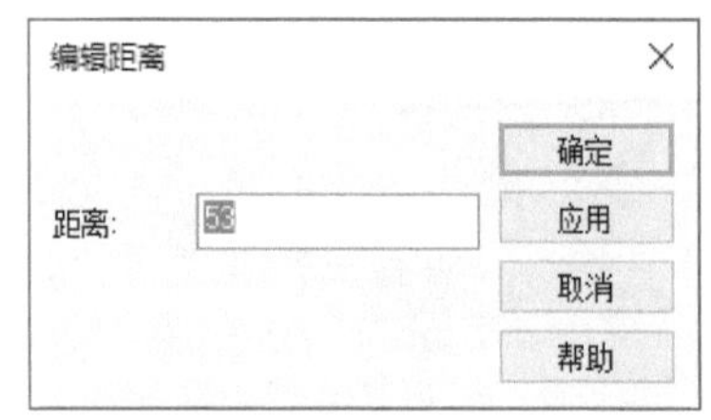

图 1-121　“编辑距离”对话框

（10）调整三维球中心，并进行圆周复制操作

单击空格键，使三维球脱离，将三维球移到中心点，如图 1-122 所示。再次单击空格键，将

三维球附着。

选取所需旋转轴所在的长轴，如图 1-123 所示。

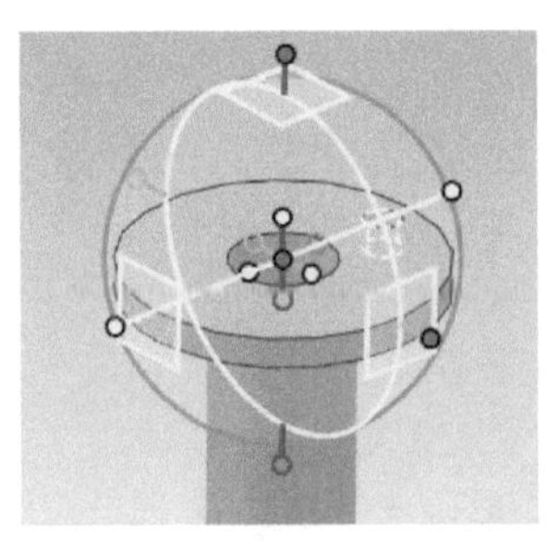

图 1-122 移动三维球

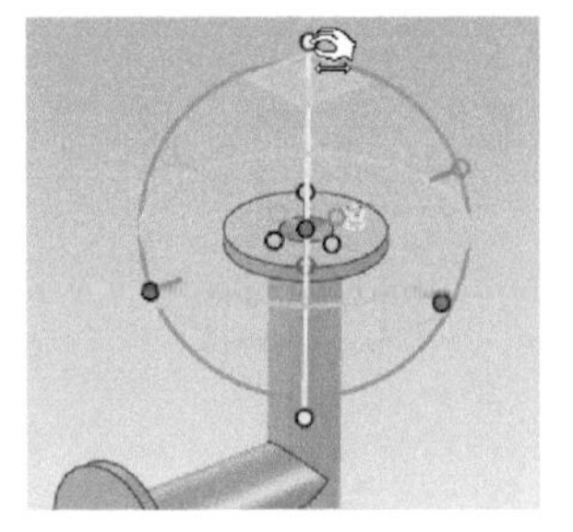

图 1-123 选取所需的长轴

将光标移至三维球内部，按住鼠标右键绕旋转轴的正确方向旋转拖动，释放鼠标右键时弹出一个快捷菜单，从快捷菜单中选择“拷贝”命令，打开“重复拷贝/链接”对话框，设置数量为“5”，角度为“60”，如图 1-124 所示，然后单击“确定”按钮。

按〈F10〉键，或者单击“三维球”按钮，以关闭三维球。

此时，模型效果如图 1-125 所示。

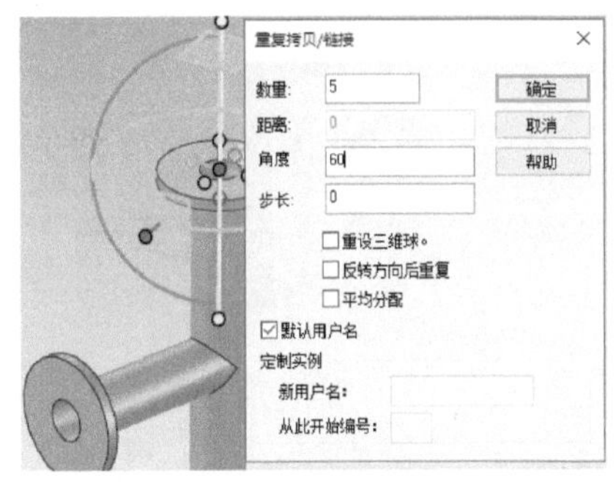

图 1-124 设置旋转重复复制参数

图 1-125 模型效果

(11) 旋转复制 3

在设计树中结合〈Shift〉键拾取要复制的 6 个小孔，如图 1-126 所示。单击“三维球”按钮来启用三维球。单击空格键使三维球脱离，接着将三维球移到图 1-127 所示的位置。

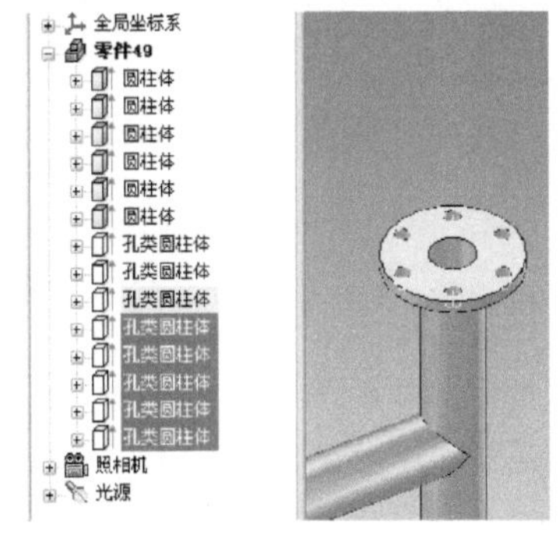

图 1-126 在设计树中选择要复制的对象

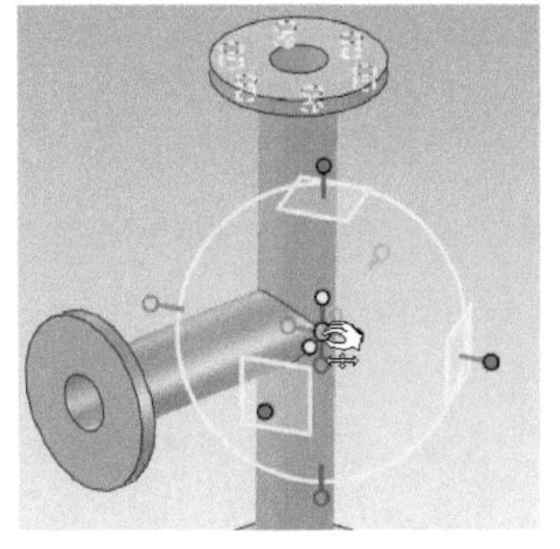

图 1-127 移动三维球

在设计环境中的任意位置右击鼠标，接着从弹出的快捷菜单中选择“三维球定向”命令，如图 1-128 所示，从而确保使三维球的方向轴与整体坐标轴（L，W，H）对齐。也可以采用别的方法定义三维球的轴向以满足旋转轴线的要求。三维球的定向结果如图 1-129 所示。然后再次单击空格键以附着三维球。

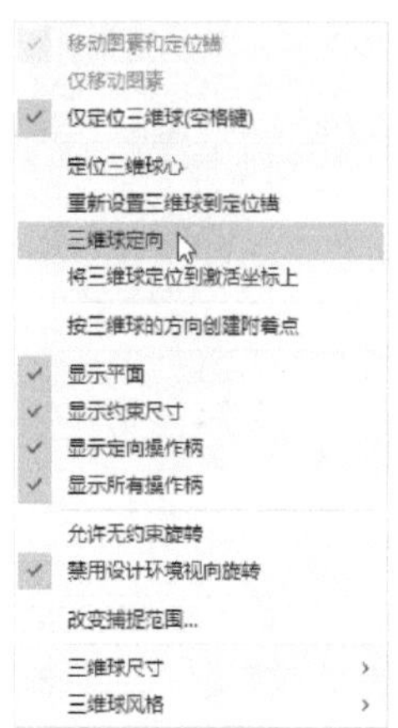

图 1-128 选择“三维球定向”命令

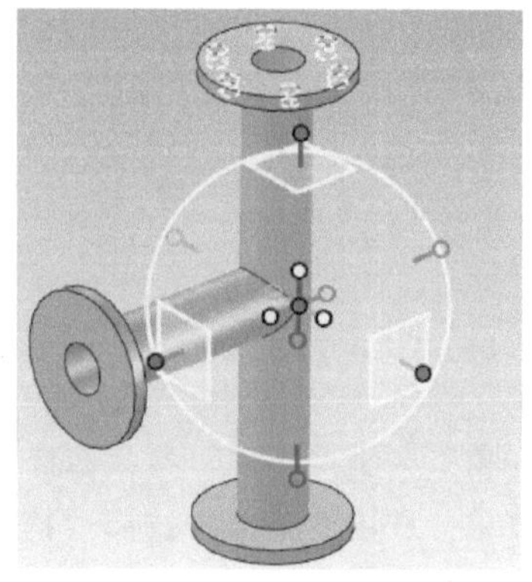
图 1-129 三维球定向

使用鼠标左键选取三维球所需的一条长轴，然后将鼠标光标置于三维球内部，如图 1-130 所示。按住鼠标右键绕长轴顺时针旋转，释放鼠标右键时弹出一个快捷菜单，选择“拷贝”命令，在弹出的“重复拷贝/链接”对话框中设置数量为“2”，角度为“-90”，如图 1-131 所示。

在“重复拷贝/链接”对话框中单击“确定”按钮，得到的模型效果如图 1-132 所示。

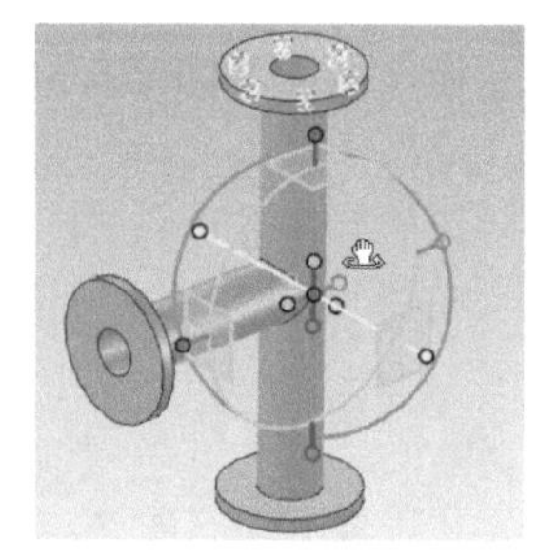
图 1-130 选取三维球一条长轴后

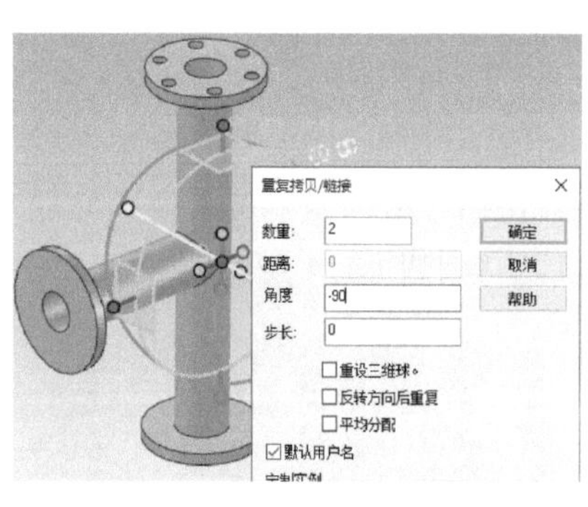

图 1-131 设置重复复制的参数

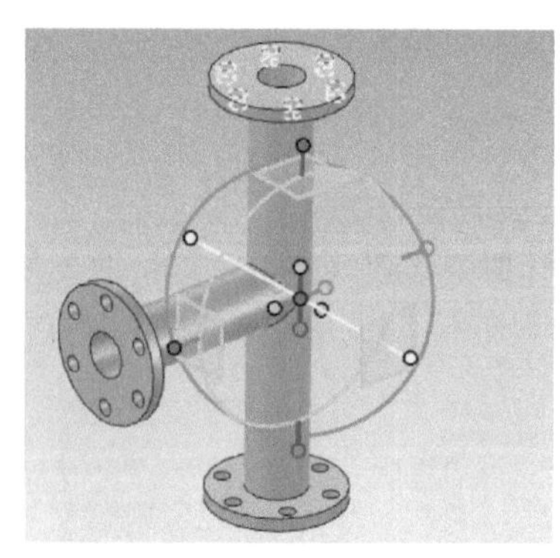
图 1-132 得到的模型效果

最后单击“三维球”按钮取消三维球的选择，完成本例操作。

1.14 思考与小试牛刀

1）CAXA 3D 实体设计的应用特点有哪些？

2）CAXA 3D 实体设计 2020 三维设计环境的交互界面主要由哪些部分组成？

3）思考：如何利用“设计环境”设计树为一个项命名？

提示：在设计树中单击所需项的名称，暂停一会后再次单击，接着在出现的文本框中输入新名称，按下〈Enter〉键即可命名。

4）如何进入智能图素编辑状态？

5）如何编辑包围盒的尺寸？

6）包围盒状态和形状设计状态如何切换？智能图素的这两个编辑状态各有什么特点？

7）如何使用三维球实现移动和线性阵列？如何使用三维球实现旋转和圆形阵列？

8）在标注智能尺寸时，假设将先选择的对象称为1，将选择的第二对象称为2，那么在改变尺寸驱动定位时，系统是以2为基准，那么1的位置会根据新尺寸进行调整吗？

9）如何理解三维创新设计的概念及其设计思路？

10）上机操作：创建图1-133所示的视孔盖零件。

11）上机练习：使用拖放式操作叠加成图1-134所示的组合件，具体尺寸自行确定。

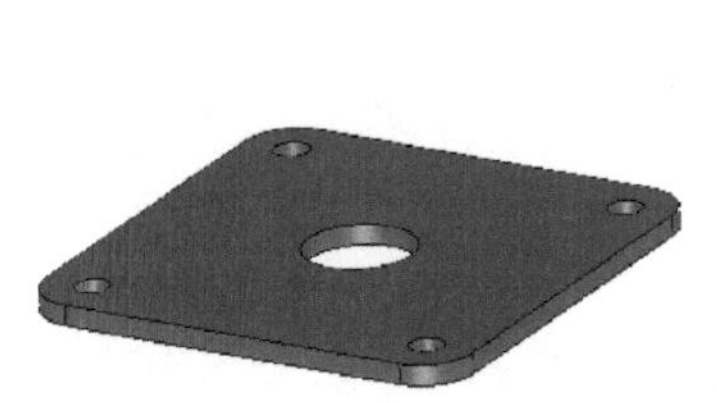

图1-133 视孔盖零件

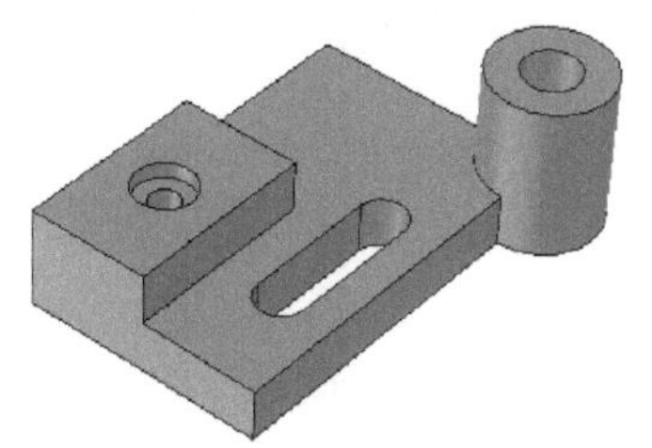

图1-134 组合件练习

12）上机操作：参照本章三通管设计范例，先建立图1-135所示的单通管模型，具体尺寸由读者根据模型效果而定。然后应用三维球进行整体旋转复制操作，最后得到图1-136所示的三通管模型效果。

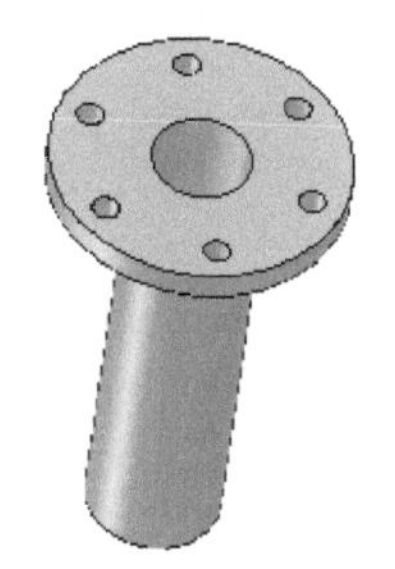

图1-135 先建立的模型

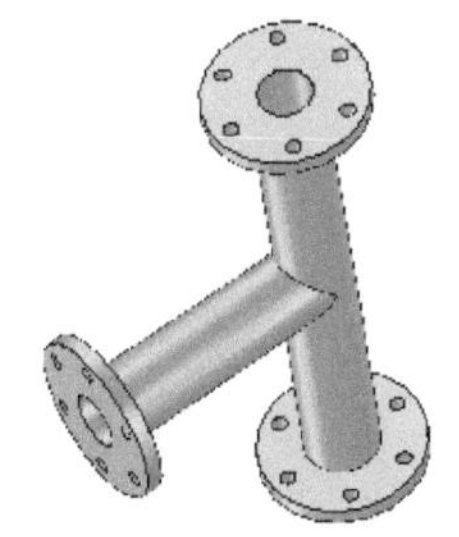

图1-136 完成的三通管

13）进修知识试一试：以将“圆柱体”智能图素拖入设计环境中为例，若将其拖放到某两个实体面相交的一条边上，会产生什么样的情形？

提示：圆柱体的轴线方向总是垂直于当前视向下视角范围较多的实体面，当然圆柱体的放置点会落在该实体面的一条相交边上，如图1-137所示。这需要用户在实际设计中注意，在拖入智能图素之前要调整视向。

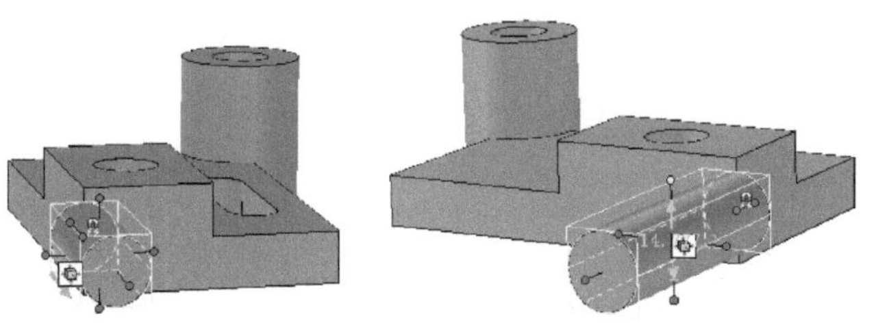

情形1　情形2

图1-137 两种生成情形

第 2 章　二 维 草 图

本章导读

二维草图在三维设计中具有很重要的地位，比如可以在指定平面上绘制二维草图，并利用一些特征创建工具将二维草图通过指定的方式生成三维实体或曲面。

本章重点介绍二维草图的实用知识，具体内容包括二维草图概述、草图绘制、草图修改、草图约束、输入二维图形和二维草图绘制综合范例。如果没有特别说明，本章使用工程设计模式。

2.1 二维草图概述

在 CAXA 3D 实体设计中，使用设计元素库可以完成很多的零件造型。同时系统也提供了一些特征创建工具来由用户创建自定义图素，以满足零件造型的设计要求。在使用某些特征创建工具时，需要绘制二维草图来生成三维实体或曲面。

创建草图的典型操作方法及步骤如下。

1）进入 CAXA 3D 实体设计的设计环境，在功能区打开图 2-1 所示的“草图”选项卡。在“草图”选项卡的“草图”面板中单击“二维草图”按钮，出现图 2-2 所示的“属性”管理栏，利用该管理栏设定二维草图定位类型等（一定要注意“几何元素”收集器、高级选项的应用），定位草图平面后单击“确定”按钮便可以在草图平面内开始二维草图的绘制。

图 2-1　功能区的“草图”选项卡

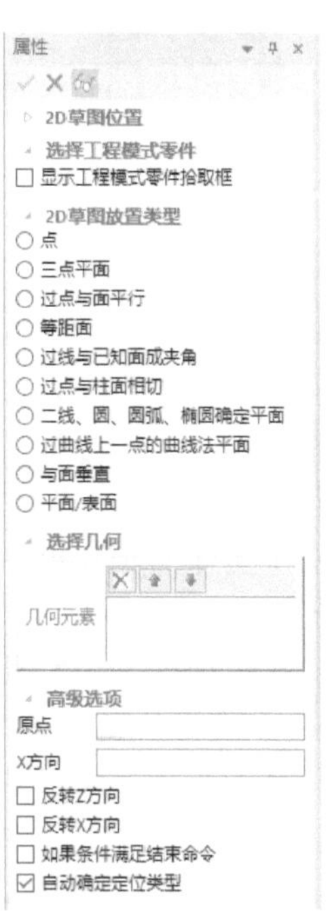

图 2-2　“属性”管理栏

在功能区“草图”选项卡中单击“二维草图”按钮下方的小箭头，将弹出一个下拉框，从中可以选择“在 X－Y 基准面”“在 Y－Z 基准面”“在 Z－X 基准面”选项。

2）在草图工作平面内，使用所需的草图工具绘制草图，示例如图 2-3 所示。

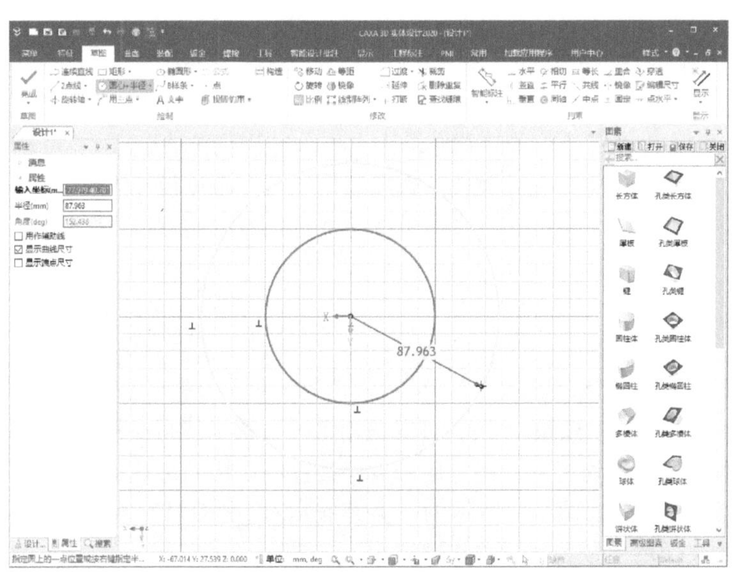

图 2-3 在草图工作平面上绘制草图

知识点拨：

在草图绘制模式下，可以利用功能区“草图”选项卡的“显示”面板中的相关复选按钮来对 2D 草图对象的显示进行设置，包括曲线尺寸、端点尺寸、栅格、所有端点、约束尺寸、约束和草图条件指示器的显示与否。

3）绘制和编辑好草图后，在“草图”面板中单击“完成”按钮。如果要取消草图，则在“草图”面板中展开更多的选项，单击“取消”按钮。另外也可以在草图基准面的空白区域单击鼠标右键，接着从弹出的一个快捷菜单中选择“结束绘图”命令或“取消绘图”命令来退出草图。

2.2 草图绘制

CAXA 3D 实体设计 2020 提供的用于草图绘制的工具集中在功能区“草图”选项卡中的“绘制”面板（以后简述为“绘制”面板）中，如图 2-4 所示。

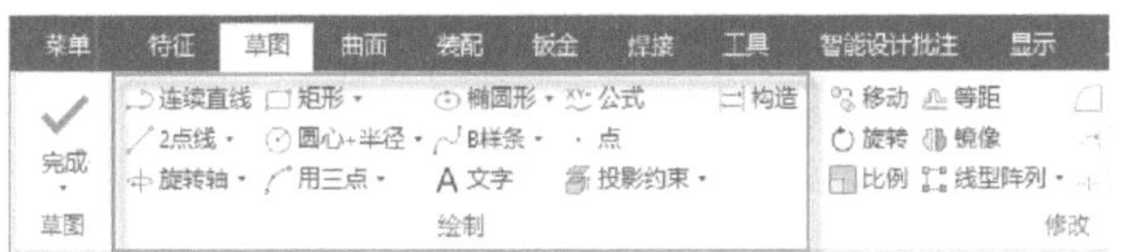

图 2-4 “绘制”面板

2.2.1 绘制单一直线

绘制单一直线的方式有三种，即“2 点线”“切线”和“法线”，其相应的绘制工具分别为、和。

1. 2 点线

顾名思义，2 点线就是通过在草图平面中指定两个点来绘制的直线段。2 点线的典型绘制方法如下。

1）进入草图平面后，在“绘制”面板中单击“2 点线”按钮。

2）使用鼠标左键在草图平面上依次单击两个点，这两个点将作为目标直线的两个端点。用户也可以在图 2-5 所示的“属性”管理栏中输入点的坐标来指定直线端点，或者通过输入长度和角度值来确定第二个端点。注意在“属性”选项组中，可以根据设计需要设置相关的复选框，如“用作辅助线”“锁定水平/竖直拖到”“显示曲线尺寸”“显示端点尺寸”和“反转曲线尺寸的方向”。

知识点拨：

输入坐标的典型样式为“X Y”或“X, Y”（X 值和 Y 值之间用一个空格或逗号“,”隔开）。

另外，在单击“2 点线”按钮后，可以使用鼠标右键来执行绘制操作，即使用鼠标单击的方式（单击左键和单击右键均可以）确定起始点，接着将鼠标光标移动到直线的另一个端点预定区域处，单击鼠标右键，弹出图 2-6 所示的“直线长度/斜度编辑”对话框，在该对话框中输入直线长度及与 X 轴夹角的度数，然后单击“确定”按钮，即可完成一条直线的绘制。

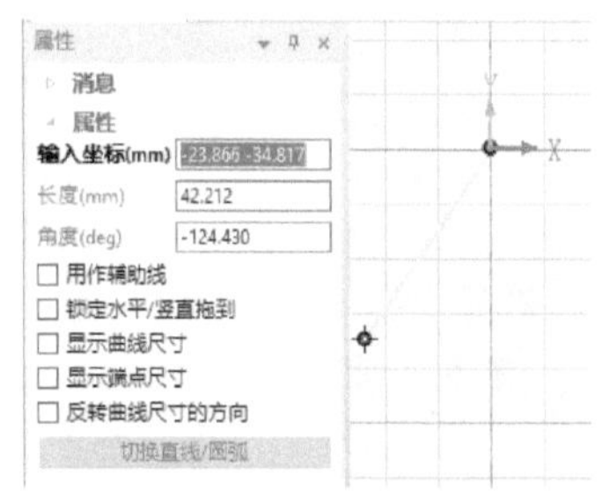

图 2-5 “属性”管理栏

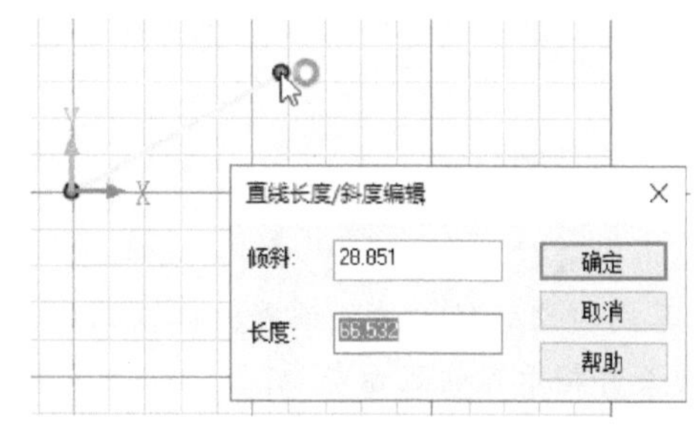

图 2-6 “直线长度/斜度编辑”对话框

2. 切线

可以绘制与圆、圆弧或圆角上的一个点相切的直线。绘制切线的典型操作步骤：在“绘制”面板中单击“切线”按钮，指定参考曲线（圆、圆弧或圆角），此时，在草图平面中会动态显示一条切线，将鼠标光标在合适的区域移动时，直线和圆的切点沿着圆周移动，而相切符号也随之移动。在合适的切点和长度处，单击鼠标左键确定切线的第二个端点，此时若按〈Esc〉键，则结束并退出命令操作。

和绘制两点线类似，可以使用“鼠标右键绘制”方法完成切线的绘制。请看下面的课堂范例。

【课堂范例】：使用“鼠标右键绘制”方法绘制切线

1）在草图平面上绘制一个圆，其半径为 30。该圆将作为用来绘制切线的参考曲线。

2）在“绘制”面板中单击“切线”按钮。

3）在该圆圆周上单击一点，如图 2-7 所示。

4）移动鼠标到合适的位置处，单击鼠标右键，弹出“切线倾斜角”对话框，在“倾斜”文本框中输入倾斜角为“-150”，长度为“50”，如图 2-8 所示。

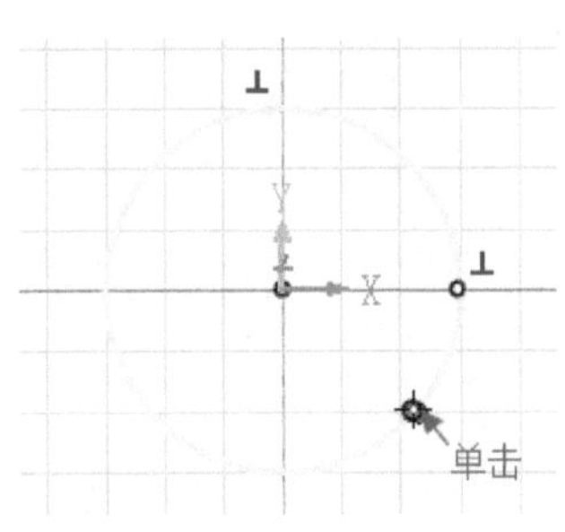

图 2-7 单击圆

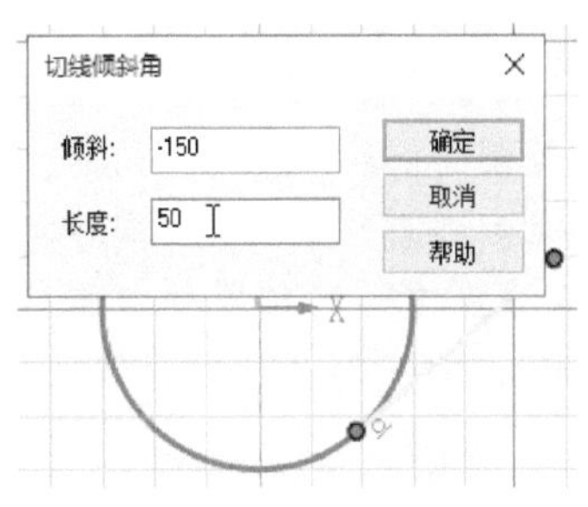

图 2-8 输入倾斜角和长度

5）在“切线倾斜角”对话框中单击“确定”按钮，完成绘制的切线如图 2-9 所示。

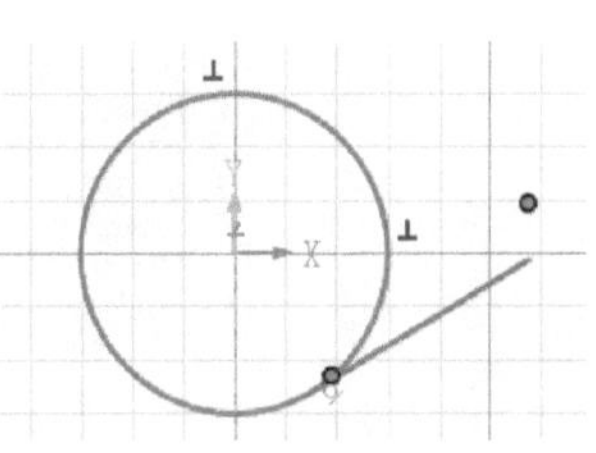
图 2-9 绘制切线

3. 法线

可以绘制与其他直线或曲线垂直（正交）的直线，也就是法线。绘制法线的典型操作步骤：在“绘制”面板中单击“法线”按钮，接着指定参考曲线，如在圆周上单击一点，再移动鼠标，动态出现一条法线和一对垂直符号，如图 2-10 所示；在合适的垂足点和长度处单击以确定法线的第二点，最后可再次单击“法线”按钮，结束该命令操作。

在绘制法线的过程中，指定参考曲线后，可以通过鼠标右键来指定垂线倾斜角和长度，即右击后系统弹出图 2-11 所示的“垂线倾斜角”对话框，利用该对话框设置倾斜角和法线长度，然后单击“确定”按钮即可获得所需的法线。

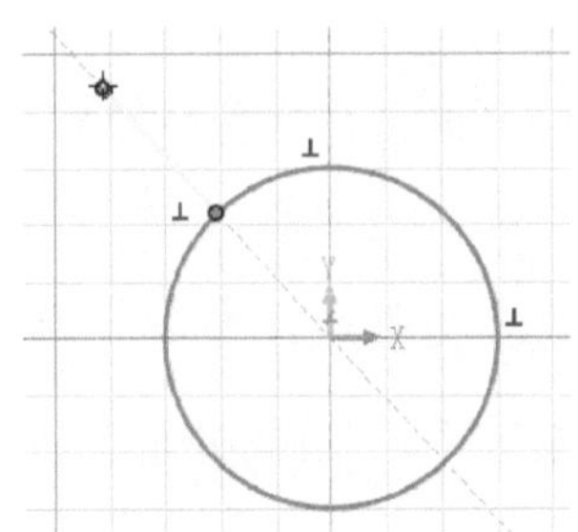
图 2-10 动态出现法线和垂直符号

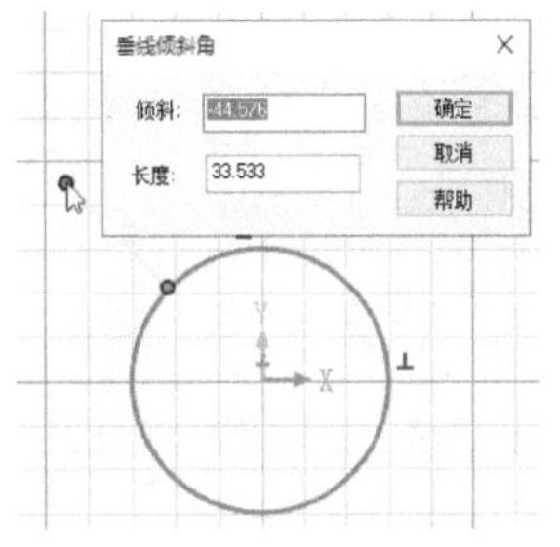

图 2-11 右击以指定垂线倾斜角

2.2.2 绘制连续轮廓线

可以绘制由直线和圆弧组合而成的相切轮廓线。要绘制连续轮廓线，则在“绘制”面板中单击“连续直线”按钮，在草图面中指定第 1 点，在“属性”管理栏（命令操作栏）中设置相关的选项，可以在绘制直线和绘制圆弧之间切换，如图 2-12 所示，接着指定下一点，从而完成一段线段绘制，还可以继续绘制轮廓线的其他线段。

在绘制轮廓线的过程中，同样可以使用“鼠标右键绘制”方法来绘制轮廓线。

【课堂范例】：绘制轮廓线

1）在“绘制”面板中单击“连续直线”按钮。

2）指定原点为第 1 点。

3）在“属性”管理栏的“输入坐标”文本框中输入“50 0”（50 和 0 之间要用空格隔开），

按〈Enter〉键确定。

4）在“属性”管理栏中单击“切换直线/圆弧”按钮，以切换到绘制圆弧状态。默认时连续圆弧与已绘制的前段线段是相切的，如果要切换圆弧与前段线段的位置关系，可以将鼠标移回已有线段端点后再向另外一个方向移动即可。

5）在直线上方适当位置处单击鼠标右键，弹出“编辑半径”对话框。输入半径为“10”，角度为“180”，如图2-13所示，然后单击“确定”按钮。

图2-12 “属性”管理栏

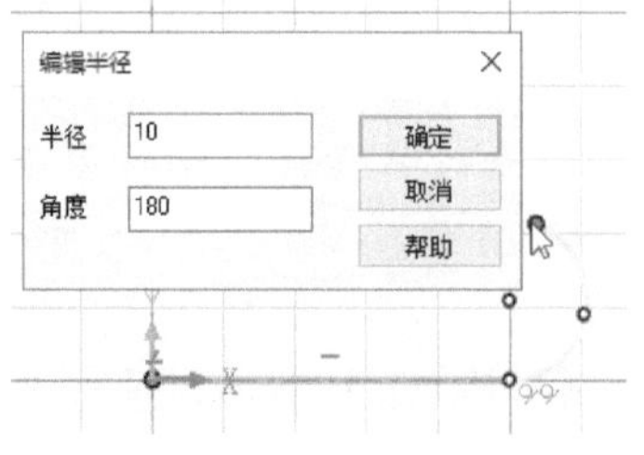

图2-13 编辑半径

6）确保接下去要绘制的是直线段，在“属性”管理栏的“输入坐标”文本框中输入“0 20”（两个坐标值0和20之间用空格隔开），按〈Enter〉键确定。也可以分别在“长度（mm）”文本框和“角度（deg）”文本框中输入相应的值。

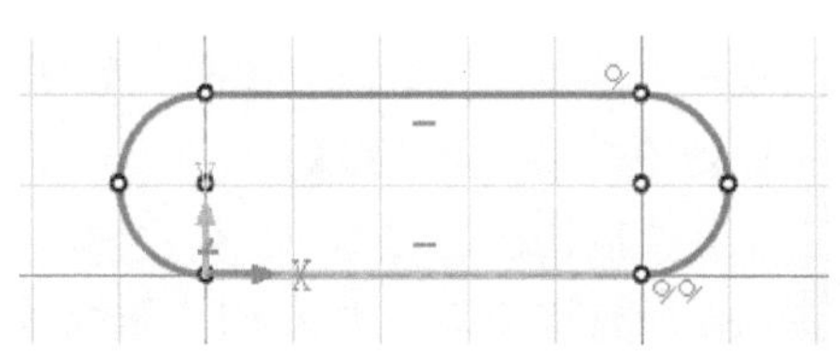

图2-14 完成绘制的轮廓线

7）在“属性”管理栏中单击“切换直线/圆弧”按钮，以切换到绘制圆弧的状态。

8）选择轮廓线起点（即草图坐标原点），从而完成图2-14所示的“跑道形”轮廓线。按〈Esc〉键结束该命令。

2.2.3 绘制矩形

绘制矩形的按钮工具有“矩形”按钮、“三点矩形”按钮、“中心矩形”按钮。

1. 绘制长方形

绘制长方形的典型方法步骤如下。

1）在“绘制”面板中单击“矩形”按钮。

2）指定长方形的第1点。

3）使用鼠标单击或输入坐标（见图2-15）的方式指定长方形的第2角点。也可以在草图中单击鼠标右键，利用打开的“编辑长方形”对话框设定长方形的长度和宽度，如图2-16所示，然后单击“确定”按钮即可。

图2-15 输入坐标

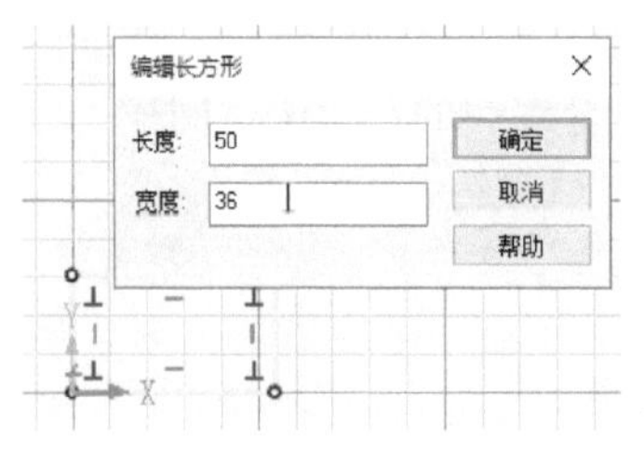

图2-16 “编辑长方形”对话框

4）可以继续绘制矩形，再次单击“矩形”按钮▭或按〈Esc〉键可结束命令。

2. 绘制三点矩形

单击“绘制”面板中的“三点矩形”按钮◇，可以快速绘制各种斜置的长方形，如图 2-17 所示。

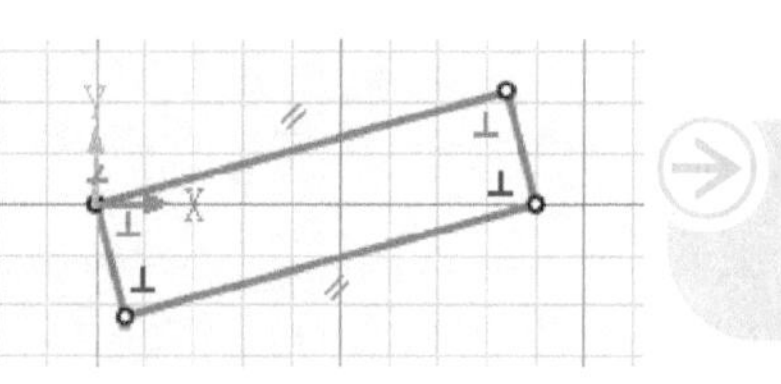

图 2-17 斜置的矩形

绘制三点矩形的典型方法步骤如下。

1）在“绘制”面板中单击“三点矩形”按钮◇。

2）指定三点矩形的第 1 点。

3）指定三点矩形的第 2 点，或者右击并利用弹出来的对话框编辑矩形的第一条边，如图 2-18 所示。

4）移动鼠标光标指定第 3 点来定义矩形。也可以将鼠标移动到某一个位置后右击，弹出图 2-19 所示的“编辑矩形的宽度”对话框，接着在该对话框中编辑矩形的宽度，然后单击“确定”按钮。

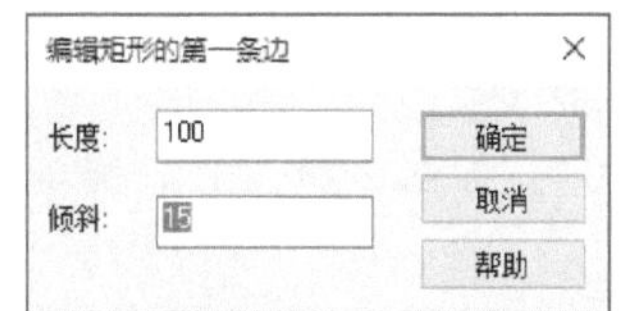

图 2-18 “编辑矩形的第一条边”对话框

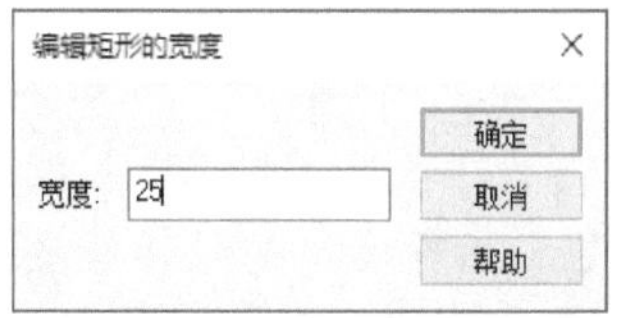

图 2-19 “编辑矩形的宽度”对话框

5）可以继续绘制另一个三点矩形。按〈Esc〉键可结束命令。

3. 绘制中心矩形

绘制中心矩形的典型方法和步骤如下。

1）在“绘制”面板单击“中心矩形”按钮▭。

2）指定矩形的中心。

3）指定矩形的第 2 点或按右键指定长度和宽度，绘制一个中心矩形，如图 2-20 所示。

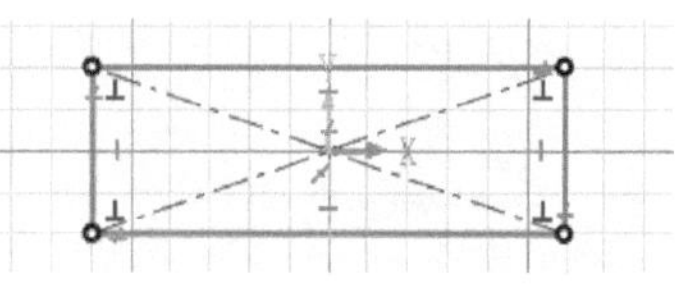

图 2-20 绘制中心矩形

2.2.4 绘制正多边形

正多边形的各条边是相等的，可以内接或外接于某个圆。

绘制正多边形的典型方法步骤如下。

1）在“绘制”面板中单击“多边形”按钮⬠。

2）指定多边形的中心点。

3）移动鼠标，则在草图平面中看到动态显示的默认多边形。用户可以在图 2-21 所示的“属性”管理栏中设置多边形的边数，并根据设计要求选择“外接”单选按钮或“内接”单选按钮，在“半径”文本框中输入内切圆或外接圆的半径值，在“角度”文本框中输入角度值，按〈Enter〉键确定便完成绘制一个多边形。

4）可以继续绘制其他的多边形。按〈Esc〉键或再次单击“多边形”按钮⬠可结束命令。

在单击“多边形”按钮⬠并指定多边形中心点后，如果在草图合适区域右击，则弹出图 2-22 所示的“编辑多边形”对话框，利用该对话框设置多边形的边数，选择“外接圆”单选按钮或“内切圆”单选按钮，并设定相应的圆半径和角度值，然后单击“确定”按钮，从而完成多边形的精确绘制。

图 2-21 “属性”管理栏

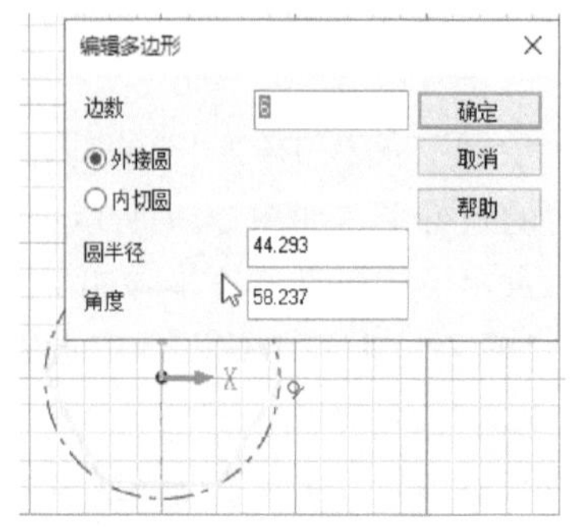

图 2-22 编辑多边形

【课堂范例】：绘制一个正五边形

要求该正五边形的中心坐标为（0,10）。

1）进入草图平面后，在“绘制”面板中单击“多边形”按钮。

2）在“属性”管理栏的“输入坐标”文本框中输入“0 10”，如图 2-23 所示，接着按〈Enter〉键确认。注意 X 坐标值和 Y 坐标值之间用一个空格隔开。

3）在“属性”管理栏中，设置边数为“5”，选择“外接”单选按钮，在“半径”文本框中输入“50”，在“角度”文本框中输入“0”，如图 2-24 所示，输入角度值后按〈Enter〉键。

4）完成的正五边形如图 2-25 所示。再次单击“多边形”按钮结束多边形绘制命令。

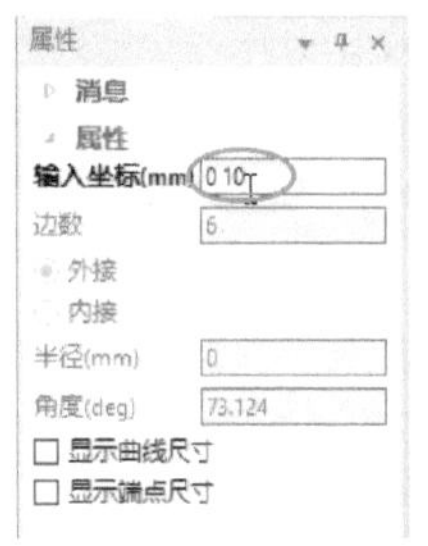

图 2-23 输入中心点的坐标

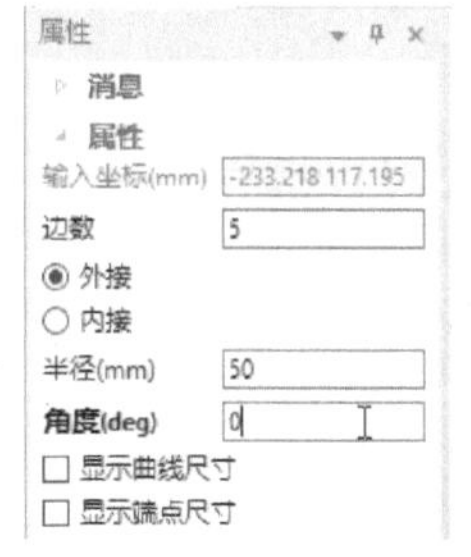

图 2-24 设置多边形参数

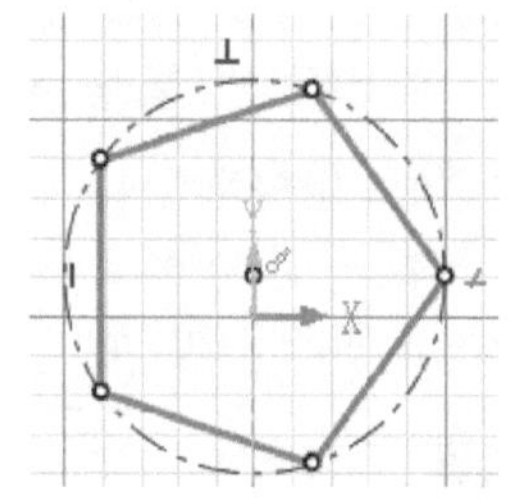
图 2-25 绘制的正五边形

2.2.5 绘制圆形

绘制圆的工具按钮有“圆：圆心＋半径”、“两点圆”、“三点圆”、“圆：一切点＋两点”、“圆：两切点＋一点”、“圆：三切点”。下面介绍这些工具按钮的应用。

1. “圆：圆心＋半径”

通过指定圆心和半径绘制圆的操作步骤如下。

1）在“绘制”面板中单击“圆：圆心＋半径”按钮。

2）指定圆的圆心。既可以在栅格上单击一点作为圆心，也可以在“属性”管理栏中输入圆心坐标，如图 2-26 所示。X 和 Y 坐标值之间可以用逗号或空格隔开。

3）指定圆上一点来确定半径，也可以在“属性”管理栏中输入半径值或圆上一点的坐标。如果在指定圆心后，在草图面中将光标拖动一定距离后右击，则可以打开图 2-27 所示的“编辑半径”对话框，在文本框中设置所需的半径，然后单击“确定”按钮。

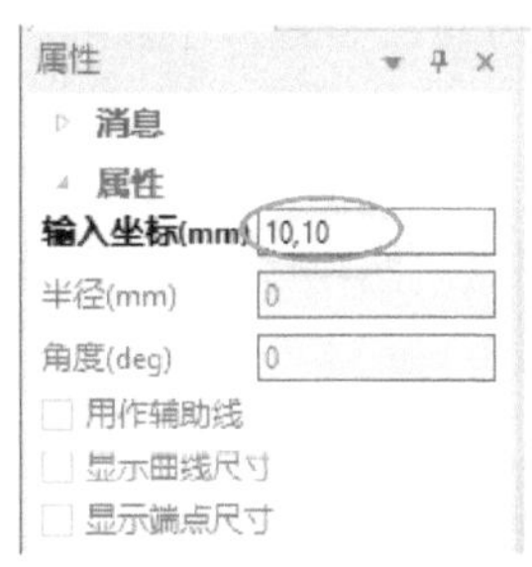

图 2-26 输入圆心坐标

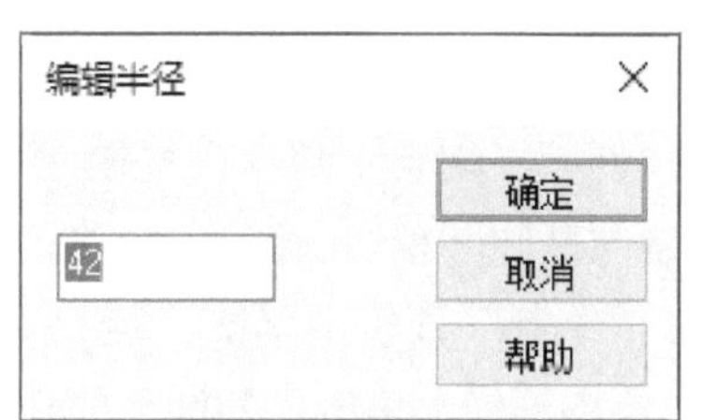

图 2-27 “编辑半径”对话框

假设绘制图 2-28 所示的圆，该圆的圆心坐标为（10，10），半径为“42”。绘制好该圆后，结束圆绘制命令，此时可以选中该圆，然后右击，从快捷菜单中选择“曲线属性”命令，则打开图 2-29 所示的对话框，从中可查看和编辑该圆的属性，完成后单击“确定”按钮。

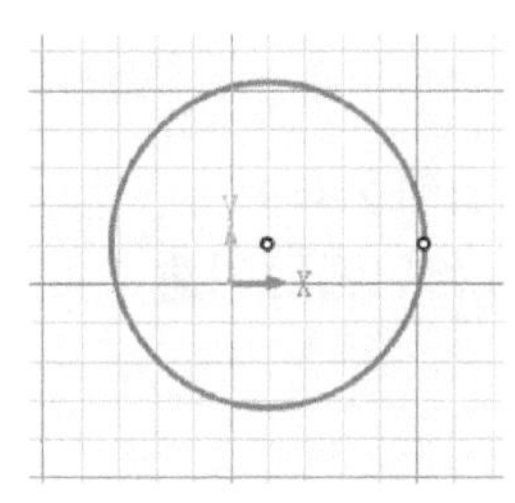
图 2-28 绘制圆

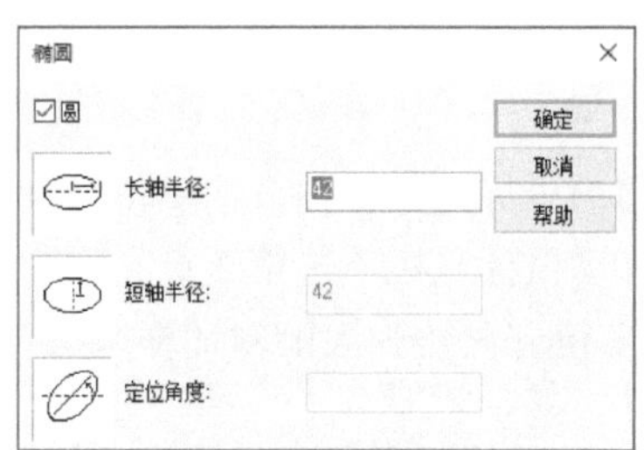

图 2-29 “椭圆”对话框

2. “两点圆”

该方式实际上就是指定直径上的两个端点来生成圆。请看下面的操作范例。

1）在“绘制”面板中单击“两点圆”按钮。

2）在提示下指定圆上第一点。

3）在提示下指定圆上的另一点，如图 2-30 所示，从而完成绘制一个圆。

4）再次单击“两点圆”按钮，或按〈Esc〉键，可结束绘制。

3. “三点圆”

通过指定 3 个点来绘制一个圆，其典型操作方法如下。

1）在“绘制”面板中单击“三点圆”按钮。

2）在提示下指定圆上第 1 点。

3）在提示下指定圆上第 2 点。

4）在提示下指定圆上第 3 点，从而绘制一个圆，如图 2-31 所示。

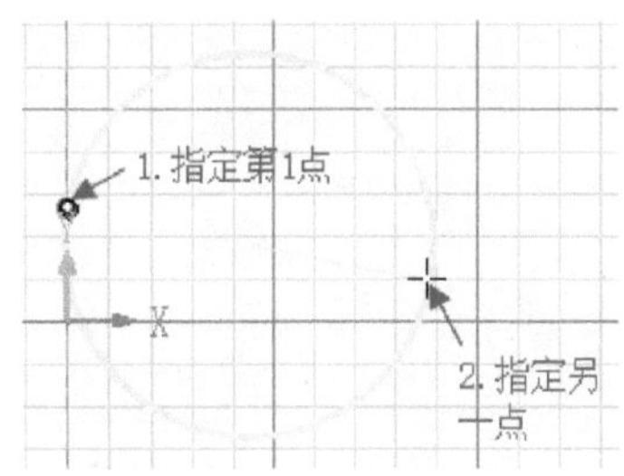

图 2-30 指定两点绘制一个圆

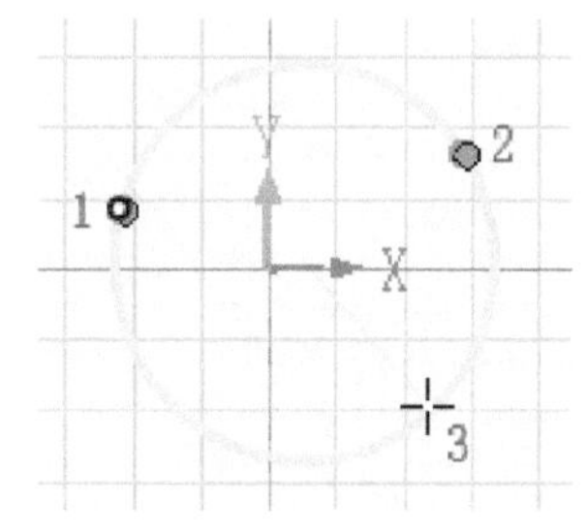

图 2-31 指定 3 点绘制一个圆

注意：在指定两点后，移动鼠标光标时，系统将拉出一个圆周包含前两个点和鼠标当前位置点的圆，此时可右击，利用弹出的图 2-32 所示的“编辑半径”对话框设置半径来完成圆绘制。

4. “圆：一切点 + 两点”

使用“圆：一切点 + 两点”按钮可以绘制一个与圆、圆弧、圆角或直线相切的圆。

以绘制与已知圆相切的圆为例，介绍其绘制步骤。

1）在“绘制”面板中单击“圆：一切点 + 两点”按钮。

2）在草图栅格上单击已知圆上的任一点以指定参考曲线，如图 2-33 所示。

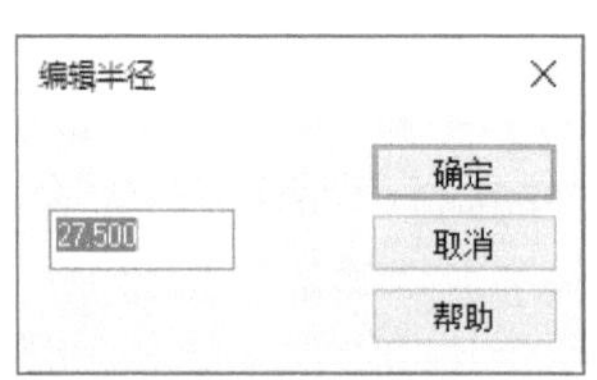

图 2-32 “编辑半径”对话框

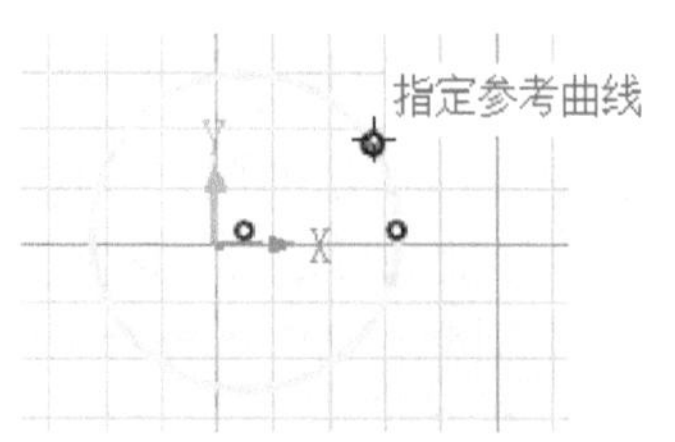

图 2-33 指定参考曲线

3）移动鼠标光标，在合适的位置处单击以指定圆上一点，如图 2-34 所示。

4）移动鼠标光标单击第 2 点，如图 2-35 所示，从而完成该相切圆的创建。在该步骤中也可以通过按右键并利用弹出的对话框来指定半径。

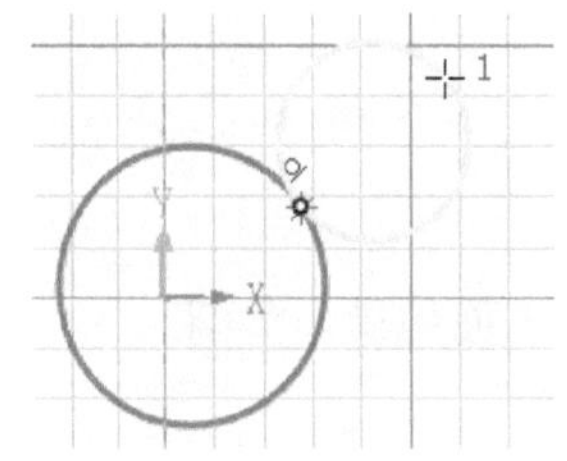

图 2-34 指定第 1 点

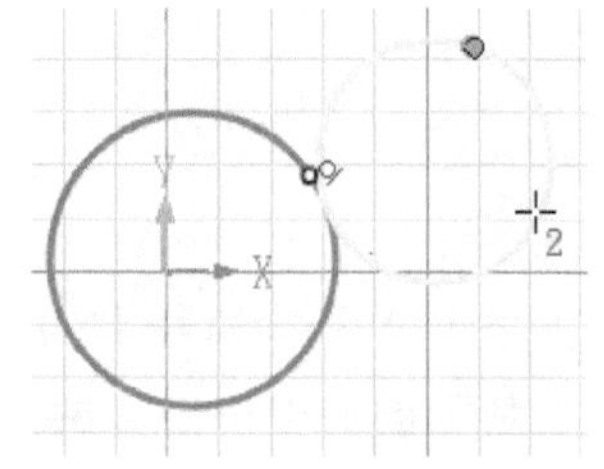

图 2-35 指定第 2 点绘制相切圆

5. “圆：两切点 + 一点”

使用“圆：两切点 + 一点”按钮，可以通过指定两切线与一点来创建圆。

【课堂范例】：指定两切线和 1 点生成圆

1）在“绘制”面板中单击“圆：两切点 + 一点”按钮。

2）单击图 2-36 所示的圆。

3）移动鼠标光标单击图 2-37 所示的直线。

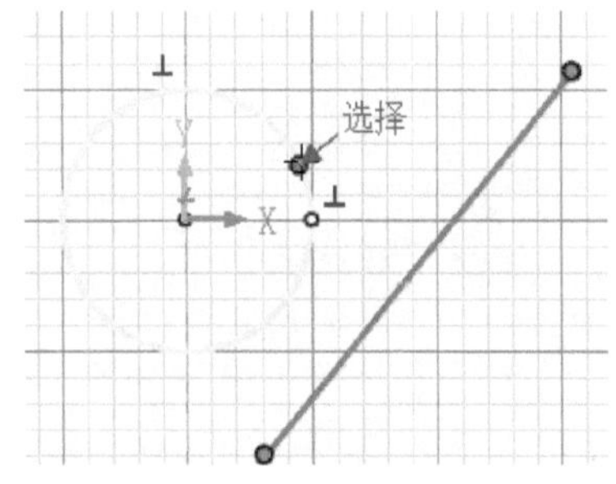

图 2-36 单击圆

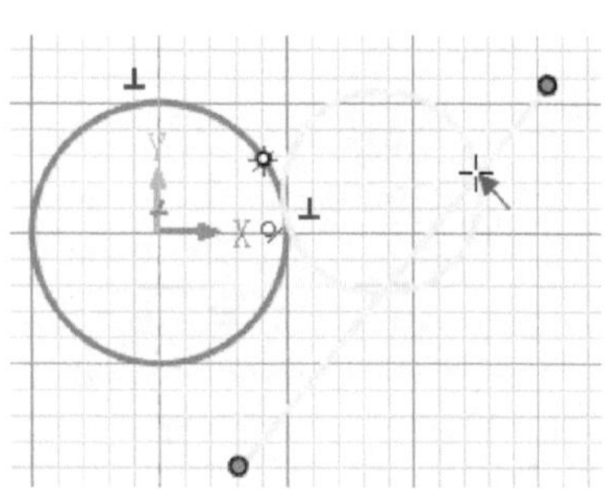

图 2-37 单击直线

4）移动鼠标光标单击一点，完成一个相切圆，如图 2-38 所示。注意拾取点的位置不同，则生成的相切圆会不同，如图 2-39 所示。

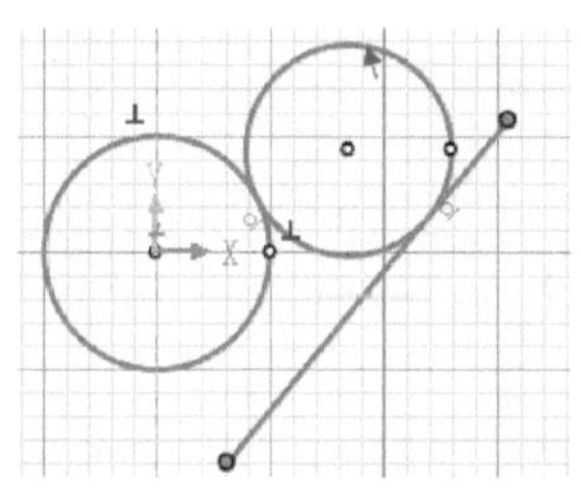

图 2-38　完成一个相切圆

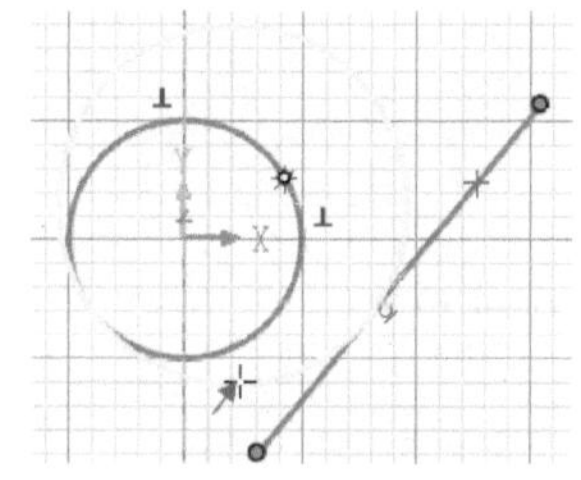

图 2-39　可生成的相切圆 2

6. “圆：三切点”

使用“圆：三切点”按钮，可以创建一个与三个已知对象（圆、圆弧、圆角或直线）相切的圆。使用 3 切点绘制的相切圆如图 2-40 所示，注意拾取对象的位置，这会影响到生成的相切圆。

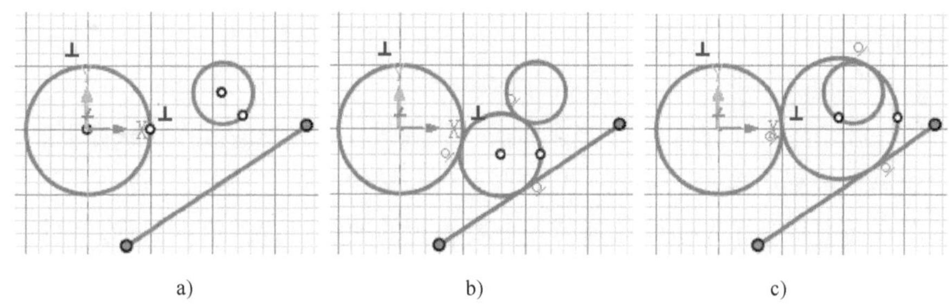

a)　　b)　　c)

图 2-40　使用 3 切点绘制相切圆

a）已有 3 图线　b）生成圆的情形 1　c）生成圆的情形 2

要创建 3 切点的圆，首先要求已经存在所需的二维图形，单击“圆：三切点”按钮后，分别单击两个已知图形对象，接着将光标移动到第三个图形对象处，当光标定位到生成所希望得到的圆的位置时，单击即可得到相切圆。

2.2.6 绘制单一圆弧

CAXA 3D 实体设计 2020 系统提供了多种用于绘制单一圆弧的工具按钮，如“圆弧：两端点”按钮、“圆弧：圆心和端点”按钮，“圆弧：用三点”按钮和“圆弧：二切点 + 点”按钮。

1. “圆弧：两端点”按钮

使用该方式绘制圆弧的典型操作方法及步骤如下。

1）在“绘制”面板中单击“圆弧：两端点”按钮。

2）指定圆弧的第 1 点。

3）指定圆弧的第 2 点。

4）再次单击“圆弧：两端点”按钮，结束该命令操作。绘制的半圆形圆弧如图 2-41 所示，该方式是通过指定圆周上两点并以这两点间的线段长度为直径绘制一个圆弧。

2. “圆弧：圆心和端点”按钮

可以通过分别定义圆心位置和圆弧的两个端点位置来创建圆弧，其具体的操作步骤图解如

图 2-42 所示。

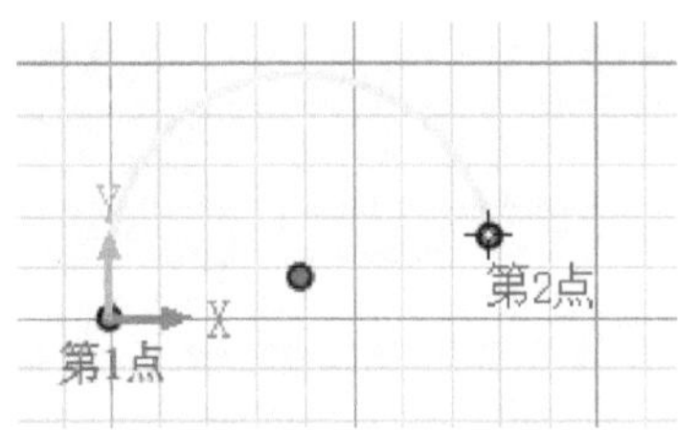

图 2-41　通过指定两个端点绘制的圆弧

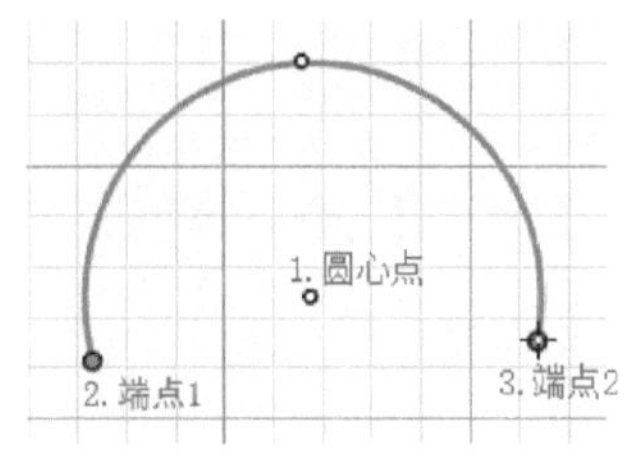

图 2-42　通过指定圆心和两个端点绘制圆弧

3. "圆弧：用三点"按钮

此方式是通过指定的 3 个点来绘制圆弧，其典型的操作步骤如下。

1）在"绘制"面板中单击"圆弧：用三点"按钮。

2）指定第 1 点作为圆弧的起始点。

3）指定第 2 点作为圆弧的终止点。

4）移动鼠标光标来指定第 3 点，该点将间接确定圆弧的半径，从而绘制经过这 3 个点的圆弧，如图 2-43 所示。

4. "圆弧：二切点 + 点"按钮

此方式是通过指定两个切点和一个点来生成一段圆弧，其典型的操作步骤如下。

1）在"绘制"面板中单击"圆弧：二切点 + 点"按钮。

2）在草图平面中将鼠标光标移动到第一个要相切的曲线位置，单击鼠标左键以设定圆弧的第一个切点。

3）将鼠标光标移动到第二个要相切的曲线位置，单击鼠标左键。

4）将鼠标光标移动到希望生成圆弧的位置，然后单击鼠标左键以生成圆弧，如图 2-44 所示。

图 2-43　通过指定 3 点绘制圆弧

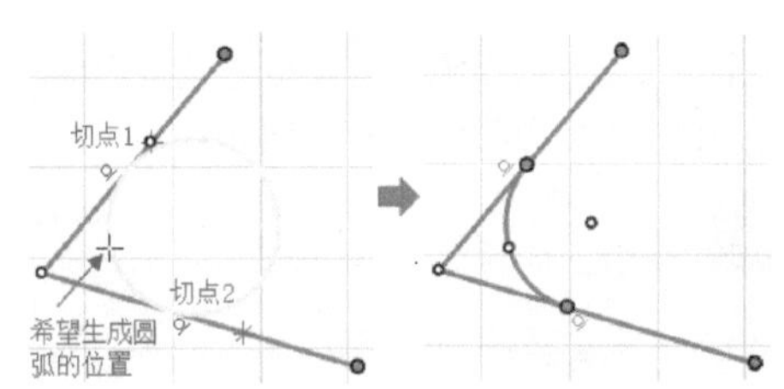

图 2-44　通过"二切点 + 点"生成圆弧

2.2.7 绘制椭圆

绘制椭圆的方法和典型步骤如下。

1）在"绘制"面板中单击"椭圆形"按钮。

2）指定椭圆中心，如指定原点作为椭圆中心。

3）系统提示指定椭圆长轴半径，或按右键指定倾斜角度和长度。此时，可将鼠标移动到合适位置，单击鼠标右键，弹出"椭圆长轴"对话框，在该对话框中设定椭圆的长轴参数（长度值和倾斜角度），如图 2-45 所示，然后单击"确定"按钮。

4）系统提示指定椭圆短轴半径，或按右键指定短轴半径。此时，可移动鼠标，接着右击，弹出“编辑短轴”对话框，在文本框中输入短轴参数，如图 2-46 所示，然后单击“确定”按钮。

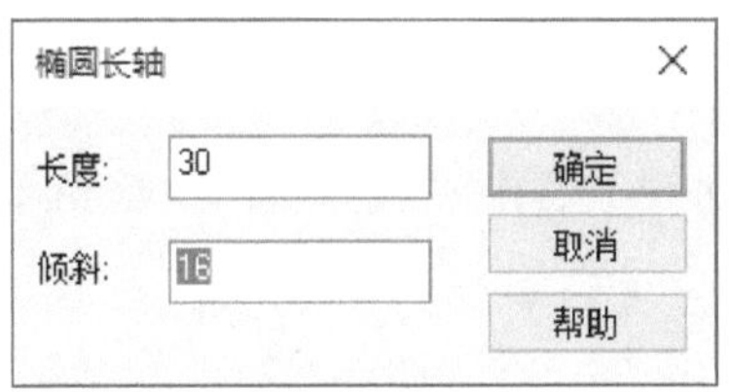

图 2-45 “椭圆长轴”对话框

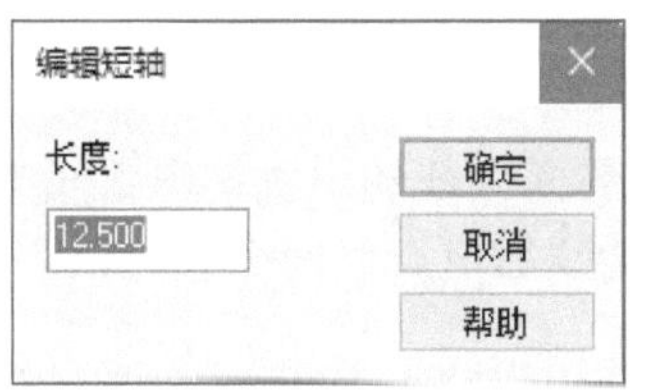

图 2-46 “编辑短轴”对话框

5）可以继续绘制其他椭圆。再次单击“椭圆形”按钮结束命令。

绘制的椭圆示例如图 2-47 所示。

2.2.8 绘制椭圆弧

可以采用以下方法步骤来创建椭圆弧。

1）在“绘制”面板中单击“椭圆弧”按钮。

2）指定一点作为椭圆弧的中心。

3）在栅格上单击一点确定椭圆弧的长轴半径，或者右击并利用弹出来的对话框设定长轴参数。

4）在栅格上单击一点确定椭圆弧的短轴半径，或者右击并利用弹出来的对话框设定短轴参数。

5）移动鼠标光标，则黄色圆弧随之移动，单击一点以确定椭圆弧的起始点，或者右击并利用弹出来的对话框设置起始角度。

6）移动鼠标光标，在合适的位置处单击一点，确定椭圆弧的终止点，或者右击并利用弹出来的对话框设置末端角度。

7）再次单击“椭圆弧”按钮，或者按〈Esc〉键结束椭圆弧创建命令。

绘制椭圆弧的示例如图 2-48 所示。

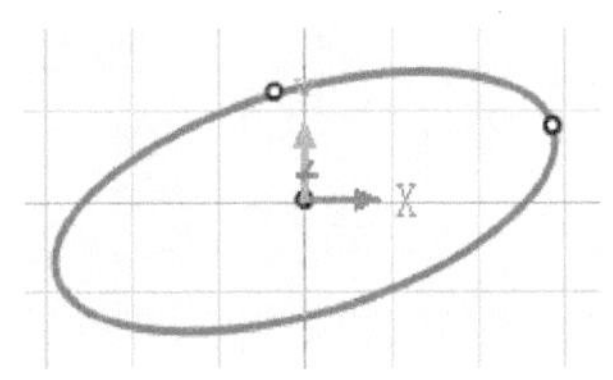

图 2-47 绘制的椭圆

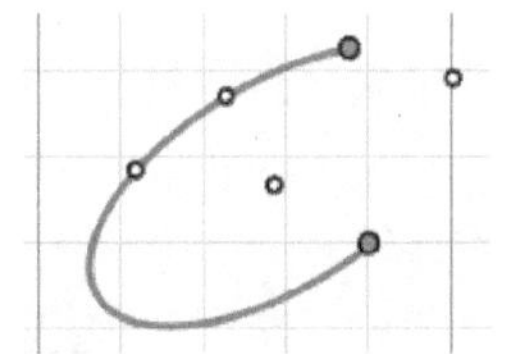

图 2-48 绘制椭圆弧的示例

2.2.9 绘制点

在“绘制”面板中单击“点”按钮，接着即可在草图基准面中的指定位置绘制一个点，还可以继续其他点的绘制。绘制的点在草图中的显示样式如图 2-49 所示。

2.2.10 绘制 B 样条曲线

可以通过指定一系列点绘制 B 样条曲线，其典型方法及步骤如下。

1）在“绘制”面板中单击“B 样条”按钮。

2）在草图平面中指定一点作为 B 样条上第一个端点。

3）继续指定其他的点（将作为插值点），以生成一条连续的 B 样条曲线。

4）单击鼠标右键结束该样条绘制。可继续绘制其他 B 样条曲线，若再次单“B 样条”按钮则结束操作。

绘制 B 样条曲线的示例如图 2-50 所示。如果在样条曲线上右击并从弹出的快捷菜单中选择“插入样条曲线插值点”命令，可以添加所需的插值点。

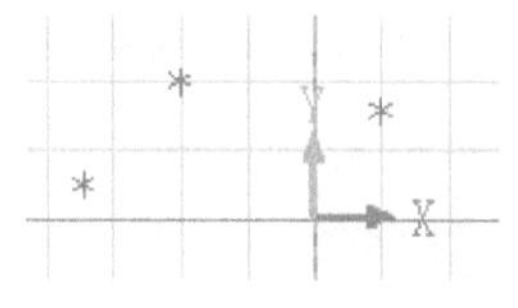

图 2-49　绘制点的示例

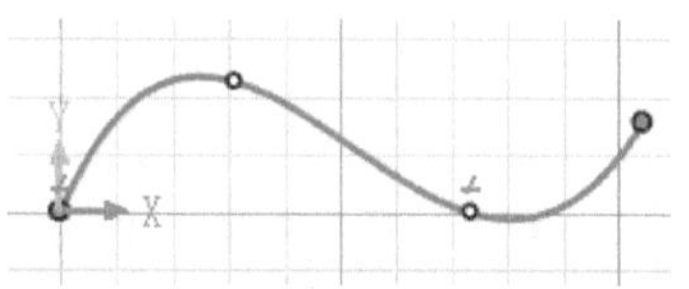

图 2-50　绘制 B 样条曲线的示例

2.2.11 绘制 Bezier 曲线

可以指定点生成过点的 Bezier 曲线，其典型方法及步骤如下。

1）在“绘制”面板中单击“Bezier 曲线”按钮。

2）为曲线指定第 1 点。

3）指定曲线的下一个点。

4）继续指定曲线的其他点，以生成一条连续的过这些点的 Bezier 曲线。在拾取了若干个点后，单击鼠标右键结束输入，从而结束绘制一条 Bezier 曲线。

绘制 Bezier 曲线的示例如图 2-51 所示。

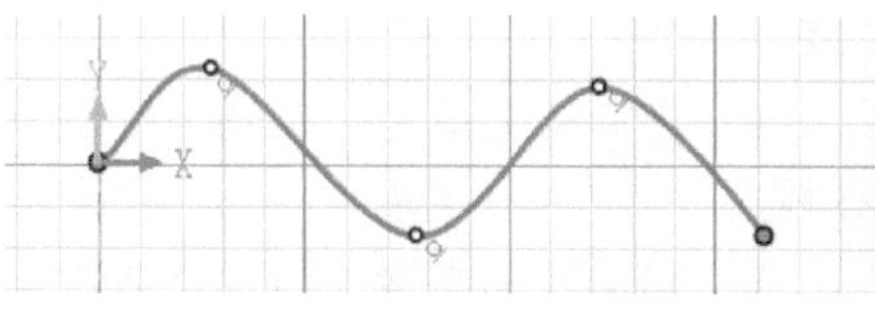

图 2-51　绘制 Bezier 曲线的示例

2.2.12 绘制公式曲线

在“绘制”面板中单击“公式曲线”按钮，系统弹出图 2-52 所示的“公式曲线”对话框。在该对话框的“公式曲线列表”中选择所需的一个公式名称，接着在“公式曲线属性”选项组中设定坐标系、可变单位、参数变量、表达式等，并可以预览公式曲线属性，然后单击“确定”按钮，即可完成绘制一条公式曲线。绘制公式曲线的示例如图 2-53 所示。

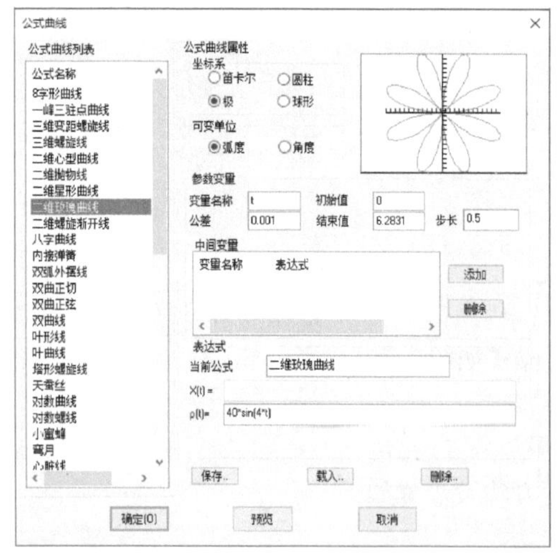

图 2-52　“公式曲线”对话框

图 2-53　绘制公式曲线的示例

注意："公式曲线"对话框中还提供"保存""载入""删除"这3个实用的按钮。"保存"按钮用于保存当前曲线，它针对的是定义好属性的当前曲线；"载入"按钮用于载入其他曲线公式；"删除"按钮用于删除选定的已存在于公式库的曲线。

2.2.13 构造线/辅助线

CAXA 3D 实体设计 2020 为用户提供了一类用于为生成复杂二维草图绘制构造线/辅助线的工具。所谓的构造线，通常只用来辅助绘制草图，而不可用来生成实体或曲面。

1. 构造辅助几何

"绘制"面板中的"构造"按钮是很实用的，使用它可以把绘制的曲线定义为构造辅助几何。该工具通常与其他二维草图绘制工具同时使用。

【课堂范例】：绘制带有构造辅助线的草图

该范例的具体操作步骤如下。

1）进入草图绘制模式，在"绘制"面板中分别单击"构造"按钮和"圆：圆心＋半径"按钮，即让"构造"按钮和"圆：圆心＋半径"按钮同时处于被选中的状态。

2）在草图平面中选择坐标原点作为圆的圆心。此时，在状态栏中出现"指定圆上一点位置或按右键指定半径"的提示信息，而在"属性"管理栏中，"用作辅助线"复选框处于被勾选的状态，如图2-54所示。

知识点拨：

"用作辅助线"复选框的状态与"构造"按钮按钮所处的状态是对应的。

3）在草图平面中右击，弹出"编辑半径"对话框，输入半径为"52"，如图2-55所示，然后单击"确定"按钮。

图2-54 勾选"用作辅助线"复选框

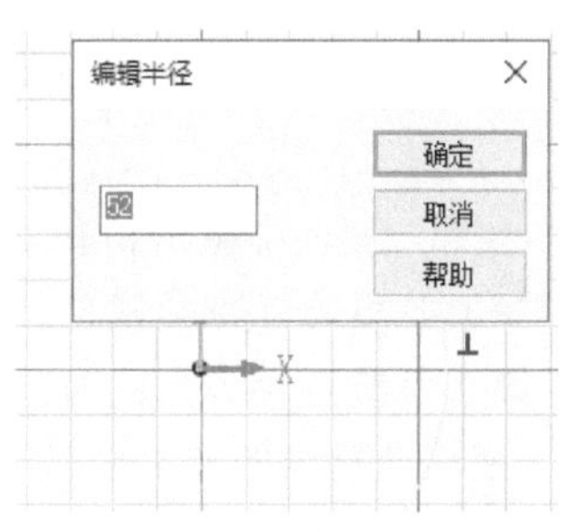

图2-55 "编辑半径"对话框

绘制的构造辅助圆如图2-56所示，该圆作为辅助线。

4）在"绘制"面板中再次单击"构造"按钮以取消其选中状态，而确保"圆：圆心＋半径"按钮仍然处于被选中的状态。

5）分别绘制图2-57所示的4个圆，每个圆的半径均为12。

如果在草图平面上绘制好相关的图形，且又需要将某条已经绘制好的图形作为辅助元素，即作为构造几何元素，那么可以先选择该已有的几何图形，接着右击弹出一个快捷菜单，从该右键快捷菜单中选择"作为构造线辅助元素"选项即可。类似的操作也可以将已有构造线转化为普通的实线。

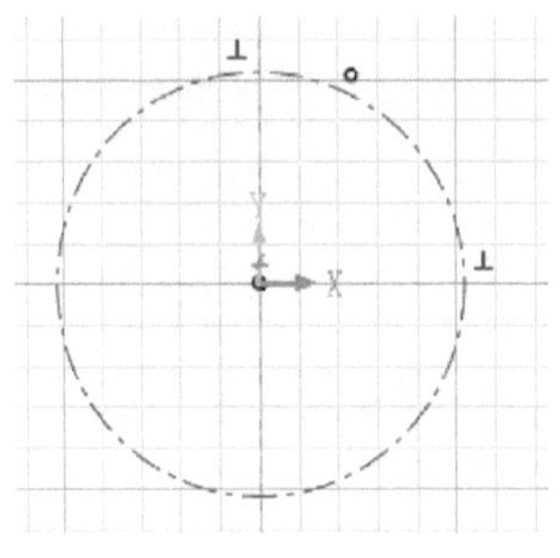

图 2-56 绘制的构造辅助圆

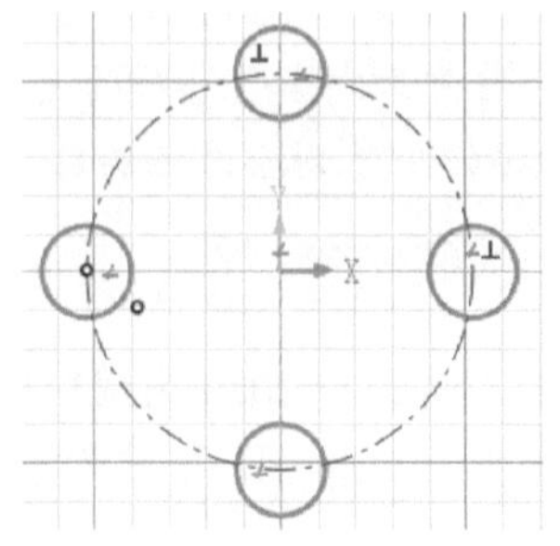

图 2-57 绘制 4 个圆

2. 二维辅助线工具

CAXA 3D 实体设计 2020 还提供了表 2-1 所示的二维辅助线工具。

表 2-1 二维辅助线工具

序号	工具按钮图标	工具简称	功能含义
1		构造直线	指定两点生成构造直线
2		垂直构造直线	指定两点生成垂直构造直线
3		水平构造直线	指定两点生成水平构造直线
4		构造切线	生成与一条曲线相切的构造直线
5		构造垂线	生成垂直于一条曲线的构造直线
6		角等分线构造线	在两条相交直线间生成角等分线构造线
7		角度的	指定两点生成任意角度的构造线
8		旋转轴	绘制构造线用作旋转轴

绘制构造直线、垂直构造直线、水平构造直线、构造切线和构造垂线的操作方法是比较简单的，和绘制单一直线的相关命令的操作方法类似。

下面结合范例介绍角等分线构造线的创建方法及其步骤。创建角等分线构造线是指绘制一条用于平分两条相交直线之间夹角的辅助直线。

1）在“绘图”面板中单击“角等分线构造线”按钮。

2）指定第 1 条参考直线。

3）指定第 2 条参考直线。此时，在草图中出现一条无限长的辅助直线，该辅助直线平分了两参考直线间的夹角，如图 2-58 所示。

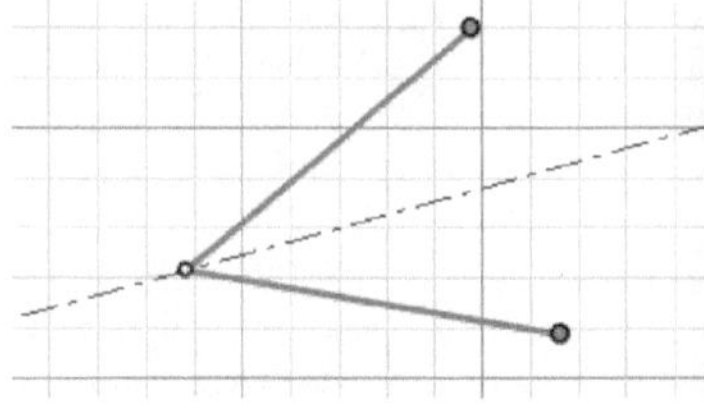

图 2-58 绘制角等分线构造线

2.3 草图约束

在草图中，应用草图约束是要重点掌握的知识点。系统提供的草图约束工具集中在“草图”功能区选项卡的“约束”面板中。

用户可以根据设计要求为图形元素设置垂直、水平、相切、竖直、同心（同轴）、中点、重合、共线、等长等约束，设置合理约束后，约束关系符标识在草图平面上以表明元素的约束状态。根据在草图元素上添加的约束，草图被定义为过约束、完全约束或欠约束。在设计过程中，如果用户添加一个过约束的约束，CAXA 3D 实体设计系统会弹出一个对话框来提示用户是否将该约束作为参考约束。

对于已经存在的约束关系，可以设置其是否锁定。方法是将光标移动到其约束关系符处，当光标变为小手形状时，右击打开一个快捷菜单，从中选择“锁定”命令。

下面通过结合图例的方式介绍如何添加各类约束关系。

2.3.1 垂直约束

1）在“约束”面板中单击“垂直”按钮。

2）选择要应用垂直约束条件的第1条曲线。

3）选择要应用垂直约束条件的第2条曲线。

所选的两条曲线重新定位到相互垂直，且在相交处出现一个红色的垂直约束符号。添加垂直约束的示例如图2-59所示。

2.3.2 相切约束

1）在“约束”面板中单击“相切”按钮。

2）指定第1条约束曲线。

3）指定第2条约束曲线，则所选两条曲线被约束成相切关系，并且在切点位置处出现一个红色的相切约束符号。

4）可以继续为其他图形元素添加相切约束。再次单击“相切”按钮，结束命令操作。

添加相切约束的示例如图2-60所示。

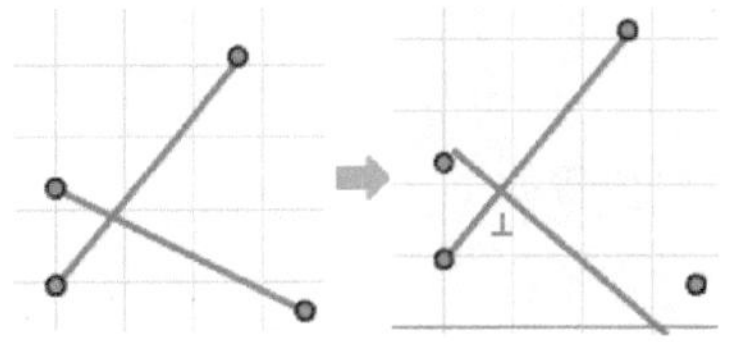

图2-59 添加垂直约束的示例

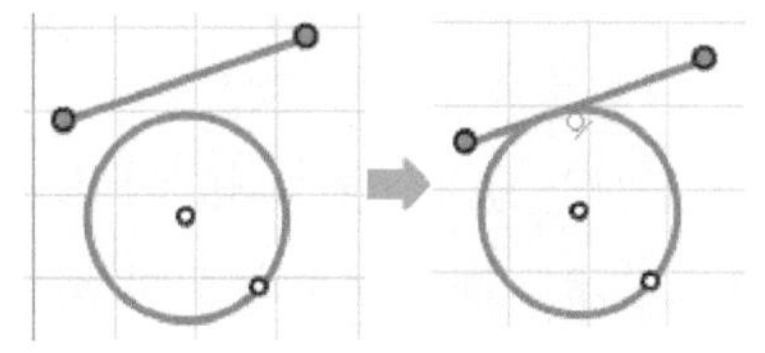

图2-60 添加相切约束的示例

2.3.3 平行约束

平行约束用于使两条曲线平行。添加平行约束的示例如图2-61所示，该示例的操作步骤如下。

1）在“约束”面板中单击“平行”按钮。

2）拾取第1条曲线作为平行约束的基准曲线。

3）拾取第2条曲线，则第1条曲线平行于第2条曲线，且在每条曲线的附近都出现一个红色的平行约束符。

2.3.4 水平约束

可以在一条直线上创建一个相对于栅格X轴的平行约束，即令一条直线处于水平位置，如图2-62所示。

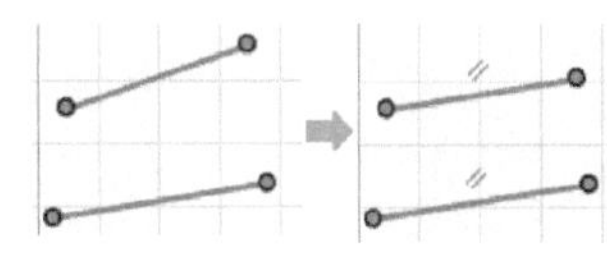

图2-61 添加平行约束的示例

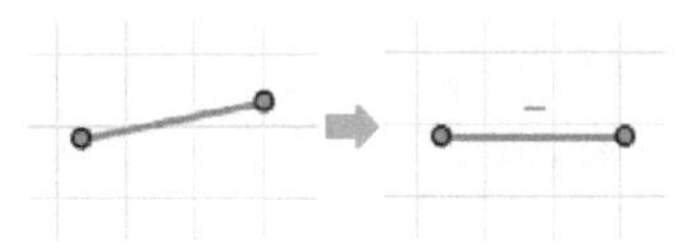

图2-62 添加水平约束的示例

为直线添加水平约束条件的方法及步骤如下。

1）在“约束”面板中单击“水平”按钮 。

2）选择要约束的直线。被选择的直线立即被重新定位为相对于栅格 X 轴平行。

3）可以继续指定约束曲线。再次单击“水平”按钮 可结束操作。

2.3.5 竖直约束

可以在一条直线上建立一个相对于栅格 X 轴垂直的约束，也就是使一条直线处于竖直关系状态，如图 2-63 所示。

为直线添加竖直约束条件的方法及步骤如下。

1）在“二维约束”工具栏中单击“竖直”按钮 。

2）选择要约束的直线，被选择的直线立即被重新定位为相对于栅格的 X 轴垂直。

3）可以继续指定约束曲线。再次单击“竖直”按钮 可结束操作。

2.3.6 同轴（同心）约束

使用“同轴”按钮 ，可以使草图平面上的两已知圆成同心约束关系，如图 2-64 所示。

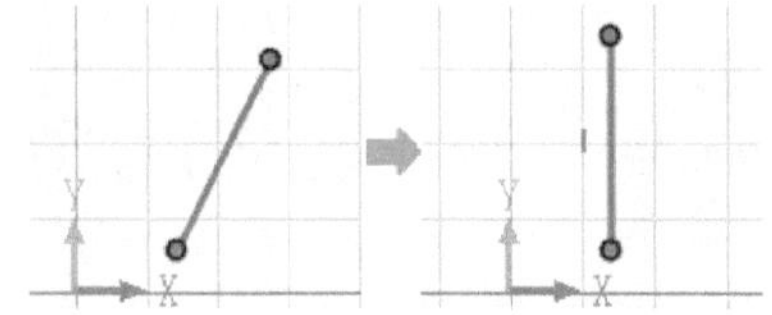

图 2-63 添加竖直约束的示例

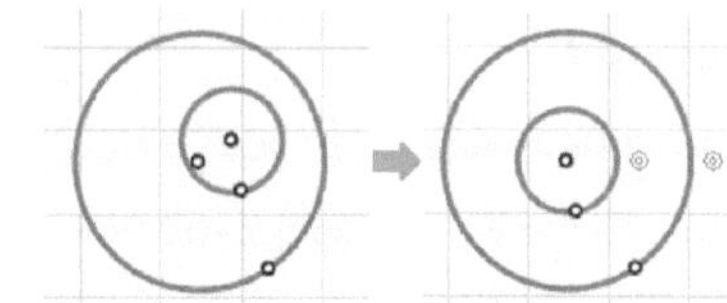

图 2-64 添加同心约束的示例

为草图平面上的两个圆/圆弧添加同心约束关系的方法和步骤如下。

1）在“约束”面板中单击“同轴”按钮 。

2）依次选择要同心约束的两个对象（圆或圆弧），则被选择的两个对象（圆或圆弧）重新定位，它们的圆心被定位到第 2 个对象的圆心处，同时在各自对象附近显示一个红色的同心约束符。

3）取消对“同轴”按钮 的选择，结束操作。

2.3.7 等长度约束

可以为两条已知曲线建立等长度约束，如图 2-65 所示，建立等长度约束时，两条曲线上都出现红色的等长度约束符号。

建立等长度约束的方法及步骤如下。

1）在“约束”面板中单击“等长”按钮 。

2）指定要应用等长度约束的第 1 条曲线。

3）指定要应用等长度约束的第 2 条曲线。

在两条曲线之间应用等长度约束的时候，曲线间的等长度约束匹配由单独的几何图形和已有的约束条件确定。

2.3.8 共线约束

可以为两条现有直线建立共线约束，即在两条现有直线上生成一个共线约束条件，如图 2-66

所示。

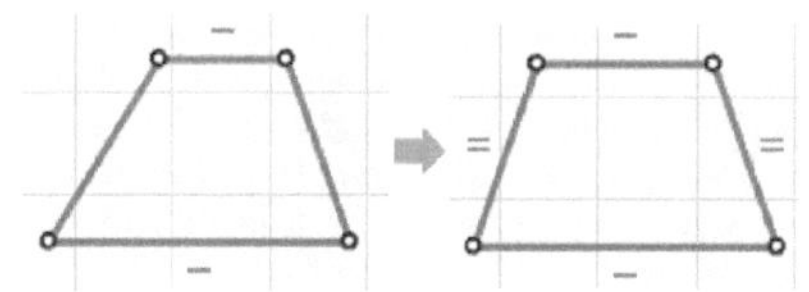
图 2-65 添加等长度约束的示例

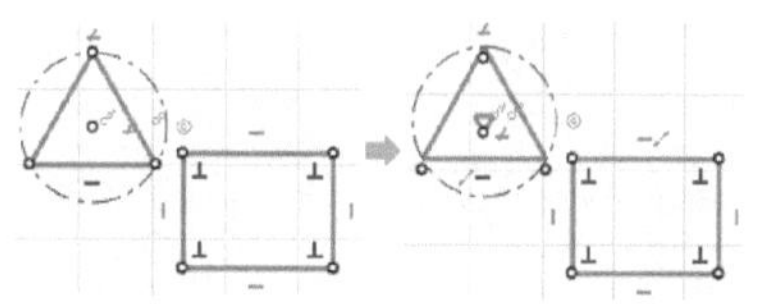
图 2-66 建立共线约束的示例

建立共线约束的方法和步骤如下。

1）在“约束”面板中单击“共线”按钮 。

2）分别拾取要建立共线约束的两条直线，则两条直线呈共线约束关系，两条直线上都出现红色的共线约束符号。

3）可以继续建立其他的共线约束。再次单击“共线”按钮 ，可结束操作。

2.3.9 重合约束

使用重合约束可以将曲线端点等约束到草图中的其他元素处。如图 2-67 所示，该示例将一条直线的下端点重合约束到指定的水平直线的左端点上。

要建立重合约束，则在“约束”面板中单击“重合”按钮 ，接着拾取要重合的对象元素（如某个点或圆心）即可。

2.3.10 中点约束

中点约束就是指将选定的一个顶点或圆心约束到指定对象的中点处。创建中点约束的典型示例如图 2-68 所示，该示例将圆心约束到一条直线段的中点处。

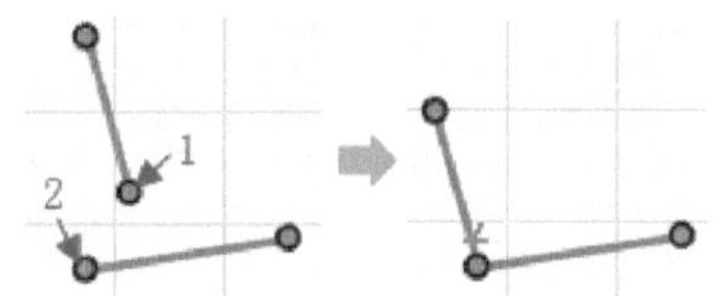

图 2-67 添加重合约束的示例

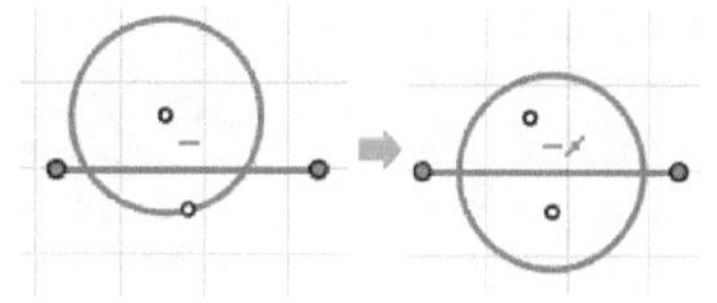
图 2-68 添加中点约束的示例

创建中点约束的一般方法及步骤如下。

1）在“约束”面板中单击“中点”按钮 。

2）选择一顶点或圆心。

3）选择要将顶点或圆心约束到其中心的对象。

2.3.11 固定几何约束

建立固定几何约束，可以使被约束的图形固定下来，不做改变。建立固定几何约束的方法及步骤如下。

1）在草图平面绘制所需的图形，如绘制一个圆，如图 2-69 所示。

2）在“约束”面板中单击“固定”按钮 。

3）拾取要约束的曲线。在这里拾取已经绘制好的圆。在圆中显示了红色的固定几何约束符，如图 2-70 所示。

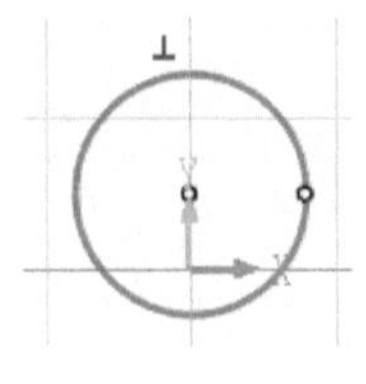

图 2-69　已有图形

图 2-70　建立固定几何约束

4）可以继续为其他图形建立固定几何约束。清除对“固定”按钮 的选择状态，则结束命令。可尝试利用“属性”管理栏对该圆的半径尺寸进行编辑，看看其该图形是否可以被修改。

2.3.12 镜像约束

镜像约束是指为两组几何建立相对于镜像轴的对称关系，如果镜像约束后改变镜像轴一边的几何长度，那么另一边的几何长度也会随着变化。添加镜像约束的示例如图 2-71 所示，在“约束”面板中单击“镜像”按钮 ，接着依次在对称轴和左圆、右圆上各选取一点，则生成的草绘图形为两圆心相对于中心轴对称。

2.3.13 位置约束

可以对曲线的端点、圆或圆弧的圆心进行位置约束。例如，要对草图平面上的一个圆进行位置约束，则可以先把鼠标光标移动到圆心位置，接着右击，弹出一个快捷菜单，如图 2-72 所示，从中选择“锁住位置”选项，即可将点锁定在当前位置，锁定后将在端点位置用较大的红色点提示。如果选择“编辑位置”选项，则可以输入坐标值，用于精确确定点的位置。

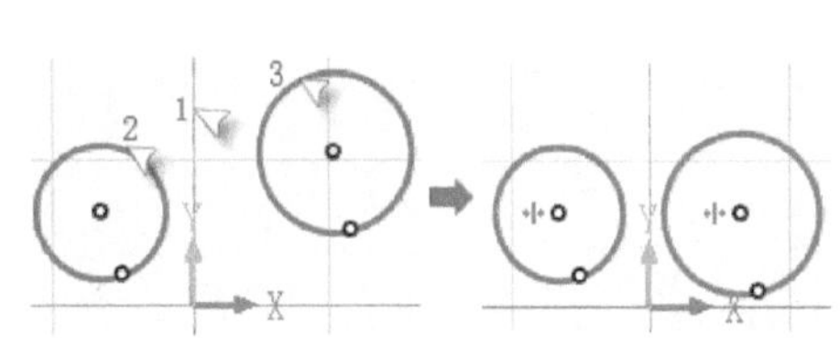

图 2-71　镜像约束示例

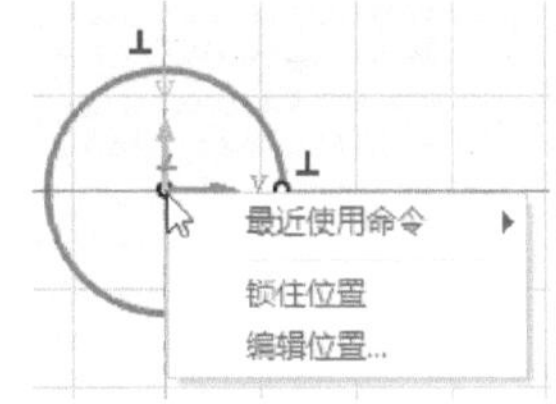

图 2-72　右击圆心位置

2.3.14 穿透约束

“穿透”按钮 用于创建穿透点约束，即在不同的草图平面上圆/椭圆的中心在曲线/样条曲线的端点上穿过。具体操作方法是在椭圆/圆编辑状态下单击“穿透”按钮 ，接着在椭圆上任意位置单击一点，将鼠标光标移动到曲线/样条曲线上，待其呈绿色时单击它，则曲线/样条曲线通过椭圆/圆的中心。

2.3.15 点约束

点约束的工具分两种，一种是“点水平”按钮 ，另一种是“点垂直”按钮 ，前者用于为两点添加水平约束，后者用于为两点添加垂直约束。添加点约束的操作步骤比较简单，单击所需的点约束工具，接着选择要约束的两个点即可。

2.3.16 智能标注

尺寸约束的工具有“智能标注”按钮 、“角度约束”按钮 、“弧长约束”按钮 和

“弧心角”按钮，它们的使用方法是类似的。

本节先介绍“智能标注”按钮的应用，其可以生成圆的半径、直线长度等尺寸约束条件，如图 2-73 所示。操作步骤是在“约束”面板中单击“智能标注”按钮，接着拾取要应用尺寸约束条件的曲线对象，某些线性尺寸需要拾取两个对象，然后将光标移动到希望尺寸显示的位置处单击鼠标左键确定，系统弹出一个“参数编辑”对话框，可修改尺寸值，然后单击“确定”按钮，则显示一个红色的尺寸约束符号和尺寸值。

建立好尺寸约束条件后，可以修改这些尺寸约束。即结束“智能标注”按钮选中状态后，将鼠标光标移动到要修改的尺寸处，在出现手形时右击，弹出图 2-74 所示的快捷菜单，在该快捷菜单中执行相关命令。

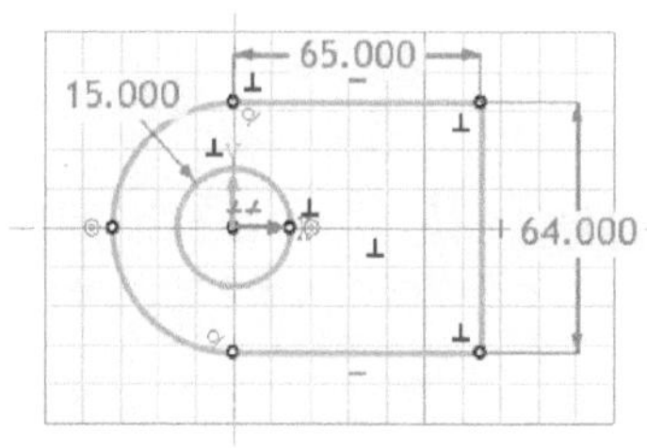

图 2-73　建立尺寸约束的示例

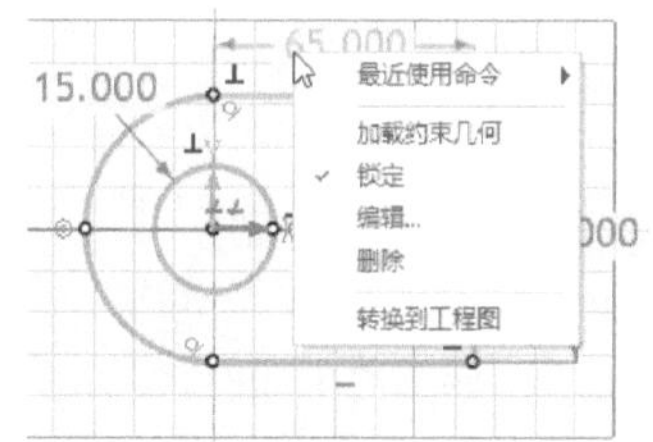

图 2-74　右击要修改的尺寸

- “锁定”：用于对曲线的尺寸值进行锁定或清除锁定，注意清除锁定后，关系仍保留。
- “编辑”：用于对曲线的约束尺寸值进行编辑，以精确地确定尺寸。
- “删除”：用于删除选定的尺寸约束及其关系。
- “转换到工程图”：用于将图形投影到工程图时，实现约束的尺寸值的自动标注。

2.3.17 角度约束

可以在两条已知曲线之间建立角度约束关系，如图 2-75 所示。角度约束和尺寸约束类似，可以对其尺寸值进行修改等操作。

建立角度约束的典型方法和步骤如下。

1）在“约束”面板中单击“角度约束”按钮。

2）在要应用角度约束的两条曲线中单击第 1 条曲线。

3）单击另一条曲线。

4）移动光标指定要标注的角度范围，并在合适的位置处单击以确定角度值文字的放置位置，系统弹出“参数编辑”对话框，如图 2-76 所示，指定参数值，单击“确定”按钮。

5）可以继续建立其他角度约束。若再次单击“角度约束”按钮，结束操作。

建立好角度约束后，可以通过右击角度约束，并利用其右键快捷菜单进行相关的操作，如“锁定”“编辑”和“删除”等。

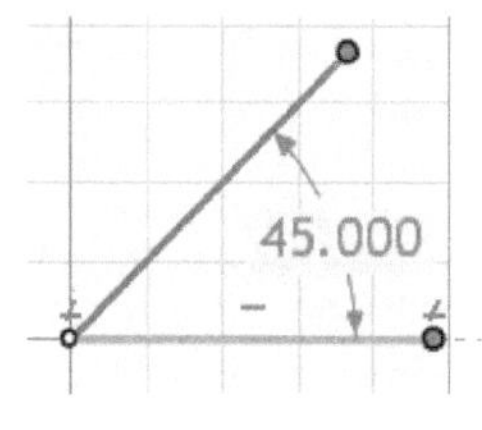

图 2-75　建立角度约束

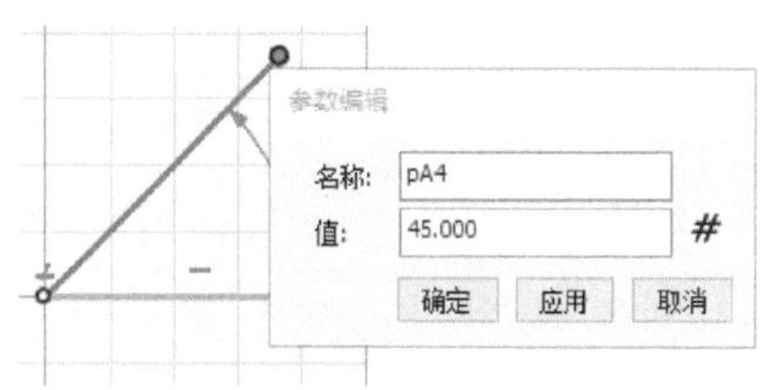

图 2-76　“参数编辑”对话框

2.3.18 弧长约束与弧心角约束

可以为圆弧创建弧长约束或弧心角约束。相应的工具按钮分别为“约束”面板中的“弧长约束”按钮和“弧心角”按钮。两者的创建方法都是一样的，即执行约束工具后，选取圆弧，指定文字位置。

2.4 二维草图修改（编辑与变换）

可以在草图模式下对指定图形进行平移、旋转、缩放、镜像、偏置、过渡、阵列、打断等操作。有关二维草图修改的命令按钮集中在功能区“草图”选项卡的“修改”面板中。

2.4.1 倒角

可以在二维图形中快速地创建一个或多个倒角。倒角类型有 3 种，即“距离”倒角、“两边距离”倒角和“距离－角度”倒角。

下面以在一个长方形中创建倒角为例。

【课堂范例】：创建倒角

1）进入草图栅格中，绘制一个长为 50、宽为 35 的长方形，如图 2-77 所示。

2）在“修改”面板中单击“倒角”按钮。

3）出现“属性”管理栏，从“倒角类型”下拉列表框选择“距离”选项，并在“距离”文本框中设置距离参数值为“5”，如图 2-78 所示。

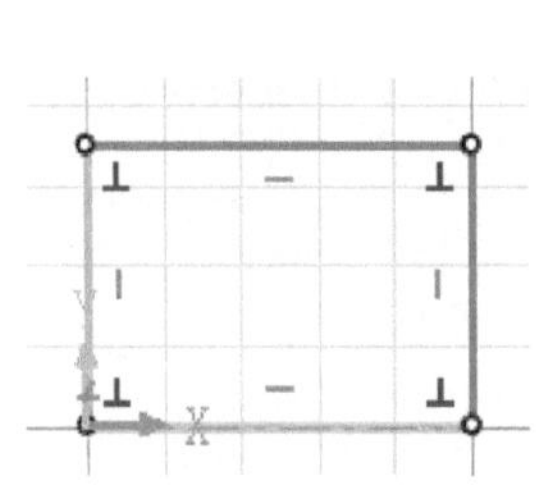

图 2-77 绘制一个长方形

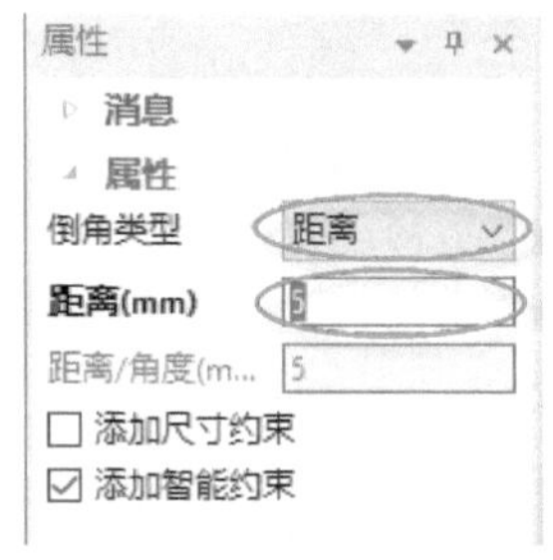

图 2-78 设置倒角类型和参数值

4）在长方形中单击原点处的顶点（两条直线共享的一个顶点），则创建图 2-79 所示的一个倒角。

5）在长方形中选择图 2-80 所示的线段 1 和线段 2 来生成一个倒角。

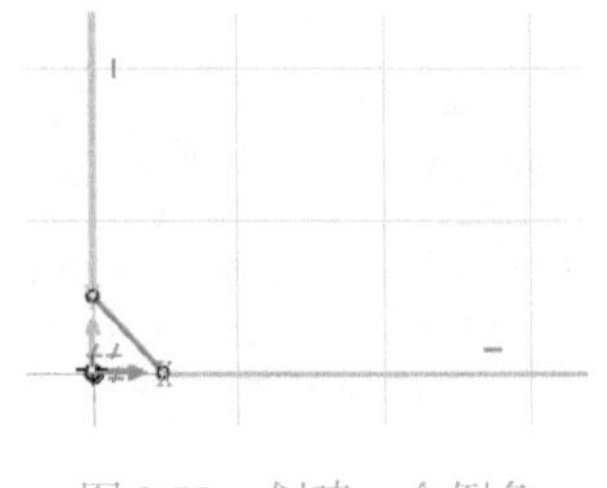

图 2-79 创建一个倒角

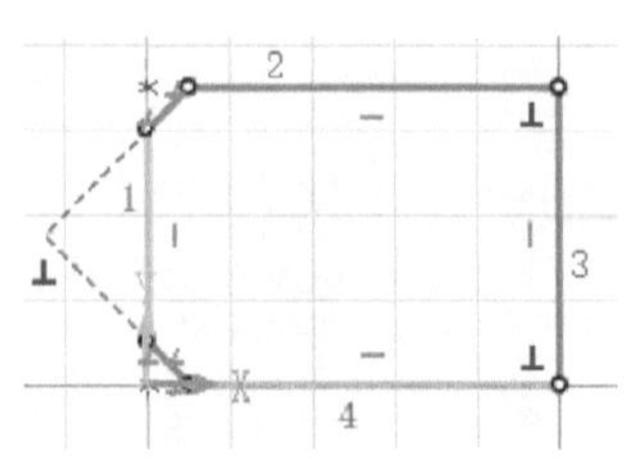

图 2-80 创建第 2 个倒角

6）在“属性”管理栏中，选择倒角类型为“两边距离”，并设置距离1为“10”，距离2为5，如图2-81所示。

7）在长方形中选择线段2和线段3，创建图2-82所示的倒角。

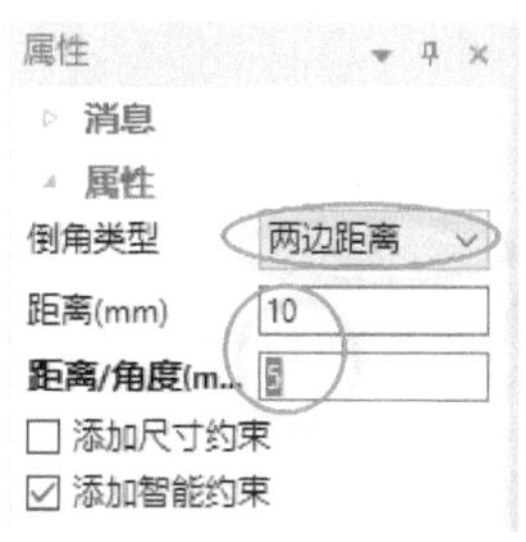

图2-81 “属性”管理栏

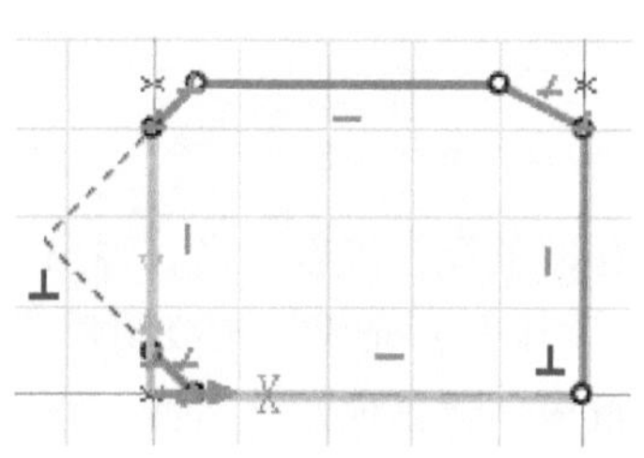

图2-82 创建“两边距离”倒角

8）在“属性”管理栏中，选择倒角类型为“距离－角度”，并设置距离为“10”，距离/角度为“45”，如图2-83所示。

9）在长方形中选择线段3和线段4，创建图2-84所示的倒角。

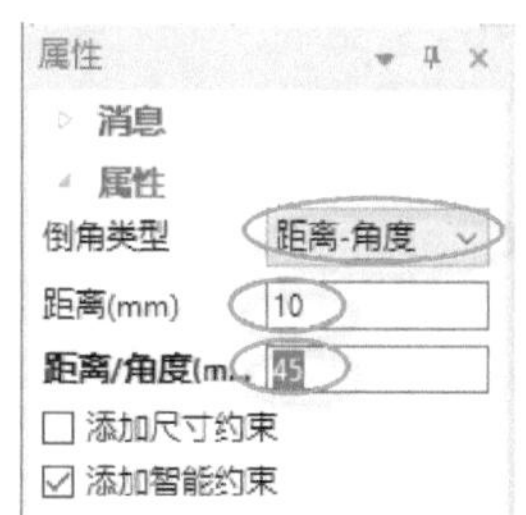

图2-83 选择“距离－角度”并设置

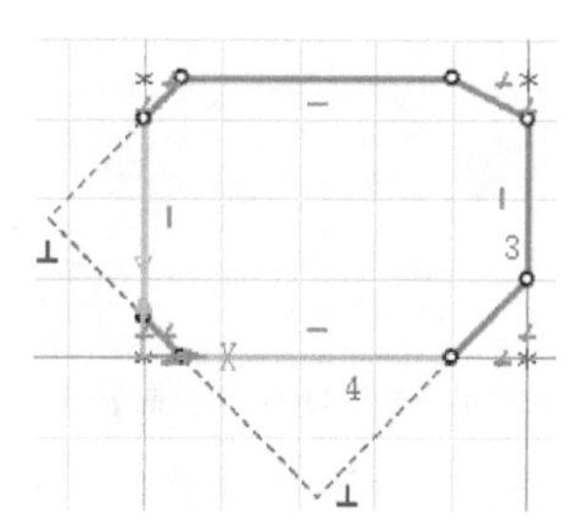

图2-84 创建倒角

10）再次单击“倒角”按钮，结束操作。

2.4.2 圆弧过渡

可以将相连曲线形成的夹角进行圆弧过渡（即圆角过渡）。创建圆角过渡主要有以下两种方式。

方式一：选择顶点进行圆弧过渡

1）在“修改”面板中单击“圆弧过渡”按钮。

2）将光标移到需要进行圆弧过渡的顶点（即两条直线共享的一个顶点）处，单击该顶点，接着拖动可看到圆弧过渡效果。

3）单击确定该圆弧过渡。如果需要精确地设定圆弧半径，那么可以右击，打开“编辑半径”对话框，从中设定精确的圆弧半径，如图2-85所示，然后单击“确定”按钮。另外，在“属性”管理栏中，也可以精确地设定圆弧半径，如图2-86所示。

4）可继续创建其他圆弧过渡。再次单击“圆弧过渡”按钮，结束操作。

方式二：选择交叉线进行圆弧过渡

可以对交叉线/断开线进行圆弧过渡，如图2-87所示。该示例圆弧的创建过程如下。

1）在“修改”面板中单击“圆弧过渡”按钮。

2）系统在状态栏中出现“指定两条直线共享的一个顶点或者一条参考曲线”的提示信息。使用鼠标分别选择两段要保留的部分。

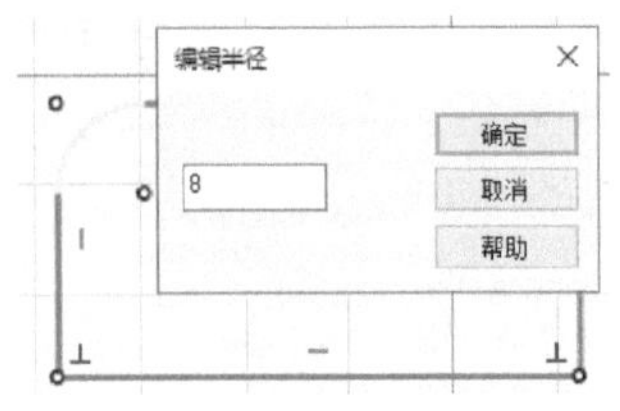

图 2-85 “编辑半径”对话框

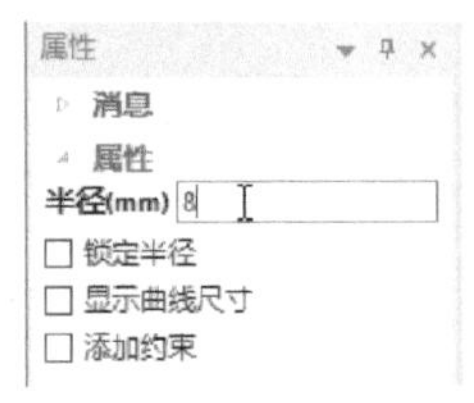

图 2-86 设定半径

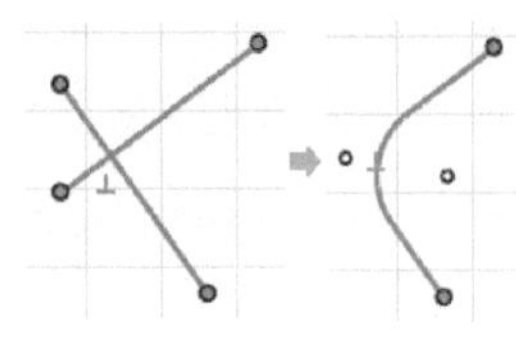

图 2-87 交叉线的圆角过渡

3）稍移动鼠标，接着右击，弹出“编辑半径”对话框。在该对话框中设定过渡圆弧的半径，单击“确定”按钮，完成该过渡圆弧的创建。

4）可继续创建其他圆弧过渡。再次单击“圆弧过渡”按钮，结束操作。

2.4.3 打断

可以通过选择曲线上的一个点来打断曲线，如图 2-88 所示。

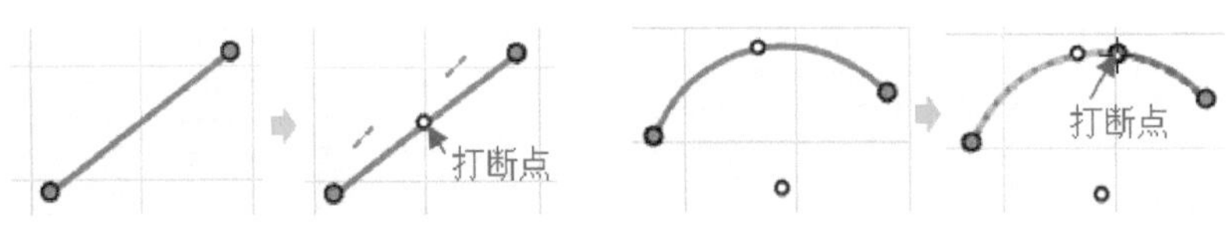

图 2-88 打断直线和圆弧的示例

打断曲线的典型方法及步骤如下。

1）在“修改”面板中单击“打断”按钮。

2）系统提示指定要打断的曲线。在现有曲线上单击一点作为曲线的打断点。

3）取消对“打断”工具的选定状态，从而结束打断操作。

2.4.4 延伸曲线到曲线

延伸曲线到曲线有两种情况：一种是将一条曲线延伸至与另一条曲线相交，如图 2-89a 所示；另一种是将曲线延伸到另一条曲线的延长线上，如图 2-89b 所示。

延伸曲线到曲线的一般方法及步骤如下。

1）在“修改”面板中单击“延伸”按钮。

2）将鼠标光标移动到曲线上靠近目的曲线的端点上，出现一条绿线和箭头，用以指明曲线的延伸方向和延伸到的曲线，如图 2-90 所示。如果要将曲线沿着相反的方向延伸，那么将鼠标光标置于相反的一端，直到显示出相反的绿线和箭头。

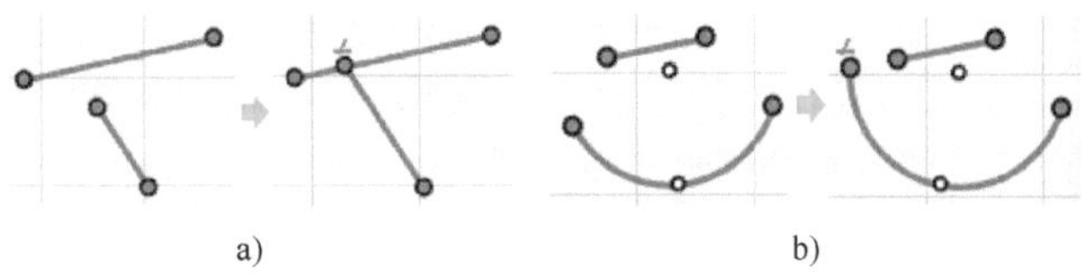

a) b)

图 2-89 延伸曲线到曲线的两种情况

a）延伸至与曲线相交 b）延伸到另一条曲线的延长线上

3）在键盘上按〈Tab〉键，在可能延伸到的一系列曲线之间切换，直到切换要延伸到的曲线，如图 2-91 所示。

4）单击鼠标左键，确定延伸到选定的曲线。

5）可以继续进行延伸曲线的操作。如果取消对“延伸”工具的选择，则结束操作。

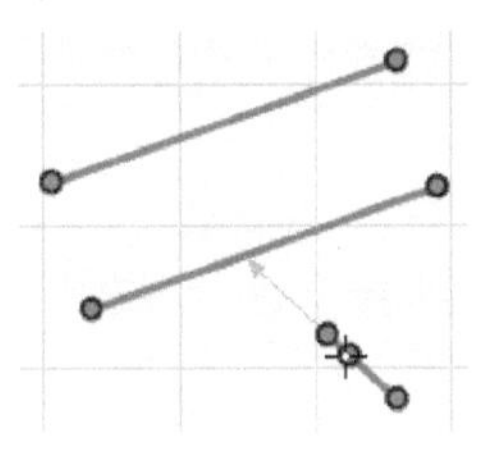

图 2-90　延伸方案

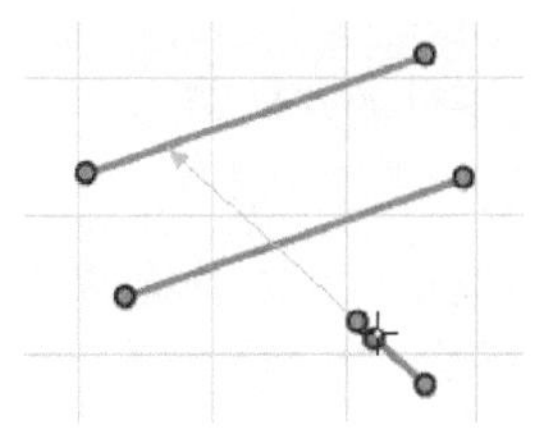

图 2-91　切换延伸方案

2.4.5 裁剪曲线

“裁剪”按钮是使用较多的草图编辑修改工具，利用它可裁剪掉一个或多个曲线段。

要裁剪曲线，在“修改”面板中单击“裁剪”按钮，将鼠标光标移至要修剪的曲线段，当该曲线段呈绿色反亮状态时单击该曲线段，则将该曲线段裁剪掉，如图 2-92 所示。

另外，在单击“裁剪”按钮后，按下鼠标左键并移动鼠标划过要裁剪的各曲线段，则划过的曲线段被删除，如图 2-93 所示。这种裁剪曲线的方式被称为强力裁剪。

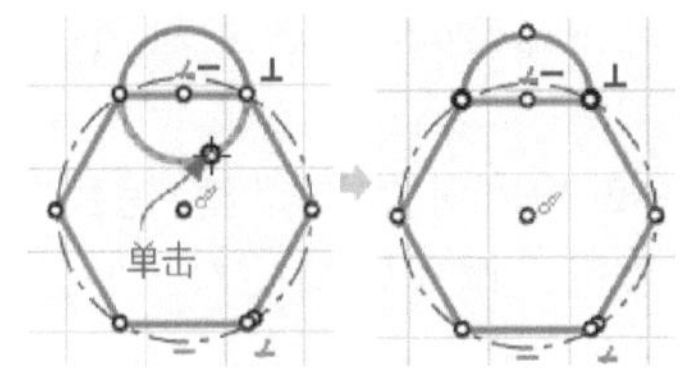

图 2-92　裁剪曲线的示例

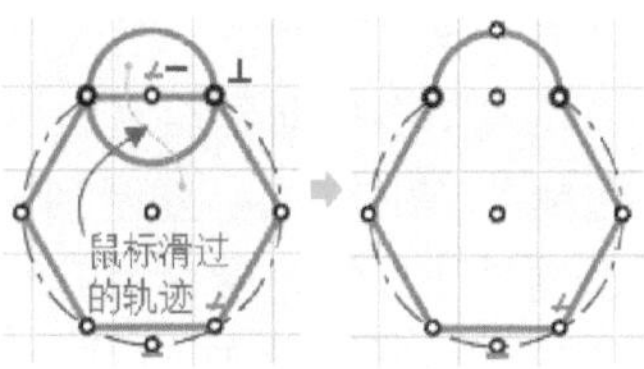

图 2-93　强力裁剪

2.4.6 平移

这里所谓的“平移”是指在草图平面中移动所选择的曲线。既可以移动单独的一条直线或曲线，也可以移动若干条直线或曲线。移动曲线的典型操作方法及步骤如下。

1）选择要平移的几何图形。如果要选择多个几何图形，那么可以使用鼠标指定对角点的方式实现框选，或者按住〈Shift〉键逐一选择所需的几何图形。

2）在“修改”面板中单击“移动”按钮，出现“属性”管理栏，命令模式自动切换为“拖动实体”，而之前选择的要移动的几何图形被收集在“选择实体”收集器列表中，如图 2-94 所示。此时如果要增加或减少要移动的几何图形，那么将模式切换为“选择实体”，接着选择要增加的几何图形或删除多选进来的几何图形，处理好后选择“拖动实体”单选按钮。

3）根据需要决定“属性”管理栏中的“拷贝”复选框的状态。

4）按住鼠标左键指定一点并拖动鼠标，如图 2-95 所示，直到拖到新位置后再释放鼠标左键。

5）在“属性”管理栏中单击“完成”按钮。

图 2-94　“属性”管理栏

如果要实现精确地平移或平移复制几何图形，那么按照以下典型方法和步骤进行操作。

1）选择要平移的几何图形。

2）在“修改”面板中单击“移动”按钮。

3）按住右键指定一点并拖动鼠标，将选定的几何图形拖动到新位置后释放鼠标右键，此时弹出一个快捷菜单，如图 2-96 所示。

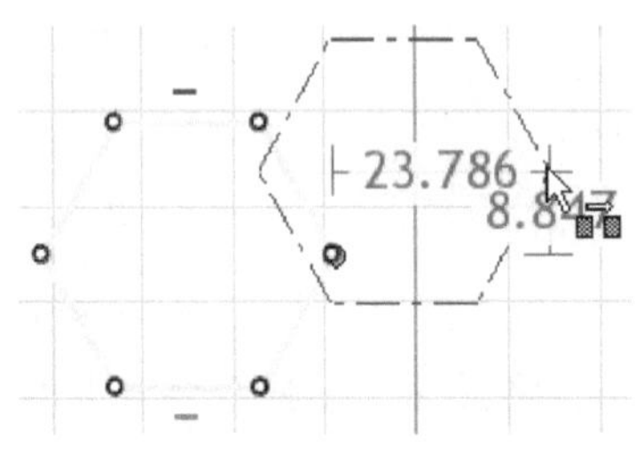

图 2-95　平移操作（左键操作）

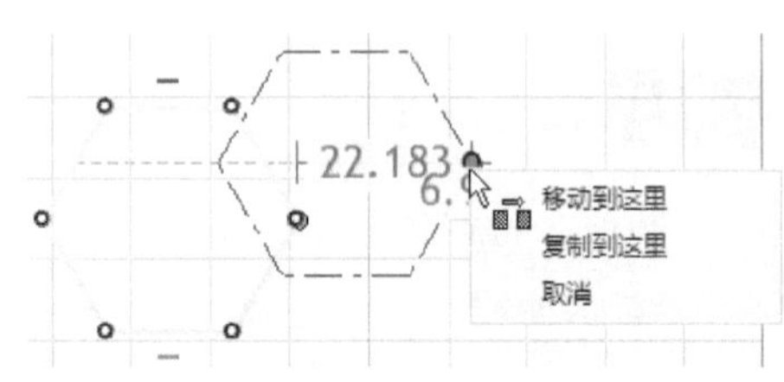

图 2-96　使用右键实现平移操作

4）若从快捷菜单中选择“移动到这里”选项，则弹出图 2-97 所示的“平移”对话框，从中输入水平移动值、垂直移动值、沿矢量方向的距离，并设置是否保持关联，然后单击“确定”按钮，从而将原几何图形移动到设定的位置处。

如果从快捷菜单中选择“复制到这里”选项，则弹出图 2-98 所示的“移动/拷贝”对话框，从中除了可设置移动方向矢量参数值外，还可以设置复制的数量，设置好相关参数后，单击“确定”按钮，完成移动复制操作。

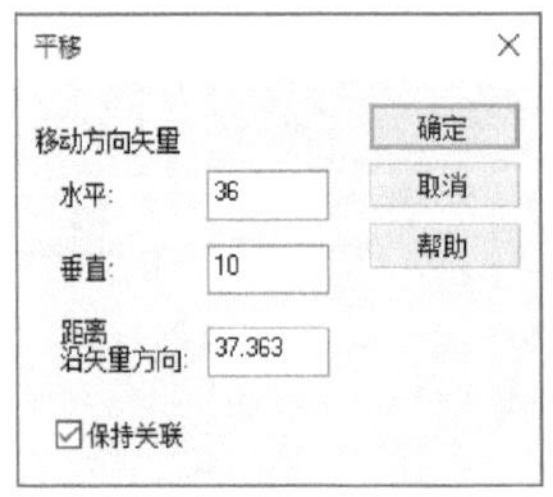

图 2-97　“平移”对话框

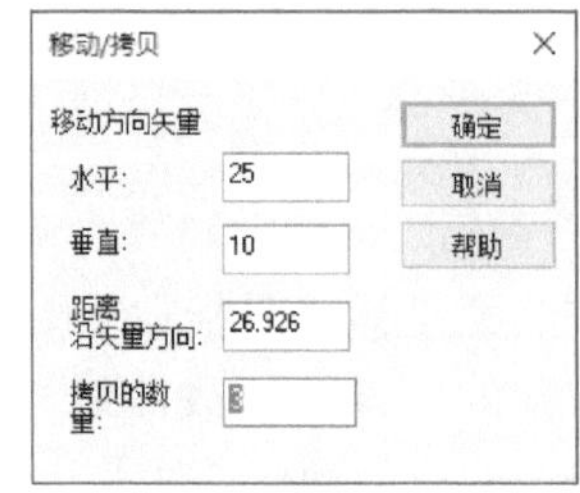

图 2-98　“移动/拷贝”对话框

2.4.7 缩放

可以将几何图形实现按比例缩放。快速缩放几何图形的典型方法及步骤如下。

1）选择要缩放的几何图形。

2）在“修改”面板中单击“缩放”按钮。

3）在草图栅格的原点处显示一个尺寸较大的图钉，这个图钉用于定义比例缩放中点，如图 2-99 所示。如果要调整比例缩放中点，那么将鼠标光标移动到图钉针杆接近钉帽的位置处（即图钉指针处），然后单击鼠标并拖动到所需的位置后释放鼠标即可。用户可以根据实际情况将图钉重新定位到草图栅格上的任意位置。

4）按住鼠标左键指定一点并拖动选定的几何图形，在拖动过程中，系统会自动显示几何图形相对于原几何图形的反馈信息。将图形缩放到适当的比例后释放鼠标，然后单击“确定”按钮✔。用户也可以直接在“属性”管理栏的“缩放因子”文本框中输入所需的缩放因子（见

图 2-100），然后按〈Enter〉键确认即可。

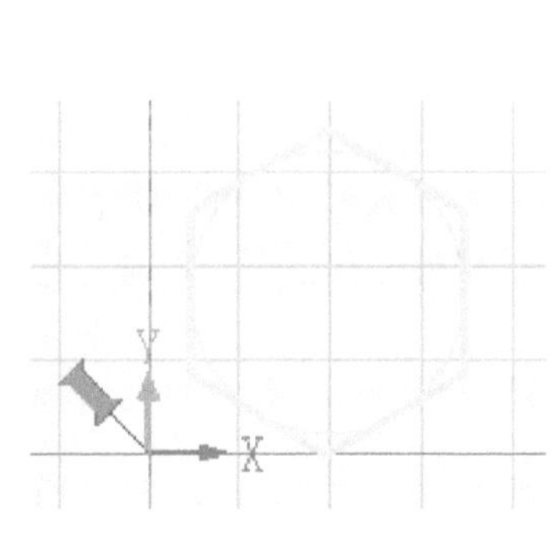

图 2-99 在原点显示图钉

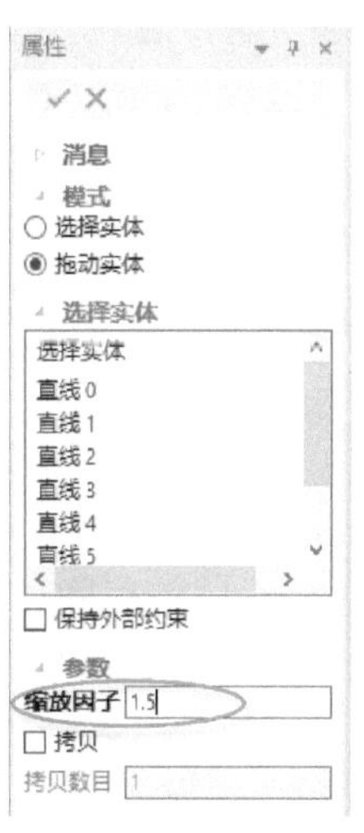

图 2-100 拖动过程中的反馈信息

如果要使用右键操作来实现精确缩放或缩放复制操作，那么可按照以下简述的方法及步骤进行。

1）选择要缩放的几何图形。

2）在“修改”面板中单击“缩放”按钮。

3）接受默认的图钉位置或重新指定图钉位置，然后在选定的几何图形上按住鼠标右键并移动鼠标，释放鼠标右键时弹出一个快捷菜单，该快捷菜单提供了“移动到这里”“复制到这里”“取消”命令。

- 移动到这里：若选择此选项，则打开“比例”对话框，从中设定比例因子，以及设定“保持关联”复选框的状态，如图 2-101 所示，然后单击“确定”按钮。
- 复制到这里：若选择此选项，则打开“缩放/拷贝”对话框，从中可设置比例因子和复制的数量，如图 2-102 所示，然后单击“确定”按钮。

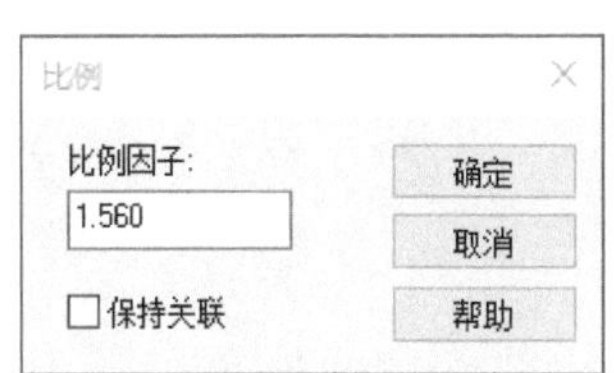

图 2-101 设定比例因子

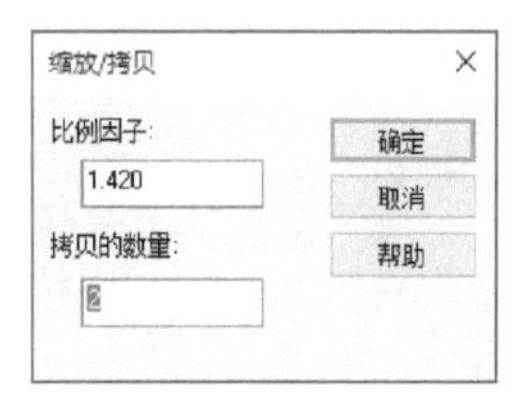

图 2-102 设定比例因子和复制数量

- 取消：选择此选项，取消该缩放操作。

2.4.8 旋转

在草图中可以旋转选定的曲线，其一般操作如下。

1）选择需要旋转的几何图形对象。

2）在“修改”面板中单击“旋转”按钮，在草图栅格的原点位置会出现一个尺寸较大的图钉，该图钉定义了旋转基点。用户可以调整该旋转基点，即重新将图钉定位针杆拖到指定的位置处。

3）按住鼠标左键并拖动选定的几何图形，系统会给出旋转角度的反馈信息，如图 2-103 所示，在合适的位置处释放鼠标左键，并可以在“属性”管理栏上修改旋转角度值等，然后单击“确定”按钮。

如果要实现精确地旋转或旋转复制操作，一是在“属性”管理栏中设定旋转角度，并决定“拷贝”复选框等设置，二是可以按照以下的方法及步骤进行。

1）选择要旋转编辑的几何图形。

2）在“修改”面板中单击“旋转”按钮，出现一个指示了旋转中心的图钉。如果要调整旋转中心，那么可以将鼠标光标移动到图钉针杆接近钉帽的位置处，按住鼠标左键并拖动到需要的位置后释放鼠标。

3）确定旋转中心后，在适当位置处按住鼠标右键并移动鼠标少许，释放鼠标右键时弹出一个快捷菜单。该快捷菜单提供了“移动到这里”“复制到这里”和“取消”命令。

- “移动到这里”：选择该命令，则打开“旋转”对话框，如图 2-104 所示，在“旋转角度”文本框中输入旋转角度，设置相应的复选框状态，单击“确定”按钮。

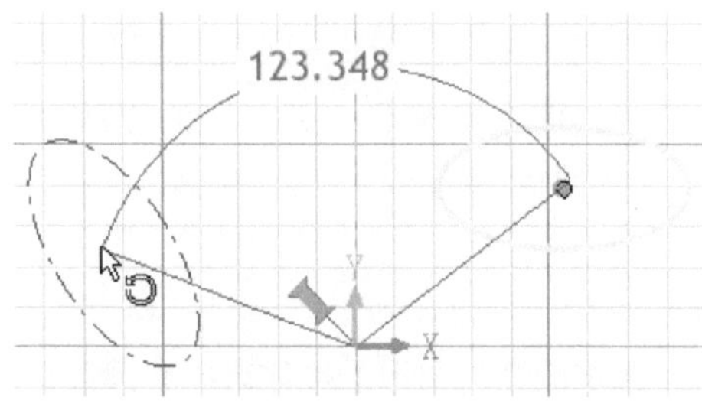

图 2-103　按住鼠标左键并拖动

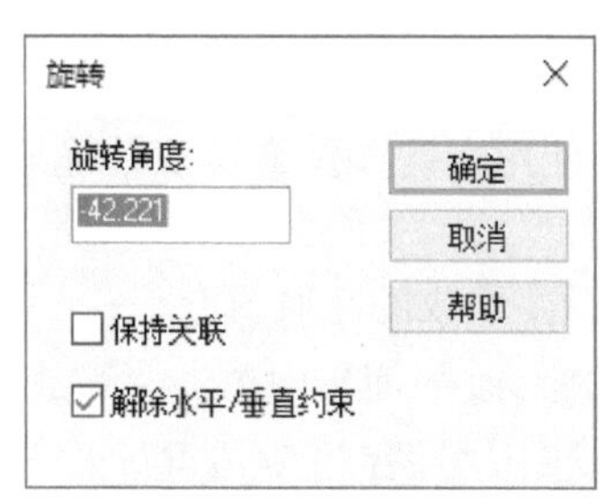

图 2-104　“旋转”对话框

- “复制到这里”：选择该命令，则打开一个“旋转/拷贝”对话框，如图 2-105 所示，在该对话框中可设置旋转角度和复制的数量，然后单击“确定”按钮。

旋转复制的结果图例如图 2-106 所示。

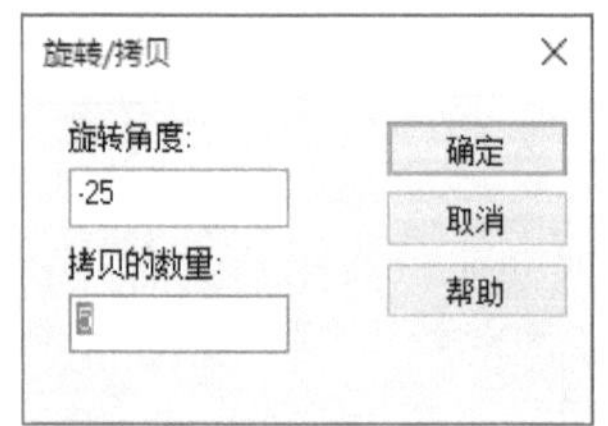

图 2-105　“旋转/拷贝”对话框

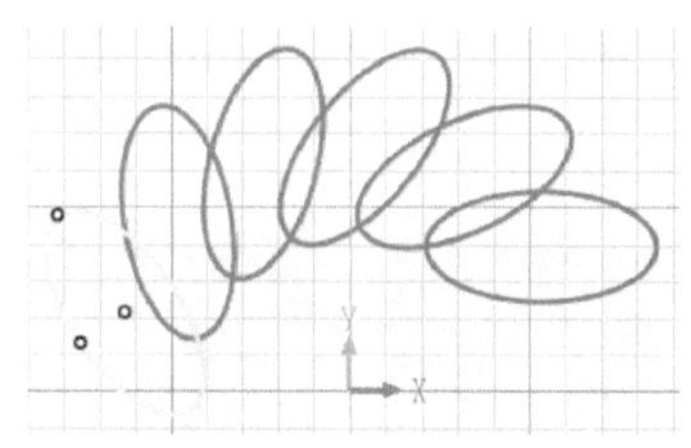

图 2-106　旋转复制的结果图例

2.4.9 镜像

利用“修改”面板中提供的“镜像”按钮，可以在草图中将图形关于对称轴对称复制。对选定几何图形进行镜像操作的方法很简单，即先选择要镜像的几何图形对象，接着在“修改”面板中单击“镜像”按钮，在图 2-107 所示的“属性”管理栏中进行相关设置，然后选取一条直线或坐标轴作为镜像轴，单击“确定”按钮即可。

镜像曲线的典型示例如图 2-108 所示。必要的话，可以在执行镜像操作的过程中勾选“锁定镜像约束”复选框。

图 2-107 镜像曲线的“属性”管理栏

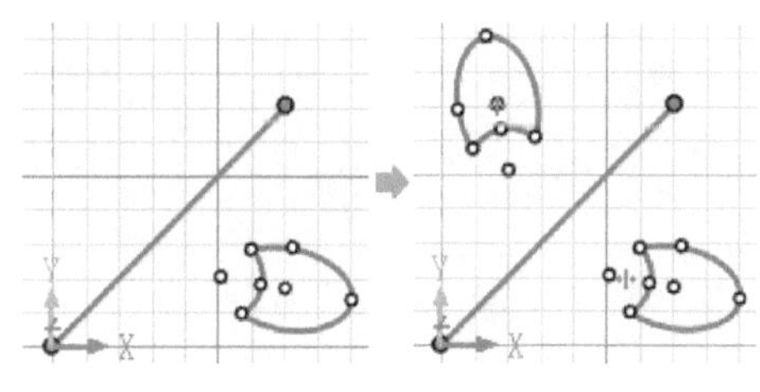

图 2-108 镜像曲线的示例

2.4.10 偏移（等距）

可以通过等距偏移的方式复制选定的几何图形。下面结合操作范例介绍如何利用“偏移曲线”工具对选定的平面曲线进行偏移操作。

1）在草图中选择要编辑的几何图形对象（曲线）。

2）在“修改”面板中单击“偏移”按钮。

3）在设计树操作栏（“属性”管理栏）中分别设置距离值和复制的数量，并根据要求设定“偏置约束”复选框、“切换方向”复选框、“对偏置几何进行约束复制”复选框、“双向”复选框的状态，如图 2-109 所示。在设计树“高级”选项组中还可以设置近似精度（也称“拟合精度”）等，近似精度越小，则复制图形相对于原几何图形的相似准确度就越高。

4）单击“确定”按钮。

偏移曲线的示例如图 2-110 所示，其中，复制的数量（复制份数）设置为“2”。

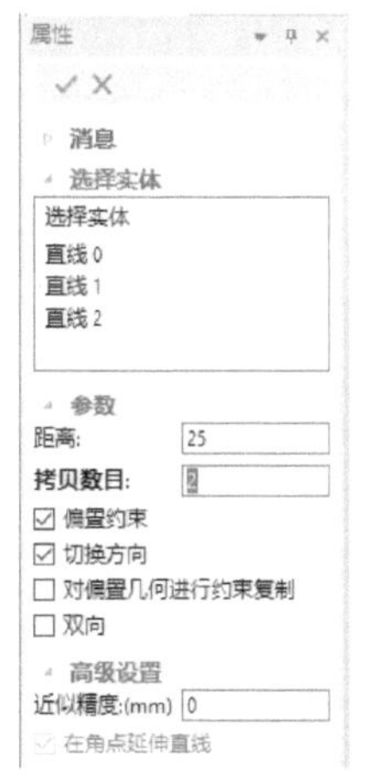

图 2-109 设置参数

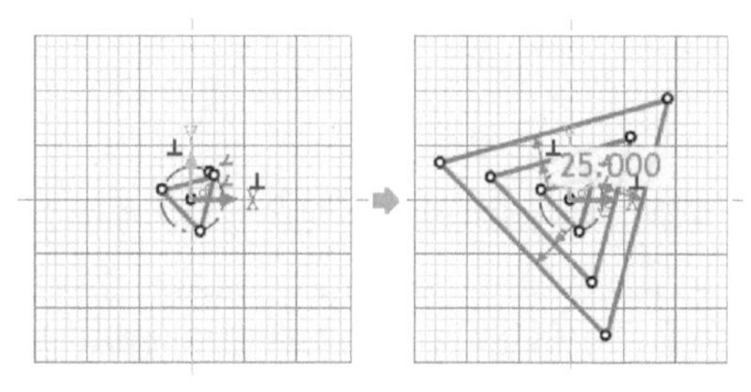

图 2-110 进行曲线偏移复制

2.4.11 线性阵列与圆形阵列

在草图中，可以由选定的图形创建两种阵列，即线性阵列与圆形阵列。

1. 线性阵列

在草图的“修改”面板中单击“线性阵列”按钮，打开图 2-111 所示的“属性”管理栏。选择要阵列的图形，所选的图形将被收集到“选择实体”收集器中。默认勾选“添加阵列约束”复选框，方向 1 默认由 X 轴定义，方向 2 默认由 Y 轴定义，分别设置方向 1 和方向 2 的相关参数，如间距距离、阵列数目和阵列角度等。

如果要跳过某个实体（即取消线性阵列中的某一个图形成员），则在操作栏中单击“跳过实体”收集器的框以将其激活，然后在草图面中单击要跳过的某个成员的圆点标识，如图 2-112 所示。

在操作栏中单击“确定”按钮，完成线性阵列创建。

图 2-111 线性阵列的“属性”管理栏

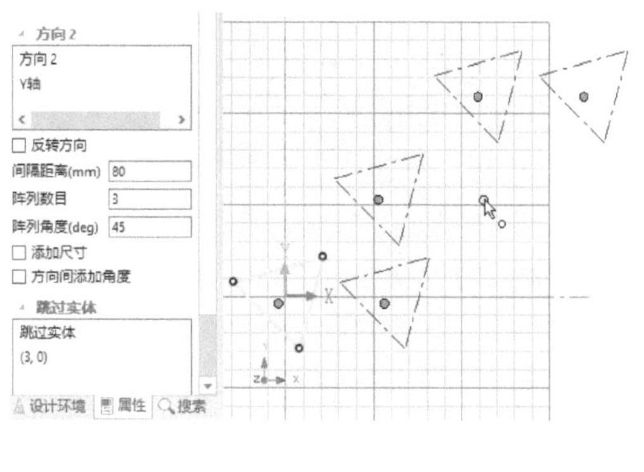

图 2-112 跳过某个阵列成员

在草图中创建线性阵列的典型示例如图 2-113 所示。

2. 圆形阵列

在草图中创建圆形阵列的典型示例如图 2-114 所示。

要创建圆形阵列，则在“修改”面板中单击“圆形阵列”按钮，选择要阵列的图形对象，在图 2-115 所示的“属性”管理栏中设置圆形阵列的中心点（X 值和 Y 值）、阵列数目、角度跨度等参数，还可以根据需要设置要跳过的实体，然后单击“确定”按钮。

2.4.12 删除重复与查找缝隙

“删除重复”按钮用于将草图中多余的重线删除，以免在特征操作中出现错误导致不能生成实体或其他特征。其操作方法是在绘制好相关草图图线后，框选所绘制的草图，在“修改”面板中单击“删除重复”按钮，此时弹出“删除重线”对话框，如图2-116所示，草图中重线以亮黄色显示，单击“确定”按钮。

“查找缝隙”按钮用于查找草图中存在的缝隙。在“修改”面板中单击“查找缝隙”按钮后，系统弹出图2-117所示的“修复草图”对话框，设置缝隙值，单击“查找缝隙”按钮以获得缝隙结果，双击结果可定位到缝隙。

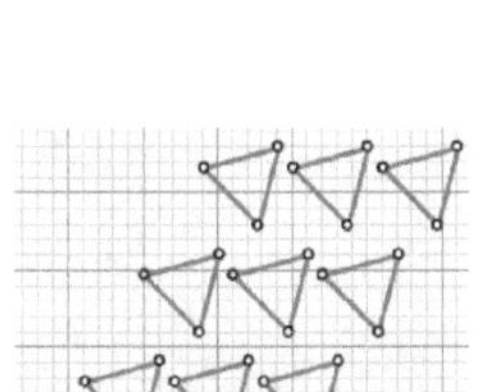

图2-113　线性阵列示例

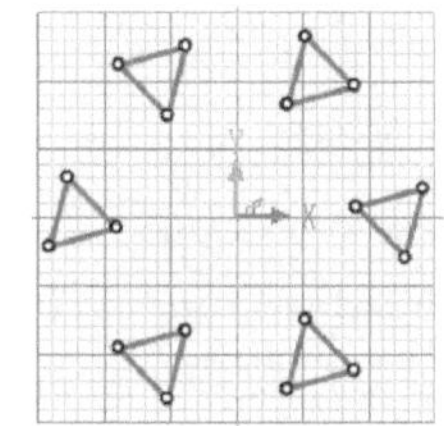

图2-114　圆形阵列示例

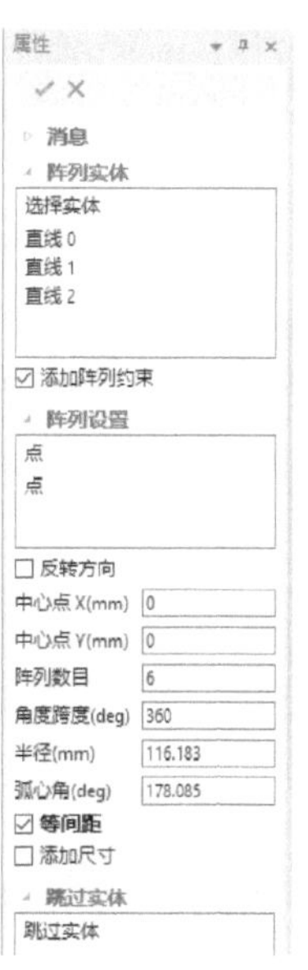

图2-115　圆形阵列的“属性”管理栏

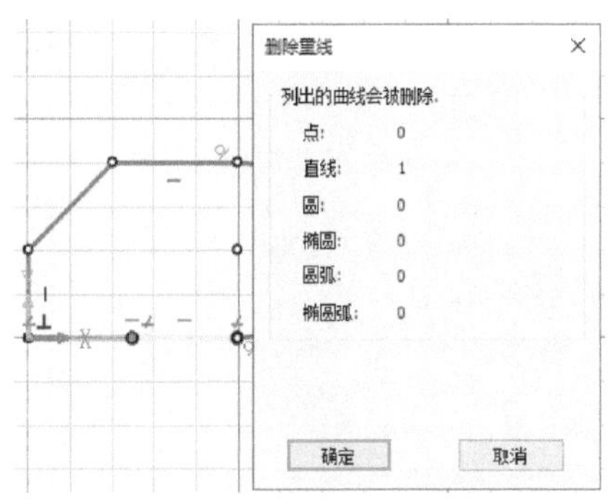

图2-116　删除重线操作

图2-117　“修复草图”对话框

2.4.13 端点右键编辑

在CAXA 3D实体设计中，草图中几何图形的端点都具有“端点属性”。用户可以右击相应的端点，弹出图2-118所示的快捷菜单，利用该快捷菜单中的命令进行相关的编辑操作。

- 连接：选择此选项，将前次操作中断开的端点重新连接起来。两个端点必须在一条曲线上，以便于连接成功。
- 断开：选择此选项，在该点处断开，得到两个端点。

- 锁住位置：选择此选项，将端点锁定在它们的当前位置。如果要解除对某个端点位置的锁定状态，则可再次右击该端点，清除“锁定位置”命令选择即可。
- 编辑位置：选择此选项，弹出图 2-119 所示的“编辑位置”对话框，利用该对话框编辑选定端点的位置值，即为端点的水平位置和竖直位置输入新的 X 值和 Y 值。

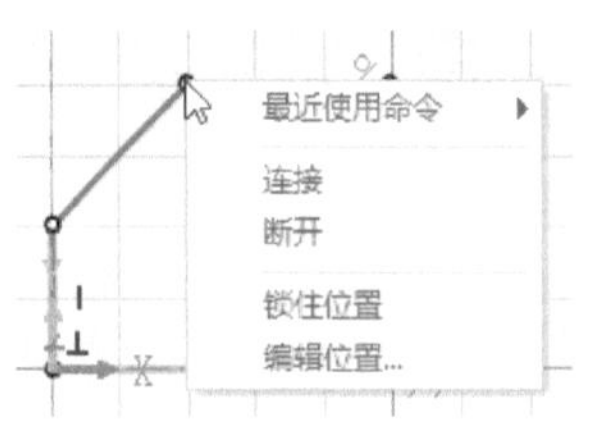

图 2-118　右击端点

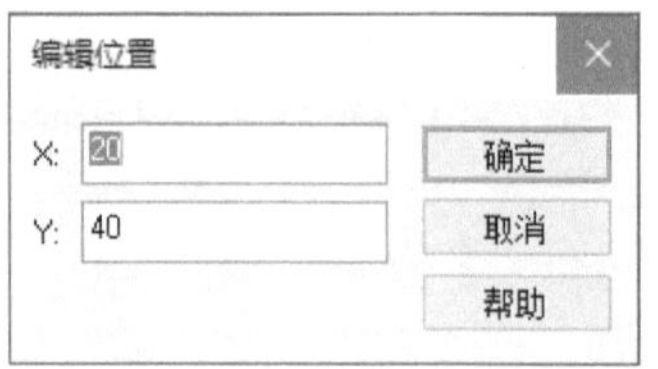

图 2-119　“编辑位置”对话框

2.5　输入二维图形

在 CAXA 3D 实体设计 2020 中，系统允许将 . exb 和 . dwg/. dxf 等格式的文件输入到草图平面中，以实现从二维到三维的转换。注意在输入一些文件之前，需要对实体设计的输入单位等内容进行相应的设置，在这里，以要输入 AutoCAD 格式的文件为例，在 CAXA 3D 实体设计 2020 的设计环境下，单击“菜单”标签以打开应用程序菜单，接着单击“选项”按钮，打开“选项”对话框，切换到“AutoCAD 输入”选项卡，将“缺省长度单位（无单位文件使用）”设置为“毫米”，并设置字体、图纸幅面选项等参数，如图 2-120 所示。

图 2-120　“选项”对话框

在 CAXA 3D 实体设计 2020 中进行二维草图绘制时，可以将 AutoCAD 的 . dxf/. dwg 格式图形输入到二维草图栅格上，方法是在草图栅格环境下，从应用程序菜单（菜单浏览器）中选择“文

件”|“输入”|“2D 草图中输入”|“输入”命令，或者在草图栅格的空白区域右击并从快捷菜单中选择“输入”命令，打开“输入文件”对话框，如图 2-121 所示，结合文件类型设置来选择所需的格式文件，然后单击“打开”按钮即可。在草图模式下输入 .exb 格式文件的方法也一样。在 CAXA 3D 实体设计 2020 的草图中，还可以通过在应用程序菜单（菜单浏览器）中选择“文件”|“输入”|“2D 草图中输入”|“输入 B 样条”命令，从指定的点文本文件中读入一系列点生成 B 样条曲线。

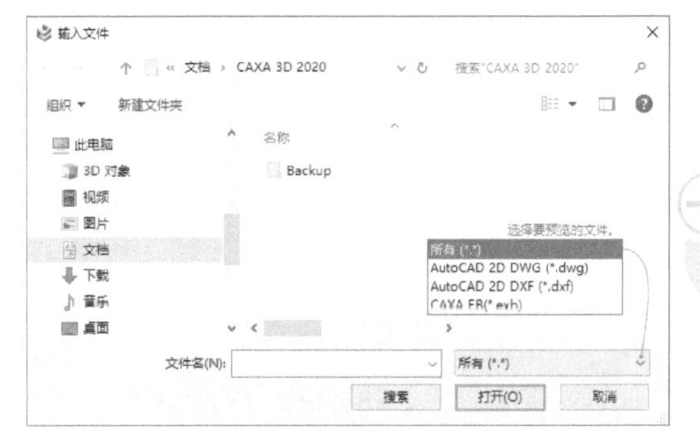

图 2-121 “输入文件”对话框

2.6 二维草图绘制综合范例

本节介绍一个典型二维草图绘制综合范例。要绘制的二维草图的效果如图 2-122 所示。

该二维草图的绘制步骤如下。

1）在 CAXA 3D 实体设计 2020 环境中，在功能区的“草图”选项卡中单击位于“二维草图”按钮下方的按钮，接着单击“在 X－Y 基准面”按钮。可以设置不显示网格线。

2）绘制一个长方形。在“绘制”面板中单击“矩形”按钮，绘制图 2-123 所示的长方形，该长方形的长度为 100，宽为 50。

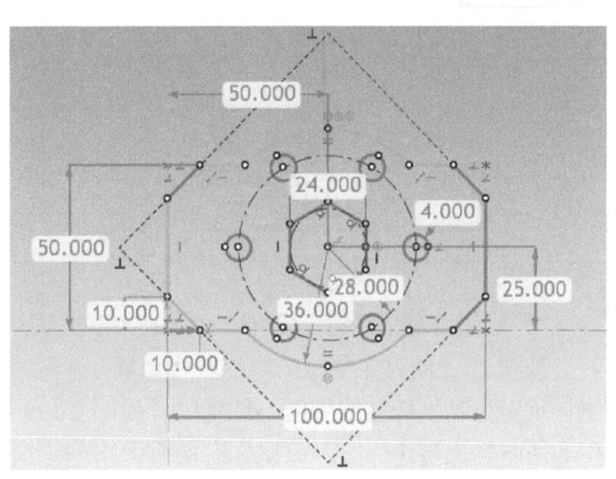

图 2-122 要完成的二维草图

3）绘制一个圆。在“绘制”面板中单击“圆：圆心＋半径”按钮，在长方形的中心绘制图 2-124 所示的一个圆，该圆的半径为 36。在拾取圆心时注意巧用智能捕捉及导航。

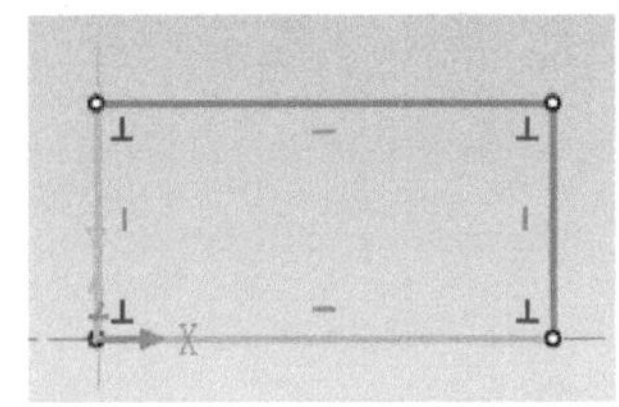

图 2-123 绘制长方形

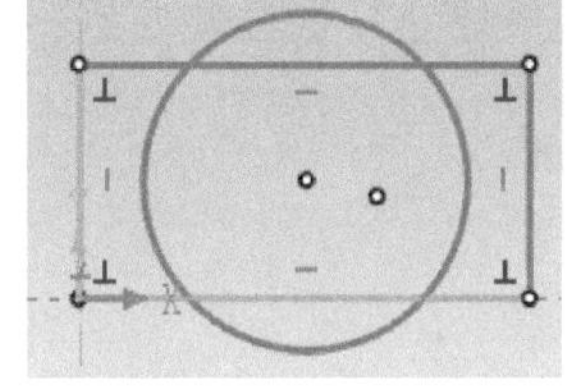

图 2-124 绘制一个圆

4）裁剪图形。在“修改”面板中单击“裁剪”按钮，在草图中分别单击要裁剪掉的曲线段，裁剪结果如图 2-125 所示。

5）绘制两个圆。在“绘制”面板中单击“圆：圆心＋半径”按钮，先绘制一个半径为 28 的大圆，然后绘制一个半径为 4 的小圆，如图 2-126 所示。按〈Esc〉键取消该圆命令操作。

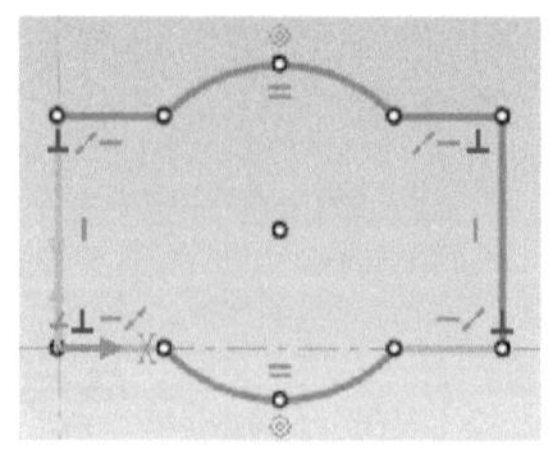

图 2-125　裁剪结果

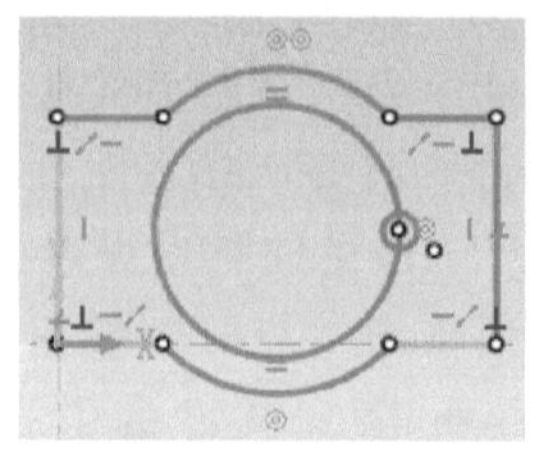

图 2-126　绘制两个圆

6）将半径为 28 的圆作为构造辅助元素。使用鼠标光标选择图 2-127 所示的圆，右击弹出一个快捷菜单，接着在该快捷菜单中选择“作为构造辅助元素”命令，从而将该圆设定为构造辅助元素，结果如图 2-128 所示。

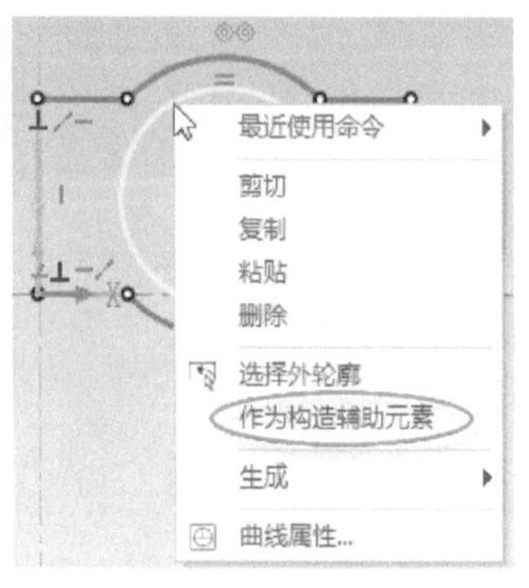

图 2-127　右击操作

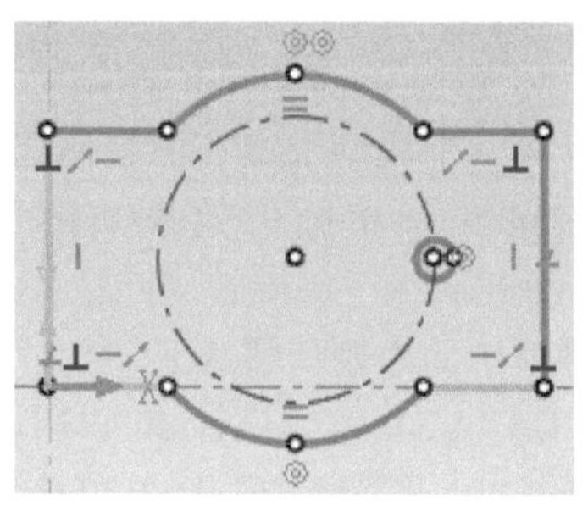

图 2-128　将选定的圆转换为构造辅助元素

7）旋转复制。选择最小的一个圆，在功能区“草图”选项卡的“修改”面板中单击“旋转”按钮，此时在草图的原点位置出现一个尺寸较大的图钉，该图钉定义了旋转中心。将图钉指针重新拖动到构造圆的圆心位置处，如图 2-129 所示。在草图中按住鼠标右键拖动小圆绕旋转中心逆时针旋转少许，释放鼠标右键时弹出一个快捷菜单，选择“复制到这里”命令，弹出“旋转/拷贝”对话框，在“旋转/拷贝”对话框中设置旋转角度为“60”，复制的数量为“5”，单击“确定”按钮，完成该旋转复制操作的结果如图 2-130 所示。

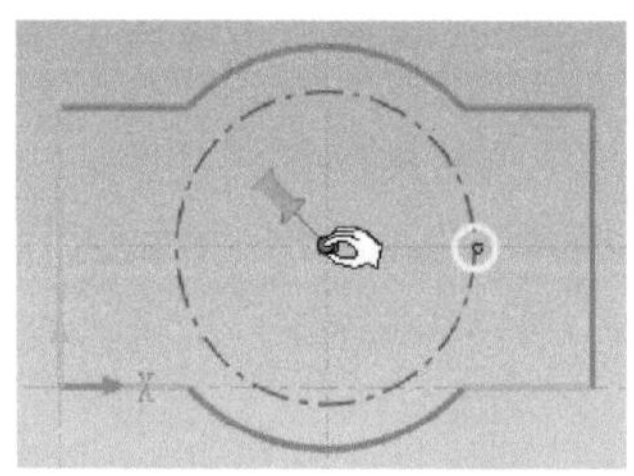

图 2-129　重定义旋转中心

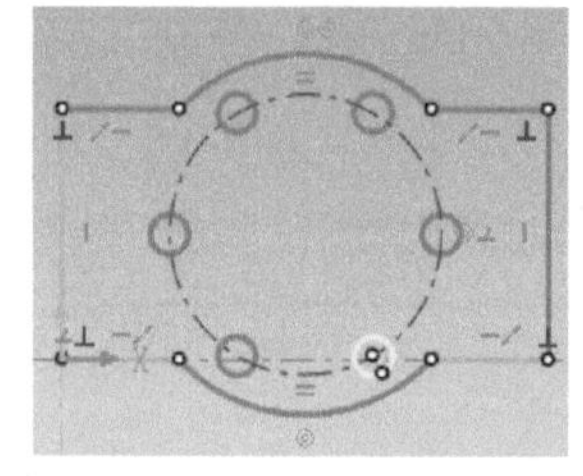

图 2-130　旋转复制的结果

知识点拨：

该步骤也可以采用“圆形阵列”按钮来创建，在操作过程中选择要阵列的小圆，指定圆形阵列的中心点，设置阵列数目和角度跨度等，还可以设置添加阵列约束。读者可对比多种方法，灵活使用。

8）绘制正六边形。在“绘制”面板中单击“多边形”按钮，在长方形的中心（也就是构造圆的圆心处）单击，将该点作为多边形的中心，接着在“属性”管理栏中设置边数为“6”，选择“内接”单选按钮，设置半径为“12”，角度为“0”，如图 2-131 所示，输入最后一个参数值，按〈Enter〉键，则生成的正六边形如图 2-132 所示。

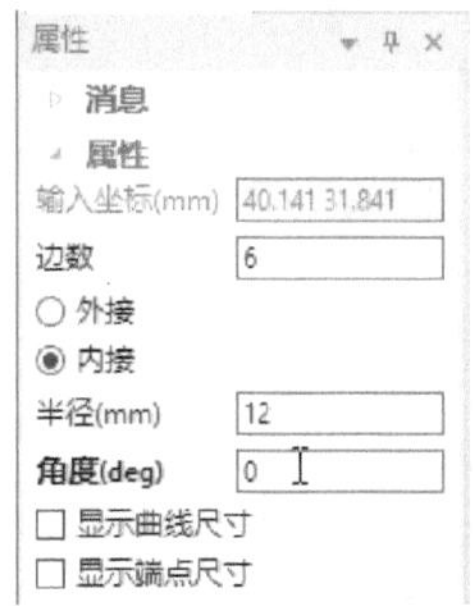

图 2-131　设置正多边形的属性

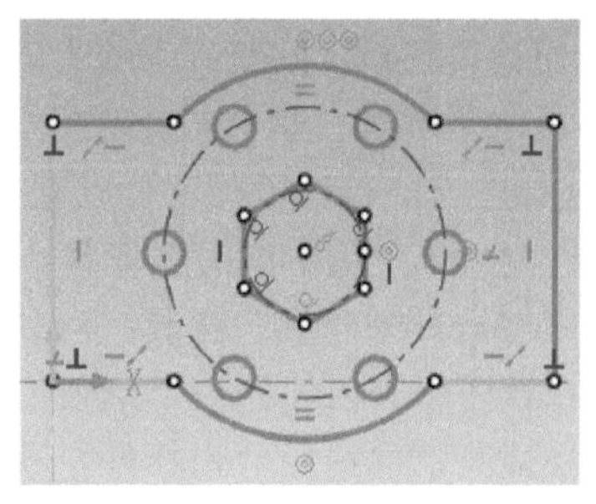
图 2-132　绘制正六边形

9）倒角。在功能区“草图”选项卡的“修改”面板中单击“倒角”按钮，在“属性”管理栏中设置倒角类型为“距离”，并设置倒角距离值为“10”，如图 2-133 所示。使用鼠标光标分别拾取矩形的顶点来生成倒角，完成效果如图 2-134 所示。

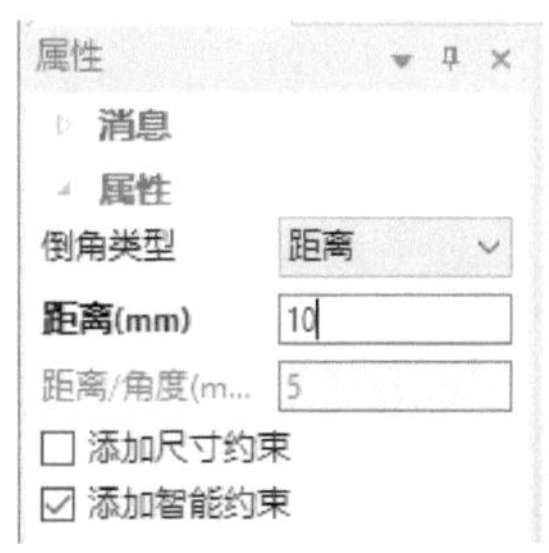

图 2-133　设置倒角类型和倒角距离

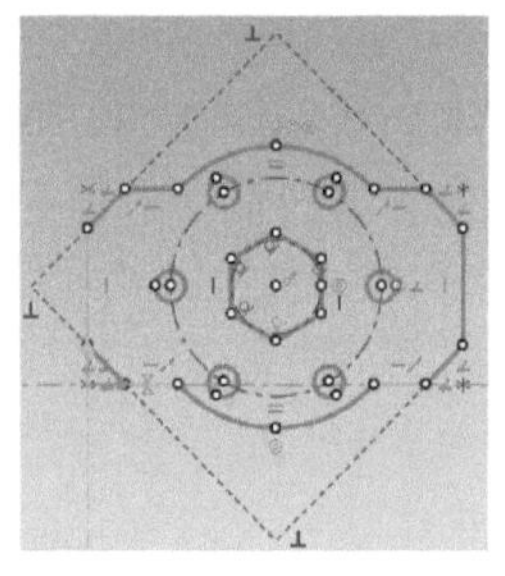
图 2-134　倒角效果（添加智能约束）

操作说明：在执行倒角创建的操作过程中，在“属性”管理栏中可以取消勾选“添加智能约束”复选框，这样创建的倒角效果就没有附加添加的智能约束。本例中读者也可以尝试采用没有添加智能约束的倒角。

10）添加尺寸约束。在功能区“草图”选项卡的“约束”面板中单击“智能标注”按钮，为相关图形对象添加尺寸约束（仅供参考），如图 2-135 所示。用户还可以根据设计要求添加其他的几何约束。

11）完成二维草图。在功能区“草图”选项卡中单击“完成”按钮。完成的实线截面如图 2-136 所示。

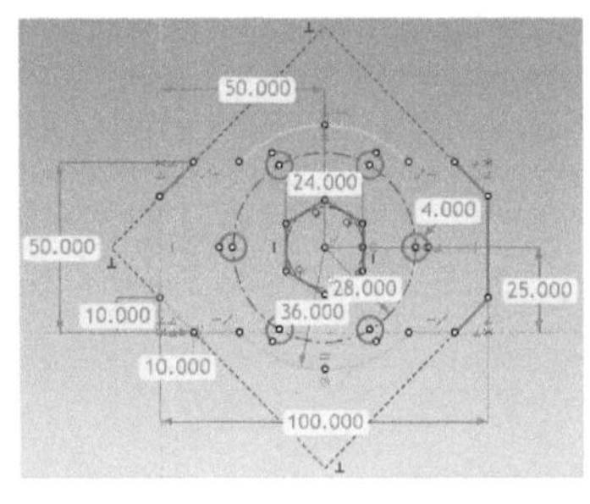

图 2-135　添加尺寸约束

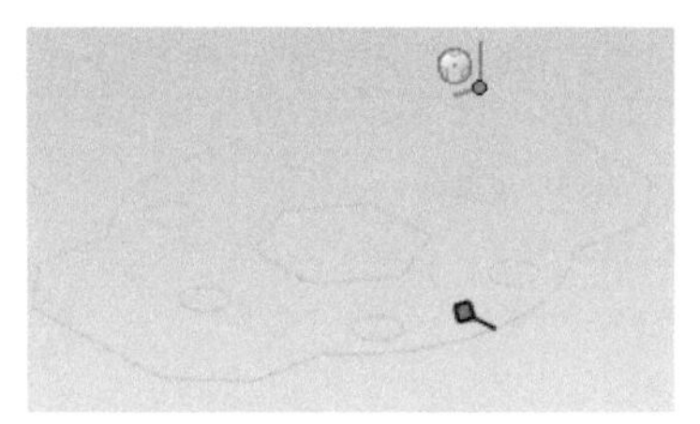
图 2-136　完成的二维截面（实线）

2.7 思考与小试牛刀

1）如何创建草图？建立草图基准面的方式主要有哪几种？

2）如何快速在指定的基准平面上或其等距平面上生成草图轮廓？

3）在绘制草图时，如果需要选择多个图形对象，那么可以采用哪些方法？请判断以下列举的多对象选择的方法是否可行，可以通过举例验证。

- 按住〈Shift〉键的同时选择各个所需的几何图形对象。
- 使用“选择外轮廓”工具，以快速在草图中选择与某一曲线相连的曲线，具体的方法是先在草图中右击任何一个单独但与一系列其他几何图形相连的几何图形，然后从弹出来的快捷菜单中选择“选择外轮廓”命令。
- 使用鼠标框选。

4）上机操作：在草图栅格上右击选定的几何图形时，可以对其进行剪切、复制和粘贴操作。请通过简单操作范例练习这些编辑命令的应用。

5）在进行连续轮廓线的绘制时，如何进行直线和圆弧段绘制的切换？

6）思考与总结：构造线及构造辅助元素主要用在什么场合？如何创建所需的构造线及构造辅助元素？

7）上机练习：进行图 2-137 所示的二维草图绘制练习。

8）上机练习：进行图 2-138 所示的二维草图绘制练习。

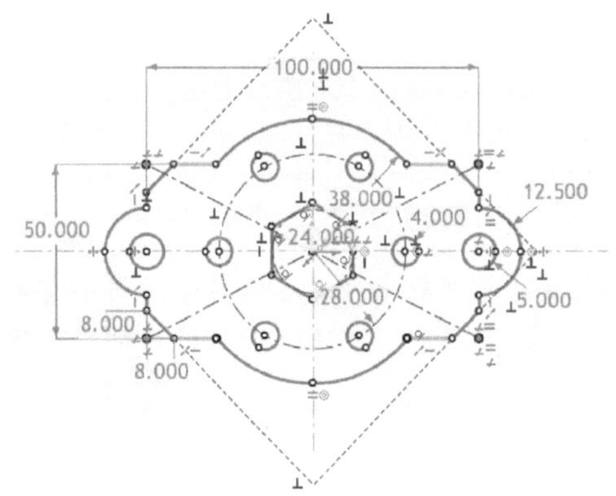

图 2-137　二维草图综合绘制练习（1）

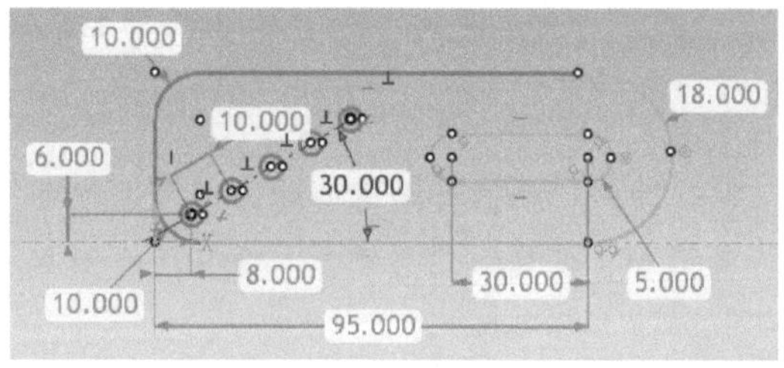

图 2-138　二维草图综合绘制练习（2）

9）在草图环境中，单击“草图”按钮 A 可以创建草图文字，请课外研习创建各类草图文字的方法和技巧。

第 3 章　实体特征生成

本章导读

在 CAXA 3D 实体设计中，利用系统所提供的实体特征创建工具（功能），可以通过在草图中建立的有效二维轮廓截面或轨迹来建立相应的三维实体。用户可以对三维实体进行某些修改与编辑，使生成的实体特征满足实际设计要求。

本章重点介绍实体特征生成的基础知识，包括拉伸、旋转、扫描、放样、螺纹特征、加厚特征和自定义孔特征。其中拉伸、旋转、扫描和放样是 4 种基本的由二维草图轮廓延伸为三维实体的方法。使用这 4 种方法既可以生成实体特征，也可以生成曲面。

3.1　拉伸

在 CAXA 3D 实体设计中，将二维草图轮廓沿着第 3 条坐标轴拉伸一定的距离（高度），便可以生成三维特征，如图 3-1 所示。

创建拉伸特征的工具有“拉伸”按钮和“拉伸向导”按钮。

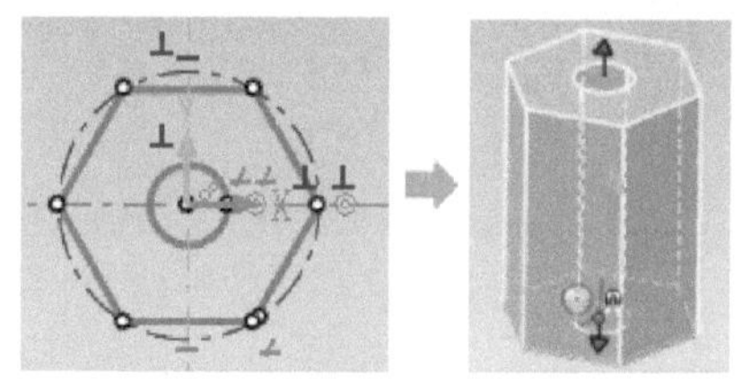

图 3-1　拉伸示例

3.1.1　使用拉伸向导创建拉伸特征

生成一个新的设计环境后，在功能区“特征”选项卡的“特征”面板中单击“拉伸向导”按钮，系统弹出图 3-2 所示的“拉伸特征向导 – 第 1 步/共 4 步”对话框。如果先前已经存在实体，那么单击“拉伸向导”按钮后，还需在命令操作栏中指定平面类型，如图 3-3 所示，根据所选的平面类型选定对象来定义 2D 草图平面，此后弹出“拉伸特征向导 – 第 1 步/共 4 步”对话框。

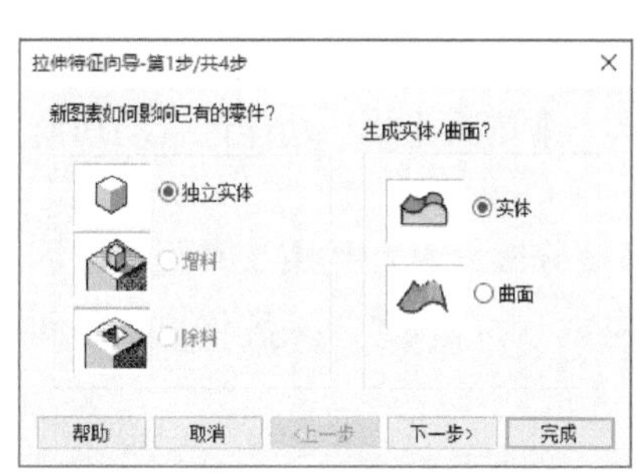

图 3-2　“拉伸特征向导 – 第 1 步/共 4 步”对话框

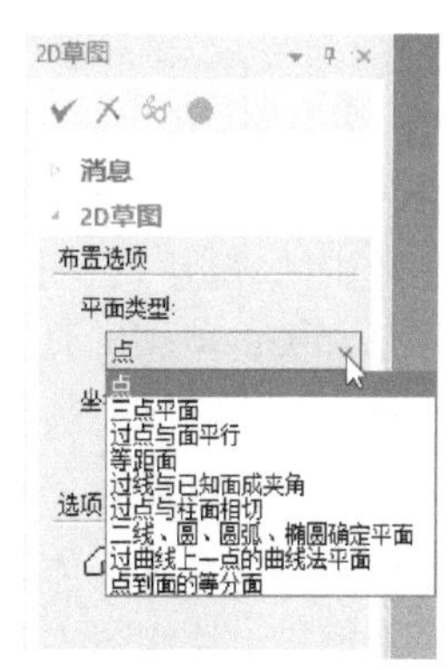

图 3-3　指定平面类型等

在“拉伸特征向导－第1步/共4步”对话框中可设置的选项如下。

- 独立实体：选中该单选按钮，将创建一个新的独立实体模型（新的零件）。
- 增料：对已经存在的零件或实体图素进行拉伸增料操作。
- 除料：对已经存在的零件或实体图素进行拉伸除料操作。
- 实体：选择此单选按钮，则创建的拉伸特征为实体造型。
- 曲面：选择此单选按钮，则创建的拉伸特征为曲面造型。

在“拉伸特征向导－第1步/共4步”对话框中选择好选项后，如选择“独立实体”单选按钮和“实体”单选按钮，单击“下一步”按钮。

弹出图3-4所示的“拉伸特征向导－第2步/共4步”对话框。在该对话框中选择“在特征末端（向前拉伸）”单选按钮或“在特征两端之间（双向拉伸）”单选按钮，选择“沿着选择的表面”单选按钮或“离开选择的表面”单选按钮，然后单击“下一步”按钮。

完成向导第2步后，弹出图3-5所示的“拉伸特征向导－第3步/第4步”对话框。在该对话框中设定拉伸距离等。

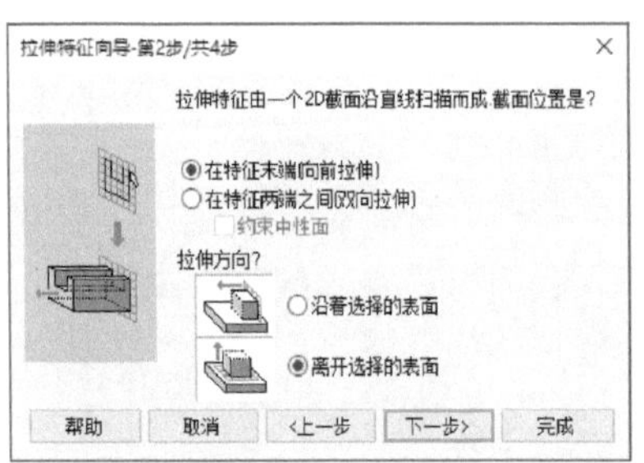

图3-4 “拉伸特征向导－第2步/共4步”对话框

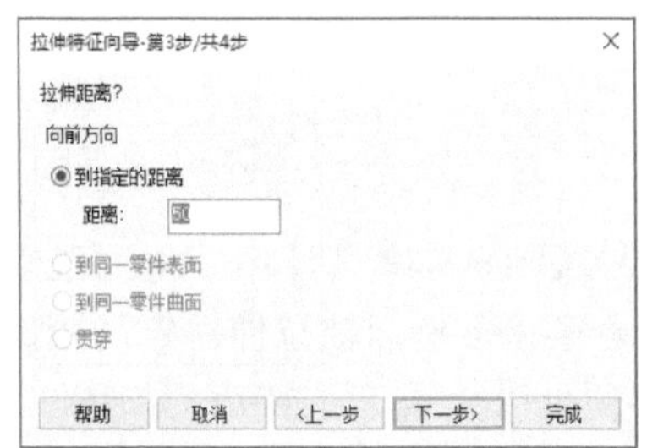

图3-5 “拉伸特征向导－第3步/第4步”对话框

- 到指定的距离：选择此单选按钮时，可在“距离”文本框中输入拉伸的距离。
- 到同一零件表面：选择此单选按钮时，拉伸至实体零件的表面，表面可以是曲面或平面。
- 到同一零件曲面：选择此单选按钮时，拉伸至实体零件曲面。
- 贯穿：只有在减料的时候才可用，用于除去草图轮廓拉伸后与实体零件相交的那一部分材料。

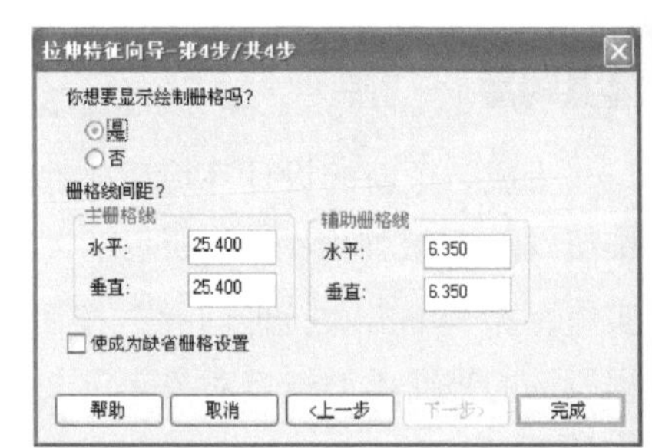

图3-6 “拉伸特征向导－第4步/共4步”对话框

在“拉伸特征向导－第3步/共4步”对话框中单击“下一步”按钮，弹出图3-6所示的“拉伸特征向导－第4步/共4步”对话框。在该对话框中设置是否显示绘制栅格，定制主栅格间距和辅助栅格线间距等，设置完成后单击“完成”按钮，此时图形窗口中显示二维草图栅格，功能区自动切换到“草图”选项卡并激活相关的草图工具。

利用二维绘制工具绘制所需的草图，并利用相关的草图修改工具和约束工具处理草图，使草图满足拉伸截面的要求，然后在“草图”面板中单击“完成”按钮✔，系统将二维草图轮廓按照设定的拉伸参数拉伸成三维实体造型。

例如，在草图栅格上绘制图3-7a所示的二维草图轮廓，单向拉伸指定的距离后，得到的拉伸实体特征如图3-7b所示。

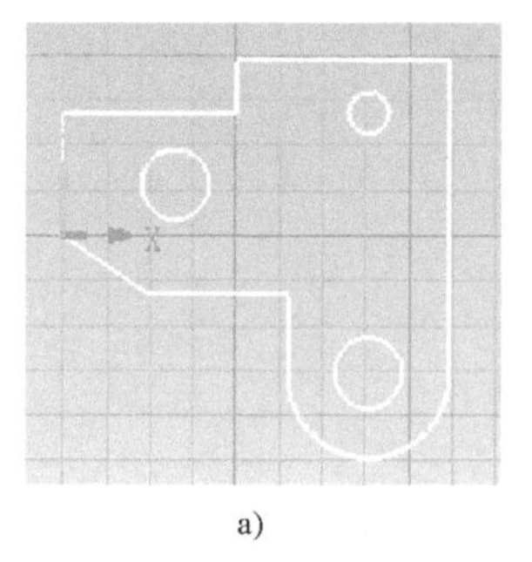

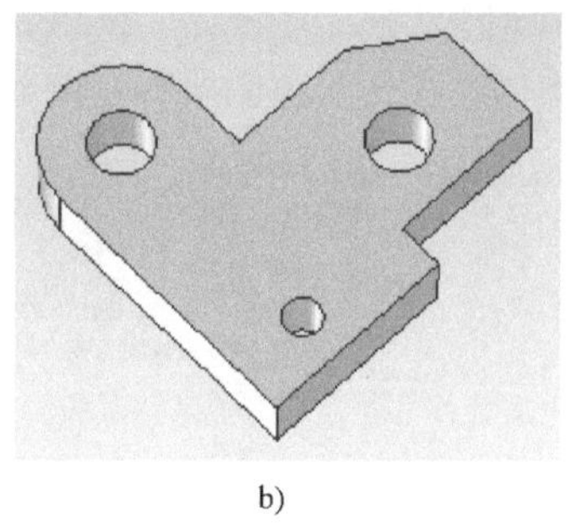

a) b)

图 3-7 拉伸草图及其拉伸实体特征

a）二维草图轮廓 b）创建的拉伸实体特征

3.1.2 拉伸草图轮廓创建拉伸特征

拉伸草图轮廓创建拉伸特征的典型思路和步骤如下。

1）在功能区“特征”选项卡的“特征”面板中单击“拉伸”按钮。

2）如果是新建立的设计环境，那么系统会默认直接进入草图模式。如果设计环境中已经存在着实体，那么会出现图 3-8 所示的“拉伸”命令的“属性”管理栏，从中选择“从设计环境中选择一个零件”单选按钮以在其上添加拉伸特征，或者选择“新生成一个独立的零件”单选按钮以创建一个新的零件。在这里以选择“新生成一个独立的零件”单选按钮为例。

3）进入下一个界面，如图 3-9 所示。此时，如果在设计环境中已经存在拉伸所需的草图，那么单击该草图。如果不存在所需草图，则可以在此时的“属性”管理栏中单击“创建草图”按钮来新建一个草图进行拉伸。

4）在属性管理栏中设定拔模选项及拔模值，设定拉伸方向，在“一般操作”选项组中选择“增料”或“除料”单选按钮。根据需要展开“行为选项”选项组、“选择的轮廓”选项组、“加厚特征”选项组和“高级图素属性”选项组，进行相应的其他选项设置，如图 3-10 所示，通常情况可接受默认值。

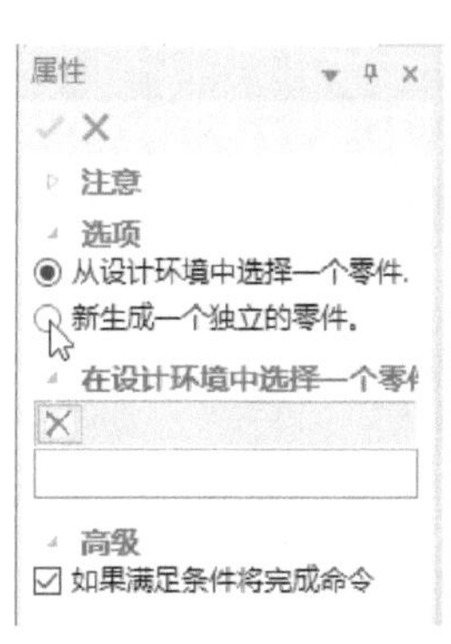

图 3-8 “属性”管理栏（1）

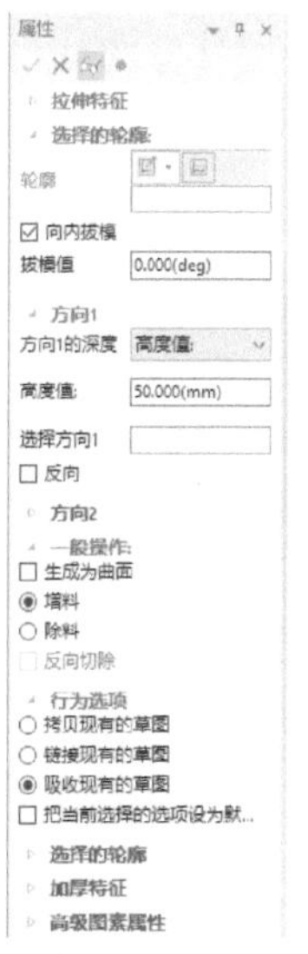

图 3-9 “属性”管理栏（2）

图 3-10 设置其他选项

5）在“属性”管理栏中单击“确定”按钮✓。

拉伸已有草图轮廓创建拉伸实体的典型示例如图 3-11 所示。

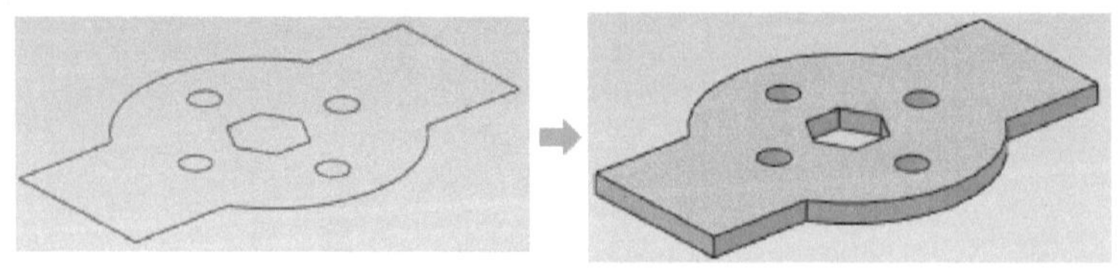

图 3-11　拉伸已有草图轮廓创建拉伸特征

3.1.3 创建拉伸特征的其他方法

在 CAXA 3D 实体设计中，还有其他几种创建拉伸特征的典型方法，如利用实体表面拉伸、对草图轮廓分别拉伸等。

1. 利用实体表面拉伸

利用实体表面拉伸是指将选定的实体表面作为二维轮廓进行拉伸造型，其一般方法及操作步骤如下。

1）在设计环境中将拾取过滤的选项临时设置为“面”，在图形窗口中单击要定义草图轮廓的表面以选中该表面，选中后该表面以绿色显示，如图 3-12 所示。

2）单击“拉伸”按钮，出现“拉伸”命令的“属性”管理栏，从中进行相关的设置。例如，将方向 1 的高度值设置为“10”，方向 2 的高度值默认值为“0”，取消勾选“生成为曲面”复选框，选择“增料”单选按钮，如图 3-13 所示。

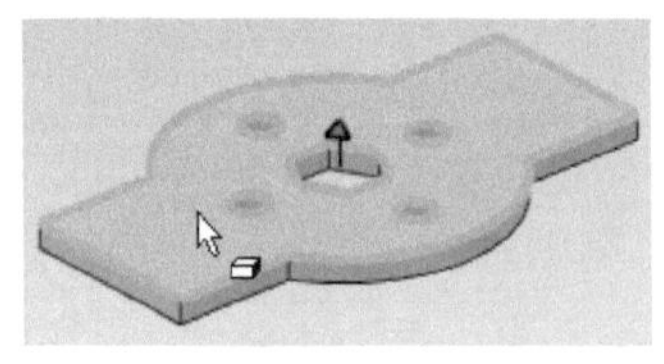

图 3-12　选中实体表面

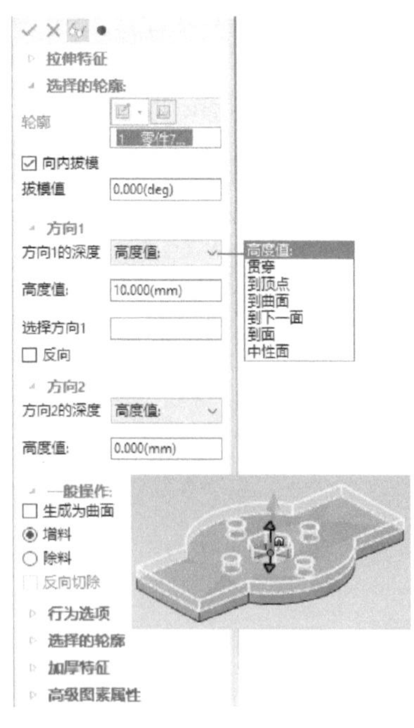

图 3-13　设置参数

技巧：也可以先单击“拉伸”按钮，再单击选择要定义草图轮廓的实体表面。

3）在“属性”管理栏中单击“确定”按钮✓，完成创建的拉伸效果如图 3-14 所示。

2. 对草图轮廓分别拉伸

对草图轮廓分别拉伸的设计思路是将同一个视图的多个不相交轮廓一次性地输入到草图中，然后有选择性地利用轮廓建构拉伸特征。使用这种设计思路通常可以提高设计效率。

3.1.4 编辑拉伸特征

利用二维草图拉伸的方式来生成拉伸特征后，如果对拉伸特征不满意，可以对该拉伸特征的草图轮廓或其他属性进行编辑处理。

首先介绍利用图素手柄对其进行编辑处理。对于新生成的自定义拉伸“智能图素”，其图素手柄包括三角形拉伸手柄和四方形轮廓手柄，如图 3-15 所示。

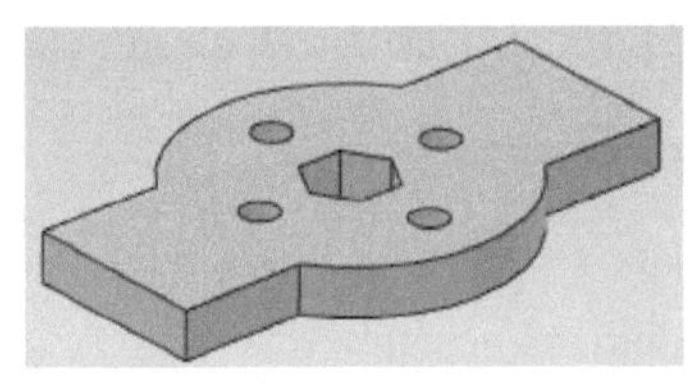

图 3-14　拉伸效果

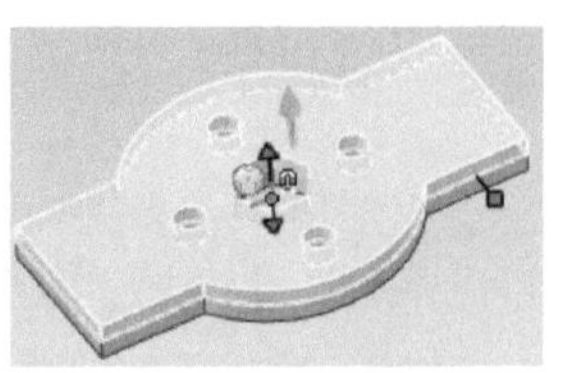

图 3-15　使用图素手柄进行拉伸特征编辑

- 三角形拉伸手柄：该类手柄用于编辑拉伸特征的两个相对表面，以改变拉伸体的长度。
- 四方形轮廓手柄：该类手柄用于改变拉伸截面轮廓，重新定位拉伸特征的各个表面。注意拉伸图素的四方形轮廓手柄在“智能图素”编辑状态上不总是可见的，可以将鼠标光标移至关联平面的边缘来显示该边缘处的四方形轮廓手柄。

拉伸特征处于图素状态时，右击拉伸特征弹出一个快捷菜单，从中选择“智能图素属性”命令，打开“拉伸特征”对话框，切换至“拉伸”选项卡，可以利用“属性”按钮在轮廓列表中修改草图轮廓，可以在“拉伸深度”文本框中修改拉伸高度，还可以设定显示或隐藏拉伸高度操作柄、截面轮廓操作柄等，如图 3-16 所示。

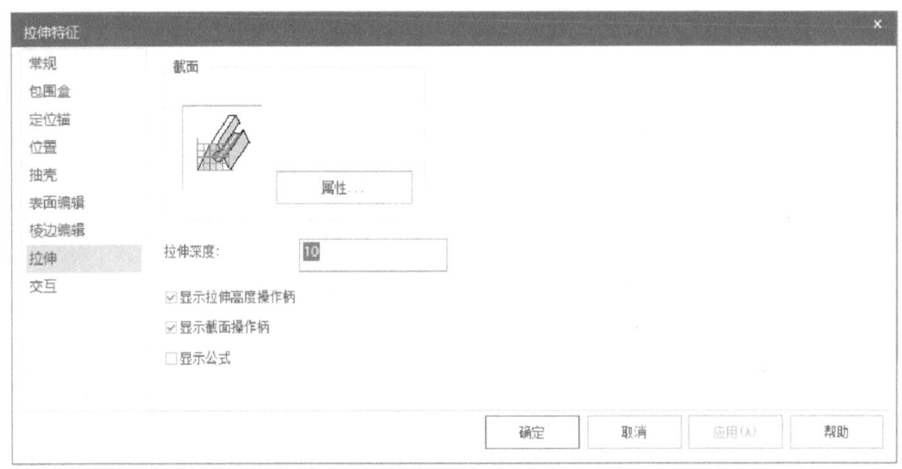

图 3-16　“拉伸特征”对话框

3.2 旋转

可以将一个二维草图沿着指定的旋转轴生成一个三维造型，如图 3-17 所示。

3.2.1 创建旋转特征

创建旋转特征的操作方法和创建拉伸特征的操作方法相似。注意："旋转"按钮用于围绕轴旋转草图截面创建旋转特征；"旋转向导"按钮用于使用旋转向导围绕轴线旋转草图截面创建一个旋转特征。

下面先通过一个典型的操作范例来介绍如何使用旋转向导创建旋转特征。

1）新建一个设计环境，在功能区的"特征"选项卡中单击"旋转向导"按钮。

2）弹出"旋转特征向导－第 1 步/共 3 步"对话框，从中设置图 3-18 所示的选项，单击"下一步"按钮。

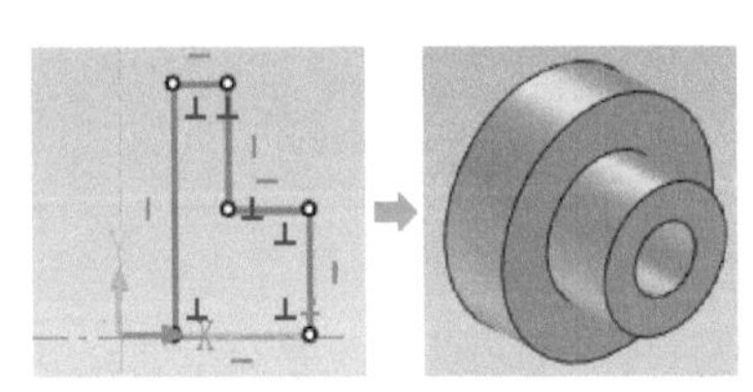
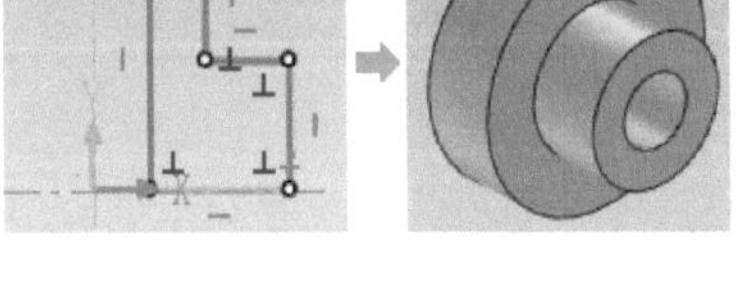

图 3-17 创建旋转特征示例

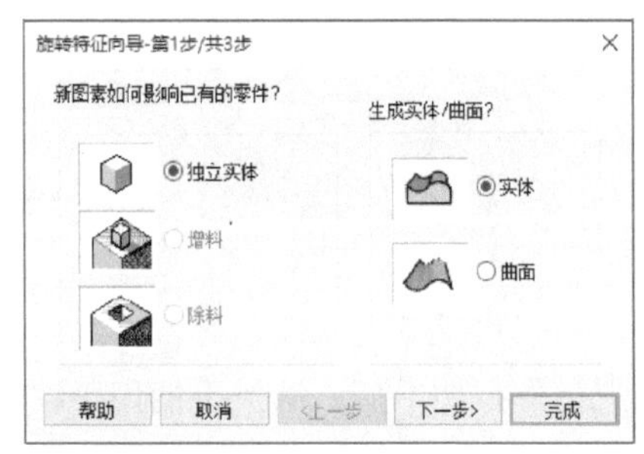

图 3-18 "旋转特征向导－第 1 步/共 3 步"对话框

弹出"旋转特征向导－第 2 步/共 3 步"对话框，在该对话框中设置旋转角度，以及定义新形状如何定位，如图 3-19 所示，然后单击"下一步"按钮。

弹出"旋转特征向导－第 3 步/共 3 步"对话框，接受图 3-20 所示的默认设置，单击"完成"按钮。

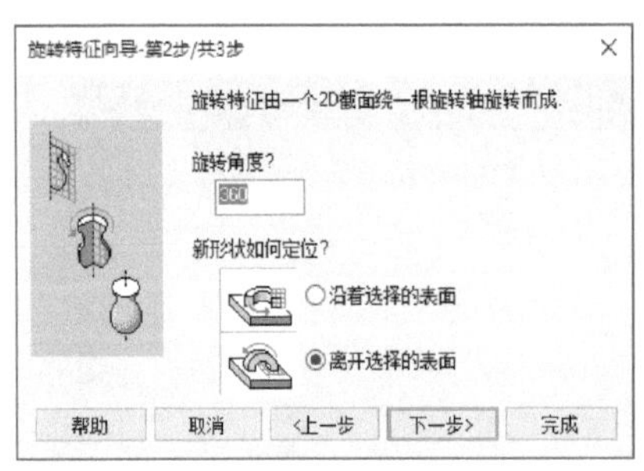

图 3-19 "旋转特征向导－第 2 步/共 3 步"

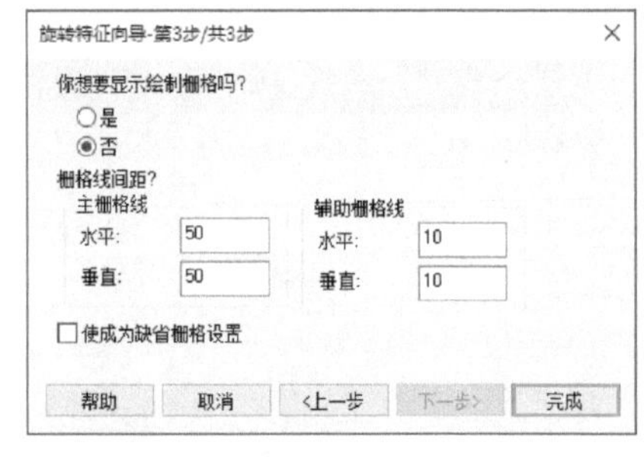

图 3-20 "旋转特征向导－第 3 步/共 3 步"

3）进入草图栅格模式，绘制图 3-21 所示的一个草图轮廓。

知识点拨：

在 CAXA 3D 实体设计中，可以将旋转轴默认为 Y 轴，而且绘制的旋转草图轮廓需要满足这些条件：草图的轮廓曲线不可以与 Y 轴相交叉，但允许轮廓端点位于 Y 轴上；草图轮廓可以是非封闭的，对于某些非封闭轮廓，在创建旋转特征时，系统会将轮廓开口处的轮廓端点自动作水平延伸来完成旋转特征。

4）绘制好草图轮廓后，在"草图"面板中单击"完成"按钮，完成旋转特征，如图 3-22 所示。

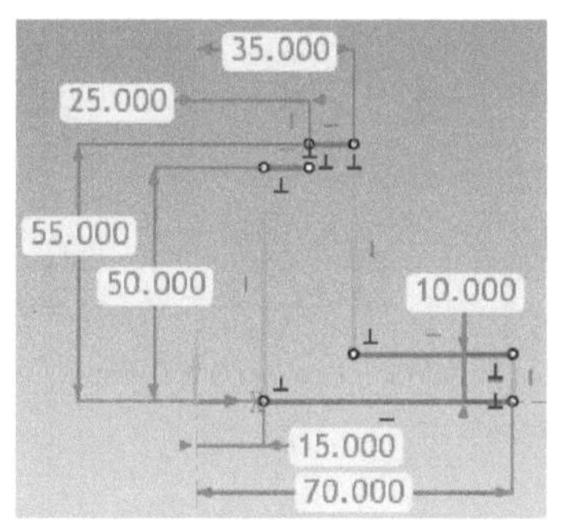

图 3-21 绘制旋转特征的草图轮廓

图 3-22 完成旋转特征

用户也可以使用“旋转”按钮按照以下的方法步骤来创建旋转特征。

1）在功能区“特征”选项卡的“特征”面板中单击“旋转”按钮。

2）如果是在一个新的没有零件特征的设计环境中，单击“旋转”按钮后即可快速进入草绘模式。如果已有零件特征，则出现图 3-23 所示的“属性”管理栏，由用户根据设计需要选择“从设计环境中选择一个零件”单选按钮或“新生成一个独立的零件”单选按钮，若选择前者还要在设计环境中选择一个零件；之后“旋转”命令的“属性”管理栏提供图 3-24 所示的选项，选择已有草图，或者创建所需的草图。

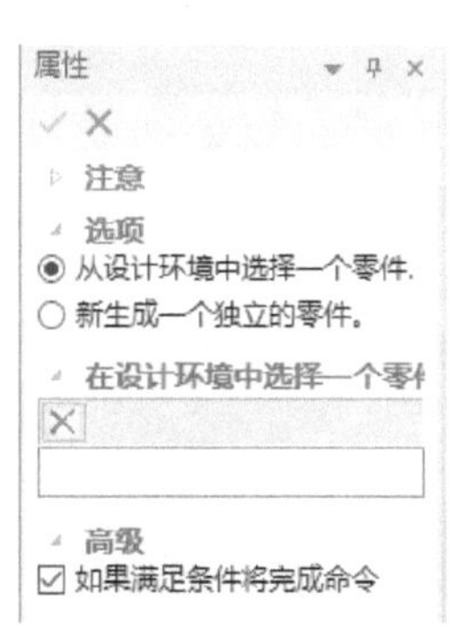

图 3-23 “属性”管理栏

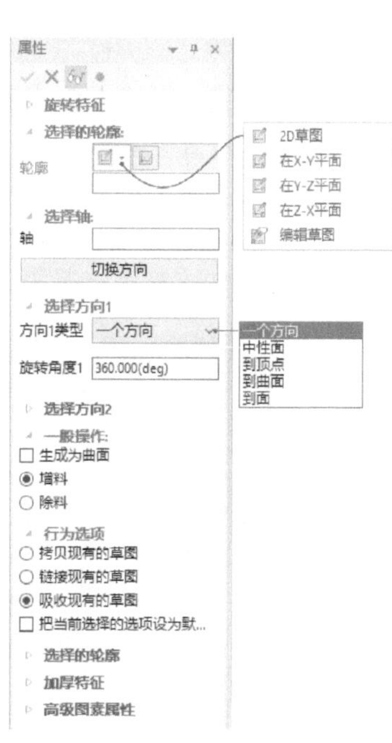

图 3-24 “旋转”命令操作栏

3）选定或完成草图后，在“旋转”命令的“属性”管理栏中进行相应设置，如选择一根线（边线）作为旋转轴，设定旋转方向和旋转角度，指定是增料还是除料等。

4）在“旋转”命令的“属性”管理栏中单击“确定”按钮。

【课堂范例】：创建阶梯轴零件

1）在“快速启动”工具栏中单击“缺省模板设计环境”按钮，新建一个使用默认模板

的设计环境文档。

2）在功能区“特征”选项卡中单击“特征”面板中的“旋转”按钮，快速进入草图模式。

3）绘制图3-25所示的草图，单击“完成”按钮✓。

4）注意默认的旋转角度为360，Y轴被默认为旋转轴，选中“增料”单选按钮。在“属性”管理栏中单击“完成操作且不退出命令”按钮●，创建的旋转特征如图3-26所示。

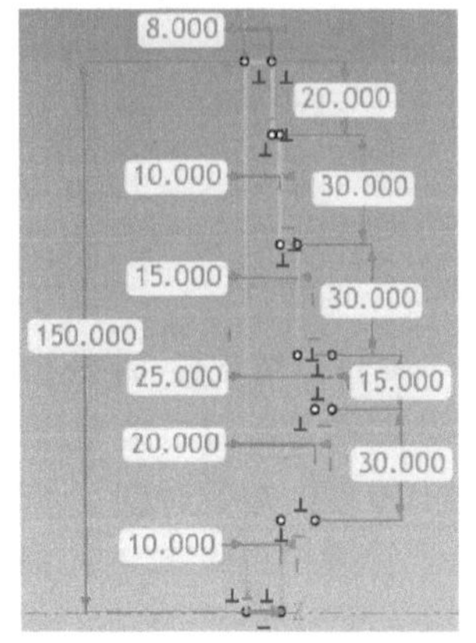

图3-25　绘制草图（1）

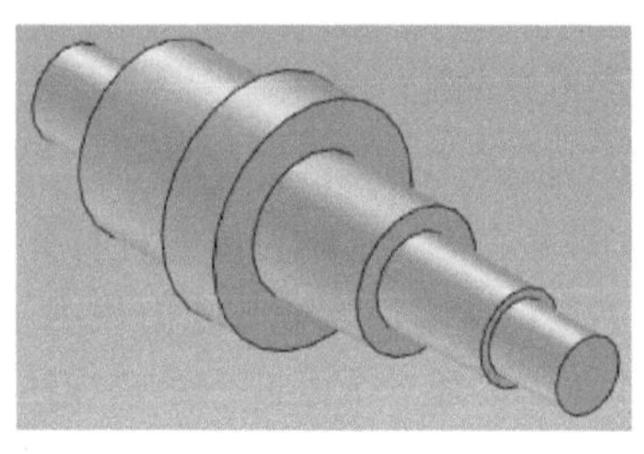
图3-26　创建旋转特征

5）在“属性”管理栏中单击位于“选择的轮廓”选项组的下拉列表框中的“2D草图”按钮，接着设置2D草图放置类型选项为“三点平面”，在模型中使用智能捕捉来依次选择图3-27所示的点1、点2和点3，单击鼠标中键，进入2D草图模式。所选3点的顺序会默认相对坐标系的方位。

6）绘制图3-28所示的草图，单击“完成”按钮✓。默认Y轴为旋转轴。

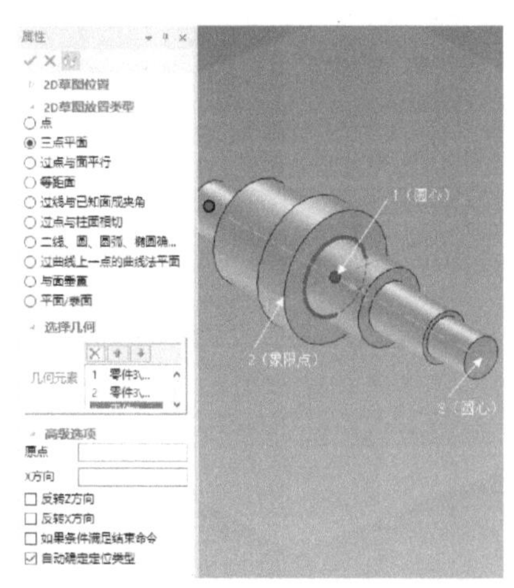

图3-27　按顺序指定3点定义草图平面

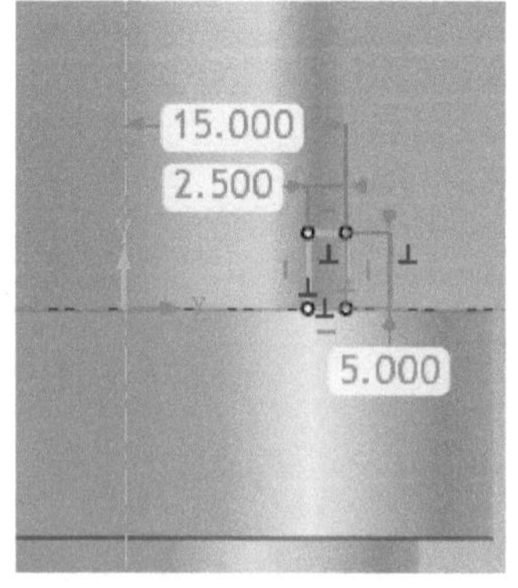

图3-28　绘制草图（2）

7）在“属性”管理栏的“一般操作”选项组中选择“除料”单选按钮，在“行为选项”选项组中选择“链接现有的草图”单选按钮。

8）在“属性”管理栏中单击“确定”按钮✓，确定生成并退出命令，完成的轴零件如图3-29所示，可利用特征树将草图隐藏起来。

3.2.2 编辑旋转特征

可以使用智能图素手柄来编辑生成的旋转特征。在“智能图素”编辑状态下选择旋转图素，此时显示的特征操作手柄包括旋转设计手柄和轮廓设计手柄，如图 3-30 所示。

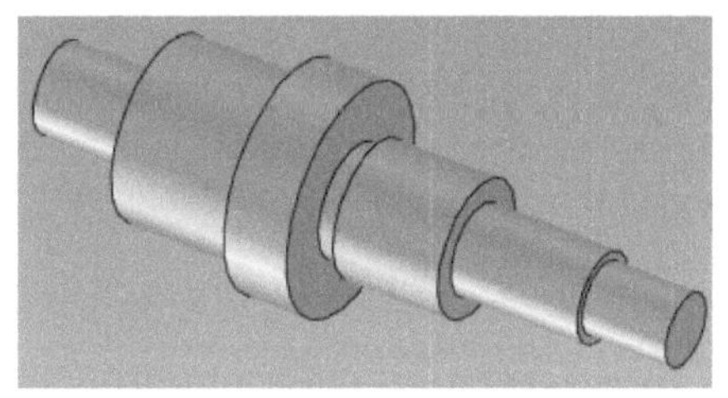

图 3-29　完成的轴零件

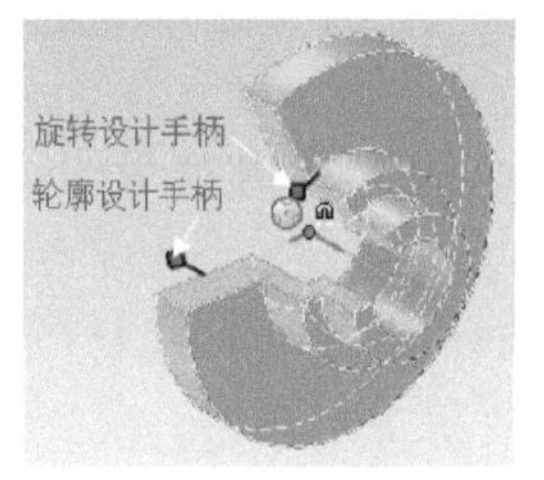

图 3-30　旋转特征图素上显示的手柄

- 旋转设计手柄：用于编辑旋转设计的旋转角度，拖动可以可视化地更改旋转特征的旋转角度。
- 轮廓设计手柄：用于重新定位旋转设计的各个表面，修改旋转特征的截面轮廓。

同拉伸特征相似，可以利用鼠标右键弹出来的快捷菜单来编辑旋转特征。

3.3 扫描

所谓的扫描特征是指沿着一条轨迹线扫描一个截面来生成的特征，如图 3-31 所示。要创建扫描特征，需要准备二维草图和指定一条扫描曲线轨迹，其中的扫描曲线轨迹可以是一条直线、一条圆弧、一条 B 样条曲线或一条三维曲线等。

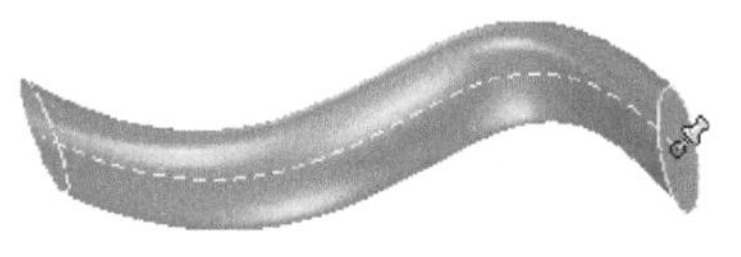
图 3-31　扫描特征示例

3.3.1 创建扫描特征

生成扫描特征的操作方法和生成拉伸特征的操作方法有类似的地方。下面通过一个典型的简单范例介绍如何使用扫描特征向导来辅助创建扫描特征。

1）新建一个设计环境，在功能区的“特征”选项卡中单击“扫描向导”按钮。

2）系统弹出图 3-32 所示的“扫描特征向导 – 第 1 步/共 4 步”对话框，设置新图素作为“独立实体”，生成类型为“实体”，然后单击“下一步”按钮。

弹出“扫描特征向导 – 第 2 步/共 4 步”对话框，该对话框给出了扫描特征的定义描述，读者可以选择“沿着表面”单选按钮或“离开表面”单选按钮来定义新扫描特征定位。在本例中，选择“离开表面”单选按钮，如图 3-33 所示，然后单击“下一步”按钮。

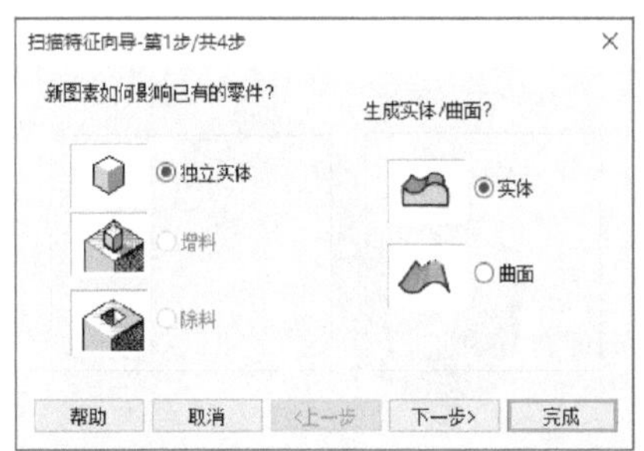

图 3-32　“扫描特征向导 – 第 1 步/共 4 步”对话框

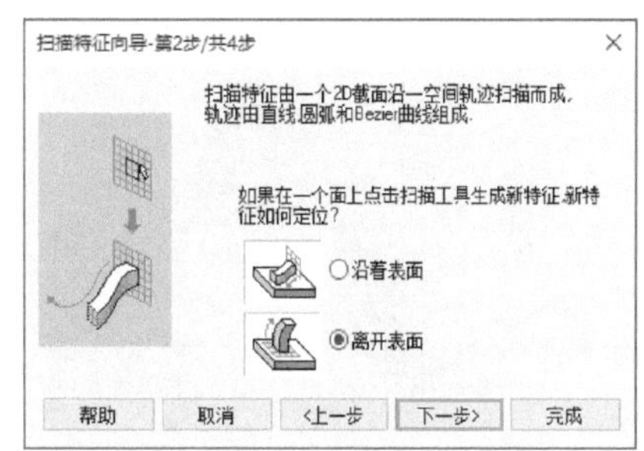

图 3-33　“扫描特征向导 – 第 2 步/共 4 步”对话框

弹出“扫描特征向导－第3步/共4步”对话框。选择“2D导动线”单选按钮，接着选择“圆弧”单选按钮，并勾选“允许沿尖角扫描”复选框，如图3-34所示，然后单击“下一步”按钮。

知识点拨：

“2D导动线”“3D导动线”及相关选项的功能用途介绍如下。

- 2D导动线：用于设置导动线为二维草图线，包括“直线”“圆弧”和“Bezier曲线”。
- 3D导动线：用于设置用3D曲线作为导动线。
- 允许沿尖角扫描复选框：勾选该复选框，允许扫描特征有尖角。

弹出图3-35所示的“扫描特征向导－第4步/共4步”对话框。设置好相关的选项和栅格线参数后，单击“完成”按钮。

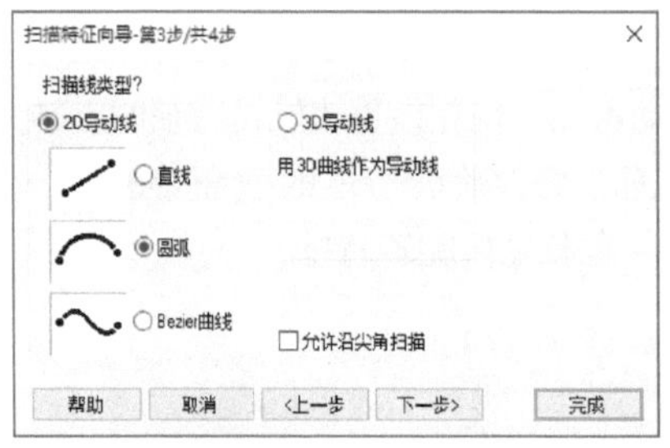

图3-34 “扫描特征向导－第3步/共4步”对话框

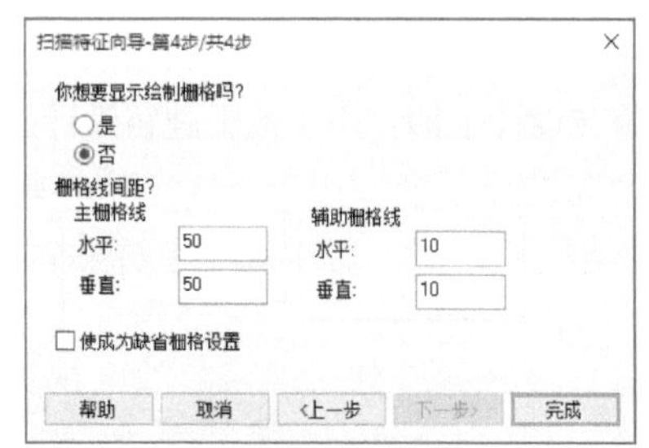

图3-35 “扫描特征向导－第4步/共4步”对话框

3）进入草图栅格平面，绘制和编辑二维导动线，如图3-36所示（可使用“连续直线”按钮绘制，注意添加相应的几何约束）。对轨迹曲线满意后，单击“完成”按钮。

4）在进入的草图平面上绘制一个几何轮廓作为扫描截面轮廓。注意如果要生成扫描实体特征，草图轮廓必须封闭；而如果要生成扫描曲面，则草图轮廓可以不封闭。在本例中，绘制的扫描截面轮廓如图3-37所示，然后在“草图”面板中单击“完成”按钮。

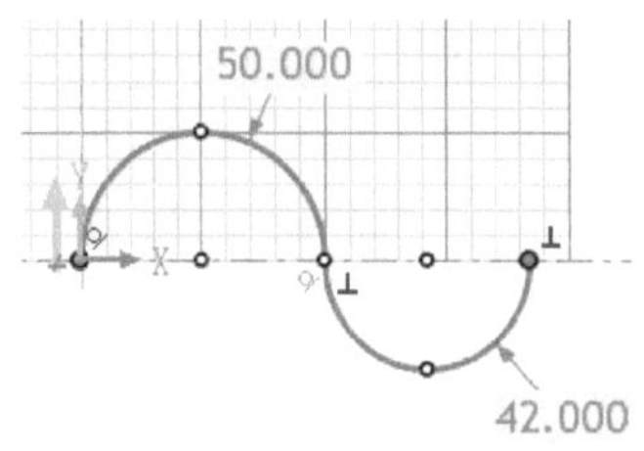

图3-36 绘制和编辑二维导动线

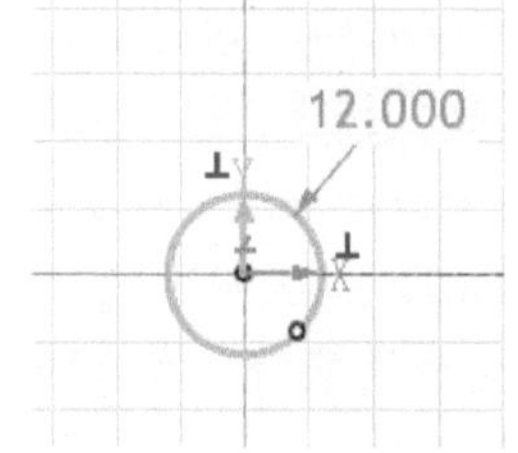

图3-37 绘制扫描截面轮廓

创建扫描特征如图3-38所示。如果之前绘制的扫描截面轮廓为两个同心圆，那么最终生成的扫描特征形状如图3-39所示。

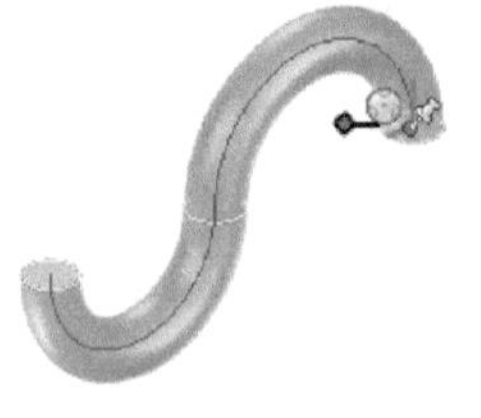

图3-38 创建的扫描特征

图3-39 创建的具有中空形状的扫描特征

再看下面一个范例。该范例使用“对已有草图生成扫描特征”方法来创建扫描特征，使用的创建工具为“扫描”按钮。

【课堂范例】：对已有草图生成扫描特征

1）打开随书配套的“HY_扫描课堂范例 . ics”文件，该文件中存在着的二维几何轮廓线如图 3-40 所示。

2）在功能区的“特征”选项卡中单击“扫描”按钮，打开“扫描特征”命令的“属性”管理栏。

3）在设计环境中单击已有的草图，接着在“扫描特征”命令的“属性”管理栏中设置如图 3-41 所示的选项。

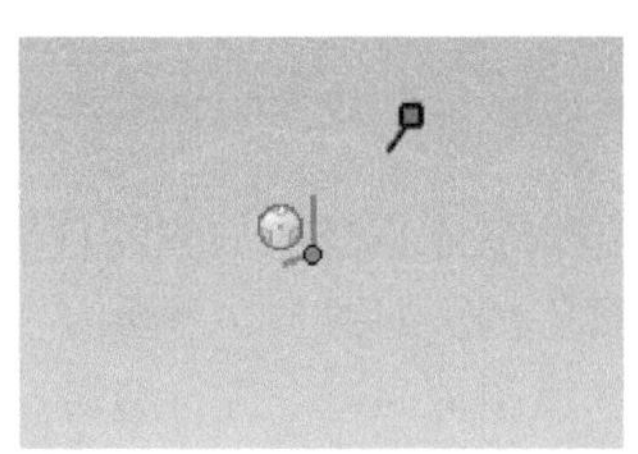

图 3-40　已有草图

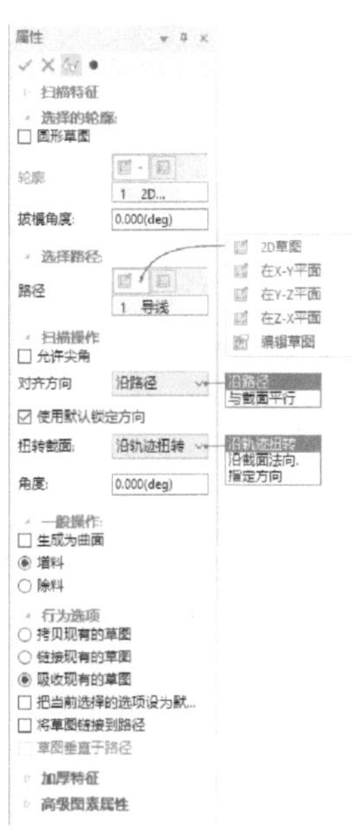

图 3-41　设置扫描属性

4）在“选择路径”选项组中单击“在 Z - X 基准面”按钮，进入草图栅格平面，绘制和编辑图 3-42 所示的二维导动线。在“草图”面板中单击“完成”按钮。

5）在“属性”管理栏中单击“确定”按钮，完成的扫描特征如图 3-43 所示。

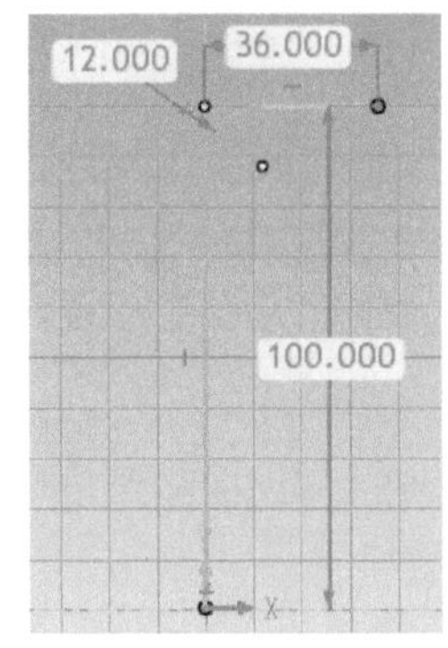

图 3-42　完成二维导动线

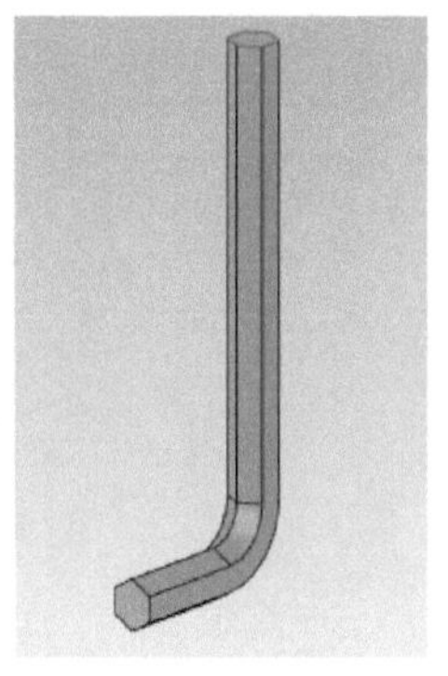

图 3-43　创建扫描特征

知识点拨：

在“扫描特征”命令的“属性”管理栏上，如果勾选“选择的轮廓”选项组中的“圆形草图”复选框，那么可以不绘制草图轮廓，而是直接使用指定直径的圆作为草图轮廓，如图 3-44 所示，该图中的扫描特征不允许尖角。如果勾选“允许尖角”复选框，那么允许扫描轨迹存在尖角，最后生成的扫描特征如图 3-45 所示。

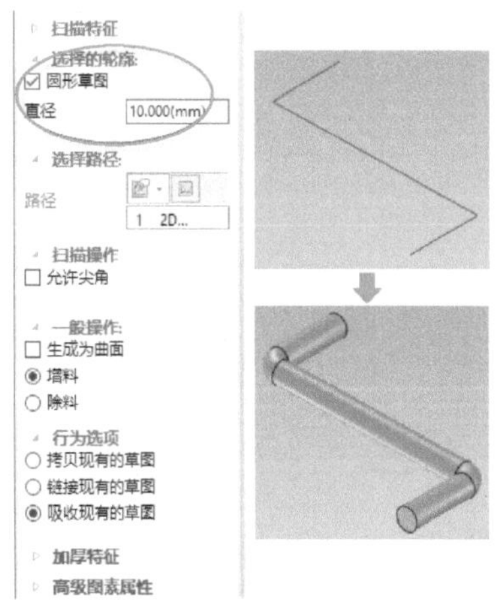

图 3-44 使用“圆形草图”选项且不允许尖角

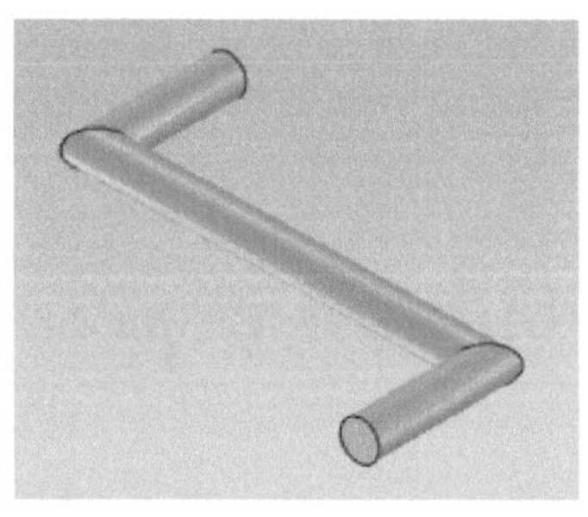

图 3-45 允许尖角的扫描

3.3.2 编辑扫描特征

可以使用智能图素手柄编辑扫描图素。在“智能图素”编辑状态下选中扫描特征图素，将光标置于导动设计图素的下部边缘，从而显示出相应的轮廓图素手柄，如图 3-46 所示。使用鼠标拖动手柄来快速编辑，或右击该轮廓图素手柄并从快捷菜单中选择相关的命令进行编辑操作。

如果需要，用户可以在设计树中右击扫描智能图素，弹出图 3-47 所示的快捷菜单，从中可以选择“编辑特征操作”“编辑轨迹曲线”“切换扫描方向”“允许扫描尖角”等命令进行相关的编辑操作。

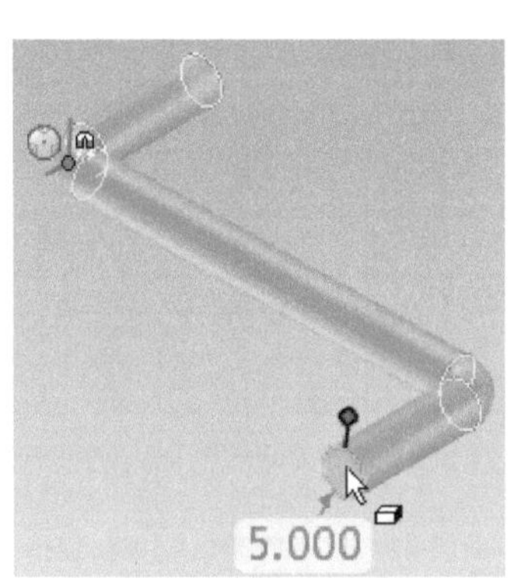

图 3-46 显示扫描特征的轮廓设计图素手柄

图 3-47 利用鼠标右键菜单编辑

3.4 放样

在 CAXA 3D 实体设计中可以使用多个截面生成自由形状的放样特征，如图 3-48 所示。

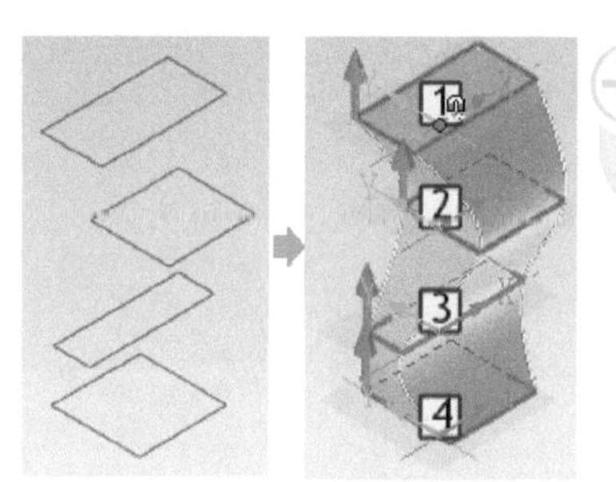

图 3-48 放样示例

3.4.1 创建放样特征

可以使用“放样特征向导”来创建放样特征。请看下面的一个操作范例。

1）新建一个设计环境后，在功能区“特征”选项卡的“特征”面板中单击“放样向导”按钮，系统弹出图 3-49 所示的“放样造型向导 – 第 1 步/共 4 步”对话框。

2）在该对话框中选择“独立实体”单选按钮，并在“生成实体/曲面”选项组中选择“实体”单选按钮，然后单击“下一步”按钮，此时系统弹出“放样造型向导 – 第 2 步/共 4 步”对话框。

3）在“截面数”选项组中选择“指定数字”单选按钮，设置截面数为“3”，如图 3-50 所示，然后单击“下一步”按钮。

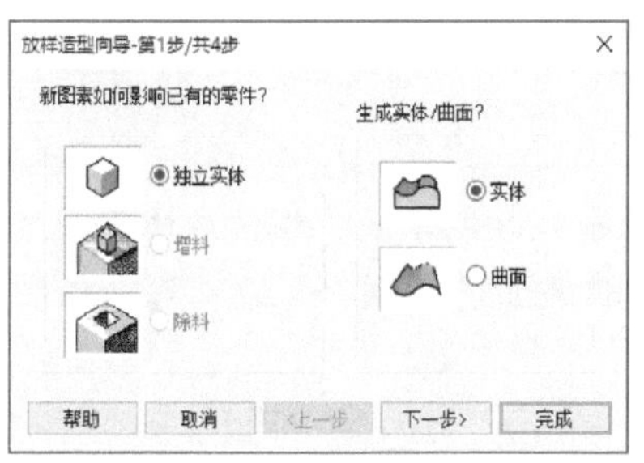

图 3-49 “放样造型向导 – 第 1 步/共 4 步”对话框

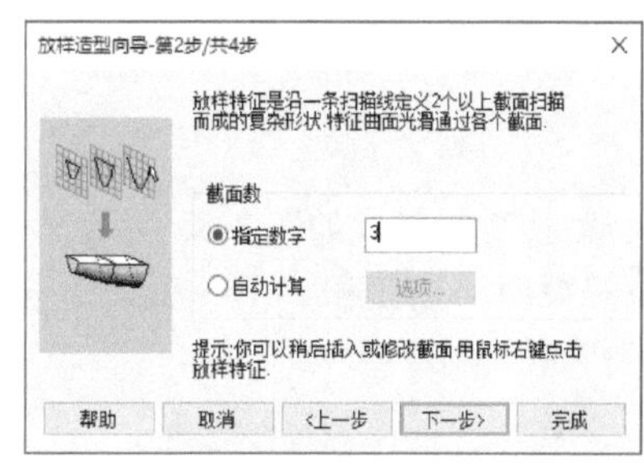

图 3-50 “放样造型向导 – 第 2 步/共 4 步”对话框

4）系统弹出“放样造型向导 – 第 3 步/共 4 步”对话框，设置截面类型为“圆”，轮廓定位曲线的类型为“圆弧”，如图 3-51 所示。

5）单击“下一步”按钮，系统弹出图 3-52 所示的“放样造型向导 – 第 4 步/共 4 步”对话框，从中设置相关的栅格选项及参数，单击“完成”按钮。

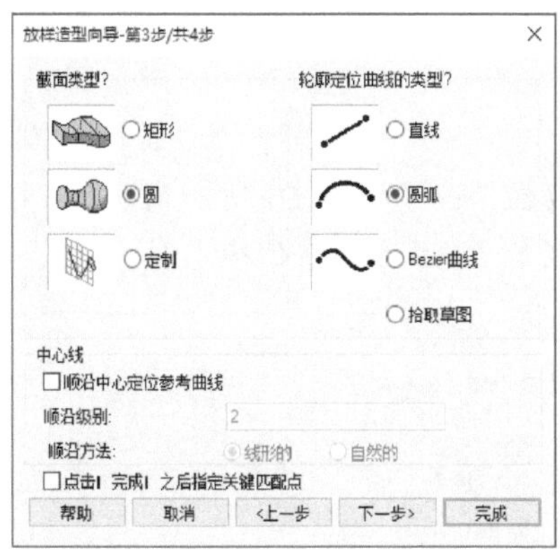

图 3-51 “放样造型向导 – 第 3 步/共 4 步”对话框

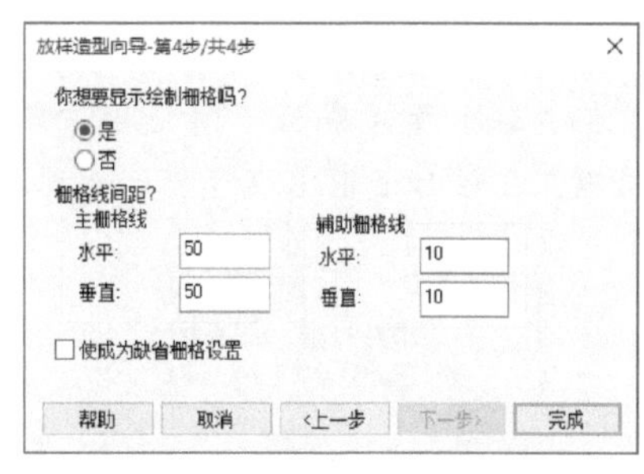

图 3-52 “放样造型向导 – 第 4 步/共 4 步”对话框

6）在草图栅格上，使用鼠标拖动默认曲线的操作柄修改放样定位曲线，修改效果如图 3-53 所示，然后在图 3-54 所示的“编辑轮廓定位曲线”对话框中单击“完成造型”按钮。

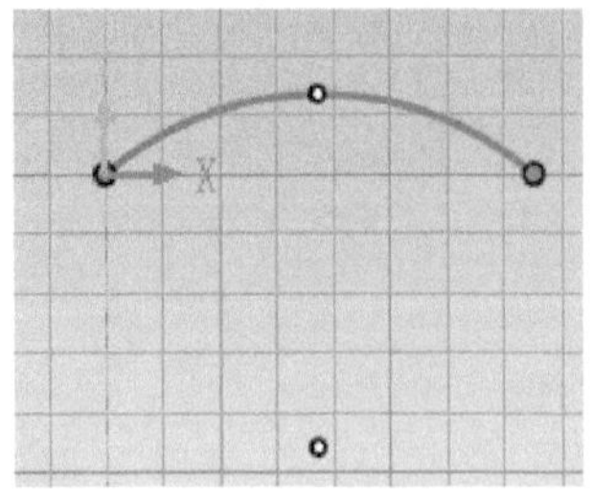

图 3-53　编辑轮廓定位曲线

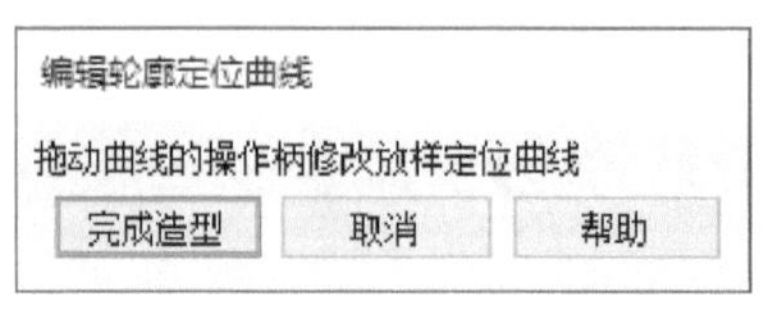

图 3-54　“编辑轮廓定位曲线”对话框

7）创建的放样造型如图 3-55 所示。

8）可以修改各截面。确保放样特征处于编辑状态，如将鼠标光标置于截面 2 的按钮编号处，右击，弹出图 3-56 所示的快捷菜单，选择“编辑截面”命令。

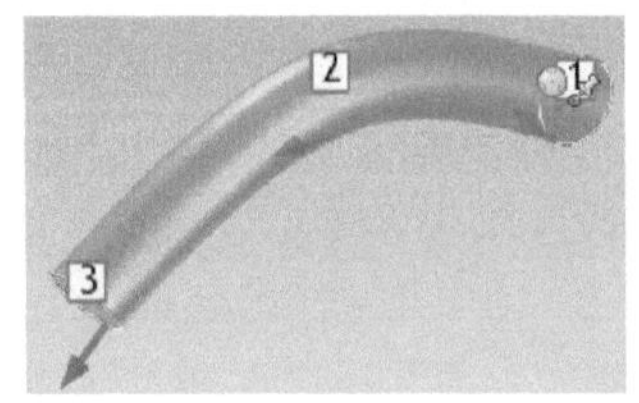

图 3-55　以默认截面生成的放样造型

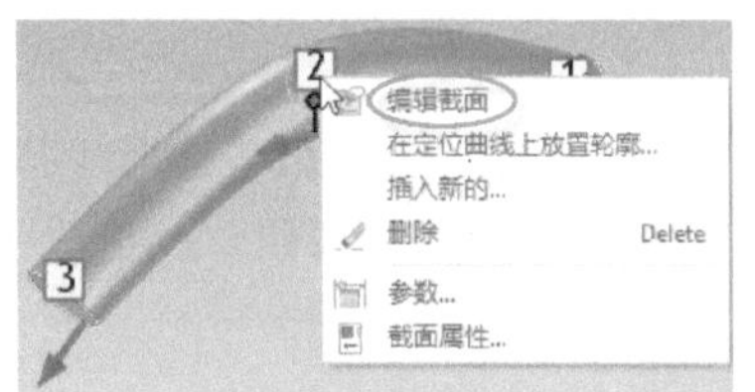

图 3-56　右击截面 2

9）将截面 2 编辑成如图 3-57 所示，用户还可以利用图 3-58 所示的“编辑放样截面”对话框中的“下一截面”按钮和“上一截面”按钮切换到相应的截面进行编辑。编辑好截面后，单击“完成造型”按钮。

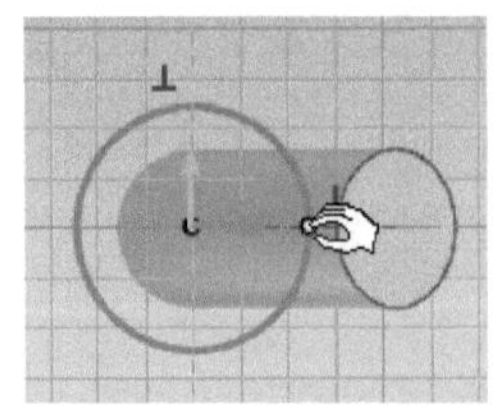

图 3-57　编辑截面 2

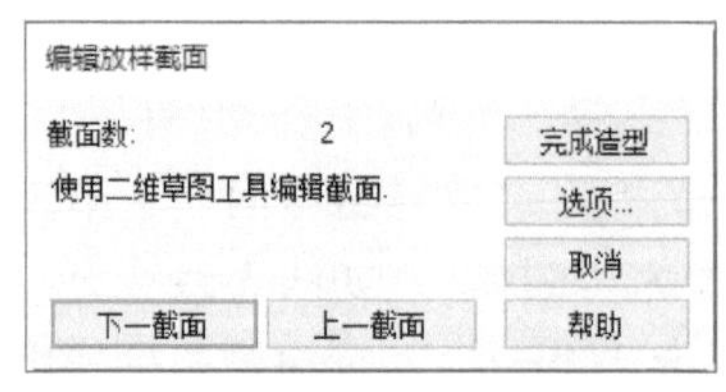

图 3-58　“编辑放样截面”对话框

10）最后得到的放样造型特征如图 3-59 所示。

知识点拨：

如果在“编辑放样截面”对话框中单击“选项”按钮，弹出图 3-60 所示的“放样编辑选项”对话框，在该对话框中设置显示哪些截面，并设置显示 2D 草图的定位标志。

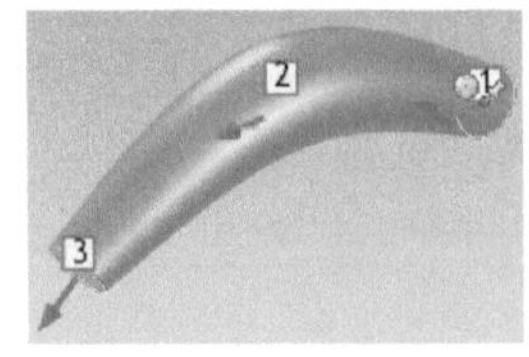

图 3-59　得到的放样造型特征

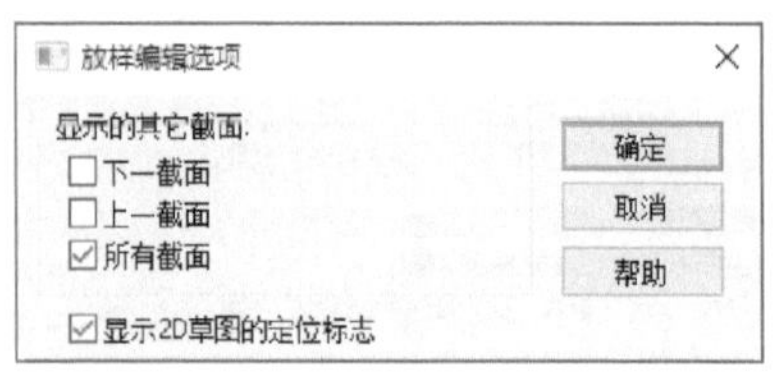

图 3-60　“放样编辑选项”对话框

再看下面一个范例，该范例使用“对已有草图截面生成放样特征”方法来创建放样特征。

【课堂范例】：利用已有草图截面生成放样特征

1）打开随书配套的“HY_放样课堂范例 . ics”文件，该文件中存在着图3-61所示的4个截面。

2）按住〈Shift〉键的同时从上往下按顺序选择4个草图轮廓。选择好4个草图轮廓后，单击“放样”按钮。也可以先单击“放样”按钮，再在激活“轮廓”收集器（框）的情况下结合〈Shift〉键按顺序选择4个草图轮廓。

3）在“放样”命令的“属性”管理栏分别设置起始轮廓约束条件、结束轮廓约束条件、相关度和放样基本选项，如图3-62所示。如果有必要，还可以选择一条变化的引导线作为中心线（此中心线可以是绘制的曲线、模型边线或曲线），则所有中间截面的草图基准面都与此中心线垂直。如果需要引导线，那么可以在“选择引导曲线”选项组中单击“2D草图”按钮或“插入3D曲线”按钮等，创建一个草图或一条3D曲线作为放样特征的引导线，所述引导线可用来控制所生成的中间轮廓。也可以选择一条3D曲线作为轨迹生成扫描特征。需要用户注意的是，引导曲线（导动线）必须和草图截面有交点才可操作成功。

图3-61　已有的4个截面

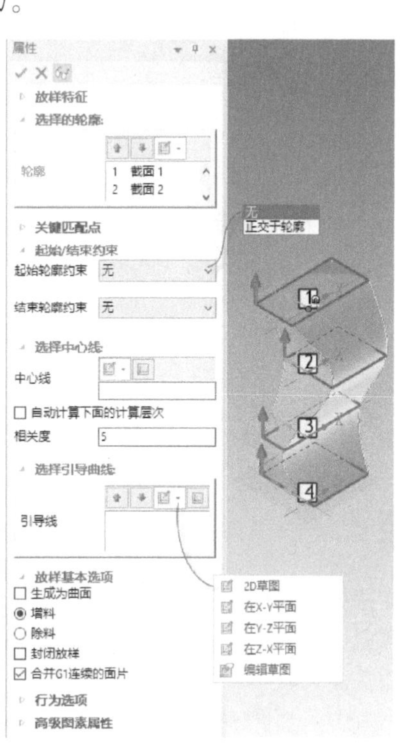

图3-62　在“放样”命令的“属性”管理栏中设置

知识点拨：

在“放样基本选项”选项组中，要了解以下几个选项的功能含义。

- “生成为曲面”复选框：若勾选此复选框，将放样生成曲面而不是实体。
- “增料”单选按钮：用于设置该放样是对已有零件进行增料操作。
- “除料”单选按钮：用于设置该放样是对已有零件进行除料操作。
- “封闭放样”复选框：若勾选此复选框，将自动连接最后一个和第一个草图，沿放样方向生成一个闭合实体。

- “合并 G1 连续的面片”复选框：若勾选此复选框，如果相邻面具有 G1 连续关系，那么在所生成的放样中进行曲面合并。

4）预览满意后，单击“确定”按钮，完成图 3-63 所示的放样造型。

知识提升：

如果在“放样”命令的“属性”管理栏的“选择引导曲线”选项组中单击“插入 3D 曲线”按钮，则会打开图 3-64 所示的“三维曲线”命令的“属性”管理栏，利用该“属性”管理栏上提供的相关三维曲线工具和选项去创建所需的三维曲线。

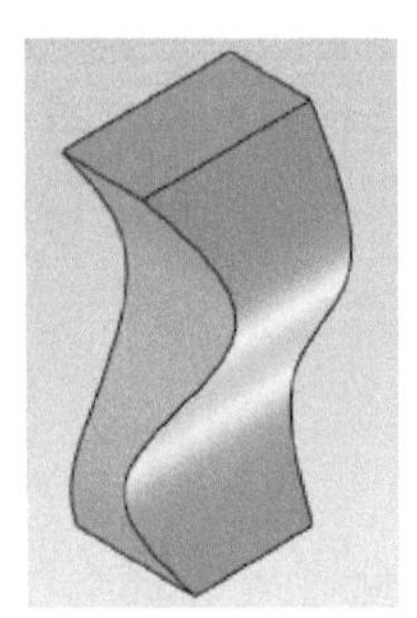
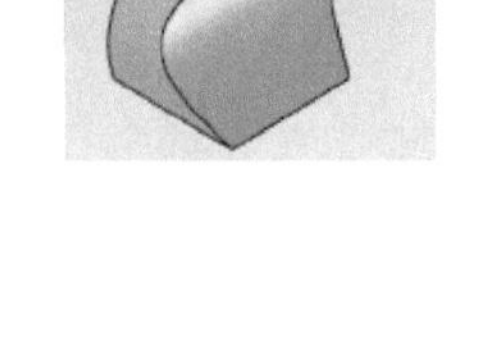

图 3-63　完成的放样造型

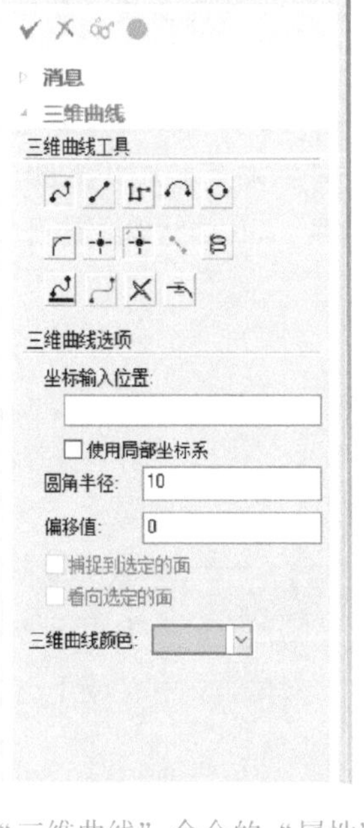

图 3-64　“三维曲线”命令的“属性”管理栏

3.4.2 编辑放样特征

放样特征生成后，可以对其进行编辑，以获得满意的放样造型。编辑放样特征主要包含编辑放样轮廓截面、编辑轮廓定位曲线及导动曲线、编辑截面属性与智能图素属性，以及设置放样截面与相邻平面关联。

1. 编辑放样轮廓截面

当放样特征处于“智能图素”编辑状态时，放样特征的各草图轮廓截面上显示编号按钮，单击其中一个编号按钮，则会随鼠标指针所在位置出现该草图轮廓截面的某操作手柄，如图 3-65 所示。使用鼠标拖动其操作手柄，可以快速地编辑截面轮廓。

另外，在“智能图素”编辑状态下，右击放样特征的草图轮廓截面上显示的某按钮编号，弹出一个快捷菜单，如图 3-66 所示。下面介绍快捷菜单中提供的各命令选项。

- 编辑截面：用于编辑此特征的指定的二维草图轮廓截面。
- 和一面相关联：用于引导选中的草图截面与它所依附的平面相匹配。该选项仅适用于同一模型另一部件表面放样特征的起始截面和终止截面。

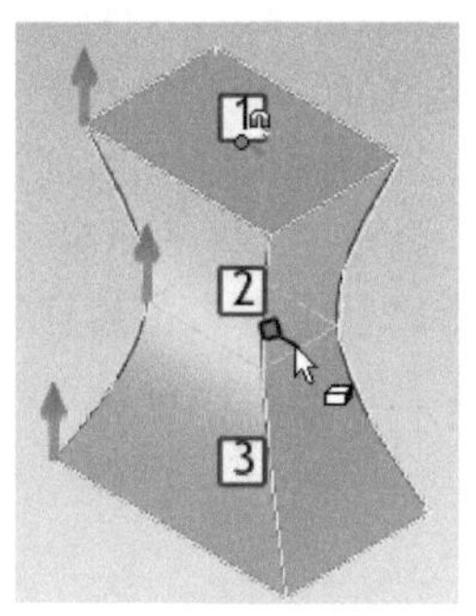

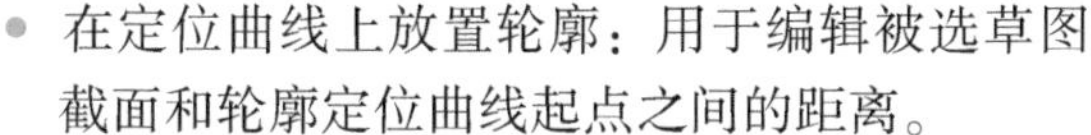
图 3-65 显示指定放样轮廓截面的某一操作手柄

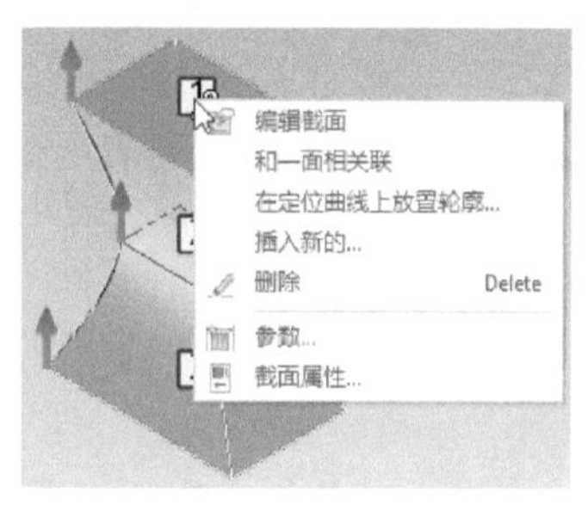

图 3-66 右击放样特征截面的按钮编号

- 在定位曲线上放置轮廓：用于编辑被选草图截面和轮廓定位曲线起点之间的距离。
- 插入新的：用于为放样特征添加一个或多个截面。选择此选项时，弹出图 3-67 所示的“插入截面”对话框，从中可设定新截面数目，指定新截面与被选截面的相对插入位置，需要时可以勾选“拷贝所选截面进行插入”复选框。

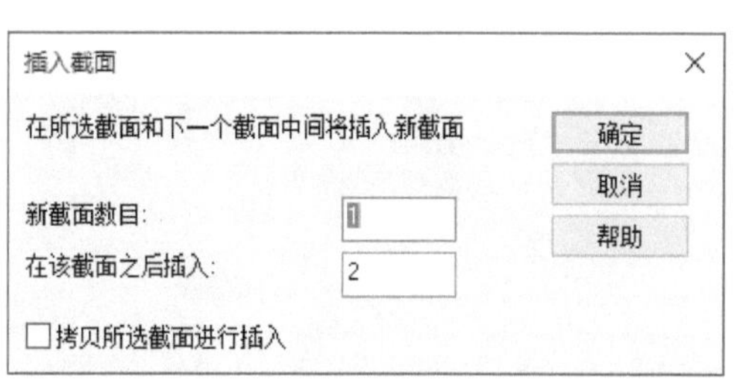
插入截面

在所选截面和下一个截面中间将插入新截面

新截面数目: 1

在该截面之后插入: 2

☐拷贝所选截面进行插入

确定 取消 帮助

图 3-67 “插入截面”对话框

- 删除：用于删除被选中的草图轮廓截面。
- 参数：用于显示参数表。
- 截面属性：选择此选项时，设定与定位曲线起点的相对距离和轨迹曲线的方向角，并在轮廓列表中修改草图轮廓。

2. 编辑轮廓定位曲线及导动曲线

其方法是在“智能图素”编辑状态下右击放样特征，弹出一个快捷菜单，如图 3-68 所示，然后利用该快捷菜单中提供的相关命令执行编辑操作即可。

3. 编辑截面属性与智能图素属性

要编辑放样特征的“截面属性”，则可以在智能图素编辑状态下，右击截面编号按钮，接着在弹出的快捷菜单中选择“截面属性”命令，弹出图 3-69 所示的“截面智能图素”对话框。

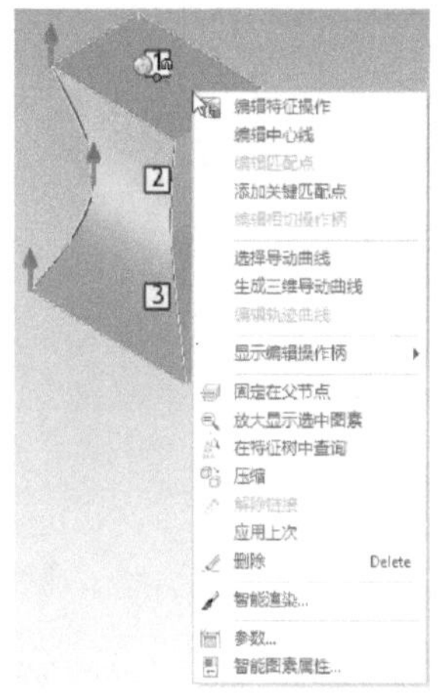

图 3-68 右击放样特征弹出快捷菜单

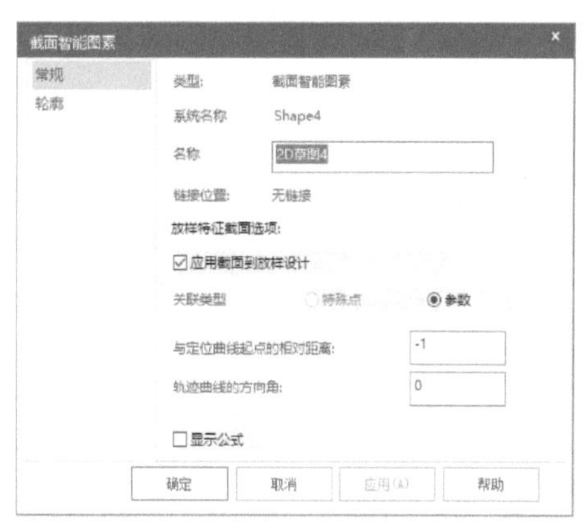
截面智能图素

常规

轮廓

类型: 截面智能图素

系统名称 Shape4

名称 2D草图4

链接位置: 无链接

放样特征截面选项:

☑应用截面到放样设计

关联类型 ○特殊点 ◉参数

与定位曲线起点的相对距离: -1

轨迹曲线的方向角: 0

☐显示公式

确定 取消 应用(A) 帮助

图 3-69 “截面智能图素”对话框

在“常规”选项卡中，列出了截面类型、系统名称和链接位置等，并可以设置放样特征截面选项及相应的参数。这里，“与定位曲线起点的相对距离”字段用于指定截面与定位曲线起点之间的需求距离，所述的定位曲线是连接放样设计截面的线段或曲线，在此字段中输入“0”时表示把截面置于定位曲线的起点，输入“1”时表示截面置于定位曲线的终点，负号“-”表示另一方向端。

要编辑放样特征的“智能图素属性”，则在“智能图素”编辑状态下右击放样特征，接着从弹出的快捷菜单中选择“智能图素属性”命令，打开图3-70所示的“放样特征”对话框。切换到“放样”选项卡，可以分别定义沿着定位曲线排列所有截面的方式，设置截面属性，指定截面的匹配方式为“自动”或“手工”，设定轮廓定位曲线的属性。

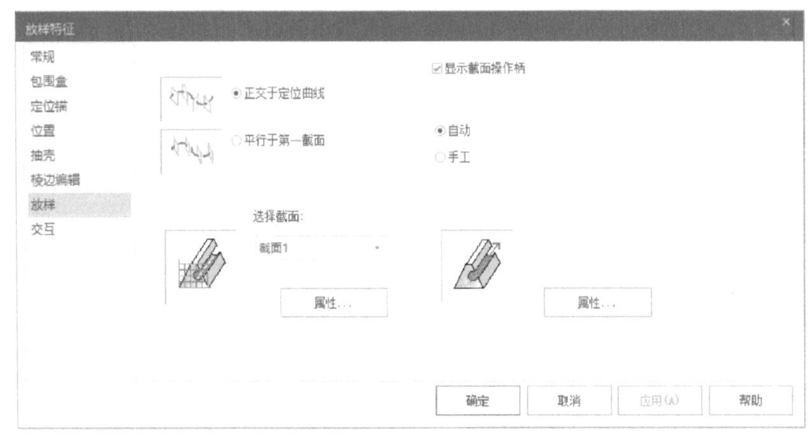

图3-70 “放样特征”对话框

4. 设置放样截面与相邻平面关联

在同一个模型上，可以将放样特征的起始截面或终止截面设置与相邻平面相关联。

请看下面的一个操作范例。

1）新建一个设计环境，接着使用鼠标从“图素”设计元素库中将“多棱体”拖放到设计环境中放置，并在智能图素编辑状态下将其包围盒尺寸设置为长度为“80”，宽度由系统自动计算，高度为“10”。得到的该多棱体模型如图3-71所示。

2）在“图素”设计元素库中选中“L3旋转体”（其实际上是一个放样特征的智能图素），接着将该图素拖至“多棱体”上表面中心处放置，如图3-72所示。确保“L3旋转体”智能图素能够完全落在“多棱体”上表面内。

图3-71 多棱体模型

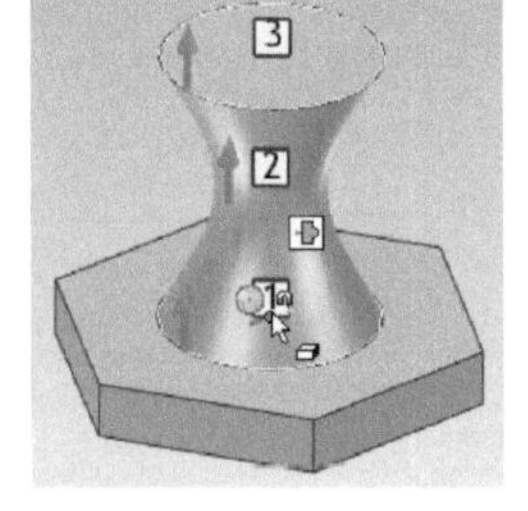

图3-72 拖入“L3旋转体”智能图素

3）在“智能图素”编辑状态下确保选中“L3旋转体”图素模型，接着右击放样截面1的编号按钮，从弹出的快捷菜单中选择“和一面相关联”命令。

4）在“多棱体”的上表面单击以规定其为关联曲面，弹出“切矢因子”对话框，如图 3-73 所示。切矢因子决定切线矢量的长度。在这里将切矢因子设置为“20”，然后单击“确定”按钮，系统将放样图素的起始截面与多棱体上的相邻平面相匹配，匹配的造型结果如图 3-74 所示。

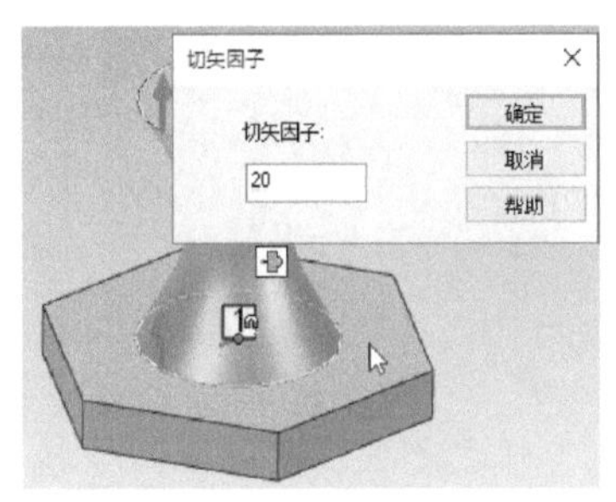

图 3-73 “切矢因子”对话框

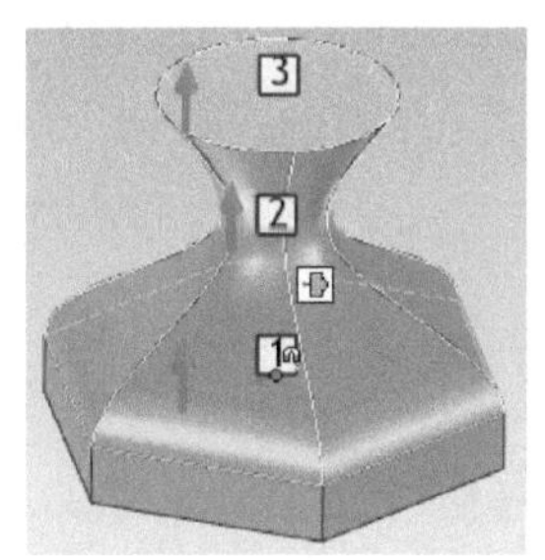

图 3-74 和一面相关联的造型效果

3.5 螺纹特征

在创新设计模式下，可以在圆柱面或圆锥面上生成真实的螺纹特征。

CAXA 3D 实体设计 2020 的螺纹特征的创建思路是比较清晰的，即通过填写螺纹参数表及选择要生成螺纹的曲面、绘制好的螺纹截面，便可快速生成螺纹特征，该螺纹特征可以具有螺纹收尾的效果。其中螺纹截面可以在设计环境的任何一个位置绘制。

绘制螺纹截面时，要特别注意 X 轴正向的草图曲线，它定义即将生成的真实螺纹的形状，而 Y 轴与螺纹面重合。图 3-75 给出了螺纹截面与生成的螺纹的关系（该图摘自 CAXA 3D 实体设计 2020 帮助文件）。

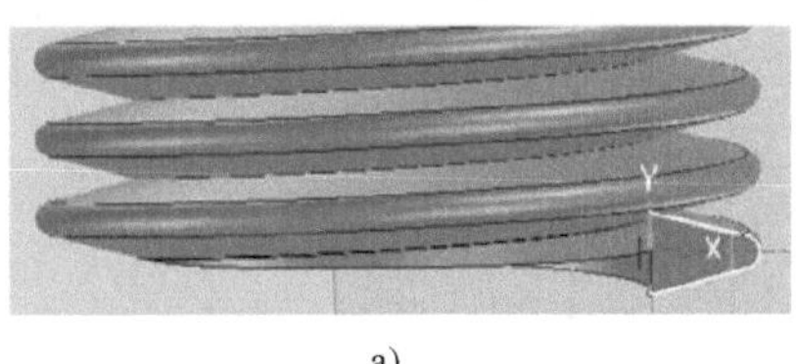

a)

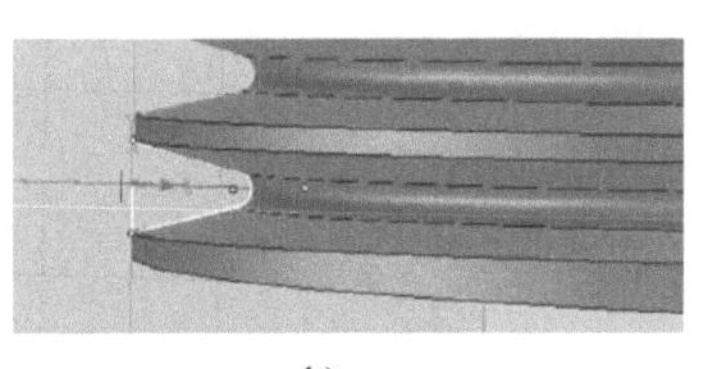

b)

图 3-75 螺纹截面与生成螺纹的关系

a）螺纹截面与生成的增料螺纹的关系 b）螺纹截面与生成的减料螺纹的关系

下面以范例的形式介绍如何生成螺纹特征。

【课堂范例】：生成螺栓上的螺纹特征

1）在“快速启动”工具栏中单击“打开”按钮，打开随书配套的“HY_螺纹特征.ics”文件，文件中的原始零件如图 3-76 所示。

2）绘制螺纹的草图形状。在本例中，在功能区打开“草图”选项卡，单击“在 X－Y 基准面”按钮，进入草图绘制模式，绘制图 3-77 所示的截面。在“草图”面板中单击“完成”按钮。

3）确保该草图处于被选中的状态，在功能区“特征”选项卡的“特征”面板中单击“螺纹”按钮，在设计环境左侧出现“螺纹特征”命令的“属性”管理栏，接着在提示下从设计环境中选择已有的一个零件。

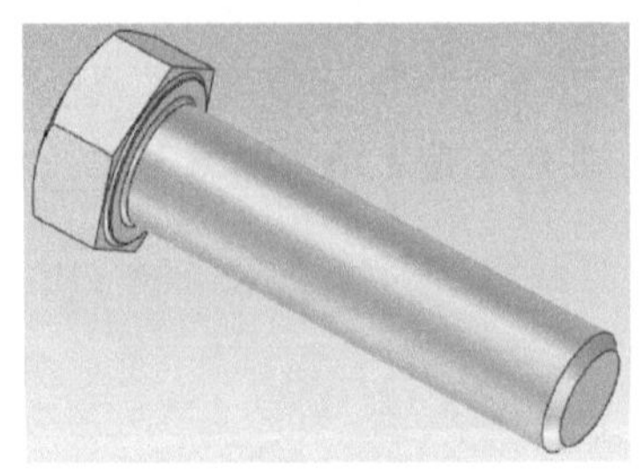

图 3-76　文件中的原始零件

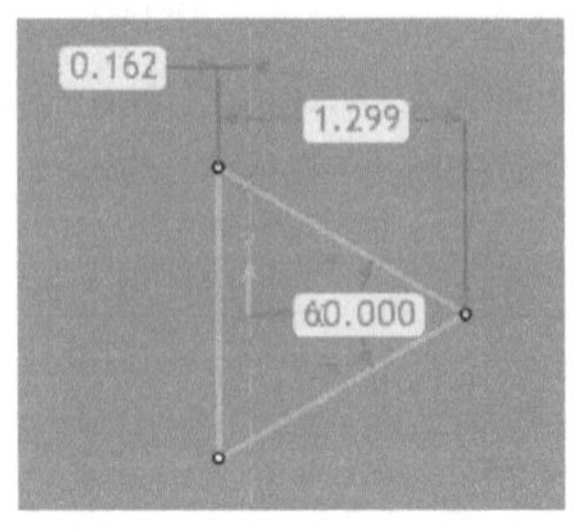

图 3-77　绘制螺纹截面

4）“螺纹特征”命令的“属性”管理栏提供新的设置界面，分别设置材料（选择螺纹是“删除”或“增加”）、节距（螺距）、螺纹方向、起始螺距、螺纹长度、起始距离等参数，取消勾选“分段生成”复选框，并勾选“草图过轴线”复选框和“预览时仅显示螺纹线”复选框，设置收尾参数（圈数）为“0.5”，如图 3-78 所示。

5）在“螺纹特征”命令的“属性”管理栏中的“几何选择”选项组中，确保螺纹截面草图选择之前绘制的三角形图形。接着在“曲面”收集器（框）内单击确保激活其状态，此时状态栏出现“为螺纹特征选择圆柱面/圆锥面”提示信息，在模型中单击所需的圆柱面，如图 3-79 所示。

知识点拨：

如果先前没有绘制有螺纹截面草图，那么此时可以在“螺纹特征”命令的“属性”管理栏的“几何选择”选项组中单击“2D 草图”按钮、“在 X－Y 平面”按钮、“在 Y－Z 平面”按钮和“在 X－Z 平面”按钮之一来绘制螺纹截面草图。

图 3-78　设置螺纹特征参数

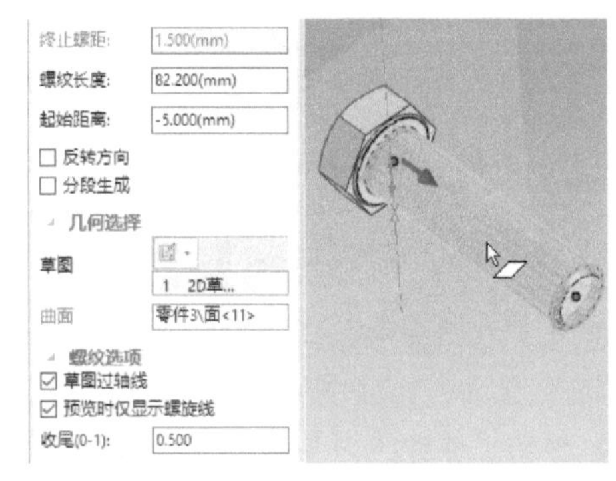

图 3-79　选取圆柱面

6）在“螺纹特征”命令的“属性”管理栏中勾选“反转方向”复选框，使得螺纹开始方向如图 3-80 所示，并将螺纹长度修改为“75”。

7）在管理栏中单击“确定”按钮✓，系统开始重新生成，完成的零件效果如图 3-81 所示。如果发现生成的螺纹长度等不符合要求，那么需要打开设计树，右击螺纹特征，选择“编辑”命令，在其命令管理栏中修改参数，重新生成即可。

图 3-80　反转方向后获得的螺纹开始方向

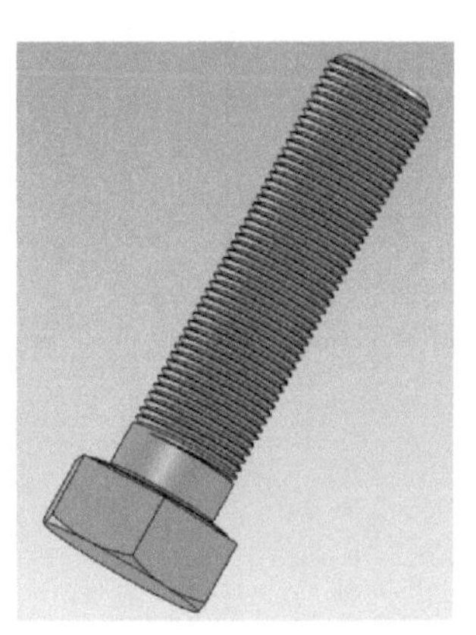

图 3-81　完成螺纹特征的零件效果（细牙）

3.6 加厚特征

在 CAXA 3D 实体设计 2020 中，可以单击“特征”面板中的“加厚”按钮，或选择“生成”|“特征”|“加厚”命令，通过选择面来做加厚操作。

下面通过一个简单范例来介绍如何创建此类加厚特征。

1）在“快速启动”工具栏中单击“缺省模板设计环境”按钮，从而使用默认模板创建一个新的设计环境文档。

2）从“高级图素”设计元件库中将“工字梁”图素拖放到设计环境中。

3）在功能区“特征”选项卡的“特征”面板中单击“加厚”按钮，打开图 3-82 所示的“加厚”命令“属性”管理栏。

4）选择要加厚的表面，如图 3-83 所示。

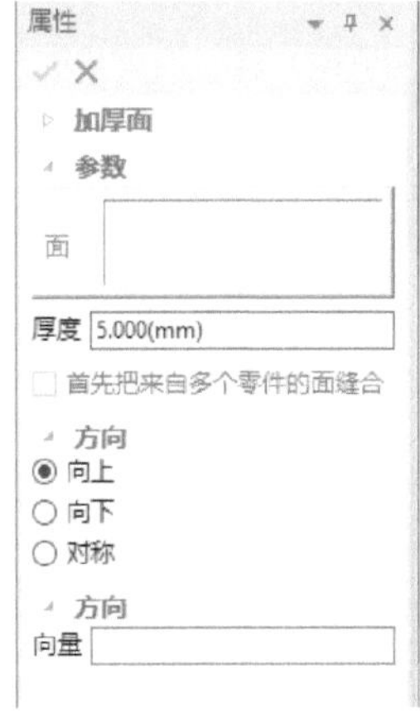

图 3-82　“加厚”命令的“属性”管理栏

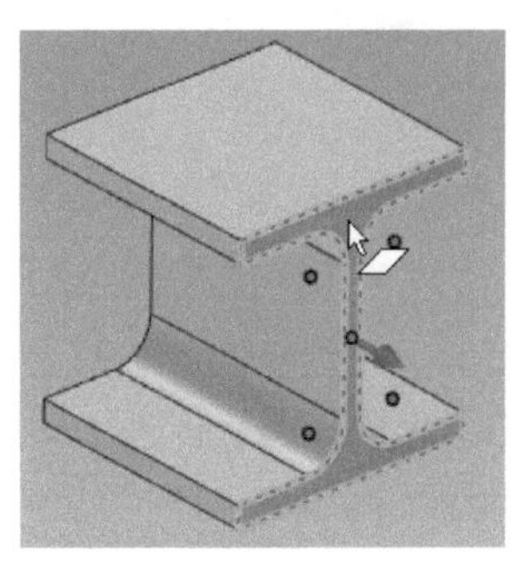

图 3-83　选择要加厚的表面

5）在“属性”管理栏中，设置厚度为“100”，方向选项为“向上”，如图 3-84 所示。对于选定的某些曲面，加厚的方向可以为“向上”“向下”或“对称”。

6）在“属性”管理栏中单击“确定”按钮，结果如图 3-85 所示，在选定表面加厚的图素在设计环境中以一个实体零件显示。

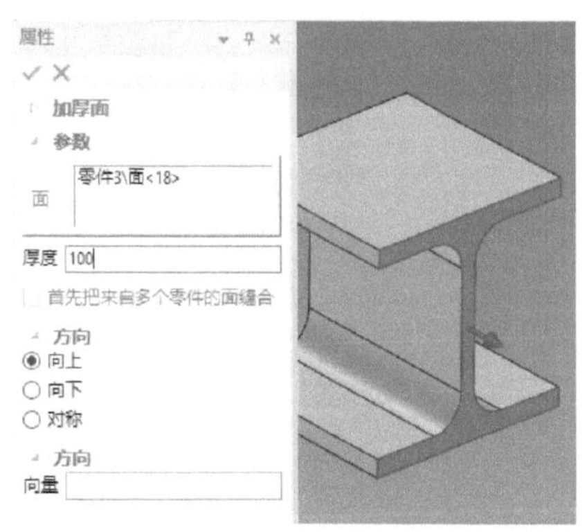

图 3-84　设置厚度值等

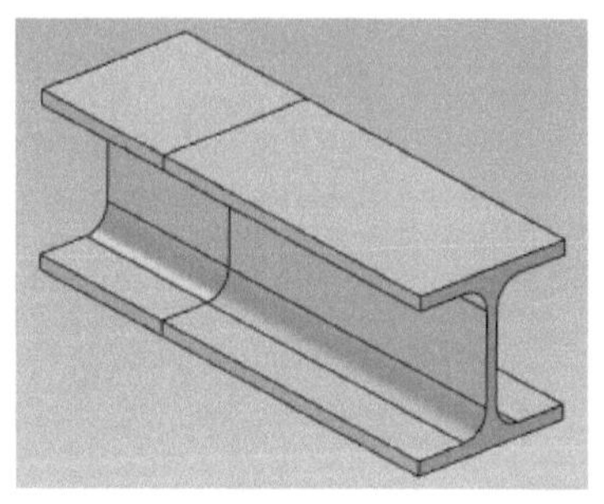
图 3-85　创建加厚特征的结果

3.7 自定义孔

允许利用草图绘制多个点以一次操作生成多个不同位置的自定义孔。自定义孔的类型有简单孔、沉头孔、锥形沉头孔、复合孔和管螺纹孔。下面以一个范例的形式来介绍如何创建自定义孔特征。

1）在“快速启动”工具栏中单击“打开”按钮，打开随书配套的“自定义孔演练 . ics”文件，文件中的原始零件如图 3-86 所示。使用工程模式零件进行操作。

2）在功能区“特征”选项卡的“特征”面板中单击“自定义孔”按钮，接着“属性”管理栏出现图 3-87 所示的内容，在设计环境中单击原始零件。

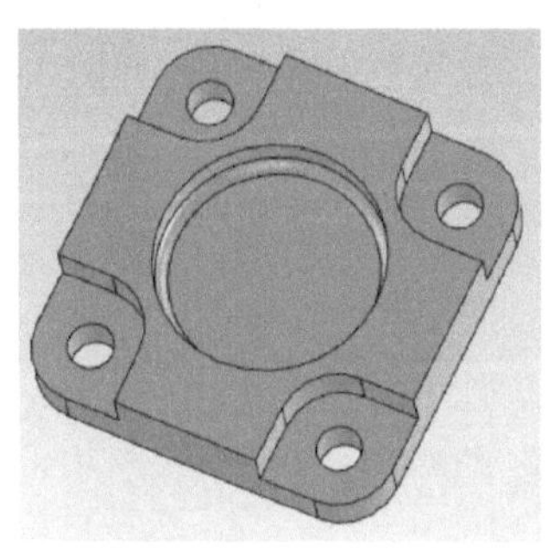
图 3-86　原始零件素材

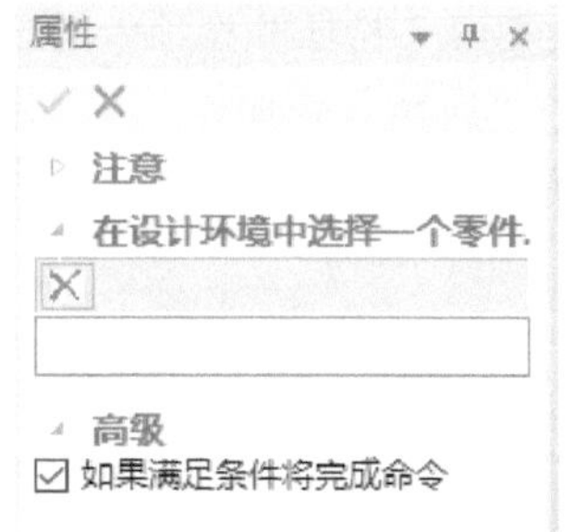

图 3-87　在设计环境中选择一个零件

3）在“自定义孔特征”命令“属性”管理栏中单击出现的“2D 草图”按钮，选择 2D 草图放置类型为“二线、圆、圆弧、椭圆确定平面”单选按钮，接着在模型中单击图 3-88 所示的圆边，单击鼠标中键确认，进入草图模式。可以先使用“圆心 + 半径”圆工具绘制一个圆并将该圆转化辅助线，再单击“点”按钮绘制 4 个点，如图 3-89 所示，单击“完成”按钮。

4）从“自定义孔类型”选项组的“类型”下拉列表框中选择“沉头孔”选项，接着从“名称”下拉列表框中选择“内六角圆柱头螺钉 GB/T70.1－2000”，从“尺寸”下拉列表框中选择

“M6”，从“配合间隙”下拉列表框中选择“过渡配合”选项，“孔深类型”为“深度”，“孔深度”为“20mm”，“孔直径”为“6.6mm”，“沉头深度”为“6.8mm”，“沉头直径”为“11mm”，如图 3-90 所示。

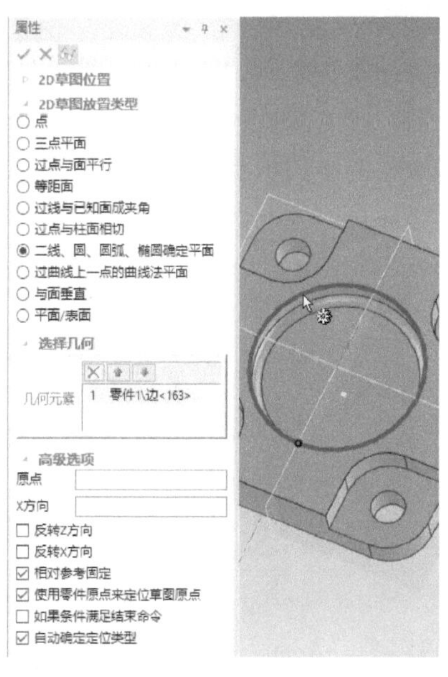

图 3-88 指定 2D 草图放置类型等

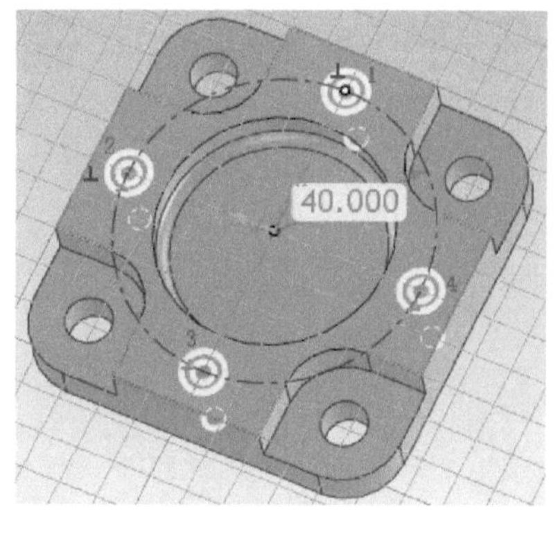

图 3-89 绘制辅助线及 4 个点

5）单击“确定”按钮✓或单击鼠标中键确定，完成的 4 个沉头孔如图 3-91 所示。

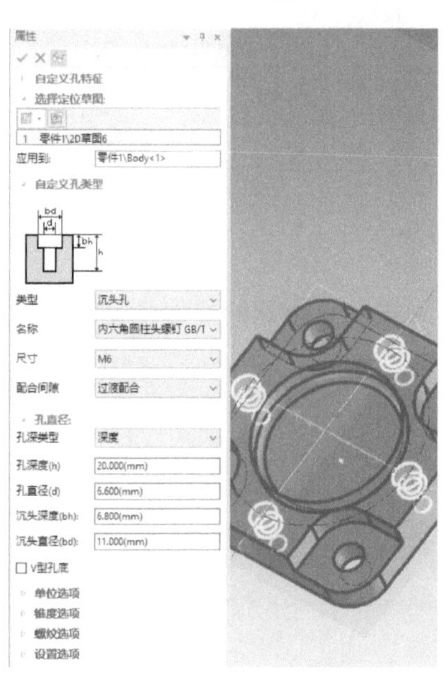

图 3-90 设置孔类型及相关的参数选项

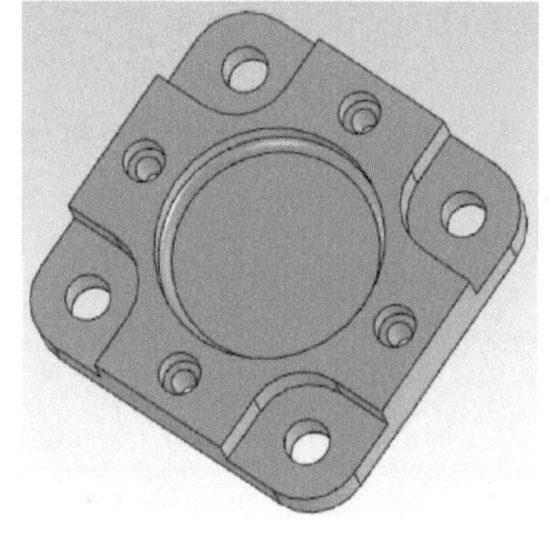

图 3-91 完成 4 个沉头孔

3.8 思考与小试牛刀

1）请分别总结“拉伸”按钮、“旋转”按钮、“扫描”按钮和“放样”按钮这些特征创建工具的一般操作步骤。

2）在什么情况下可以创建螺纹特征？在创建螺纹特征的过程中，需要定义和设置哪些内容？螺纹截面的绘制有哪些特点？

3）请总结使用“加厚”按钮创建加厚特征的一般步骤。

4）上机练习：要求仅使用“拉伸”按钮工具来构建图3-92所示的角码零件，具体形状尺寸和定位尺寸由练习者根据模型效果来自行确定。

5）上机练习：要求使用“旋转”按钮来构建图3-93所示的轴零件，具体形状尺寸和定位尺寸由练习者根据模型效果来自行确定。

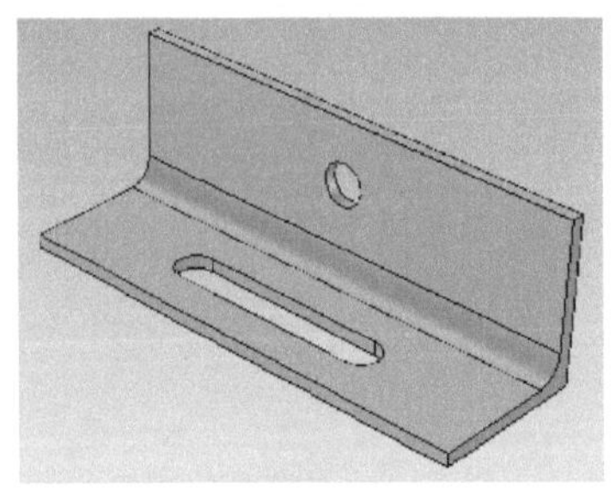

图3-92　角码零件

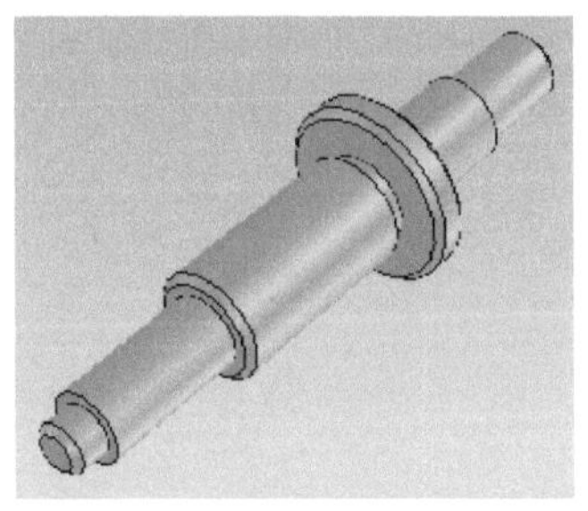

图3-93　轴零件

6）上机练习：创建图3-94所示的M12×80螺栓（螺距为1.5mm，螺纹长度为70mm，公称长度为80mm，六角头螺栓）。

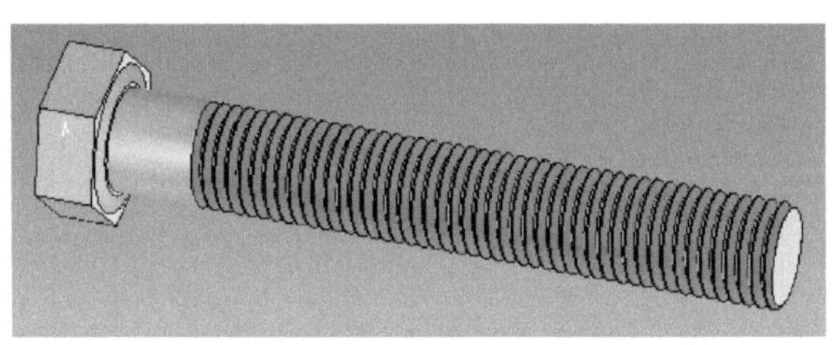

图3-94　M12×80的螺栓

7）上机练习：请自行设计一个机械零件，要求使用到本章介绍到的拉伸、旋转和自定义孔特征。

第 4 章 特征修改、直接编辑及变换

本章导读

本章重点介绍特征修改、直接编辑及变换等实用知识。特征修改主要包括圆角过渡、边倒角、抽壳、面拔模、分裂零件、删除体、筋板、偏移、拉伸零件/装配体和布尔操作等；直接编辑主要包括表面移动、表面匹配、表面等距、删除表面、编辑表面半径和分割实体表面；特征变换则主要包括阵列特征、镜像特征、缩放体、拷贝体和对称移动等。

4.1 熟悉特征修改、直接编辑及变换的工具

生成基本实体特征之后，通常需要对其进行深化设计或精细设计，这就需要应用 CAXA 3D 实体设计 2020 提供的特征修改、直接编辑及变换的工具。常用的这些工具位于功能区的“特征”选项卡中。表 4-1 简要地列出了特征修改、直接编辑及变换工具的命令出处、功能用途等。

表 4-1 特征修改、直接编辑及变换工具

主类别	工具按钮	应用程序菜单的对应命令	功能含义
特征修改	（圆角过渡）	“修改”|“圆角过渡”	在选择的边上创建固定半径、变半径圆角或面过渡
	（边倒角）	“修改”|“边倒角”	在所选的边上创建一个距离/等距离/距离－角度倒角
	（抽壳）	“修改”|“抽壳”	在所选择的零件上创建一个抽壳特征
	（面拔模）	“修改”|“面拔模”	在一个零件上基于一个中性面或拔模方向进行面拔模
	（分裂）	“修改”|“分裂零件”	将零件分裂
	（拉伸零件/装配体）	“修改”|“拉伸零件/装配体”	拉伸选中的零件/装配体
	（删除体）	“修改”|“删除体”	从工程模式零件中删除所选择的体
	（布尔）	“修改”|“布尔”	通过加/减/相交运算在所选择的零件上创建布尔特征
	（截面）	“修改”|“截面”	生成零件/装配体截面
	（筋板）	“修改”|“筋板”	在零件中创建筋板结构
	（裁剪）	——	拾取两个元素来执行裁剪
	（偏移）	“修改”|“偏移”	创建偏移特征
	（包裹偏移）	“修改”|“包裹偏移”	把曲线包裹到圆柱面上，然后对面做凸起/凹陷/分割操作

（续）

主 类 别	工具按钮	应用程序菜单的对应命令	功能含义
直接编辑	（表面移动）	“修改”|“面操作”|“表面移动”	使用自由/平移/旋转操作移动面
	（表面匹配）	“修改”|“面操作”|“表面匹配”	把所选择的面匹配到指定的面上
	（删除表面）	“修改”|“面操作”|“删除表面”	用于删除表面
	（表面等距）	“修改”|“面操作”|“表面等距”	等距所选择的面
	（编辑表面半径）	“修改”|“面操作”|“编辑表面半径”	用于编辑表面半径
	（分割实体表面）	“修改”|“面操作”|“分割实体表面”	用曲线、轮廓线或其他一个体来分割实体表面
特征变换	（阵列特征）	“修改”|“特征变换”|“阵列特征”	根据所选择的特征/体创建一个阵列特征（该阵列可以是线形、双向线形、圆形或曲线驱动的阵列）
	（缩放体）	“修改”|“特征变换”|“缩放体”	对所选的零件/体创建比例缩放特征
	（拷贝体）	“修改”|“特征变换”|“拷贝体”	从已存在的零件或工程模式零件中的体来复制一个体
	（镜像特征）	“修改”|“特征变换”|“镜像”|“镜像特征”	创建关于参考面或平面的镜像特征
	（相对长度）	“修改”|“特征变换”|“镜像”|“相对长度”	在长度方向上关于定位锚镜像
	（相对高度）	“修改”|“特征变换”|“镜像”|“相对高度”	在高度方向上关于定位锚镜像
	（相对宽度）	“修改”|“特征变换”|“镜像”|“相对宽度”	在宽度方向上关于定位锚镜像

4.2 抽壳

抽壳过程是将一个实体挖空而保留指定壁厚的设计过程，抽壳图解范例如图 4-1 所示。CAXA 3D 实体设计提供的抽壳方式有 3 种，即向内抽壳、向外抽壳和两侧抽壳。

抽壳的方法比较灵活。例如，在实体智能图素编辑状态下，右击，并从出现的快捷菜单中选择“智能图素属性”命令，打开一个对话框，单击“抽壳”标签以打开“抽壳”选项卡，从中对选定图素进行抽壳设置，如图 4-2 所示，设置内容包括勾选“对该图素进行抽壳”复选框，定制壁厚、抽壳开始及结束条件、侧面抽壳选项、在图素表面停止抽壳的选项等。此方法适用于对选定图素进行抽壳。

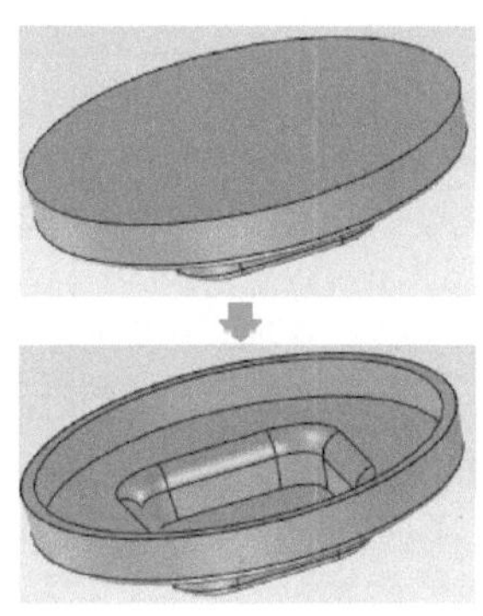

图 4-1 抽壳示例

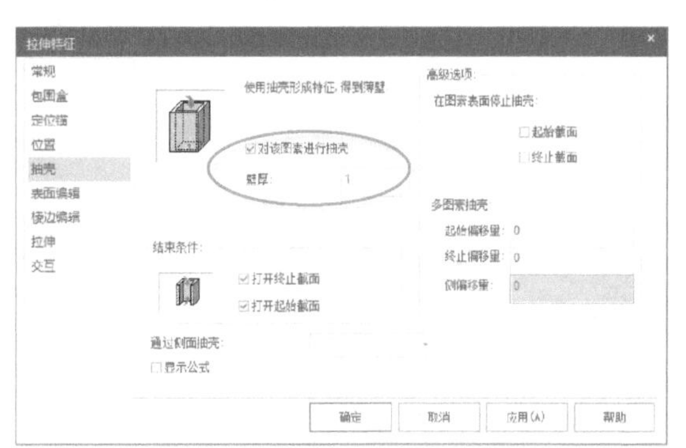

图 4-2 利用“抽壳”选项卡对选定图素进行抽壳设置

在 CAXA 3D 实体设计 2020 中，还提供了专门用于对零件实体进行抽壳设计的工具及其对应的菜单命令。

对实体零件进行抽壳的典型方法及步骤如下。

1）在功能区“特征”选项卡的“修改”面板中单击“抽壳”按钮，出现图 4-3 所示的带有“抽壳特征”命令的“属性”管理栏。

2）在“属性”管理栏中指定抽壳类型。可供选择的抽壳类型有“内部”“外部”和“两边”。当选择“内部”单选按钮时，从表面到实体内部进行抽壳，即抽壳厚度从表面向实体内部测量；当选择“外部”单选按钮时，向外生成抽壳特征，抽壳厚度从表面向外界形成；当选择“两边”单选按钮时，向两侧生成抽壳特征，即以表面为中心分别向两侧形成壳厚。

3）在零件上选择要开口的表面。如果要指定影响的实体，那么需要激活“影响的实体”收集器。

4）在“厚度”文本框中指定壳体的厚度。如果要为不同的表面设置不同的抽壳厚度，那么需要激活“单一表面厚度”收集器，然后为所选取表面设置不同的抽壳厚度。

5）在“属性”管理栏中单击“预览”按钮，可以在模型中预览抽壳效果。预览效果示例如图 4-4 所示。

6）在“属性”管理栏中单击“确定”按钮，确定生成特征并退出命令。

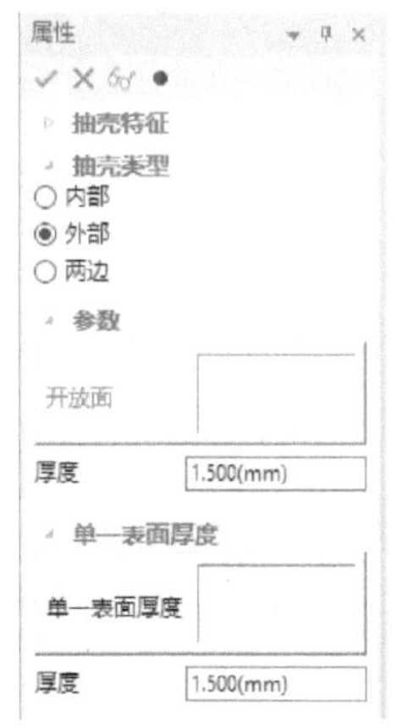

图 4-3 “抽壳特征”命令的“属性”管理栏

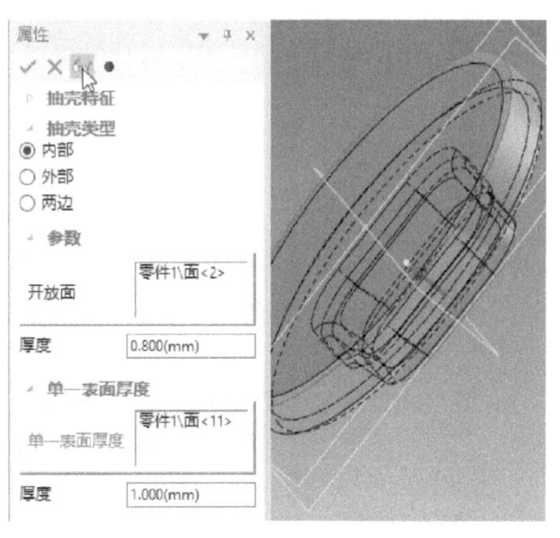

图 4-4 预览抽壳效果范例

【课堂范例】：在实体零件中进行抽壳操作

打开“抽壳练习 . ics”文件，利用“抽壳”按钮对已有实体零件进行抽壳练习，可以自行为指定个别表面设置其他厚度。

4.3 过渡

对实体进行过渡包括圆角过渡和边倒角过渡。

4.3.1 圆角过渡

使用系统提供的圆角过渡工具命令，可以将零件中尖锐的边线结构设计成平滑的圆角。

圆角的过渡类型包括“等半径”“两个点”“变半径”“等半径面过渡”“边线”和“三面过渡”。这些过渡类型可在“圆角过渡”命令的“属性”管理栏中选择。

1. “等半径”圆角过渡

“等半径”圆角过渡是最常见的一种圆角过渡。下面结合一个简单的长方体模型介绍如何创建等半径圆角特征。

1）新建一个设计环境，将长方体图素从“图素”设计元素库中拖入设计环境，设置其包围盒的长度为“30”，宽度为“25”，高度为“12”。

2）在功能区“特征”选项卡的“修改”面板中单击“圆角过渡”按钮。

3）在“圆角过渡”命令的“属性”管理栏中选择圆角过渡混合类型为“等半径”，在“半径”文本框中输入圆角半径为“3”，如图 4-5 所示。默认勾选“光滑连接”复选框。如果需要可以勾选“球形过渡”复选框，本例不勾选此复选框。

4）在模型中选择要圆角过渡的边，如图 4-6 所示的两条边。等半径过渡类型在零件上以绿色实心圆表示。

操作说明：所选择的边参照会收集在“圆角过渡”命令的“属性”管理栏的“几何”收集器列表中，用户可以根据需要为不同的选定边重新指定等半径的半径值，其方法是选择要重新指定其圆角过渡半径的边参照，然后在“半径”文本框中输入新的半径值即可。

5）在“圆角过渡”命令的“属性”管理栏中单击“确定”按钮。创建的圆角过渡特征如图 4-7 所示。

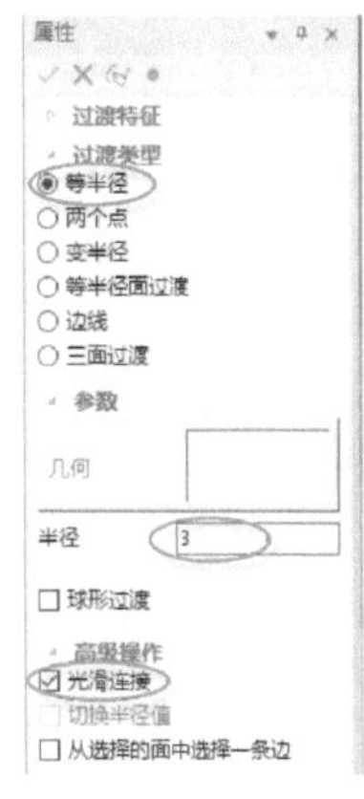

图 4-5 “圆角过渡”命令管理栏

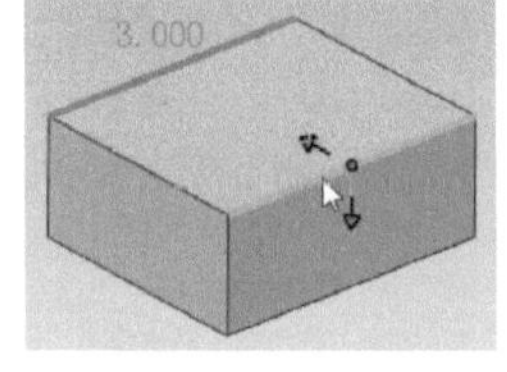

图 4-6 拾取要圆角过渡的边

图 4-7 完成等半径圆角特征

2. “两个点”圆角过渡

所谓的“两个点”圆角过渡属于变半径圆角过渡范畴，是变半径圆角过渡中最简单的一种形式。创建“两个点”圆角过渡的典型方法及步骤如下。

1）在功能区“特征”选项卡的“修改”面板中单击“圆角过渡”按钮。

2）在“圆角过渡”命令的“属性”管理栏的“过渡类型”选项组中选择“两个点”单选按钮。

3）选择需要圆角过渡的边，如图 4-8 所示。

4）在“圆角过渡”命令的“属性”管理栏中为所选边设置起始半径和终止半径，如图 4-9 所示。

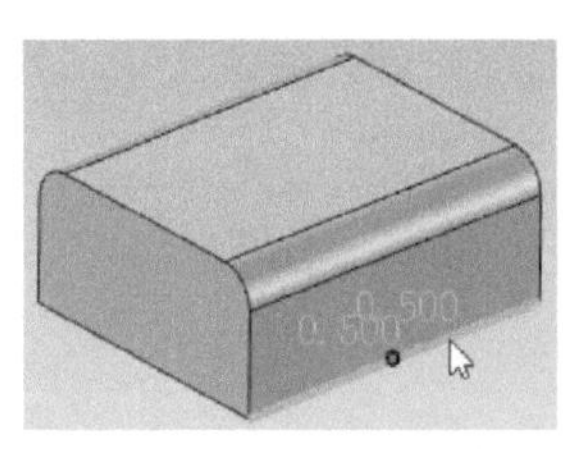

图 4-8 选择要圆角过渡的边

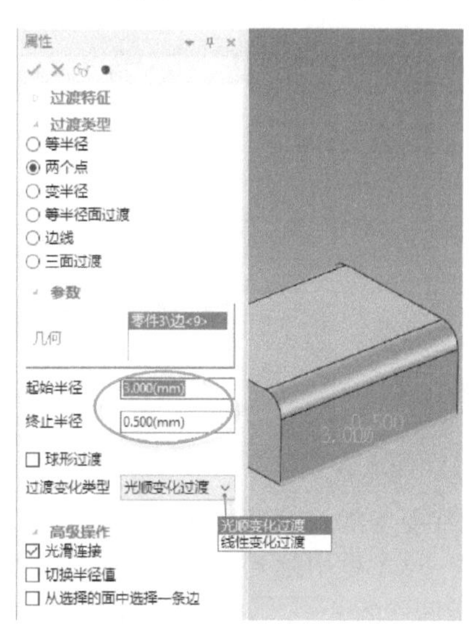

图 4-9 “属性”管理栏

操作点拨：

如果在“圆角过渡”命令的“属性”管理栏中勾选“切换半径值”复选框，则将指定边两点的半径值互换，如图 4-10 所示。过渡变化类型有“光顺变化过渡”和“线性变化过渡”两种，读者可以尝试应用以对比两者之间的效果，加深印象与理解。

5）本例不切换半径值，在“圆角过渡”命令的“属性”管理栏中单击“确定”按钮✓。创建的两点圆角过渡效果如图 4-11 所示。

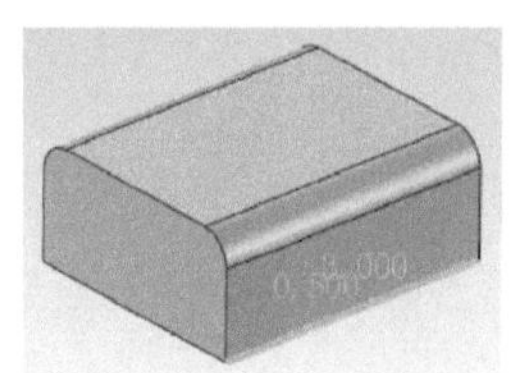

图 4-10 模型显示

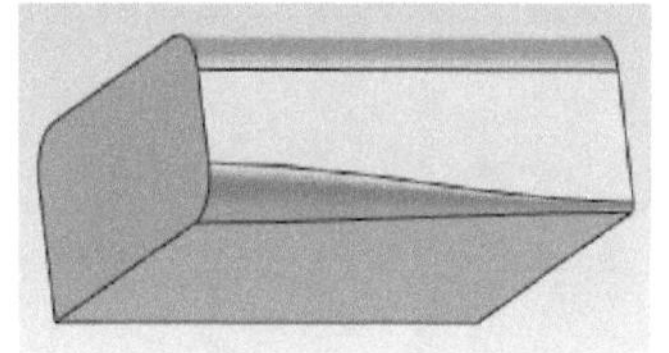

图 4-11 完成两点圆角过渡

3. “变半径”圆角过渡

“变半径”圆角过渡是指使一条棱边上的圆角过渡具有若干不同的半径。创建“变半径”圆角过渡的方法及步骤说明如下。

1）在功能区“特征”选项卡的“修改”面板中单击“圆角过渡”按钮。

2）在模型中选择要圆角过渡的边，如图 4-12 所示。

3）在“圆角过渡”命令的“属性”管理栏中，将过渡类型选项设置为“变半径”，此时“属性”管理栏如图4-13所示。

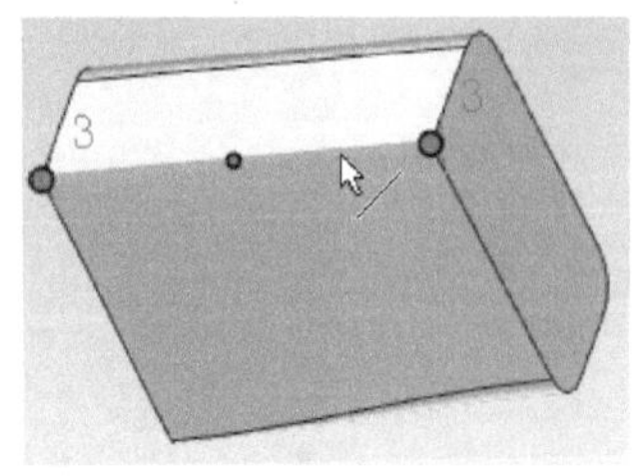

图4-12　选择需要过渡的边

图4-13　选择“变半径”过渡类型

4）在要增加变半径的边上单击一点，在“半径”文本框中设定该点处的圆角半径值，在“百分比”文本框中输入变半径点至起始点的距离与长度的比例，如图4-14所示。

使用同样的方法，可以添加其他的变半径控制点，包括设置其半径及位置百分比。

5）在“圆角过渡”命令的“属性”管理栏中单击“确定”按钮✓。完成的“变半径”参考效果如图4-15所示。

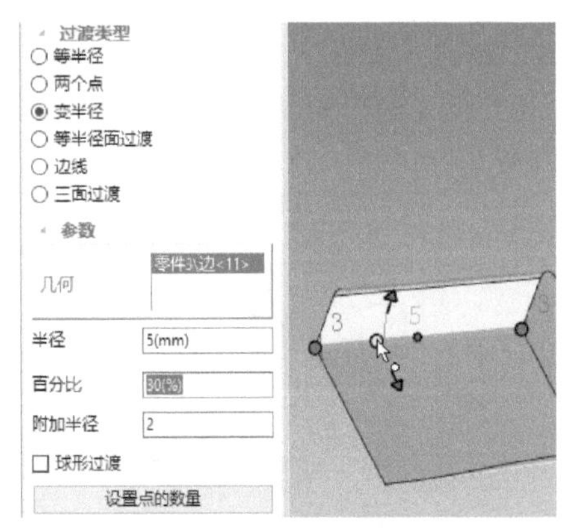

图4-14　设定变半径点和位置比例值等

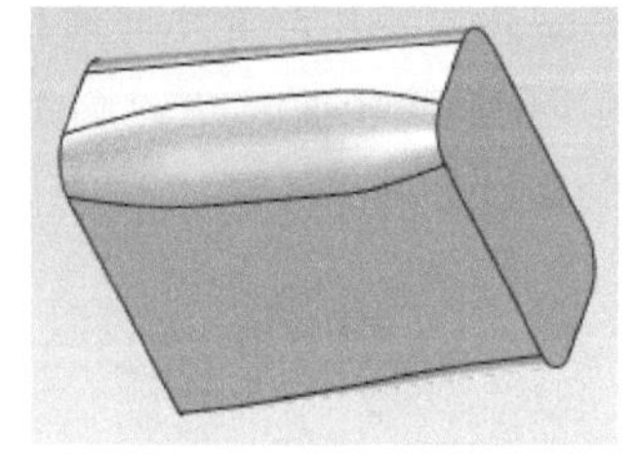

图4-15　创建“变半径”圆角过渡

知识点拨：

在创建变半径圆角时，如果要想在等长的位置添加圆角半径的变化数目，则在选定所需边线后，在“圆角过渡”命令的“属性”管理栏的“附加半径”文本框中输入变化数目，如输入“4”，如图4-16a所示。接着单击“设置点的数量”按钮，则系统在欲进行圆角过渡的边上添加设定数目的点，如图4-16b所示。修改其中控制点的半径的方法很简单，即单击要修改的点，被选中的点以黄色显示，接着在“圆角过渡”命令的“属性”管理栏中修改该点的圆角半径值即可。

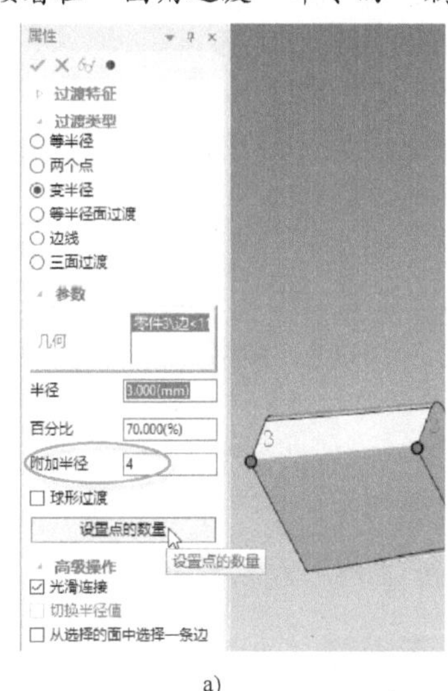

a)

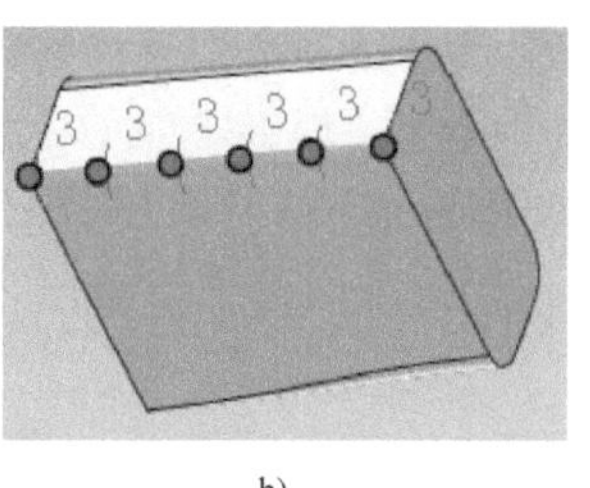

b)

图 4-16 在等长的位置添加圆角半径的变化数目

a）设定变半径的等间距数目 b）添加变半径点数目

4. “等半径面过渡”圆角过渡

下面以典型的范例介绍创建“等半径面过渡”的方法及技巧等。

1）在“快速启动”工具栏中单击“打开”按钮，打开“HY_圆角过渡课堂范例 . ics”文件，文件中存在着的实体零件如图 4-17 所示。

2）在功能区“特征”选项卡的“修改”面板中单击“圆角过渡”按钮。

3）在出现的“属性”管理栏中，设定圆角“过渡类型”为“等半径面过渡”，如图 4-18 所示，“过渡半径”为“2”，“二次曲线参数”为“0. 5”。

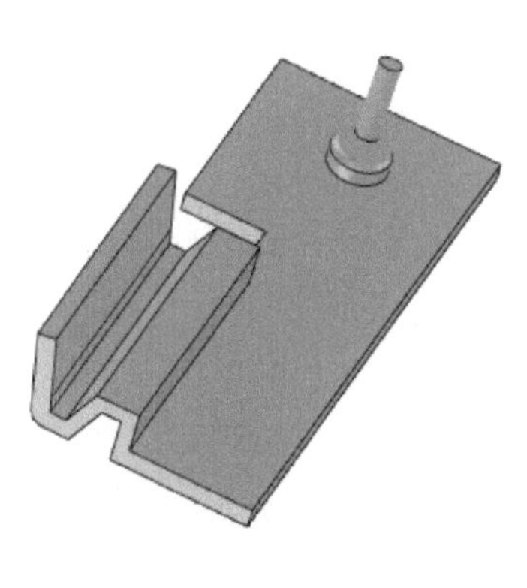

图 4-17 原始模型

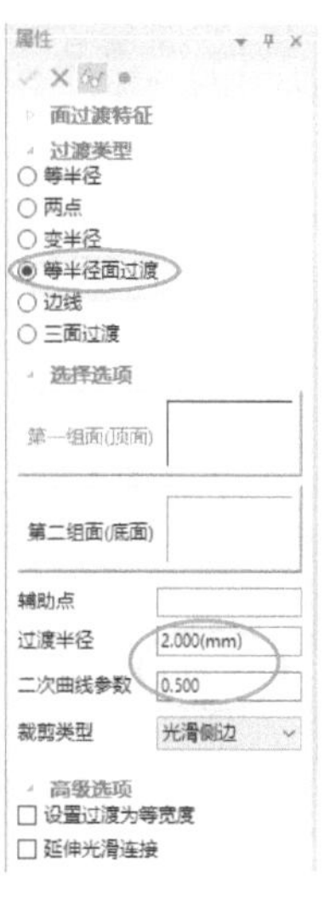

图 4-18 设定过渡类型为“等半径面过渡”

知识点拨：

关于面过渡特征的选择设置与高级选项介绍如下。

- 第一组面（顶面）：选择用来生成等半径面过渡的第一个面。
- 第二组面（底面）：选择用来生成等半径面过渡的第二个面。
- 辅助点：用于指定辅助点。当将两个面作圆角过渡时，如果过渡位置较为模糊，可以使用辅助点来确定圆角过渡的附加条件，使在辅助点附近生成一个过渡面。
- 过渡半径：在该文本框中指定过渡圆角半径。
- 二次曲线参数：过渡圆角可以由二次曲线参数定义，该参数范围为 0 ~ 1。
- 设置过渡为等宽度：勾选此复选框，可设置在两个面之间生成等宽度的过渡。
- 裁剪类型：根据需要设置裁剪类型为“光滑侧边”“短对齐”或“长对齐”。
- 延伸光滑连接：若勾选此复选框，则对与所选的棱边光滑连接的所有棱边都进行圆角过渡。

4）“第一组面（顶面）”收集器处于被激活的状态，选择图 4-19 所示的一个面。

5）单击“第二组面（底面）”收集器框将其激活，接着选择图 4-20 所示的一个面。

6）在“属性”管理栏中单击“确定”按钮✓，完成的“等半径面过渡”如图 4-21 所示。

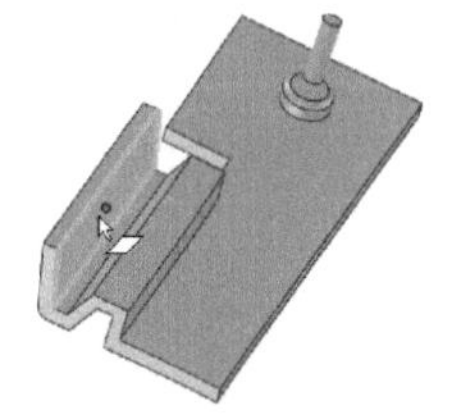

图 4-19　选择第一个面（1）

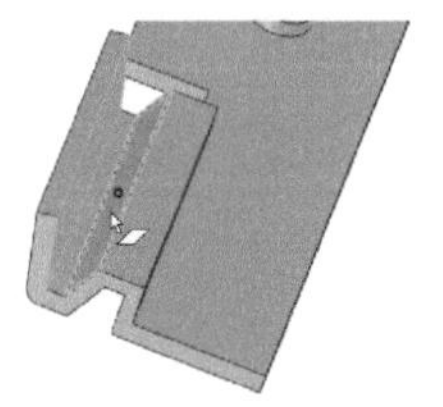

图 4-20　选择第二个面（1）

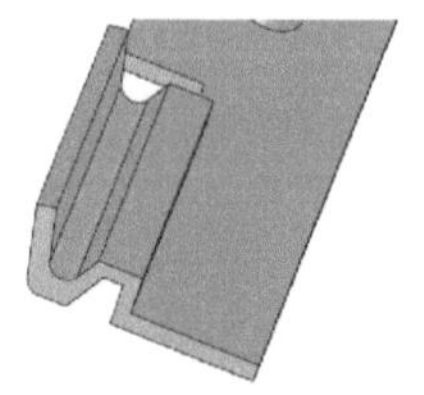

图 4-21　创建等半径面过渡

5. “边线”圆角过渡

指定“边线”圆角过渡可以在边线内生成面过渡，其操作方法及步骤如下。

1）在功能区“特征”选项卡的“修改”面板中单击“圆角过渡”按钮。

2）在出现的“属性”管理栏中，设定圆角过渡类型为“边线”，如图 4-22 所示。

3）“第一组面（顶面）”此时出于激活状态（其标签文字以红色显示表示激活状态），在模型中选择图 4-23 所示的一个实体面。

4）单击“第二组面（底面）”收集器的框，或者按〈Tab〉键切换至激活该收集器的状态，接着在模型中选择图 4-24 所示的实体面。

图 4-22　设置过渡类型为“边线”

图 4-23　选择第一个面（2）

图 4-24　选择第二个面（2）

5）在“边线”收集器的框中单击，或者按〈Tab〉键，接着选择圆柱体下端面的圆形边线和圆凸起的一条边线，如图4-25所示。当选择两条边线后，不再需要设置过渡半径值。注意在有些场合，如果只选择面过渡的一条边，那么需要设置合适的过渡半径值。

6）单击“确定”按钮✓，创建的“边线”面过渡如图4-26所示。

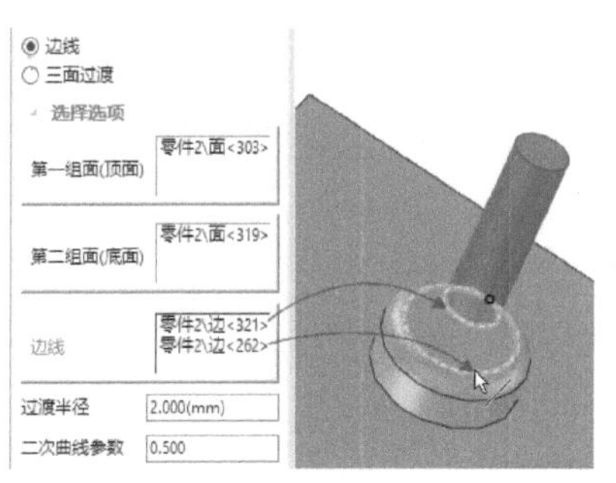

图4-25 选择两条边线

图4-26 指定“边线”面过渡的效果

6. “三面过渡”圆角过渡

“三面过渡”是指将零件中的某一个面经由圆角过渡改变成一个圆曲面。创建三面过渡的典型方法及步骤如下。

1）在功能区“特征”选项卡的“修改”面板中单击“圆角过渡”按钮。

2）在出现的“属性”管理栏中，设置过渡类型为“三面过渡”，如图4-27所示。

3）“第一组面（顶面）”收集器自动激活，在零件模型中选择图4-28所示的第一个面。

图4-27 设置过渡类型为“三面过渡”

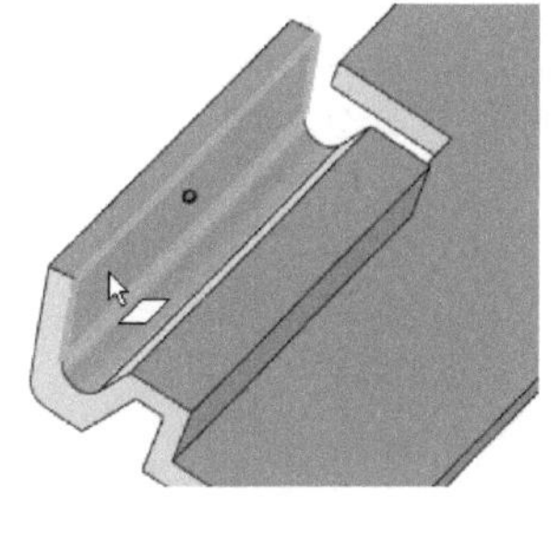

图4-28 选择第一个面（3）

4）在“第二组面（底面）”框中单击，接着选择图4-29所示的实体面作为第二个面。

5）在“中央面组”框中单击将其激活，接着选择图4-30所示的面。选择的是要过渡的两个面中间的那个面，该面将变形为半圆面，不需要输入圆角的半径值。

6）在“属性”管理栏中单击“确定”按钮✓，完成该圆角过渡的效果如图4-31所示。

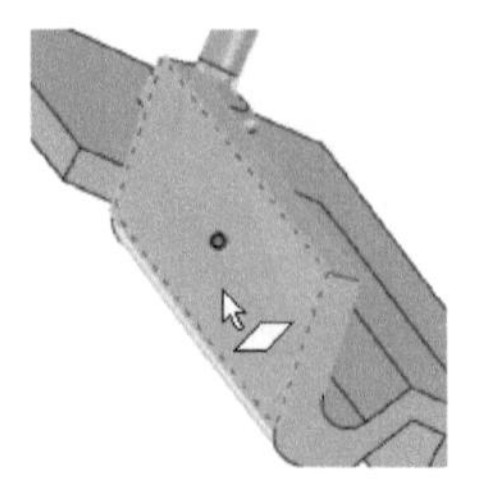

图 4-29 选择第二个面（3）

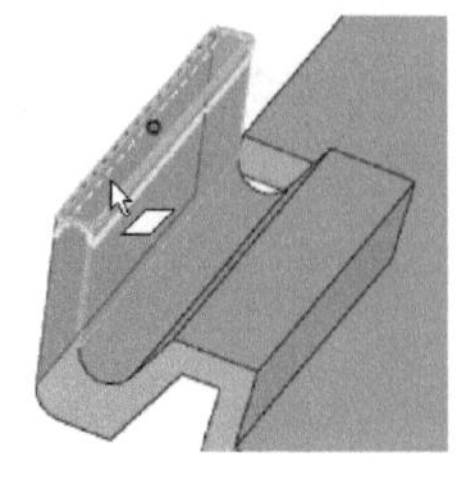

图 4-30 选择中间面

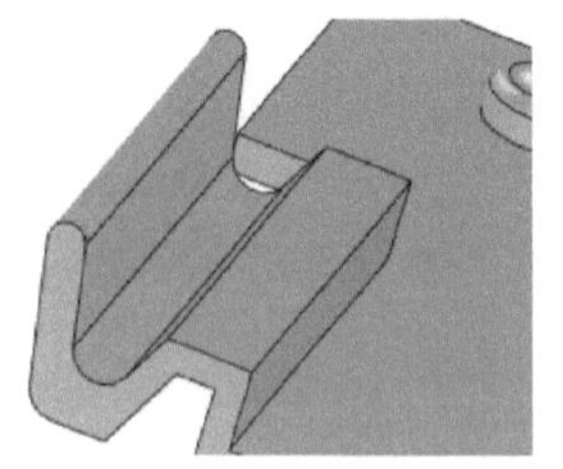

图 4-31 “三面过渡”圆角过渡

4.3.2 边倒角过渡

边倒角过渡是将尖锐的拐角边线设计成平滑的斜角边线，如图 4-32 所示。在轴类零件中经常要设计所需的边倒角。边倒角过渡的操作方法和圆角过渡的操作方法类似。

【课堂范例】：在实体零件中进行边倒角操作

1）在“快速启动”工具栏中单击“打开”按钮，打开“HY_边倒角过渡课堂范例 . ics”文件，文件中存在着的实体零件如图 4-33 所示。

2）在功能区“特征”选项卡的“修改”面板中单击“边倒角”按钮，出现图 4-34 所示的“倒角”命令的“属性”管理栏。系统提供了 7 种倒角类型，即“距离”“两边距离”“距离 – 角度”“双距离”“四距离”“二距离 – 角度”和“变距离”。

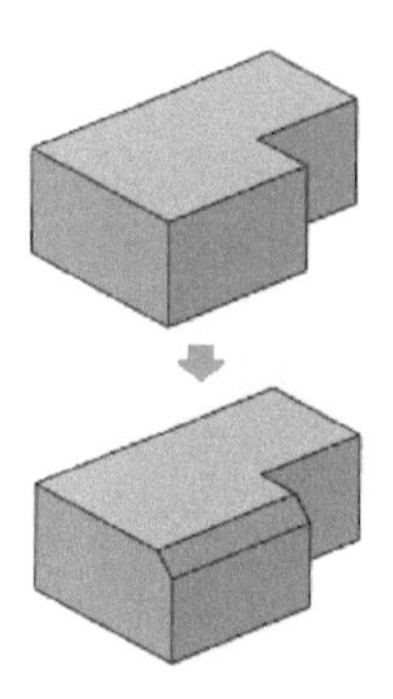

图 4-32 边倒角过渡示例

图 4-33 已有零件

图 4-34 “倒角”命令的“属性”管理栏

3）在本例中选择“距离 – 角度”单选按钮，如图 4-35 所示，并设置距离值为“2”，角度值为“45”。

4）在模型中分别单击图 4-36 所示的 4 条边线。

5）在“倒角”命令的“属性”管理栏中单击“确定”按钮，则完成边倒角操作得到的模型效果如图 4-37 所示。

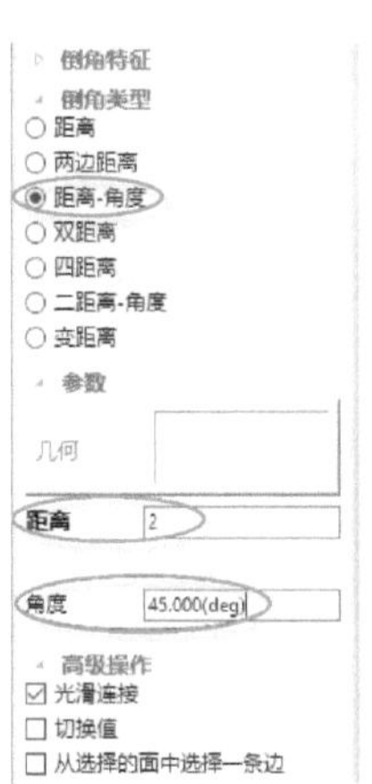

图 4-35 选择“距离 - 角度”

图 4-36 选择要倒角的边

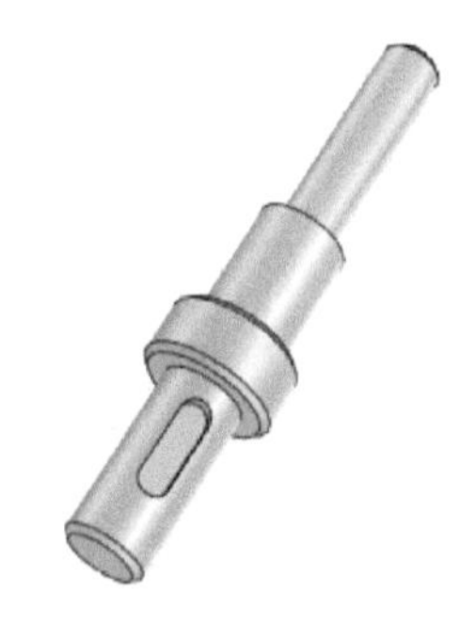

图 4-37 完成边倒角的轴零件

4.4 面拔模

使用 CAXA 3D 实体设计 2020 系统提供的“面拔模”工具，可以在实体选定面上设计形成特定的拔模角度。在 CAXA 3D 实体设计中，可以有中性面、分模线和阶梯分模线这 3 种主要面拔模形式。

在功能区“特征”选项卡的“修改”面板中单击“面拔模”按钮，打开图 4-38 所示的“拔模特征”“属性”管理栏。在该“属性”管理栏中可以指定拔模类型等内容。拔模类型主要分 3 种，分别为“中性面”“分模线”“阶梯分模线”。

4.4.1 中性面拔模

中性面拔模是面拔模的基础。激活面拔模命令后，在“拔模特征”“属性”管理栏的“拔模类型”选项组中选择“中性面”单选按钮，此时“中性面”收集器处于被激活的状态，选择一个平面确定中性面/拔模方向，如选择图 4-39 所示的实体面作为中性面。

选择中性面后，“拔模面”收集器自动被激活，接着选择要拔模的面，如选择图 4-40 所示的面作为拔模面。读者也可以选择多个面作为要拔模的面。

图 4-38 “拔模特征”“属性”管理栏

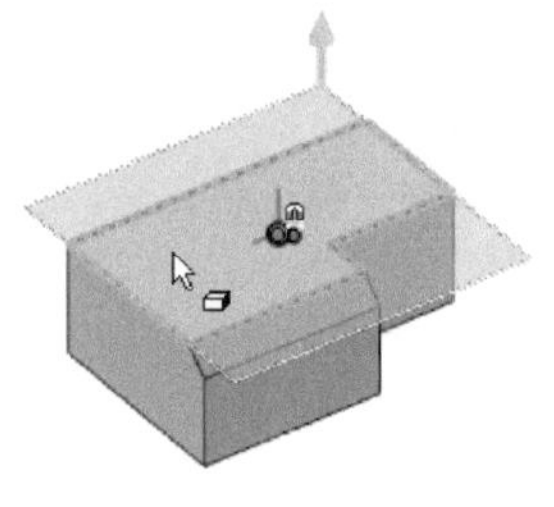

图 4-39 指定中性面

拔模面

图 4-40 选择拔模面

指定拔模面后，在“拔模特征”命令的“属性”管理栏的“拔模角度”文本框中输入拔模角度，如输入拔模角度为“5”。

单击“预览”按钮，可以在图形窗口中预览到拔模的效果，如图 4-41 所示。如果想要的拔模方向不是所需要的，那么可以将光标置于图形中显示的箭头处，单击该指示拔模方向的箭头，可以使拔模角度方向相反，如图 4-42 所示。

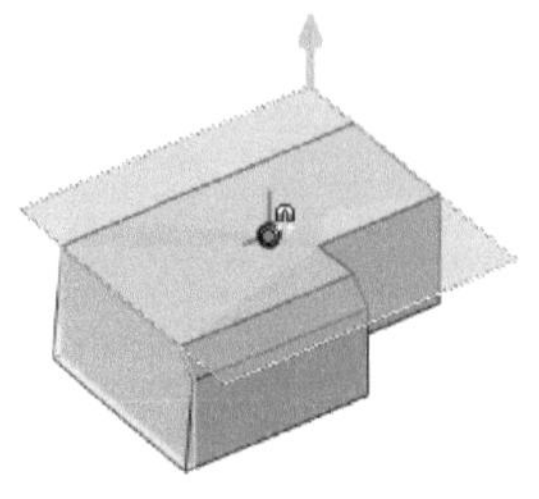
图 4-41　预览拔模效果

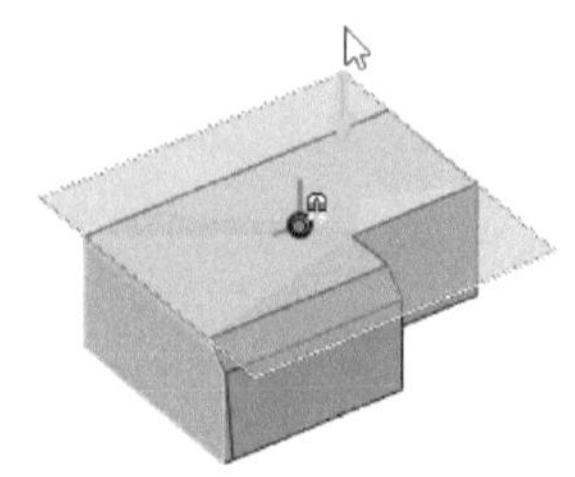
图 4-42　切换拔模角度方向

在“拔模特征”命令的“属性”管理栏中单击“确定”按钮，完成拔模操作。

4.4.2 分模线拔模

分模线拔模是指在模型分模线处形成拔模面，分模线既可以在平面上，也可以不在平面上。除了可以使用已经存在的模型边作为分模线之外，还可以在模型表面插入一条分模线，这可使用分割实体表面命令来实现。

下面以范例的形式介绍创建分模线拔模的典型方法及步骤。

1）在“快速启动”工具栏中单击“打开”按钮，打开“HY_分模线拔模 . ics”文件，文件中存在着的实体零件和围绕该零件的一条分割线，如图 4-43 所示。

2）在功能区“特征”选项卡的“修改”面板中单击“面拔模”按钮，打开“拔模特征”命令的“属性”管理栏。

3）从“拔模类型”选项组中选择“分模线”单选按钮，如图 4-44 所示。

4）选择拔模的中性面，如图 4-45 所示，其拔模方向以一个箭头显示。如果需要，可以单击该箭头切换拔模方向。

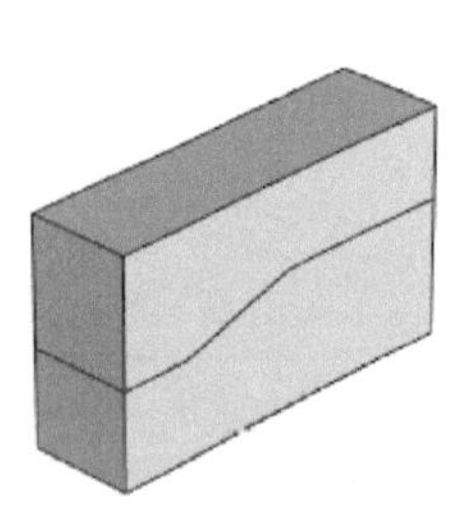
图 4-43　原始模型

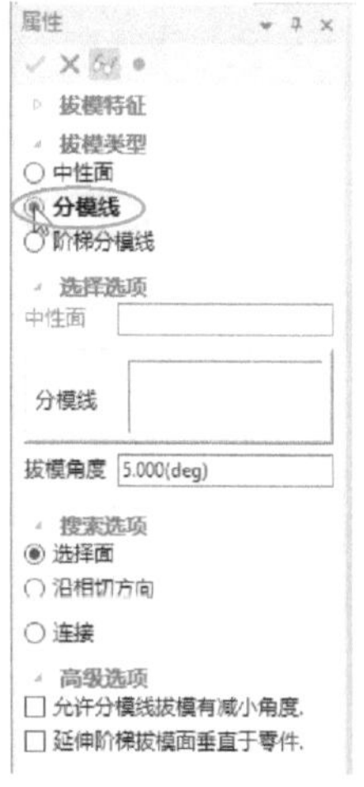

图 4-44　选择“分模线”单选按钮

图 4-45　指定拔模的中性面

5）单击“分模线”收集器将其激活。在“搜索选项”选项组中选择“连接”单选按钮。接着在模型中选择分割线，如图 4-46 所示。

6）确定每一个分模线段处的拔模方向，并将拔模角度设置为“10”。

7）“拔模特征”“属性”管理栏的“预览”按钮处于被选中状态时，可以在图形窗口中看到图 4-47 所示的预览效果。

8）在“拔模特征”“属性”管理栏中单击“确定”按钮，完成拔模操作得到的模型效果如图 4-48 所示。

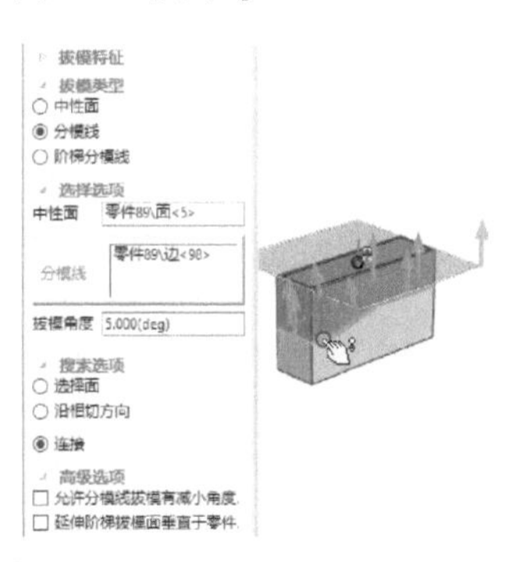

图 4-46 选择分割线（分模线）

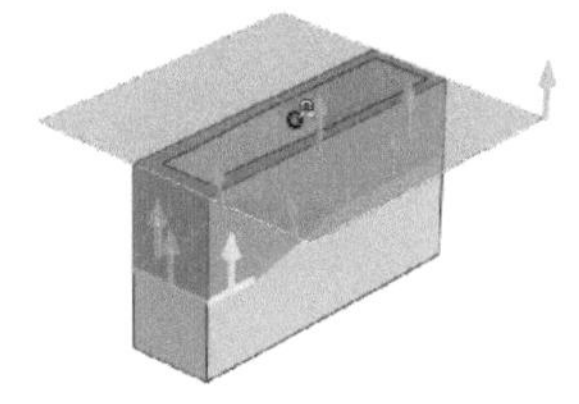

图 4-47 预览分模线拔模

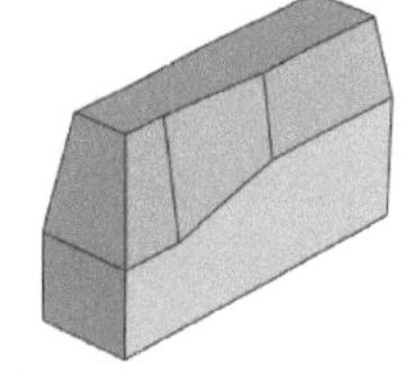

图 4-48 分割线拔模的效果

4.4.3 阶梯分模线拔模

阶梯分模线拔模实际上是分模线拔模中的一种变形。该拔模将生成选择面的旋转，产生小平面（小阶梯），如图 4-49 所示，即阶梯分模线将在分模线处形成一个明显的台阶。

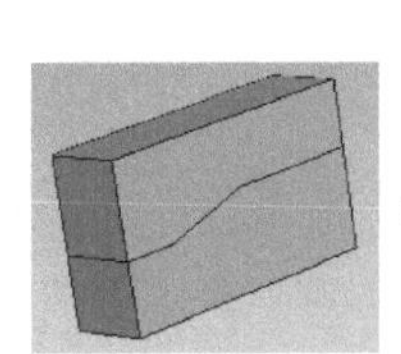
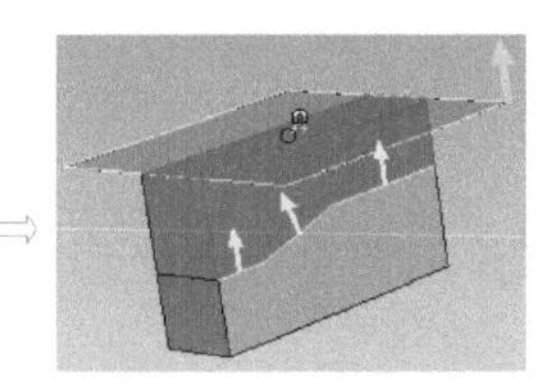
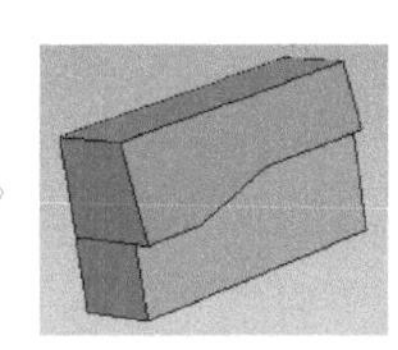

图 4-49 阶梯分模线拔模示例图解

阶梯分模线拔模的操作方法和分模线拔模的操作方法是类似的。下面以使用“HY_阶梯分模线拔模.ics”文件的原始模型为例，介绍创建阶梯分模线拔模的操作步骤。

1）在功能区“特征”选项卡的“修改”面板中单击“面拔模”按钮，打开“拔模特征”命令管理栏。

2）在“拔模类型”选项组中选择“阶梯分模线”单选按钮。

3）选择顶面作为拔模的中性面，其拔模方向以一个箭头显示。如果需要可以单击该箭头切换拔模方向。

4）在模型中选择分割线线段作为阶梯分模线，如图 4-50 所示。在有些场合下，可以使用面选择筛选器以便确定面生成。

5）单击分模线处的箭头，得到图 4-51 所示的箭头方向。

6）将拔模角度设置为“8”。

7）此时，预览效果如图 4-52 所示。如果必要，在“高级选项”选项组中勾选“延伸阶梯拔模面垂直于零件”复选框及“允许分模线拔模有减小角度”复选框。

图 4-50　选择分模线

图 4-51　切换分模线段处的箭头方向

8）在“拔模特征”命令的“属性”管理栏中单击“确定”按钮✓，完成拔模操作得到的模型效果如图 4-53 所示。

图 4-52　拔模预览

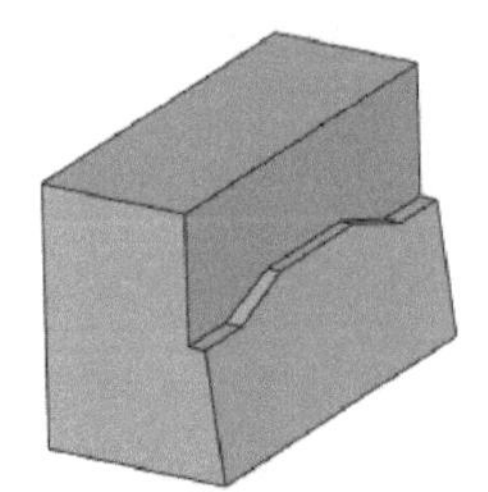
图 4-53　完成阶梯分模线拔模

4.5 分裂零件、删除体与裁剪

本节介绍分裂零件、删除体与裁剪操作。

4.5.1 使用另一个零件来分割选定零件

使用此方法分割零件需要创新模式下的两个零件，其中一个是作为目标零件（被分割的零件），另一个则作为工具零件。在进行分割操作之前，可以先激活三维球工具，利用三维球工具精确地定位工具零件，使工具零件嵌入到被分割的零件（目标零件）当中，并可根据设计必要性等在智能图素编辑状态下编辑其包围盒，完成这些操作后，单击设计环境背景以取消对工具零件的选定。接着，便是选择对象来执行分裂零件的操作了。

1）在“快速启动”工具栏中单击“打开”按钮，打开“BC_分割零件.ics”文件，文件中存在着的两个零件如图 4-54 所示，两个零件的相对位置已经编辑好了，在状态栏中选中“创新模式零件”。

2）在功能区“特征”选项卡的“修改”面板中单击“分裂”按钮，打开图 4-55 所示“分割”命令的“属性”管理栏。

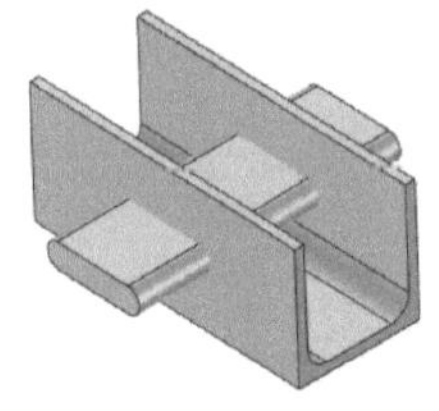
图 4-54　原有两个零件

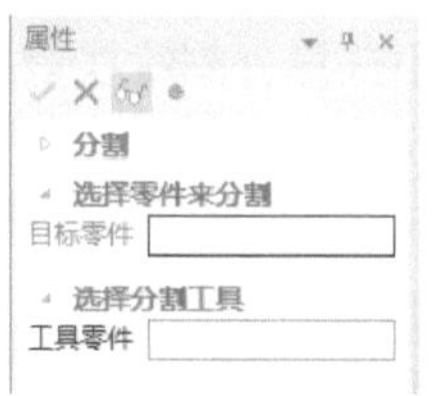

图 4-55　“分割”命令的“属性”管理栏

3）选择U型槽零件作为目标零件。

4）“工具零件”收集器被激活，选择另一个零件作为目标零件，如图4-56所示。

5）单击“确定”按钮✓，此时可以将工具零件和分割目标零件得到的一个小零件隐藏起来，得到的显示效果如图4-57所示。

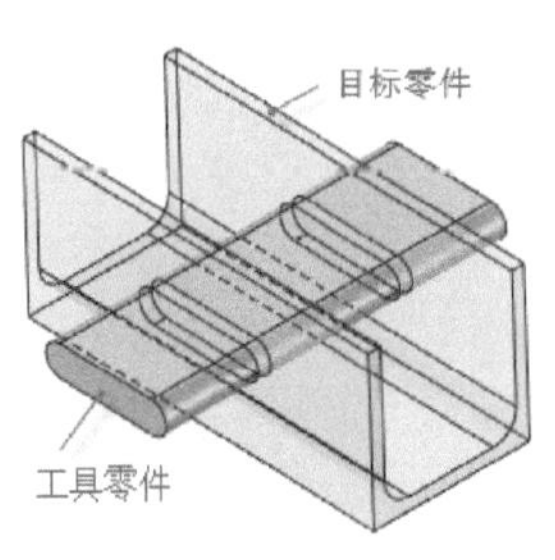

图4-56 指定工具零件

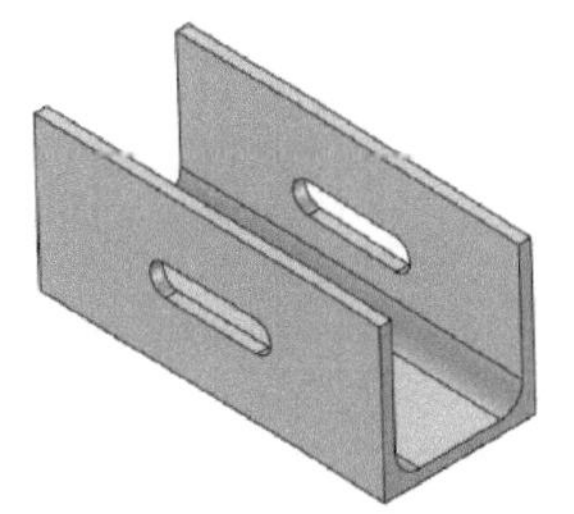

图4-57 隐藏相关零件后的显示效果

操作技巧：

隐藏选定零件的方法很简单，右击要操作的零件，接着从弹出的快捷菜单中选择“隐藏选定对象”命令即可。也可以右击保持显示的一个零件，接着从弹出的快捷菜单中选择“隐藏未选定对象”命令。

4.5.2 删除体

“删除体”命令目前仅适用于工程模式下的零件，它用于删除工程模式零件中的体。删除体的操作步骤简述如下。

1）在设计环境中具有工程模式零件的情况下，先激活要操作的一个工程模式零件，在功能区“特征”选项卡的“修改”面板中单击“删除体”按钮。

2）命令“属性”管理栏出现图4-58所示的收集器内容，选择该工程模式零件下的所需体。

3）单击“确定”按钮✓，从而完成将该零件中的所需体删除。

4.5.3 裁剪

“裁剪”按钮可用于体裁剪，也可以用一个零件或元素去裁剪另外一个零件。以设计环境中两个具有交叠关系的零件为例，用一个零件的交叠部分去裁剪另外一个零件，其方法是从功能区“特征”选项卡的“修改”面板中单击“裁剪”按钮，接着选择要裁剪的零件实体（目标零件实体），以及选择另一个零件或相应元素作为裁剪工具，可以设置裁剪的偏移量、指定裁剪后要保留哪一部分等，然后单击“确定”按钮✓即可。裁剪体的操作也类似，只不过裁剪体首先需要激活目标体所在的零件。

4.6 筋板

筋板在零件中主要用作加强结构。筋板操作需要一个定义筋板轮廓的草图，该草图一般位于要创建的筋板位置处。需要注意的是：在工程模式下，用于生成筋板的草图务必归属于要生成筋板的零件，筋板操作只用于一个激活的工程模式零件。

【课堂范例】：创建筋板特征。

1）在“快速启动”工具栏中单击“打开”按钮，打开“HY_筋板.ics”文件，该文件存在着一个工程模式零件，如图4-59所示。在设计环境树中右击已有工程模式零件名称，确保该右键快捷菜单中的“激活”命令处于被选中状态，即确保激活该工程模式零件。

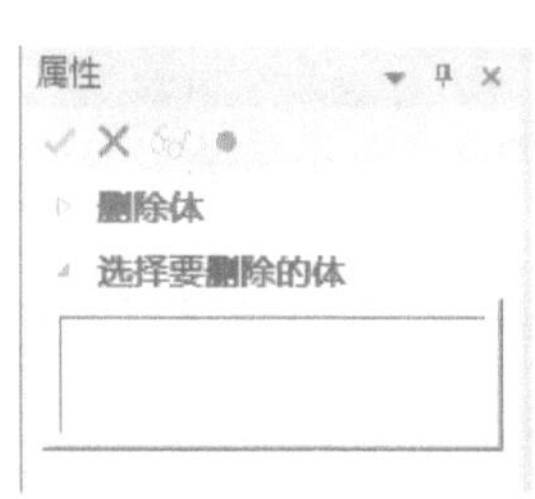

图4-58 “删除体”命令“属性”管理栏

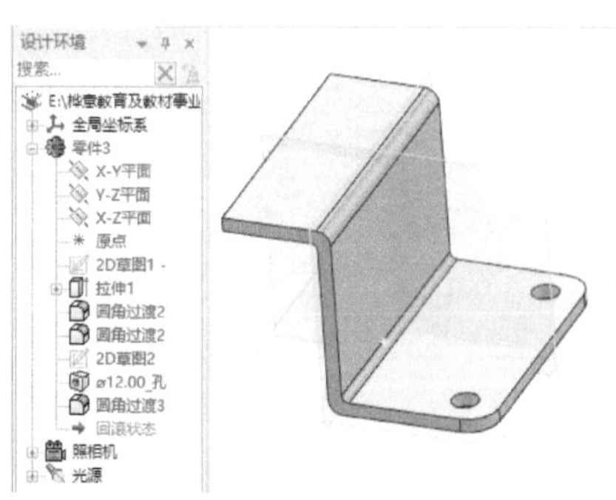

图4-59 原始文档素材

2）建立一个筋板轮廓草图。在功能区“草图”选项卡中单击“在X－Y基准面”按钮，在X－Y基准平面上绘制图4-60所示的一条线，单击“完成”按钮，绘制好的草图的立体效果如图4-61所示。

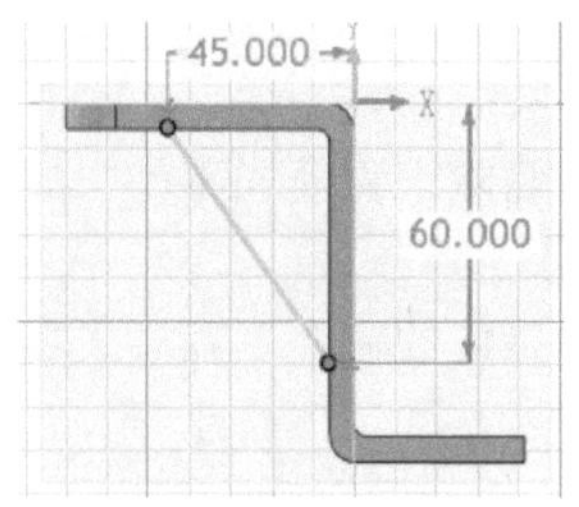

图4-60 绘制筋板轮廓草图

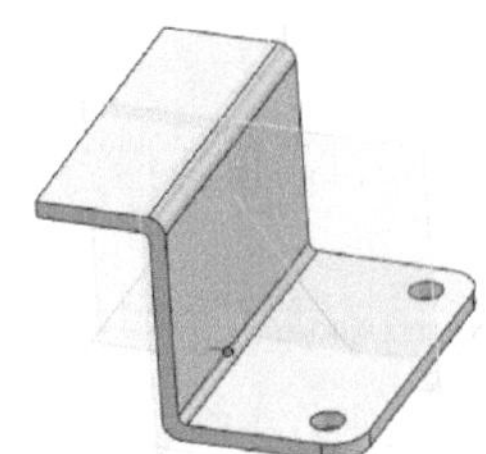

图4-61 草图立体效果

3）在功能区切换至“特征”选项卡，从“修改”面板中单击“筋板”按钮，所绘制的筋板轮廓草图被拾取，设置厚度为“5”，勾选“反转方向”复选框，加厚类型为“双侧”，成形方向为“平行于草图”，如图4-62所示。

4）单击“确定”按钮，创建好的筋板如图4-63所示。

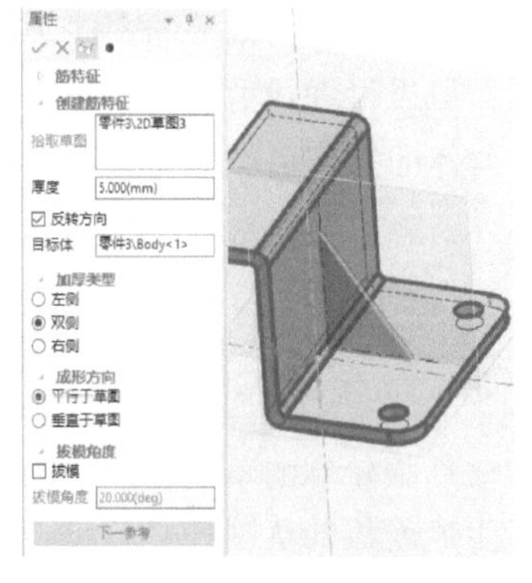

图4-62 设置筋特征相关参数和选项

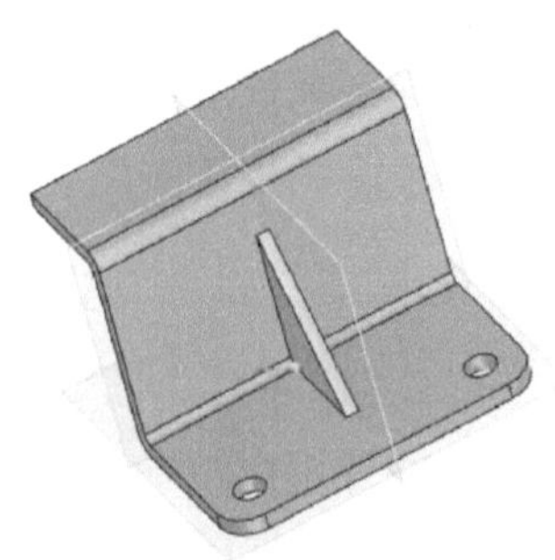

图4-63 创建好的筋板

4.7 偏移

本节介绍这两个偏移工具：“偏移”按钮和“包裹偏移”按钮。

4.7.1 “偏移”按钮

读者可以将草图形状进行偏移来改变实体或曲面。请看以下一个案例。

1）在“快速启动”工具栏中单击“打开”按钮，打开“HY_偏移.ics”文件，该文件存在着一个工程模式零件，如图4-64所示。该零件已经形成一个实体，且在实体顶面上创建有一个草图。如果没有偏移用的草图，那么可选择一个工程模式零件并单击鼠标右键，接着从弹出的快捷菜单中选择“激活”命令，然后单击所需的草图按钮来在一个指定的平面内绘制所需的草图。

2）激活该工程模式零件后，在功能区“特征”选项卡的“修改”面板中单击“偏移”按钮，打开图4-65所示的“偏移”命令的“属性”管理栏。

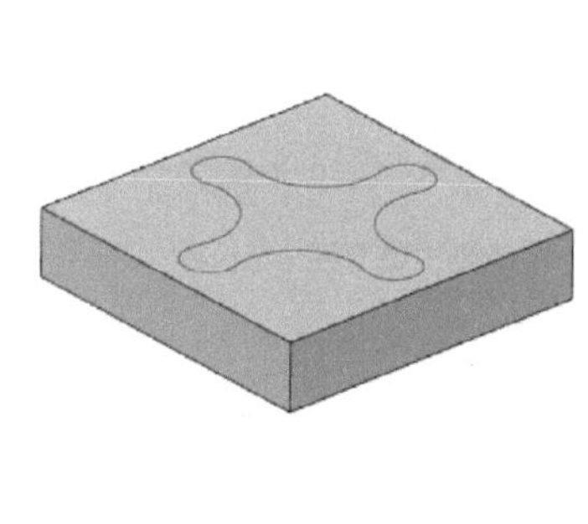

图4-64 已有工程模式零件

图4-65 “偏移”命令的“属性”管理栏

3）选择实体零件的顶面作为要生成偏移的面。

4）设置距离值为“5”，在“曲线组”选项组中单击激活“曲线”收集器，选择位于实体零件顶面的草图曲线，从“拔模类型”下拉列表框中选择“沿方向”选项，锥度（拔模角度）值设置为“3”，填充选项为“混合侧面”，如图4-66所示。

操作技巧：

在“距离”文本框中设置偏移的距离参数。输入正值表示沿着面的法向凸起，输入负值表示向着面的法向凹下去。

5）单击“确定”按钮，或者单击鼠标中键确认，偏移结果如图4-67所示。

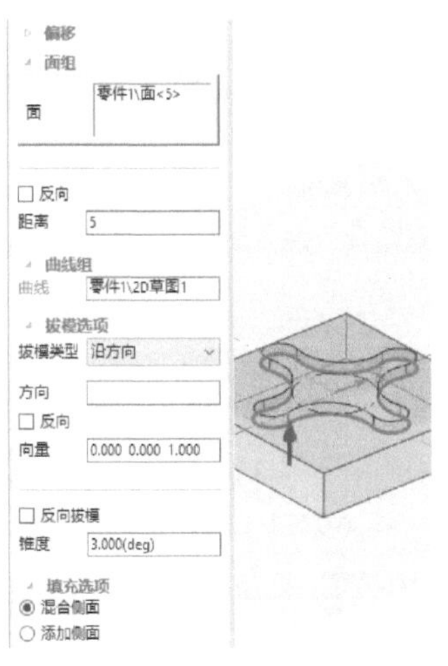

图 4-66 偏移操作及相应设置

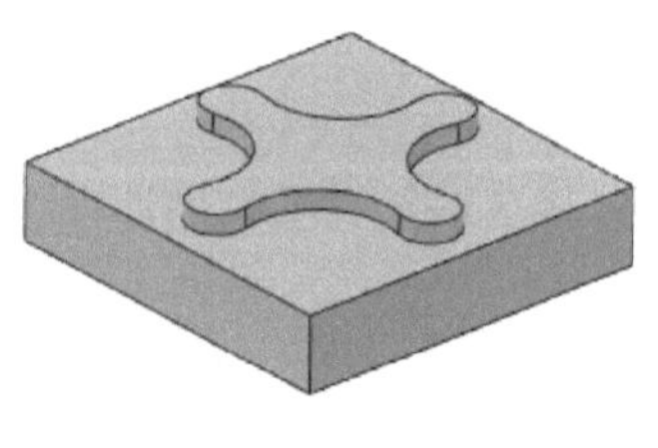
图 4-67 偏移结果

4.7.2 “包裹偏移”按钮

“包裹偏移”按钮用于将曲线包裹到圆柱曲面上并对面做凸起或凹陷操作。请看以下操作案例。

1）在“快速启动”工具栏中单击“打开”按钮，打开“HY_包裹偏移.ics”文件，如图4-68所示，确保激活该零件，并注意到曲线位于该零件内部。

2）在功能区“特征”选项卡的“修改”面板中单击“包裹偏移”按钮，打开图4-69所示的“包裹特征”命令的“属性”管理栏。

图 4-68 原始素材及激活零件

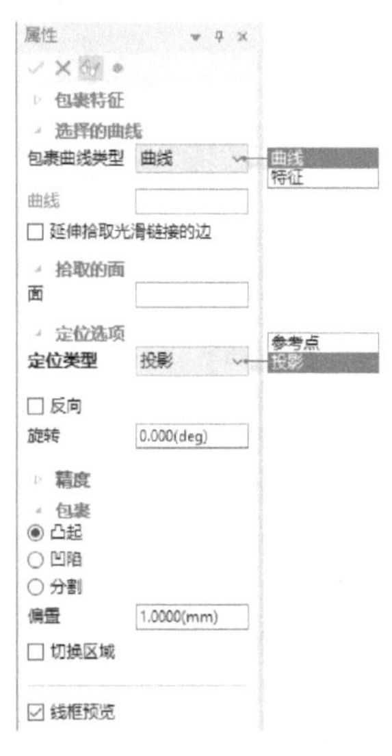

图 4-69 “包裹特征”命令的“属性”管理栏

3）从“包络曲线类型”下拉列表框中选择“曲线”或“特征”，本例选择“特征”，接着在图形窗口中选择2D草图特征（即“桦意设计”文字草图对象）。

4）在“拾取的面”选项组中激活“面”收集器，在图形窗口中拾取圆柱曲面。

5）在“定位选项”选项组的“定位类型”下拉列表框中选择“投影”或“参考点”，本例选择“投影”，旋转角度为“0”。

6）包络类型有“凸起”“凹陷”和“分割”，本例选择“凸起”。

7）在“偏置”文本框中输入偏置值为“1”。

8）此时预览的包裹偏移效果如图 4-70 所示，单击“确定”按钮✔，结果如图 4-71 所示。

图 4-70 预览

图 4-71 包裹偏移结果

4.8 拉伸零件/装配体

在 CAXA 3D 实体设计中，可以拉伸选定的零件/装配体，如图 4-72 所示。这是一种智能延伸方式，能够将设计完成的零件及装配体在长度、宽度及高度的方向上快速地延伸一定的距离，类似于将零件/和装配的包围盒尺寸以设定的一个基准平面向外延伸一定的距离。这种智能延伸方式通常应用在家具设计、机械结构设计及钢结构设计工作中。但需要注意的是：目前，“拉伸零件/装配体”命令仅适用于创新模式下的零件。

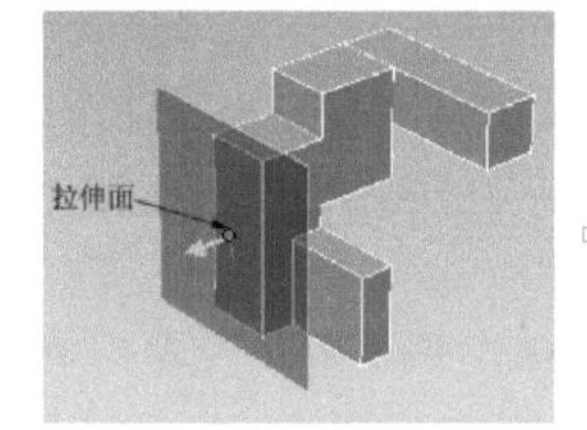

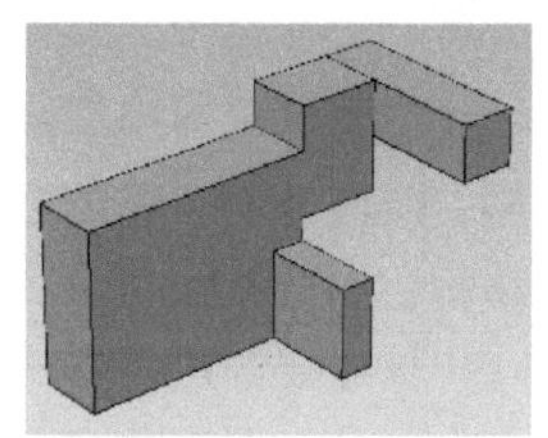

图 4-72 拉伸零件/装配体的示例

拉伸零件/装配体的典型方法及步骤如下。

1）选中在创新模式下绘制的零件/装配体。被选中的零件/装配体轮廓变白。

2）在功能区“特征”选项卡的“修改”面板中单击“拉伸零件/装配体”按钮，出现图 4-73 所示的“拉伸零件/装配体”管理栏。

3）“类型”按钮处于被选中的状态。在零件/装配体上选择要拉伸的位置，此时显示一个平面和一个箭头，箭头代表着延伸的方向。

4）如果需要，可以单击“反转曲面方向”按钮，以更改延伸的方向。

5）在“拉伸距离”文本框中输入延伸距离值。

6）单击“确定”按钮✔，完成操作。

4.9 布尔运算

布尔操作有布尔加运算、布尔减运算和布尔交运算等。在创新设计中，组合零件和从其他零件减掉一个零件的操作均属于“布尔运算”，而在工程模式中，将同一个零件内部的不同的体组合成同一个体，也称为“布尔运算”。需要注意的是，不同的工程模式零件不能进行布尔运算。

以创新设计模式为例，布尔运算操作的基本方法如下。

1）在功能区“特征”选项卡的“修改”面板中单击“布尔”按钮，打开图 4-74 所示的“布尔特征”命令的“属性”管理栏。

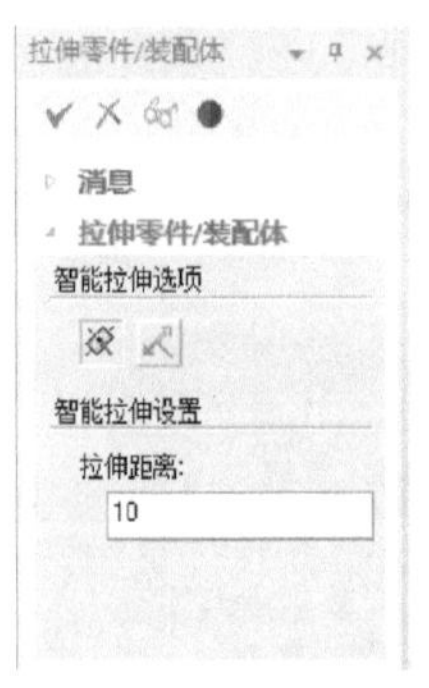

图 4-73 “拉伸零件/装配体”管理栏

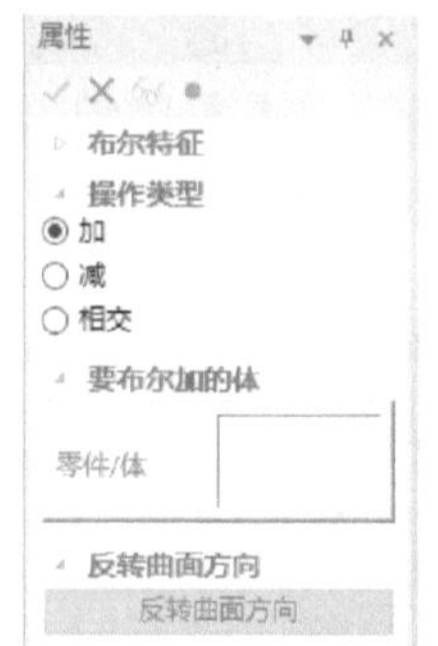

图 4-74 “布尔特征”命令的“属性”管理栏

2）在“操作类型”选项组中指定布尔运算操作类型，如“加”“减”“相交”。“加”用于将选中的零件/体相加在一起形成一个新的零件；“减”用于被减的零件/体将减去指定零件/体；“相交”用于提取保留选中零件/体之间共有的部分。

3）根据所选的操作类型，分别拾取所需的对象以实施布尔运算。

4.10 截面

读者可以利用剖视平面或长方体来剖视零件或装配体，以更好地观察零件或装配体的内部结构，从而为设计提供更好的参考。例如，在某减速器中，对箱盖零件定义截面来查看减速器内部结构，如图 4-75 所示。

选择要剖视的零件/装配体后，单击“菜单”按钮打开应用程序菜单，选择“修改”|“截面”命令，打开图 4-76 所示的“生成截面”命令的“属性”管理栏。在“截面工具类型”下拉列表框中提供了以下截面工具类型选项。

图 4-75 利用截面功能剖视装配体

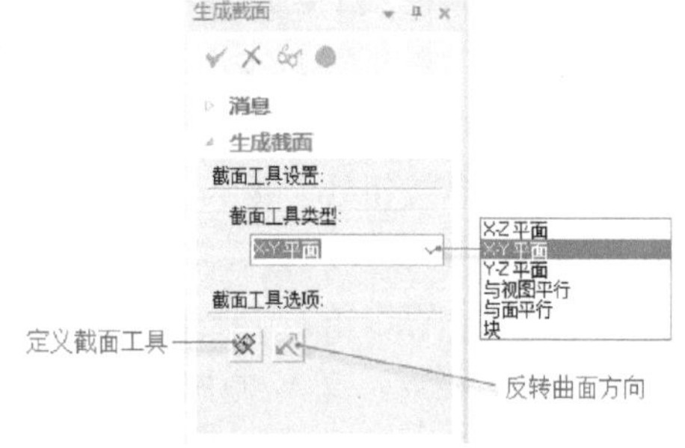

图 4-76 “生成截面”命令的“属性”管理栏

1）X－Z 平面：平行于设计环境的 X－Z 平面生成一个剖视平面。

2）X－Y 平面：平行于设计环境的 X－Y 平面生成一个剖视平面。

3）Y－Z 平面：平行于设计环境的 Y－Z 平面生成一个剖视平面。

4）与视图平行：生成与当前视图平行的剖视平面。

5）与面平行：生成与选定面平行的剖视平面。

6）块：用于生成一个可编辑的剖视长方体，用户可以利用智能图素手柄和三维球工具对其进行编辑处理。

在“生成截面”命令的“属性”管理栏的“截面工具选项”选项组中还提供了以下两个实用按钮。

1）（定义截面工具）：在选择好截面工具类型选项后，单击此按钮，可根据提示信息进行截面操作来确定放置剖视工具的点、面或零件。

2）（反转曲面方向）：可用于使剖视工具的当前表面方向反向。

生成截面工具对象后，可以通过右击截面工具对象，利用弹出的快捷菜单选择“进度模式”“增加/删除零件”“隐藏”“放大显示选中图素”“在特征树中查询”“压缩”“删除”“反向”“生成截面轮廓”“生成截面几何”和“零件属性”等命令。

4.11 直接编辑

直接编辑包括表面移动、表面匹配、表面等距、删除表面、编辑表面半径和分割实体表面这些操作。

4.11.1 表面移动

使用“表面移动”命令可以让单个零件的面独立于智能图素结构而移动或旋转，从而获得新的零件造型。执行表面移动的一般方法及步骤如下（结合简单范例介绍）。

1）在功能区“特征”选项卡的“直接编辑”面板中单击“表面移动”按钮。

2）选择要移动的面。如在一个饼状体中选择图4-77所示的表面。

3）出现图4-78所示的“移动面”命令“属性”管理栏。该“属性”管理栏中主要的移动面工具和移动面选项如下。

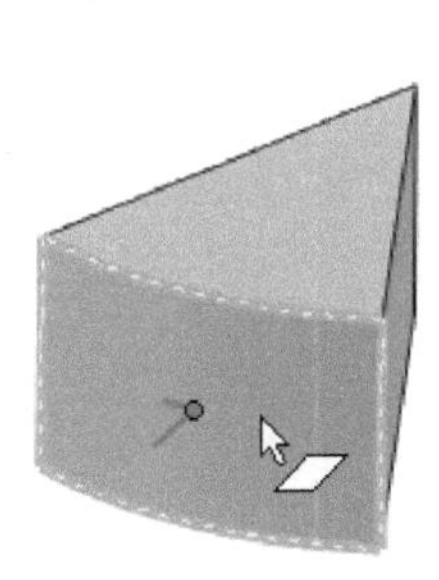
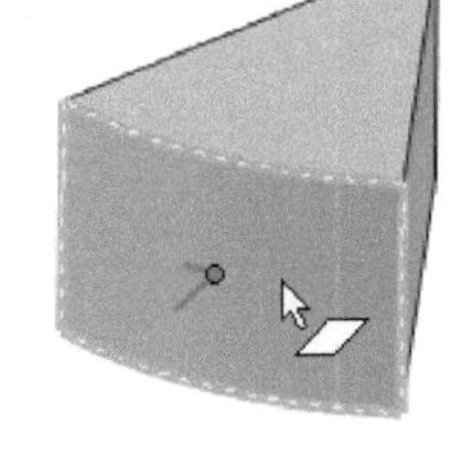

图4-77 选择要移动的表面

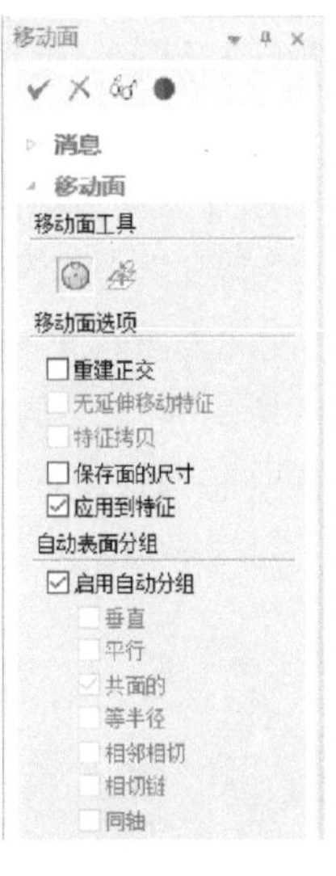

图4-78 “移动面”命令“属性”管理栏

- “三维球”按钮：单击此按钮时，可以利用三维球的转换控制沿任意方位对面实施自由重定义。激活三维球时，三维球将出现在第一个选定面的锚状图标上。
- “应用上次移动”按钮：单击此按钮时，可以将选定表面移动到前一次操作采用的同一相对位置。
- “重建正交”复选框：勾选此复选框时，可以通过从零件表面延展新垂直面重新生成以移动面为基准的零件。
- “无延伸移动特征”复选框：勾选此复选框时，可以移动特征面而不延伸到相交面。

- “特征拷贝”复选框：勾选此复选框时，可复制特征的选定面。

4）确保“移动面”命令“属性”管理栏中的“三维球”按钮处于被选中的状态，利用三维球的各项功能对选定表面进行移动和旋转操作，如图4-79所示。

5）在“移动面”命令“属性”管理栏中单击“应用”按钮或“确定”按钮，弹出图4-80所示的“面编辑通知”对话框。

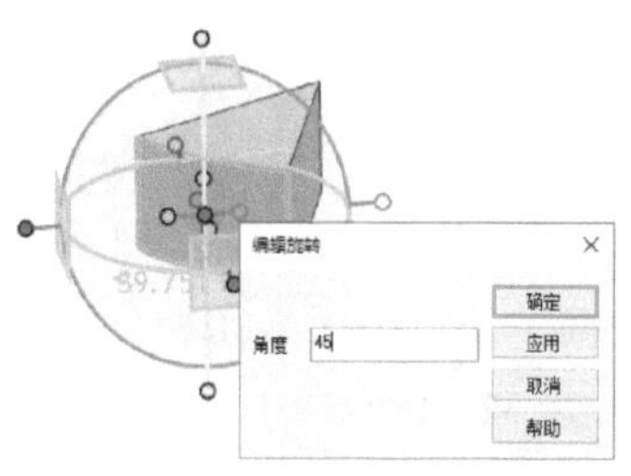

图4-79 应用三维球

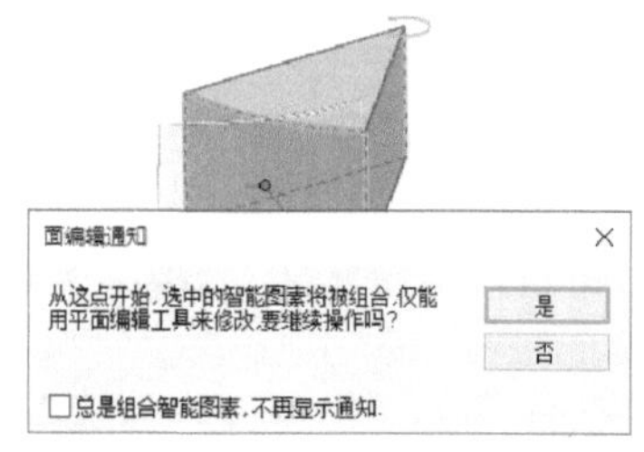

图4-80 “面编辑通知”对话框

6）在“面编辑通知”对话框中单击“是”按钮。如果想以后不再弹出该通知对话框，那么可以在“面编辑通知”对话框中勾选“总是组合智能图素，不再显示通知”复选框。

该饼状体经过“表面移动”操作后变成图4-81所示的形状。

图4-81 表面移动后的饼状体

4.11.2 表面匹配

表面匹配是指将所选择的面匹配到指定的面上，其匹配方法是修剪或延展所需匹配的面。表面匹配功能仅适用于创新模式零件。表面匹配的示例如图4-82所示，表面A是需要匹配的表面，表面B是与选定面A匹配的表面。

表面匹配的操作方法及步骤简述如下。

1）在功能区“特征”选项卡的“直接编辑”面板中单击“表面匹配”按钮。

2）选择要匹配的表面。允许选择多个表面。

3）在图4-83所示的“匹配面”命令“属性”管理栏中单击“选择匹配面”按钮，然后选择要匹配到的面（将与选定面匹配的面）。

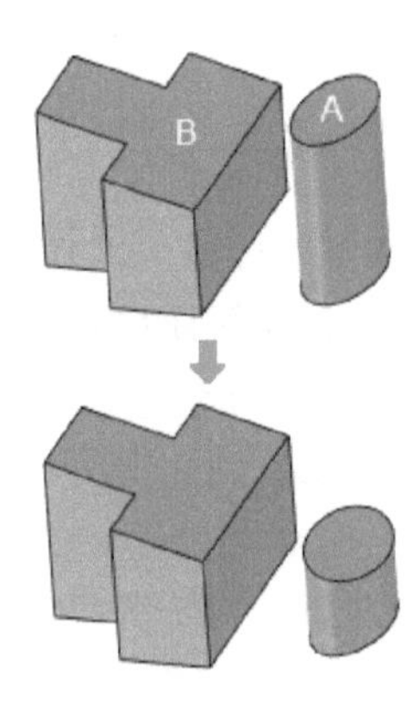

图4-82 表面匹配的示例

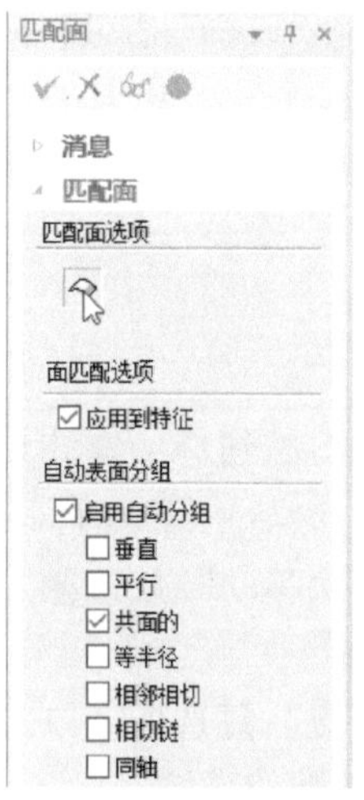

图4-83 “匹配面”命令“属性”管理栏

4）在“匹配面”命令“属性”管理栏中单击“应用”按钮●，观察表面匹配的结果。

5）在“匹配面”命令“属性”管理栏中单击“确定”按钮✔，完成表面匹配并退出操作。

4.11.3 表面等距

表面等距是指使一个面相对于其原来的位置，精确地偏移一定距离来实现对实体特征的修改，如图4-84所示。表面等距不同于表面移动，它将为新面计算一组新的尺寸参数。

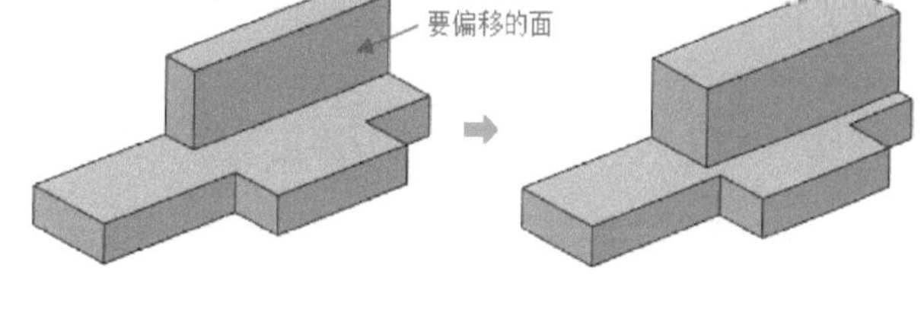

图4-84 表面等距的示例

表面等距的操作方法及步骤如下。

1）在功能区“特征”选项卡的“直接编辑”面板中单击“表面等距”按钮，打开“偏移面”命令“属性”管理栏。

2）选择要偏移的表面。

3）在“距离”文本框中输入所需的距离值。如果输入的偏移距离值为正值，则表面向外等距偏移；如果输入的偏移距离值为负值，则表面向内等距偏移。另外可以设置自动表面分组。

4）在“偏移面”命令“属性”管理栏中单击“确定”按钮✔。

4.11.4 删除表面

在某些模型中，可以将选定表面删除，而其相邻面将延伸，以弥合形成的开口，如图4-85所示。如果相邻面的延伸无法弥合开口，则无法实现此次“删除表面”的操作。

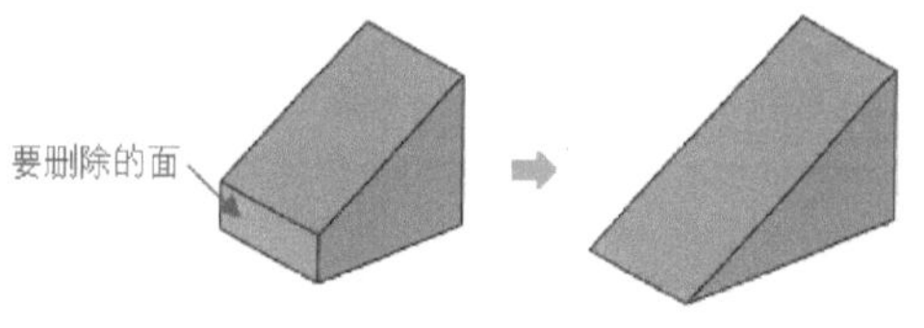

图4-85 删除表面的示例

在模型中删除表面的操作方法及步骤如下。

1）在模型中选择要被删除的表面。

2）在功能区“特征”选项卡的“直接编辑”面板中单击“删除表面”按钮。

3）可以更改要删除的目标曲面，并设置“生成为曲面”复选框和“应用到特征”复选框的状态，然后单击“确定”按钮✔，完成删除表面的操作。

4.11.5 编辑表面半径

编辑表面半径是指主要编辑圆柱面的半径和椭圆面的长轴半径/短轴半径，以实现对实体特征的编辑操作。编辑表面半径功能仅适用于创新模式零件。

编辑表面半径（变半径）的方法很简单，即先选择一个圆柱面或椭圆面，接着在功能区“特征”选项卡的“直接编辑”面板中单击“编辑表面半径”按钮，打开图4-86a或图4-86b所示的“编辑表面半径”命令“属性”管理栏，然后在该“属性”管理栏设置是否勾选“圆”复选框，以及设置相应的半径尺寸，最后单击“确定”按钮✔即可。

图4-86 “编辑表面半径”命令“属性”管理栏

a）勾选“圆”复选框 b）取消勾选“圆”复选框

4.11.6 分割实体表面

使用 CAXA 3D 实体设计提供的“分割实体表面”命令，可以将合适的图形（二维草图、已存在的边或 3D 曲线）投影到表面上，将指定面分割成多个可以单独选择的小面。

在功能区“特征”选项卡的“直接编辑”面板中单击“分割实体表面”按钮，打开图 4-87 所示的“分割实体表面”命令“属性”管理栏。在该“属性”管理栏的“分割类型”下拉列表框中提供了 4 个选项，即“投影”“轮廓”“用体分割”“曲线在面上”。

1. 投影

此方式用于将线投影到表面/面上，然后沿着投影线将此表面分割成多个部分。

【课堂范例】：投影分割面操作

1）在“快速启动”工具栏中单击“打开”按钮，打开“HY_分割实体表面 A. ics”文件，该文件中存在着的零件与平面曲线如图 4-88 所示。激活仅有的零件 1。

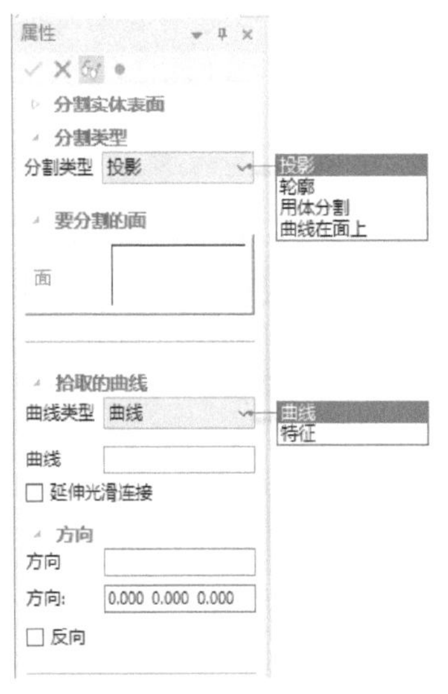

图 4-87 “分割实体表面”命令“属性”管理栏

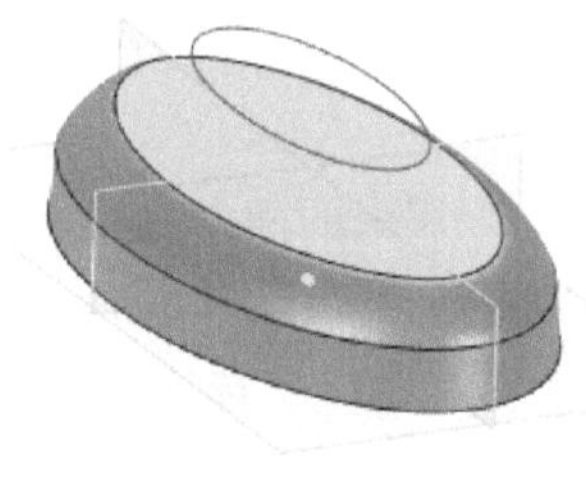

图 4-88 原始图形

2）在“直接编辑”面板中单击“分割实体表面”按钮，打开“分割实体表面”命令“属性”管理栏。

3）从“分割类型”下拉列表框中选择“投影”选项。

4）选择要被投影分割的实体表面，本例选择图 4-89 所示的实体表面。

5）在“拾取的曲线”选项组的“曲线类型”下拉列表框中选择“曲线”或“特征”，然后根据所选曲线类型去选择相应的对象。本例选择“特征”选项，接着在图形窗口中选择图 4-90 所示的草图曲线特征对象。

6）设定投影方向。在“方向”收集器处于激活状态时选择模型顶面以获取其法向作为投影方向，结合预览勾选“反向”复选框，以使投影方向如图 4-91 所示。必要时可以使用三维球工具来改变投影方向。

7）在“分割实体表面”命令“属性”管理栏中单击“确定”按钮。完成该选定实体表面的分割处理，结果如图 4-92 所示。

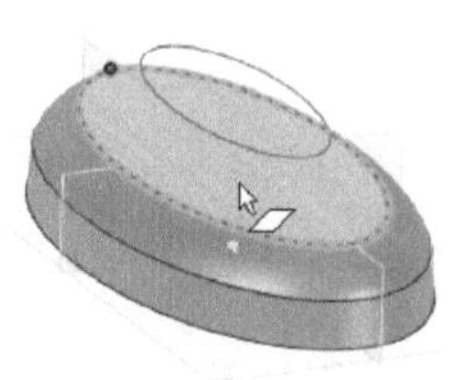

图 4-89 选择被分割的面

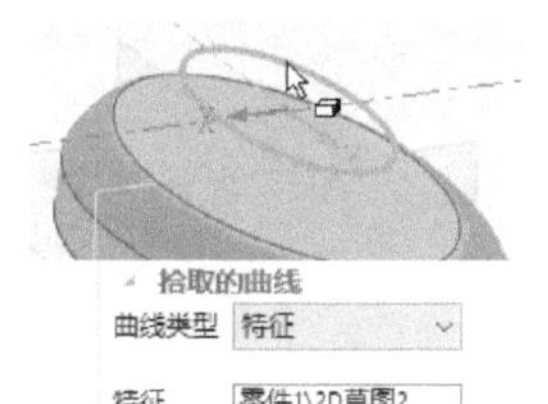

图 4-90 选择曲线特征

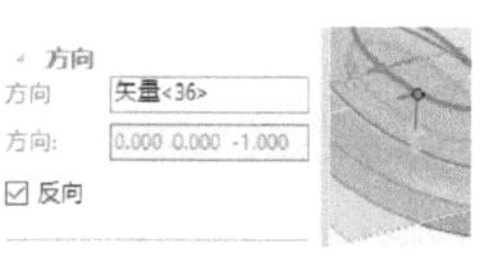

图 4-91 切换的投影方向

2. 轮廓

可以将实体的轮廓投影到表面上来分割表面，如图 4-93 所示，其方法步骤如下。

1）启用“分割实体表面”命令后，在“分割实体表面”命令“属性”管理栏中的“分割类型”下拉列表框中选择“轮廓”选项。

2）选择要被投影实体分割的曲面，该曲面必须为包含有轮廓图像的曲面。

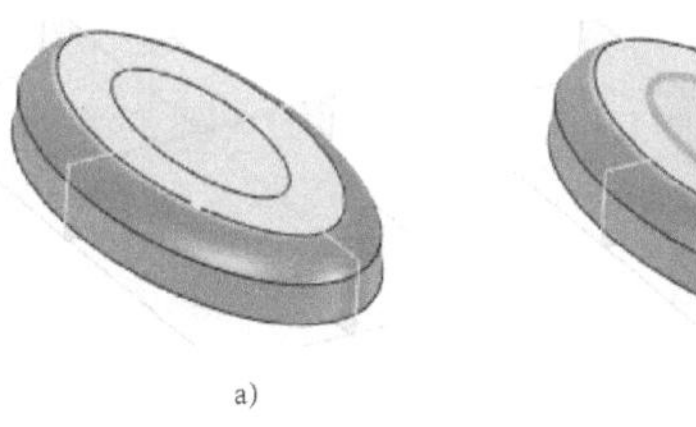

a)

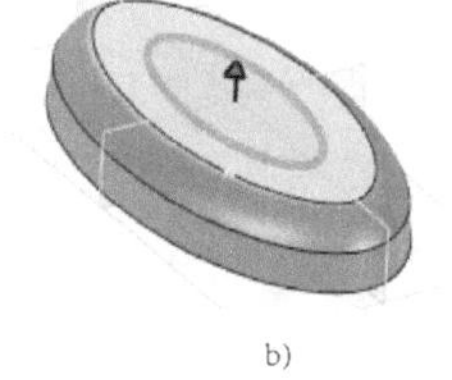

b)

图 4-92 投影分割实体表面的结果

a）完成投影分割实体表面 b）选中其中的一片分割面

3）如果需要可以单击投影平面方位箭头来改变方向，或者使用三维球改变平面位置到投影方向。

4）在“分割实体表面”命令“属性”管理栏中可进行预览，然后单击“确定”按钮✓。

3. 用体（零件）分割

用体（零件）分割的操作方式与“分裂”操作比较类似。用零件分割时，选择的第 2 个零件将确定分离第 1 个零件的分模线。注意在工程模式中，此选项用于不同的体之间进行分割。

4. 曲线在面上

使用位于表面上的曲线来分割表面，曲线既可以是一段开放的曲线，也可以是封闭的曲线。选择“曲线在面上”分割类型选项后，需要选择要被分割的实体表面，接着指定曲线类型及选择位于面上的曲线或特征对象，最后确认即可。使用“曲线在面上”分割类型分割实体表面的示例如图 4-94 所示。

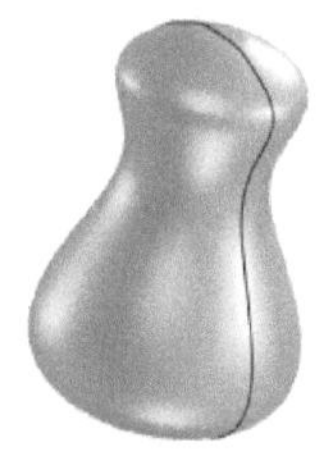

图 4-93 轮廓分割

图 4-94 曲线在面上分割

4.12 特征变换

实体特征的变换主要是指对实体零件进行定向定位（如移动、对称和旋转）、复制、镜像、阵列、缩放等。下面结合典型示例介绍实体特征变换的应用知识。

4.12.1 对特征进行定向定位编辑

对实体特征进行定向定位编辑操作包括实体特征移动、旋转和对称处理等。在前面介绍三维球工具时，便涉及这些变换编辑操作。实际上，使用三维球工具对特征进行定向定位编辑是很实用、灵活和快捷的，并且具有可视化的特点。注意定位锚在特征变换操作中的应用。有关三维球工具和定位锚的应用在前面章节中已介绍过，在这里不再赘述。

4.12.2 特征拷贝与链接

在 CAXA 3D 实体设计中，可以使用 Windows 风格的复制方式对特征进行复制，其方法很简单，即先选择要复制的图素，选择“编辑”|“拷贝”命令（其快捷键为〈Ctrl + C〉），然后再选择“编辑”|“粘贴”命令（其快捷键为〈Ctrl + V〉）。当然也可以使用其相应的右键快捷方式等。

此外，使用三维球可以对图素或零件进行线性复制/链接、圆形复制/链接以及沿着曲线复制/链接等操作。其中“链接”操作是使复制生成的图素和被复制的图素之间存在关联关系（如果修改其中一个，其他链接实体也随之发生变化以保持一致），而“拷贝”操作则与原实体不存在链接关系（修改其中一个并不会影响其他）。在第 1 章介绍三维球工具时介绍过这些方面的应用知识，在这里特意举一个课堂范例进行复习和巩固。

【课堂范例】：沿着曲线复制/链接练习

1）在“快速启动”工具栏中单击“打开”按钮，打开“HY_特征拷贝操作 .ics”文件，该文件中存在着图 4-95 所示的图素。注意需要将已有的二维样条曲线转换为“3D 曲线”。

2）在设计环境中选择二维样条曲线，右击弹出一个快捷菜单，如图 4-96 所示，从该快捷菜单中选择“生成”|“提取 3D 曲线”命令。

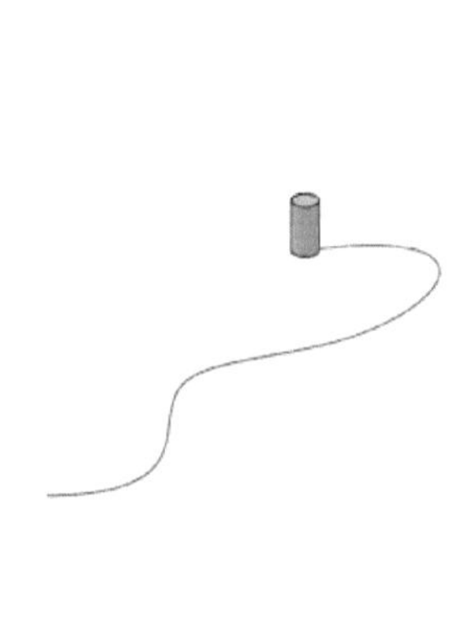

图 4-95 已有对象

图 4-96 选择“提取 3D 曲线”命令

3）在设计环境中选择圆柱体图素，单击“三维球”按钮或者按〈F10〉键，激活三维球工具。

4）按住鼠标右键沿着 3D 曲线拖动三维球中心点，直到 3D 曲线变为亮绿色显示（被选中）后，释放鼠标右键，弹出图 4-97 所示的快捷菜单。

5）从该右键快捷菜单中选择“沿着曲线拷贝”选项或“沿着曲线链接”选项。在这里以选择“沿着曲线链接”选项为例。

6）在弹出来的图 4-98 所示的“沿着曲线复制/链接”对话框中，设置数量为“5”，距离值为“100”，然后单击“确定”按钮。

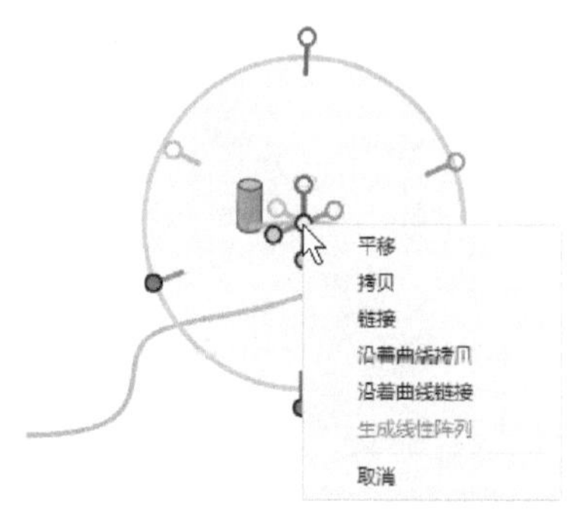

图 4-97　拖动操作

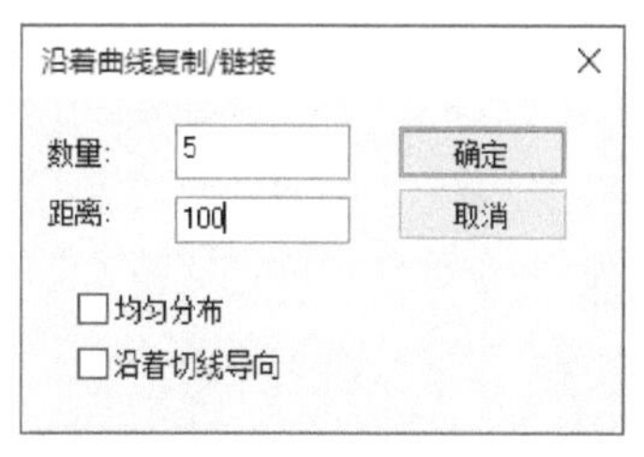

图 4-98　“沿着曲线复制/链接”对话框

沿着曲线链接的结果如图 4-99 所示。如果在本例中，在“沿着曲线复制/链接”对话框中设置链接数量为“5”，不设置距离值，而是勾选“均匀分布”复选框，则最后得到的链接结果如图 4-100 所示。

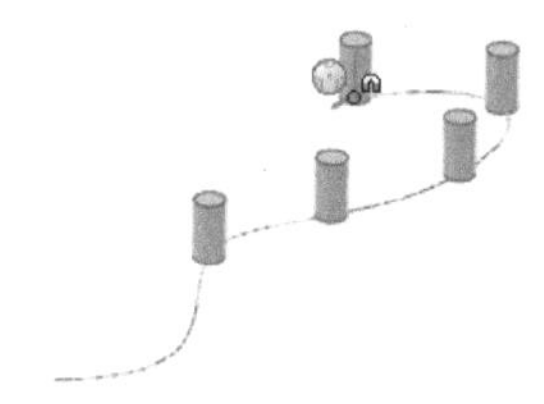

图 4-99　沿着曲线链接的结果

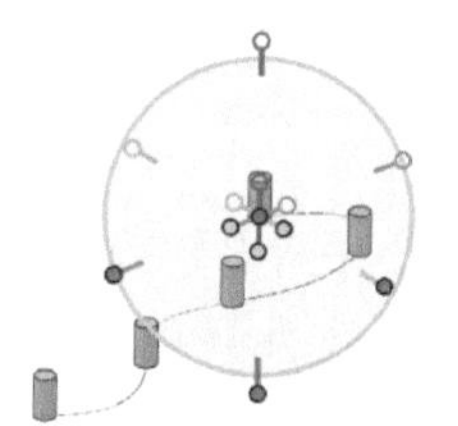

图 4-100　均匀分布的链接结果

4.12.3 阵列特征

对于具有某种排列规律的特征，可以采用阵列的方式来完成。典型的阵列方式有线形阵列、圆形阵列和矩形阵列等。在 CAXA 3D 实体设计中，利用万能的三维球工具可以很方便地实现特征阵列效果，具体的操作方法参见第 1 章三维球相关功能的应用内容，在这里不再赘述。

在 CAXA 3D 实体设计 2020 中还提供了一个实用的用于特征阵列的工具，即“阵列特征”按钮。下面详细地介绍该工具的应用知识。

1. 首先介绍该工具的操作步骤。

1）在功能区的“特征”选项卡中单击“变换”面板中的“阵列特征”按钮。

2）如果设计环境中没有指定零件，那么将出现图 4-101 所示的“属性”管理栏，此时需要在设计环境中选择一个零件，选择要操作的零件后，“属性”管理栏变为如图 4-102 所示。如果在执行“阵列特征”命令之前，已经就选择了所需的零件，那么在单击“阵列特征”按钮时将直接打开图 4-102 所示的“阵列特征”命令“属性”管理栏。

3）在“阵列特征”命令“属性”管理栏中设置阵列类型。可供选择的阵列类型选项有“线型阵列”“双向线型阵列”“圆型阵列”“边阵列”“草图阵列”和“填充阵列”。

- 线型阵列：指沿着直线单方向进行的阵列。
- 双向线型阵列：指沿直线双方向进行的阵列。
- 圆型阵列：指沿圆形方向进行的阵列。
- 边阵列：指曲线/某条边驱动阵列，可以选择一条曲线或边线，然后沿着此曲线方向进行阵列。
- 草图阵列：利用草图定义好各成员的位置点来生成阵列，即可以在草图上绘制所需的若干个点，接着将首选主控图素按照草图上的这些点位置进行阵列。

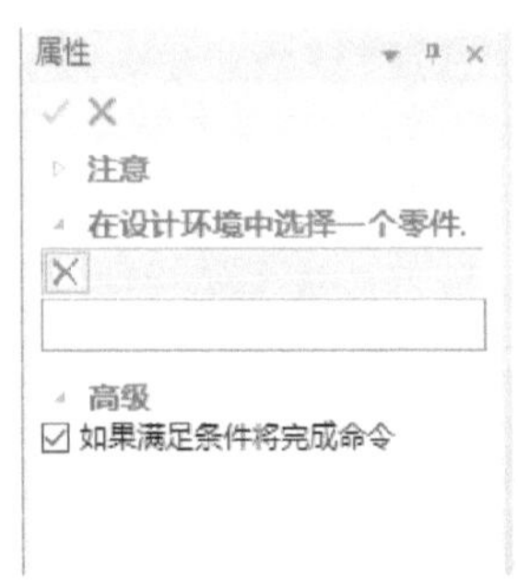

图 4-101　出现的“属性”管理栏

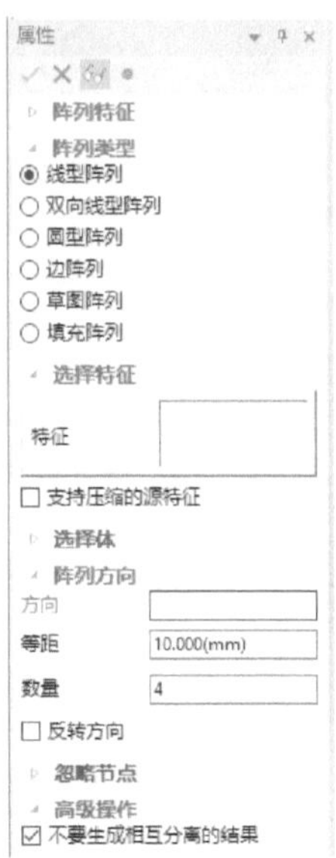

图 4-102　“阵列特征”命令“属性”管理栏

- 填充阵列：指定区域（可以使用封闭的草图轮廓或面来指定填充的区域）将所选特征进行阵列填充。

4）在“选择特征”选项组的“特征”框中单击以将其激活，接着选择要阵列的特征。

5）根据所选的阵列类型，激活相应的参照收集器并指定所需的参照，然后设置相应的阵列参数。如果需要，还可以在“高级操作”选项组中设置是否生成相互分离的结果。

6）如果要从阵列中删除其中不需要的某个阵列成员，那么需要在“阵列特征”命令“属性”管理栏中展开“忽略节点”选项组，在“阵列节点”收集器的框中单击将其激活，然后选择阵列时要跳过的节点（阵列成员的节点在设计环境中以高亮圆点显示），如图 4-103 所示。

7）获得满意的阵列预览后，单击“确定”按钮✓，完成阵列特征操作。

2. 请看下面一个关于阵列特征操作的典型范例。

1）单击“打开”按钮，打开“HY_阵列特征 . ics”文件，该文件中存在的零件模型效果如图 4-104 所示。

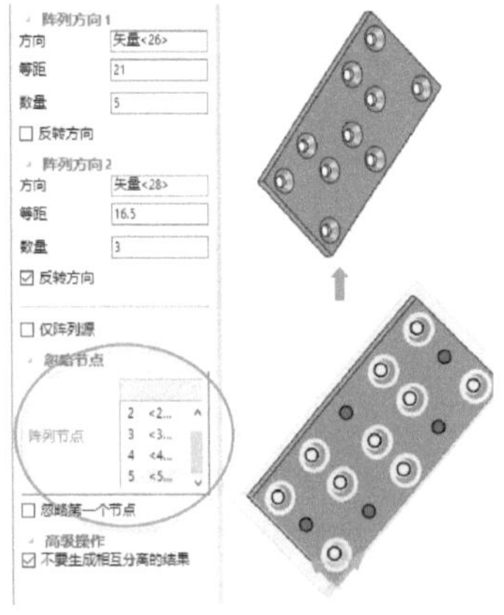

图 4-103　忽略阵列节点示例

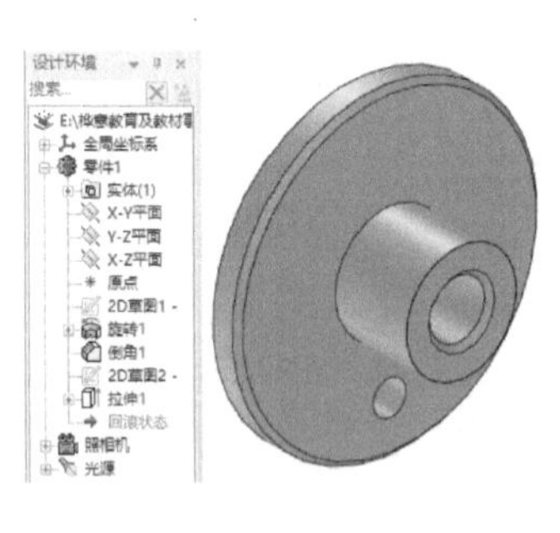

图 4-104　原始零件模型

2）在功能区“特征”选项卡的“变换”面板中单击“阵列特征”按钮。

3）在设计环境中单击零件模型。

4）在“阵列特征”命令“属性”管理栏的“阵列类型”选项组中选择“圆型阵列”单选按钮。

5）在“选择特征”选项组中单击激活“特征”收集器，选择图 4-105 所示的孔特征作为要阵列的特征。

6）在“轴”选项组的“轴”框中单击，从而激活“轴”参照收集器。在模型中单击图 4-106 所示的内圆柱面以定义轴。

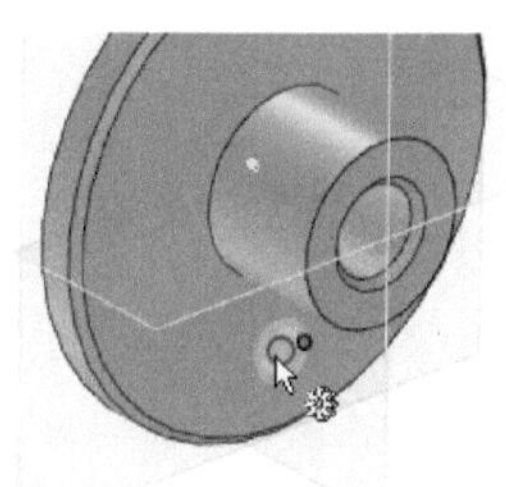

图 4-105　选择要阵列的特征

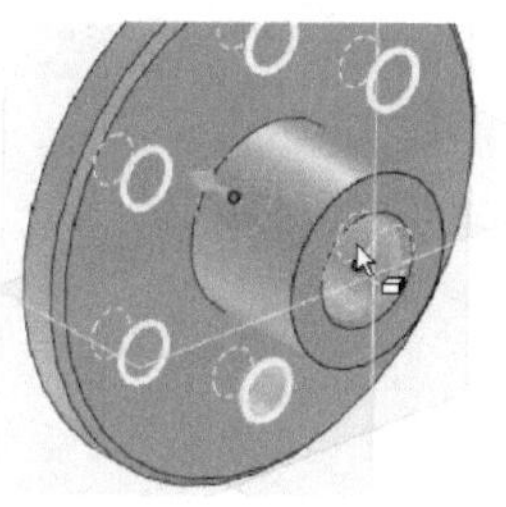

图 4-106　选择参照定义轴

7）在“轴”选项组中选择“指定间距和个数”单选按钮，设置数量为“6”，角度为“60”，如图 4-107 所示。

8）在“属性”管理栏中单击“确定”按钮，完成的阵列特征结果如图 4-108 所示。

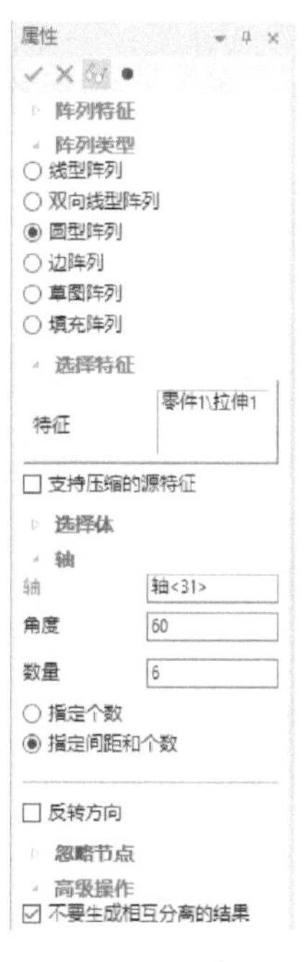

图 4-107　设置“圆型阵列”的相关参数

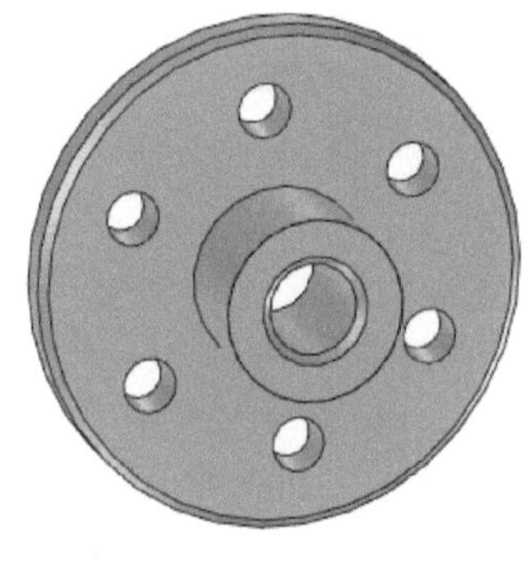

图 4-108　阵列特征结果

4.12.4 镜像特征

使用系统提供的“镜像特征”功能，可以使实体对某一个基准面镜像，产生左右对称的两个零件，而保留原来的实体。

下面以一个范例辅助介绍如何镜像特征。

1）单击“打开”按钮，打开“HY_镜像特征.ics”文件，已有的工程模式零件如图 4-109 所示。

2）在设计环境的设计树中右击该零件，确保选中“激活”命令以激活它。

3）在功能区“特征”选项卡的“变换”面板中单击“镜像特征”按钮，打开图 4-110 所示的“镜像特征”命令“属性”管理栏。

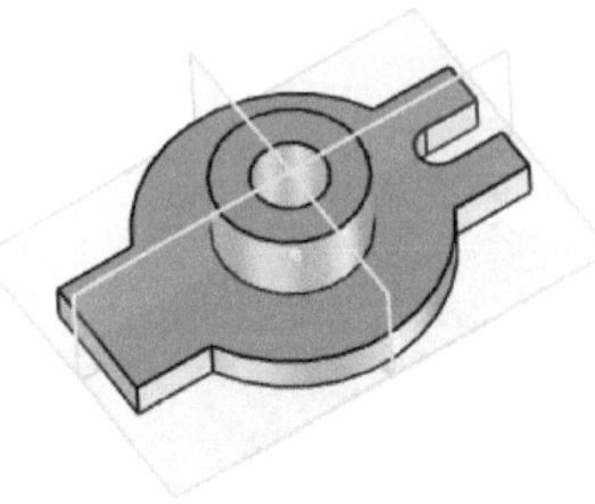

图 4-109 原始工程模式零件

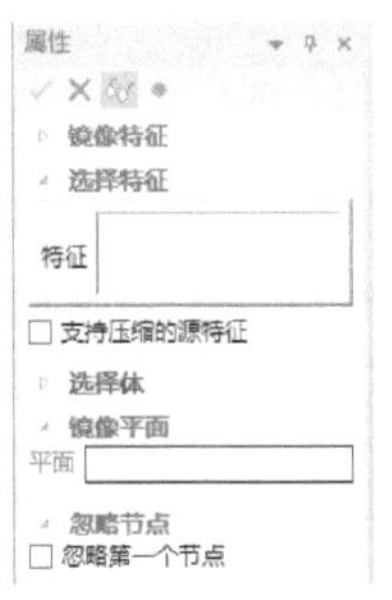

图 4-110 “镜像特征”命令“属性”管理栏

4）在“选择特征”选项组的“特征”框中单击以激活“特征”收集器，接着选择要镜像的特征，如图 4-111 所示。

说明：在某些设计场合下，如果需要镜像体，那么在“属性”管理栏中展开“选择体”选项组，单击“体”列表框将其激活，然后选择要镜像的体。

5）在“镜像平面”选项组中单击激活“平面”收集器，接着选择镜像平面，如图 4-112 所示。镜像平面需要与要镜像的特征属于同一个零件，或者是基准面。选择了要镜像的对象（特征或体）和镜像平面后，会出现镜像的预览。

6）在“镜像特征”命令“属性”管理栏中单击“确定”按钮，结果如图 4-113 所示。

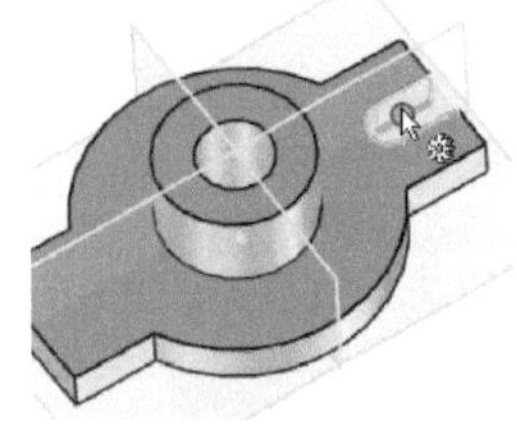

图 4-111 选择要镜像的特征

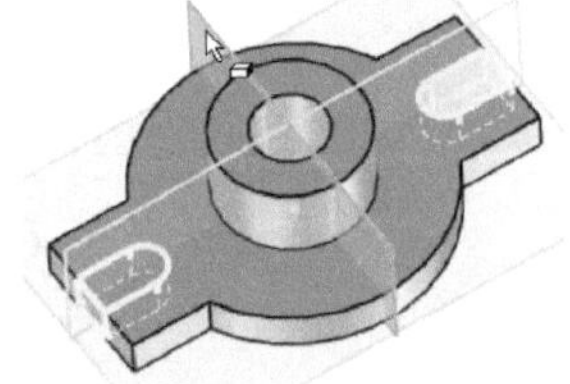

图 4-112 选择镜像平面

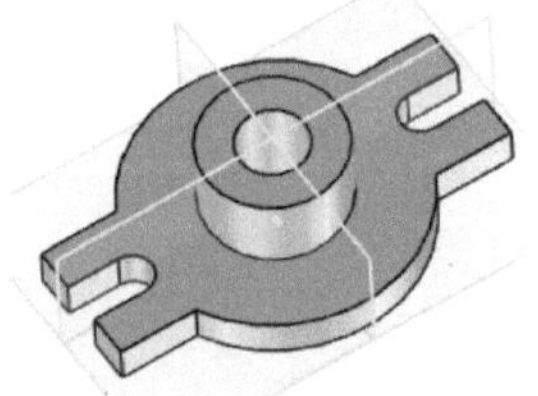

图 4-113 镜像特征结果

4.12.5 缩放体

使用 CAXA 3D 实体设计 2020 提供的“缩放体”功能，可以对原来的对象做等比例缩放。缩放体的操作步骤如下。

1）在设计环境中确保激活所需的零件。

2）在“变换”面板中单击“缩放体”按钮，打开图 4-114 所示的“属性”管理栏。

3）在该“属性”管理栏中设置如下缩放参数。

- “参考点”下拉列表框：在该下拉列表框中选择“原点”“重心”“选择的点”之一定义缩放的参考点。

- “统一转换”复选框：勾选此复选框时，X、Y、Z 三个方向采用同一个比例值。
- 缩放比例：如果取消勾选“统一转换”复选框，即不是统一缩放比例，则可以在“X”“Y”和“Z”文本框中分别输入各自的缩放比例。

4）设置缩放参数后，单击“确定”按钮✓，从而将比例缩放选中的特征。

4.12.6 拷贝体与对称移动

使用“拷贝体”功能可以复制激活零件下的体，复制以后与原体位置重合。“拷贝体”操作比较简单，即在激活零件后，单击“拷贝体”按钮，打开图 4-115 所示的“拷贝体”命令“属性”管理栏，接着选择一个要复制到当前零件中的体，单击“确定”按钮✓或单击鼠标中键确认即可。拷贝体完成后，可以通过设计树或使用三维球对复制得到的体进行位置移动，这样可以更清楚地看到复制结果。

图 4-114 “缩放体”命令“属性”管理栏

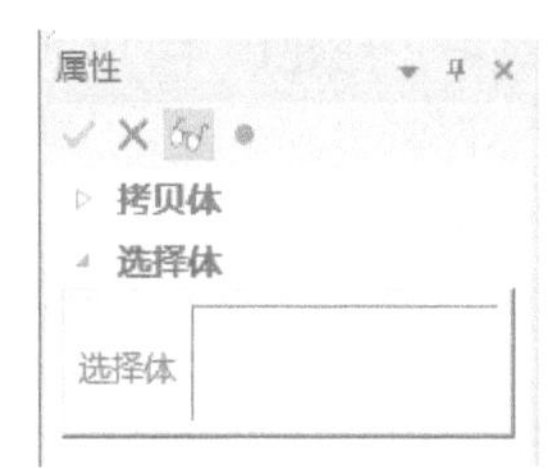

图 4-115 “拷贝体”命令“属性”管理栏

对称移动的工具包括“相对长度”按钮、“相对高度”按钮和“相对宽度”按钮。对于选定的零件或特征，执行这些对称移动工具能够使零件或特征相对于定位锚的长、高或宽做对称的移动。

4.13 思考与小试牛刀

1）请简述对实体零件抽壳的特点。

2）过渡包括有圆角过渡和边倒角过渡。请创建一个长方体，然后在该长方体中练习创建各式的圆角过渡和边倒角过渡。

3）在 CAXA 3D 实体设计中，可以做出哪几种面拔模形式？

4）表面修改主要包括哪些操作？

5）分裂零件主要有哪两种方式？

6）利用“截面”工具可以进行哪些工作？

7）使用三维球工具可以实现实体特征的变换，包括重新定位定向、复制与链接、阵列、镜像和零件缩放。请分别举例说明这些变换操作的方法及步骤。

8）除了应用三维球工具之外，利用定位锚也可以移动选定零件或图素，例如，在零件编辑状态下，右击定位锚，接着在快捷菜单中选择所需的命令，请举例来练习。另外，利用定位锚可以使零件相对于平面做对称的移动，这需要使用“相对宽度”“相对长度”和“相对高度”这些命令，请以简单例子来辅助说明这些对称移动工具命令的操作方法。

9）请简述使用“阵列特征”命令（对应工具为“阵列特征”按钮）阵列零件中指定特

征的操作步骤，以创建双向线形阵列为例进行说明。

10）特征复制与特征链接主要区别在什么方面？

11）布尔运算中的加运算、交运算和减运算分别具有什么样的应用特点？请分别举例辅助说明这些布尔运算的操作方法及步骤。

12）上机练习：创建图 4-116 所示的模型，具体尺寸自定。

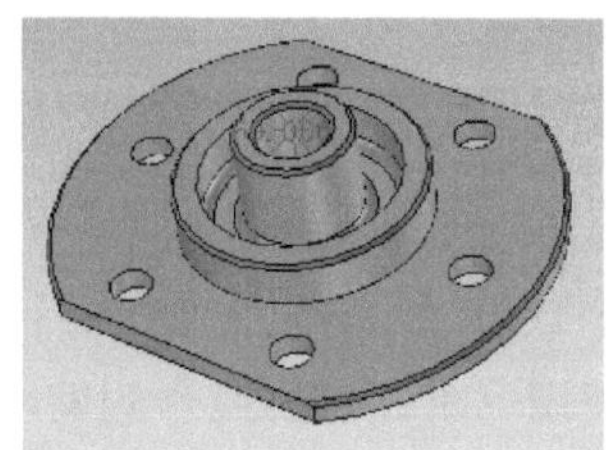

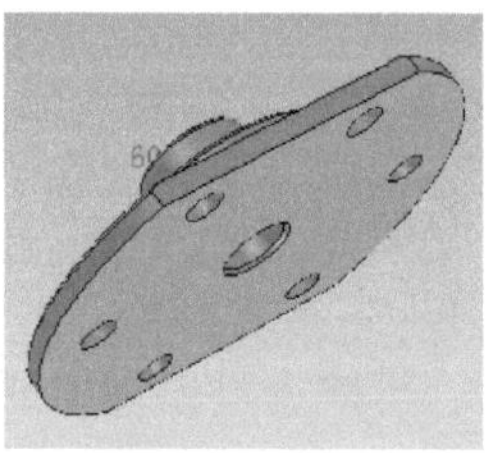

图 4-116　上机练习模型（1）

13）上机练习：创建图 4-117 所示的工程模式零件，具体尺寸自定，要求应用到“阵列特征”“边倒角”命令。

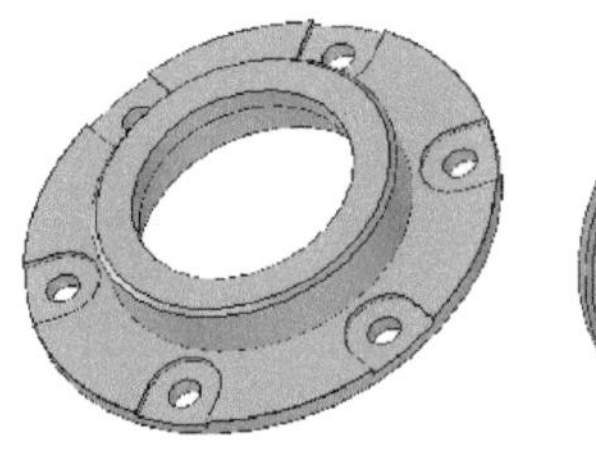

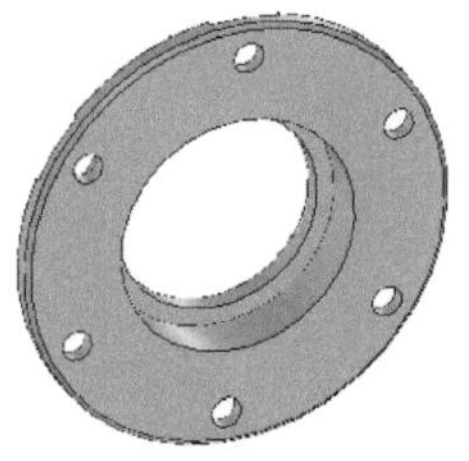

图 4-117　上机练习模型（2）

第 5 章　3D 曲线构建与曲面设计

本章导读

在实战设计中，离不开3D曲线与曲面的设计，而3D曲线与曲面是息息相关的。在CAXA 3D实体设计中，曲面构造的关键是搭建线架构，而搭建线架构的基础则是3D曲线。

本章将重点介绍3D点、创建三维曲线、编辑三维曲线、创建曲面和编辑曲面。

5.1 3D点应用

在CAXA 3D实体设计中，创建3D空间点（简称3D点）可以说是创建3D曲线的一个基础。所谓的3D点是造型中的最小单位，是3D曲线下的一种几何单元，它通常作为参考点来搭建线架。

在创建三维曲线时可以通过输入坐标的方式来插入所需的参考点，输入3D点坐标的格式为“X，Y，Z”或“X Y Z”，即X、Y和Z坐标值之间用逗号或空格隔开，按〈Enter〉键即可确定点。为了绘制所需的3D点，还可以配合使用强大的智能捕捉和三维球变换功能。

如果要读入点数据文件（点数据文件是指按照一定格式输入的文本文件），则可以按照如下方法进行。

1）在功能区“曲面”选项卡的“三维曲线”面板中单击“三维曲线”按钮。

2）从“菜单”应用程序菜单中选择“文件”|“输入”|“3D曲线中输入”|“导入参考点”命令，系统弹出图5-1所示的“导入参考点”对话框。

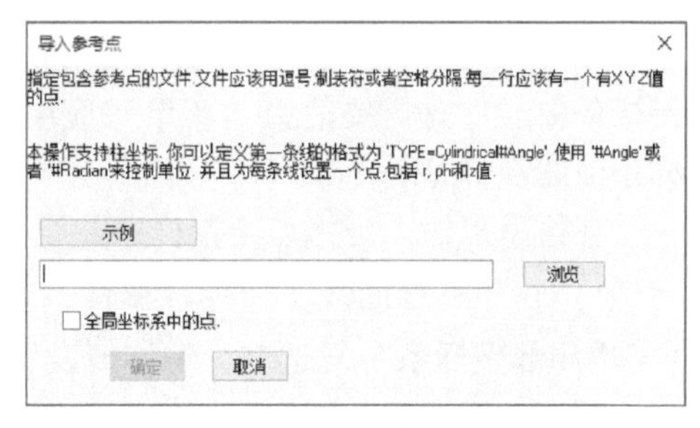

图5-1　“导入参考点”对话框

3）在该对话框中，通过单击“浏览”按钮，选择所需的点数据文件（即指定点数据文件所在的路径），可以根据需要设置“全局坐标系中的点”复选框的状态，然后单击“确定”按钮，即可读入点数据文件并生成相应的3D点。如果勾选“全局坐标系中的点”复选框，则导入的点按照全局坐标系导入，否则按照当前的局部坐标系导入。

对于建立好的3D点，用户可以使用多种方式来对其进行编辑。例如，在曲线编辑状态下，选中3D点，右击，接着在其右键快捷菜单中选择“编辑”命令以修改选定点的坐标值；或者选中3D点后，按〈F10〉键激活三维球，将鼠标指针置于三维球中心点，单击鼠标右键，在弹出来的快捷菜单中选择“编辑位置”命令，然后利用弹出的“编辑中心位置”对话框来修改点的坐标。另外，由于CAXA 3D实体设计的3D点属于3D曲线中的几何元素，因此可以通过3D曲线属性表对其进行位置编辑。

5.2 创建3D曲线

在功能区“曲面”选项卡的“三维曲线”面板中，集中了多种创建3D曲线的工具按钮，包括（三维曲线）、（提取曲线）、（轮廓曲线）、（曲面交线）、（公式曲线）、（曲面投影线）、（等参数线）、（组合投影曲线）、（包裹曲线）和（桥接曲线）。下面介绍这些生成3D曲线的方式。

5.2.1 生成3D曲线

要生成3D曲线，可以在功能区“曲面”选项卡的“三维曲线”面板中单击“三维曲线”按钮，在设计环境窗口左侧出现图5-2所示的“三维曲线”命令“属性”管理栏，该“属性”管理栏提供了十多种三维曲线工具。在指定相关曲线点时，一般情况下以绝对坐标输入，但有时为了适应设计需要和便捷性也会采用局部坐标系进行输入，局部坐标系的原点往往位于3D曲线刚指定的定位点处。

图5-2 “三维曲线”命令“属性”管理栏

1. 插入样条曲线

在“三维曲线”命令“属性”管理栏中单击“插入样条曲线”按钮（选中该按钮），进入空间样条曲线的输入状态，此时可以捕捉3D空间点（包括绘制的3D点、实体和曲面上能捕捉到的点和曲线上的点等）来绘制样条曲线，也可以输入坐标点来自动生成一条光滑的样条曲线，还可以借助三维球绘制样条曲线，以及读入文本文件绘制样条曲线（这需要使用“菜单”应用程序菜单中的“文件”|“输入”|“3D曲线中输入”|“输入样条曲线”命令）。

在这里以输入坐标点绘制样条曲线为例。

1）在“三维曲线”命令“属性”管理栏中确保选中“插入样条曲线”按钮，取消勾选“使用局部坐标系”复选框，偏移值设置为“0”。

2）在“坐标输入位置”文本框中输入第1点坐标为“0，0，0”，按〈Enter〉键确定。

3）在“坐标输入位置”文本框中输入第2点坐标为“100，100，20”，按〈Enter〉键确定。

4）在“坐标输入位置”文本框中输入第3点坐标为“250，30，－21”，按〈Enter〉键确定。

5）在“坐标输入位置”文本框中输入第4点坐标为“199，200，23”，按〈Enter〉键确定。

6）在“三维曲线”命令“属性”管理栏中单击“应用并退出”按钮，生成的三维样条曲线如图5-3所示。

2. 插入直线

在“三维曲线”命令“属性”管理栏中选中“插入直线”按钮时，可通过指定两个不同的空间点来绘制空间直线。这两个点可以由输入精确坐标值来确定，也可以拾取绘制的已有3D点、实体或其他曲线上的点。

如果在选中“插入直线”按钮后，按住〈Shift〉键选择曲面上任意一点或曲面上线的交点作为直线第1点，那么可以很方便地绘制出曲面上通过选定点的法线，如图5-4所示。

3. 插入多义线

“三维曲线”命令“属性”管理栏中的“插入多义线”按钮用于生成连续直线。进入该连续直线绘制状态时，只需依次指定连续直线段的各个端点即可生成连续的直线（多义线）。

图 5-3　生成三维样条曲线

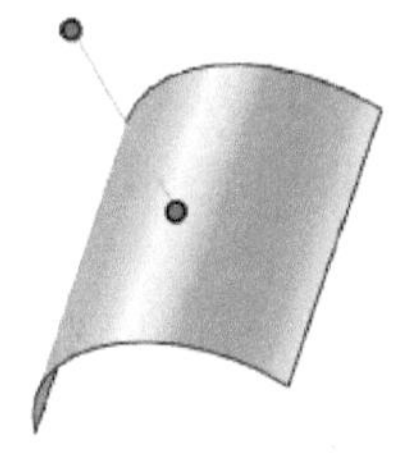

图 5-4　绘制曲面上指定点的法线

在多义线线段中间某连接点处右击，将弹出图 5-5 所示的快捷菜单，从中选择“编辑”命令可以设置线段端点的精确坐标值，选择“断开连接”命令则可以将多义线断开成互不相干的多个直线段。如果在多义线两端的端点手柄处右击，可以利用弹出来的快捷菜单来设置多义线延伸，如图 5-6 所示。

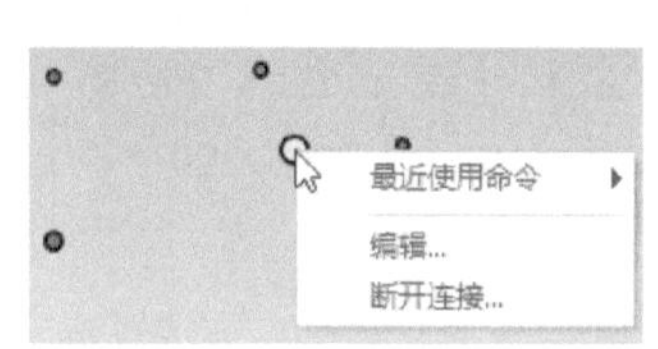

图 5-5　快捷菜单

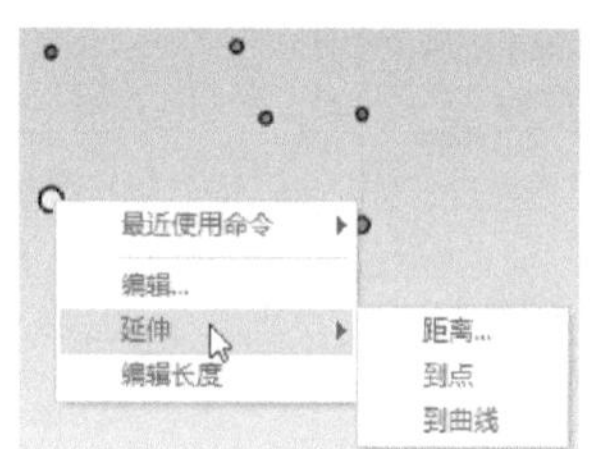

图 5-6　多义线的“延伸”选项

4. 插入圆弧

在“三维曲线”命令“属性”管理栏中选中“插入圆弧”按钮时，可通过指定圆弧的两个端点和一个插值点（圆弧上的其他任意一点）来创建一个空间圆弧。

5. 插入圆

在“三维曲线”命令“属性”管理栏中选中“插入圆”按钮时，可通过指定圆上 3 点来创建一个圆，圆的半径由这 3 个点确定。

6. 插入圆角过渡

使用“三维曲线”命令“属性”管理栏中的“插入圆角过渡”按钮，可以为具有公共端点的两条空间曲线插入圆角过渡，其典型操作方法是在“属性”管理栏的“圆角半径”文本框中输入圆角半径值，然后选择要进行圆角过渡的两条直线即可。

需要注意的是，当两条曲线分别作为两个零件存在时，则要先将这两条直线组合到一个零件下才能进行圆角过渡。

7. 插入参考点与显示参考点

在“三维曲线”命令“属性”管理栏中选中“插入参考点”按钮时，可以通过在“坐标输入位置”文本框中输入坐标值来插入 3D 点。这在 5.1 节中有所介绍。

“三维曲线”命令“属性”管理栏中的“显示参考点”按钮用于设置参考点显示状态。

8. 用三维球插入点

当绘制三维曲线激活了用于辅助设计的三维球工具时，“三维曲线”命令“属性”管理栏中的“用三维球插入点”按钮可用，以配合三维球实现空间布线的功能。

例如，假设在“三维曲线”命令“属性”管理栏中选中“插入直线”按钮，并按〈F10〉键激活三维球，这时候可以发现“用三维球插入点”按钮可用了；通过三维球操作使三维球所处的点位于设计目标点处，单击“用三维球插入点”按钮便可插入线条的一个端点，接着在该位置处单击“用三维球插入点”按钮确定该端点是下一线段的起点，再利用三维球定义另一个端点，如此操作便可实现空间曲线的连续绘制。

9. 插入螺旋线

在“三维曲线”命令“属性”管理栏中单击“插入螺旋线”按钮，接着在设计环境中指定一个点作为螺旋线的放置中心，系统弹出图5-7所示的“螺旋线”对话框。在“螺旋线”对话框中设置好相关参数后，单击“确定”按钮，即可创建螺旋线。创建螺旋线的示例如图5-8所示。

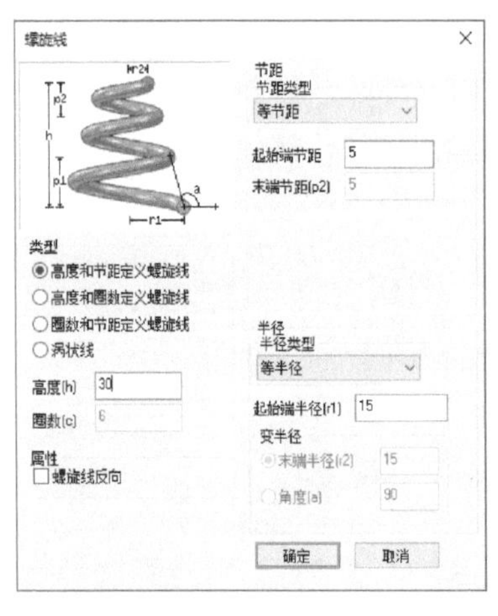

图5-7 “螺旋线”对话框

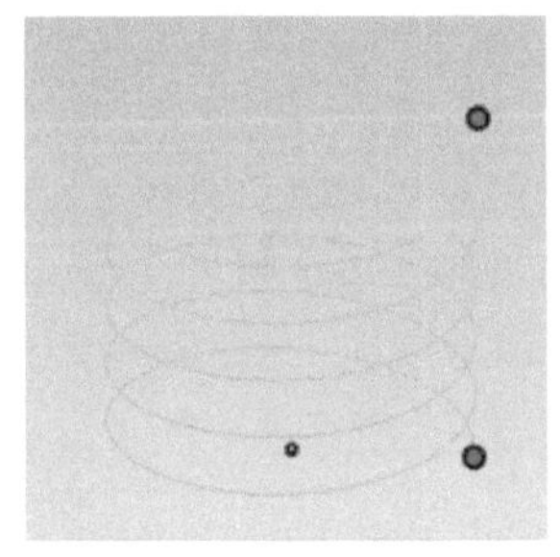

图5-8 创建螺旋线的示例

10. 曲面上的样条曲线

在“三维曲线”命令“属性”管理栏中单击“曲面上的样条曲线”按钮，则可以在曲面或平面上绘制样条曲线。

11. 插入连接

如果要在互不相连的两条曲线间插入光滑的连接（可由若干段曲线组成），那么可以使用“三维曲线”命令“属性”管理栏中的“插入连接”按钮。所谓的“连接”分两种情况，一种是平面连接，另一种是非平面连接。系统根据两曲线的客观情况自动处理，并弹出相应的对话框，由用户进行选择设置。

- 平面连接：当两条平面曲线均位于同一个平面内，进入连接状态并在提示下选择要连接第一个顶点和第二个顶点时，系统弹出图5-9所示的“平面连接选项”对话框，利用该对话框设置相关选项及参数，然后单击“确定”按钮，即可完成平面连接。
- 非平面连接：当两条曲线不在同一个平面上，执行插入连接功能拾取第一个顶点和第二个顶点时，系统会弹出图5-10所示的“非平面连接选项”对话框，从中设置相关选项及参数，然后单击“确定”按钮，即可完成此连接。

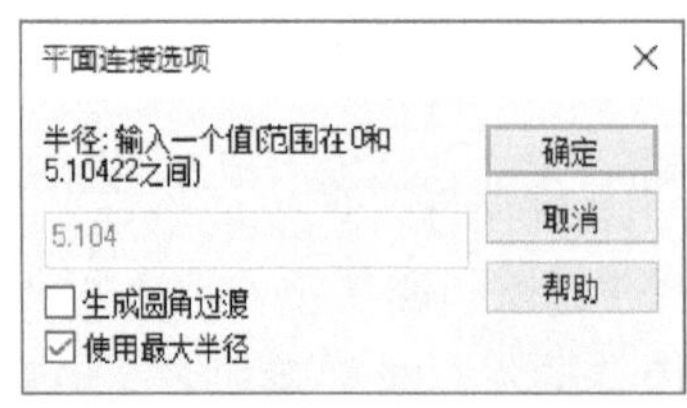

图5-9 “平面连接选项”对话框

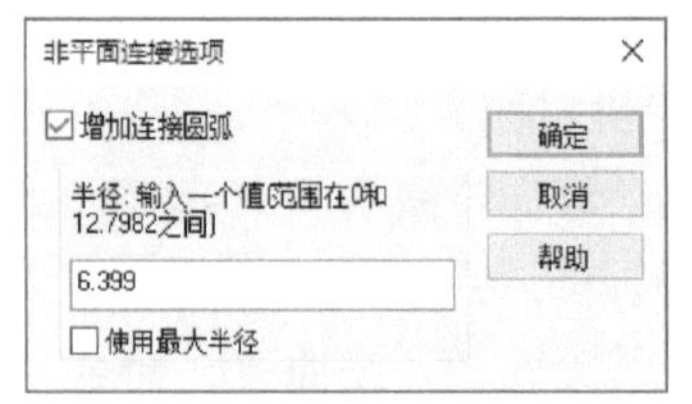

图5-10 “非平面连接选项”对话框

12. 分割曲线

单击“三维曲线”命令“属性”管理栏中的“分割曲线”按钮，接着选择第一条曲线，然后选择裁剪者（曲线或表面），确认后即可实现所选曲线分割。

13. 生成光滑连接曲线

生成光滑连接曲线又被形象地称为“曲线光滑搭接”。要实现此功能，可以使用“三维曲线”命令“属性”管理栏中的“生成光滑连接曲线”按钮。当断开的两段空间曲线分属于两个零件时，最好事先将其生成到同一零件下，这样在搭接时就可以实现自动的光滑搭接曲线。

5.2.2 提取曲线与轮廓曲线

1. 提取曲线

在实际设计中，有时候可以由曲面及实体的边界来建立3D轮廓曲线，这就是“提取曲线”的操作思想。提取曲线的一般操作步骤如下。

1）在功能区“曲面”选项卡的“三维曲线”面板中单击“提取曲线”按钮，打开图5-11所示的“提取曲线”命令“属性”管理栏。

2）从曲面及实体中选取所需的边、面，也可以选取2D草图。

3）在“提取曲线”命令“属性”管理栏中单击“确定”按钮。

【课堂范例】：从实体图素中提取相关曲线

1）打开配套资料包的CH5文件夹里的“HY_提取曲线.ics”文件，该文件中存在着图5-12所示的一个实体零件。在设计树中选择该零件（零件1），通过按〈Ctrl + Shift + A〉快捷键可以在激活和不激活该零件之间切换，可在设计树中右击该零件节点，并通过快捷菜单中的“激活”命令观察其激活状态。本例不激活该零件。

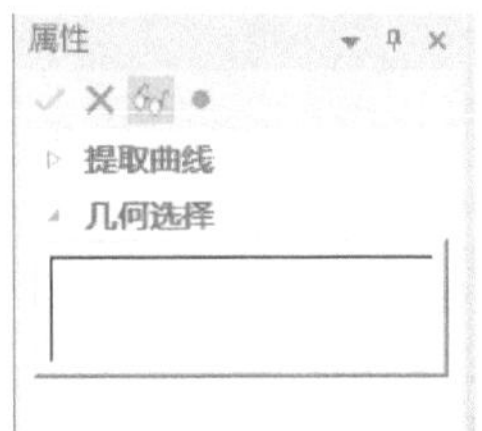

图5-11 “提取曲线”命令“属性”管理栏

图5-12 原始实体零件

2）在功能区“曲面”选项卡的“三维曲线”面板中单击“提取曲线”按钮。

3）在实体零件中选择图5-13所示的实体面。

4）单击鼠标中键确认，完成抽取曲线操作。为了看清楚所抽取的曲线，可以在设计中右击“零件1”并从弹出的快捷菜单中选择“隐藏选择对象”命令，从而将该实体零件隐藏，此时在图形窗口中可以清楚地看到抽取曲线结果，如图5-14所示。

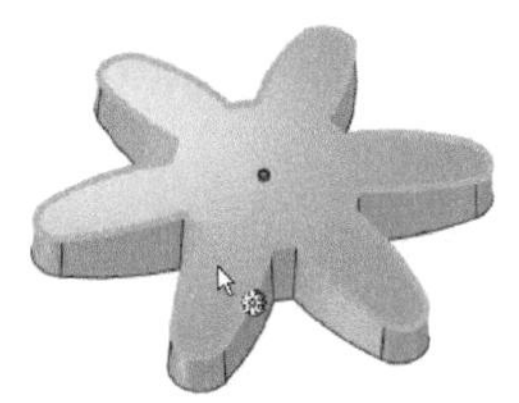

图5-13 选择一个实体面

图5-14 抽取曲线的结果

知识点拨：

CAXA 3D 实体设计的“提取曲线”功能也适合“操作直接面对对象”，即可以先选择对象（通常需要结合筛选选项进行对象选择），接着右击，然后从右键快捷菜单中选择功能命令。例如，如果先将筛选选项设置为“边”，在模型中选择某模型的一条边线，右击，然后从快捷菜单中选择“提取曲线”命令，如图 5-15 所示，即可由所选实体边线生成 3D 曲线。

2. 轮廓曲线

“轮廓曲线”按钮用于在指定方向上创建轮廓线，其方法比较简单，即在功能区“曲面”选项卡的“三维曲线”面板中单击“轮廓曲线”按钮，打开图 5-16 所示的“抽取轮廓线”命令“属性”管理栏，拾取所需实体，接着在激活“方向”收集器的状况下在模型中选择一个曲线、草图线或边来定义方向，必要时可勾选“反转”复选框，然后单击“确定”按钮。

图 5-15　由实体边生成 3D 曲线

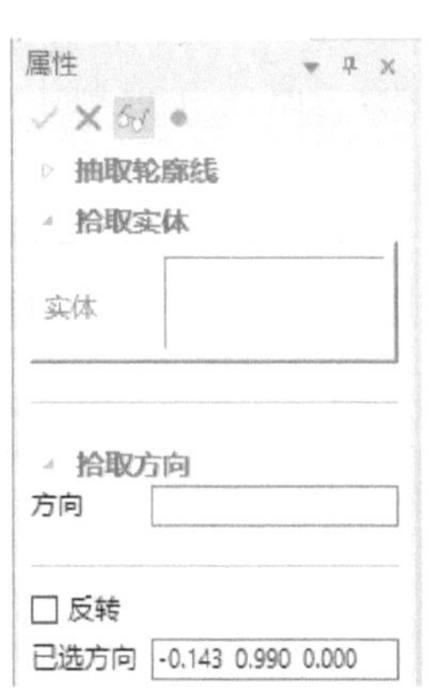

图 5-16　“抽取轮廓线”命令“属性”管理栏

5.2.3 生成曲面交线

可以选择相交的两组曲面求出它们的交线，典型示例如图 5-17 所示。现在以该典型示例介绍如何生成曲面交线。

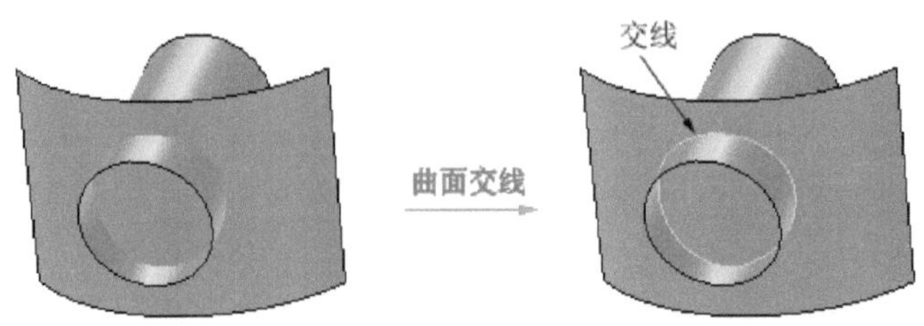

图 5-17　曲面交线

1）在“快速启动”工具栏中单击“打开”按钮，从配套资料包的 CH5 文件夹中打开“HY_曲面交线 . ics”文件，该文件存在着原始的相交的两个曲面。

2）在功能区“曲面”选项卡的“三维曲线”面板中单击“曲面交线”按钮，出现图 5-18 所示的“曲面交线”命令“属性”管理栏。

3）选择图 5-19 所示的第一组面。

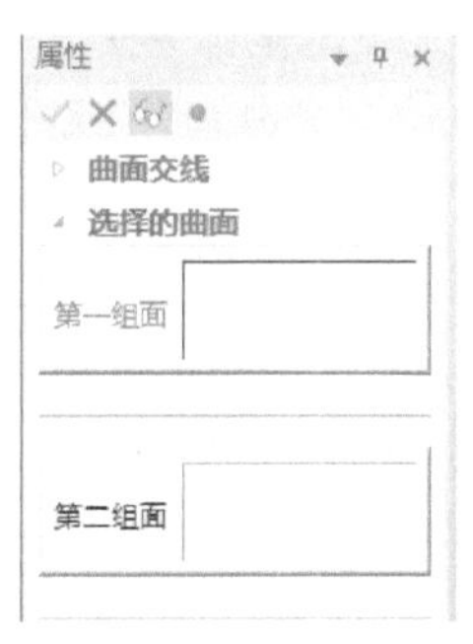

图 5-18 “曲面交线”命令“属性”管理栏

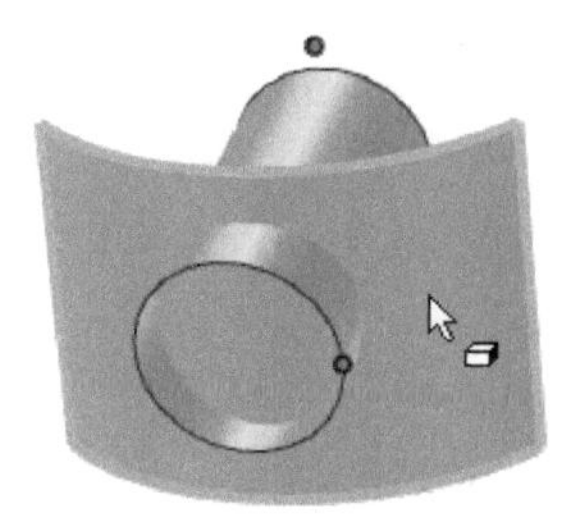

图 5-19 选择第一组曲面

4）在“曲面交线”命令“属性”管理栏中单击“第二组面”收集器的框，将其激活，然后选择另一个曲面作为第二组面。

5）在“曲面交线”命令“属性”管理栏中单击“确定”按钮，从而在两组曲面的相交处创建一条曲线。

5.2.4 生成等参数线

可以将曲面看作是以 U、V 两个方向的参数的形式建立的，对于 U、V 每一个确定的参数都存在着一条曲面上的确定的曲线与之对应。这就是等参数线的实际概念。

要在曲面上生成等参数线，那么在功能区“曲面”选项卡的“三维曲线”面板中单击“等参数线”按钮，打开图 5-20 所示的“等参数曲线”命令“属性”管理栏。选择曲面，此时系统在所选曲面上产生一条默认的等参数曲线，用户可以通过修改沿曲线百分比参数或指定过点的方式来获得满足要求的等参数线，如果需要改变 UV 方向，则单击“切换参数方向”按钮，完成操作后，单击“确定”按钮生成等参数线。生成等参数线的示例如图 5-21 所示。

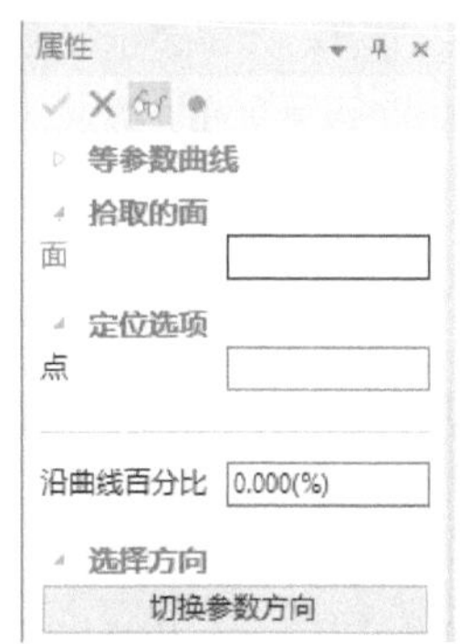

图 5-20 “等参数曲线”命令管理栏

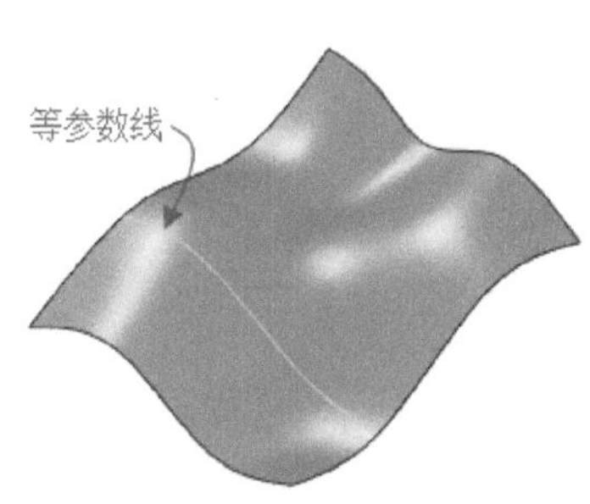

图 5-21 生成等参数线的示例

5.2.5 生成公式曲线

公式曲线是用数学表达式或公式来创建的曲线图形。要绘制公式曲线，可以按照如下步骤进行。

1）在功能区“曲面”选项卡的“三维曲线”面板中单击“公式曲线”按钮，出现图 5-22 所示的“公式曲线”命令“属性”管理栏。

2）在“公式曲线”命令“属性”管理栏中可以选定原点和 X 方向等，单击“编辑公式”按钮，则打开图 5-23 所示的“公式曲线”对话框。在该对话框中，设定坐标系为“笛卡尔”坐标系、“极”坐标系、“圆柱”坐标系或“球形”坐标系，可变单位为“弧度”或“角度”，定义参数变量及表达式等。可以预览公式曲线属性。

图 5-22 “公式曲线”命令“属性”管理栏

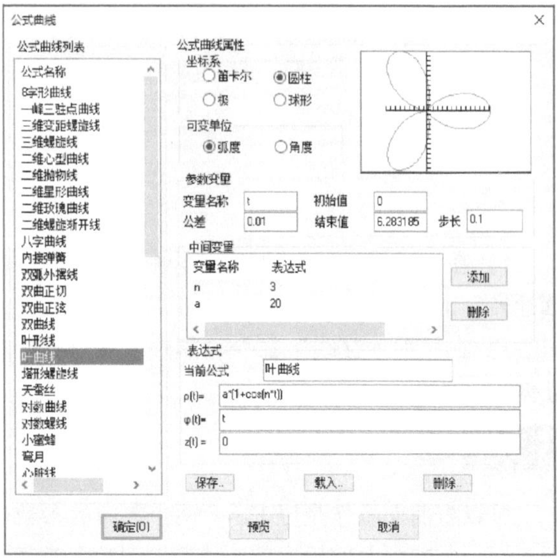

图 5-23 “公式曲线”对话框

3）在“公式曲线”对话框中单击“确定”按钮。

4）在“公式曲线”命令“属性”管理栏中单击“确定”按钮✓，完成公式曲线的创建。

公式曲线可以使用一些数学函数，注意所有函数的参数都必须用括号括起来，如 sin(x)、cos(x)、tan(x)、asin(x)、acos(x)、atan(x)、sinh(x)、cosh(x)、tanh(x)、sqrt(x)、fabs(x)、ceil(x)、floor(x)、exp(x)、log(x)、log10(x)、sign(x) 等。另外，幂用“^”表示，如“x^6”表示 x 的 6 次方；求余运算用“%”表示，如“19%4 = 3”，3 为 19 除以 4 后的余数。在表达式中，乘号用“*”表示，除号用“/”表示；表达式中没有中括号和大括号，只能用小括号。

5.2.6 曲面投影线

曲面投影线是指将一条或多条空间曲线按照给定的方向向曲面投影而生成的曲线。

【课堂范例】：创建曲面投影线

1）在“快速启动”工具栏中单击“打开”按钮，从配套资料包的 CH5 文件夹中打开“HY_曲面投影线.ics”文件，该文件存在着图 5-24 所示的原始曲面和空间曲线（属于工程模式零件内部特征），确保激活仅有的零件 1。

2）在功能区“曲面”选项卡的“三维曲线”面板中单击“曲面投影线”按钮，打开图 5-25 所示的“投影曲线”命令“属性”管理栏。

3）选择叶曲线的全部曲线段（空间曲线）作为要投影的曲线。如果要投影的曲线是多条光滑连接的曲线，那么可以勾选“延伸拾取光滑链接的边”复选框，以使一次拾取便可以选择到多条光滑连接的曲线。

4）在“投影定位”选项组的“面”收集器列表框中单击将其激活，接着选择原始曲面。

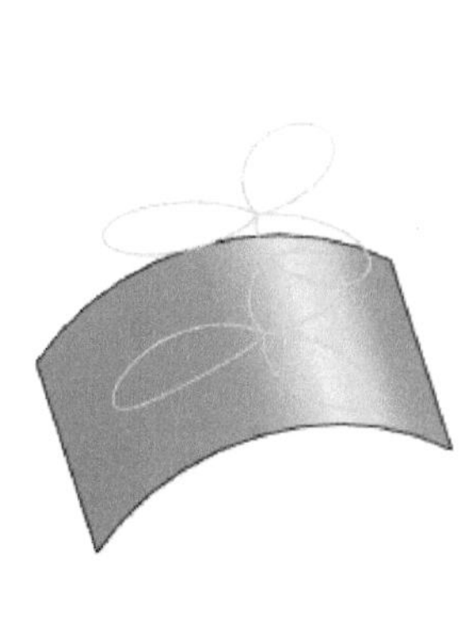

图 5-24　原始曲面与空间曲线

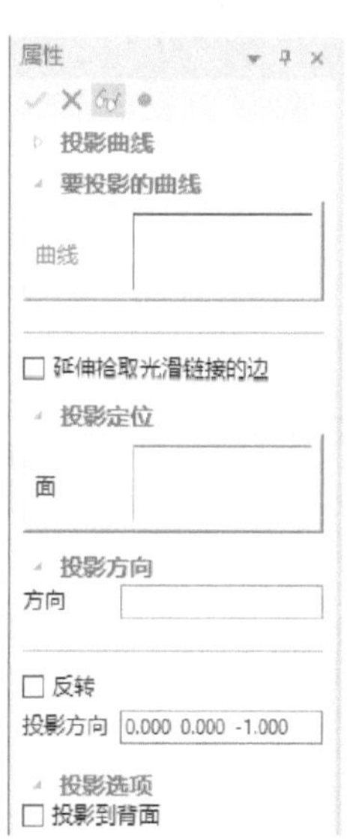

图 5-25　“投影曲线”命令“属性”管理栏

5）选择投影的方向或输入坐标来确定投影方向，可进行反向设置。在本例中，可以在“投影方向”选项组的“方向”收集器中单击，接着在图形窗口中选择图 5-26 所示的一个平面，并勾选“反转”复选框。也可以在“投影方向”文本框中输入坐标为“0 0 －1”，其中 Z 坐标对应的值由“0”改为“－1”，可多次单击“预览”按钮进行预览。

6）在“属性”管理栏中单击“确定”按钮，创建的投影曲线如图 5-27 所示。

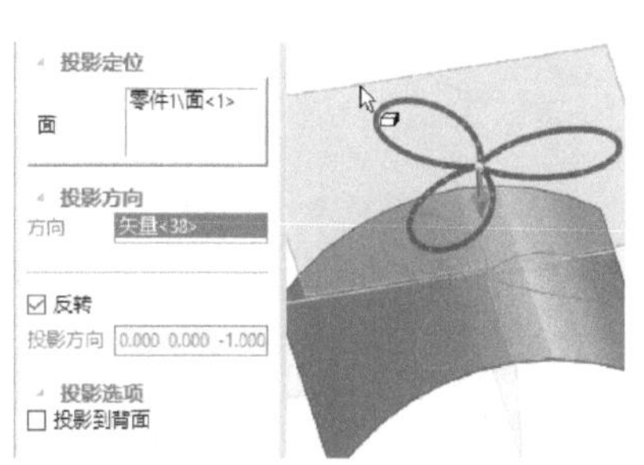

图 5-26　定义投影方向

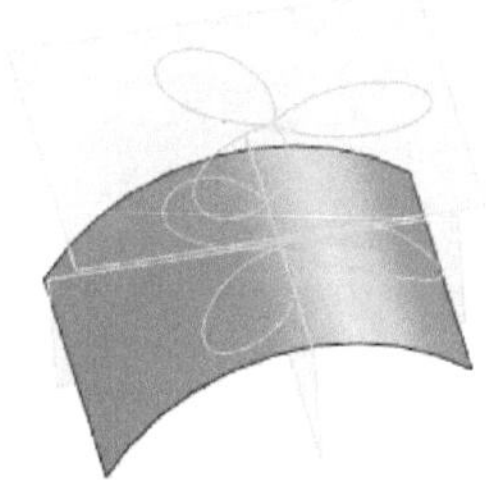

图 5-27　创建投影曲线

5.2.7 组合投影曲线

使用功能区“曲面”选项卡的“三维曲线”面板中的“组合投影曲线”按钮，可以通过投影两个平面上的曲线来创建一条 3D 曲线，该曲线就是两条不同方向的曲线沿各自指定的方向做拉伸曲面（相当于投影）来相交形成的交线。

下面结合范例辅助介绍如何创建组合投影曲线。

1）在“快速启动”工具栏中单击“打开”按钮，从配套资料包的 CH5 文件夹中打开“HY_组合投影曲线 . ics”文件，该文件存在图 5-28 所示的两个平面草图曲线，确保激活零件 1。

2）在功能区“曲面”选项卡的“三维曲线”面板中单击“组合投影曲线”按钮，出现图 5-29 所示的“组合投影曲线”命令“属性”管理栏。

3）确保激活“第一条曲线和方向”选项组的“曲线”收集器，选择草图 1 曲线，方向选项为“草图法向”，勾选“反转”复选框。

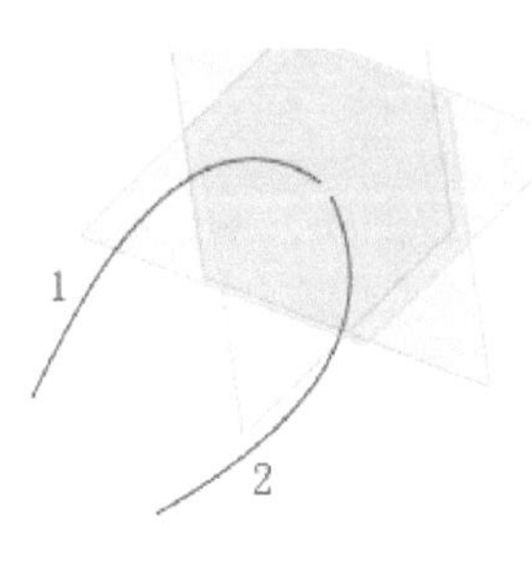

图 5-28 已有的两个平面草图曲线

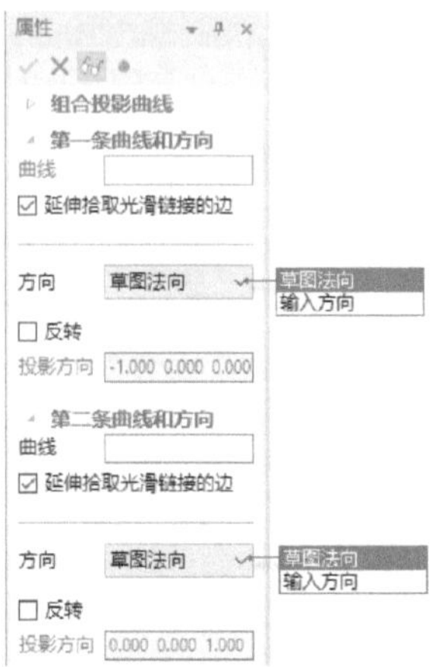

图 5-29 “组合投影曲线”命令“属性”管理栏

4）在“第二条曲线和方向”选项组的“曲线”收集器中单击将其激活，选择选择草图 2 曲线。此时，确保指示相应投影方向的两个箭头如图 5-30 所示。

5）单击“确定”按钮，完成结果如图 5-31 所示。

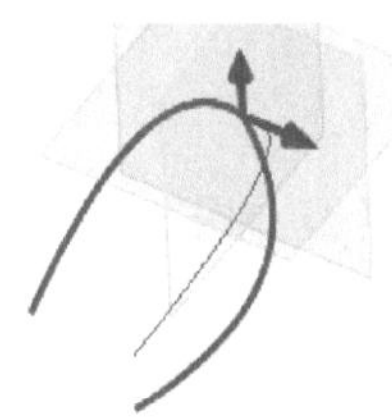

图 5-30 两个投影箭头

图 5-31 完成组合投影曲线

5.2.8 包裹曲线

使用功能区“曲面”选项卡“三维曲线”面板中的“包裹曲线”按钮，可以将草图曲线或位于同一平面内的三维曲线包裹到一个圆柱面上，其典型操作步骤如下。

1）在功能区“曲面”选项卡的“三维曲线”面板中单击“包裹曲线”按钮，打开图 5-32 所示的“包裹曲线”命令“属性”管理栏。

2）在“选择的曲线”选项组的“包裹曲线类型”下拉列表框中选择“特征”选项或“曲线”选项，接着选择要包裹相应的曲线特征或曲线对象。选择“特征”选项时，选择的是整个曲线特征；选择“曲线”选项时，需要选中其中的一条或几条曲线。

3）在“拾取的面”选项组中单击激活“面”收集器，接着在绘图区域选择圆柱面。

4）在“定位选项”选项组的“定位类型”下拉列表框中选择“投影”或“参考点”，如果选择“参考点”选项，那么还需要拾取一点来定位在面上的起点，或者输入参数来确定包裹起点。

5）如果需要，可以勾选“反向”复选框来反转包裹反向，还可以设置一个旋转角度以使包裹结果可在圆柱面上进行旋转。如图 5-33 所示，选择定位类型为“投影”，取消勾选“反向”复选框，旋转角度为“30”。

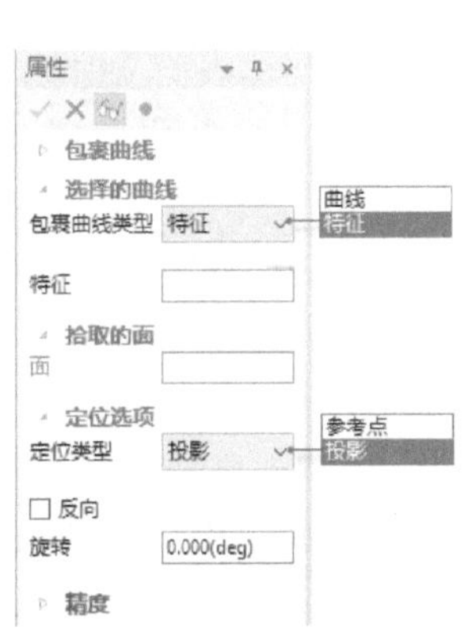

图 5-32 “包裹曲线”命令“属性”管理栏

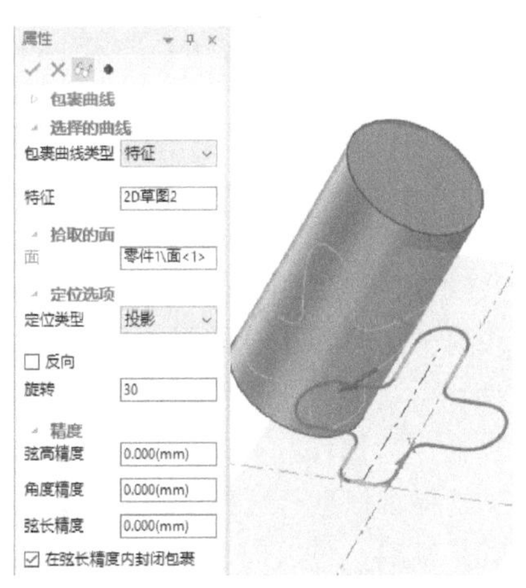

图 5-33 包裹曲线的创建示例

6）展开“精度”选项组，分别设置弦高精度、角度精度和弦长精度。

7）在“包裹曲线”命令“属性”管理栏中单击“确定”按钮✓。

读者可以打开配套资料包的 CH5 文件夹中打开“HY_包裹曲线 . ics”文件进行创建包裹曲线的练习操作，注意体会二维草图曲线包裹规则：草图曲线 X 方向沿旋转面的切线伸展，Y 方向与旋转面的轴向平行。

5.2.9 桥接曲线

可以通过拾取两个 3D 曲线的端点来创建桥接曲线，请看以下案例（结合素材文件“HY_桥接曲线 . ics”进行介绍）。

1）在功能区“曲面”选项卡的“三维曲线”面板中单击“桥接曲线”按钮，打开图 5-34 所示的“桥接曲线”命令“属性”管理栏。

2）分别选择要桥接的两根曲线的相应端点，并选择连接方式为“相切（G1）”或“曲率（G2）”，还可以设置起点切矢和终点切矢参数。

3）创建桥接曲线操作示例如图 5-35 所示，单击“确定”按钮✓。

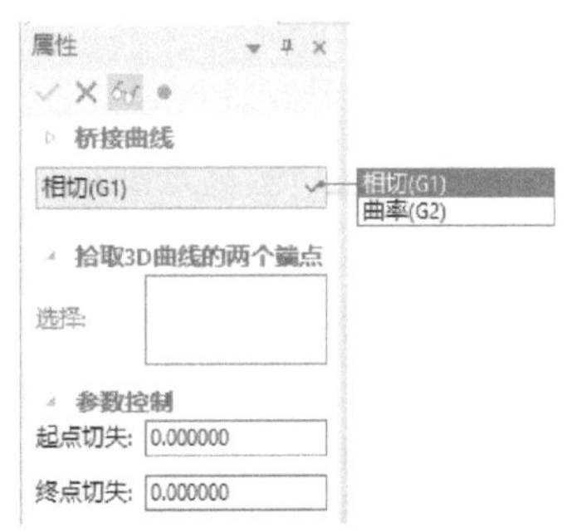

图 5-34 “桥接曲线”命令“属性”管理栏

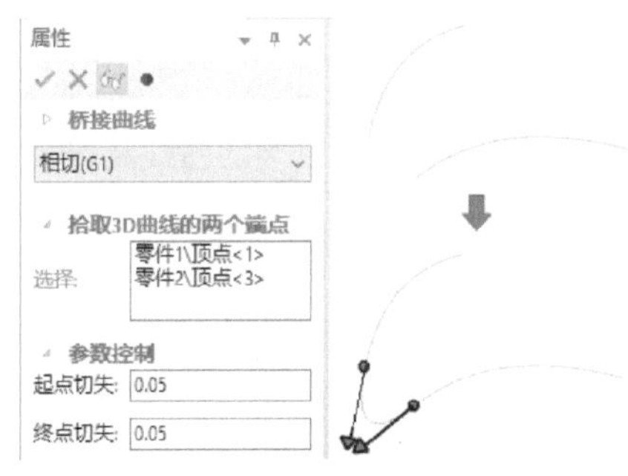

图 5-35 创建桥接曲线操作示例

5.3 编辑三维曲线

编辑三维曲线的工具集中在“三维曲线编辑”面板中，下面分别介绍其中常用的工具应用。

5.3.1 裁剪/分割3D曲线

在 CAXA 3D 实体设计中，可以使用其他三维曲线和几何图形（实体表面、曲面）来裁剪或分割三维曲线。下面结合范例（读者可以打开配套的“HY_裁剪分割三维曲线.ics”文件）来介绍如何裁剪/分割3D曲线。

1）在功能区“曲面”选项卡的“三维曲线编辑”面板中单击“裁剪/分割3D曲线”按钮，打开图5-36所示的“裁剪/分割3D曲线”命令“属性”管理栏。

2）选择一条将被裁剪的3D曲线。

3）在命令“属性”管理栏中的“工具”收集器框中单击，出现“选择一个形体用来裁剪3D曲线”的提示信息。选择所需的形体，在这里以选择一个曲面为例，如图5-37所示。

4）如果需要，可以勾选“反转方向”复选框以设定另一端为保留段（即切换裁剪后曲线保留的方向）。如果只是将所选曲线在裁剪工具交割处分割，那么勾选“分割曲线”复选框。在这里，以“反转方向”复选框和“分割曲线”复选框均没有被勾选为例。

5）在命令“属性”管理栏中单击“确定”按钮，裁剪结果如图5-38所示。

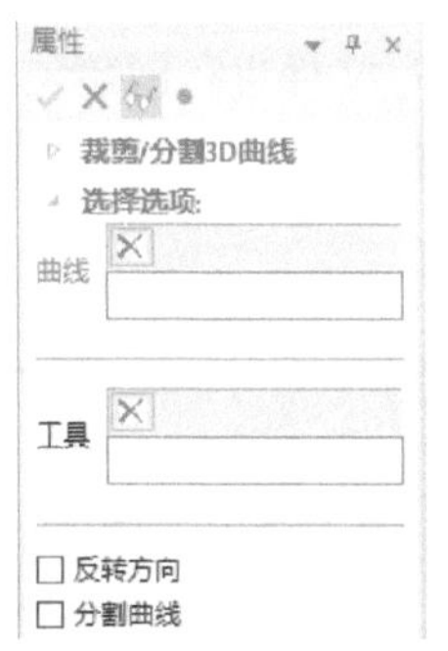

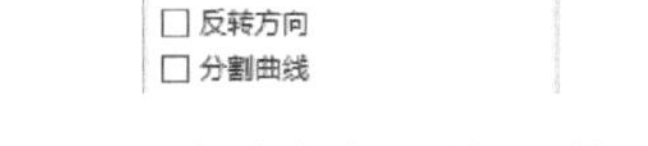

图5-36 相应命令“属性”管理栏

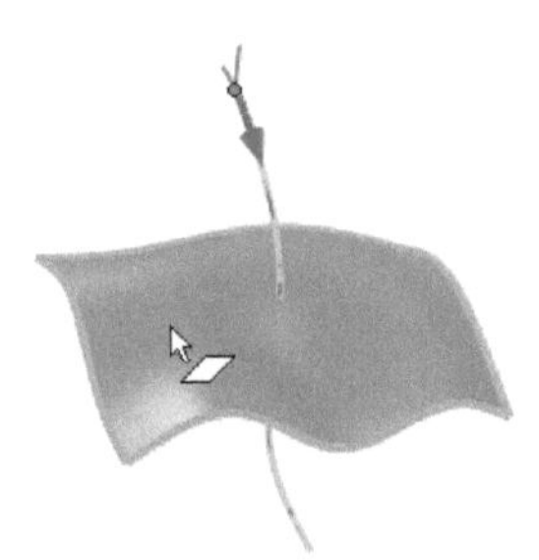

图5-37 选择曲面

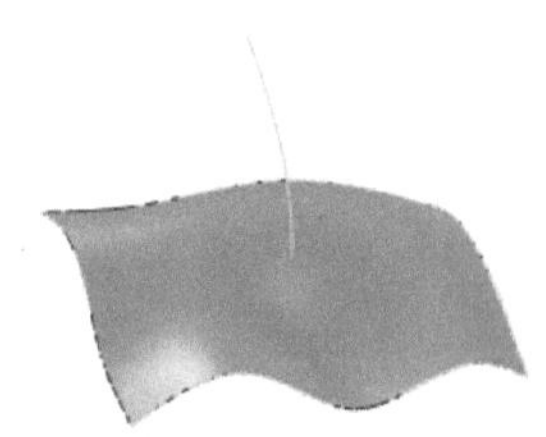

图5-38 裁剪3D曲线的结果

5.3.2 拟合曲线

使用“拟合曲线”按钮，可以将多条首尾相接的空间曲线或模型边界拟合为一条曲线，并且可以根据设计需要来决定是否删除原来的曲线。

需要注意的是，拟合曲线可以分成如下两种情况。

情况1：当多条首尾相接的曲线是光滑连接时，使用“拟合曲线”功能只是把多个曲线拟合为一条曲线，不改变曲线的状态。

情况2：当多条首尾相接的曲线不是光滑连接时，使用“拟合曲线”功能可改变拟合曲线的形状，即将多段曲线拟合成一条曲线并保证光滑连接。

生成拟合曲线的操作步骤比较简单，即在功能区“曲面”选项卡的“三维曲线编辑”面板中单击“拟合曲线”按钮，打开图5-39所示的“拟合曲线”命令“属性”管理栏，选择要拟合的首尾相接的3D曲线或实体边，并可以设置是否保留原始曲线（默认时将删除原始曲线），然后单击“确定”按钮。

5.3.3 三维曲线编辑

选中要编辑的三维曲线，在功能区“曲面”选项卡的“三维曲线编辑”面板中单击“三维曲线编辑”按钮，便可以进入三维曲线编辑状态，此时可以通过编辑三维曲线的关键点来编辑曲线，并可以对三维曲线的控制点和端点的切矢量长度和方向进行编辑，还可以对样条曲线的曲率进行编辑。在三维曲线编辑状态下，注意三维球工具和相关右键菜单功能的应用。

在三维曲线编辑状态下单击样条曲线，在样条曲线端点和控制点处出现切矢手柄，将鼠标指针移至某切矢手柄处右击，打开图5-40所示的快捷菜单，从中选择选项来编辑曲线端点切矢量张力和方向。若选择“锁定”选项则可以锁定样条曲线当前的切矢量值。

要显示曲线曲率，那么可以右击选定的曲线，从中选择“显示曲率”命令，如图5-41所示。此时可以编辑曲率，方法是将鼠标指针指向已显示曲率的样条曲线并右击，从弹出来的快捷菜单中选择“编辑曲率”命令，然后利用弹出的“编辑曲率”对话框输入缩放值和密度值来编辑曲线曲率。

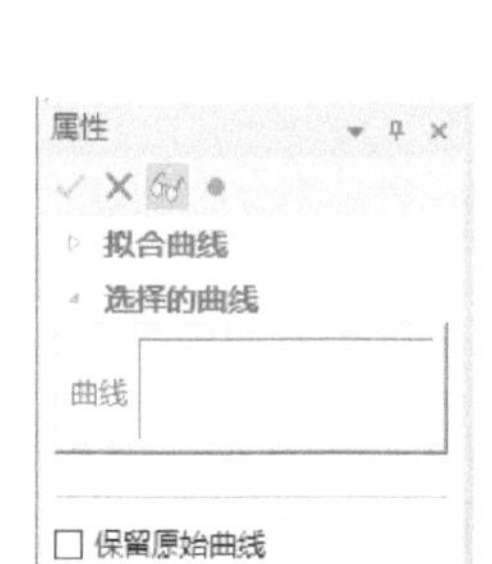

图5-39 “拟合曲线”命令“属性”管理器

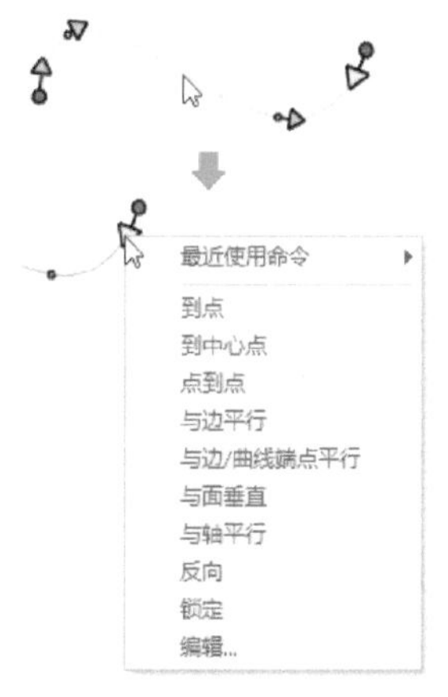

图5-40 编辑样条端点切矢量

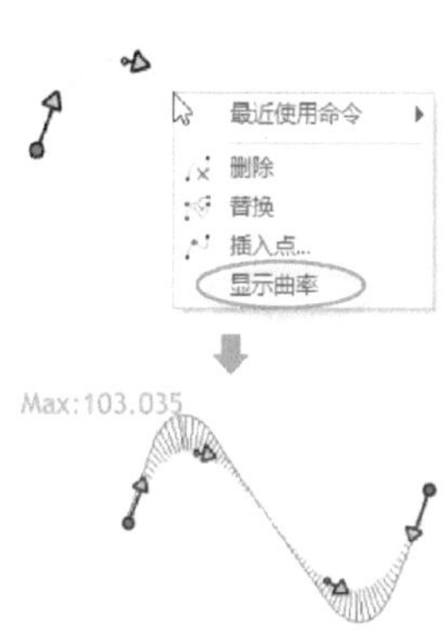

图5-41 显示曲线曲率

5.4 创建曲面

创建曲面的工具按钮位于功能区“曲面”选项卡的“曲面”面板中，这些按钮包括（旋转面）、（网格面）、（直纹面）、（放样面）、（导动面）、（提取曲面）和（平面）。需要注意的是，创建曲面的功能在创新模式中的使用和工程模式中的使用会稍有不同，如相应的“属性”管理栏交互方式不同、与现有零件的关系设置不同等，但基本的操作方法还是类似的。本书将主要介绍如何在创新模式零件的设计环境中创建曲面。

5.4.1 旋转面

旋转面是指按给定的起始角度、终止角度将曲线绕着一条旋转轴旋转来生成的轨迹曲面，如图5-42所示。

创建旋转曲面的一般方法及步骤如下。

1）在“曲面”面板中单击“旋转面”按钮，出现图5-43所示的“旋转面”命令“属性”管理栏。

2）系统提示拾取3D曲线、草图曲线或边作为旋转轴。在该提示下选择有效曲线或边定义旋转轴。

3）选择3D曲线、草图曲线或边作为旋转母线。如果旋转面的截面由两条以上的光滑连接的曲线组成，那么可以事先勾选“拾取光滑连接的边”复选框以便一次选择。

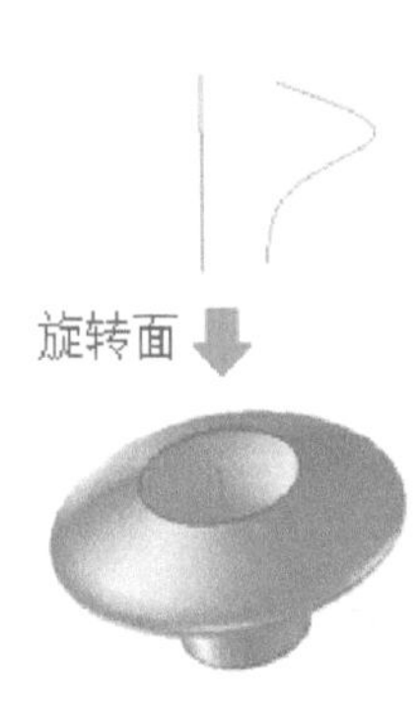

图 5-42 生成旋转面

图 5-43 “旋转面”命令“属性”管理栏

4）分别设置旋转起始角度和旋转终止角度。

5）如果要切换旋转方向，则在“操作”选项组中勾选“反向”复选框。当在创新模式下要把两个曲面合为一个零件时使用“增加智能图素”选项组。当在工程模式下，提供“缝合到”选项组以将两个曲面合并为一个体。

6）在“旋转面”命令“属性”管理栏中单击“确定”按钮✓，从而完成创建旋转曲面。

5.4.2 网格面

网格曲面是指以网格曲线为骨架，蒙上自由曲面产生的曲面，所述的网格曲线是由特征线组成的横竖相交的线。通常将其中一个方向的曲线称为 U 向曲线，另一个方向的曲线称为 V 向曲线。

下面是创建网格面的一个典型范例。

1）在一个新的创新设计环境中，使用 3D 曲线功能或草图功能绘制图 5-44 所示的两个方向（U 向和 V 向）构架的网格曲线。这两个方向的曲线必须有相应的交点。

2）在“曲面”面板中单击“网格面”按钮，打开图 5-45 所示的“网格面”命令“属性”管理栏。

3）“U 曲线”收集器处于激活状态，接着依次拾取曲线 1、曲线 2、曲线 3 和曲线 4。

4）在“V 曲线”收集器的框内单击将其激活，依次选择另一个方向的 3 条曲线（曲线 5、曲线 6 和曲线 7）。

5）接受默认的精度或自行设置有效的精度值，如将精度设置为“0.1”。

6）在“属性”管理栏中单击“确定”按钮✓，创建的网格曲面如图 5-46 所示。

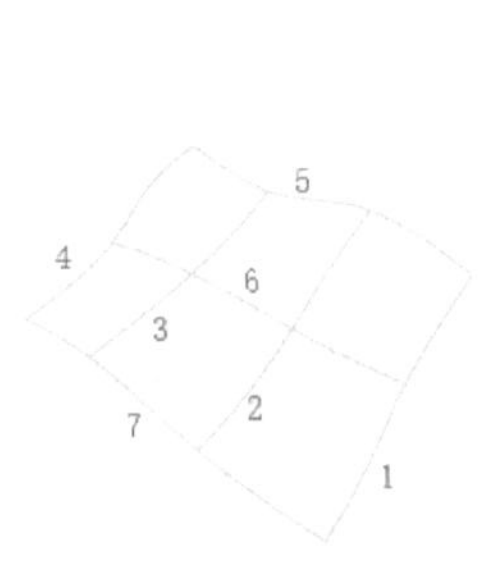

图 5-44 绘制好网格曲线

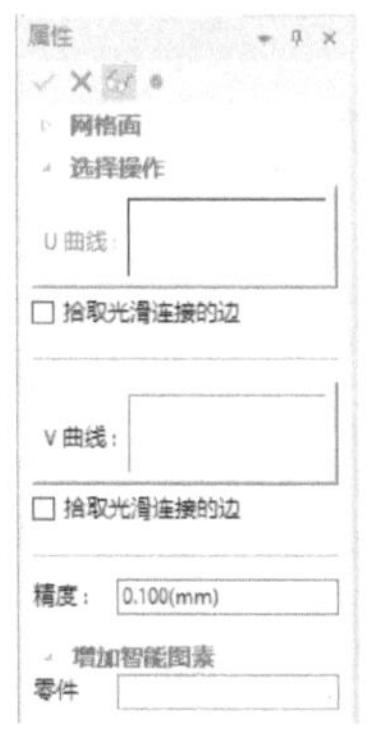

图 5-45 “网格面”命令“属性”管理栏

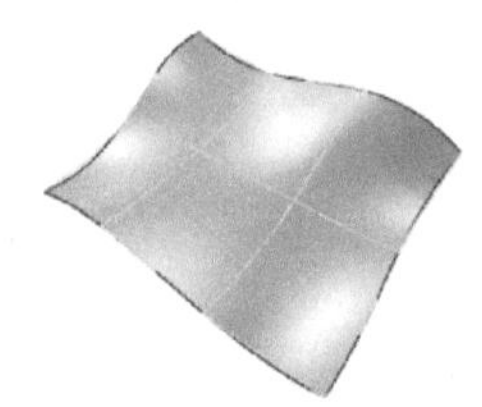
图 5-46 创建的网格曲面

5.4.3 直纹面

直纹面可以看作是由一根直线的两个端点分别在两条曲线上匀速运动而产生的曲面。根据直纹面的生成条件，可以将直纹面的生成类型归纳为以下 4 种。

1）曲线 - 曲线：在两条自由曲线之间产生直纹面，如图 5-47 所示。要生成此类型的直纹面，需要分别选择两条曲线，在选取曲线时需要注意两条曲线上的相应拾取点，以免使要生成的曲面发生扭曲。

2）曲线 - 点：在一条曲线和一个点之间产生直纹面，如图 5-48 所示。产生此类直纹面需要选取一条三维曲线或边，接着选择一个点。

3）曲线 - 面：该方式是在一条曲线和一个曲面之间产生直纹面，具体产生方法是曲线沿着一个方向向曲面投影，同时曲线能在与这个方向垂直的平面内以一定的锥度扩展或收缩，从而生成另外一条曲线，而直纹面就是在这两条曲线之间产生的。要产生此类直纹面，需要拾取空间曲线，指定投影方向，选择输入锥度（指锥体母线与中心线的夹点）和拾取投影到的曲面等。

4）垂直于面：要生成此类型的直纹面（一条曲线沿曲面的法线方向生成一个直纹面，如图 5-49 所示），需要拾取定义直纹面尾部的表面，以及拾取一条三维曲线或边，可设置直纹面的长度。

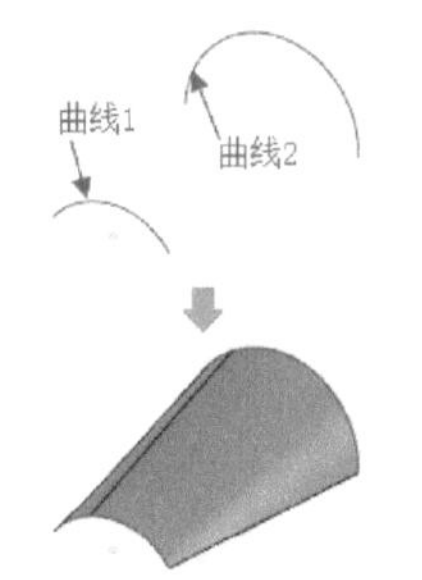

图 5-47　两曲线间的直纹面

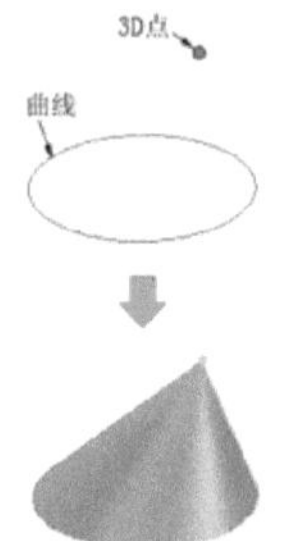

图 5-48　曲线与点间的直纹面

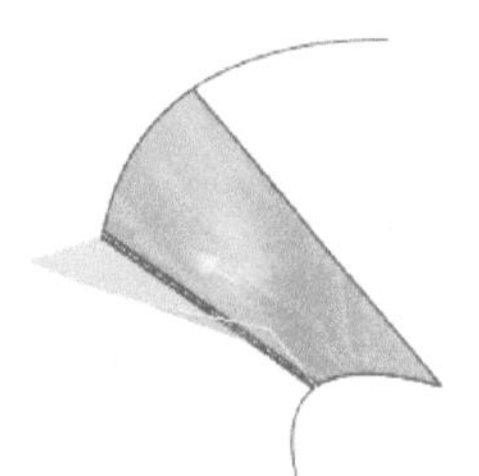

图 5-49　垂直于面的直纹面

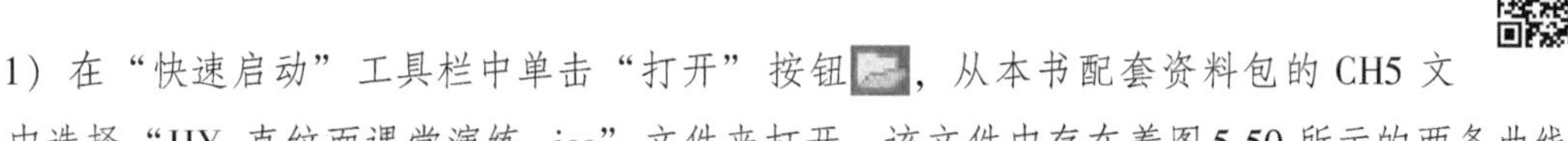

【课堂范例】：创建“曲线 - 曲线”类型的直纹面

1）在“快速启动”工具栏中单击“打开”按钮，从本书配套资料包的 CH5 文件夹中选择“HY_直纹面课堂演练.ics”文件来打开。该文件中存在着图 5-50 所示的两条曲线。

2）在功能区“曲面”选项卡的“曲面”面板中单击“直纹面”按钮，打开图 5-51 所示的“直纹面”命令“属性”管理栏。

3）从“类型”下拉列表框中选择“曲线 - 曲线”选项。

图 5-50　已有曲线

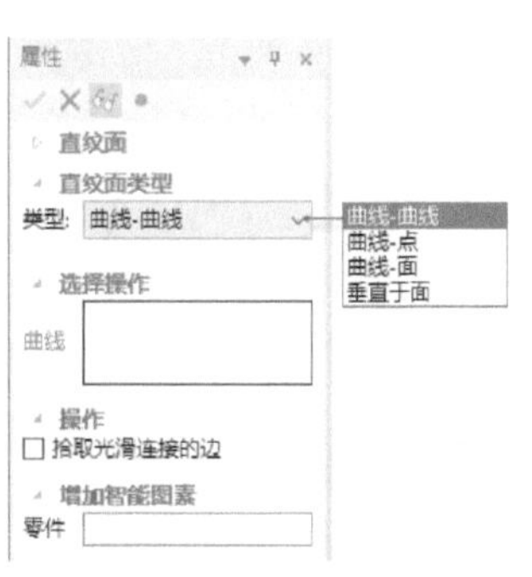

图 5-51　“直纹面”命令“属性”管理栏

4）依次选择两条曲线，注意曲线的单击位置要一致，如图5-52所示。

5）在“直纹面”命令“属性”管理栏中单击“应用”按钮●，生成第一个直纹面。

6）再次选择两条曲线，如图5-53所示，注意两条曲线的起点箭头要一致，接着在“增加智能图素”选项组中单击“零件”收集器框以将其激活，然后单击第一个直纹面以选择其所在零件，最后单击“确定”按钮✓，完成两直纹面后的曲面效果如图5-54所示。

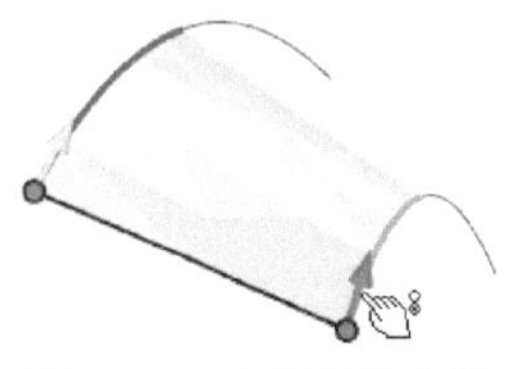

图5-52　选择两条曲线

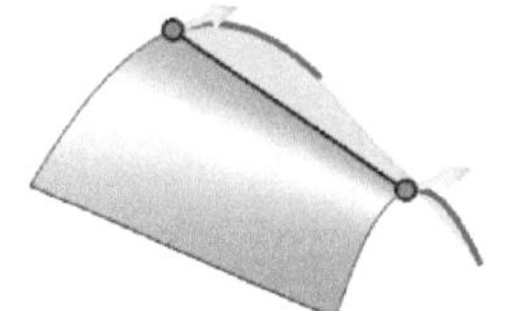

图5-53　再选择两条曲线

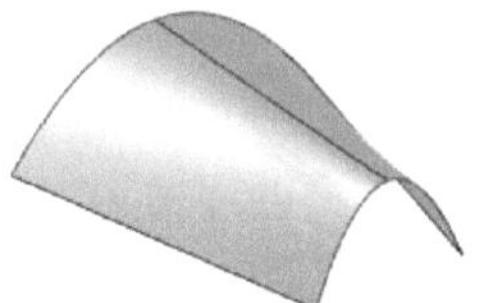

图5-54　完成效果

5.4.4 放样面

放样曲面是指以一组互不相交、方向相同、形状相似的截面线（或特征线）为骨架进行形状控制而生成的经过这些曲线的曲面，如图5-55所示。创建放样曲面时，注意要按照截面线放置的方位顺序来选择，且在选取曲线时要保证截面线方向的一致性。

在实际应用中，有时候需要在两个断开的曲面之间设计搭接的光滑曲面，那么可以巧妙地使用“放样面”功能来实现，如图5-56所示。

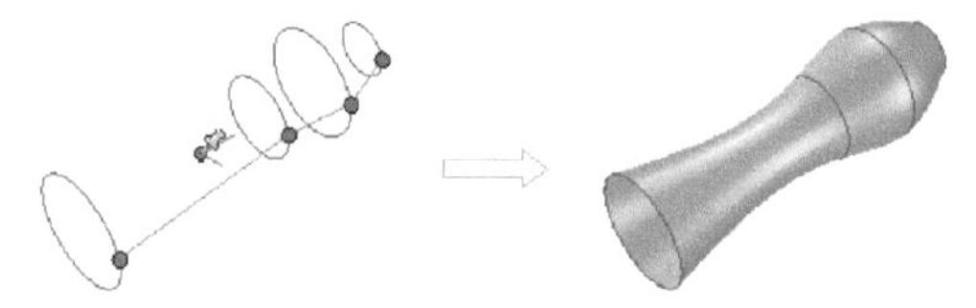

图5-55　创建放样曲面

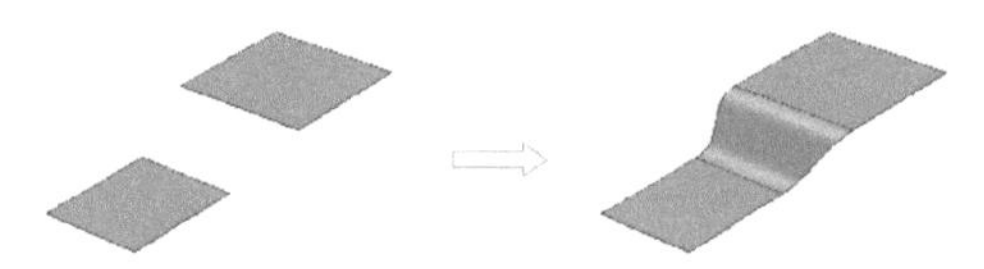

图5-56　利用放样面进行光滑曲面搭接

下面以一个范例的形式介绍创建放样曲面的典型方法及步骤。

1）在“快速启动”工具栏中单击“打开”按钮，从本书配套资料包的CH5文件夹中选择“HY_放样面.ics”文件来打开。该文件中存在着图5-57所示的7个二维草图。

2）使用创新模式，在功能区“曲面”选项卡的“曲面”面板中单击“放样面”按钮，打开图5-58所示的“放样面”命令“属性”管理栏。

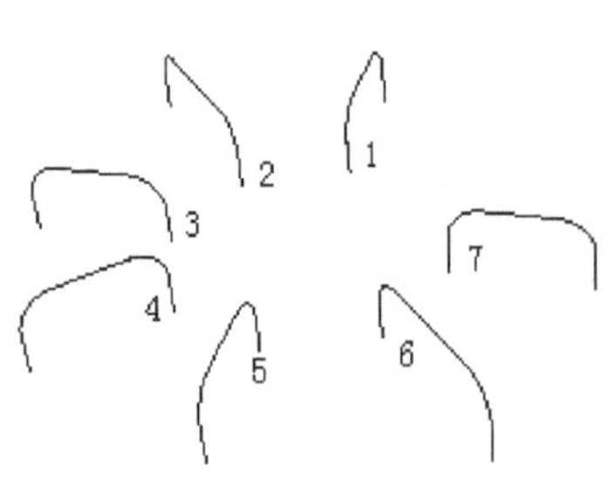

图5-57　原始文件中的7个截面

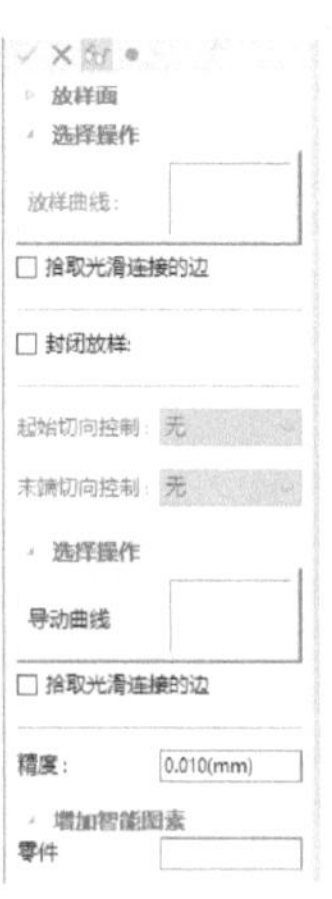

图5-58　“放样面”命令“属性”管理栏

3）在“选择操作”选项组中勾选“拾取光滑连接的边”复选框以启动链拾取状态，依次（按照顺序）选取截面1、截面2、截面3、截面4、截面5、截面6和截面7，注意各截面的选取位置，即注意每条截面曲线的拾取位置要靠近曲线的同一侧。选取好各截面的效果如图5-59所示。

知识点拨：

只有当拾取的放样截面为实体边时，起始切向控制和末端切向控制才有效。

4）本例不需要导动曲线，单击“确定”按钮✓，生成的放样曲面如图5-60所示。

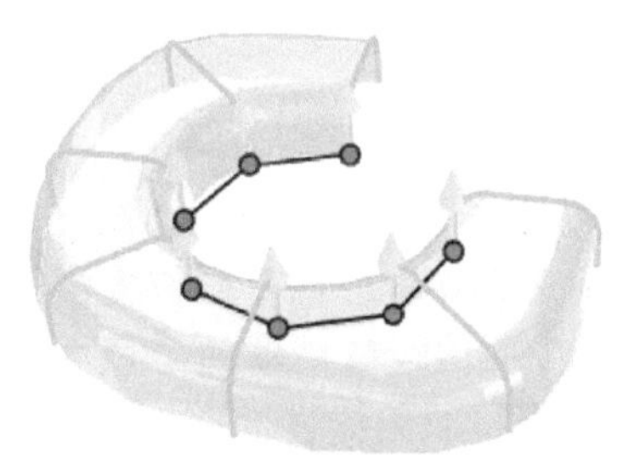

图5-59 按照顺序选择各截面曲线

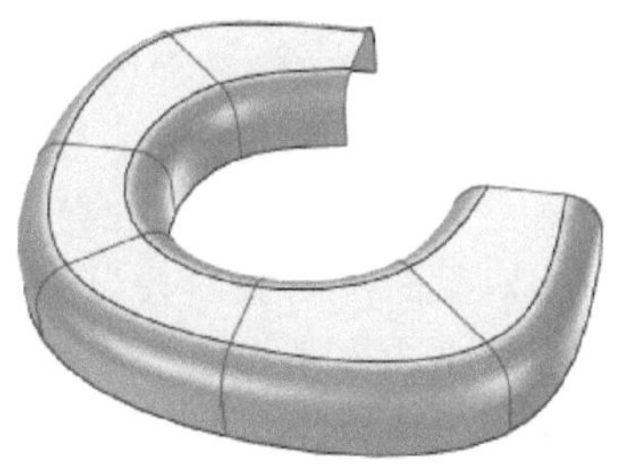

图5-60 生成的放样曲面

知识点拨：

在本例中，如果在“放样面”命令“属性”管理栏中勾选“封闭放样”复选框，则最后生成的放样曲面是环状封闭的，效果如图5-61所示。对于生成的非封闭放样曲面，也可以在设计树中找到该放样面特征并右击它，从快捷菜单中选择“封闭放样面”命令来获得相应的封闭放样曲面。

5.4.5 导动面

导动面是指将特征截面线沿着特征轨迹线的某一方向扫动而生成的曲面。在实际设计中，为了满足不同形状的要求，用户可以在扫动过程中对截面线和轨迹线进行相应的几何约束，以使截面线和轨迹线之间保持不同的位置关系，这样便可以产生形状变化多样的导动曲面。

在“曲面”面板中单击“导动面”按钮，出现图5-62所示的“导动面”命令“属性”管理栏。在“导动面类型”选项组的“类型”下拉列表框中提供了4个导动面类型选项，即“平行”“固接”“导动线＋边界”“双导动线”。“拾取光滑连接的边”复选框用于设置是否启用链拾取状态。

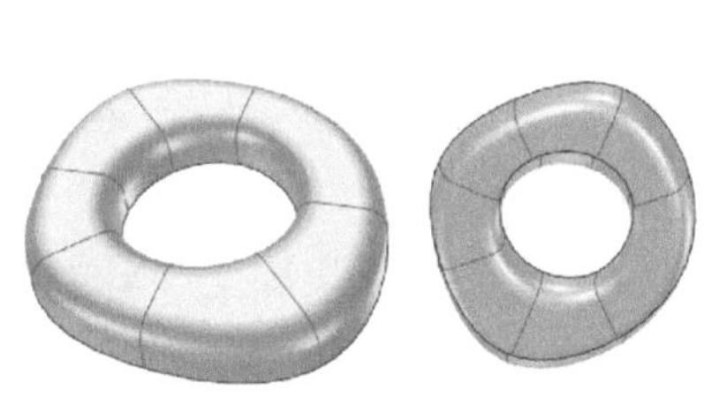

图5-61 封闭放样曲面

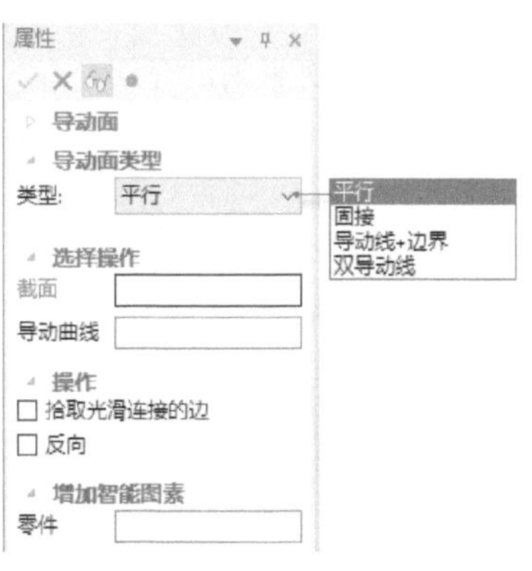

图5-62 “导动面”命令“属性”管理栏

1. “平行”导动

平行导动是指截面线沿导动线平行移动而扫掠生成曲面，截面线在运动过程中没有任何旋转。平行导动需要拾取截面曲线、导动曲线和设置导动方向。生成平行导动面的示例如图 5-63 所示。

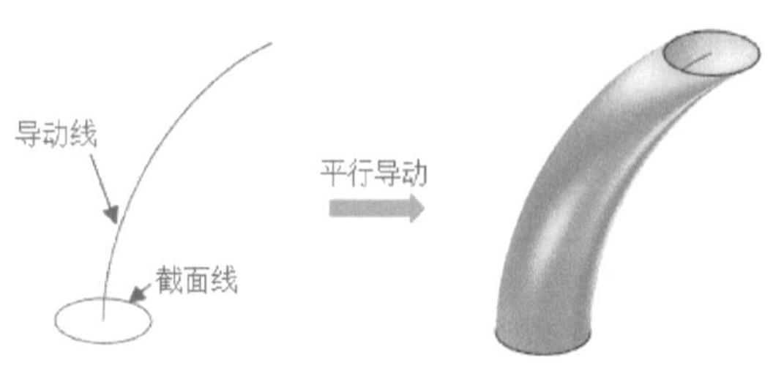

图 5-63　生成平行导动曲面

2. “固接”导动

固接导动是指导动过程中，导动线和截面线保持固接关系，也就是使截面线平面与导动线的切矢方向保持相对角度不变，且截面线在自身相对坐标架中的位置关系保持不变，而截面线沿着导动线变化，如此导动生成导动曲面。固接导动的截面线既可以为单截面线（截面数为 1），也可以为双截面线（截面数为 2），分别如图 5-64a 和图 5-64b 所示。操作方法是从“类型”下拉列表框中选择“固接”导动面类型后，拾取一个截面曲线或拾取两个截面曲线（前者是单截面导动，后者是双截面导动），然后激活“导动曲线”收集器，拾取导动曲线，并设置导动方向。

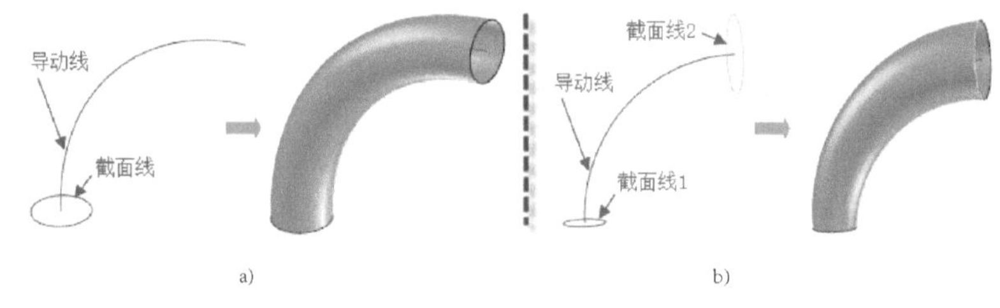

图 5-64　固接导动

a）单截面固接导动　b）双截面固接导动

3. “导动线 + 边界”导动

截面线按照一定的规则沿着一条导动线扫动生成曲面，该导动线可以与截面线不相交，可以作为一条参考导动线，在导动过程中，截面线始终在垂直于导动线的平面内摆放，并求得截面线平面与边界线的两个交点，导动面的形状受导动线和边界线的控制。

此导动类型还可包含等高导动和变高导动。等高导动是指对截面线进行收缩变换时，仅变化截面线的长度，而保持截面线的高度不变；变高导动是不仅变化截面线的长度，还同时等比例地变化截面线的高度。

在这里以一个范例来辅助介绍。

【课堂范例】：创建“导动线 + 边界”类型的导动面

1）在“快速启动”工具栏中单击“打开”按钮，从配套资料包的 CH5 文件夹中选择“双截面线变高导动 . ics”文件来打开。文件中存在的曲线如图 5-65 所示。

2）在“曲面”面板中单击“导动面”按钮，出现“导动面”命令“属性”管理栏。

3）从“导动面类型”选项组的“类型”下拉列表框中选择“导动线 + 边界”，在“操作”选项组的“高度类型”下拉列表框中选择“变半径”选项，如图 5-66 所示。

4）拾取截面线。在本例中分别拾取第一条截面线和第二条截面线，如图 5-67 所示。

5）拾取导动线，如图 5-68 所示。

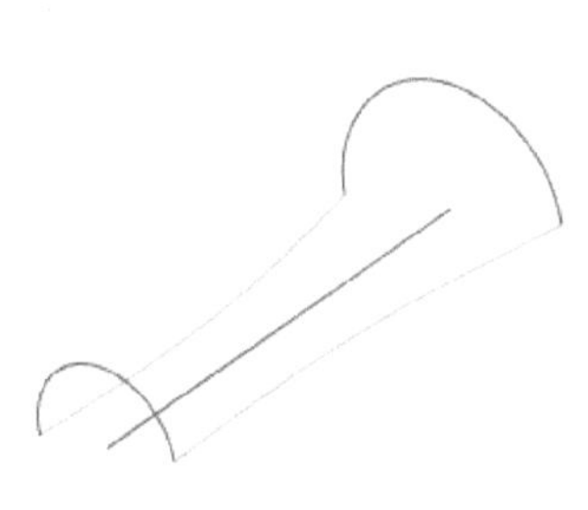

图 5-65 已有曲线

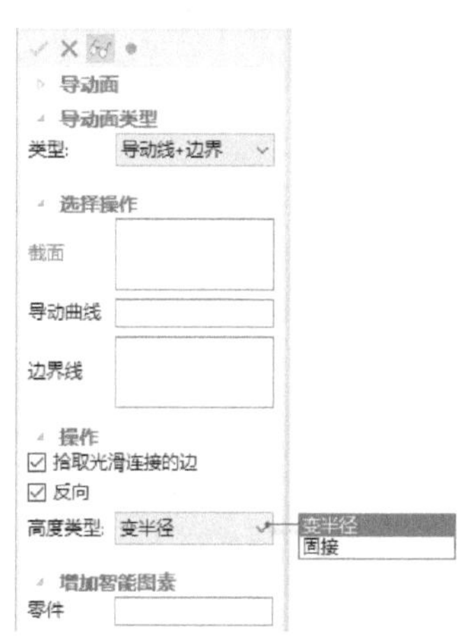

图 5-66 设置相关参数和选项

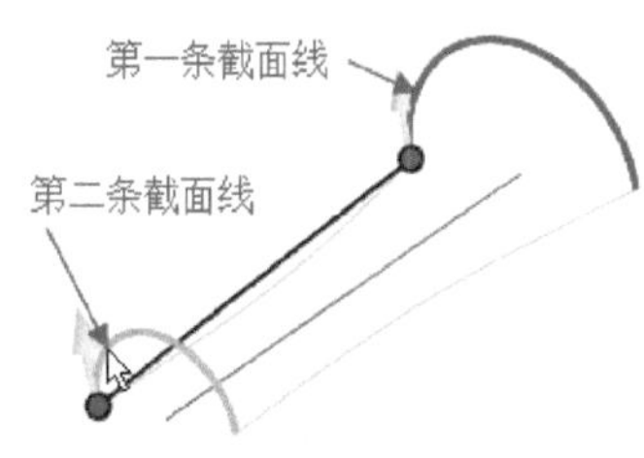

图 5-67 拾取两条截面线

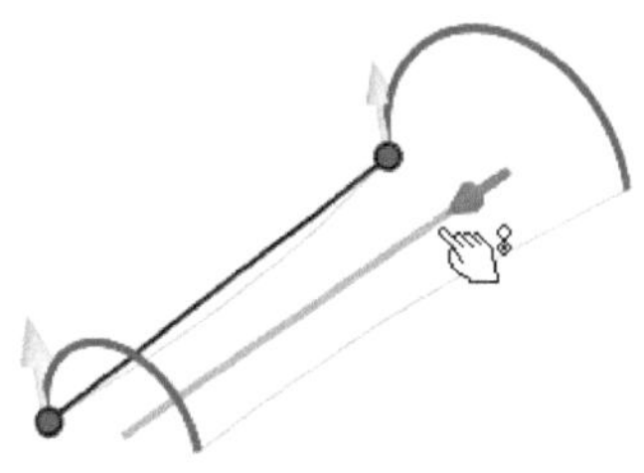

图 5-68 拾取导动线

6）拾取边界线。在本例中，拾取第一条边界线和拾取第二条边界线，如图 5-69 所示。

7）单击“确定”按钮✓，完成创建的导动曲面如图 5-70 所示。

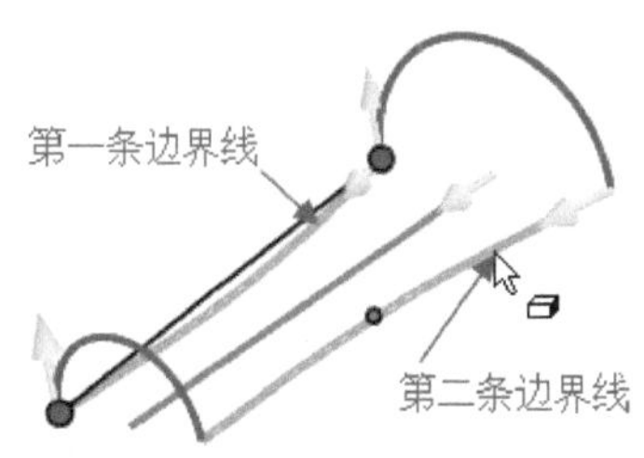

图 5-69 拾取两条边界线

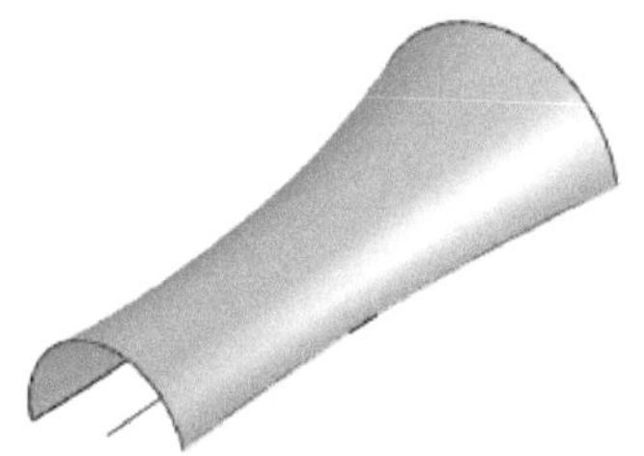

图 5-70 完成创建的导动曲面

4. “双导动线”导动

双导动线导动是指将一条或两条截面线沿着两条导动线匀速地扫动来生成导动曲面，曲面形状受两条导动线的控制。此导动同样包括等高导动和变高导动。

【课堂范例】：创建“双导动线”类型的导动面

1）在“快速启动”工具栏中单击“打开”按钮，从配套资料包的 CH5 文件夹中选择“双导动线导动 . ics”文件来打开。文件中存在的曲线如图 5-71 所示。

2）在功能区“曲面”选项卡的“曲面”面板中单击“导动面”按钮，出现“导动面”命令“属性”管理栏。

3）从“导动面类型”选项组的“类型”下拉列表框中选择“双导动线”，接着在“操作”

选项组中进行相应选项的设置，如图 5-72 所示。

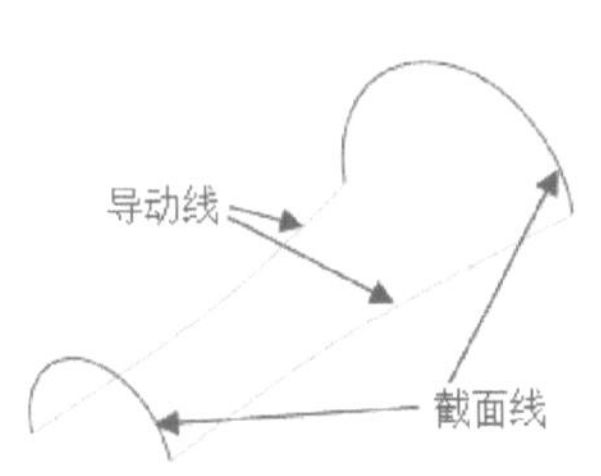

图 5-71　已有曲线

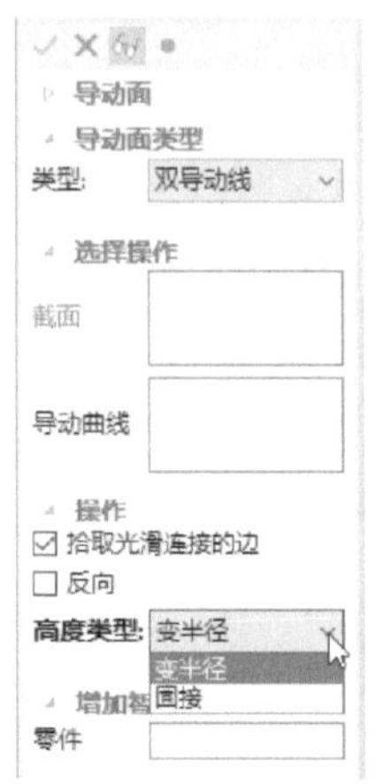

图 5-72　设置相关参数及选项

4）选择截面线。本例选择截面线 1 和截面线 2，如图 5-73 所示。

5）激活“导动曲线”收集器，分别选择图 5-74 所示的两条曲线作为导动线，注意各导动线的方向。

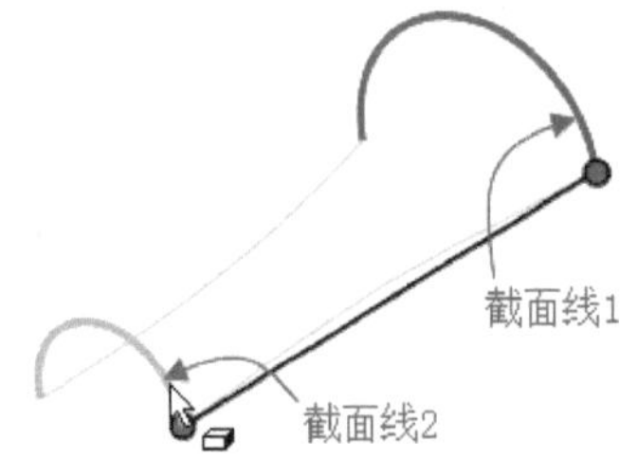

图 5-73　选择截面线

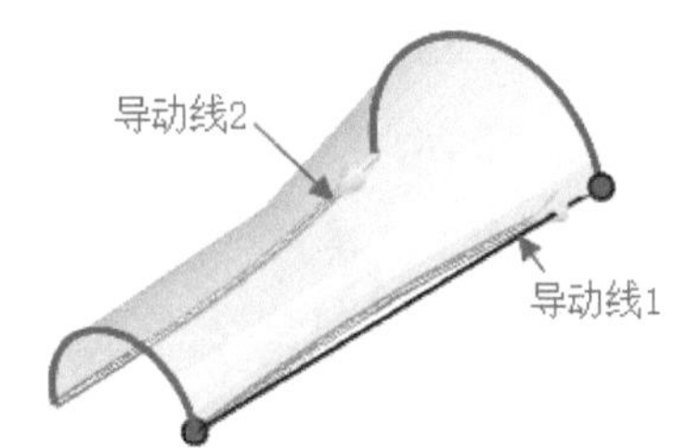

图 5-74　选择两条导动线

6）在“导动面”命令“属性”管理栏中单击“确定”按钮，创建的导动面如图 5-75 所示。

5.4.6 提取曲面

使用“提取曲面”功能可以从零件上提取零件的表面来生成曲面，具体操作步骤如下。

1）在“曲面”面板中单击“提取曲面”按钮，打开图 5-76 所示的“提取曲面”命令“属性”管理栏。

2）在零件上选择要生成曲面的表面。所选表面名称标识会列在“属性”管理栏的“几何选择”列表框中。

3）设置相关复选框的状态，如勾选“强制生成曲面”复选框，如果取消勾选该复选框，当提取的曲面能够形成一个封闭的曲面时，那么 CAXA 系统会自动将其转换为实体。

4）在“提取曲面”命令“属性”管理栏中单击“确定”按钮，完成提取曲面操作。

5.4.7 平面曲面

在功能区“曲面”选项卡的“曲面”面板中单击“平面曲面”按钮，打开图 5-77 所示的“平面曲面”命令“属性”管理栏，接着通过设置平面类型、中心线选择、曲面中心点定义和相关参数来创建指定大小的平面曲面。

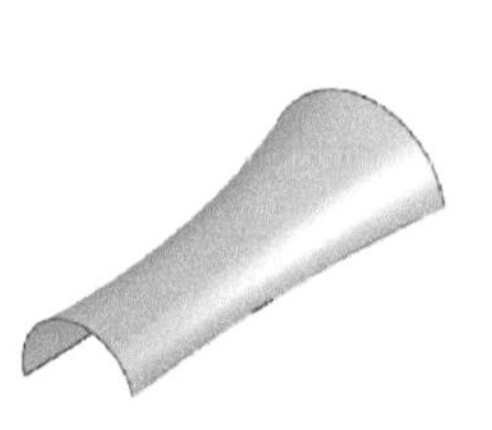

图 5-75 创建的导动面

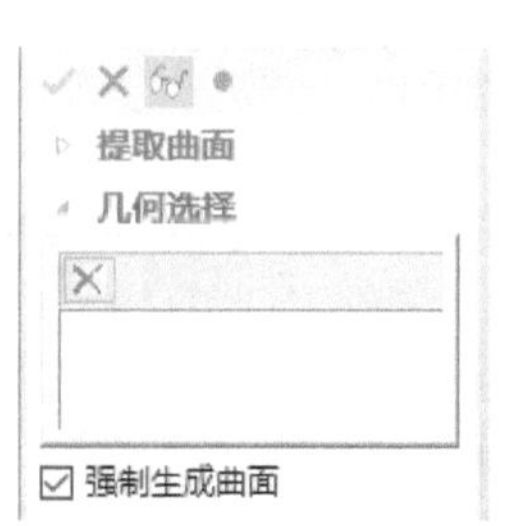

图 5-76 “提取曲面”命令“属性”管理栏

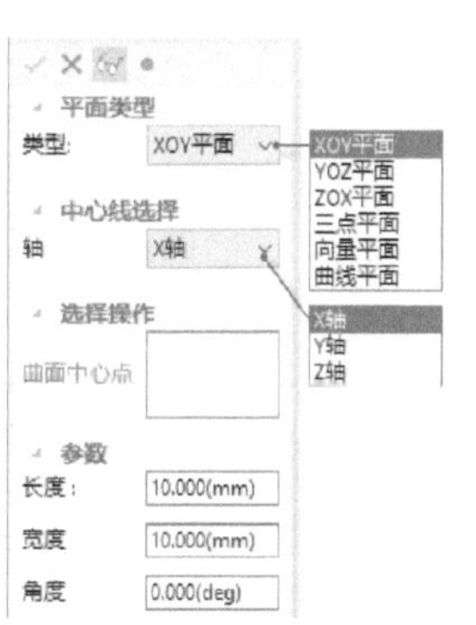

图 5-77 “平面曲面”命令“属性”管理栏

5.5 编辑曲面

编辑曲面的工具按钮位于功能区“曲面”选项卡的“曲面编辑”面板中，包括（曲面过渡）按钮、（曲面延伸）按钮、（偏移曲面）按钮、（裁剪曲面）按钮、（还原裁剪表面）按钮、（填充面）按钮、（合并曲面）按钮、（实体化）按钮和（缝合）按钮。

5.5.1 曲面过渡

要进行曲面过渡，则在“曲面编辑”面板中单击“曲面过渡”按钮，打开图 5-78 所示的“曲面过渡”命令“属性”管理栏（以创新模式“属性”管理栏为例）。系统提供了 4 种过渡类型，即“等半径”“变半径”“曲线曲面”和“曲面上线”。

1. 等半径

在“曲面过渡类型”选项组的“类型”下拉列表框中选择“等半径”，接着选取第一组面和第二组面（注意各过渡面收集器的活动状态），在“半径”文本框中输入半径值，然后单击“确定”按钮，即可在所选两曲面之间创建过渡圆角曲面，如图 5-79 所示。必要时可以操作过程中设置是否裁剪第一组曲面或第二组曲面。

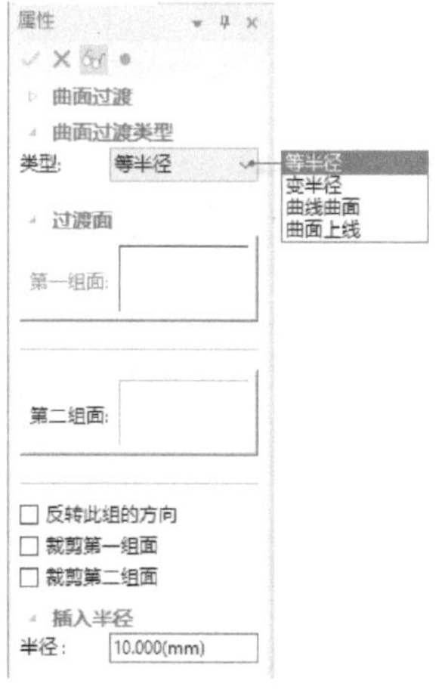

图 5-78 “曲面过渡”命令“属性”管理栏

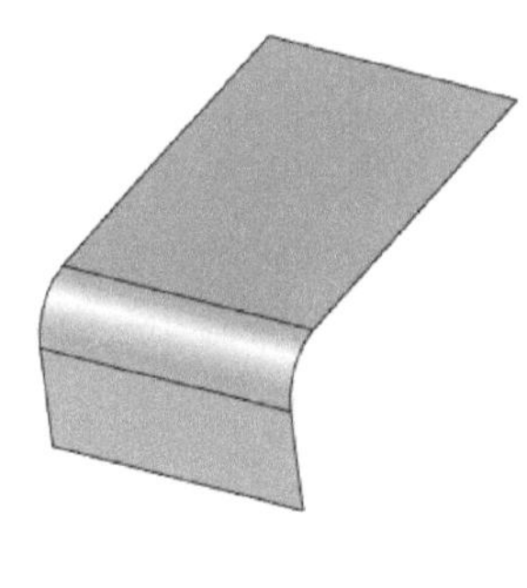

图 5-79 在两曲面间创建圆角过渡

2. 变半径

在“曲面过渡类型”选项组的“类型”下拉列表框中选择“变半径”，接着选取第一组面，再激活“第二组面”收集器，选择第二组面，然后在“辅助曲线”收集器框内单击将该收集器激活后，拾取一条边作为参考线确定过渡半径，此时可取消预览以便于选择该边线上不同的点并双击它，可以在“属性”管理栏中设置其半径值和位置比率，如图 5-80 所示，从而生成两面变半径过渡曲面。

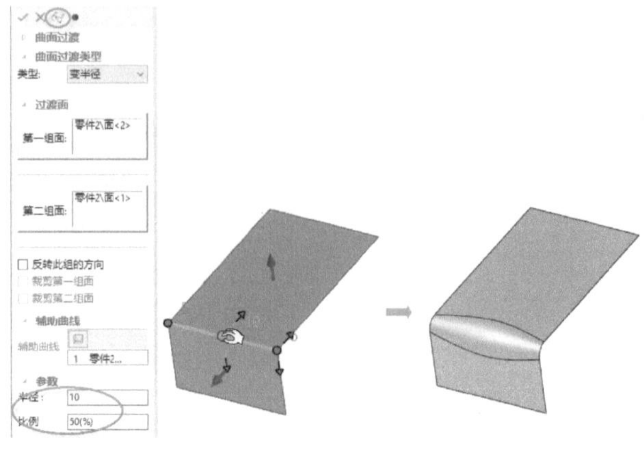

图 5-80　二面生成变半径过渡

3. 曲线曲面

由单个的曲面和一条曲线生成曲面过渡。

4. 曲面上线

通过使用两个曲面以及一条作为过渡边缘的曲线来生成面过渡，该曲线必须位于曲面上。

当需要多张曲面进行过渡时，可以使用实体设计中的“圆角过渡”按钮来完成，“圆角过渡”按钮位于功能区“特征”选项卡的“修改”面板中。需要注意的是，在创新模式下使用“圆角过渡”按钮在曲面中创建圆角过渡时，若多张曲面不在同一个零件下，则需要将曲面缝合到同一个零件下。

5.5.2 曲面延伸

可以对曲面按照给定长度等参数进行延伸。曲面延伸的示例如图 5-81 所示。

曲面延伸的操作方法如下。

1）在功能区“曲面”选项卡的“曲面编辑”面板中单击“曲面延伸”按钮，打开图 5-82 所示的“曲面延伸”命令“属性”管理栏（以创新模式下的“属性”管理栏为例）。

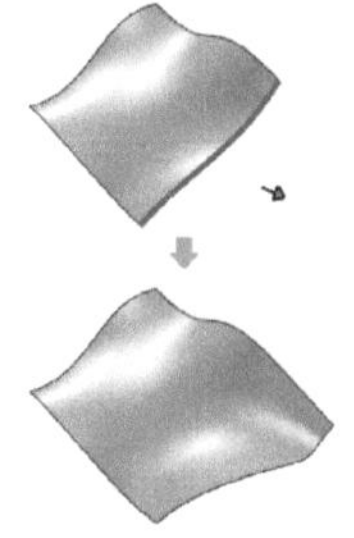

图 5-81　曲面延伸的示例

图 5-82　“曲面延伸”命令“属性”管理栏

2）在曲面上拾取要延伸的边。可以选择曲面的多条边同时延伸。

3）在“长度”文本框中设置延伸长度。

4）预览满意后单击“确定”按钮，完成曲面延伸。

5.5.3 偏移曲面

使用“偏移曲面”按钮，可以将已有曲面或实体表面按照一定距离的偏移方式创建新的曲面。偏移方式既可以是等距偏移，也可以是不等距偏移（即在同一次操作中为不同曲面设置不同的偏移距离）。

偏移曲面的典型操作步骤如下。

1）在功能区“曲面”选项卡的“曲面编辑”面板中单击“偏移曲面”按钮，打开图5-83所示的“偏移曲面”命令“属性”管理栏，勾选“生成曲面结果”复选框。

2）选择要偏移的一张曲面，并设置其偏移距离，“反向”复选框用于使偏移方向反转。注意在所选曲面中会显示一个箭头指示偏移方向，使用鼠标单击此箭头可以快速而直观地改变偏移方向。

3）可以继续选择别的要偏移的曲面，并设置其相应的偏移距离和偏移方向。此步骤为可选，可以为不同曲面设置不同的偏移距离。

4）在“偏移曲面”命令“属性”管理栏中单击“确定”按钮。偏移曲面的示例如图5-84所示。

图5-83 “偏移曲面”命令“属性”管理栏

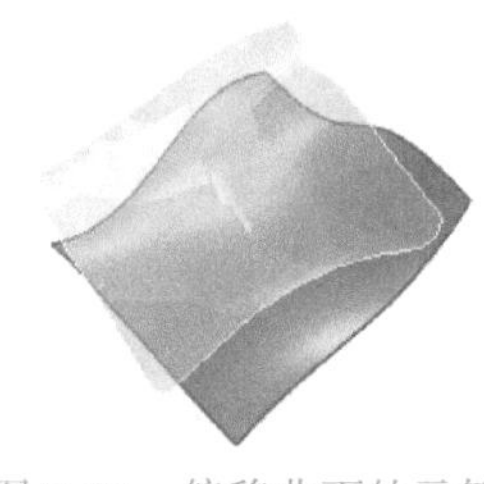

图5-84 偏移曲面的示例

5.5.4 裁剪曲面

使用“裁剪曲面”按钮可以对选定曲面进行修剪，去掉不需要的部分，以获得所需要的曲面形态。

要裁剪曲面，则在功能区“曲面”选项卡的“曲面编辑”面板中单击“裁剪曲面”按钮，打开图5-85所示的“裁剪”命令“属性”管理栏，接着选择要裁剪的曲面作为目标零件/目标体，激活“工具零件”收集器后选择裁剪工具零件，或者激活“元素”收集器选择实体、曲面、曲线、基准平面等元素对象作为裁剪工具，设置裁剪高级控制控件，以及定义裁剪后要保留的部分，然后单击“确定”按钮。裁剪曲面的示例如图5-86所示。

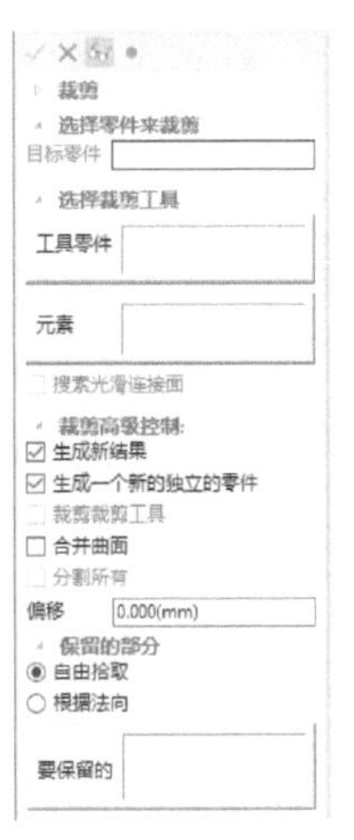

图5-85 “裁剪”命令“属性”管理栏

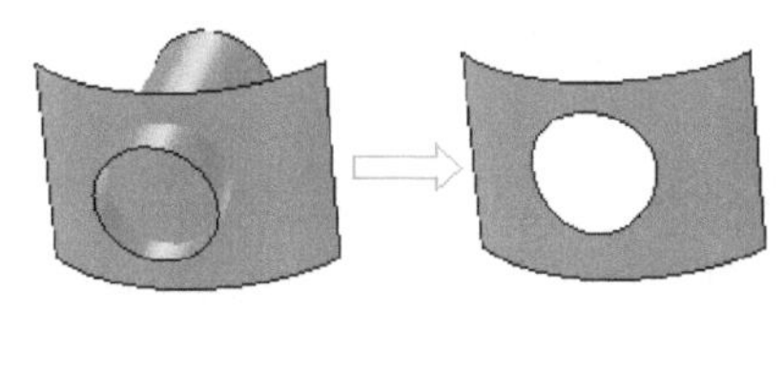

图5-86 裁剪曲面的示例

5.5.5 还原裁剪表面

可以还原裁剪表面，其方法是在功能区“曲面”选项卡的“曲面编辑”面板中单击“还原裁剪表面”按钮，接着选择要恢复裁剪的面，单击“确定”按钮即可。还原裁剪表面的示例如图5-87所示。注意：使用该功能不仅能恢复裁剪曲面，同样还可以恢复实体的表面。

5.5.6 曲面补洞（填充面）

可以为曲面上的切口重新补上曲面，这就是曲面补洞，也称“填充面”，如图5-88所示。曲面补洞作为曲面智能图素，当选择一个现有曲面的边缘作为它的边界时，可以设置曲面补洞（填充面）与已有曲面接触或相接。

曲面补洞（填充面）的操作方法如下。

1）在功能区“曲面”选项卡的“曲面编辑”面板中单击“填充面”按钮，打开图5-89所示的“填充面”命令“属性”管理栏。“填充面”命令“属性”管理栏的“曲线”收集器用于选择边界线，所述边界线必须是封闭连接的曲线；“光滑连接（仅曲面边界）”复选框用于选择要填充的边界时系统可以自动搜索光滑连接的边界；“生成曲面结果”复选框用于强制将结果生成曲面体（如果取消勾选此复选框，那么完成填充面后若构成封闭的曲面则系统自动生成实体）。

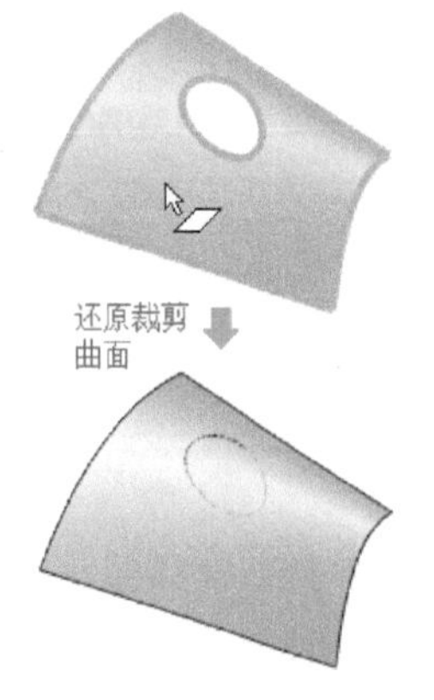

图5-87　还原裁剪曲面

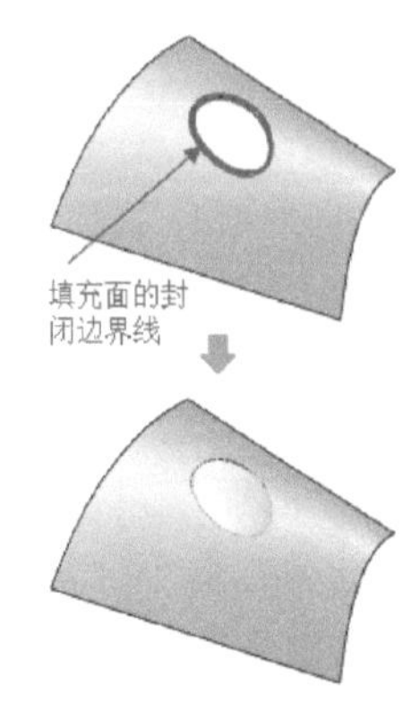

图5-88　曲面补洞/填充面

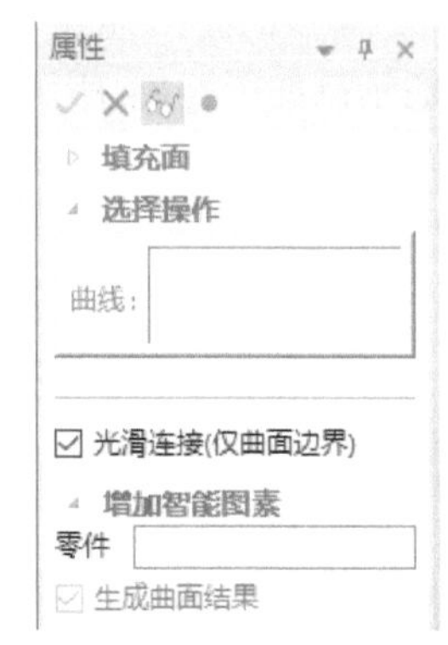

图5-89　“填充面”命令“属性”管理栏

2）通常勾选“光滑连接（仅曲面边界）”复选框，在曲面内选择要填充面的边界线，这些边界线必须是封闭连接的曲线或边线。

3）可进行增加智能图素等操作。

4）在“填充面”命令“属性”管理栏中单击“确定”按钮。

5.5.7 曲面合并

曲面合并是指将多张连接曲面合并为一张曲面。当多张连接曲面是光滑连续的情况下，使用“曲面合并”功能只将多张曲面合并为一张曲面，而不改变曲面的形状；当多张相接曲面不是光滑连续的情况下，使用“曲面合并”功能会将曲面间的切矢方向自动调整，并合并为一张光滑曲面。需要注意的是，目前版本不支持裁剪曲面的合并。

在功能区“曲面”选项卡的“曲面编辑”面板中单击“合并曲面”按钮，打开图5-90所示的“合并曲面”命令“属性”管理栏（以创新模式为例）。该“属性”管理栏中的“保持第一个曲面的定义”复选框比较实用，当勾选此复选框来继续合并曲面操作时，首先选择的曲面合并后保持原有的曲面形状。在提示下选择未被裁剪的要合并的多个曲面，单击“确定”按钮，从而将它们合并成一个简单的光滑曲面。

将多个曲面设计成一个单一对象，可以使用系统提供的布尔运算工具。关于布尔运算的操作方法在前面章节已介绍过，在此不再详述。

5.5.8 曲面缝合

使用“缝合”按钮可以将多张曲面缝合在一起，如果缝合的曲面构成封闭的空间，那么系统会自动将缝合后的封闭曲面转换为实体，除非设置强制曲面结果。

曲面缝合的操作很简单：单击“缝合”按钮后打开图5-91所示的“缝合”命令“属性”管理栏，接着选择需要缝合的曲面，在“精度”文本框中设置缝合精度，可根据设计情况决定是否勾选“强制曲面结果”复选框，然后单击“确定”按钮。

知识点拨：

缝合精度相当于一个曲面缝合阀门，小于设置精度下的缝隙，CAXA 3D实体设计系统会忽略。

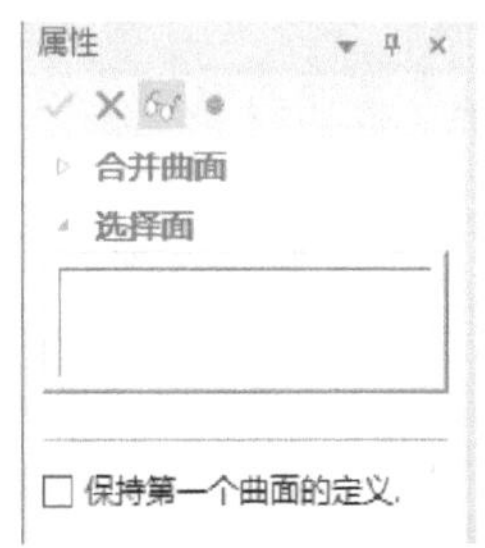

图5-90 “合并曲面”命令“属性”管理栏

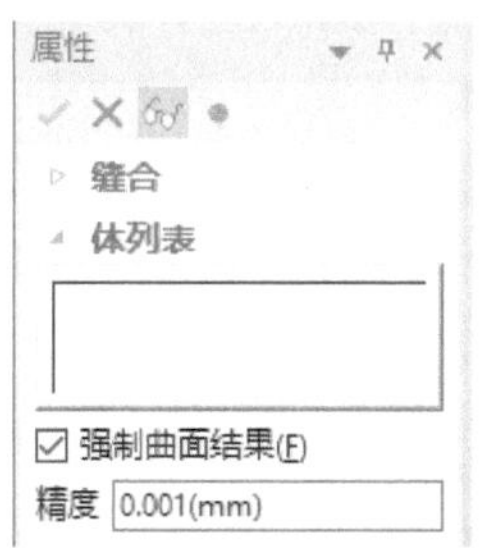

图5-91 “缝合”命令“属性”管理栏

5.5.9 实体化

使用“实体化”按钮，可以通过构成封闭体的多张曲面来生成实体模型，也可以将曲面和实体构成的封闭体转化为实体模型。“实体化”操作也比较简单，单击“实体化”按钮，打开图5-92所示的“实体化”命令“属性”管理栏，接着选择要组合的体（要实体化的曲面或实体），在“精度”文本框中设置曲面间的缝合精度，单击“确定”按钮即可。

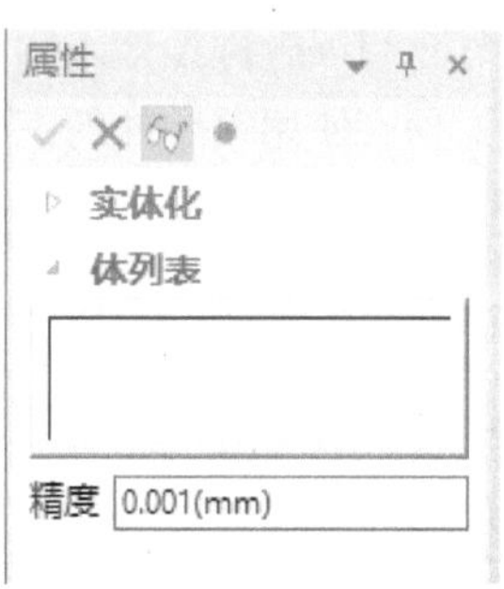

图5-92 “实体化”命令“属性”管理栏

5.6 思考与小试牛刀

1）如何理解CAXA 3D实体设计中的3D点。在创建3D点时，如果采用坐标输入的方式来创建，那么输入坐标的格式是怎样的？可以举例进行说明。

2）CAXA 3D实体设计2020提供了哪些工具用于创建三维曲线？

3）如何由曲面及实体的边界来建立3D轮廓曲线？

4）什么是曲面的等参数线？

5）如何创建曲面投影线和组合投影线？

6）请简述裁剪/分割3D曲线的一般方法及步骤。

7）可以创建哪些曲面？

8）简述裁剪曲面的一般方法及步骤，并简述如何还原裁剪曲面。

9）请举例来说明曲面补洞的操作方法。

10）上机练习：从设计元素库中将长方体拖放到设计环境中，接着从该立方体中提取两块曲面，在这两块曲面间创建过渡圆角曲面，利用拖放进来的另一个圆柱体曲面来裁剪曲面，然后进行曲面补洞、曲面延伸、曲面偏移等操作，具体由练习者发挥。

第 6 章　钣金件设计

本章导读

CAXA 3D 实体设计 2020 为用户提供了生成标准和自定义钣金件的功能。进行钣金件设计时，既可以使用“钣金”设计元素库中的智能图素，也可以在一个已有零件的空间单独创建。对于钣金件，还可以利用 CAXA 3D 实体设计的绘图功能生成已展开或未展开钣金件的详细二维工程图。

本章重点介绍钣金件设计的相关内容，包括钣金件设计入门知识、钣金件生成、钣金件展开/复原、钣金操作进阶、钣金边角工具、实体展开、钣金转换和钣金件属性等，在本章的最后还介绍了一个钣金综合应用范例。

6.1 钣金件设计入门知识

本节介绍钣金件设计入门知识，包括设置钣金件默认参数、熟悉钣金件设计元素库、了解钣金操作工具、使用钣金件的编辑手柄或按钮等。

6.1.1 设置钣金件默认参数

钣金件设计需要采用某些基本参数，如板料、弯曲类型和尺寸单位等，因此在进行钣金件设计之前须设置钣金件的基本参数或属性。

要设置钣金件默认参数，则可以在功能区单击“菜单”标签以打开应用程序菜单，接着单击“选项”按钮，打开“选项”对话框。在“选项”对话框中选择“钣金”选项下的“板料”属性标签，如图 6-1 所示。

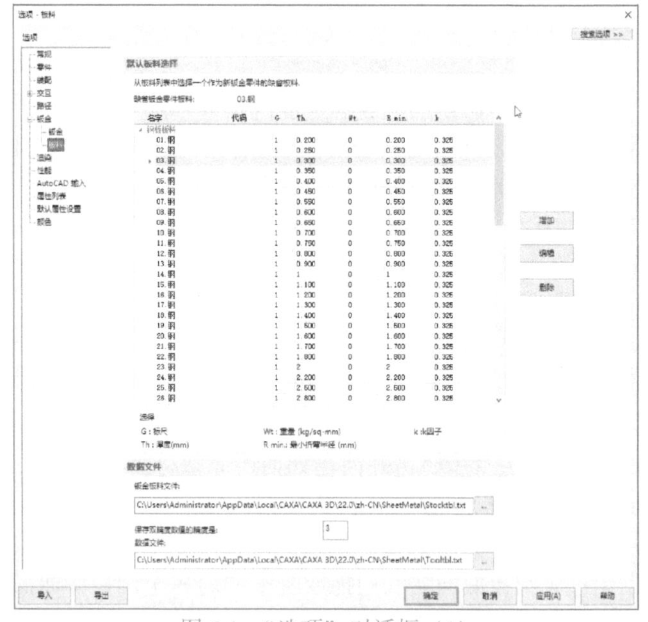

图 6-1　“选项”对话框（1）

在“板料”属性标签中显示了板料属性表及关键值说明框，所述的板料属性表提供了 CAXA 3D 实体设计中所有可用的钣金毛坯板料。每一种板料均具有其特定的属性，如板料厚度、板料统一的最小折弯半径等。在“板料”属性表中选定相应的默认钣金零件板料。

在“选项”对话框中选择与“板料”并列的“钣金”标签，可以显示其属性选项，如图 6-2 所示，从中设置钣金件新添弯曲图素的默认切口类型及其切口参数，设置折弯半径选项和约束选项，以及设置钣金高级选项等。

在“选项”对话框对钣金进行相应设置后单击“确定”按钮。

另外，如果要更改默认的单位设置，那么可以在应用程序菜单中选择“设置”|“单位”命令，打开图 6-3 所示的“单位”对话框。利用“单位”对话框可以分别设置长度、角度、质量和密度单位，然后单击“确定”按钮。

图 6-2 “选项”对话框（2）

6.1.2 熟悉“钣金”设计元素库

设置好钣金件默认参数之后，便可以使用“钣金”设计元素库正式开始钣金件的设计工作了。要打开“钣金”设计元素库，那么需要在“设计元素浏览器”中选择名为“钣金”的标签，在“钣金”设计元素库中列出了各种可用的钣金件项目（基本智能图素），如图 6-4 所示。“钣金”设计元素库中的基本智能图素的操作方法和 CAXA 3D 实体设计中其他设计元素的操作方式是相同的，即在“钣金”设计元素库中选择所需的钣金智能图素图标，在该图标上按住鼠标键把图素拖到设计环境中，在相应的位置处释放鼠标键即可。

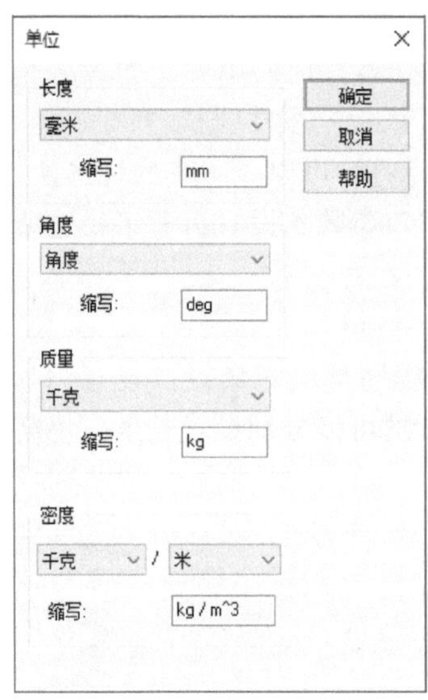

图 6-3 “单位”对话框

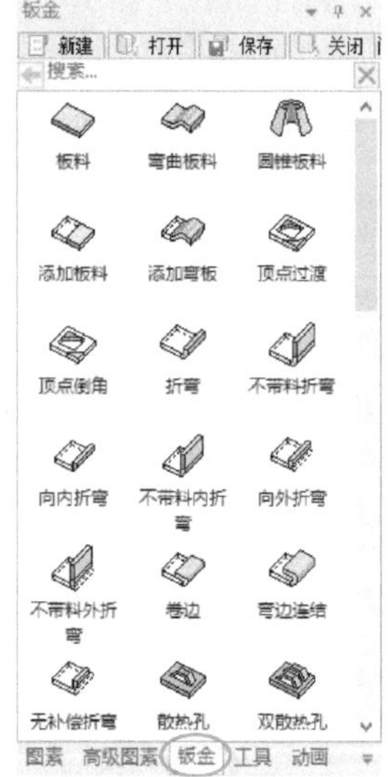

图 6-4 打开“钣金”设计元素库

下面先简要地介绍“钣金”设计元素库中各组成部分，见表 6-1。

表 6-1 “钣金”设计元素库的各组成部分

序号	钣金智能图素类别	主要用途或说明	包含的图标
1	板料图素	“板料”用于在厚度方向拉伸，“弯曲板料”用于垂直于厚度的方向拉伸以生成具有平滑连接拉伸边的钣金件，它们多作为钣金第一壁	板料 弯曲板料
2	圆锥板料图素	用于创建能够展开的圆柱或圆锥钣金零件	圆锥板料
3	添加板材图素	可根据需要添加到板材图素或在其中增加其他图素并使图素弯曲延展，其中，“添加弯板”用于生成具有平滑连接边的钣金件	添加板料 添加弯板
4	顶点图素	用于在平面板料的直角上生成圆角或倒角	顶点过渡 顶点倒角
5	弯曲图素	用于添加到平面板料上需要圆柱面弯曲的地方	折弯 不带料折弯 向内折弯 不带料内折弯 向外折弯 不带料外折弯 卷边 弯边连结 无补偿折弯

（续）

序号	钣金智能图素类别	主要用途或说明	包含的图标
6	成型图素	用于通过生产过程中的压力成型操作产生的典型板料变形特征	散热孔、双散热孔、散热孔盖、半桥形散热孔、通风窗、圆角通风窗、突起、中心孔突起、圆形凸起、埋头孔、中心孔、半凸起中孔、半凸起矩形孔、卡式导向孔、矩形突起、挤压接头、孔盖、珠形凸起
7	型孔图素	表示除料冲孔在板料上产生的型孔	椭形孔、圆角方孔、钥匙外孔、钥匙内孔、圆孔、圆角矩形孔、四叶式孔、方形孔、矩形孔、窄缝、单个D孔、双D孔、接口孔、六边形孔、半圆孔、一组圆孔、一组方孔、一组椭圆孔
8	自定义图素	自定义轮廓图素释放到某个零件或板料图素上后，可以编辑其轮廓；同样自定义冲压图素也可编辑其冲压轮廓	自定义轮廓、自定义冲压

6.1.3 了解钣金操作工具

CAXA 3D 实体设计还提供了用于钣金操作的工具按钮，这些工具按钮位于图 6-5 所示的“钣金”面板中，而该面板位于功能区的“工具”选项卡中。钣金操作的相应菜单命令位于应用程序菜单的“工具”|“钣金”级联菜单中。

图 6-5 “钣金”面板

6.1.4 使用钣金件的编辑手柄或按钮

在钣金件中，同样可以使用包围盒手柄、手柄开关等，但钣金件中的这些编辑手柄功能和

CAXA 3D 实体设计中其他零件图素设计的有所不同。

1）在钣金件设计中，编辑手柄可在零件编辑状态下使用，但仅可用于包含弯曲图素的零件。如图 6-6 所示，方形的弯曲角调整手柄用于对弯曲角度进行可视化编辑，实心球形的移动弯曲编辑手柄可用于弯曲图素相对于选定手柄的轴作可视化移动。注意这两类手柄的右键编辑功能。

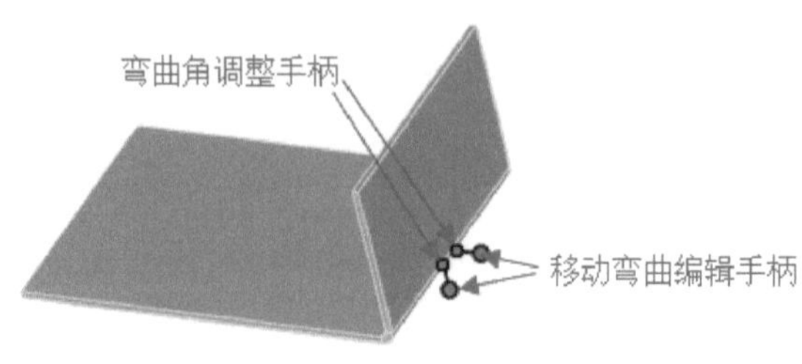

图 6-6　零件编辑状态下显示的弯曲编辑手柄

2）在钣金件中，包围盒手柄的操作方式仅适用于板料图素和顶点图素。

3）在钣金件智能图素编辑状态下，形状手柄可用于平面板料、顶点和弯曲图素，但是要注意的是对弯曲图素的操作方法因其独特要求而不同于对其他图素。

4）在智能图素编辑状态中可以使用独特的钣金切口编辑工具。如果折弯切口编辑工具在智能图素编辑状态中未被激活，那么可以单击“手柄切换开关”按钮来切换显示“切口”按钮图标，也可以通过在实体折弯部分处右击，并从弹出来的快捷菜单中选择“显示编辑操作柄”|“切口”命令（见图 6-7）以显示切口编辑工具。显示的切口编辑工具如图 6-8 所示。

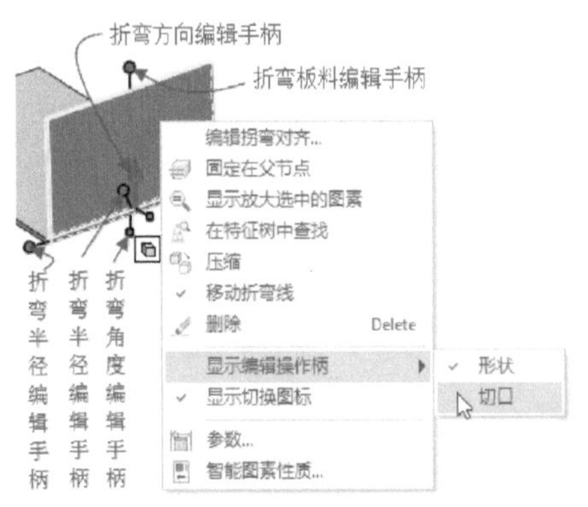

图 6-7　选择“切口”命令

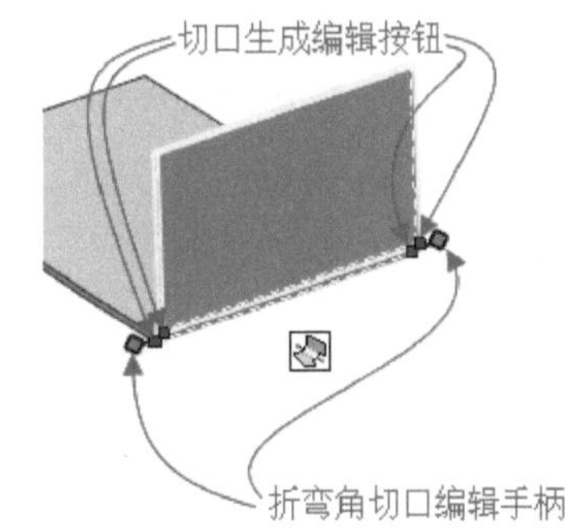

图 6-8　折弯切口编辑按钮及手柄

- 切口生成编辑按钮：其作用是让设计者决定是否在钣金件上生成切口。如果要生成一个切口，则将光标移至相应的按钮上并待光标变成“”显示，单击选定它以显示设定的折弯切口。在该按钮上右击，从快捷菜单中选择“折弯属性”，可利用弹出来的“钣金折弯特性”对话框来查看和设置折弯属性，包括折弯切口的相关参数。
- 折弯角切口编辑手柄：其显示在弯曲图素两端，可用于对其弯曲长度进行可视化增加或减少。

5）CAXA 3D 实体设计为编辑型孔图素和冲压模变形设计提供尺寸设定按钮而不是编辑手柄。这将在本章后面关于型孔图素和冲压模变形设计的内容中进行介绍。

6.1.5 钣金设计技术概述

在 CAXA 3D 实体设计 2020 中，钣金设计也可以按照大多数设计流程那样进行设计，即在开始设计阶段，先把标准的智能图素拖放到钣金件的设计环境中以生成最初的设计，然后利用可视化编辑方法和精确编辑方法对钣金件进行自定义和精确设计。具体来说，就是先把一个板料图素拖放到设计环境中作为钣金件设计的基础，接着按照需要一步一步地添加其他图素，从而完成需要的基本钣金件，在这个过程中要充分利用可视化编辑方法和精确编辑方法。

除了可以将钣金件作为一个独立零件进行设计外，还可以从已有零件开始进行钣金件设计（即在已有零件的适当位置上进行钣金设计）。

6.2 生成钣金件

本节介绍如何生成钣金件。

6.2.1 基本板料图素与圆锥板料图素应用

CAXA 3D 实体设计 2020 提供的基本板料图素图标有“板料”和“弯曲板料”，圆锥板料图素图标则只有“圆锥板料”。

从“钣金”设计元素库中单击“板料”图标，接着将它拖放到设计环境中释放，如图 6-9 所示。如果需要，也可以将“弯曲板料”图素拖放到设计环境作为基础图素。在这里以基础平面板料图素为例。在智能图素编辑状态下选定平面板料图素，可以显示板材图素的包围盒手柄，由于钣金件厚度（高度）是固定的，因而其高度包围盒手柄是被禁止的。如果要使板材图素的图素轮廓手柄处于激活状态，则可以单击“手柄开关”图标来切换。

拖拉包围盒手柄或图素轮廓手柄可以对图素进行可视化尺寸重置，当然若要精确编辑图素的尺寸，则可以使用指定手柄的相应右键快捷菜单命令。

如果要修改平面板料的截面，那么在显示有图素轮廓手柄的状况下，只需在图素上右击，并从弹出来的图 6-10 所示的快捷菜单中选择“编辑草图截面”命令，进入草图编辑模式，然后按照要求对该截面进行修改即可。

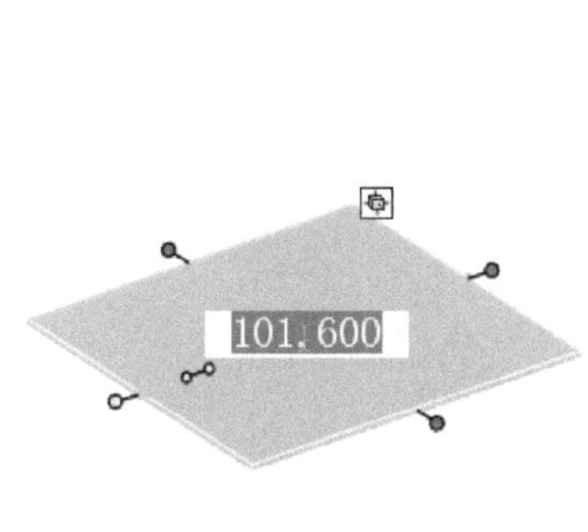

图 6-9 基础平面板料图素

图 6-10 选择“编辑草图截面”命令

知识点拨：

可以通过由“菜单”|“选项”命令打开的“选项”对话框设置默认显示钣金特征的操作手柄，这样在拖入钣金特征时将显示钣金特征的操作手柄（默认图素轮廓手柄）。

在某些设计场合下需要圆锥板料作为基础板料图素，如图 6-11 所示，利用其相应的智能图素手柄可以调整高度、上下部的半径以及旋转半径等。慢速右击圆锥板料，并从快捷菜单中选择“智能图素性质”命令，打开图 6-12 所示的“圆锥钣金图素”对话框，切换至“圆锥属性”选项卡，从中可以指定顶部锥形的内半径、中面半径及外半径，底部锥形相关的内半径、外半径及中面半径，可以指定锥形钣金的相关延长量，以及指定锥形钣金的旋转角度等。

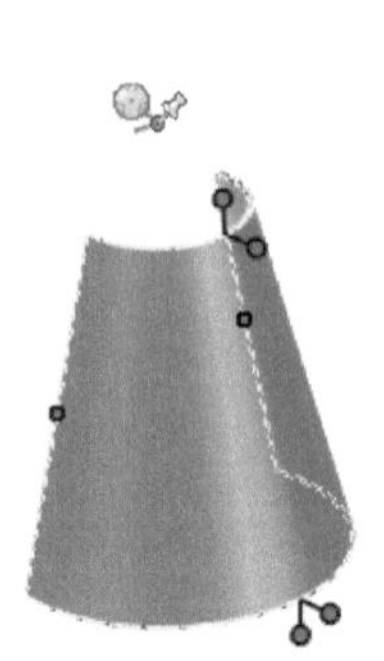

图 6-11　智能编辑状态下的圆锥板料

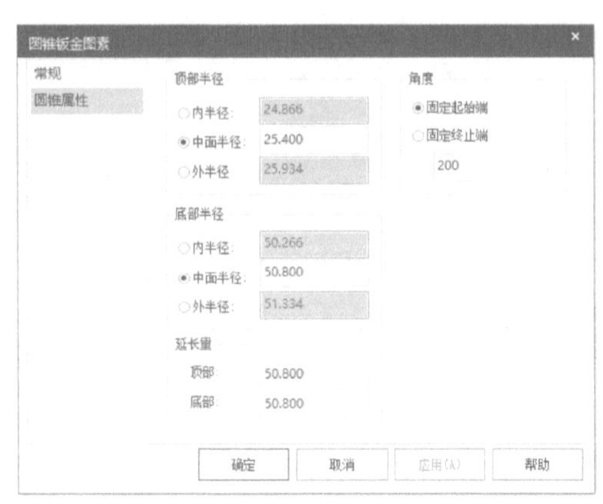

图 6-12　“圆锥钣金图素”对话框

6.2.2 添加板料及添加弯板

使用“钣金”设计元素库中的“添加板料”图素可以把扁平板料添加到已有钣金件设计中，其操作方法比较简单，即从“钣金”设计元素库中选择“添加板料”图素，将它拖到已有钣金件指定表面的一条边上，直到该边显示一个绿色的智能捕捉显示符，释放鼠标，则该图素会自动设定尺寸来与已有钣金件匹配，如图 6-13 所示。

也可以将“添加弯板”图素添加到已有基础图素的某条边上，默认时添加的弯板图素也显示为扁平的，如图 6-14 所示。对于添加进来的弯板图素，可以结合草绘工具生成弯曲的钣金效果。

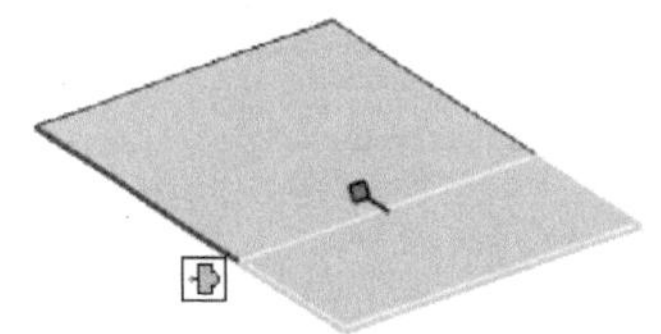

图 6-13　添加外接板料

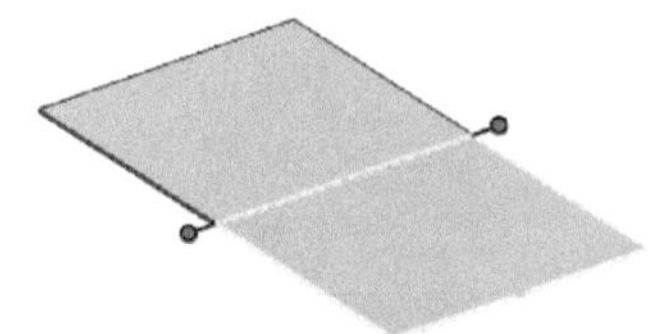

图 6-14　添加弯板

【课堂范例】：添加弯板范例

1）在“快速启动”工具栏中单击“打开”按钮，打开“HY_添加弯板 . ics”文件，该文件已经存在着一个扁平的板料图素作为钣金基础图素。

2）从“钣金”设计元素库中将“添加弯板”图素添加到基础图素的指定边上，如图 6-15 所示。

3）在智能图素编辑状态，右击弯板图素，如图 6-16 所示，然后从快捷菜单中选择“编辑草图截面”命令，系统弹出“编辑草图截面”对话框。

4）在“编辑草图截面”对话框中选择“中心线”单选按钮定义轮廓位置，如图 6-17 所示。接着在功能区“草图”选项卡的“绘制”面板中单击“连续轮廓”按钮，绘制并编辑弯曲图素的轮廓（可删除原来的直线轮廓），完成效果如图 6-18 所示，图中给出了部分关键尺寸。

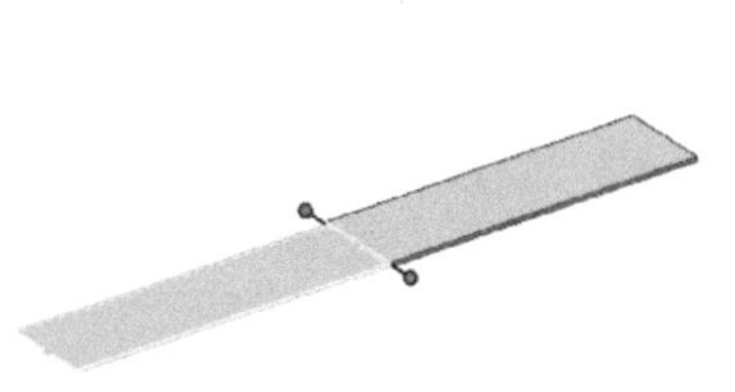

图 6-15　添加弯板图素

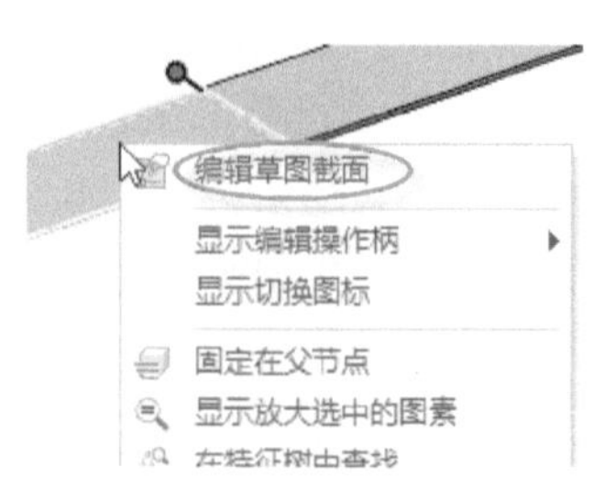

图 6-16　右击弯板图素

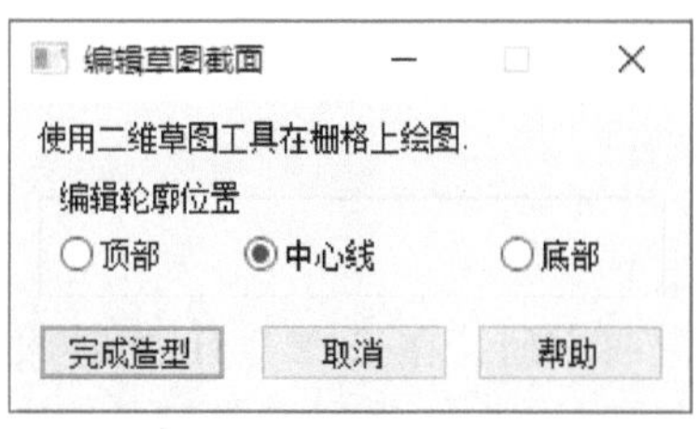

图 6-17　“编辑草图截面”对话框

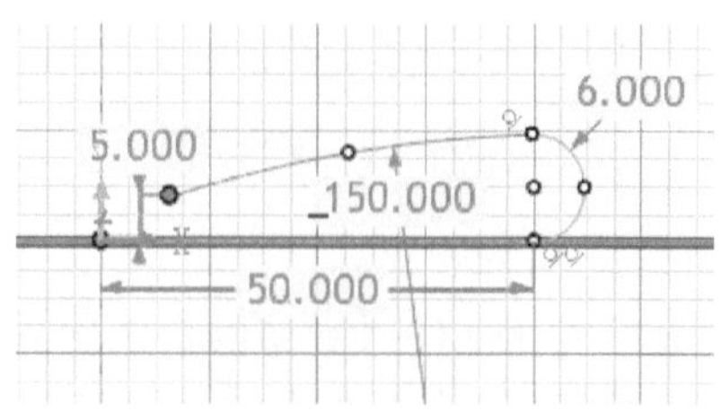

图 6-18　编辑弯曲图素的轮廓

5）在“编辑草图截面”对话框中单击“完成造型”按钮。完成的弯板效果如图 6-19 所示。

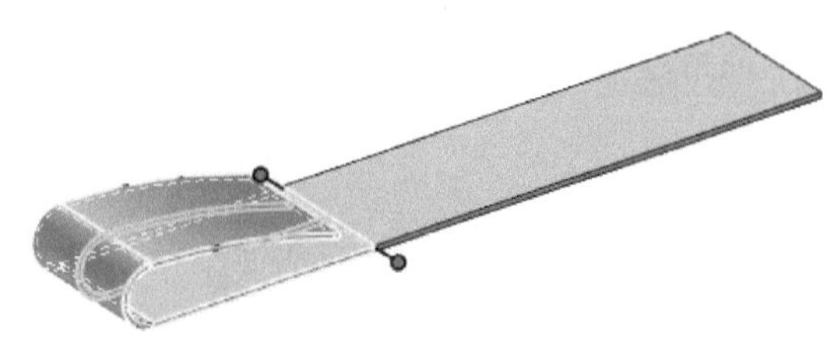

图 6-19　完成的弯板效果

6.2.3 顶点过渡与顶点倒角

在钣金件中可以添加顶点过渡和顶点倒角。两者的操作方法类似，都是从“钣金”设计元素库中将相应的顶点图素拖放到设计环境中钣金件的顶点处释放即可，并可以使用相应的手柄来对其进行可视化或精确编辑。

添加顶点过渡的示例如图 6-20 所示，添加顶点倒角的示例如图 6-21 所示。

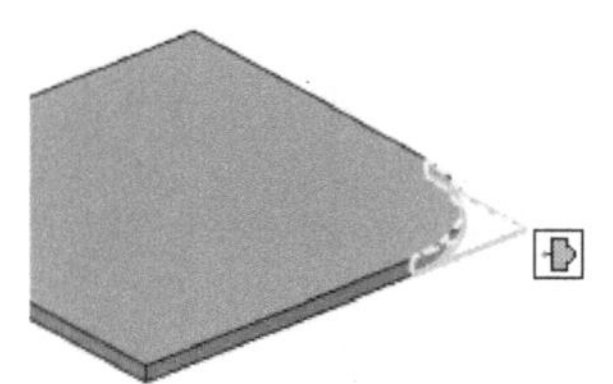

图 6-20　添加顶点过渡的示例

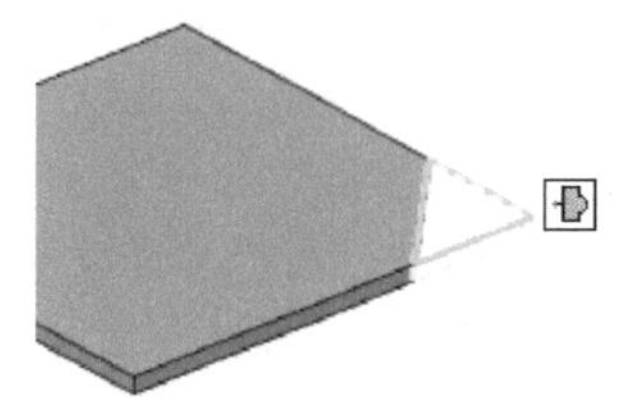

图 6-21　添加顶点倒角的示例

6.2.4 应用弯曲图素

在 CAXA 3D 实体设计中的弯曲图素是很实用的，弯曲图素可以满足钣金件常见的一些特定设计要求，而且弯曲图素的类型较多（包括“折弯”图素、“不带料折弯”图素、“向内折弯”

图素、“不带料内折弯”图素、“向外折弯”图素、“不带料外折弯”图素、“卷边”图素、“弯边连结”图素和“无补偿折弯”图素)，在设计时还可以使用它们特殊的编辑手柄和按钮等。

各种弯曲图素的特点，从它们在“钣金”设计元素库中的图标便可以略知一二，如图 6-22 所示。例如，“卷边”图素的对应图标为，使用它可以添加一个 180°角、内侧弯曲半径为0 的弯曲。在这里不再一一赘述。

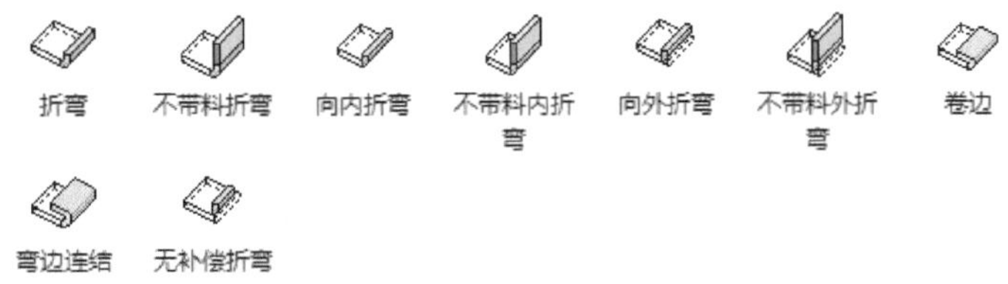

图 6-22　各种弯曲图素

在向钣金件添加任何类型的弯曲图素时都需要考虑弯曲方向。在 CAXA 3D 实体设计 2020 中，可以使用智能捕捉反馈的操作技巧来指定弯曲图素的弯曲方向：将所需类型的弯曲图素从“钣金”设计元素库中拖出，在设计环境中已有板料相应曲面上面部分的边线处拖动图素，直到该边出现一个绿色智能捕捉提示，然后释放鼠标，即可添加一个向上的弯曲，如图 6-23a 所示；如果在已有板料相应的曲面下面部分的边线处拖动图素，直到该边出现一个绿色智能捕捉提示时释放鼠标，则在该边处添加一个向下的弯曲，如图 6-23b 所示。从图 6-23 所示的示例中可以看出绿色智能捕捉提示位于哪一边就偏向于哪一边弯曲（一般情况下）。

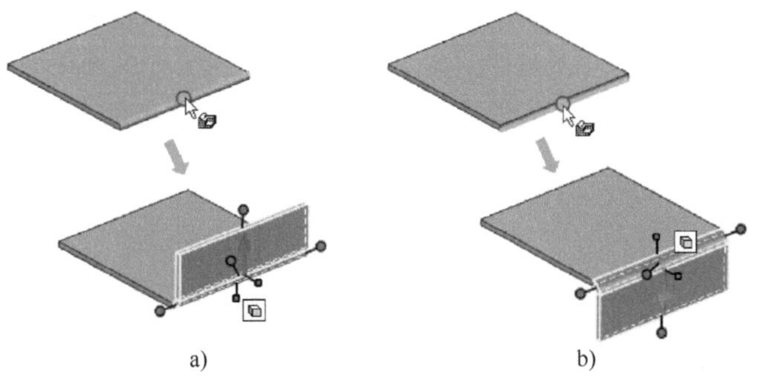

图 6-23　指定弯曲图素的弯曲方向

a）添加向上的弯曲　b）添加向下的弯曲

【课堂范例】：添加弯曲图素并调整角切口

1）在“快速启动”工具栏中单击“缺省模板设计环境”按钮，新建一个使用默认模板的设计环境文档。通过“选项”命令将板材默认厚度设置为“1.2”，材质为钢。

2）打开“钣金”设计元素库，从中将“板料”图素拖放到设计环境中。在设计环境中确保该图素处于智能图素编辑状态。接着单击出现的图标，切换到包围盒显示形式，对着其中一个包围盒手柄右击，选择“编辑包围盒”命令，打开“编辑包围盒”对话框，从中设置长度为“101”，宽度为“152”，高度不可改变，如图 6-24 所示。

在“编辑包围盒”对话框中单击“确定”按钮，得到图 6-25 所示的板料基本图素。

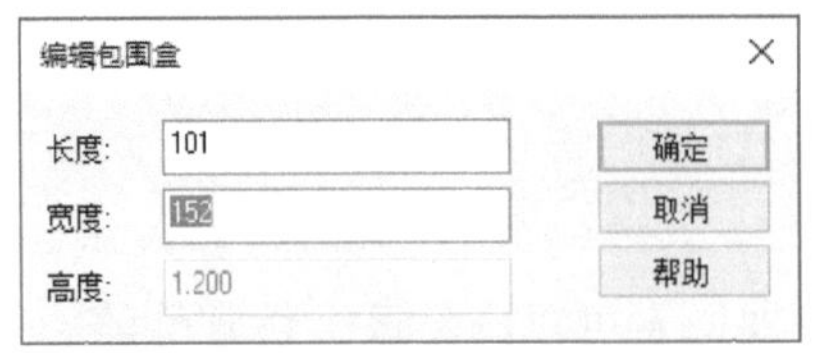

图 6-24　编辑包围盒

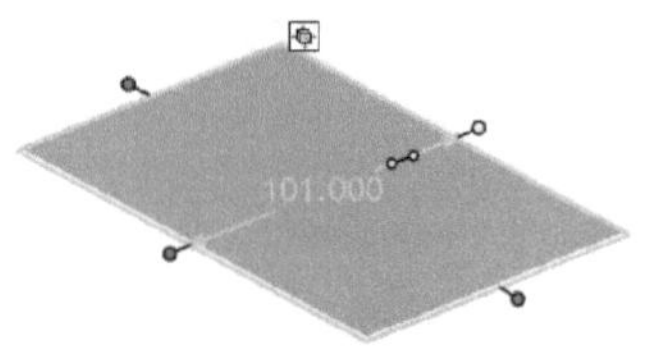

图 6-25　编辑后的板料图素

3）添加“向内折弯”图素。从“钣金”设计元素库中选择“向内折弯”图素，按住鼠标左键将其拖移到设计环境中，智能捕捉到已有板料的上表面的一条边，释放鼠标左键，即可把一个向上折弯添加到基本钣金体中。使用同样的方法，在板材的一边添加“折弯”图素，效果如图6-26所示。

4）在智能图素编辑状态下选中一个弯曲图素，右击图6-27所示的手柄，从快捷菜单中选择“编辑折弯板料长度”命令，打开“编辑第二个折弯板料长度”对话框，从中设置长度显示选项和更新行为，输入折弯板料长度为“25”，如图6-28所示，然后单击“确定”按钮。

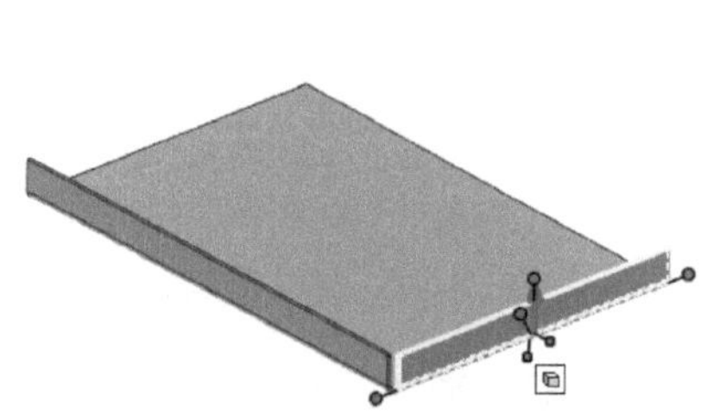

图6-26 添加两个“向内折弯”图素

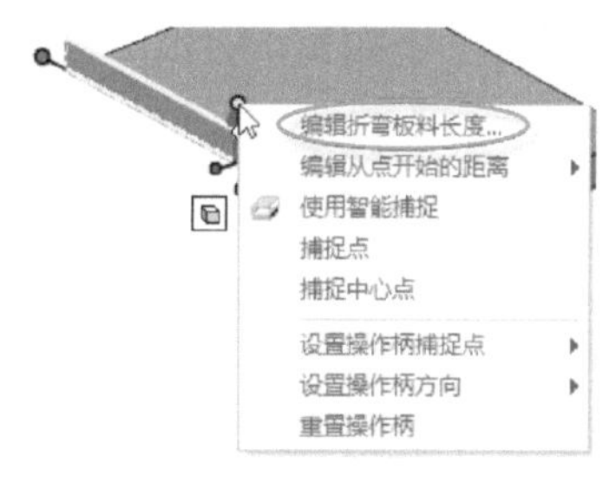

图6-27 编辑折弯板料长度

使用同样的方法，编辑另一个折弯板料的长度，其长度也同样为“25”。编辑结果如图6-29所示。

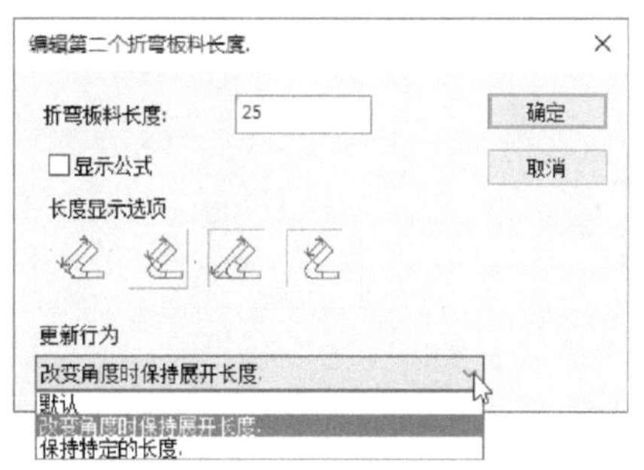

图6-28 输入折弯板料长度

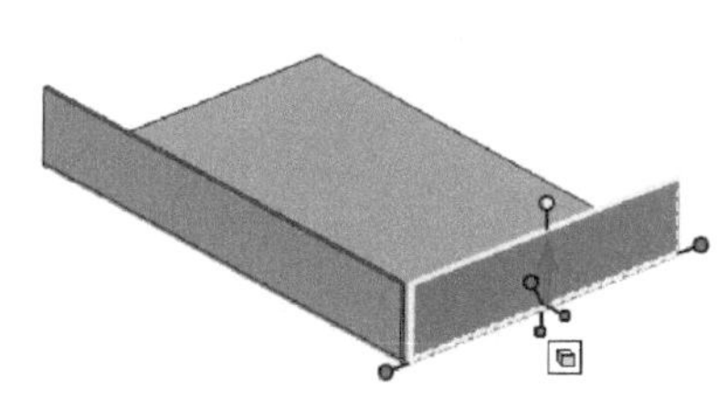

图6-29 编辑折弯板料的长度后

5）在智能图素编辑状态下选择右边的弯曲图素，将鼠标光标移至其中的延展编辑手柄处，光标变成带有双向箭头的小手形状，如图6-30所示。按住〈Shift〉键，并按住鼠标左键捕捉要延伸至的面，即把十字准线拖向另一弯曲图素的一侧面，待出现其绿色智能捕捉提示时（见图6-31）释放鼠标左键，这样所选弯曲图素末端与临接图素的外侧面或外侧边对齐。

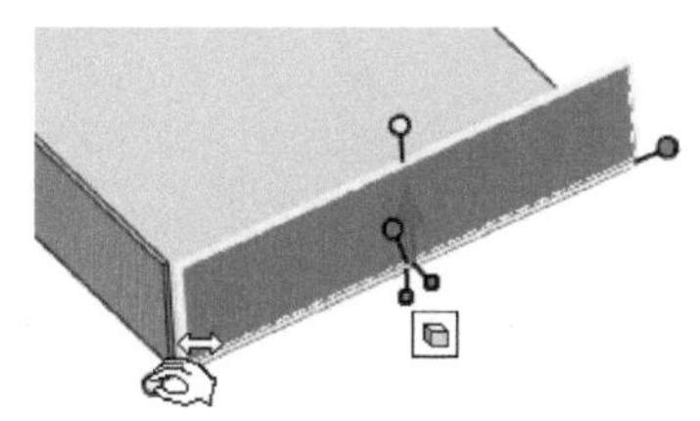

图6-30 选择延展编辑手柄

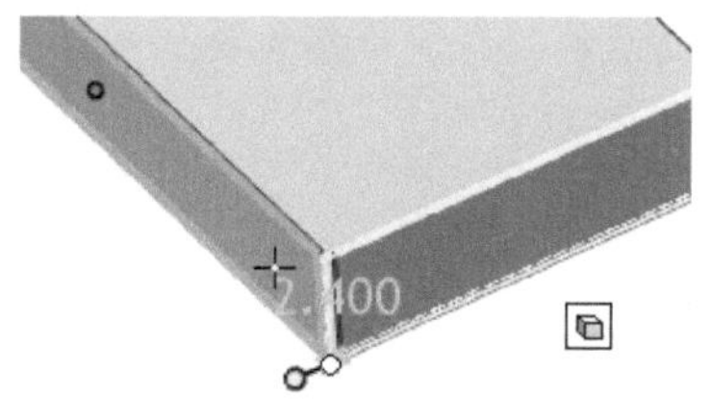

图6-31 捕捉要延伸的面

6）确保在智能图素编辑状态下选中相对右边的弯曲图素，右击该图素，接着从快捷菜单中选择“显示编辑操作柄”|“切口”命令（见图6-32），从而显示“切口”按钮图标及相应的切口编辑手柄。右击图6-33所示的切口生成编辑按钮，从出现的快捷菜单中选择“折弯属性”命

令，打开“钣金折弯特征”对话框。

图 6-32 设置显示“切口”编辑操作柄

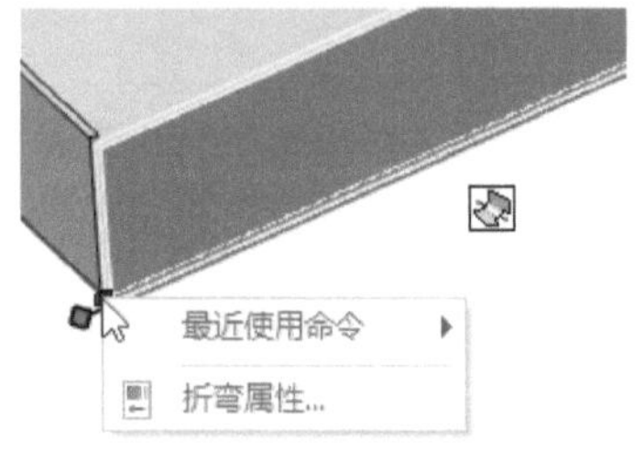

图 6-33 右击切口生成编辑按钮

7）折弯参数采用默认值，接着切换到“切口”选项卡，设置图 6-34 所示的切口选项及参数。

图 6-34 “钣金折弯特征”对话框

单击“确定”按钮，设置的钣金切口效果如图 6-35 所示。

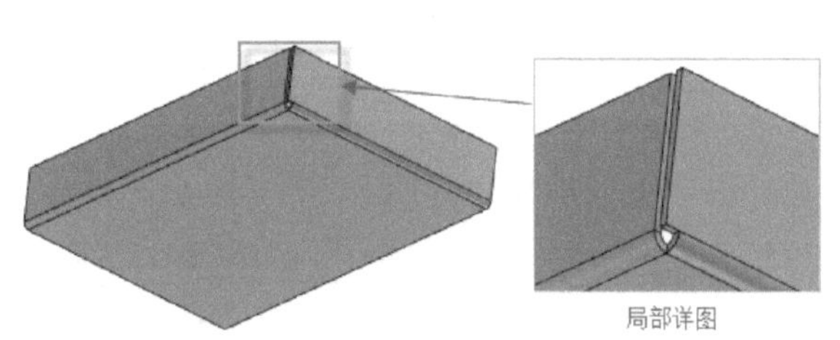

图 6-35 钣金切口

8）从“钣金”设计元素库中选择“弯边连结”图素，按住鼠标左键将其拖至图 6-36 所示的边线处，待出现绿色的智能捕捉提示符时释放鼠标左键。完成结果如图 6-37 所示。

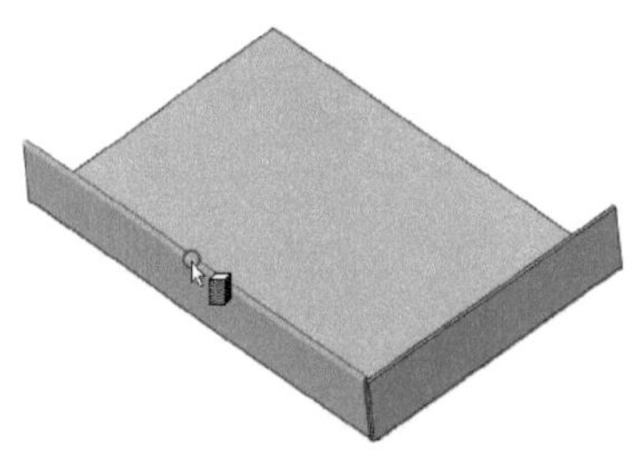

图 6-36 选择“弯边连结”图素

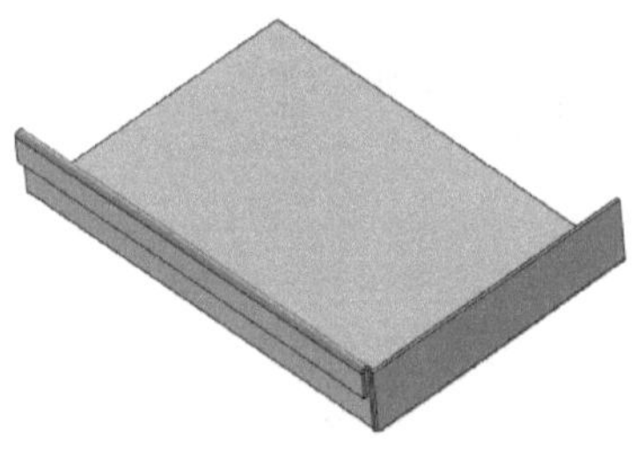

图 6-37 放置“弯边连结”图素

6.2.5 成型图素应用

在这里，以一个特例介绍如何应用成型图素。

1）在“快速启动”工具栏中单击“打开”按钮，打开本书配套资料包 CH6 文件夹中的“HY_成型图素 . ics”文件。该文件中存在的钣金件如图 6-38 所示。

2）在“钣金”设计元素库中选择“圆角通风窗”图素，按住鼠标左键将其拖放在图 6-39 所示的钣金面上，系统自动显示出该图素包含的默认的智能尺寸。

图 6-38 已存在的钣金件

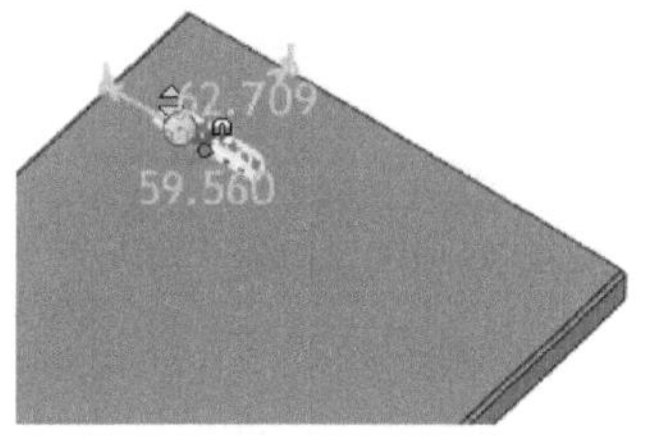

图 6-39 拖放“圆角通风窗”图素

3）将鼠标光标置于相应的智能图素尺寸上，右击，接着从快捷菜单中选择“编辑所有智能尺寸”命令，打开“编辑所有智能尺寸”对话框，从中修改所有智能尺寸，如图 6-40 所示，然后单击“应用”按钮或“确定”按钮，编辑结果如图 6-41 所示。

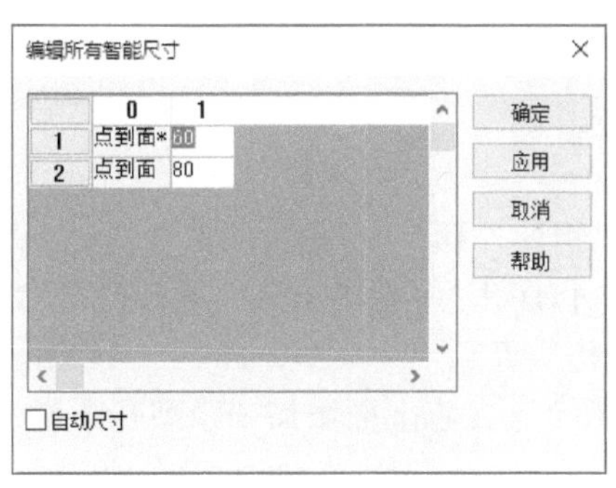

图 6-40 编辑所有智能尺寸

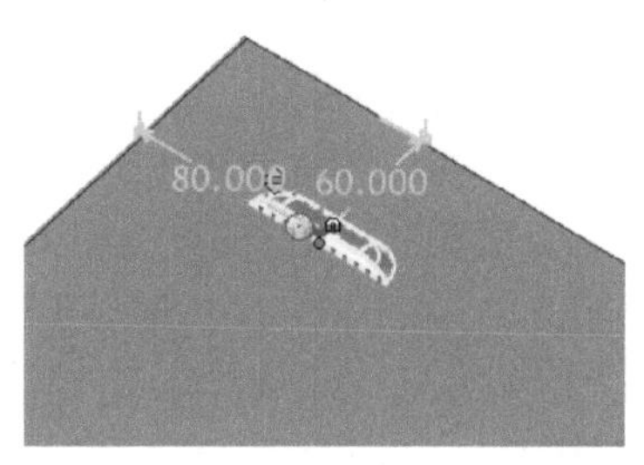

图 6-41 编辑智能尺寸后的结果

4）在智能图素编辑状态下右击“圆角通风窗”图素，接着从弹出来的快捷菜单中选择“加工属性”命令，打开“形状属性”对话框。选择“自定义”单选按钮，将长度值修改为“88”，如图 6-42 所示，然后单击“确定”按钮。

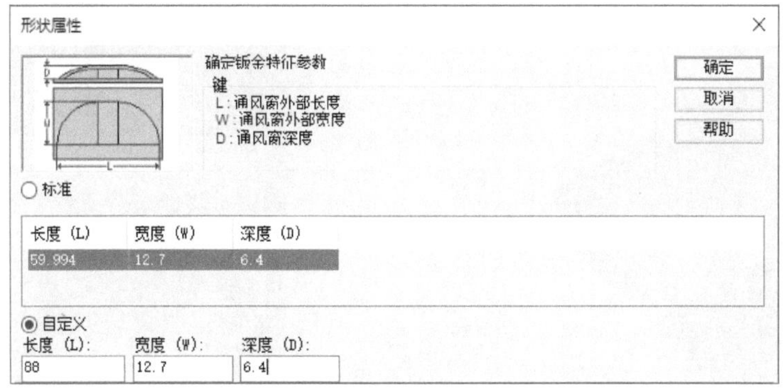

图 6-42 设置加工属性

5）为了便于使用三维球工具阵列一排“圆角通风窗”图素，可将两个智能约束尺寸删除。右击其中一个智能尺寸，接着从快捷菜单中选择“删除”命令，从而将该智能尺寸删除，使用同样的方法删除另一个智能尺寸。

确保在智能图素状态下选择“圆角通风窗”图素，按〈F10〉键以快速启用三维球工具。右击图6-43所示的一个外手柄，并从快捷菜单中选择“生成线性阵列”命令，弹出“阵列”对话框，从中将数量设置为“8”，距离为“35”，然后单击“确定”按钮，阵列结果如图6-44所示。

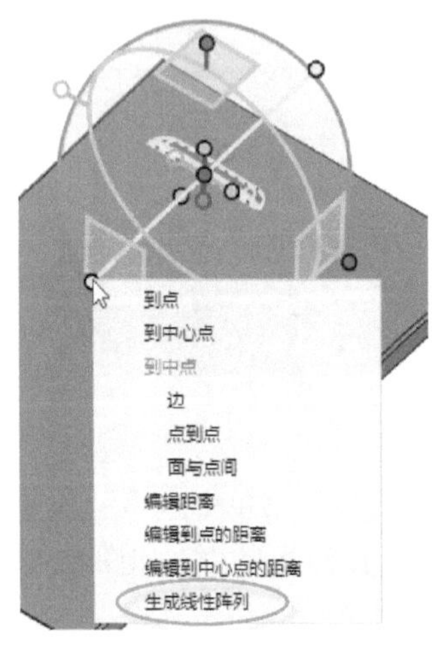

图6-43　右击三维球一外手柄

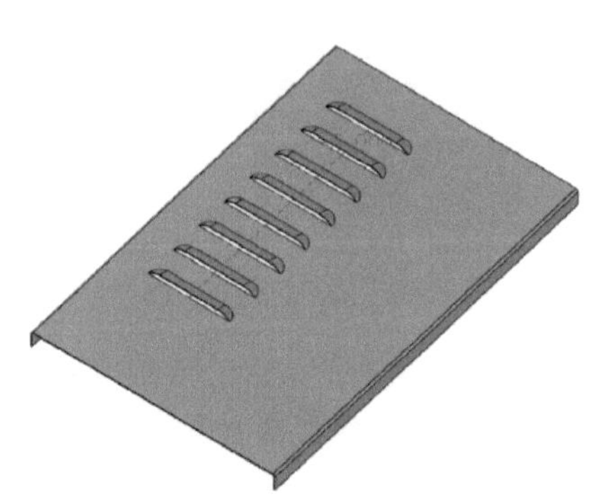
图6-44　阵列结果

6.2.6 型孔图素应用

型孔图素也比较多，包括“梯形孔”“圆角方孔”“钥匙外孔”“钥匙内孔”“圆孔”“圆角矩形孔”“四叶式孔”“方形孔”“矩形孔”“窄缝”“单个D孔”“双D孔”“接口孔”“六边形孔”“半圆孔”“一组圆孔”“一组方孔”和“一组椭圆孔”等。

继续以上一小节（6.2.5节）完成的钣金件为基础钣金，在它上面添加一个型孔图素，具体的操作步骤如下。

1）从“钣金”设计元素库中选择“一组椭圆孔”图素，按住鼠标左键将其拖放到设计环境中的基础钣金面上释放，如图6-45所示。

2）修改两个智能尺寸，结果如图6-46所示。

图6-45　选择“一组椭圆孔”图素

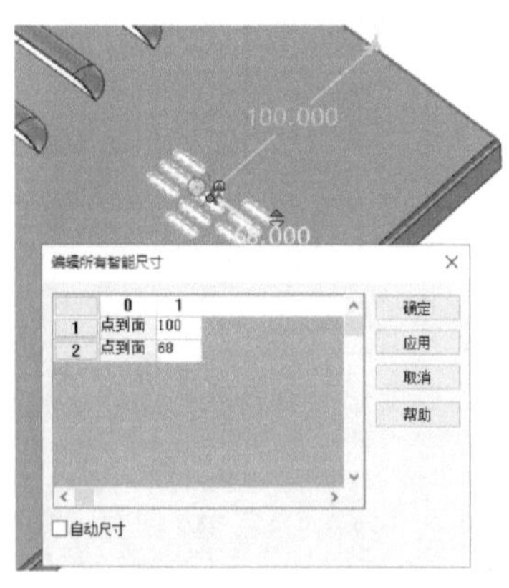

图6-46　修改两个智能尺寸

3）对着该型孔图素利用右键快捷菜单选择“加工属性”命令，打开“冲孔属性”对话框。选择“自定义”单选按钮，并设置图6-47所示的参数，然后单击“确定”按钮。

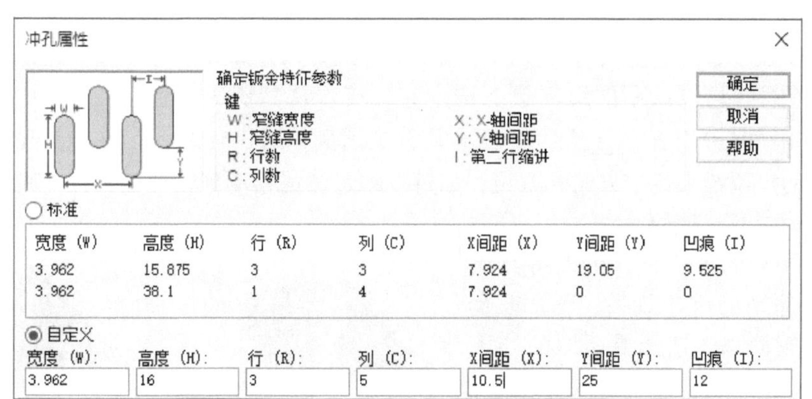

图6-47 设置加工属性

完成结果如图6-48所示。

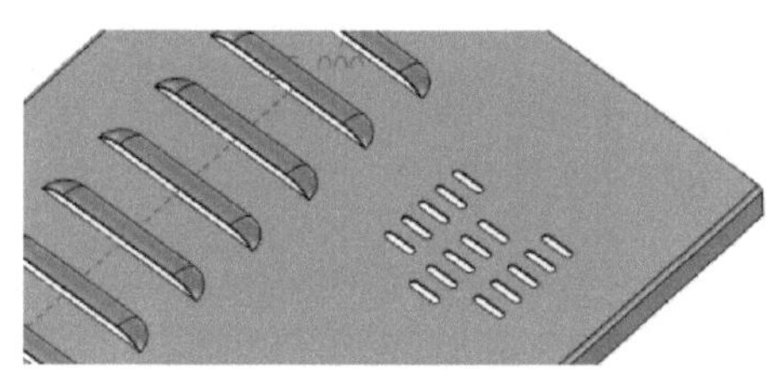
图6-48 添加型孔图素效果

6.2.7 自定义图素应用

在“钣金”设计元素库中还有一个“自定义轮廓”智能图素和一个“自定义冲压”智能图素，使用这两个智能图素可以向钣金件添加用户定义的钣金图素。例如，将“自定义轮廓”图素从“钣金”设计元素库中拖出并放置在钣金件相应的位置处，该图素在默认情况下作为一种圆孔图素添加进来，如图6-49所示，但是该图素可以在智能编辑状态下，利用包围盒或图素手柄进行编辑，与其他标准智能图素的编辑方式相同。例如，如果要编辑自定义轮廓图素的截面，那么可以右击智能图素编辑状态下的该图素，从出现的快捷菜单中选择“编辑草图截面”或“展开状态下编辑草图截面”命令，如图6-50所示，然后利用相关的草图工具按照要求来修改轮廓截面即可。

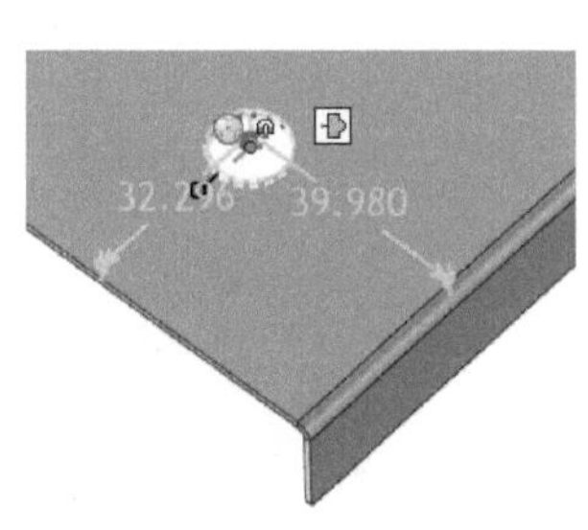

图6-49 自定义轮廓图素

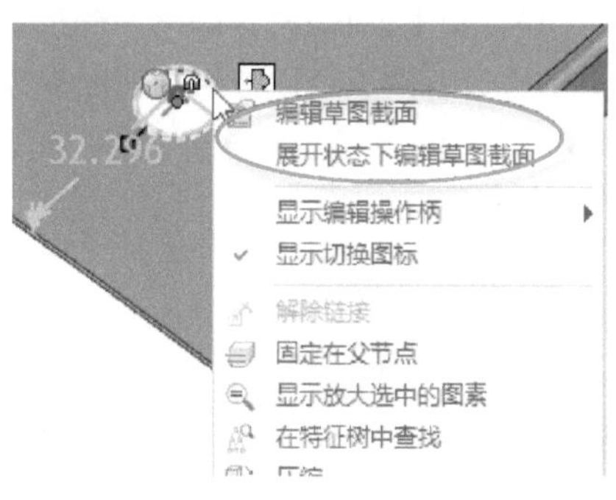

图6-50 选择“编辑草图截面”命令等

6.3 钣金件展开/还原

钣金展开图在钣金制造上具有重要的作用，钣金展开与还原在设计过程中经常用到。

要展开钣金件，可以在零件编辑状态选定它，接着从功能区“钣金”选项卡的“展开/还原”面板中单击“展开”按钮即可，钣金展开的示例如图 6-51 所示。在设计中，读者可以利用展开钣金件的定位锚来指定方向和方位，如可以将定位锚移动到其他板料或弯曲特征上，从而使选定特征作为展开基础的参考。

对于已经展开的钣金件，可以将其还原（复原）为原来的钣金效果。还原钣金件的操作也比较简单，选择要还原的处于展平状态的钣金件，接着在功能区“钣金”选项卡的“展开/还原”面板中单击“还原”按钮即可。

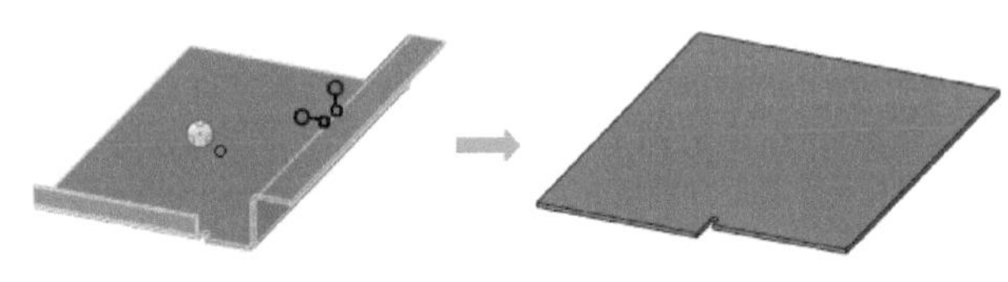

图 6-51　钣金展开示例

6.4 钣金操作进阶

本节介绍的钣金操作有钣金切割（实体切割）、放样钣金、草图折弯、成形工具、折弯切口、冲孔折弯、展开折弯和折叠折弯。

6.4.1 钣金切割（实体切割）

CAXA 3D 实体设计 2020 提供了实用的钣金切割（实体切割）工具。要使用钣金实体切割工具，需要准备标准实体或别的钣金件作为切割工具，也就是说在当前设计环境中必须包含需要修剪的钣金件和其他用作切割图素的标准实体图素或钣金件，并且切割图素必须正确放置在钣金件中。

下面通过范例形式介绍钣金切割的一般方法及步骤。

1）在“快速启动”工具栏中单击“打开”按钮，打开配套素材 CH6 文件夹中的“HY_钣金切割 . ics”文件。该文件中存在着的原始钣金件和实体图素如图 6-52 所示。

2）选择要修剪的钣金件，接着按住〈Shift〉键，选择长方体作为切割图素。

3）在功能区中打开“钣金”选项卡，在该选项卡的“操作”面板中单击“实体切割”按钮，此时，在设计树中可以看出钣金件已经增加了一个“切割操作”图标，而切割图素仍然保留在设计环境中，如图 6-53 所示。

4）在设计树上选择长方体零件（切割图素），按〈Delete〉键将其删除。此时在设计环境的图形窗口中可以看到钣金件被切割后的效果，如图 6-54 所示。

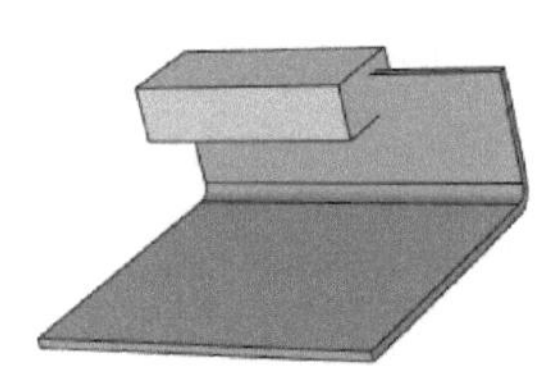

图 6-52　原始素材

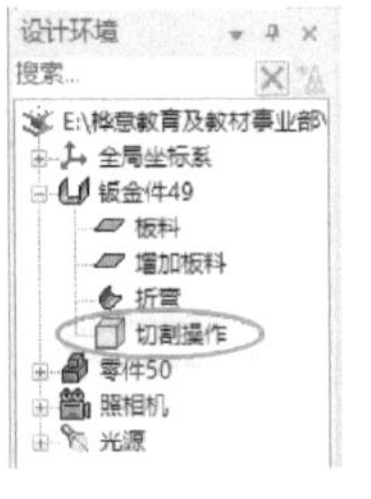

图 6-53　设计树

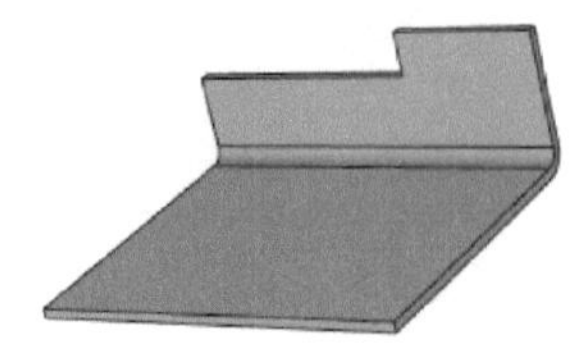

图 6-54　钣金件被切割后的效果

6.4.2 放样钣金

放样钣金在生成过程中应用了放样方法，典型示例如图6-55所示。下面以该示例介绍如何创建放样钣金，配套的素材文件为“HY_放样钣金.ics”文件。

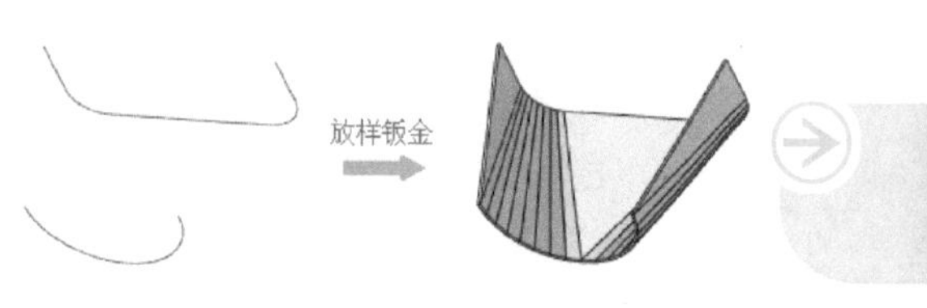

图6-55 放样钣金的示例

1）在功能区“钣金”选项卡的“操作”面板中单击“放样钣金”按钮，打开图6-56所示的“放样钣金特征”命令“属性”管理栏。

2）选择已有的草图或面，也可以单击相应的草图创建工具来创建新的草图。本例文档中已经创建好两个草图，分别选择这两个草图，注意草图线的起点方向要一致，如图6-57所示。

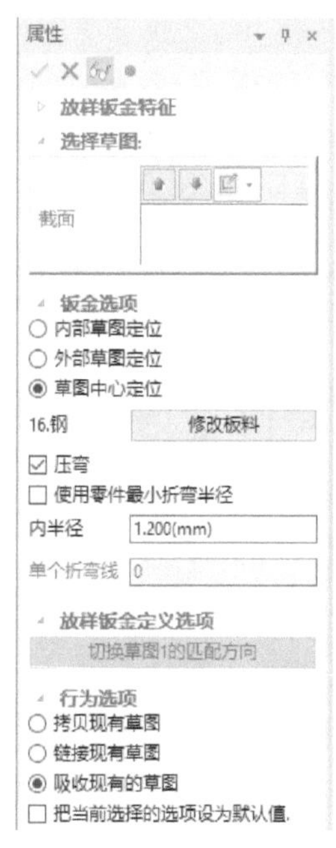

图6-56 “放样钣金特征”命令“属性”管理栏

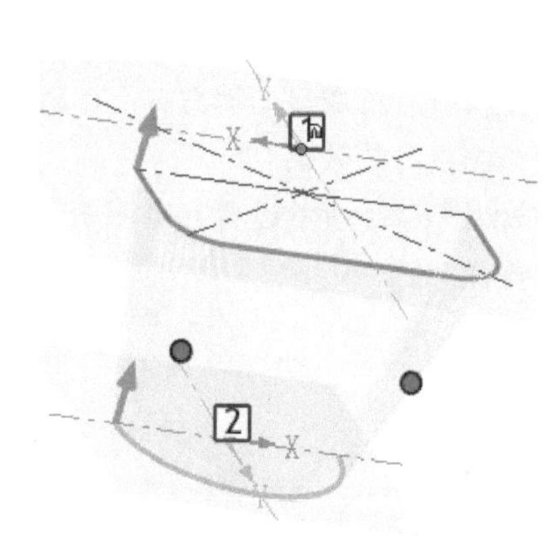

图6-57 选择已有的两个草图线

3）在“钣金选项”选项组中选择所需的一个选项来定义生成的放样钣金相对于草图的位置。可供选择的钣金选项有“内部草图定位”“外部草图定位”“草图中心定位”，本例选择“草图中心定位”。

4）CAXA 3D实体设计默认使用当前软件选定的板料，读者可以单击“修改板料”按钮来更改板料。

5）设置默认的折弯线为“8”，并勾选“压弯”复选框。勾选“压弯”复选框时，可以指定每个弯角处的压弯次数和压弯半径。也可以根据实际情况设置使用零件最小折弯半径。

6）设置放样钣金定义选项及行为选项（可选）。

7）单击“确定”按钮，完成创建放样钣金特征。

6.4.3 草图折弯

草图折弯是指使用绘制好的草图折弯线来对板材进行折弯。请看以下案例。

1）假设已有一个平整的板材（可以打开配套的素材文件“HY_草图折弯.ics”），接着在功能区“钣金”选项卡的“操作”面板中单击“草图折弯”按钮，此时“草图折弯”命令“属性”管理栏如图6-58所示。

2）选择一个平面来放置草图折弯，如图6-59所示。

3）选择要折弯的钣金平面后便进入草图绘制界面，绘制所需的折弯线，如图6-60所示。单击“完成”按钮，完成折弯线的绘制。

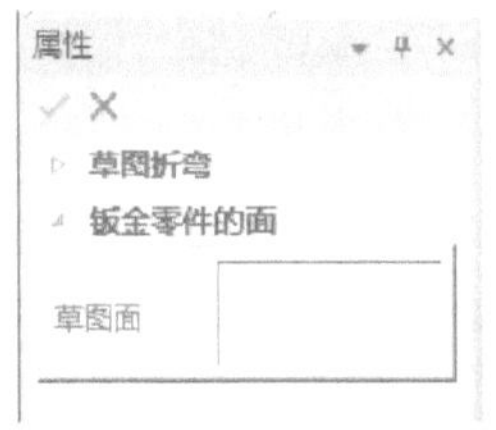

图6-58 “草图折弯”命令“属性”管理栏

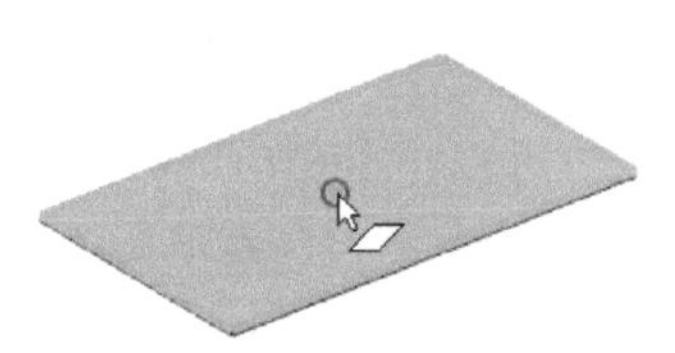

图6-59 选择一平面

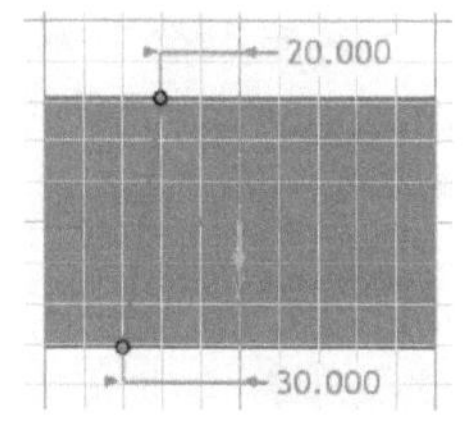

图6-60 绘制折弯线

4）此时“草图折弯”命令“属性”管理栏提供的内容如图6-61所示，由读者根据设计要求进行相应的设置。其中，“固定几何”收集器用于选择折弯时固定不动的部分，“折弯线”收集器用于选择要进行属性定义的折弯线。当勾选“折弯所有直线”复选框时，草图中所有的直线都将用于生成折弯。折弯线的类型有“中心”“光滑”“内部”“外部”，可以分别选择这些类型以最终观察草图折弯的效果。

5）按照图6-62所示设置好草图折弯的相关选项和参数，然后单击“确定”按钮，完后草图折弯操作。

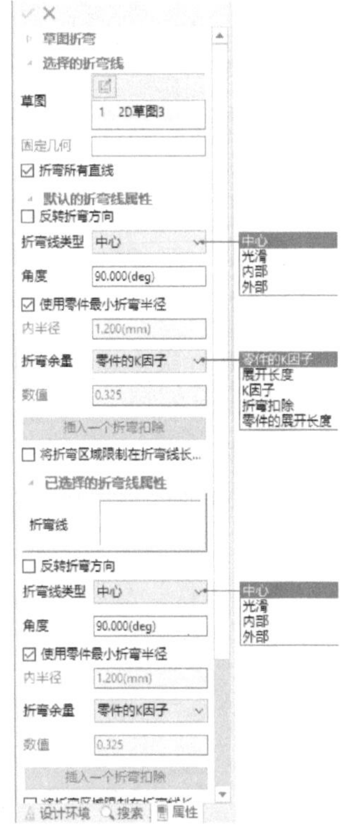

图6-61 “草图折弯”命令“属性”管理栏提供的内容

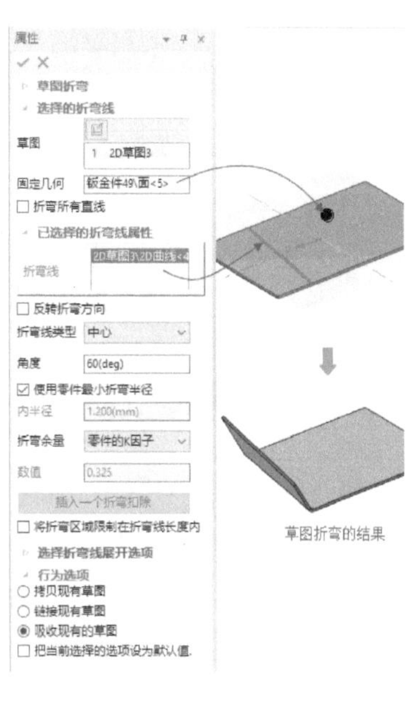

图6-62 草图折弯设置效果

6.4.4 成形工具

“成形工具”按钮在钣金设计中很实用，它用于将设计好的实体形状定制为冲头，可以在钣金件中创建个性化的成形特征。该成形工具的应用思路如下。

1）首先可以利用实体设计的相关设计工具创建好一个实体模型，该实体模型需要带有一个比较大的平面用作停止面（即定义冲压停止的面），停止面的一侧是冲头的形状。例如，设计好图 6-63 所示的一个实体形状（本书配套文件“HY_成形工具模型 . ics”提供该实体形状）。

2）在功能区“钣金”选项卡的“操作”面板中单击“成形工具”按钮，打开图 6-64 所示的“成形工具”命令“属性”管理栏。

3）在实体模型上单击一个较大的实体面作为停止面，如图 6-65 所示。

4）“要移除的面”收集器用于指定在冲压过程中移除的面。如果没有要移除的面，那么该收集器不予操作。

5）在“高级选项”选项组中设置以下两个参数，如将相交边的过渡半径设置为“1”，偏置值为“0”。

- 相交边的过渡半径：在该框中设置相交边的过渡半径，这样可以自动在冲压工具和板材的相交位置处生成一个圆角过渡。
- 偏置：在该框中设置和停止面的偏置距离值。

6）单击“确定”按钮，从而生成一个成形冲压工具。

7）将该成形冲压工具拖放到“钣金”设计元素库中，也可以在设计元素库中单击“新建”按钮新建一个设计元素库，然后将生成的成形冲压工具拖放到该设计元素库中，如图 6-66 所示。

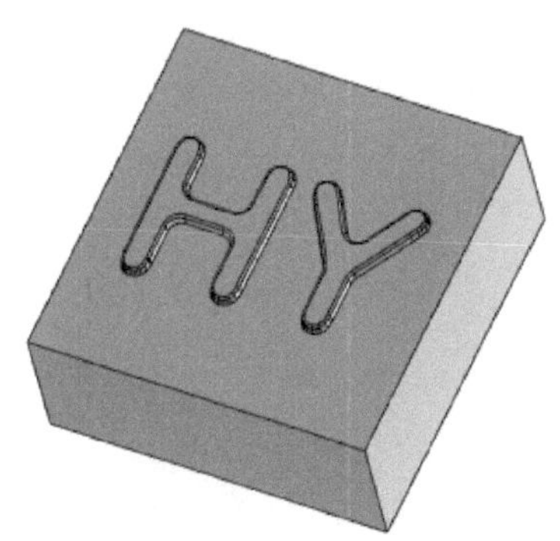

图 6-63 设计一个实体形状

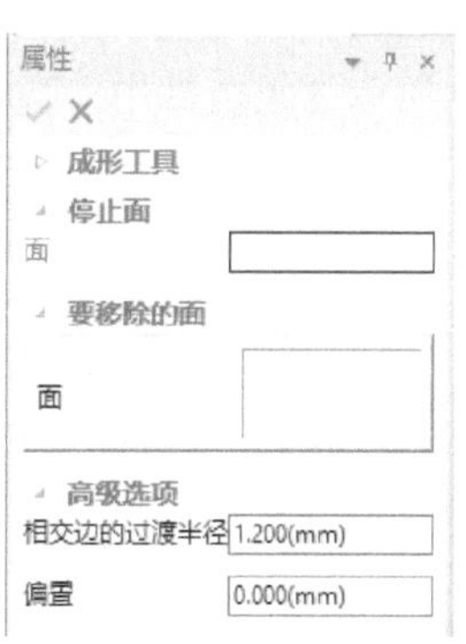

图 6-64 “成形工具”命令“属性”管理栏

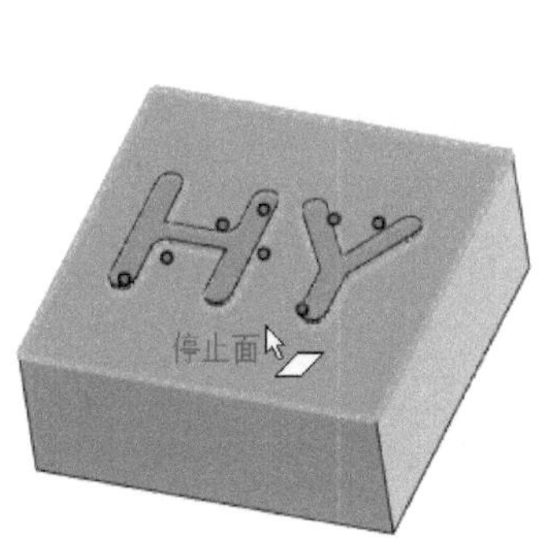

图 6-65 指定停止面

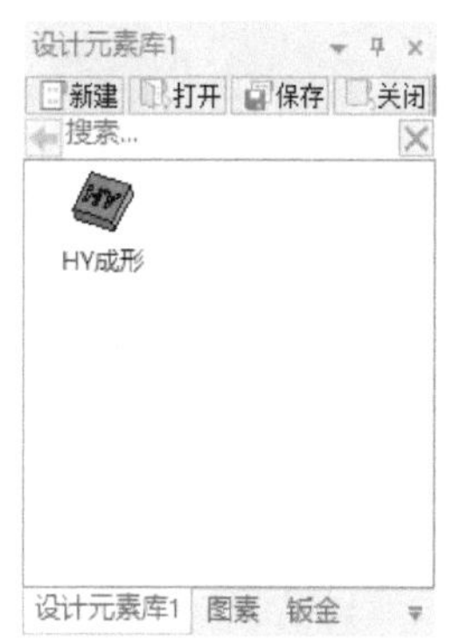

图 6-66 将成形冲压工具拖放到设计元素库

8）新建一个设计环境，将一个板料拖放到设计环境中，利用包围盒设置其长度为“200”，宽为“200”，然后从设计元素库中将成形冲压工具拖放到该板料上，结果如图 6-67 所示。在凸起的一面可以看到冲压相交边处的圆角过渡经过测量刚好是先前设定的值。

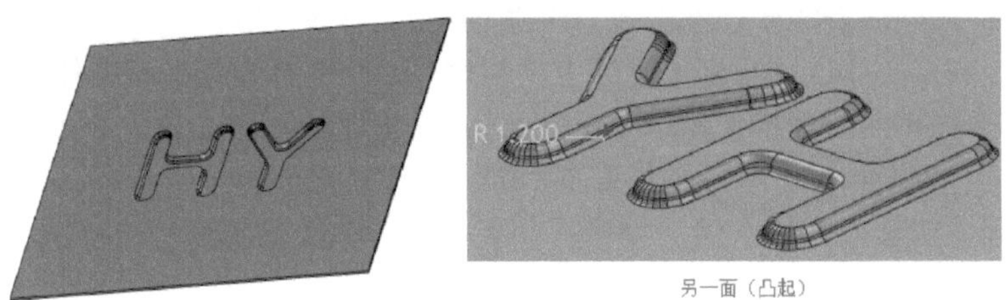

图 6-67　冲压成形

6.4.5 折弯切口

使用“折弯切口”按钮，可以很方便地定义折弯的切口位置，折弯切口有助于实现钣金加工中的精确折弯。

要创建折弯切口，则在功能区“钣金”选项卡的“操作”面板中单击“折弯切口”按钮，打开图 6-68 所示的“折弯切口”命令“属性”管理栏，选择要添加切口的折弯面，可选择多个折弯面，接着从“切口类型”下拉列表框中选择“三角形”或“圆形”，并根据所选切口类型来设置相应的切口参数。当切口类型为“三角形”时，设置切口宽度和切口深度；当切口类型为“圆形”时，设置切口半径和中点偏移值。“展开长度比率”复选框用于设置按展开长度的比率来生成折弯切口，其切口宽度和切口深度成为比例系数。

在图 6-69 所示的钣金件中，选择两个折弯面，创建的折弯切口是圆形的。

图 6-68　“折弯切口”命令管理栏

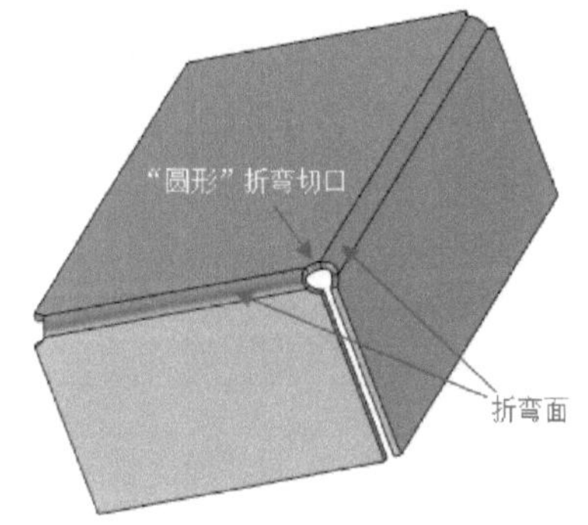

图 6-69　“圆形”折弯切口

在图 6-70 所示的钣金件中，选择一个折弯面，创建的折弯切口是三角形的。

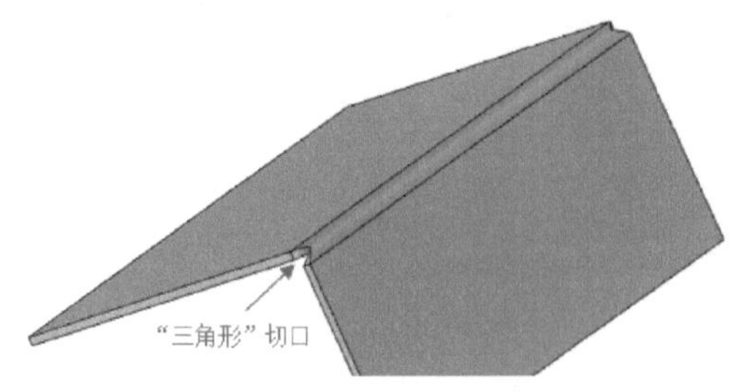

图 6-70　“三角形”折弯切口

6.4.6 冲孔折弯

“冲孔折弯”按钮用于在板料上创建一个冲孔的折弯，如图 6-71 所示。该冲孔折弯特征的创建步骤如下。

1）在功能区“钣金”选项卡的“操作”面板中单击“冲孔折弯”按钮。

2）选择将要添加冲孔折弯的钣金平面，进入草图绘制模式，绘制草图截面，如图 6-72 所示，单击“完成”按钮完成草图绘制。

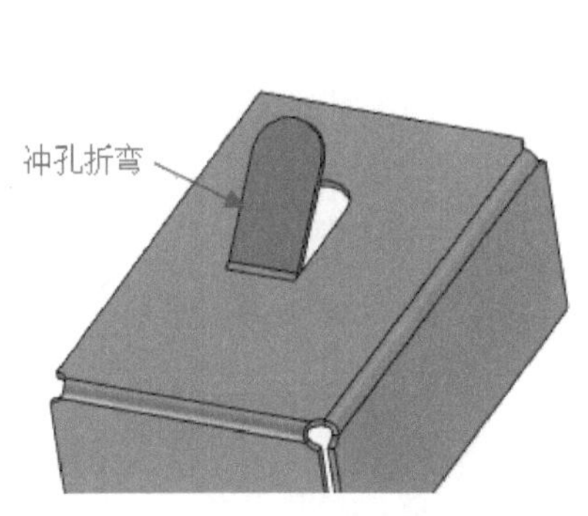

图 6-71 冲孔折弯示例

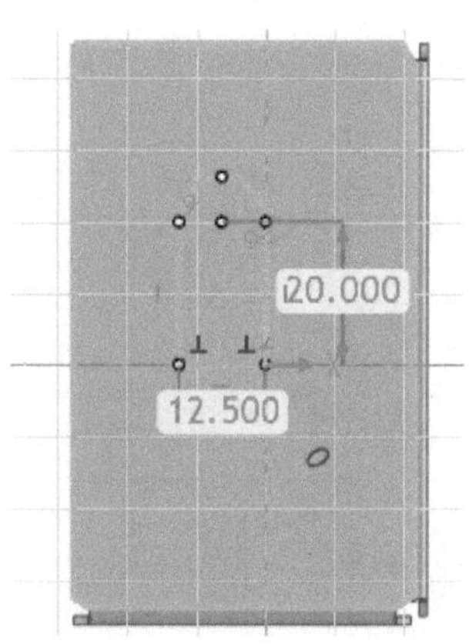

图 6-72 绘制草图

3）从草图中选择折弯线，如图 6-73 所示。折弯线是冲孔折弯的起始位置。

4）在“冲孔折弯”命令“属性”管理栏中设置冲孔折弯参数，如图 6-74 所示。

5）单击“确定”按钮，完成创建冲孔折弯特征。

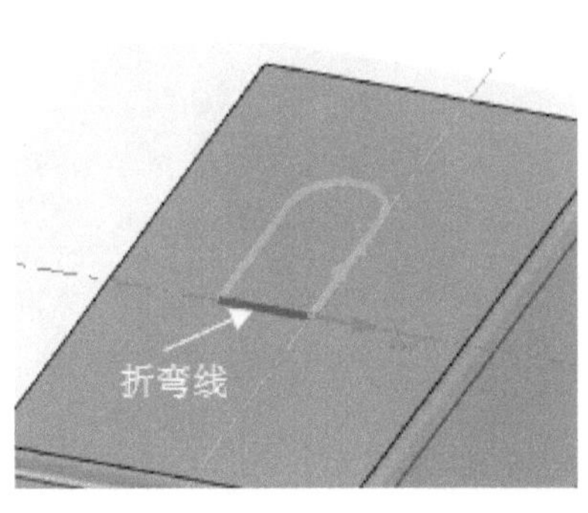

图 6-73 从草图中选择折弯线

图 6-74 设置冲孔折弯参数

6.4.7 展开折弯与折叠折弯

在进行钣金件设计的过程中，有时需要在展开状态下进行操作与编辑，然后再折叠折弯回来。展开折弯与折叠折弯的操作步骤都是类似的，可通过拾取固定面和折弯面来对折弯位置处进行局部展开与折叠。生成的展开折弯特征或折叠折弯特征可以在设计树中找到。

展开折弯的操作步骤：在功能区“钣金”选项卡的“操作”面板中单击“展开折弯”按钮，打开“展开钣金”命令“属性”管理栏（见图6-75），接着在钣金件中选择固定面，以及选择所需的一个或多个折弯面，也可以选择所有折弯面以展开所有折弯，单击“确定”按钮即可。展开折弯的示例如图6-76所示，该示例只展开了选择的一个折弯。

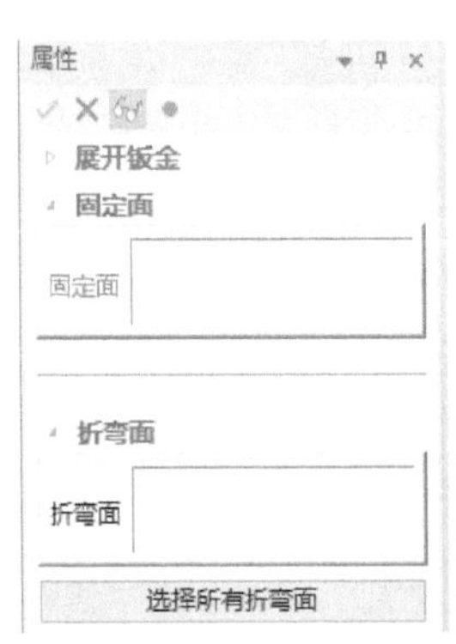

图6-75 “展开钣金”命令“属性”管理栏

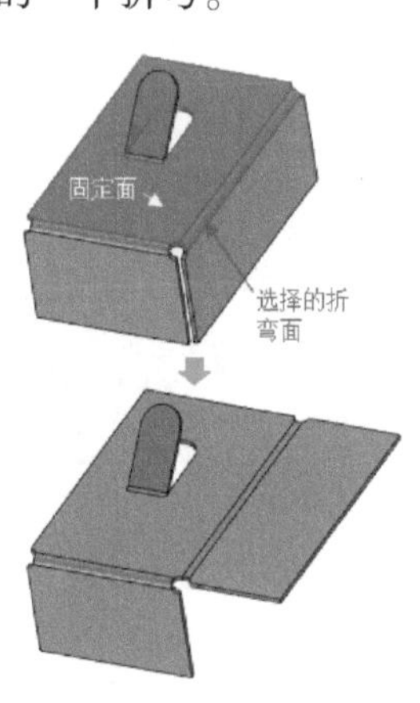

图6-76 展开折弯

要创建折叠折弯特征，则在功能区“钣金”选项卡的“操作”面板中单击“折叠折弯”按钮，打开图6-77所示的“折叠钣金”命令“属性”管理栏，接着选择固定面，以及选择要折叠回去的折弯面，然后单击“确定”按钮即可。折叠折弯的典型示例如图6-78所示。

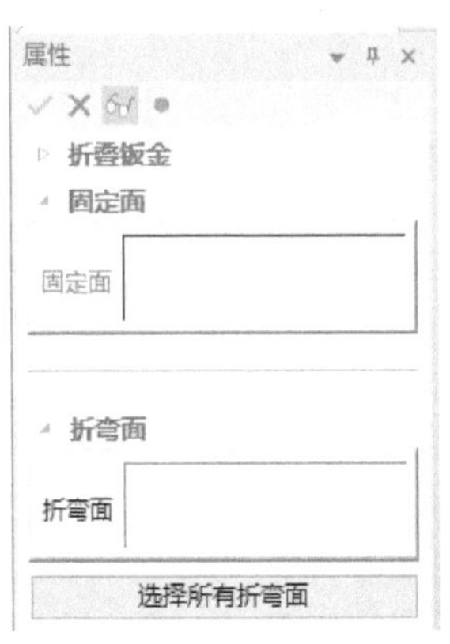

图6-77 “折叠钣金”命令“属性”管理栏

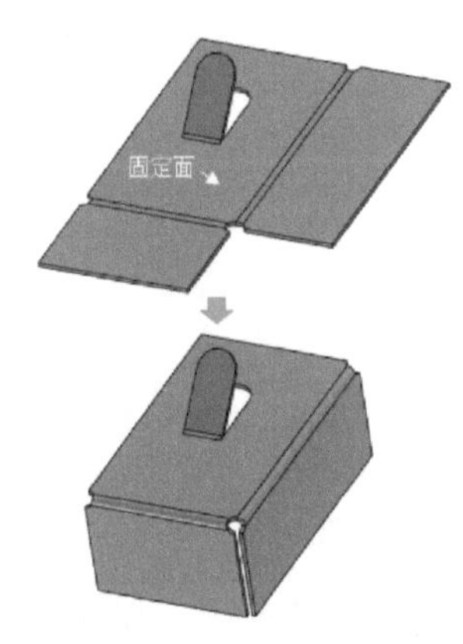

图6-78 折叠折弯示例

6.5 钣金边角工具

钣金边角工具包括“闭合角”按钮、“斜接法兰”按钮、“边角打断”按钮和“边角释放槽”按钮，本节介绍这些工具的应用知识。

6.5.1 闭合角

“闭合角”按钮主要用于在选定折弯钣金之间增加封闭角，这对于处理钣金设计中的一些细节部位是十分实用的，因为如果用手工的方式去处理是很不容易的。需要注意的是，在使用该钣金封闭角工具之前，必须确保钣金折弯边的边界重合为一点，如图 6-79 所示，否则将不能封闭，只能先将钣金折弯边的边界调整重合为一点后再进行闭合角操作。

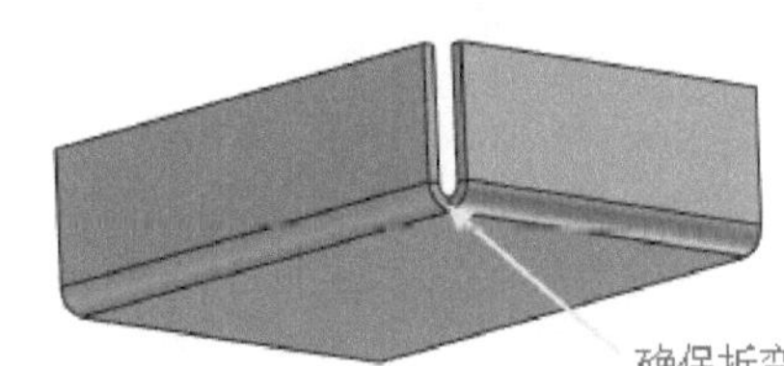

图 6-79 确保折弯边的边界重合为一点

下面以范例形式介绍如何在钣金中添加封闭角。

1）在“快速启动”工具栏中单击“打开”按钮，打开配套资料包的 CH6 文件夹中的“HY_添加封闭角.ics”文件。该文件中存在着的原始钣金件如图 6-80 所示。

2）在功能区“钣金”选项卡的“角”面板中单击“闭合角”按钮，打开图 6-81 所示的“属性”管理栏。在该命令管理栏中提供如下 3 个角选项。

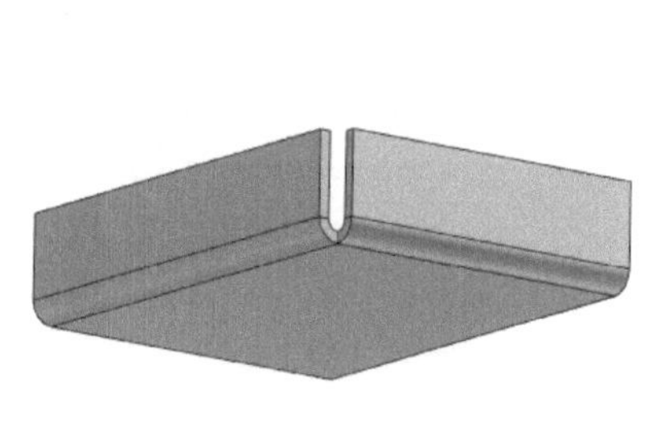
图 6-80 原始钣金件

图 6-81 打开的“属性”管理栏

- 对接：添加对接的封闭角，典型效果如图 6-82 所示。
- 正向交迭：添加正向交迭的封闭角，如果定义先选择的折弯侧为正向，那么采用该方式，添加的封闭角效果如图 6-83 所示。

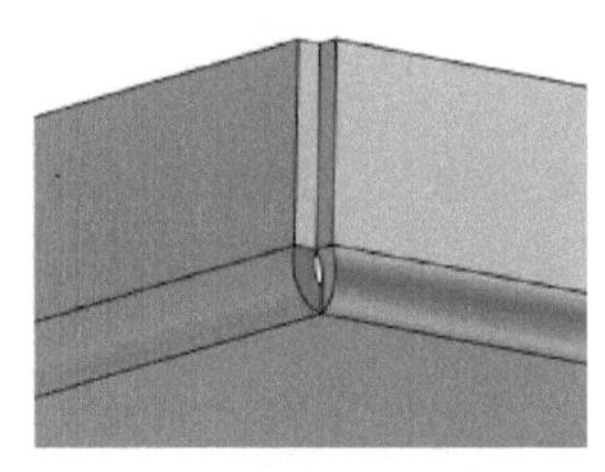
图 6-82 添加对接封闭角

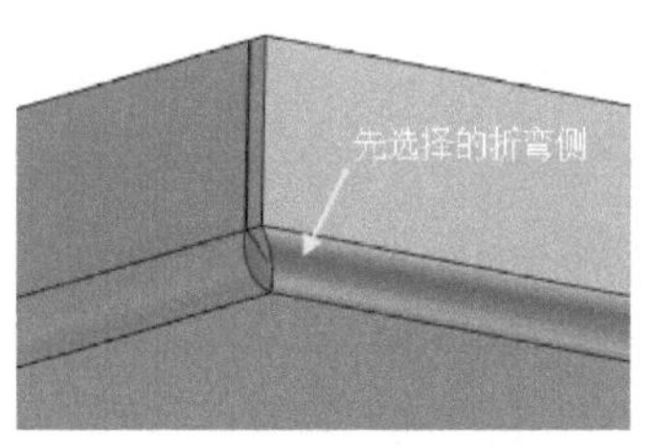

图 6-83 添加正向交迭封闭

- 反向交迭：反向交迭封闭。

3）在“属性”管理栏中选中“正向交迭”单选按钮，接着在“缝隙”文本框中设置缝隙为“0.1”，将“正向/反向交迭比”设置为“1”，在钣金件中选择图 6-84 所示的折弯侧曲面，由于所选择的一侧已经可以自动延伸来定义闭合角了，因此不用再选择另一侧折弯。

4）在“属性”管理栏中单击“确定”按钮✓，完成效果如图 6-85 所示。

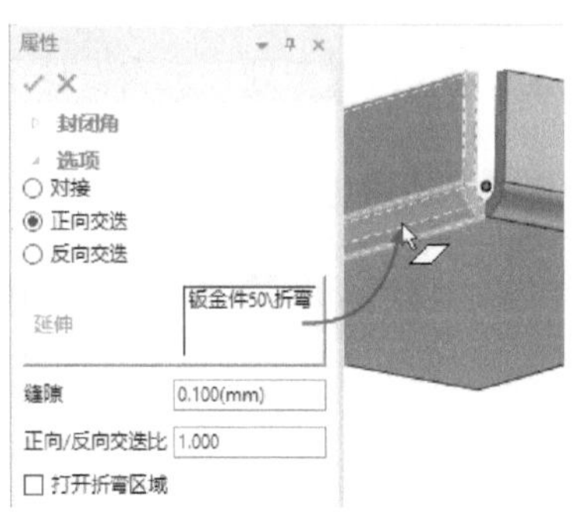

图 6-84　设置内容及选择所需折弯

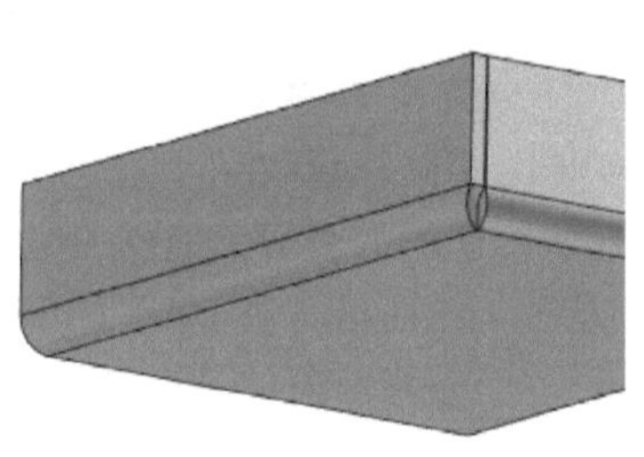

图 6-85　正向交迭封闭的角效果

6.5.2 添加斜接法兰

使用“钣金”面板中的“斜接法兰”按钮，可以给选定的薄金属毛坯添加斜接法兰，可以实现多边同时折弯的效果。

下面以一个范例进行介绍。

1）在一个新设计环境中，添加一个基础板料（可更改其包围盒尺寸，如长度为100，宽度为61.8），以及添加一个“折弯”图素，如图 6-86 所示。

2）在功能区“钣金”选项卡的“角”面板中单击“斜接法兰”按钮，打开图 6-87 所示的“斜接法兰”命令“属性”管理栏。

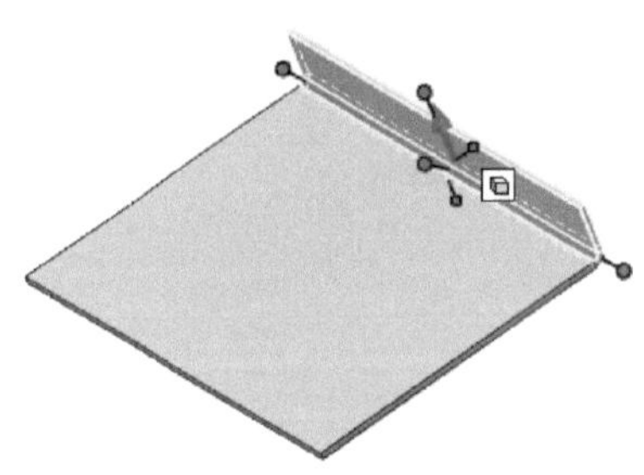

图 6-86　基本设计

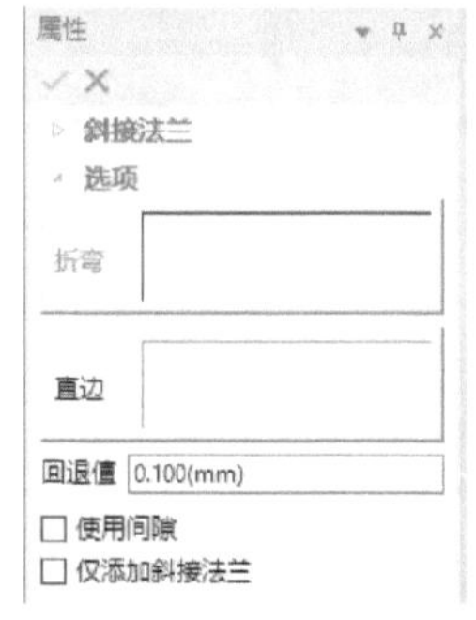

图 6-87　“斜接法兰”命令“属性”管理栏

3）单击图 6-88 所示的折弯。

4）在“属性”管理栏中单击“直边”收集器框，将该收集器激活，选择图 6-89 所示的板料以获取其所属的直边来添加斜角法兰。

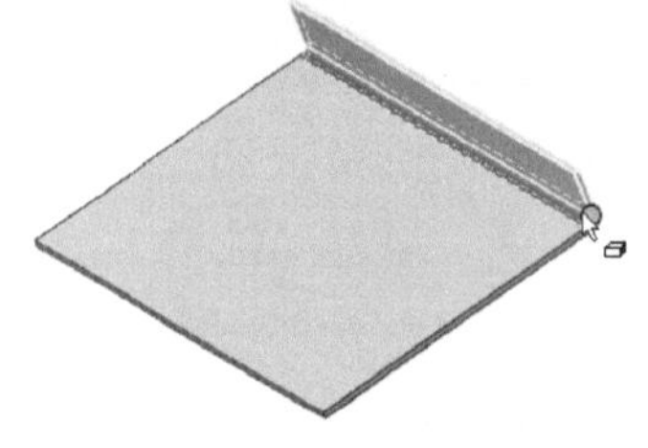

图 6-88　选择折弯

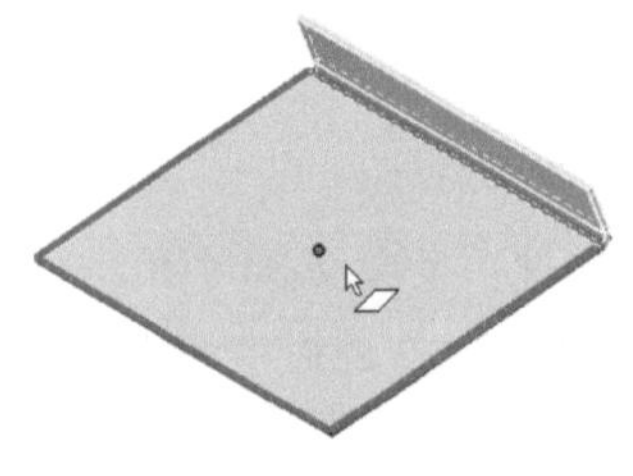

图 6-89　单击板料

5）在“斜接法兰”命令“属性”管理栏中设置回退值，以及设置是否勾选“使用间隙”复选框和“仅添加斜接法兰”复选框。

6）单击“确定”按钮，完成效果如图6-90所示。

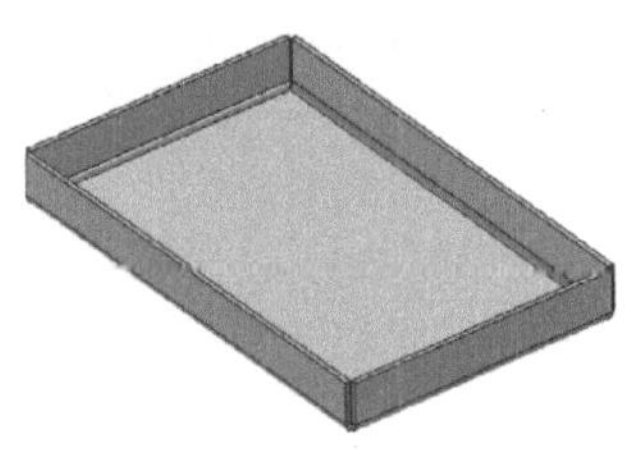

图6-90 添加斜接法兰

6.5.3 边角打断

使用“边角打断”按钮，可以在钣金件的角处创建圆角过渡或倒角，其操作步骤较为简单，即在功能区“钣金”选项卡的“角”面板中单击“边角打断”按钮，打开“边角打断”命令“属性”管理栏，选择钣金件，设置过渡圆角参数或倒角参数，指定不需要圆角过渡或倒角的部分，然后单击“确定”按钮。

边角打断的操作图解如图6-91所示，分别为在钣金件的指定角处创建圆角过渡和倒角。

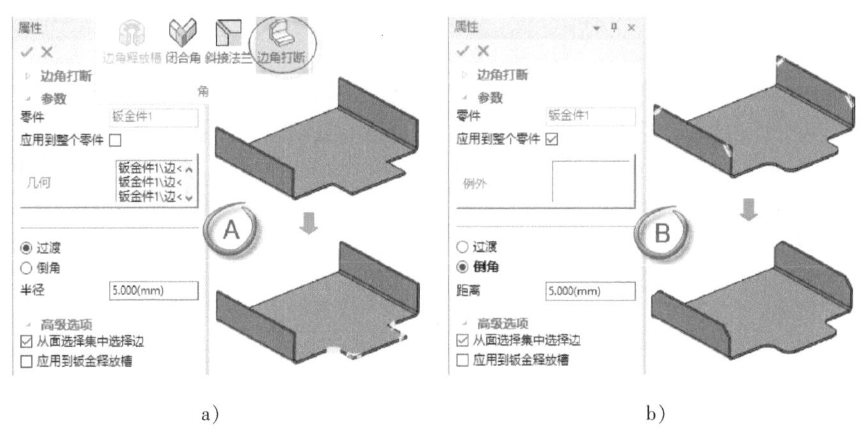

a） b）

图6-91 边角打断的操作图解

a）创建圆角过渡 b）创建倒角

6.5.4 边角释放槽

“边角释放槽”按钮用于在钣金件的角部添加形状为圆形、正方形或长圆形的释放槽，如图6-92所示。

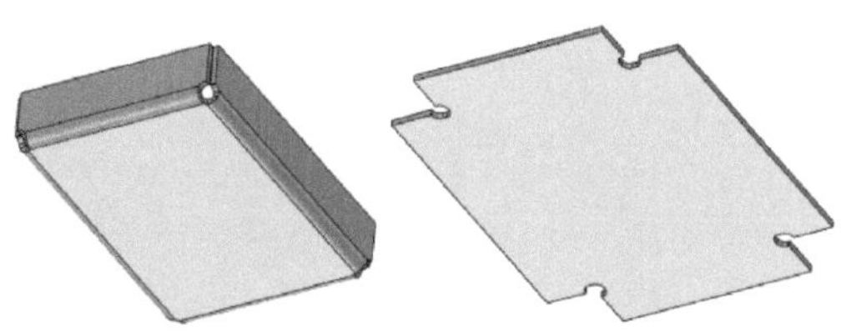

图6-92 添加边角释放槽的示例

【课堂范例】：创建边角释放槽

1）在“快速启动”工具栏中单击“打开”按钮，打开配套资料包的CH6文件夹中的“HY_边角释放槽.ics”文件，在图形窗口中单击钣金件，此时“边角释放槽”按钮可用。

2）在功能区“钣金”选项卡的“角”面板中单击“边角释放槽”按钮，打开“边角释放槽”命令“属性”管理栏。

3）设置释放槽类型及其相应尺寸，并选择所需用圆圈显示的边角。本例设置的释放槽类型为圆形，尺寸为2，选择全部4个边角，如图6-93所示。

4）单击“确定”按钮，结果如图6-94所示。

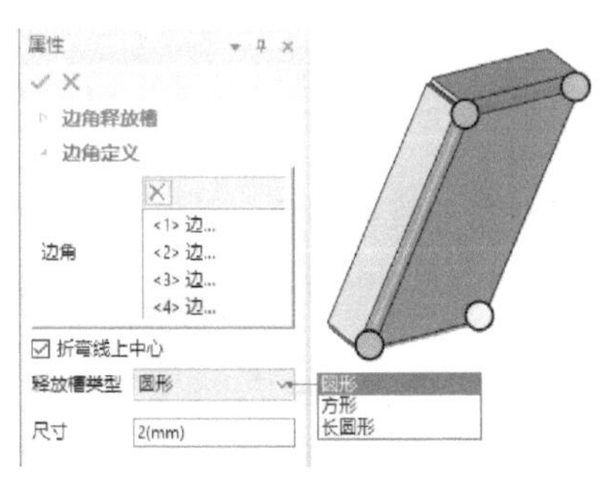

图6-93 设置边角释放槽参数及选择边角

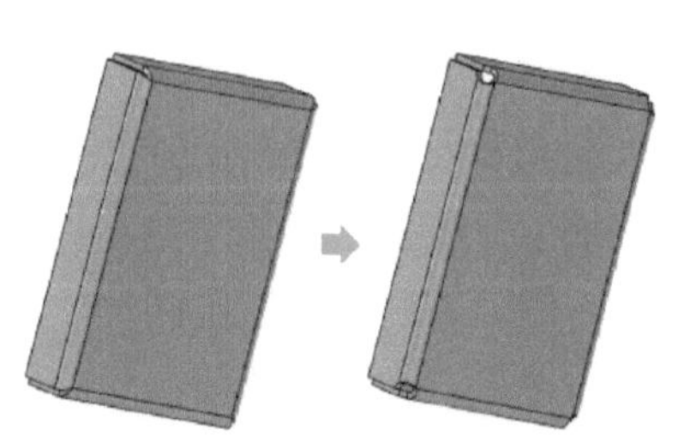

图6-94 创建边角释放槽前后

6.6 实体展开与钣金转换

本节介绍“实体展开”按钮、“转换为钣金件”按钮和“实体转换到钣金件”按钮这3个实用的工具。

6.6.1 实体展开

“实体展开”按钮主要用于将实体或曲面的面展开生成平板。单击此按钮后，打开图6-95所示的“展开”命令“属性”管理栏，选择要展开的面，可以设置自动拾取已选面的连接面，指定标准板料或定制板料等，然后单击“确定”按钮。实体展开的典型示例如图6-96所示。

图6-95 “展开”命令“属性”管理栏

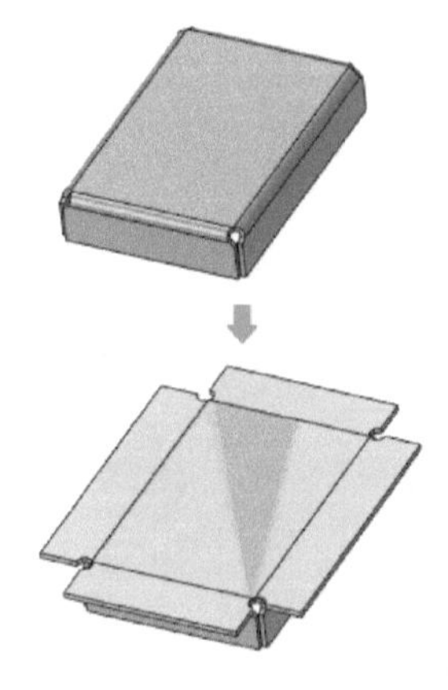

图6-96 实体展开成平板零件

6.6.2 转换为钣金件

“转换为钣金件”按钮用于将选定的面转换为钣金件。请看以下案例。

1）在“快速启动”工具栏中单击“打开”按钮，打开配套资料包的 CH6 文件夹中的“HY_钣金转换 1. ics”文件，该文件已有的实体零件如图 6-97 所示。

2）在功能区中切换至“钣金”选项卡，从“实体/曲面”面板中单击“转换为钣金件”按钮，打开图 6-98 所示的“转换为钣金件”命令“属性”管理栏。

图 6-97　已有实体零件

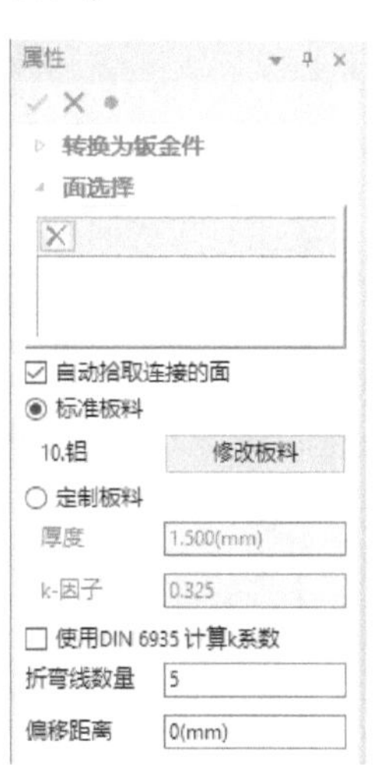

图 6-98　“转换为钣金件”命令“属性”管理栏

3）勾选“自动拾取连接的面”复选框，在实体模型中单击图 6-99 所示的一个实体表面，系统自动拾取与该面相连接的面。

4）选择“标准板料”单选按钮，单击“修改板料”按钮，弹出“选择板料”对话框，选择厚度为 1. 2 的一种铝板料，如图 6-100 所示，单击“确定”按钮。

图 6-99　选择面

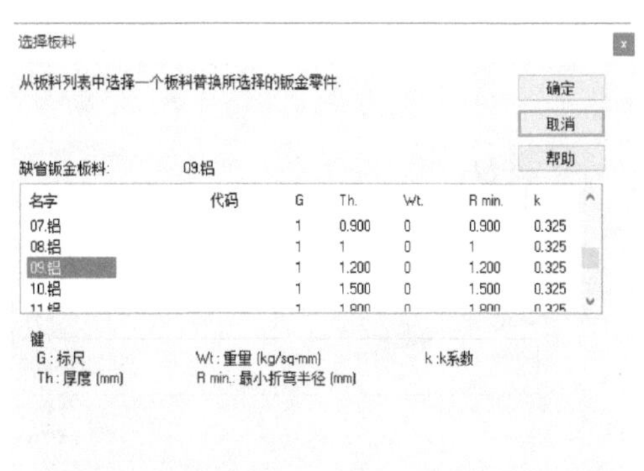

图 6-100　选择板料

5）在“转换为钣金件”命令“属性”管理栏设置其他参数，这里可接受默认的其他参数，单击“确定”按钮，效果如图 6-101 所示。

6.6.3 实体转换到钣金件

“实体转换到钣金件”按钮用于将选择的实体零件转换到钣金件，在转换中可以指定板材厚度、折弯及切口位置等，典型示例如图 6-102 所示。

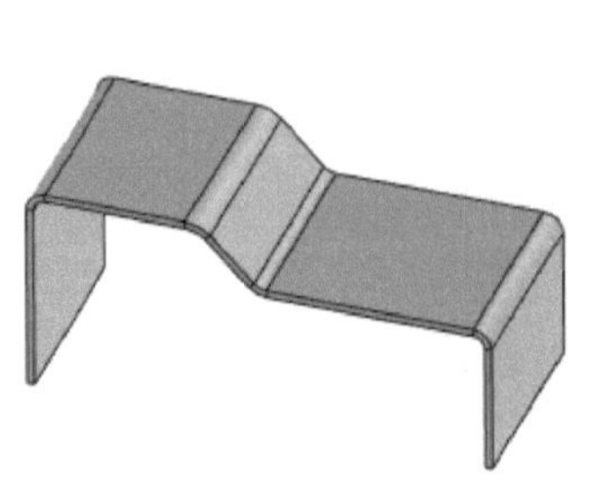

图 6-101　转换为钣金件的效果

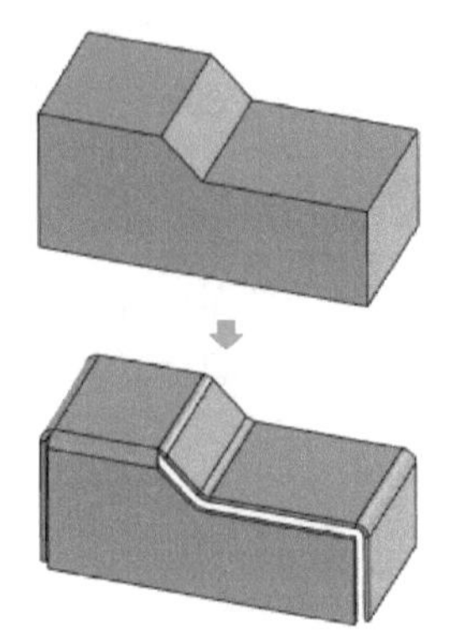

图 6-102　实体转换到钣金件

请看以下案例。

1）在“快速启动”工具栏中单击“打开”按钮，打开配套资料包的 CH6 文件夹中的“HY_钣金转换 2. ics”文件，该文件已有的实体零件如图 6-103 所示。

2）在功能区中切换至“钣金”选项卡，从“实体/曲面”面板中单击“实体转换到钣金件”按钮，打开图 6-104 所示的“实体转换到钣金零件”命令“属性”管理栏。

3）在要转换的范例零件上选择一个面作为固定面，如图 6-105 所示。

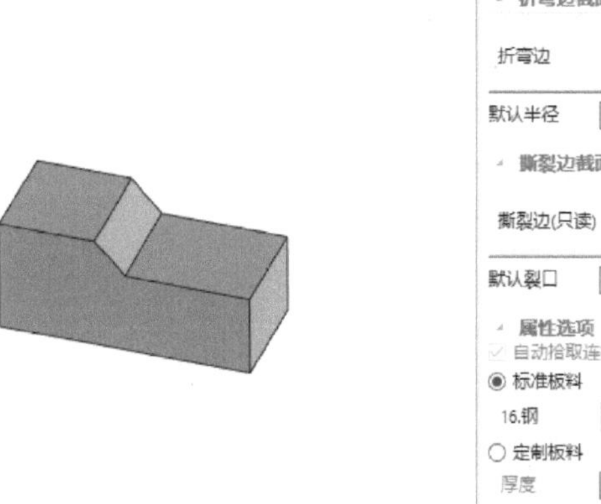

图 6-103　原始实体模型

图 6-104　“属性”管理栏

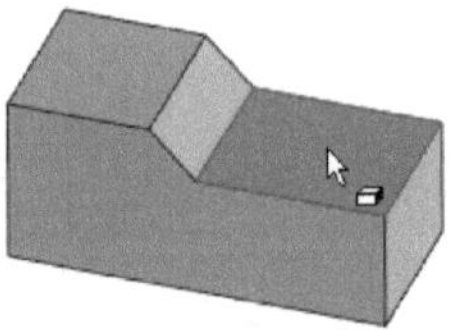

图 6-105　指定固定面

4）选择需要作为折弯的边界，CAXA 3D 实体设计系统会自动添加撕裂边，折弯边的默认半径为 2，如图 6-106 所示。

5）选择默认的标准板料，设置其他参数。

6）单击“确定”按钮✓，由实体转换为钣金件的结果如图 6-107 所示。

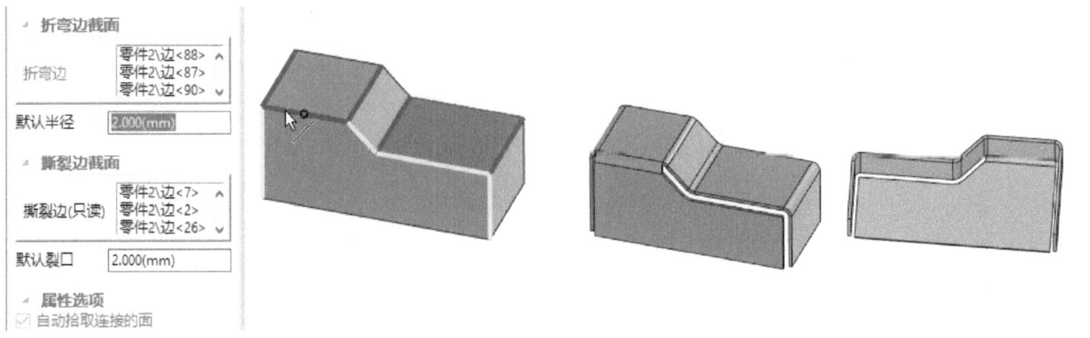

图 6-106　选择折弯边　　　图 6-107　实体转换为钣金件的结果

6.7 钣金件属性

对于钣金件，读者应该要掌握它的一些属性参数。使钣金件处于零件编辑模式选择状态中，右击它，从弹出来的快捷菜单中选择“零件属性”命令，打开“钣金件”对话框，切换到“钣金”选项卡，如图 6-108 所示，钣金件特有属性包括板料属性和弯曲容限等，其中板料属性包括名称、重量、厚度、最小折弯半径、代码、标尺和 K 系数等。

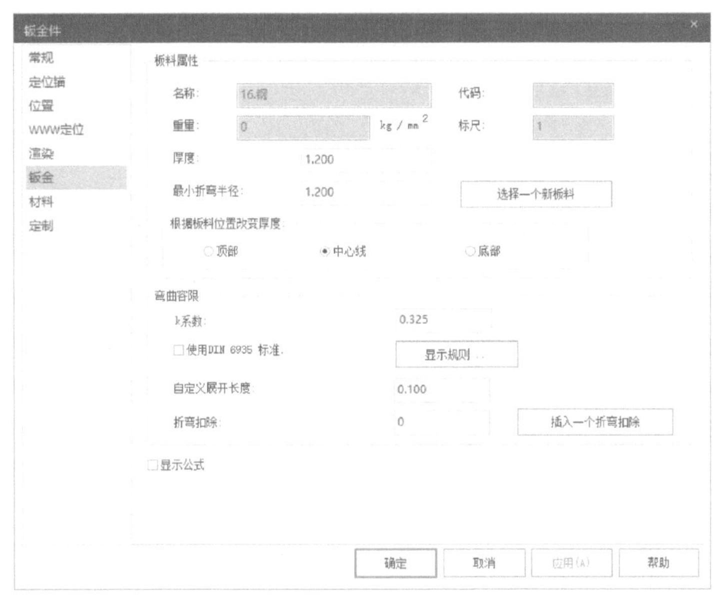

图 6-108　“钣金件”对话框

6.8 钣金综合应用范例

本节介绍一个电源机箱钣金综合应用范例，完成的钣金件如图 6-109 所示（以透视显示为例）。本钣金综合应用范例的具体操作步骤如下。

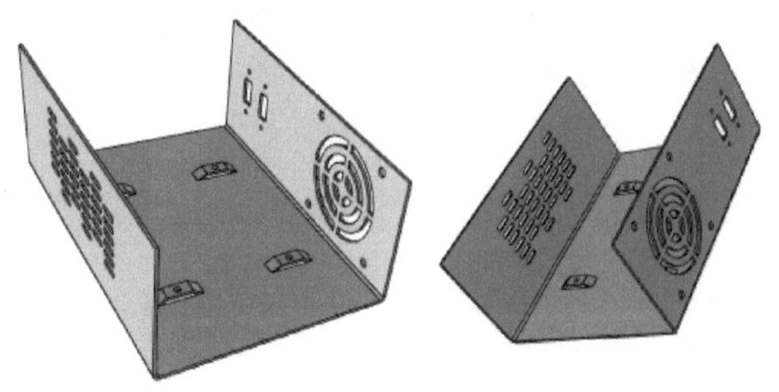

图 6-109　完成的钣金件

（1）新建文件

在“快速启动”工具栏中单击“缺省模板设计环境”按钮，使用默认模板创建一个新的设计环境文档。

（2）设置钣金件默认参数

在功能区单击“菜单”标签，在打开的应用程序菜单中单击“选项”按钮，打开“选项”对话框。在“选项–钣金”对话框中选择“钣金”选项下的“板料”属性标签，接着从板料列表中选择厚度为 2 的一种铝板材作为新钣金件的默认板料，单击“应用”按钮。

接着在“选项–钣金”对话框中选择与“板料”同级的“钣金”属性标签，如图 6-110 所示，从中分别设置钣金切口、折弯半径和约束选项及其参数，然后单击“确定”按钮。

图 6-110　设置钣金的一些默认参数

(3) 添加基础板料

打开“钣金”设计元素库，选择“板料”图素，将其拖放到设计环境中。在智能图素编辑状态下单击“手柄开关”按钮切换到包围盒手柄模式，右击其中一个包围盒手柄，选择“编辑包围盒”命令，利用弹出来的“编辑包围盒”对话框将长度设置为“230”，宽度设置为“160”，单击“确定”按钮。添加的基础板料如图 6-111 所示。

(4) 添加弯曲图素

从“钣金”设计元素库中选择“向内折弯”图素，将其分别拖放在基础板料同一面的两条长边上，并编辑折弯板料长度均为“90”，完成效果如图 6-112 所示。

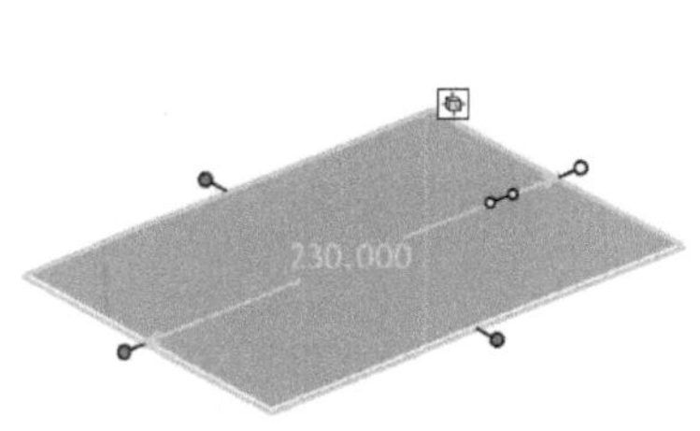

图 6-111　添加的基础板料

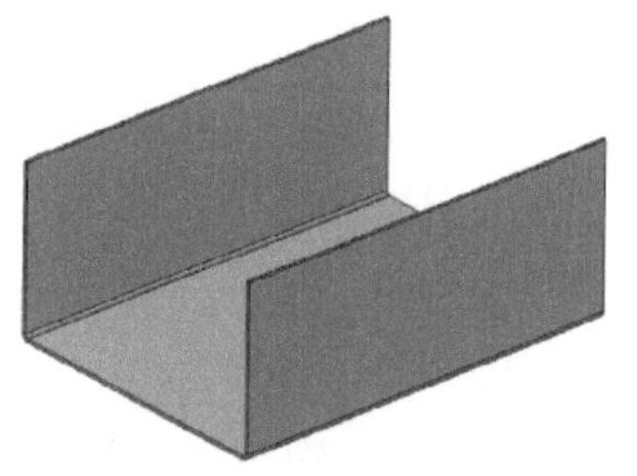

图 6-112　添加两个弯曲图素

(5) 添加一个散热孔并修改其加工属性

从“钣金”设计元素库中选择“散热孔”图素，按住鼠标左键将其拖到基础板料内侧面适当位置处，释放鼠标左键，如图 6-113 所示。右击其中任意一个智能尺寸，从快捷菜单中选择“编辑所有智能尺寸”命令，打开“编辑所有智能尺寸”对话框，将智能尺寸编辑成图 6-114 所示的数值。

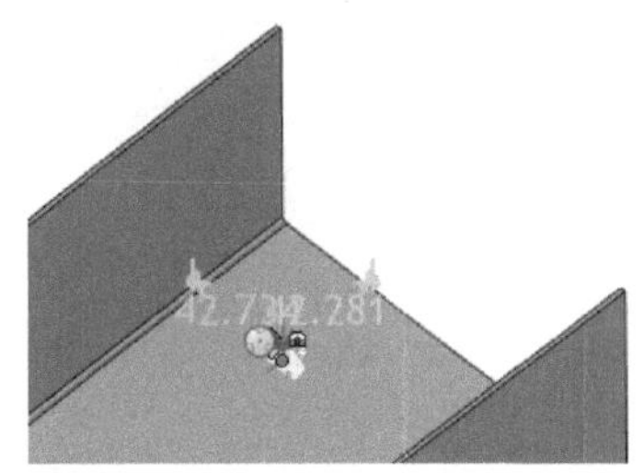

图 6-113　拖放“散热孔”图素

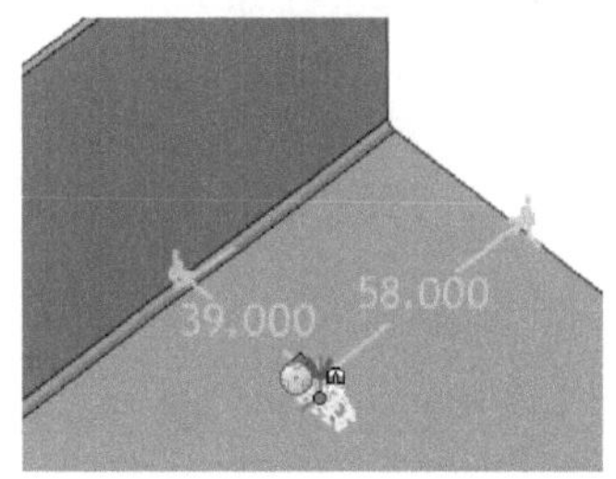

图 6-114　编辑所有智能尺寸

将散热孔局部显示放大，右击它，从弹出的快捷菜单中选择“加工属性”命令，打开“形状属性”对话框，从中设置图 6-115 所示的选项及加工属性参数，然后单击“确定”按钮。

形状属性

确定钣金特征参数

键

OL：散热孔外部长度　W：散热孔宽度

IL：散热孔内部长度

R：过渡半径

D：散热孔深度

确定　取消　帮助

○标准

0. 长度 ...	长度（IL）	半径（R）	深度（D）	宽度（W）
14.274	8.509	0.381	2.565	3.886
14.274	8.331	0.381	2.362	3.886
14.274	7.874	0.381	2.362	3.886

◉自定义

0. 长度（OL）	长度（IL）:	半径（R）:	深度（D）:	宽度（W）:
33	18	0.381	4.5	10

图 6-115　设置形状加工属性

编辑后的该散热孔效果如图 6-116 所示。

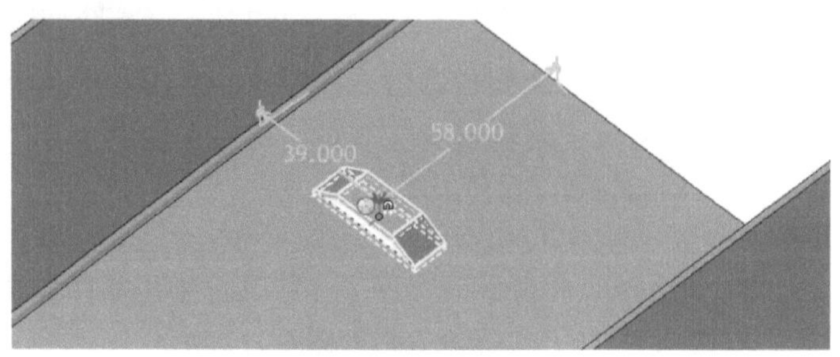

图 6-116　编辑后的散热孔

（6）继续添加另外 3 个同规格的散热孔

使用同样的方法，继续添加另外 3 个同样规格的散热孔，其相应的智能尺寸也是一致的。完成这些散热孔的效果如图 6-117 所示。

（7）在这些散热孔上相应地添加一个小通孔

在“钣金”设计元素库中选择“圆孔”图素，将其拖放在其中一个散热孔中心处，接着编辑该圆孔的加工属性，利用“加工属性”对话框设置其直径为 4. 826 的标准孔。其他 3 个圆孔的操作方法也类似，完成效果如图 6-118 所示。

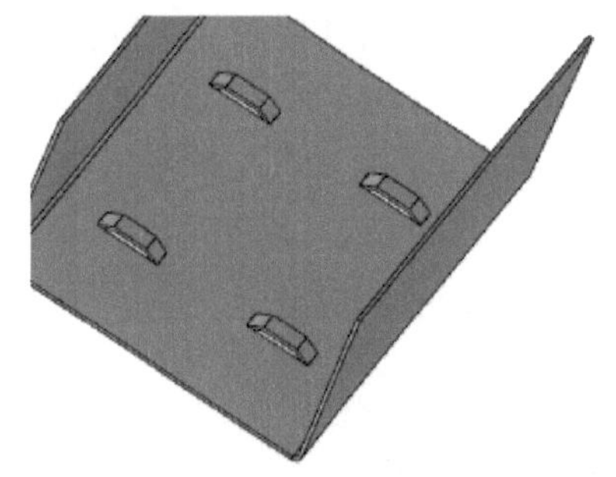

图 6-117　添加另外 3 个散热孔

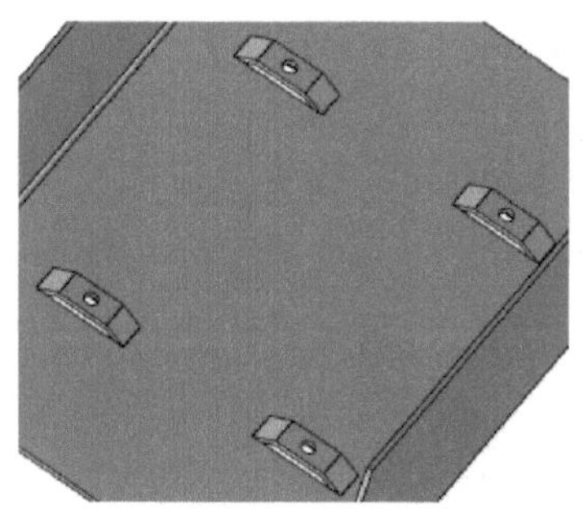

图 6-118　添加 4 个圆孔

（8）在一个侧板上设计一组椭圆孔

在“钣金”设计元素库中选择“一组椭圆孔”，按住鼠标左键将其拖至图 6-119 所示的侧面中央，待出现中央点的智能捕捉提示时释放鼠标左键。然后在该组椭圆孔图素适当位置处右击，接着从弹出来的快捷菜单中选择“加工属性”命令，打开“冲孔属性”对话框，接着设置图 6-120 所示的参数，然后单击“确定”按钮。

图 6-119　拖放一组椭圆孔

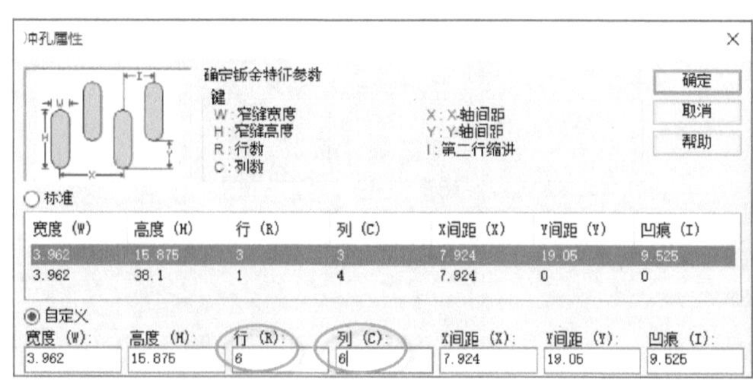

图 6-120　修改加工属性

最终在一侧板上设计的一组椭圆孔效果如图 6-121 所示。

(9) 使用“自定义轮廓”图素

在“钣金”设计元素库中选择“自定义轮廓”图素，将该图素拖放到另一个侧面上，并修改其相应的智能尺寸，结果如图 6-122 所示。

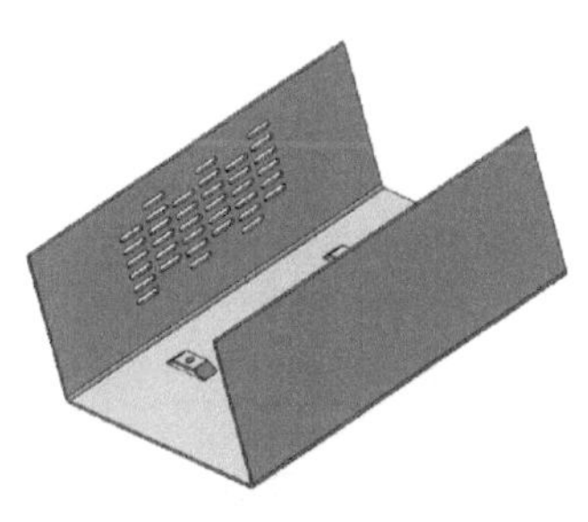

图 6-121 设计一组椭圆孔

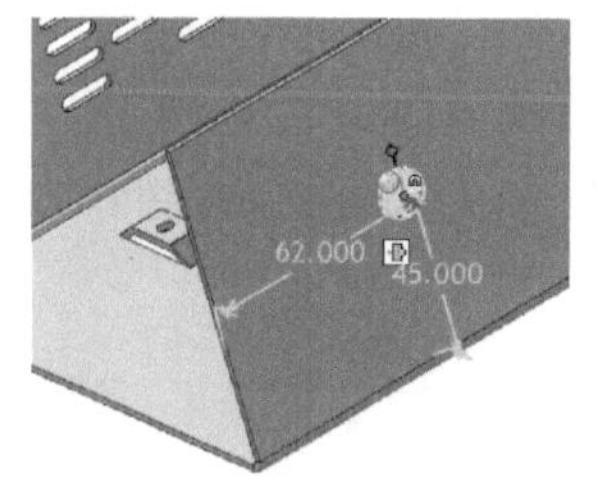

图 6-122 拖放“自定义轮廓图素”

(10) 编辑“自定义轮廓”图素的截面以获得所需的型孔效果

将视图局部放大来显示。在智能图素编辑状态下在该图素的合适位置处右击，接着从出现的快捷菜单中选择“编辑草图截面”命令，如图 6-123 所示。

将草图截面修改成如图 6-124 所示，其中 4 个小圆的直径为 ϕ3. 2mm 单击“完成”按钮✓。

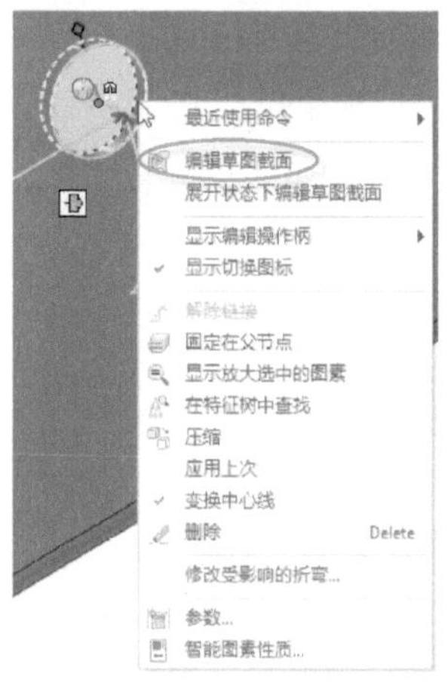

图 6-123 选择“编辑草图截面”命令

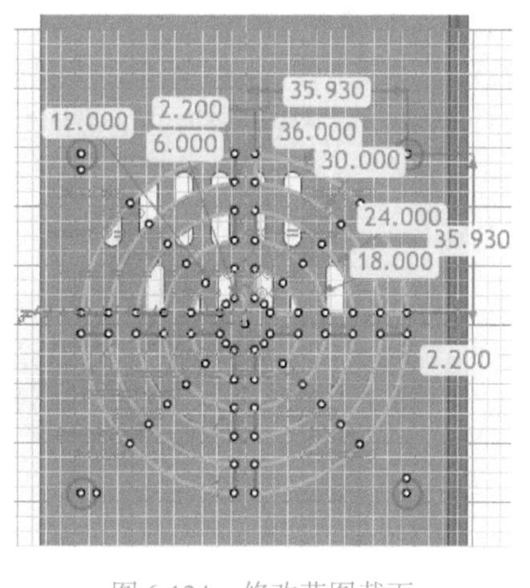

图 6-124 修改草图截面

创建的风扇进出风口结构如图 6-125 所示。

(11) 设计两个“圆角矩形孔”图素

从“钣金”设计元素库中选择“圆角矩形孔”图素，将其拖放到设计环境中钣金件的一个侧面上，接着编辑其智能尺寸，以及修改其加工属性，具体操作方法和前面介绍的类似。一共添加两个同规格的“圆角矩形孔”图素，如图 6-126 所示，具体的尺寸由读者自己确定。

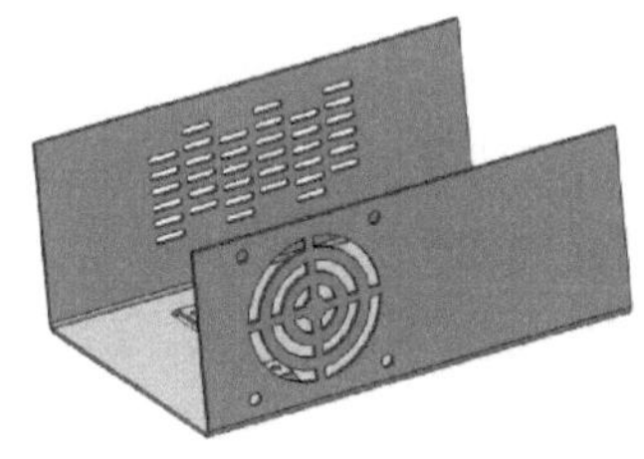

图 6-125 创建的风扇进出风口结构

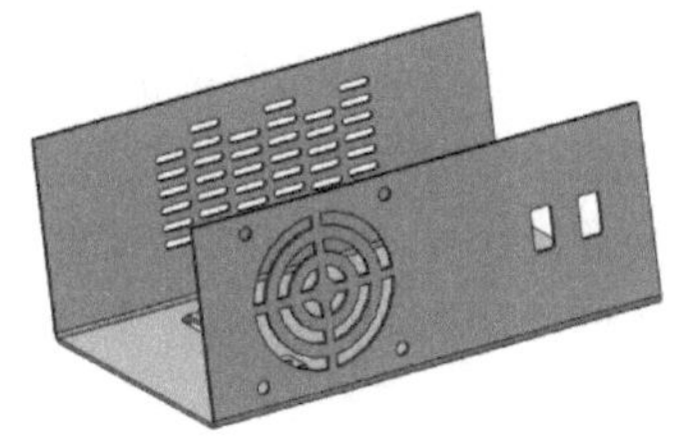

图 6-126 添加两个“圆角矩形孔”图素

（12）设计4个“圆孔”图素

使用和步骤（11）相似的方法在侧板中添加4个小圆孔，这4个小圆孔的直径均为3.581。完成效果如图6-127所示。

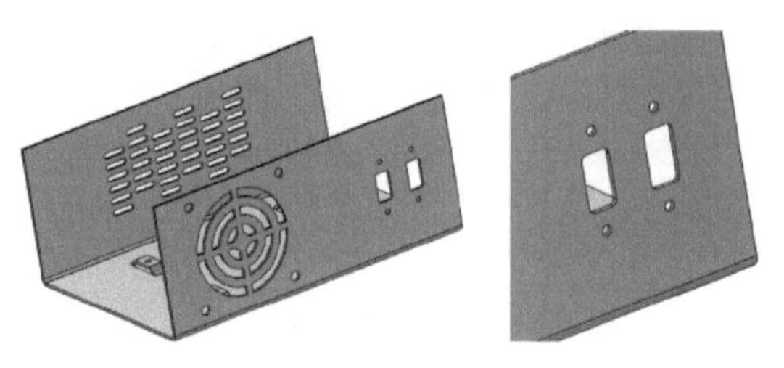

图6-127 设计4个圆孔

（13）展开钣金

选中钣金件，如图6-128所示，接着在功能区“钣金”选项卡的“展开/还原”面板中单击“展开”按钮，展开效果如图6-129所示。

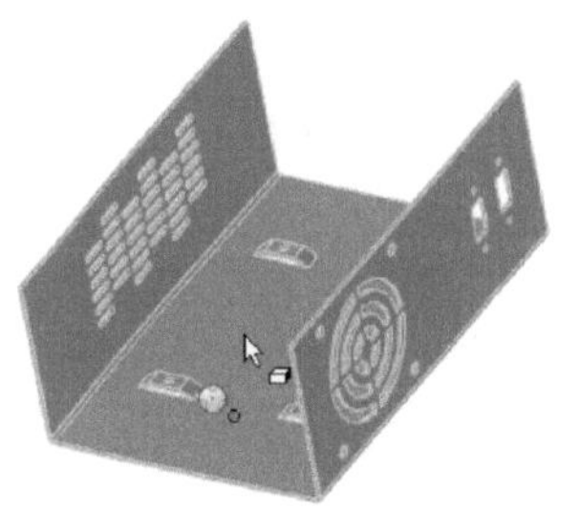

图6-128 选中钣金件

图6-129 展开钣金

（14）复原钣金件

在展开后的钣金件中心区域单击，接着在功能区“钣金”选项卡的“展开/还原”面板中单击“还原”按钮，从而使展开钣金件复原至未展开之前的效果，完成效果如图6-130所示。

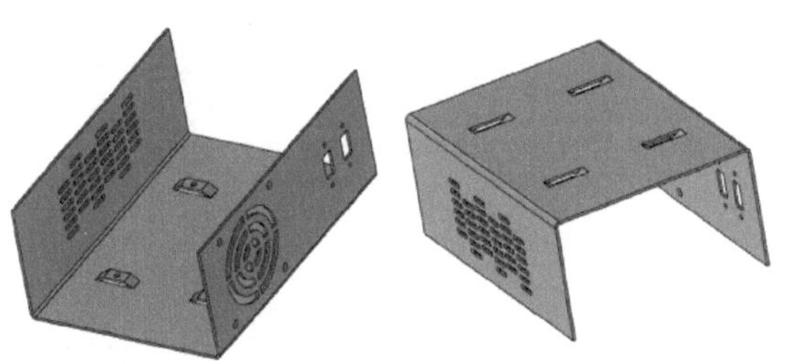

图6-130 完成的钣金件效果

（15）保存文件

在“快速启动”工具栏中单击“保存”按钮，在指定的位置下以设定的文件名保存文件。

6.9 思考与小试牛刀

1）如何设置钣金件默认参数？

2）“钣金”设计元素库中提供了哪些类型的钣金设计图素？

3）请简述在CAXA 3D实体设计2020中进行钣金设计的一般方法及步骤。

4）如何在钣金件中进行顶点过渡与顶点倒角？可以举例进行说明。

5）在往设计环境中的钣金件添加成型图素和型孔图素时，如何编辑其位置约束尺寸和加工属性？

6）如何进行钣金件展开？又如何还原已展开的钣金件？可以上机举例操作。

7）上机操作：设计图 6-131 所示的钣金件，具体尺寸由读者自行确定。要求应用到“板料”图素、“添加弯板”图素、“顶点倒角”图素和“珠形凸起”图素。

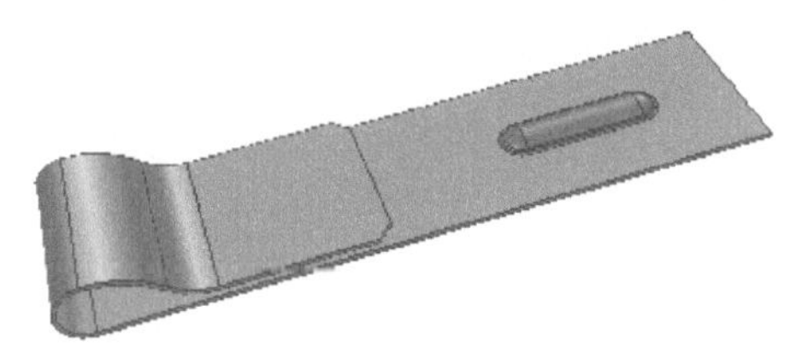

图 6-131　上机练习（1）

8）上机操作：参照本章综合应用范例，设计图 6-132 所示的电源机箱钣金件，具体尺寸由读者自行确定。

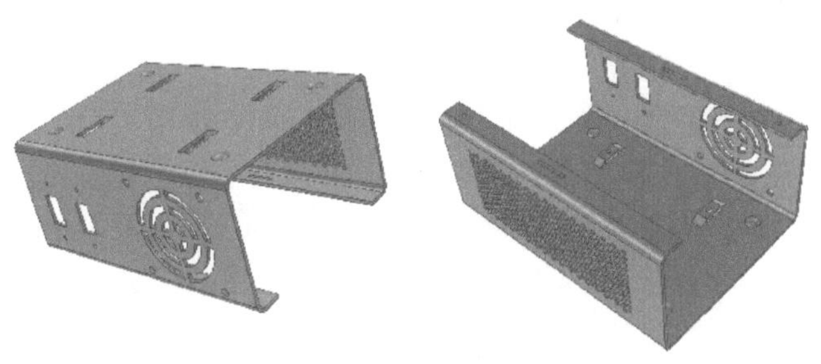

图 6-132　上机练习（2）

操作提示：可参考本章综合应用范例进行相关钣金设计，另外，一边侧板上的均布孔采用“一组圆孔”图素设计，底板面上的 4 个向外凸起物采用“圆形凸起”图素设计，短弯曲图素上的长跑道型孔采用“窄缝”图素设计（为了获得所需的放置方位，需要使用三维球工具设置绕指定轴旋转 90°）。

第 7 章　标准件、图库与参数化设计

本章导读

在 CAXA 3D 实体设计 2020 中，提供了丰富的工具标准件库，用于知识和资源重用以提高设计效率。此外，CAXA 3D 实体设计 2020 还具有十分强大的参数化设计功能，读者使用这些设计功能可以对零件进行详细的参数设计，以及对零件进行系列化参数设计。

本章重点介绍工具标准件库、图库定制和参数化设计这些知识。

7.1 工具标准件库

在 CAXA 3D 实体设计 2020 中具有一个实用的工具标准件库，其中包括多种专用的标准件和设计工具。读者可以从设计元素库中打开工具标准件库，即在设计元素库中单击“工具”标签，打开“工具”设计元素库，即打开工具标准件库，如图 7-1 所示。

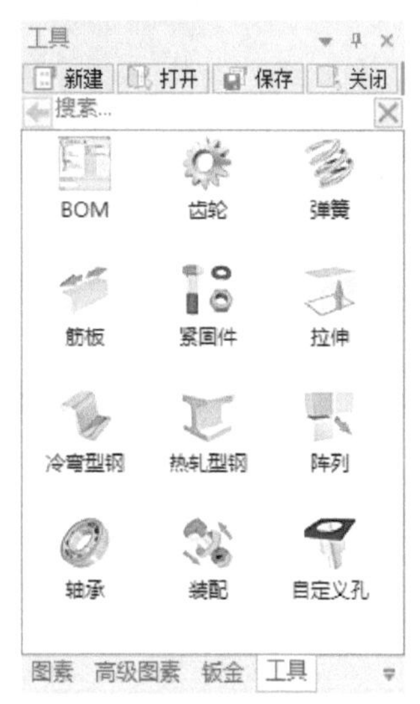

图 7-1　“工具”设计元素库

在“工具”设计元素库中包括的内容有“BOM”“齿轮”“弹簧”“筋板”“紧固件”“拉伸”“冷弯型钢”“热轧型钢”“阵列”“轴承”“装配”和“自定义孔”。这些工具的使用和其他智能图素类似，但要注意的是其中有些工具需要与设计环境中的现有零件、图素或装配件配合使用。

在应用工具标准件库之前，注意要保存设计环境文件，这是一个良好的设计习惯。

7.1.1 “拉伸”工具

“工具”设计元素库的“拉伸”工具是比较实用的，它与设计环境中的一个或多个已有的二维草图轮廓一起配合使用，通过设置相关参数将选定的这些二维草图轮廓图形拉伸成三维实体。

使用“拉伸”工具的操作方法比较简单，即从“工具”设计元素库中选择“拉伸”工具的图标，按住鼠标左键将它拖出，然后把它释放到设计环境中被选定用于拉伸的单个图素，或者直接把它释放到设计环境背景以选择设计环境中的某个现有二维草图轮廓来实现拉伸操作，系统将打开图 7-2 所示的“拉伸”对话框，同时在设计环境中显示选定二维草图轮廓的预览拉伸效果(按照当前默认的拉伸参数)，如图 7-3 所示。读者在该“拉伸”对话框中进行以下相关选项与参数设置，最后单击“确定”按钮即可。

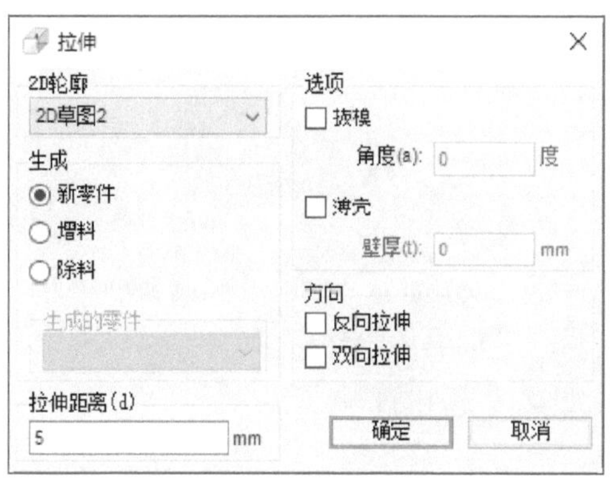

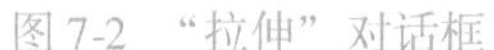
图 7-2 “拉伸”对话框

图 7-3 拉伸预览

1）“2D 轮廓”下拉列表框：倘若将“拉伸”工具释放在设计环境中的某个单独图素或零件上，在该字段中将显示 2D 草图名称。倘若将“拉伸”工具释放到设计环境背景中，则读者可以在该字段中选择设计环境中包含的所有图素中的一个。

2）“生成”选项组：在该选项组中，可以设置零件的生成方式。可供选择的单选按钮有“新零件”“增料”和“除料”。当选择“增料”或“除料”单选按钮时，“生成的零件”下拉列表框可用，该列表框提供了设计环境中的零件列表，从中可选择“增料”或“除料”操作的对象。

3）“选项”选项组：在该选项组中可以设置是否进行拔模和薄壳操作，并根据情况设置相应的拔模角度和壁厚。

4）“方向”选项组：在该选项组中确定拉伸方向，可供操作的有“反向拉伸”复选框和“双向拉伸”复选框。

5）“拉伸距离”文本框：在该文本框中设置拉伸距离。

读者可以打开配套资料包的 CH7 文件夹中的“HY_拉伸 . ics”文件进行快速拉伸操作。

7.1.2 “阵列”工具

使用“工具”设计元素库中的“阵列”工具可以在设计环境中生成由选定图素或零件的指定矩形阵列组成的一个新智能图素。读者通过拖动阵列包围盒手柄或编辑包围盒尺寸来对阵列进行扩展和缩减。

使用此“阵列”工具的操作方法比较简单，在设计环境中先选择要阵列的图素或零件，接着从“工具”设计元素库中将“阵列”工具拖放到设计环境中选定的图素或零件上，系统弹出“矩形阵列”对话框，如图 7-4 所示，同时在要阵列的图素或零件上显示两个阵列方向。在“矩形阵列”对话框中分别设置行数、列数、行间距、列间距、交错等距、阵列类型和阵列方向。其中，在“阵列类型”下拉列表框中选定阵列类型来定义包围盒尺寸重设时阵列的操作特征，可供选择的阵列类型选项有“自动填充”和“自动间隔”。当选择“自动填充”选项时，可按需要重复或减少阵列图素的数目，以适应其包围盒尺寸的改变；当选择“自动间隔”选项时，可以使阵列图素数目保持不变，而增加或减少阵列图素间的行间距，以适应其包围盒尺寸的改变。

设置好矩形阵列选项和参数，可以单击“预览”按钮来预览矩形阵列效果，预览满意后单击“确定”按钮。典型的阵列效果如图 7-5 所示。

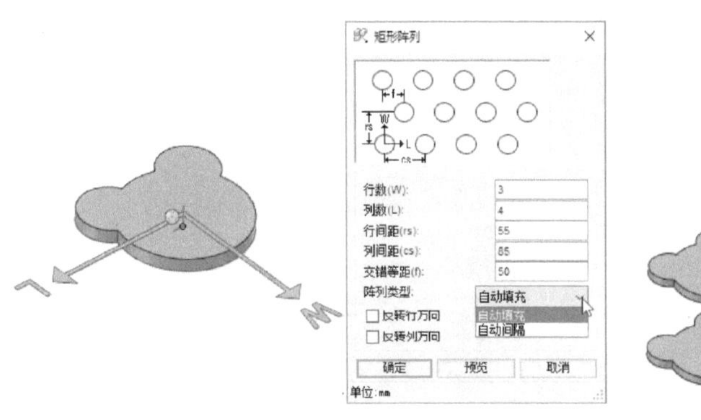

图 7-4 打开“矩形阵列”对话框

图 7-5 阵列效果

7.1.3 “筋板”工具

如果要在同一个零件上相对的两个面之间生成筋板，那么可以使用“工具”设计元素库中的“筋板”工具 。下面以一个操作范例来介绍如何使用该工具来在零件中生成筋板图素。

1）在“快速启动”工具栏中单击“打开”按钮，从配套资料包的 CH7 文件夹中选择“HY_筋板 . ics”文件，该文件中的已有零件如图 7-6 所示。

2）打开“工具”设计元素库，使用鼠标左键将“筋板”工具拖放到设计环境中的零件面上释放，如图 7-7 所示。

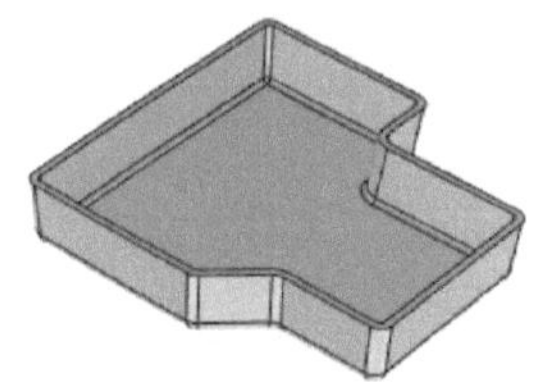

图 7-6 已有零件

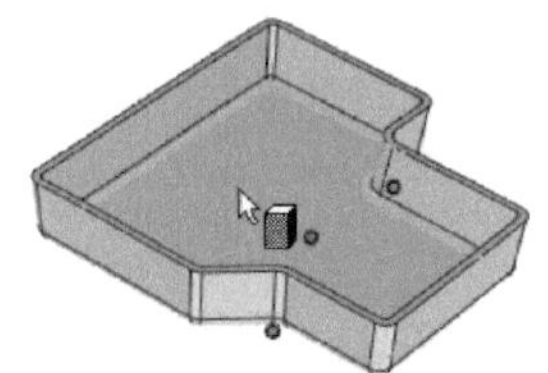

图 7-7 将“筋板”工具拖入

3）系统弹出“筋板”对话框，从中设置图 7-8 所示的筋板参数，其中筋板方向可以沿长度方向，也可以沿宽度方向。

4）在“筋板”对话框中单击“确定”按钮，生成的筋板如图 7-9 所示。

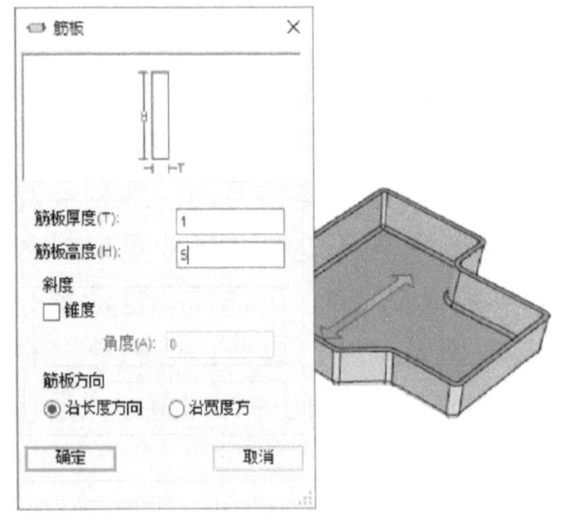

图 7-8 设置筋板参数

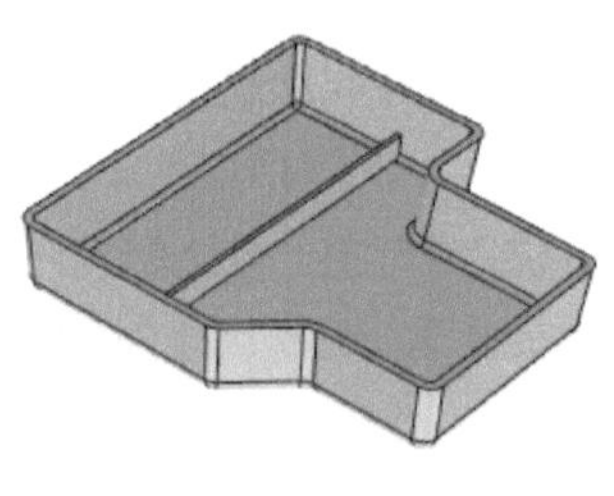

图 7-9 创建筋板

可以利用三维球工具对筋板进行重新定位，筋板会根据调整的位置自动将长度调整至与新位置匹配，如图 7-10 所示。

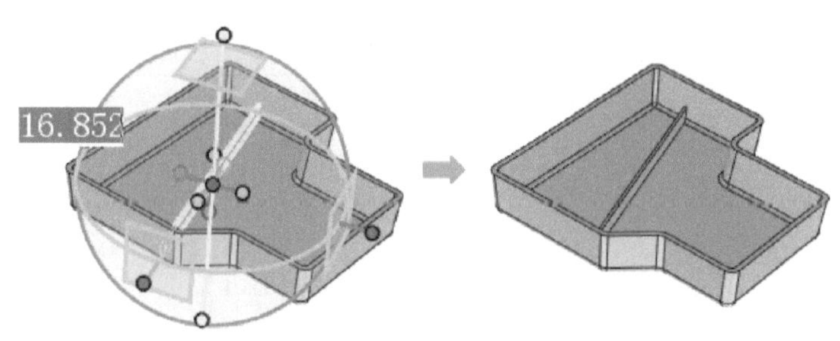

图 7-10　利用三维球调整筋板位置

7.1.4 “紧固件”工具

使用“工具”设计元素库中的“紧固件”工具，可以获得符合国标的各种紧固件，包括螺栓、螺钉、螺母、垫圈和挡圈等，操作步骤如下。

1）从“工具”设计元素库中将“紧固件”工具拖放到设计环境中的适当位置处释放，系统弹出图 7-11 所示的“紧固件”对话框。

2）在“主类型”下拉列表框中选择紧固件的主类型，这些主类型包括“螺栓”“螺钉”“螺母”“垫圈”“挡圈”。选择主类型选项后，在“子类型”下拉列表框中选择紧固件图符小类下的具体类型。

3）“规格表”列表中列出了设定类型的可供选择的图符标准代号，从中选择所需的图符标准代号，则该图符在右框中给出预览效果。

4）单击“下一步”按钮，系统弹出图 7-12 所示的对话框，该对话框中提供了参数表和一个显示框。在参数表中选择所需要的图符具体规格参数。

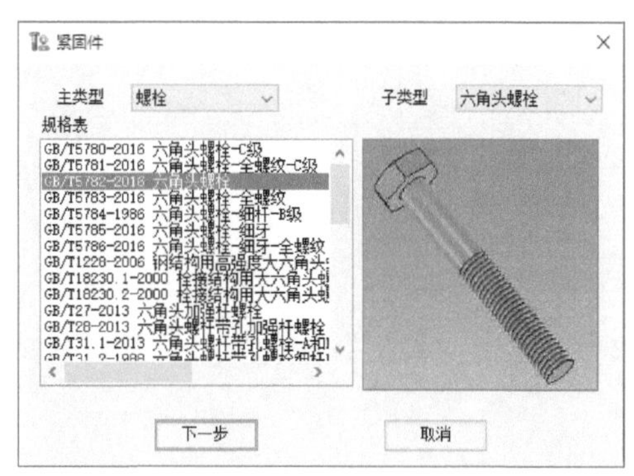

图 7-11　“紧固件”对话框（1）

紧固件

规格	s	k	l*?	d
M5	8	3.5	25 ~ 50	5
M6	10	4	30 ~ 60	6
M8	13	5.3	40 ~ 80	8
M10	16	6.4	45 ~ 100	10
M12	18	7.5	55 ~ 120	12
M14	21	8.8	60 ~ 140	14
M16	24	10	65 ~ 160	16
M18	27	11.5	80 ~ 180	18

□添加垫圈　上一步　确定　取消

图 7-12　“紧固件”对话框（2）

5）在“紧固件”对话框中单击“确定”按钮，从而在设计环境中添加该紧固件。

7.1.5 “自定义孔”工具

使用“工具”设计元素库中的“自定义孔”工具，可以在模型中生成与标准紧固件（如螺栓和螺钉）对应的自定义孔。这样，孔的设计就比较灵活。例如，图 7-13 所示的箱盖零件中的一些孔结构便可以采用该工具来创建。

在“工具”设计元素库中将“自定义孔”工具拖拉到设计环境的相应曲面上，释放鼠标键时将会弹出图7-14所示的“定制孔”对话框。该对话框一共提供了5种类型的孔，从左到右的图标依次为简单孔、沉头孔、锥形沉头孔、复合孔和管螺纹孔。

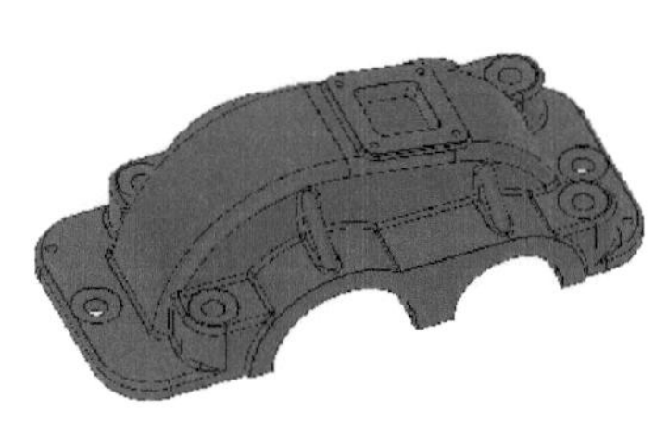

图7-13 箱盖零件

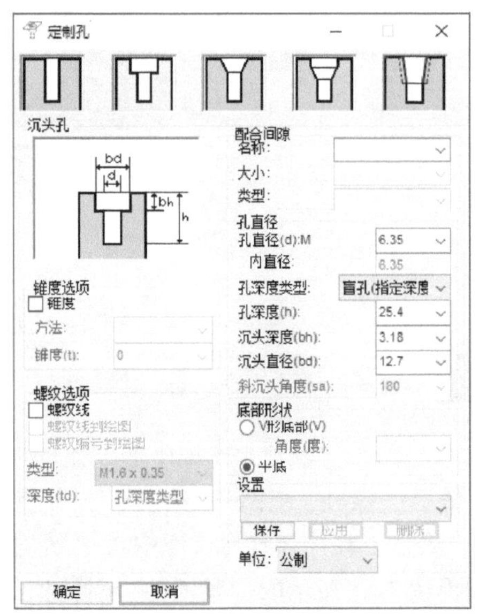

图7-14 “定制孔”对话框

选择所需的孔类型图标，接着设置该孔的相关选项及参数，如果要为当前选定的“自定义孔”选项命名，那么可以在“设置”选项组中单击“保存”按钮，打开图7-15所示的“保存设置对话框”对话框，从中输入相应的名称，单击“确定”按钮即可。这样以后需要该命名孔设置时，可以从“设置”下拉列表框中选择，然后单击“应用”按钮，从而将选定的命名设置应用到当前的“自定义孔”中。单击“删除”按钮则可以将它从设置列表中删除。

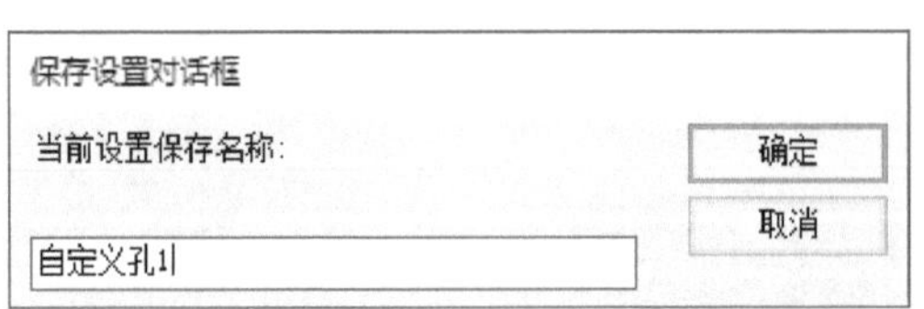

图7-15 保存设置对话框

在“定制孔”对话框中设置好相关的选项及参数后，单击“确定”按钮，从而完成生成一个自定义孔。

7.1.6 “齿轮”工具

使用“工具”设计元素库中的“齿轮”工具，可以很方便地根据指定的参数配置和选项来生成三维齿轮。

在“工具”设计元素库中将“齿轮”工具拖至设计环境中释放，系统弹出“齿轮”对话框，如图7-16所示。该对话框包含5个选项卡，分别适用于5种齿轮类型，即“直齿轮”“斜齿轮”“圆锥齿轮”“蜗杆”和“齿条”。在相应的选项卡上进行选项与参数定义，然后单击“确定”按钮，即可按照预设参数生成所需的齿轮模型。

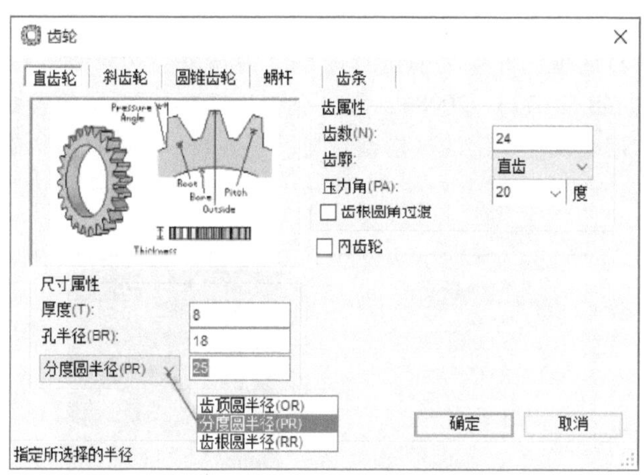

图 7-16 “齿轮”对话框

图 7-17 给出了各类型的典型齿轮，它们均可以采用上述“齿轮”工具来创建。

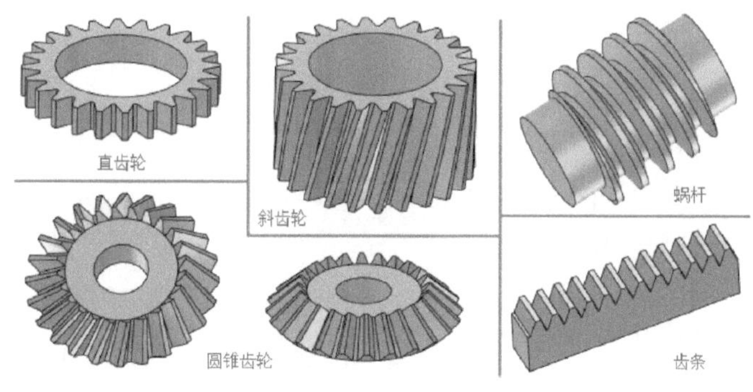

图 7-17 创建各类典型齿轮示例

7.1.7 “冷弯型钢”工具

CAXA 3D 实体设计 2020 提供了丰富的“冷弯型钢”标准库。在设计工作中，可以从该库中选择型钢来快速建立框架结构。

在“工具”设计元素库中选择“冷弯型钢”工具图素，按住鼠标左键将它拖入到设计环境中的指定位置处，释放鼠标左键后系统弹出图 7-18 所示的“冷弯型钢”对话框。

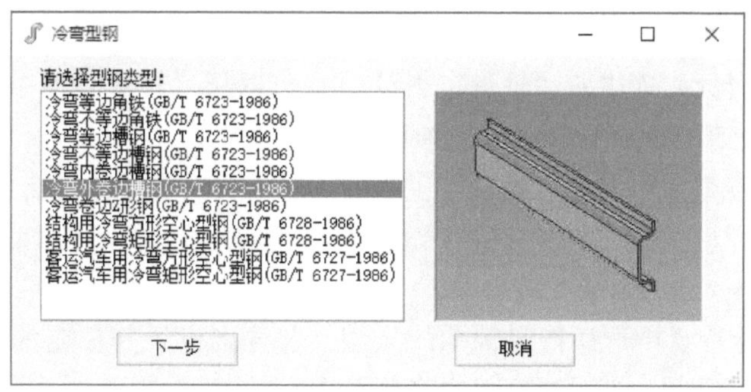

图 7-18 “冷弯型钢”对话框

在“冷弯型钢”对话框的列表中选择冷弯型钢图素的类型，接着单击“下一步”按钮，打开相应的标准参数设置对话框。如果之前选择的是“冷弯外卷边槽钢（GB/T 6723－1986）”型钢类型（目前已更新为 GB/T 6723－2008），那么会弹出图 7-19 所示的参数设置对话框。在参数设置对话框中根据设计需要设定型钢的规格型号与尺寸参数，然后单击“确定”按钮即可。

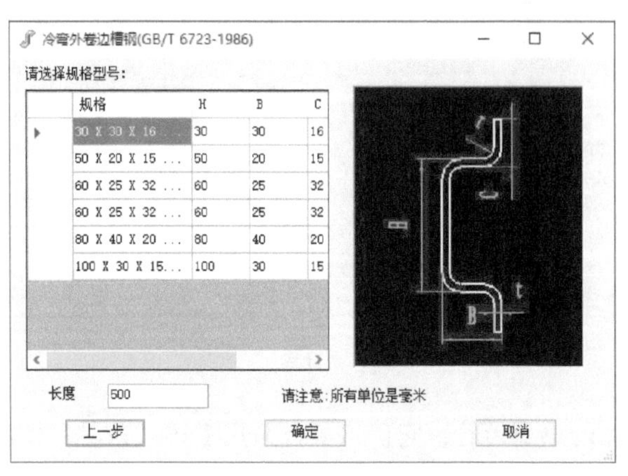

图 7-19　参数设置对话框

7.1.8 “热轧型钢”工具

CAXA 3D 实体设计 2020 同样提供了实用的“热轧型钢”标准库。该库的调用方法和“冷弯型钢”标准库的调用方法是一样的。在“工具”设计元素库中选择“热轧型钢”工具图素，按住鼠标左键将它拖入到设计环境中的指定位置处，释放鼠标左键后系统弹出图 7-20 所示的“热轧型钢”对话框，在该对话框中选择所需的型钢类型，单击“下一步”按钮，接着利用弹出来的参数设置对话框选定规格型号和具体尺寸参数，然后单击“确定”按钮，即可创建一种热轧型钢。

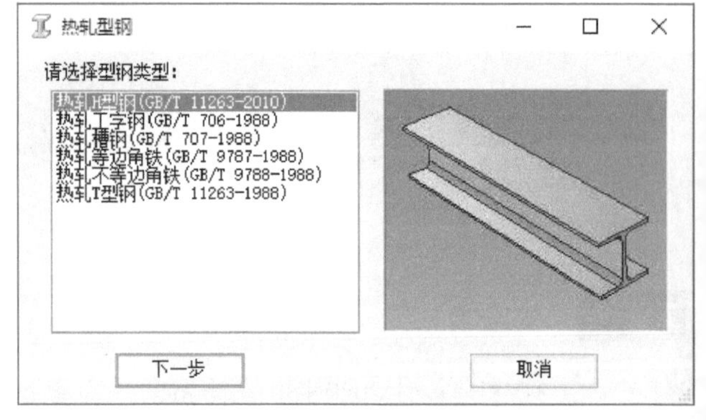

图 7-20　“热轧型钢”对话框

7.1.9 “轴承”工具

使用“工具”设计元素库中的“轴承”工具，可以从“轴承”库中调用配置来生成几种类型的轴承，包括球轴承、滚子轴承和推力轴承。

在“工具”设计元素库中选择“轴承”工具图素，按住鼠标左键将它拖入到设计环境中，释放鼠标左键时系统弹出“轴承”对话框，如图 7-21 所示。该对话框具有“球轴承”选项卡、“滚子轴承”选项卡和“推力轴承”选项卡。

选择相应的选项卡，从中选择指定轴承的类型，并分别设置其相应的参数，如设置轴径尺寸，然后单击“确定”按钮，即可完成轴承的生成。

图 7-22 各给出了一种球轴承、一种滚子轴承和一种推力轴承示例。

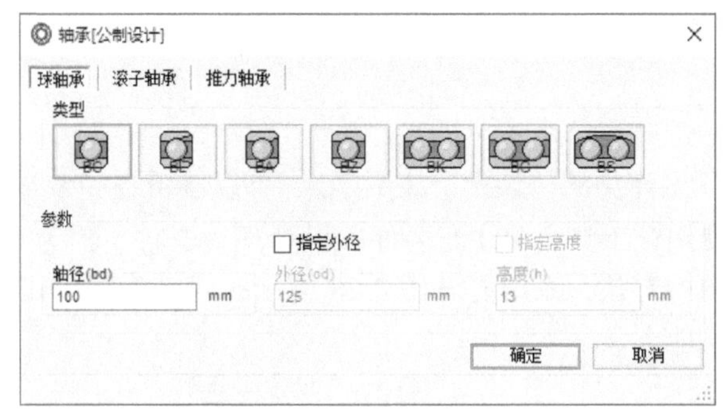

图 7-21 “轴承”对话框

球轴承　　滚子轴承　　推力轴承

图 7-22 3 种轴承的举例

7.1.10 “弹簧”工具

在 CAXA 3D 实体设计 2020 中，生成弹簧是很方便的，该系统提供了大量可用于生成螺旋弹簧的属性选项，集成了一个实用的弹簧库。

在“工具”设计元素库中选择“弹簧”工具图素，按住鼠标左键将它拖入到设计环境中，释放鼠标左键后会在放置位置自动生成一个弹簧，如图 7-23 所示。下面介绍如何编辑弹簧的形状，其方法如下。

1）通过单击弹簧的方式使弹簧进入智能图素编辑状态，右击要编辑形状的弹簧，选择“加载属性”命令，系统弹出“弹簧”对话框。

2）在“弹簧”对话框中设置图 7-24 所示的弹簧选项及参数。

图 7-23 自动生成一个弹簧

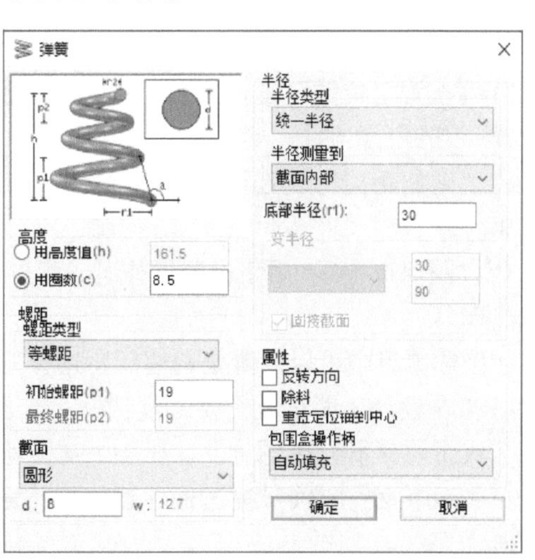

图 7-24 “弹簧”对话框

3）在“弹簧”对话框中单击“确定”按钮，编辑后的弹簧如图 7-25 所示。

7.1.11 “装配”工具

使用“工具”设计元素库中的“装配”工具，可以获得各种装配体的爆炸图，并可以产生装配过程的动画。在使用该工具之前注意要保存设计环境文件，因为不能引用“撤销”功能。将该工具拖放到设计环境中释放，系统打开图 7-26 所示的“装配爆炸工具”对话框。下面介绍该对话框中主要选项的功能含义。

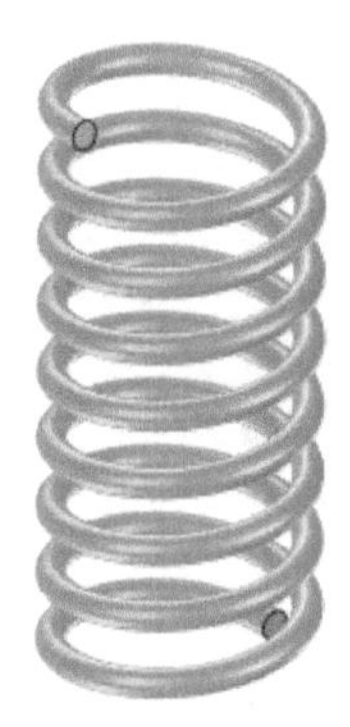

图 7-25　编辑后的弹簧

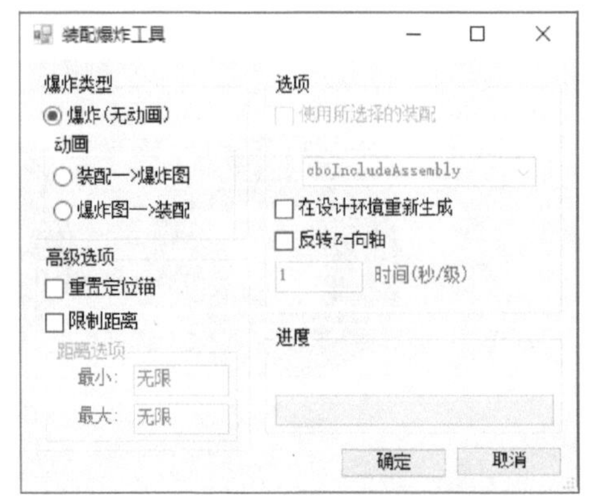

图 7-26　“装配爆炸工具”对话框

1. 爆炸类型

在该选项组中可以设置爆炸类型选项。

1）“爆炸（无动画）”单选按钮：选择此单选按钮时，将只能观察到装配爆炸后的效果，而不产生动画。

2）“动画”下的“装配→爆炸图”单选按钮：选择此单选按钮时，通过把装配体从原来的装配状态变到爆炸状态来产生装配的动画效果。

3）“动画”下的“爆炸图→装配”单选按钮：选择此单选按钮时，通过把装配体从爆炸图状态变为装配状态来产生装配过程动画。

2. 高级选项

在该选项组中可以设置如下选项。

1）“重置定位锚”复选框：勾选此复选框时，可把装配体中各组件的定位锚恢复到各自的原先位置。需要注意的是，组件并不重新定位，重新定位的仅仅是定位锚。

2）“限制距离”复选框：勾选此复选框时，将限制爆炸时装配件各组件移动的最小距离或最大距离。

3）“距离选项”：用于设置爆炸时各组件移动的最小距离或最大距离。

3. 选项

在该选项组中可以设置是否使用所选择的装配（可用的话）等，还可以设置如下选项。

1）“在设计环境重新生成”复选框：若勾选此复选框，则在新的设计环境中生成爆炸视图或动画，从而使其不会在当前设计环境中被破坏。

2）“反转 Z - 向轴”复选框：若勾选此复选框，则可以使爆炸方向为选定装配件的高度方向的反向。

在该选项组的文本框中，可以设置装配件各帧爆炸图面的延续时间（单位为：秒/级）。

7.1.12 “BOM”工具

使用“工具”设计元素库中的“BOM”工具，可以在当前的设计环境中建立和修改BOM信息。在使用该工具之前，首先建立一个带有子装配的装配文件，接着右击零件或装配，利用打开的“创新模式零件”对话框来设置“明细表（BOM）”的相关选项，例如，勾选“在明细表中输出这个零件”复选框，接着输入代号、备注和数量，如图7-27所示。如果右击的是装配体，那么还可设置在明细表中装配是否展开。

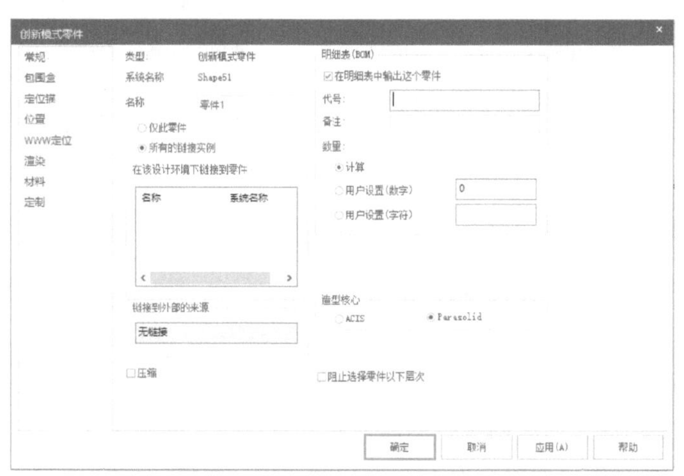

图7-27 “创新模式零件”对话框

将“工具”设计元素库中的“BOM”工具图素拖放到设计环境中，系统弹出一个窗口，在该窗口的左侧窗格中显示了当前设计环境中产品的结构树，如图7-28所示，从中可以查看装配体中关于相应零件和子装配的代号和其他描述等BOM信息。在这里有必要介绍该窗口中的一些实用工具按钮，见表7-1。

图7-28 BOM表窗口

表7-1 BOM工具中的一些实用工具按钮

序号	按钮	按钮名称	功能用途
1		压缩管理	用于隐藏除了当前被选择零件之外的全部零件

（续）

序号	按钮	按钮名称	功能用途
2		显示 BOM 信息	用于显示 BOM 表里的相关信息
3		顶层	用于显示所选择装配或子装配的下一级明细表
4		仅零件	用于显示整个装配体中所有零件的明细表，而装配或子装配也作为一个零件被显示在明细表中
5		缩格列表	用于显示所选择的装配体，或者子装配中的父子关系明细表
6		自定义属性显示	用于在 BOM 表中显示添加的自定义属性
7		输出到 Excel 表格	用于把设计环境中的 BOM 信息保存显示并输出到 Excel 中

7.2 定制图库

在 CAXA 3D 实体设计 2020 中，用户可以定制图库，即把设计好的零件放置在指定的图库中，便于以后需要时直接调用，而不必重新去设计。

要新建图库，可以在功能区“常用”选项卡的“设计元素”面板中单击“新建”按钮，从而创建新的设计元素库，即在设计元素库中新增一个设计元素库（默认名称以“设计元素#”来命名，#为序号），如图 7-29 所示，接着将设计环境中的设计元素（如实体）拖入到该自定义的新设计元素库中，定义好新设计元素库后，单击位于设计元素库上方的“保存”按钮，利用弹出的对话框指定保存路径，并输入自定义图库的名称。在 CAXA 3D 实体设计中，图素库默认位置位于安装路径“……\ CAXASOLID \ Catalogs”文件夹中。

图 7-29 新建设计元素库

定义好图库后，可以根据自身需要对图库进行编辑处理，如在图库的某一图素或空白区域上右击，弹出一个快捷菜单，利用该菜单中的命令对图库进行相应的编辑处理，如设置图标的大小、排列方式，设置是否使用超大图标，执行“剪切”“拷贝”“粘贴”“删除”“重新生成”和“编辑设计元素项”命令等。

图库元素的调用是比较简便的，可以通过鼠标拖放的形式直接从库中调用元素到设计环境中。需要注意的是，CAXA 3D 实体设计 2020 支持在设计完成的零件及装配特征上设定将除料特性加入库中，这样以后将具有除料特性的图素拖放应用在装配件上时，还可实现智能自动打孔的特性，因而设计效率更高。

7.3 参数化设计

在 CAXA 3D 实体设计 2020 中，可以使用参数来建立对象之间的关联关系，以便更有效地修改零件设计。

7.3.1 参数基础

在 CAXA 3D 实体设计中，参数主要分两种类型，一种是用户定义型，另一种则为系统定义型。用户定义型参数是由用户自定义直接使用参数功能来生成的，而系统定义型参数是锁定智能尺寸或二维草图轮廓几何进行尺寸约束时 CAXA 3D 实体设计自动生成的参数。

要生成用户定义型参数，可以在指定对象处（如设计环境、装配件、零件、形状或草图轮廓）右击鼠标，并从出现的快捷菜单中选择“参数”命令，打开图 7-30 所示的“参数表”对话框。利用该对话框中的“增加参数”按钮来生成新的定义型参数。读者应该要掌握该对话框中一些按钮及选项的功能用途。

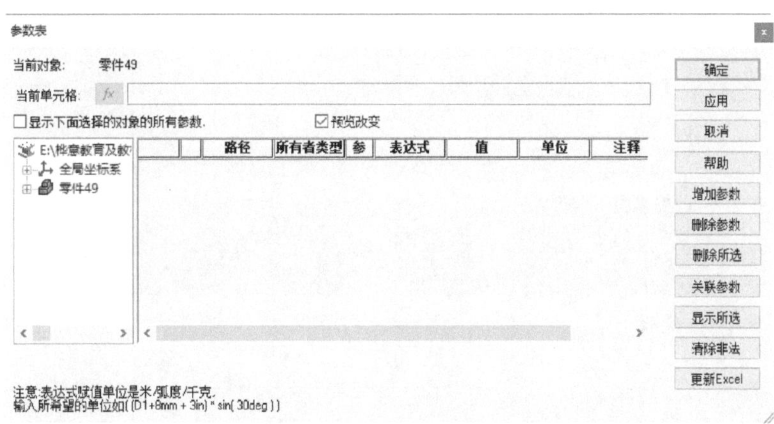

图 7-30 “参数表”对话框

用户定义型参数必须手动进行，如将定义型参数连接到某个包围盒参数，接着在“参数表”对话框中插入一个表达式，从而传递与定义型参数相关的另一参数。

关于参数的更详细的知识，读者可认真阅读和学习 CAXA 3D 实体设计 2020 帮助文件中相关内容。

7.3.2 参数化范例

在本小节中，通过一个范例来介绍参数在零件设计中的一般应用。通过该范例，读者可以学习用户定义型参数和系统定义型参数的典型应用，还学习如何使参数与包围盒属性连接并使参数与表达式中的其他参数关联。

本参数化范例的具体操作步骤如下。

1）在“快速启动”工具栏中单击“缺省模板设计环境”按钮，从而使用默认模板创建一个新的设计环境文档。

2）在“图素”设计元素库中将“长方体”图素拖入设计环境以生成长方体 1，接着单击长方体 1 使其进入智能图素编辑状态。

3）在智能图素编辑状态下右击长方体 1，接着从弹出来的快捷菜单中选择“参数”命令，弹出“参数表”对话框。在这里需要在智能图素编辑状态下访问参数表，以便稍后可以为要创建的定义型参数与包围盒参数建立关联。

4）在“参数表”对话框中单击“增加参数”按钮，打开“增加参数”对话框，从“参数类型”下拉列表框中选择“用户定义”，设置参数名称为“CUD2H”，参数值为“20”，选择“长度”单选按钮定义数值类型，如图 7-31 所示，然后单击“确定”按钮。

5）使用同样的方法，分别单击“增加参数”按钮来另外创建两个用户定义型参数：其中一个参数名称为“CUD2L”，参数值为“50”，数值类型为“长度”；另一个参数名称为“CUD2K”，参数值为“50”，数值类型为“长度”。

6）返回到“参数表”对话框，在“参数表”中显示了3个新创建的定义型参数，如图7-32所示。在“参数表”对话框中单击“确定”按钮，返回到设计环境中。

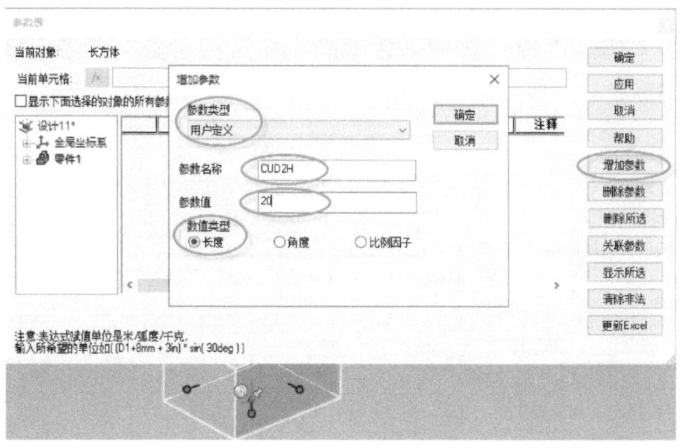

图 7-31　增加参数

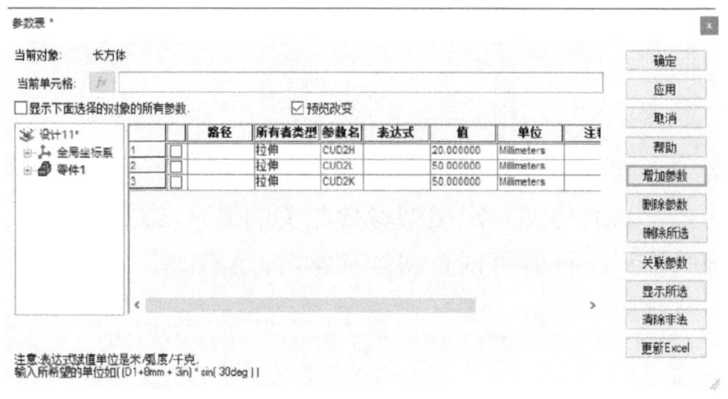

图 7-32　“参数表”对话框

7）在智能图素编辑状态下右击长方体1，弹出一个快捷菜单，从中选择“智能图素属性”命令，打开“拉伸特征”对话框。切换到“包围盒”选项卡，勾选“显示公式”复选框，并在“尺寸”选项组中分别设置长度、宽度和高度字段值，如图7-33所示。

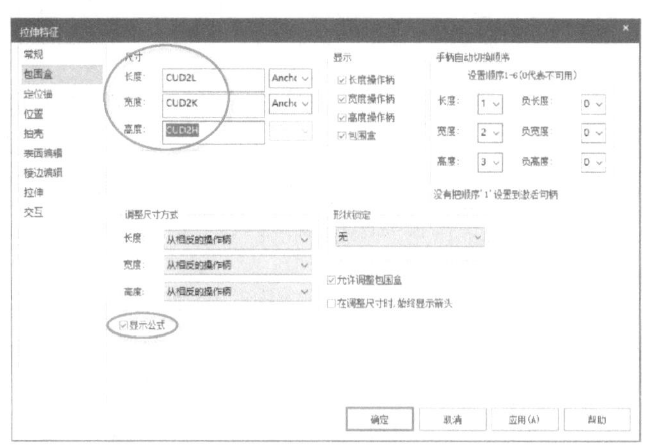

图 7-33　设置包围盒属性

在“拉伸特征”对话框中单击“确定”按钮，长方体1在设计环境中自动更新，以反映各参数的关联关系，效果如图7-34所示。

8）在“图素”设计元素库中将“孔类圆柱体”图素拖放至长方体1的顶面中心处，接着在智能图素编辑状态下右击该孔图素，选择快捷菜单中的“参数”命令，打开“参数表”对话框，单击“增加参数”按钮，打开“增加参数”对话框，设置图7-35所示的参数类型、参数名称、参数值和数值类型，然后单击“确定”按钮，返回到“参数表”对话框。

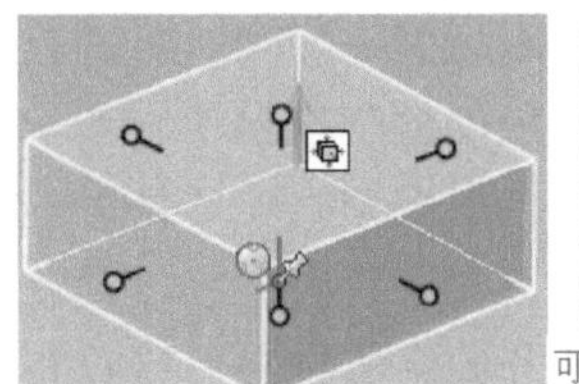

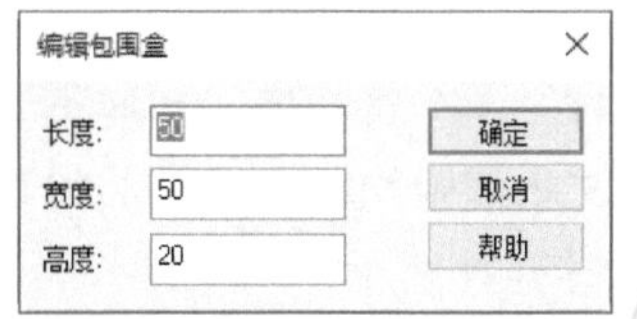

可打开“编辑包围盒”观察3个尺寸的变化

图7-34　应用参数控制后

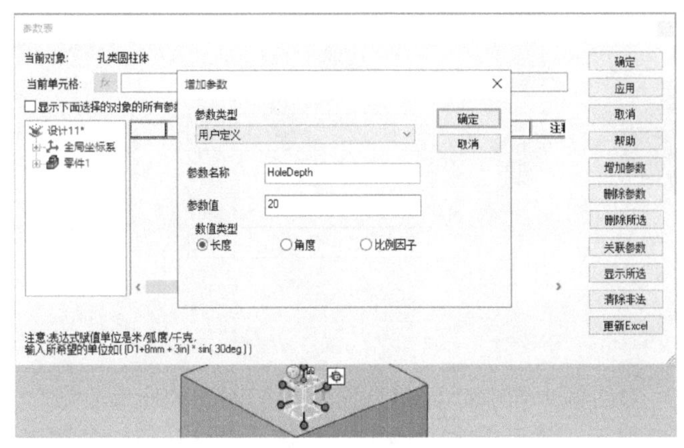

图7-35　继续增加参数

使用同样的方法，再增加一个用户定义型参数：参数名称为“HoleD”，参数值为“25”，数值类型为“长度”。

增加两个用户定义型参数后，在“参数表”对话框中单击“确定”按钮。

9）在智能图素编辑状态右击孔图素，接着从弹出的快捷菜单中选择“智能图素属性”命令，打开一个对话框，切换至“包围盒”选项卡，勾选“显示公式”复选框，在“尺寸”选项组的“高度”文本框中输入“HoleDepth”，在“长度”和“宽度”文本框中均输入“HoleD”，单击“确定”按钮。孔图素自动更新以反映参数关联的效果，如图7-36所示。

10）在“图素”设计元素库中将“圆柱体”图素拖放至设计环境中，该圆柱体作为一个独立的零件，单击该圆柱体，进入智能图素编辑状态，如图7-37所示。

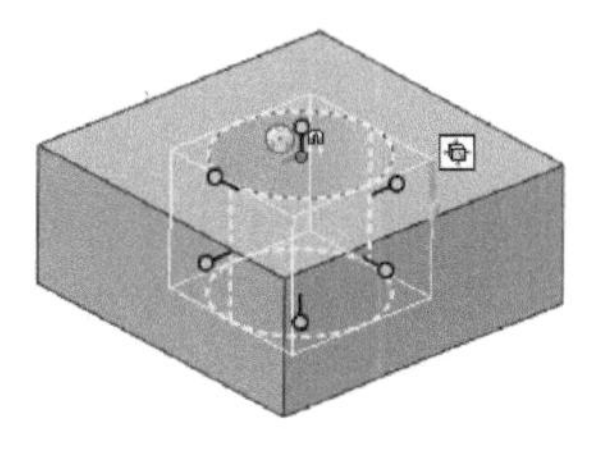

图7-36　孔图素受参数控制

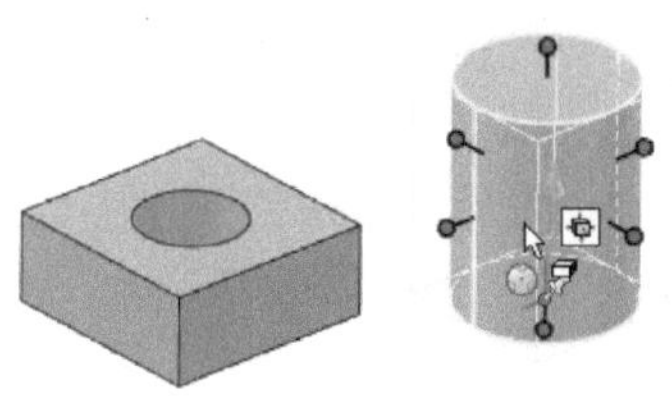

图7-37　进入智能图素编辑状态

11）在智能图素编辑状态右击该圆柱体，接着从随之出现的快捷菜单中选择“参数”命令，打开“参数表”对话框，增加如下数据的定义型参数：参数名为“HoleD1”，参数值为“20”，数值类型为“长度”。

12）完成参数创建后返回到设计环境，通过右击圆柱体零件并选择“智能图素属性”命令来打开一个对话框，切换至“包围盒”选项卡，勾选“显示公式”复选框，在“长度”和“宽度”文本框中均输入“HoleD1”，在“高度”文本框中输入“60”，然后单击“确定”按钮，结果如图7-38所示。

13）在设计环境背景的开放区域单击，接着右击，弹出一个快捷菜单，如图7-39所示，从中选择“参数”命令，打开“参数表”对话框。

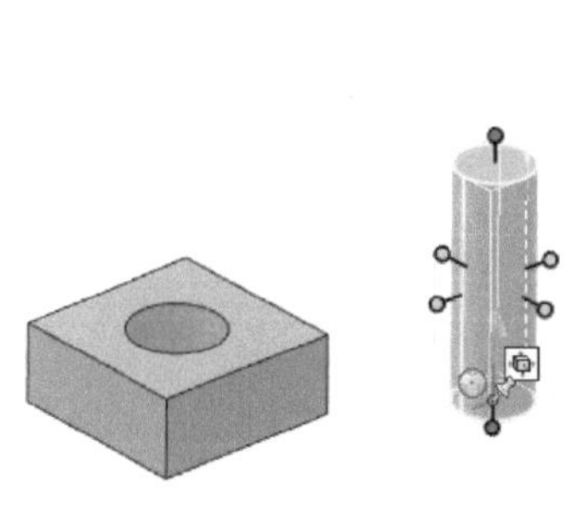

图7-38　设定圆柱体的参数后

图7-39　右击设计环境背景的开放区域

14）在“参数表”对话框中勾选“显示下面选择的对象的所有参数”复选框，为相关参数建立表达式，如图7-40所示，然后单击“确定”按钮，设计环境中的图素根据参数表中的数据进行自动更新。

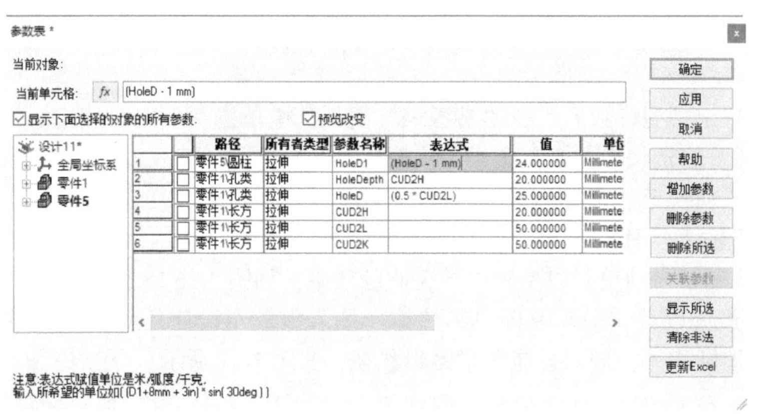

图7-40　为相关参数建立表达式

可以再次在设计环境中打开“参数表”，分别将参数“CUD2L”和“CUD2K”的值均修改为“80mm”，也可以由读者修改其他有效值，然后单击“应用”按钮或“确定”按钮，观察模型变化情况。

操作点拨：

要打开“参数表”对话框显示参数和变量，读者也可以在功能区打开“常用”选项卡，接着在“显示”面板中单击“参数表”按钮，从而打开“参数表”对话框。

7.4 参数化变型设计

CAXA 3D 实体设计 2020 为用户提供了参数化变型设计功能，利用该功能可以通过参数快捷地生成一系列相似零件。

要使用参数化变型设计功能，首先在设计环境中建立好一个参数化的零件，接着在零件编辑状态下选中零件，此时如果打开功能区的“加载应用程序”选项卡，则可以看到“添加变型设计”按钮变亮了，如图 7-41 所示。如果零件已经添加了设计变型，那么“删除变型设计”按钮和“编辑变型设计”按钮也会变亮。

图 7-41　参数化变型设计按钮

- “添加变型设计”按钮：用于添加变型设计到所有选定的条目。
- “删除变型设计”按钮：用于删除已经存在的变型设计。
- “编辑变型设计”按钮：用于编辑已经存在的变型设计。

单击“添加变型设计”按钮，为选定零件添加设计变型，接着可单击“编辑变型设计”按钮，打开图 7-42 所示的“编辑变型设计”对话框。相关的变型参数可在“设计参数”选项组中编辑。在此简要地介绍该对话框中的几个按钮。

1）添加：用于添加一个零件变型。

2）删除：用于删除当前的零件。

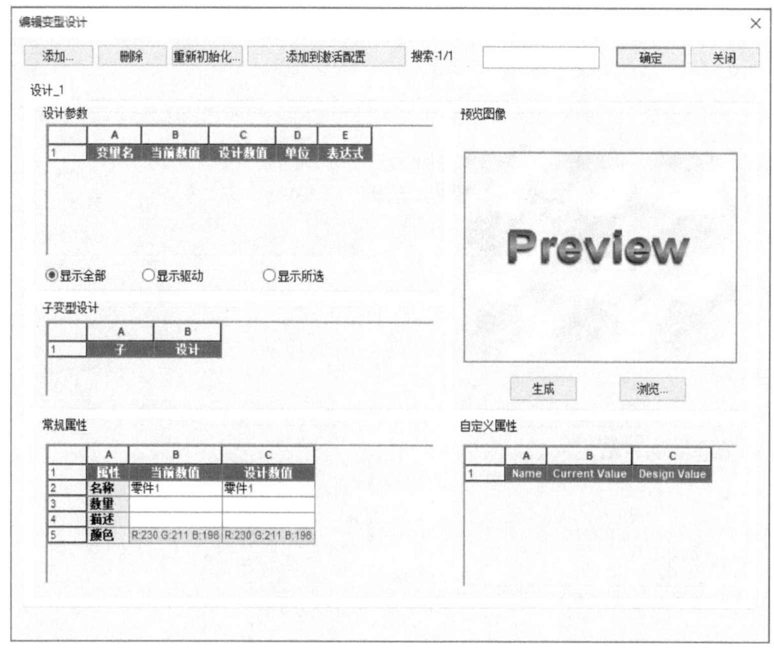

图 7-42　“编辑变型设计”对话框

3）重新初始化：用于把当前零件的参数初始化。

4）确定：用于应用当前的操作。

5）添加到激活配置：用于添加到激活的配置。

6）生成：用于从当前设计环境中生成预览图像。

7）浏览：用于为当前的零件选定预览图片。

下面通过一个范例来介绍参数化变型设计的具体操作方法。

1）在“快速启动”工具栏中单击“缺省模板设计环境”按钮，从而使用默认模板创建一个新的设计环境文档。

2）在状态栏中选择“工程模式零件”图标选项。

3）在功能区“特征”选项卡的“特征”面板中单击“旋转”按钮，在相应“属性”管理栏的“轮廓”选项组中单击“在 X－Y 平面”按钮，进入草图绘制模式。

单击“连续轮廓”按钮，绘制图 7-43 所示的图形。该图形也可以使用“矩形”按钮来绘制。单击“智能标注”按钮，添加图 7-44 所示的智能尺寸。

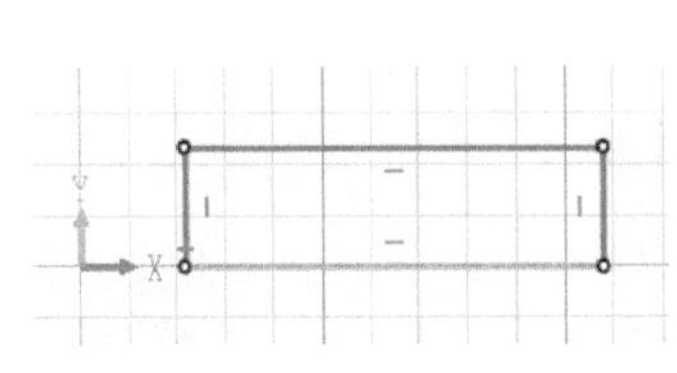

图 7-43　绘制二维图形

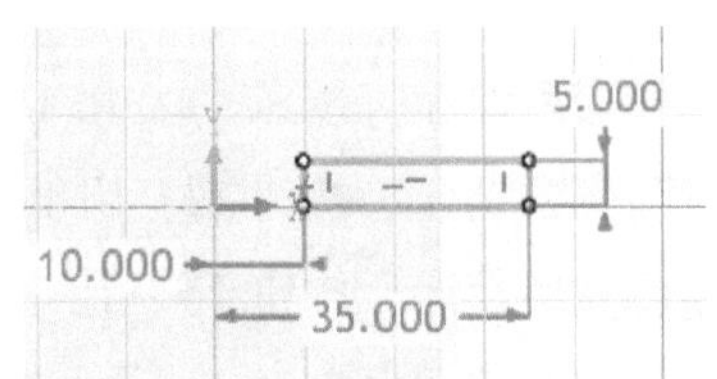

图 7-44　添加智能尺寸

此时，在绘图区域的空闲区域单击鼠标右键，从快捷菜单中选择“参数”命令，则打开“参数表”对话框，单击“增加参数”按钮，添加一个名为“DD”的用户定义型参数，其值设置为“5”，数值类型为“长度”。返回到“参数表”对话框，分别为 3 个系统定义型参数设定表达式，注意与图形尺寸标识一致，如图 7-45 所示。设置好相关参数，然后单击“确定”按钮。

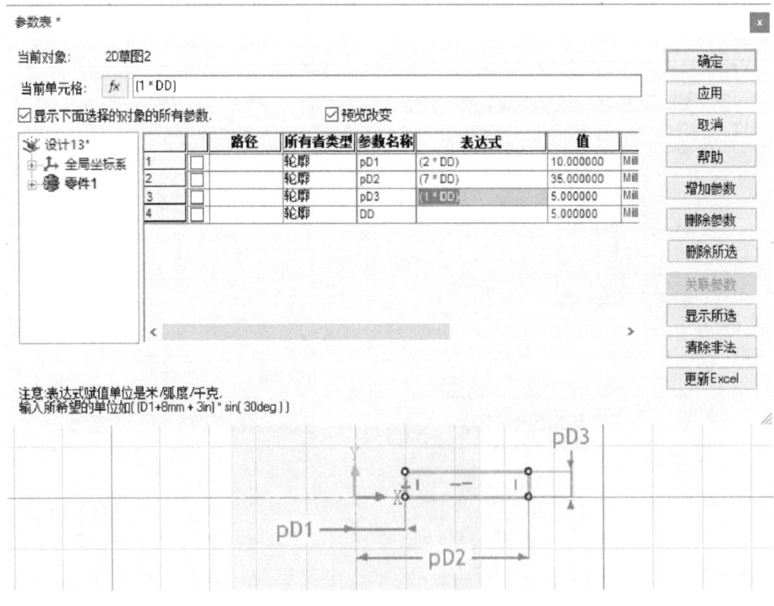

		路径	所有者类型	参数名称	表达式	值	
1			轮廓	pD1	(2 * DD)	10.000000	Mill
2			轮廓	pD2	(7 * DD)	35.000000	Mill
3			轮廓	pD3	(1 * DD)	5.000000	Mill
4			轮廓	DD		5.000000	Mill

图 7-45　为截面设置参数控制

在“草图”面板中单击“完成”按钮✓，接着在“旋转特征”命令的“属性”管理栏中单击“确定”按钮✓，创建图 7-46 所示的旋转特征。

4）打开“高级图素”设计元素库，选择“孔类环布圆柱”图素，将其拖放到旋转特征环边的中心放置，可适当调整包围盒尺寸，效果如图 7-47 所示。

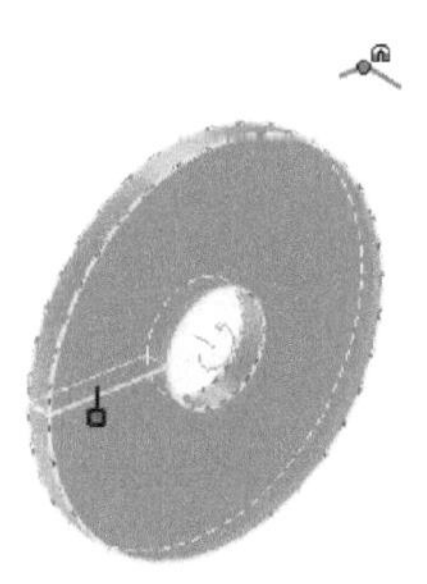

图 7-46 创建旋转特征

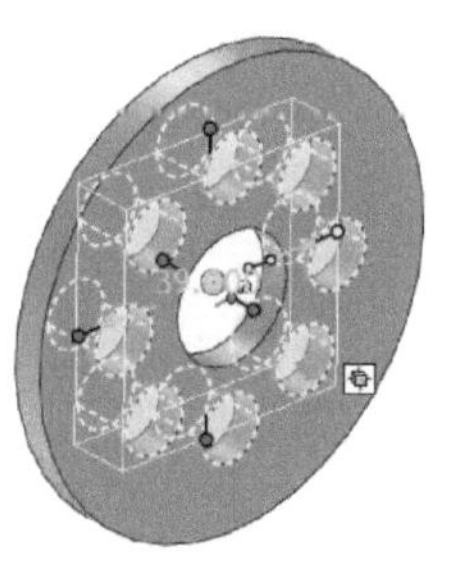

图 7-47 应用“孔类环布圆柱”图素

5）在智能图素编辑状态右击环布孔图素，接着从快捷菜单中选择“参数”命令，打开“参数表”对话框。单击“增加参数”按钮，弹出“增加参数”对话框，设置参数类型为“用户定义”，参数名称为“HoleDD”，参数值为“39”，数值类型为“长度”，单击“确定”按钮，返回到“参数表”对话框。继续单击“增加参数”按钮，另外添加一个用户定义型参数，参数名称为“HoleHH”，参数值为“10”，数值类型为“长度”。

再次返回到“参数表”对话框后，单击“确定”按钮。

6）在智能图素编辑状态右击环布孔图素，从快捷菜单选择“智能图素属性”命令，打开“拉伸特征”对话框。切换到“包围盒”选项卡，勾选“显示公式”复选框，接着在“长度”文本框中输入“HoleDD”，在“宽度”文本框中输入“HoleDD”，在“高度”文本框中输入“HoleHH”，如图 7-48 所示。然后单击“确定”按钮。

图 7-48 将参数与模型关联

7）在设计环境中的空余区域右击，接着从出现的快捷菜单中选择“参数”命令，打开“参数表”对话框，选择零件层（即所有者为零件）单击“增加参数”按钮添加如下的一个用户定义参数：参数名称为“CD”，参数值为“5”，数值类型为“长度”。

返回到“参数表”对话框，为相关参数设定表达式，包括关联到内部层的参数，以建立参数驱动规则，如图 7-49 所示。

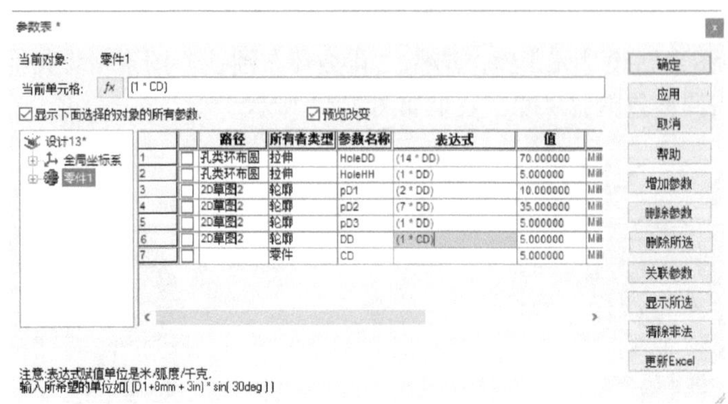

图 7-49　建立参数驱动规则

单击“确定”按钮，设计环境中的零件模型受参数驱动，变为如图 7-50 所示。

图 7-50　零件模型

8）选择零件模型（属于该文档的最高层），接着在功能区打开“加载应用程序”选项卡，单击“添加变型设计”按钮。

9）单击“编辑变型设计”按钮，弹出“编辑变型设计”对话框。在“设计参数”选项组中选择“显示全部”单选按钮，接着将参数“CD”的设计数值由“5”更改为“10”，接着单击“生成”按钮来生成当前变型设计的预览图片，如图 7-51 所示。

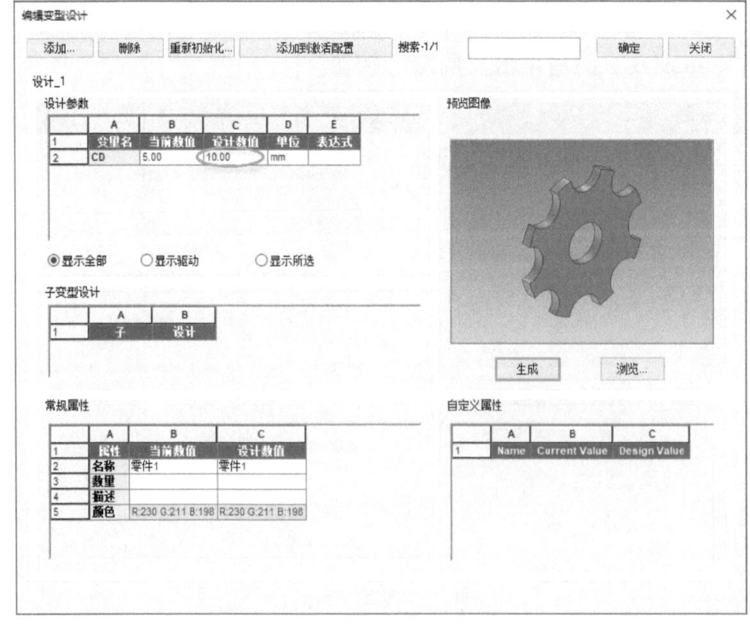

图 7-51　编辑变型设计

10）在“编辑变型设计”对话框中单击“添加”按钮，系统弹出“初始化”对话框，设置系列件的名称，并设置好初始化选项，如图 7-52 所示，然后单击“确定”按钮。

11）在“设计_2”选项卡的“设计参数”栏中单击设计参数值，更改其中的参数（如将参数“CD”的值改为“20”）来生成新的零件，单击“生成”按钮。

12）在“编辑变型设计”对话框中单击“确定”按钮，完成该零件的变型设计。若在零件状态下右击它，此时弹出来的快捷菜单中增加了“变型设计”选项，如图7-53所示，从中可选择系列零件。

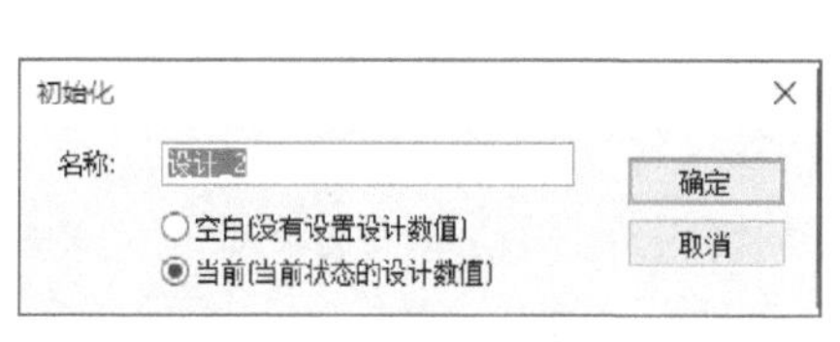

图7-52 “初始化”对话框

图7-53 设计变型弹出菜单

13）保存文件。也可以在设计环境中，把零件拖入到某个设计元素库中，以备在下次设计工作时可以调用。

范例说明：在本例中，也可以简化相关参数的关联设置，以便在编辑变型设计时可以手动改变多个参数值，以获得更灵活的模型效果。

7.5 思考与小试牛刀

1）CAXA 3D实体设计的工具标准件库提供了哪些实用工具或图素？

2）请举例来说明如何创建一个渐开线内啮合斜齿轮。

3）请举例来说明如何建立一个热轧型钢。

4）请举例说明如何创建一个GB/T 5782－2000（目前已更新为GB/T 5782－2016）六角头螺栓（M20×80）。

5）如何使用“工具”设计元素库中的“阵列”工具来创建某零件的矩形阵列？可以举例辅助说明。

6）如何新建一个图库？

7）在CAXA 3D实体设计中，参数主要分哪些类型？

8）上机操作：创建图7-54所示的零件模型，并为相关特征建立关联参数，然后对其进行参数化变型设计以分别获得图7-55所示的两个相似零件，具体过程由读者自由发挥。

图7-54 零件模型

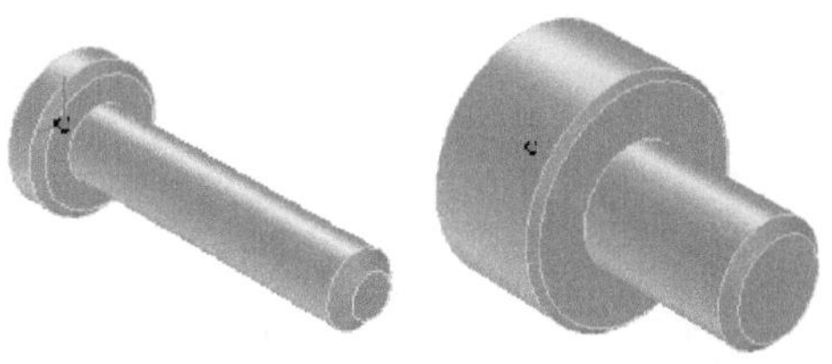

图7-55 参数化变型设计获得的模型效果

第 8 章 装 配 设 计

本章导读

很多设备产品的设计都离不开装配设计。在 CAXA 3D 实体设计中，读者可以生成装配件，在装配件中添加或删除图素或零件，对装配件中的全部构件进行装配定位等。

本章介绍的内容主要包括装配入门基础、装配基本操作、齿轮和轴承、装配定位、装配检验和装配流程等。

8.1 装配入门基础

本节介绍的装配入门基础包括生成一个装配体、新建零/组件、插入零件/装配、从文件中输入几何元素、解除装配和简化包装，相关命令工具位于功能区的“装配”选项卡中。

8.1.1 生成一个装配体

在一个新设计环境中，首先建立好若干个所需的零件（独立图素），接着框选它们，或者结合〈Shift〉键依次单击以选中它们，然后切换到功能区的“装配”选项卡，从“生成”面板中单击“装配”按钮，从而新建一个装配体，该装配体包含所选的零件，设计树中将出现“装配#”形式的名称。

【课堂范例】：生成一个装配体并修改装配体

1）在“快速启动”工具栏中单击“缺省模板设计环境”按钮，从而使用默认模板创建一个新的设计环境文档。

2）打开“图素”设计元素库，从中分别拖出一个长方体、球体和圆柱体放置到设计环境中，注意将这些图素作为单独的图素放置以生成 3 个零件，如图 8-1 所示。

3）在设计环境中通过鼠标指定两个角点来框选这 3 个零件。

4）在功能区“装配”选项卡的“生成”面板中单击“装配”按钮，从生成一个装配体，如图 8-2 所示。此时，在设计环境中可以看到被选中的装配体中，每个图素周围的轮廓都变成统一的颜色且只显示出一个锚状图标（锚状图标依附在第一个选定的图素上）。

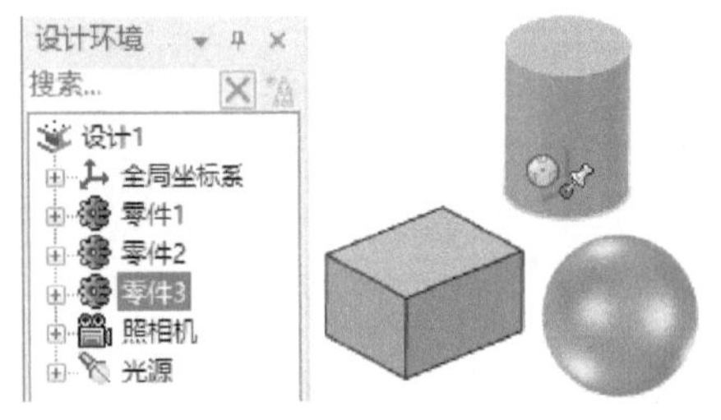

图 8-1 在设计环境中生成 3 个零件

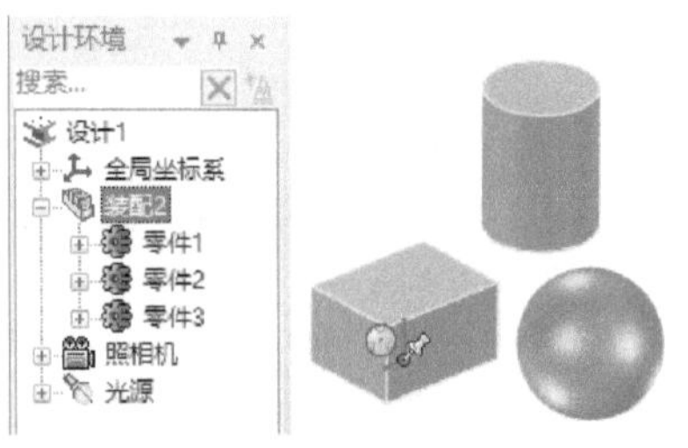

图 8-2 生成一个装配体

5）可以选择三维球工具来对整个装配体进行重定位操作。

6）在设计树中确保选中装配体，即在装配体选择状态下，若拖入一个独立图素，那么该图素将成为同一装配件的构成部分。读者可以从“图素”设计元素库中拖入一个椭圆柱来体验一下。

7）在设计环境背景的空闲区域单击，接着从“图素”设计元素库中再拖入一个长方体单独放置，该长方体产生了一个独立的零件，如图8-3所示的“零件5”。

8）在设计树中对着该“零件5”图标按住鼠标左键，并将该图标拖放到装配件的图标处，释放鼠标左键，则该零件成为装配件中的一个零件组件，在设计树中可以很直观地看出其与装配件的关系，如图8-4所示。

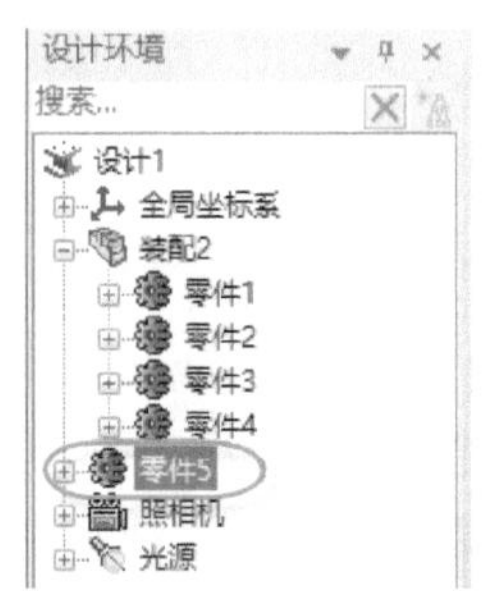

图8-3 产生一个独立的零件

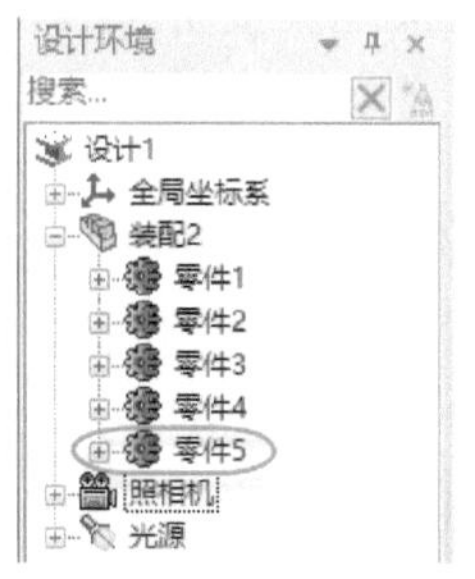

图8-4 修改装配关系

8.1.2 新建零/组件

新建零件/组件的方法很多，在这里侧重介绍一种新的方法。

可以在工程模式设计环境中创建一个空的零/组件，其方法是在功能区“装配”选项卡的“生成”面板中单击“创建零件”按钮，系统弹出“创建零件激活状态”对话框，如图8-5所示，单击“是”按钮，则新建的空零件默认为激活状态，在该零件激活状态下添加的图素都会属于该零件。如果不想以后执行“创建零件”按钮时弹出“创建零件激活状态”对话框，那么需要在该对话框中勾选“总是按照现在的选择执行”复选框。

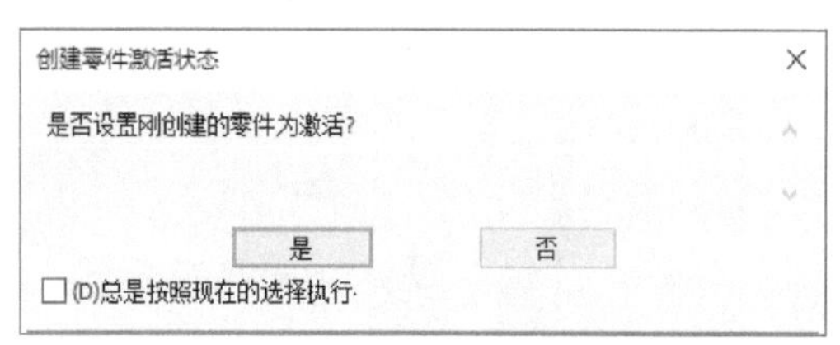

图8-5 “创建零件激活状态”对话框

在创新模式下，同样可以单击“创建零件”按钮来在设计环境中添加一个新的没有图素的空零件。

8.1.3 插入零件/装配

在实际的装配设计中，有时候需要从另外的文件中插入零件或装配到现有设计环境中，在这种情况下，可以在功能区“装配”选项卡的“生成”面板中单击“插入零件/装配”按钮，系统弹出“插入零件”对话框。在“文件类型”下拉列表框中选择要插入的文件类型，在查找范围中选择要插入零件部件所在的地址范围，从文件列表框中选择所需的文件名，然后单击“打开”按钮，即可将零部件插入到当前的设计环境中。如果要设置导入的一些选项，则需要在“插入零件”对话框中单击“导入选项”按钮，接着利用打开的对话框进行相关设置即可。需要注意的是，CAXA 3D 实体设计2020的插入零件功能支持很多三维软件的文件格式。

8.1.4 从文件导入几何元素

可以从一个所支持格式的文件导入几何元素，其方法是在功能区“装配”选项卡的“生成”面板中单击“导入几何”按钮，弹出“输入文件”对话框，从中指定文件类型、查找范围和文件名，从而将所选文件中的零件（含几何元素）导入到设计环境中。

8.1.5 解除装配

“解除装配”功能用于从所选择装配中提取出零件并取消装配关系，其操作方法很简单，即先选择所需的装配体（建议在设计树中快速选取），接着在功能区“装配”选项卡的“生成”面板中单击“解除装配”按钮即可。

8.1.6 简化包装

“简化”按钮用于将复杂装配体或复杂零件进行简化处理，并对进行装配所需的几何元素进行保存，这在大型装配体设计项目中是很有用的，它会显著地提高大型装配的性能。

在功能区“装配”选项卡的“生成”面板中单击“简化”按钮，打开图8-6所示的“简化”命令“属性”管理栏，下面简要地介绍该“属性”管理栏提供的主要工具。

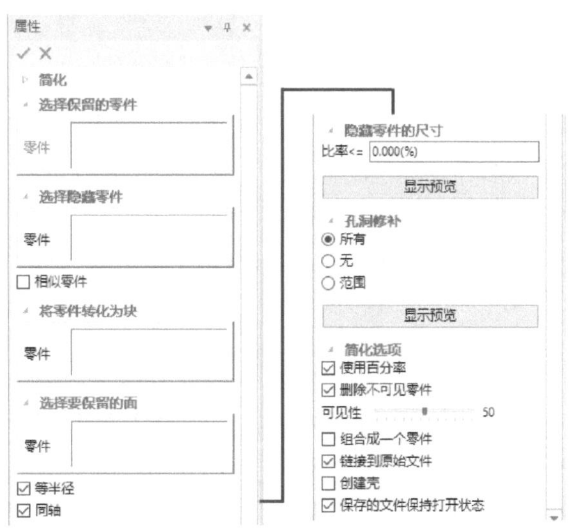

图8-6 “简化”命令“属性”管理栏

1）选择保留的零件：用于选择需要被保留的零件。倘若没有选择任何零件，按尺寸比例进行选择。

2）选择隐藏零件：用于选择需被隐藏的零件。倘若没有选择任何零件，按尺寸比例进行选择。

3）相似零件：勾选此复选框时，系统将自动选择与隐藏零件相似的零件。

4）将零件转化为块：指定要转化为块的零件，删除它里面的特征。

5）选择要保留的面：如果在零件中有特定的面（如配合面）需要保留，那么可以利用此收集器来手工选择予加以保留。如果勾选“等半径”复选框，则系统还会自动选择和所选面等半径的面；如果勾选“同轴”复选框，则和所选面同轴的面会自动被选择。

6）隐藏零件的尺寸：通过设定占整个模型的比例来确定隐藏零件的尺寸，比例百分比是使用零件的包围盒对角线长度除以整个装配的包围盒对角线长度。

7）孔洞修补：可供选择的孔洞修补选项有“所有”“无”“范围”，按设定选项进行孔洞的自动修补。

8）简化选项：在此选项组中设置是否使用百分率、是否删除不可见零件（可设定可见性参数）、是否组合成一个零件、是否链接到原始文件、是否创建壳、是否让保存的文件保持打开状态等。

生成简化模型之后，再次打开文件可以设定打开模型的类型是简化模型还是原始模型，当然在设计过程中也可以在这两种类型之间进行切换。

8.2 装配基本操作

本节所指的装配基本操作包括“打开零件/装配”“保存零件/装配”“另存为零件/装配”“保存所有为外部链接”“解除链接（外部）”“输出零件”和“装配树输出”，这些操作命令的工具按钮可以在功能区“装配”选项卡的“操作”面板中找到。

下面列出这些基本操作命令的功能含义。

1）打开零件/装配：打开外部链接的零件/装配。

2）保存零件/装配：保存选中的外部链接零件。

3）另存为零件/装配：把所选择的零件/装配另存到新命名文件中。

4）保存所有为外部链接：保存所有零件/装配到外部链接文件。

5）解除链接（外部）：解除所选择的外部链接零件。

6）输出零件：用于输出零件。可以先选择要输出的零件/装配，接着单击“输出零件”按钮，弹出“输出文件”对话框，利用该对话框指定要保存的目录地址，指定文件名，还可以设定保存类型，然后单击“保存”按钮。

7）装配树输出：用于输出装配树视图。单击“装配树输出”按钮，系统弹出图8-7所示的“装配路径”对话框，从中设置过滤器选项、统计选项、输出选项和输出文件路径及其文件名，然后单击“确定”按钮。

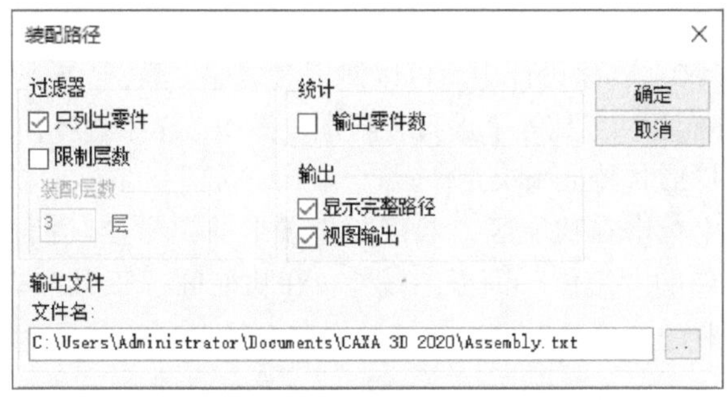

图8-7 “装配路径”对话框

8.3 齿轮与轴承

在功能区“装配”选项卡的“生成”面板中还提供用于创建齿轮和轴承的工具，分别为“齿轮”按钮和“轴承”按钮，它们的创建方法都是在单击创建工具后，利用打开的“属性”管理栏设置齿轮或轴承的参数、选项等，确认之后便可快速生成所需的齿轮或轴承，便于装配设计。创建齿轮和创建轴承的典型示例分别如图 8-8 和图 8-9 所示。

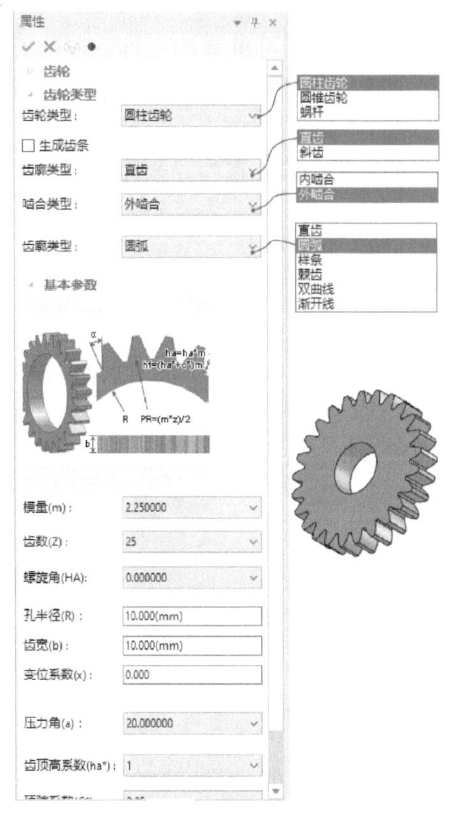

图 8-8 创建齿轮

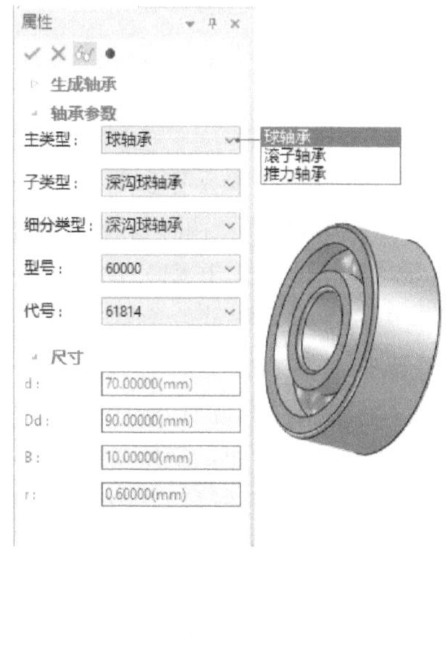

图 8-9 创建轴承

8.4 装配定位

装配定位是装配设计中的重要工作，装配定位是通过零件定位的方式确定装配中各零部件之间的位置关系。在 CAXA 3D 实体设计中，可以使用三维球工具、“无约束装配”工具、“定位约束”工具和“三维智能标注”工具等来进行装配定位操作，至于选择何种工具，需要根据设计者的操作习惯和根据零部件形状特征来决定。

装配定位工具基本上集中在功能区“装配”选项卡的“定位”面板中，而在功能区的“工具”选项卡中也具有同样的“定位”面板，另外，在功能区“工具”选项卡的“操作”面板中还提供了一些可以用于装配定位的工具按钮，如“移动锚点”按钮、“附着点”按钮等。

注意：在默认状态下，CAXA 3D 实体设计以对象的默认定位锚作为对象之间的结合点，读者可以巧妙地通过添加附着点使操作对象在其他位置结合，附着点可以被添加到图素或零件的任意位置，以直接将其他图素附在该点。

1）“移动锚点”按钮：在所选图素上选取一点作为定位锚的新位置点。

2）“附着点”按钮：增加一个组、一个零件或一个图素的附着点。

“三维球”工具、“无约束装配”工具、“定位约束”工具和“三维智能标注”工具在本书第 1 章中已经有所介绍，在这里不再赘述，但在相关的装配定位范例中涉及其中某些工具的应用。

8.4.1 使用三维球工具定位的装配范例

通过前面的学习，读者早已深刻认识到三维球是一个非常杰出和直观的三维图素操作工具，在装配定位操作中，可以使用三维球来方便地定位任何形状的零部件。

下面的装配范例将演示如何使用三维球工具来进行装配定位操作。

1）在“快速启动”工具栏中单击“打开”按钮，打开本书配套的“使用三维球工具装配范例 . ics”文件。该文件中的存在着图 8-10 所示的 3 个原始零件。

2）选择轴零件（即在设计树中名称为“BC_FZYS_2”的零件），单击“三维球”按钮或按〈F10〉键，以激活三维球工具，如图 8-11 所示。

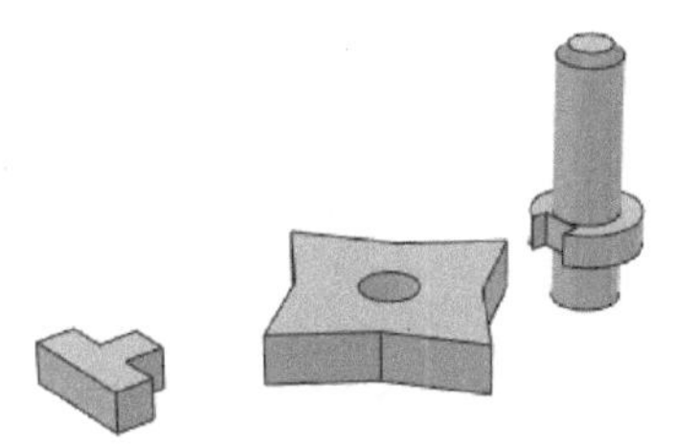

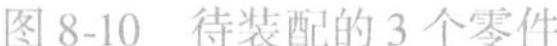

图 8-10　待装配的 3 个零件

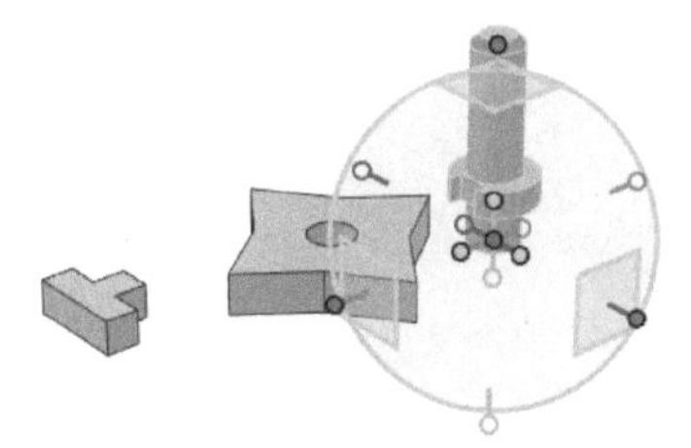

图 8-11　激活三维球工具

按一下空格键，使三维体不依附对象，此时三维球的颜色变为白色，表明它此时处于“分离”状态，可以将三维球独立于零件而移动。右击三维球的中心控制柄，打开一个快捷菜单，如图 8-12 所示，从中选择“到中心点”命令，接着移动鼠标去选择轴零件阶梯肩的下端面圆形边缘以使三维球中心移至该端面圆心处，如图 8-13 所示。此时单击一下空格键，使三维球重新附着于零件，此时三维球颜色变为原来的颜色。

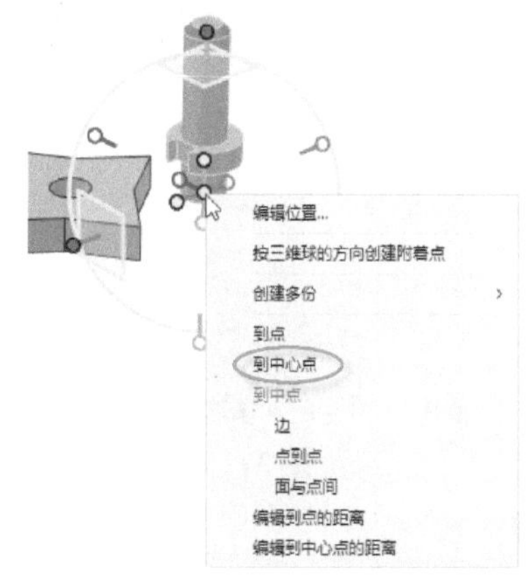

图 8-12　右击三维球中心并使用快捷菜单

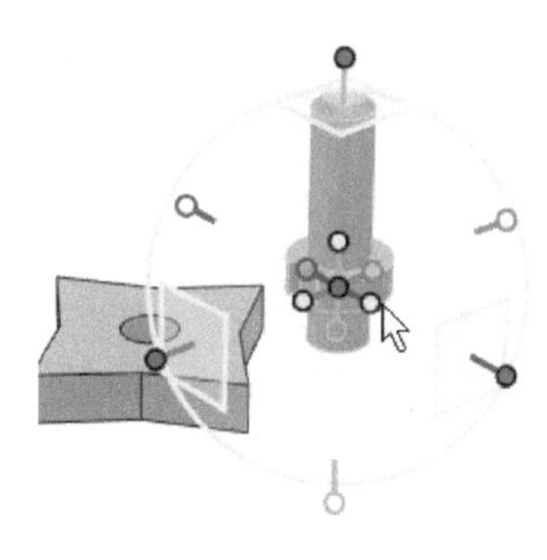

图 8-13　对三维球重新定位

再次右击三维球的中心控制柄，从出现的快捷菜单中选择“到中心点”命令，在另一个零件上选择图 8-14 所示的圆形边线，将轴零件装配定位到底座的孔内，效果如图 8-15 所示。

3）此时看起来轴零件已经被装配进底座的孔内。这里再练习使用三维球的定向控制操作柄。右击图 8-16 所示的一个定向控制操作柄，弹出一个快捷菜单，选择“与面垂直”命令，选择图 8-17 所示的平整面（鼠标光标所指）。当然在执行操作之前，要确保轴零件自身的该定向控制操作柄与轴平行，否则要对该定向控制操作柄进行相应的定向设置。

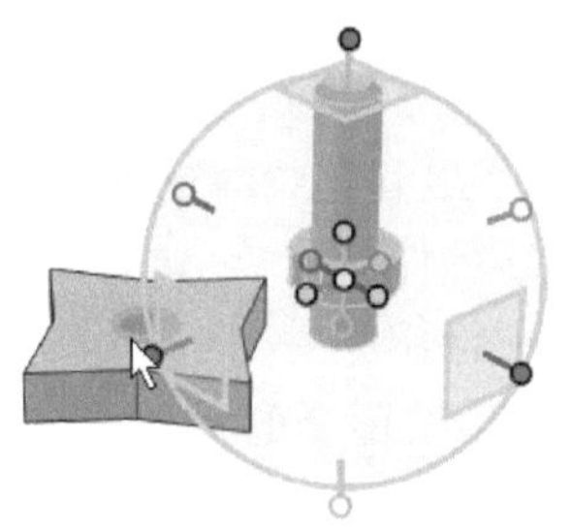

图 8-14　选择圆边线

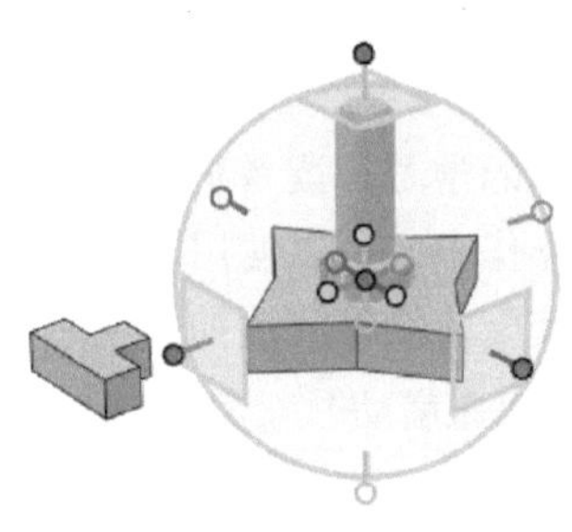

图 8-15　将轴定位至另一个零件的孔内

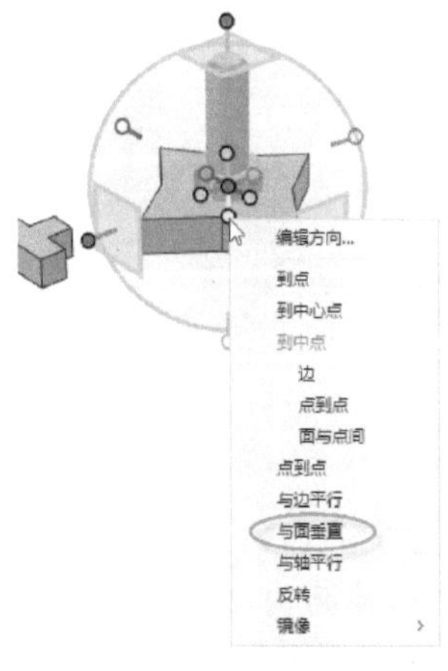

图 8-16　右击一个定向控制操作柄

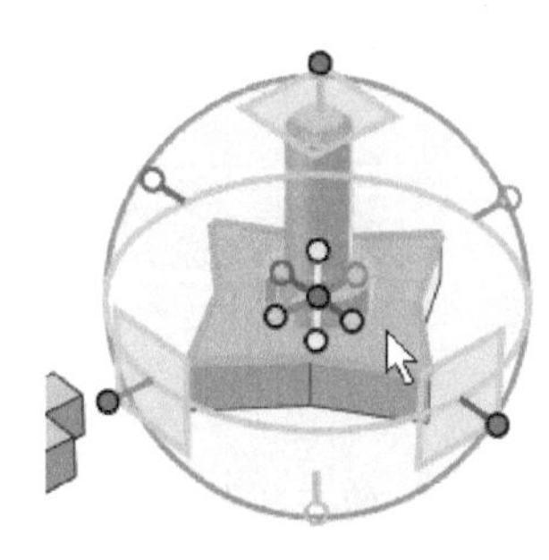

图 8-17　选择要与之垂直的面

完成上述定向控制操作柄操作的结果如图 8-18 所示，显然不满足设计要求，需要在轴线上反转 180°。方法是继续右击该底部定向控制操作柄，从出现的快捷菜单中选择“反转”命令，得到图 8-19 所示的装配定位效果。

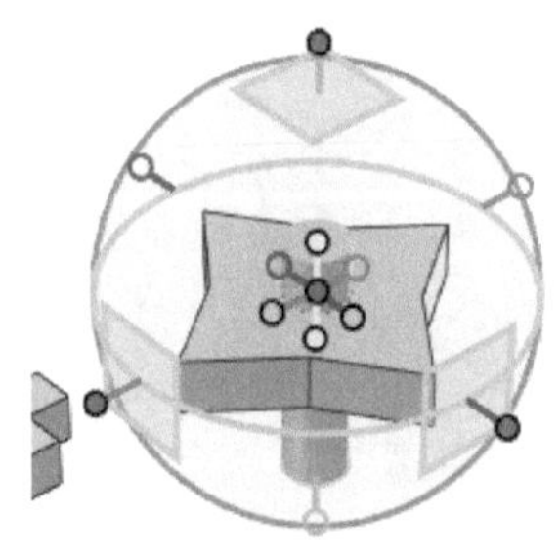

图 8-18　对定向控制操作柄进行操作后

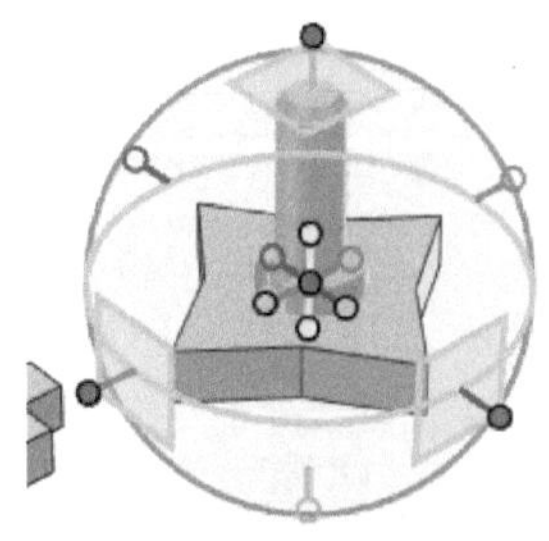

图 8-19　反转零件

4）单击“三维球”按钮或者按〈F10〉键，取消三维球工具。

5）在设计环境中单击 T 型零件以选中它，按一下〈F10〉键，以激活该零件的三维球工具，发现该三维球的中心控制柄位于底面一条边的中心，此时可以按一下空格键，接着将三维球的中心控制柄拖放到盖零件底面同一条边的顶点处，如图 8-20 所示，再按一下空格键，将三维球工具重新依附于该零件。确保三维球的各定向控制操作柄代表的轴向与零件自身的边线成平行或垂直关系。

将三维球的中心拖至轴零件键槽相应边角的捕捉点处，从而定位 T 型零件，使其正确放入键槽，效果如图 8-21 所示。也可以通过右击三维球的中心，然后利用右键快捷菜单中的相关命令并选择对象点来完成。

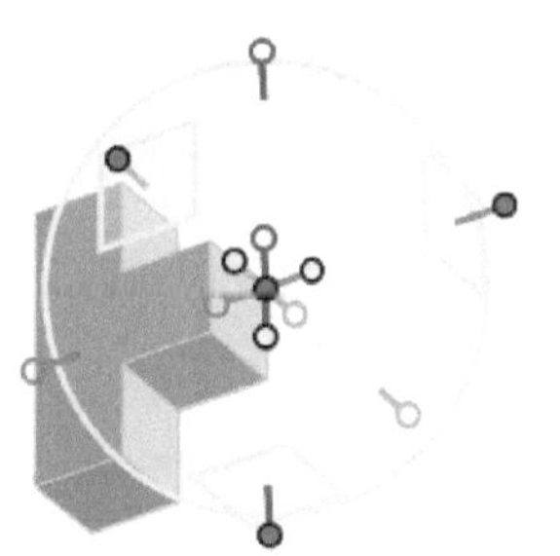

图 8-20　激活三维球

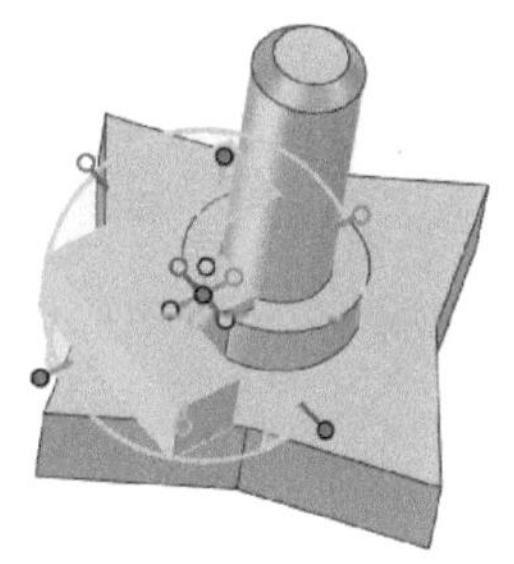

图 8-21　装配 T 型零件

必要时可以使用定向控制操作柄确保装配定位的正确性。

6）单击“三维球”按钮以取消三维球工具。

7）在设计树中或者在设计环境中，结合〈Shift〉键依次选择底座、轴和 T 型零件，然后在功能区“装配”选项卡的“生成”面板中单击“装配”按钮，为该 3 个确定了装配定位关系的零件建立一个装配件。

8.4.2 使用无约束装配工具定位的装配范例

使用“无约束装配”工具可以参照源零件和目标零件来快速地定位源零件。同样源零件会相对于目标零件做点到点的智能化移动。无约束装配定位工具适用于零件形状规则、容易找到特征点的情况。

下面介绍一个使用无约束装配工具定位零件的装配范例。

1）在“快速启动”工具栏中单击“打开”按钮，打开配套的“使用无约束装配工具装配范例 . ics”文件。该文件中存在着图 8-22 所示的两个零件。

2）选择左边的管状零件，按住〈Shift〉键选择另一个销杆零件，然后在功能区“装配”选项卡的“生成”面板中单击“装配”按钮，从而生成一个包含这两个零件的装配件。

3）单击右边的销杆零件使之处于零件编辑状态。

4）在功能区“装配”选项卡的“定位”面板中单击“无约束装配”按钮。

5）单击右边销杆零件的图 8-23 所示的外圆边，此时出现一个带箭头的圆点指示参考轴的位置和方向。

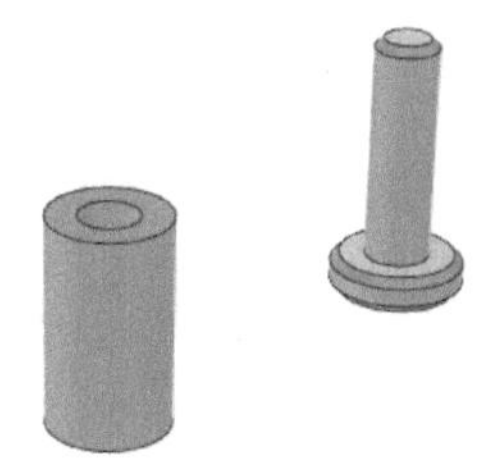

图 8-22　已存在的两个零件

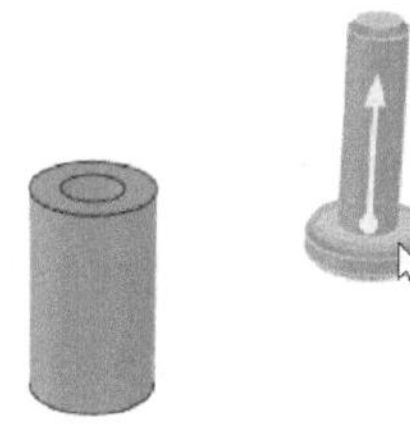

图 8-23　在源零件中单击外圆边

6）将鼠标移动到管状零件的顶部外圆边处，此时会出现一个蓝色边框的销杆轮廓，提示将出现的装配结果。发现出现的参考轴的方向不正确时，按键盘上的〈Tab〉键使其反向，如图 8-24 所示。单击左键，然后单击“无约束装配”按钮以取消“无约束装配”状态。

装配结果如图 8-25 所示。

图 8-24　获得所需的参考轴方向

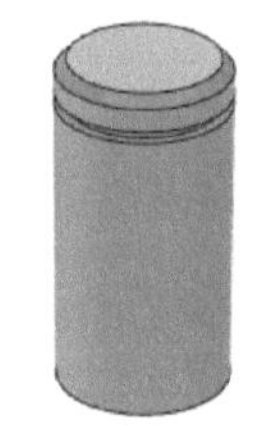

图 8-25　装配结果

8.4.3 使用定位约束的装配范例

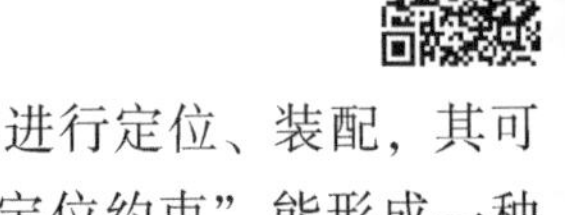

使用“定位约束”按钮可以采用约束条件的方法对零件和装配体进行定位、装配，其可以保留零件或装配件之间的空间关系。与“无约束装配”不同的是，“定位约束”能形成一种“永恒的约束关系”。

下面介绍一个使用定位约束的装配范例。

1. 打开文件

在“快速启动”工具栏中单击“打开”按钮，打开随书配套的“使用定位约束工具装配范例 . ics”文件。该文件中存在着图 8-26 所示的 3 个零件（下面分别用零件 A、零件 B 和零件 C 来标识）。

2. 将零件 B 定位装配至零件 A 中

1）单击零件 B 使其处于零件状态，接着在功能区“装配”选项卡的“定位”面板中单击“定位约束”按钮，打开“约束”命令“属性”管理栏，如图 8-27 所示。

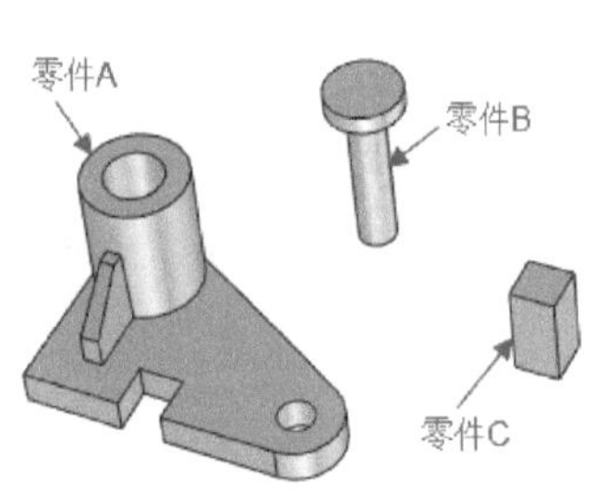

图 8-26　已有的 3 个零件

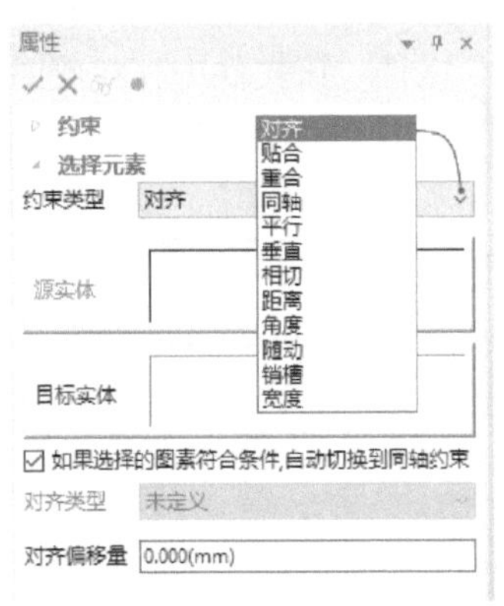

图 8-27　“约束”命令“属性”管理栏

2）在“约束”命令“属性”管理栏的“约束类型”下拉列表框中选择“贴合”选项，并在“对齐偏移量”文本框中设置偏移量为“0”。

3）在零件 B 中选择图 8-28 所示的环面，接着在零件 A 中选择要贴合的另一个面，如图 8-29 所示。

4）置于图形窗口中的鼠标指针右下方附带着标识，单击鼠标左键确认，生成该贴合约束关系。

5）在“约束”命令“属性”管理栏的“约束类型”下拉列表框中选择“同轴”选项。

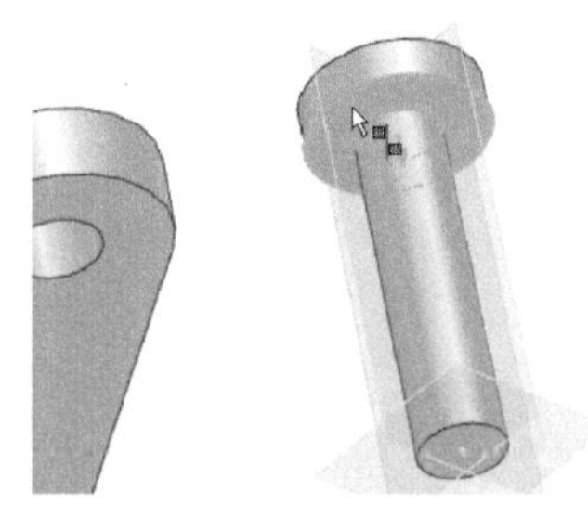

图 8-28 选择要贴合的面 1

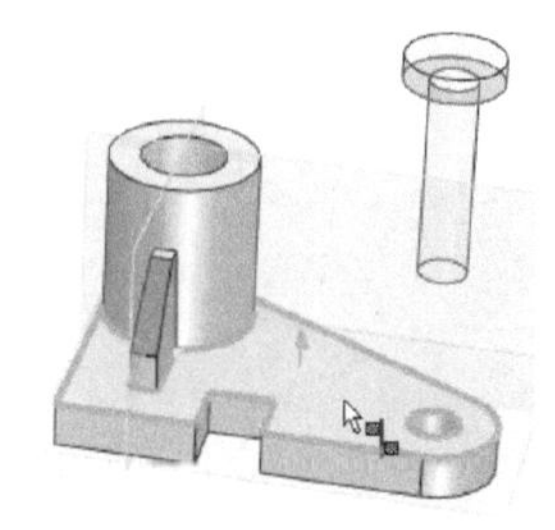

图 8-29 选择要贴合另一个面

6）在零件 B 中单击图 8-30 所示的圆柱面（源实体），接着在零件 A 中单击小孔的内圆柱面（目标实体），从而使这两个圆柱面的轴线重合同心，结果如图 8-31 所示。

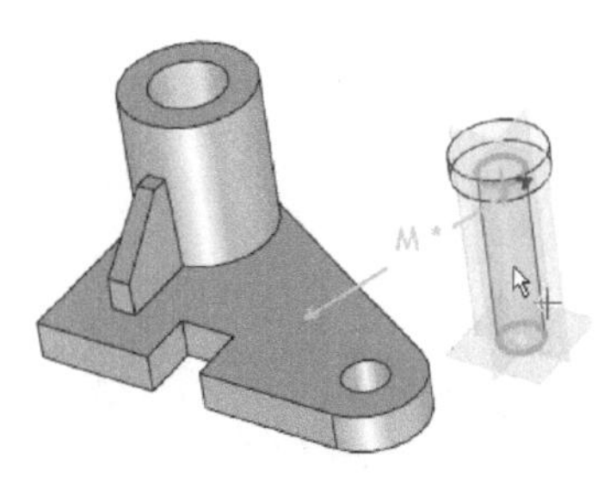

图 8-30 单击圆柱面 1

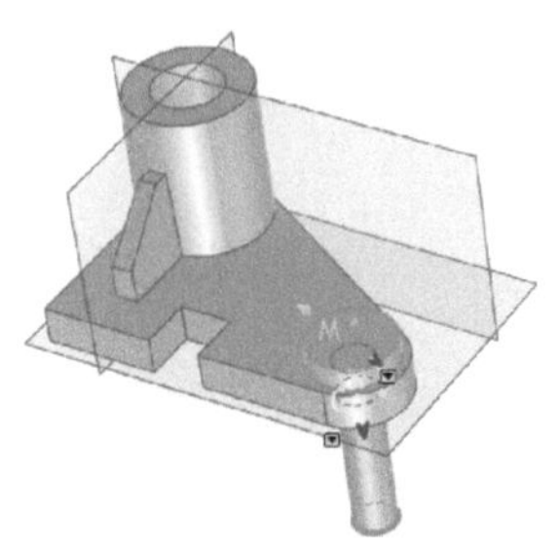

图 8-31 指定同心参照后

7）单击鼠标左键确定生成该约束。

8）在“约束”命令“属性”管理栏中单击“确定”按钮，应用并退出该“属性”管理栏。

3. 将零件 C 定位装配至零件 A 中

1）单击零件 C 使其处于零件状态，接着在功能区“装配”选项卡的“定位”面板中单击“定位约束”按钮，打开“约束”命令“属性”管理栏。

2）在“约束”命令“属性”管理栏的“约束类型”下拉列表框中选择“对齐”选项，对齐偏移量设置为“0”。

3）翻转模型视角，在零件 C 中单击图 8-32 所示的底面，接着在零件 A 中选择图 8-33 所示的底面。

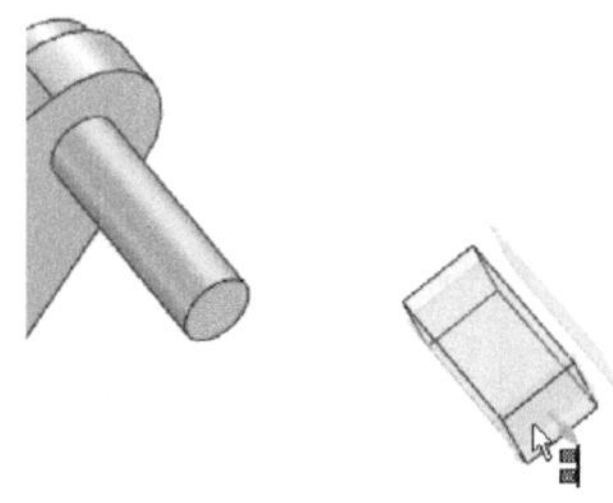

图 8-32 选择要对齐的第一个面

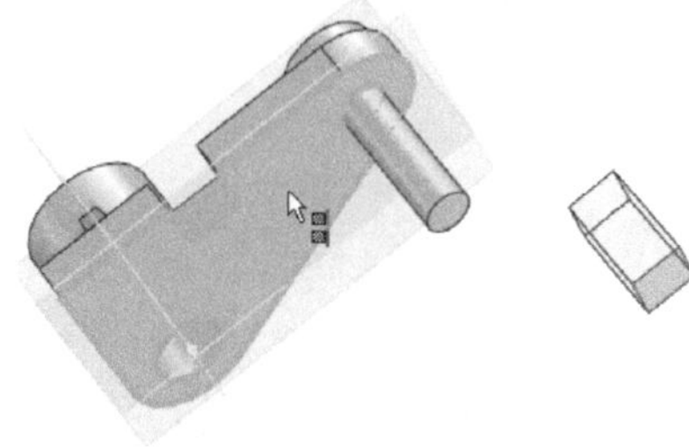

图 8-33 选择要对齐的第二个面

4）单击鼠标左键确定生成该对齐约束。

5）在“约束类型”下拉列表框中选择“贴合”选项，将偏移量也设置为“0”。

6）在零件 C 中选择其中一个侧面，接着在零件 A 中选择图 8-34 所示的实体平面，单击鼠标左键确认。结果如图 8-35 所示。

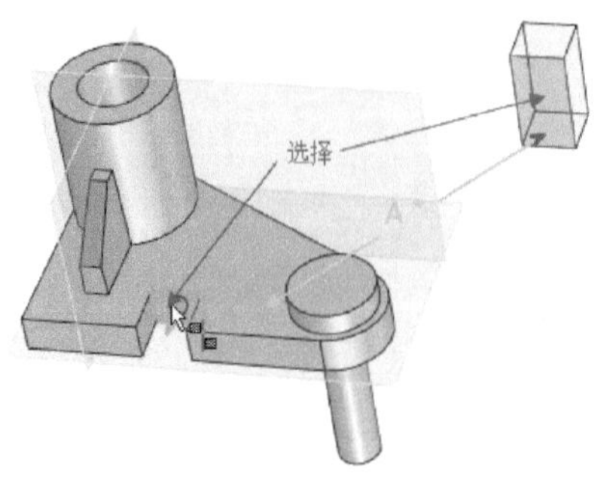

图 8-34　选择要贴合的实体平面

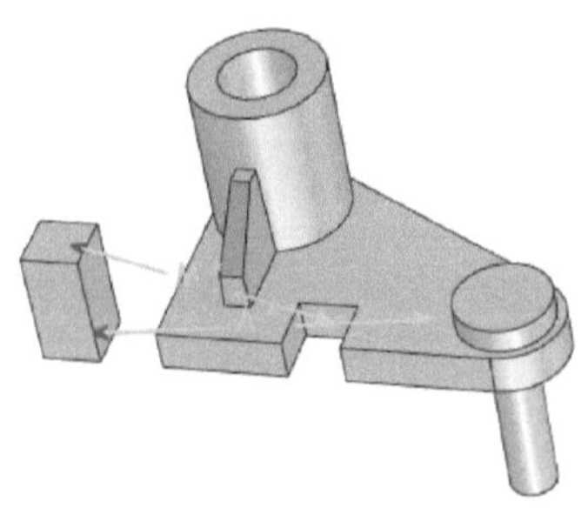

图 8-35　添加贴合约束的结果

7）在“约束类型”下拉列表框中选择“贴合”选项，偏移量仍然为“0”。

8）在零件 C 中选择图 8-36 所示的侧面，接着在零件 A 中选择图 8-37 所示的实体面为相对应的贴合面。

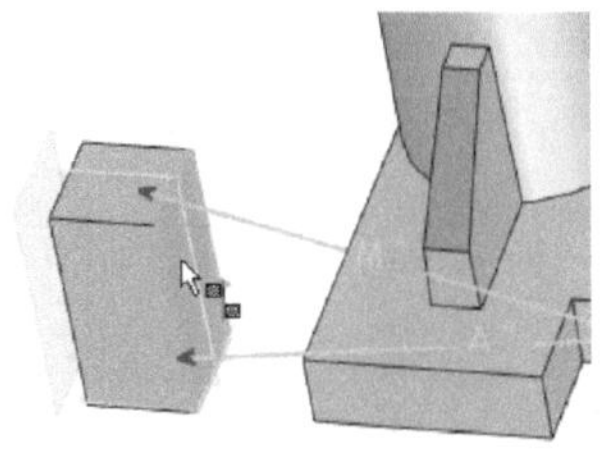

图 8-36　选择要贴合的参照面 1

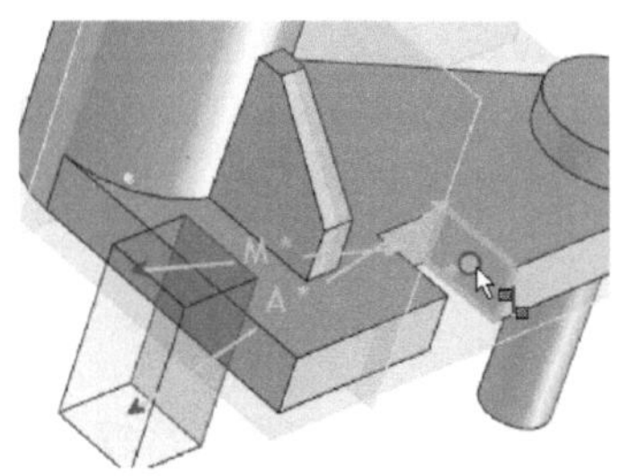

图 8-37　选择要贴合的参照面 2

9）单击鼠标左键确认。

10）在“约束”命令“属性”管理栏中单击“确定”按钮，应用并退出该“属性”管理栏。

4. 生成一个装配件

1）在设计环境中选择零件 A，按住〈Shift〉键的同时选择零件 B 和零件 C。

2）在功能区“装配”选项卡的“生成”面板中单击“装配”按钮，从而生成一个装配件，结果如图 8-38 所示。

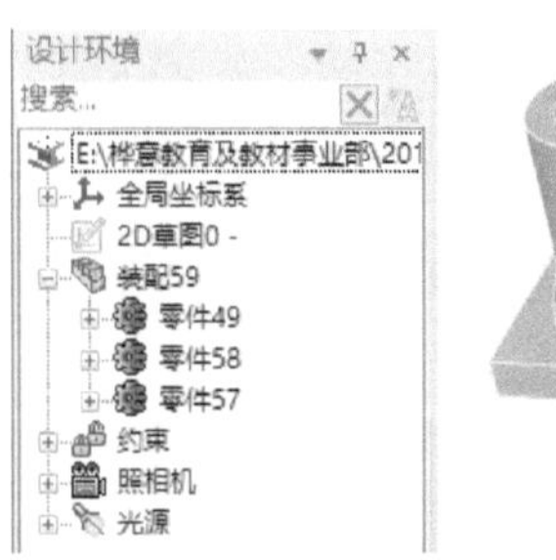

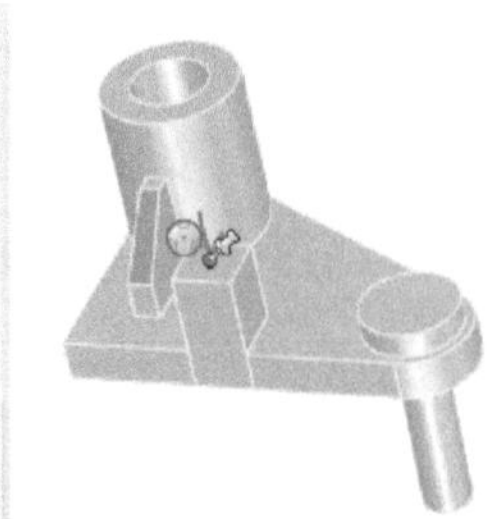

图 8-38　生成一个装配件（完成效果）

8.5 装配检验

装配好零部件后，可以对其进行装配检验，以检验产品结构是否合理。装配检验包括干涉检查、机构仿真、创建爆炸视图、物性计算与零件统计等。

8.5.1 干涉检查

在装配设计中时常要进行干涉检查，如果发现有干涉情况，则要分析哪些干涉是合理的，哪些干涉是不合理的，如果是不合理或不允许的干涉情况，则要根据设计要求对产品结构进行细节设计，以最终合理地消除零件间不允许的干涉部分。

可以对装配件的部分或全部零件进行干涉检查，也可以对装配件和零件的任何组合或单个装配件进行干涉检查。对装配体进行干涉检查的一般方法和步骤如下。

1）选择需要作干涉检查的对象项，如选择某个装配体，或者结合〈Shift〉键选择要操作的多个零部件。

2）在功能区中单击“工具”标签以切换到“工具”选项卡，接着在该选项卡的“检查”面板中单击“干涉检查”按钮。

3）如果检查有干涉，则弹出图 8-39 所示的“干涉报告”对话框，其中成对显示选定项中存在着相互之间的干涉情况。可以设置干涉部分加亮显示。然后单击“关闭”按钮。如果检查没有发现干涉，那么系统弹出图 8-40 所示的提示框报告没有发现干涉情况，然后单击“确定”按钮。

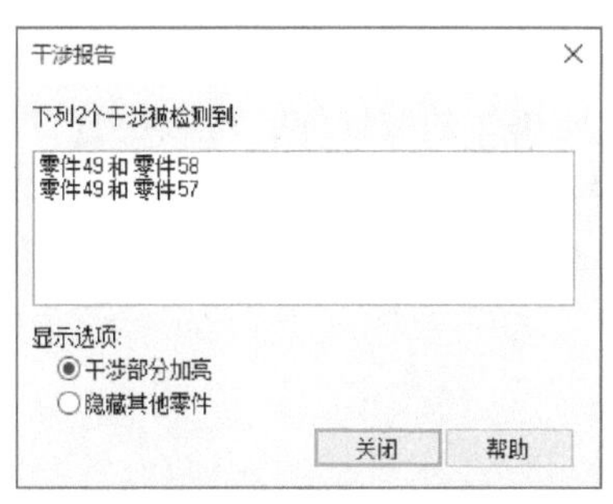

图 8-39　检测到干涉现象的干涉报告

图 8-40　没有发现干涉

8.5.2 机构仿真

在三维实体产品设计中，机构仿真同样是很重要的，因为机构仿真可以模拟产品动态运行规律（即对装配体各零部件、各相对运动部件模拟实际情况仿真），并可以设置在发生干涉情况时是否发出声音来提示等。机构仿真功能需要通过机构动画来实现，有关动画设计的知识将在后面专门的章节中进行详细介绍。

在这里介绍机构仿真的一般思路：首先利用约束装配完成所需的装配体，为其中可运动的零部件设计动画路径，接着在功能区“工具”选项卡的“检查”面板中单击“机构仿真模式”按钮，打开图 8-41 所示的“机构”命令“属性”管理栏，从中可设置拖曳行为（可供选择的拖曳行为选项有“标准”“严格”“局部”和“放宽条件”）、碰撞检测选项和检查碰撞的范围，单击“确定”按钮。要观察机构仿真效果，可以在功能区“显示”选项卡的“动画”面板中单击“播放”按钮。

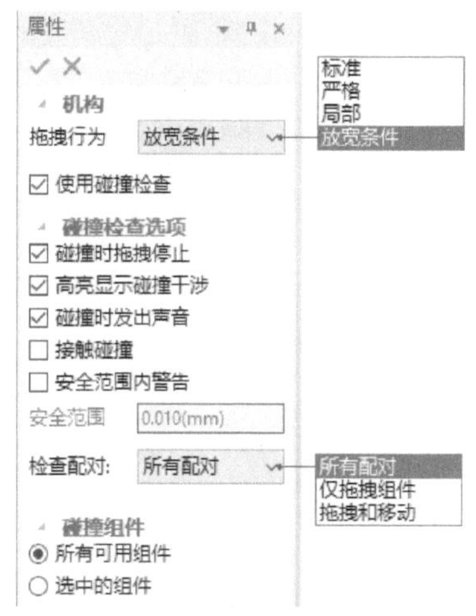

图 8-41　“机构”命令“属性”管理栏

8.5.3 爆炸视图

在装配设计中有时候要求创建爆炸视图，所谓的爆炸视图是将模型中每个零部件与其他零部件分开表示，通常可以较为直观地表示各个零部件的装配关系和装配顺序，可用于分析和说明产品模型结构，还可以用于零部件装配工艺等。

使用“工具”设计元素库中的“装配”工具，可以获得各种装配体的爆炸图，并可以产生装配过程的动画。有关这方面的应用知识请参看本书 7.1.11 节，在这里不再赘述。

同时，在功能区“装配”选项卡的“操作”面板中也提供有一个“爆炸”按钮和一个“爆炸线”按钮，下面介绍这两个按钮的功能应用。

1. 创建爆炸图

“爆炸”按钮用于将选择的装配爆炸开来，创建其爆炸视图。

单击此按钮后，打开图 8-42 所示的“爆炸”命令“属性”管理栏，在“装配”选项组中单击选择“距离”单选按钮或“参数”单选按钮，前者用于设定爆炸的距离（位移量）以使各个选定零件按此距离偏移，后者指爆炸的位移量的分配多少与零件距离锚点的位置有关。在“装配”收集器活动状态下，选择要爆炸的装配体（可以从设计树选择，也可以在图形窗口中选择），此外，可以使用相应收集器来指定不需要爆炸的装配体，可以设置 BOM 里当作零件的装配不生成爆炸效果，可以设置轴承不生成爆炸效果，还可以利用“爆炸中心点”选项组来指定爆炸中心点。结合“爆炸”按钮和三维球工具，创建爆炸图的示例如图 8-43 所示。

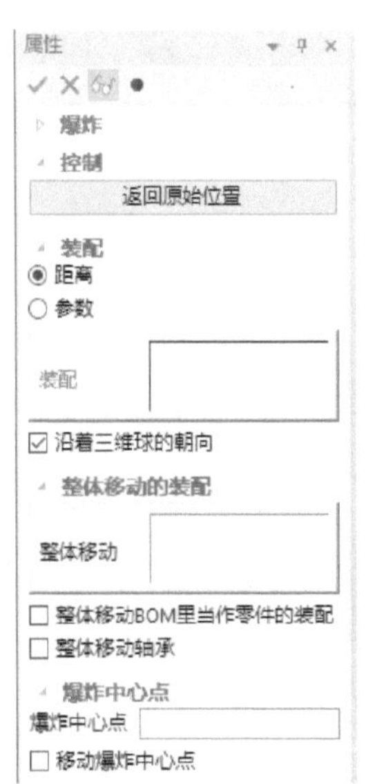

图 8-42 “爆炸”命令“属性”管理栏

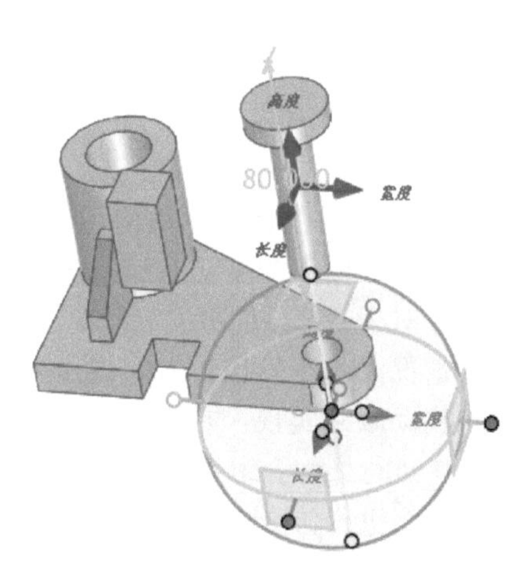

图 8-43 创建爆炸图示例

2. 创建爆炸线

在爆炸视图中创建爆炸线，有助于清晰地表达爆炸方向和零部件装配顺序。可以按照以下操作步骤来创建爆炸图。

1）在为装配按照爆炸配置创建好一个爆炸图后，要创建爆炸线，单击“爆炸线”按钮，打开图 8-44 所示的“爆炸线”命令“属性”管理栏。

2）选择要生成爆炸线参考的几何图素（可以是点、线、轴、面等，其中面可以是圆锥面或圆柱面）。

3）如果需要，勾选“沿 XYZ”复选框以设置生成的爆炸线平行于 X/Y/Z 轴；如果需要，勾选“反向”复选框，则反转爆炸线的方向。

4）单击“确定”按钮，完成创建爆炸线。创建一条爆炸线的示例如图 8-45 所示。

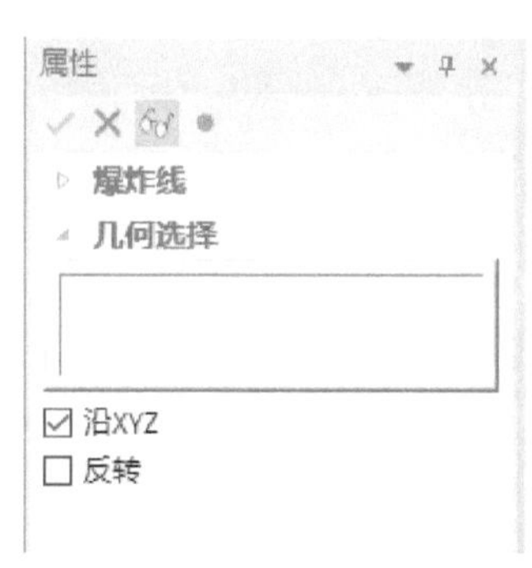

图 8-44 “爆炸线”命令“属性”管理栏

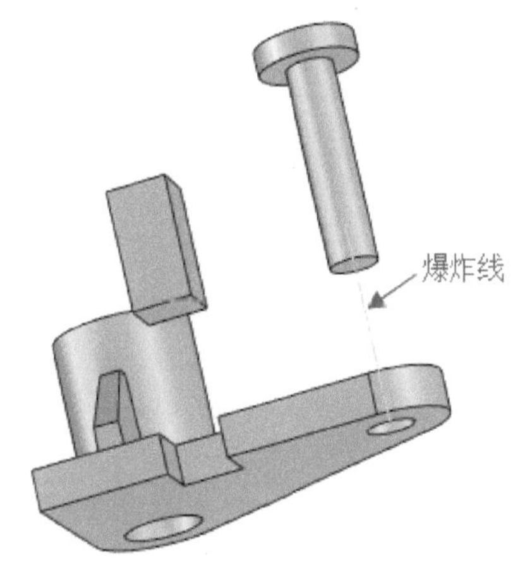

图 8-45 创建爆炸线的示例

8.5.4 物性计算

在 CAXA 3D 实体设计中，可以测量零件和装配件的物理特性，包括零件或装配件的表面面积、体积、重心和惯性矩。进行物性计算的一般方法及步骤如下。

1）在适当的编辑状态选择相应的零件或装配件，在功能区“工具”选项卡的“检查”面板中单击“物性计算”按钮，系统弹出图 8-46 所示的“物性计算”对话框。

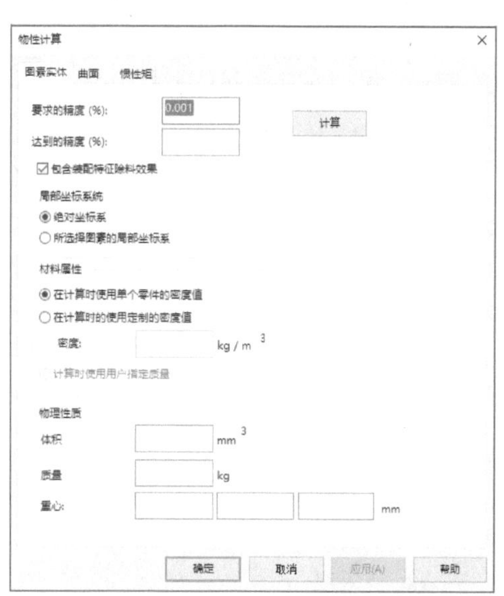

图 8-46 “物性计算”对话框

2）在“图素实体”选项卡中，在“要求的精度”文本框中输入一个值用于指定测量精度，设置是否包含装配特征的除料效果。

3）在“局部坐标系统”选项组中选择“绝对坐标系”单选按钮或“所选择图素的局部坐标系”单选按钮。

4）在“材料属性”选项组中选择“在计算时使用单个零件的密度值”单选按钮，或者选择“在计算时使用定制的密度值”单选按钮并定制密度。对于装配件而言，默认的装配件密度为“1”，若不希望为整个装配件设定密度，那么可以选择“在计算时使用单个零件的密度值”单选按钮。

5）单击“计算”按钮，系统开始计算显示在属性表中的测量值，经计算后，零件或装配件的体积、质量和沿各轴的重心等测量值分别显示在“物理性质”选项组中，而在“达到的精度”文本框中显示了测量工作取得的估计精度。

6）切换到“曲面”选项卡，设置要求的精度后，单击“计算”按钮可以计算曲面区域的总面积为多少，如图 8-47 所示。

7）切换到“惯性矩”选项卡，设置要求的精度和局部坐标系统等参数后，单击“计算”按钮，便可以计算出转动惯量，如图 8-48 所示。

8）在“物性计算”对话框中单击“确定”按钮。

图 8-47　计算总曲面面积

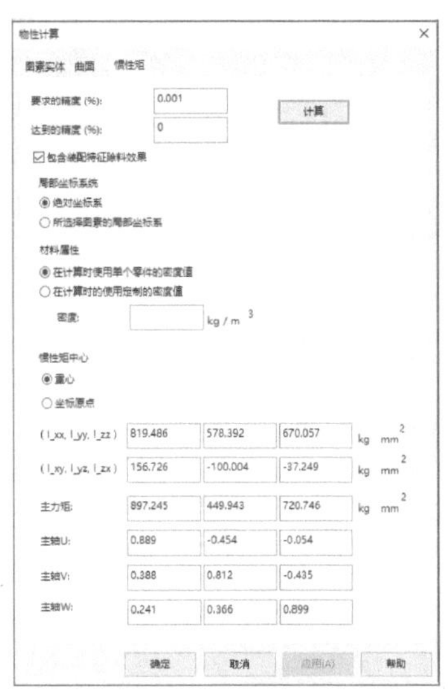

图 8-48　计算惯性矩

8.5.5 零件统计与间隙检查

要进行零件统计以写零件体数据的统计文件，则要先在合适的编辑状态选择相应的零件或装配体，接着在功能区“工具”选项卡的“检查”面板中单击“统计”按钮 ，系统将会弹出图 8-49 所示的“零件统计报告”对话框，以此通知零件的有效性完成，并把统计文件写到指定目录下的哪个文件中。

要检查装配中零件之间的间隙，那么可以使用功能区“工具”选项卡“检查”面板的“间隙检查”按钮 ，打开图 8-50 所示的“间隙检查”命令“属性”管理栏，接着选择要进行检查的零件，以及设置相应的间隙参数和选项，单击“计算”按钮获取计算结果，可报告所有在指定的最小间隙以下的间隙。

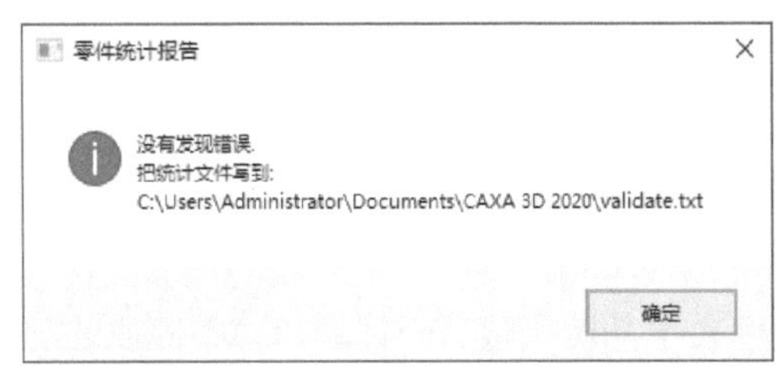

图 8-49　“零件统计报告”对话框

图 8-50　“间隙检查”命令“属性”管理栏

8.6 装配流程

在装配设计中，业界存在着两种主要的装配设计流程：一种为自底向上设计，另一种是自顶向下设计。在设计中，要根据设计实际情况灵活采用适合自己的装配设计流程，当然也可以对两种方法结合使用。

8.6.1 自底向上设计

自底向上设计流程是装配设计中的一种传统经典的设计方法，它从单个零件设计开始，特别是从关键零件开始设计，接着参照关键零件来设计其他零件，待完成所有零件设计工作后，再对各零件进行装配定位，从而完成一个产品、一台机器设备等的设计工作。

自底向上设计流程主要适用于相互结构关系及重建行为较为简单的零部件的独立设计。

8.6.2 自顶向下设计

自顶向下设计流程就是从顶部的装配体中开始设计，先定好项目的总体框架及主要的零部件关系，然后才是装配体中各个零部件的细节设计，完善零部件间的装配约束关系，自顶向下设计始终遵照设计目标的指导，把握设计意图能力较强。在采用自顶向下设计流程的设计过程中，可以参照一个零件的几何体来辅助设计或定位另一个零件，可以布局草图来作为设计对开端，定义固定的零件位置、基准面等，并参照这些布局定义来设计零件，总之方法是多样的，需要读者灵活应用。而在零部件设计完成后，如果需要单独的零件文件，那么可以执行“另存为零件/装配”命令来获得，还可以设置与本设计环境相连接。

由于自顶向下设计通常是先把主要机构件设计好，这样可以利用装配体中的某些尺寸、位置关系来辅助设计其他零部件，因此设计人员可以很充分地利用设计资源，并实现设计团队分工协作，便于整体模块化设计和整体修改。

对于装配关系较为复杂的零部件设计、大型的复杂产品设计或相关的夹具设计，均首选自顶向下设计方法。

8.7 思考与小试牛刀

1）如何在设计环境中生成一个装配体？

2）如何将一个新独立的零件添加进指定的装配件中？

3）请简述解除装配的方法。

4）请简述在装配体中进行干涉检查的一般方法及步骤。

5）什么是自底向上设计？什么是自顶向下设计？

6）如何在装配体中装配标准件？

7）在功能区“工具”选项卡的“操作”面板中，具有一个“组合操作”按钮，其功能是组合所选择的装配、零件或智能图素。请在本章一个装配范例中应用该操作，并总结该操作的一些应用技巧。

8）上机操作：新建一个设计环境文档，在该文档中分别创建图8-51a所示的3个零件，具体形状尺寸由读者根据模型特点和效果来决定，但要注意各零件之间的配合结构，不要产生干涉情况；然后将这3个零件装配起来，装配结果如图8-51b所示。再对装配件进行干涉检查，以及创建其爆炸图和相应的爆炸线。

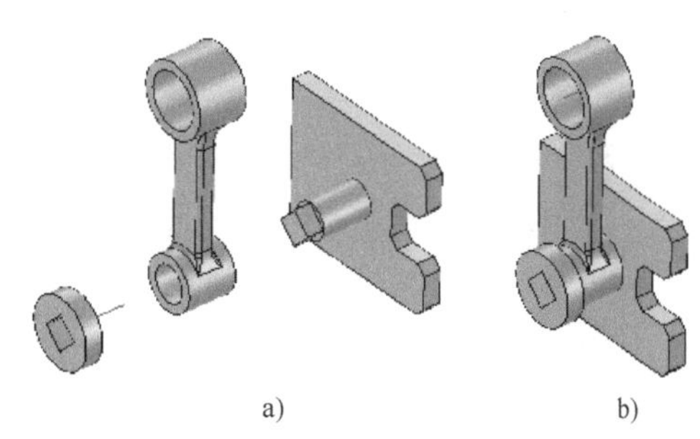

图8-51　装配设计上机操作

a）创建3个零件　b）装配结果

第 9 章　工程图设计

本章导读

在 CAXA 3D 实体设计中，可以根据设计好的三维实体模型数据自动生成所需的二维工程视图。读者可以根据实际情况对生成的视图进行修改、添加标注和文字，以获得一个准确、设计信息齐全的工程图。

本章介绍的主要内容包括进入工程图设计环境、生成视图、编辑视图、尺寸标注与符号应用、明细表与零件序号。

9.1　进入工程图设计环境

进入工具图设计环境的典型步骤如下。

1）在“快速启动”工具栏中单击“新建”按钮，系统弹出“新建”对话框，选择“图纸”，如图 9-1 所示，然后单击“确定”按钮，系统弹出另一个“新建”对话框。

2）从模板列表框中选择所需的一个模板，如图 9-2 所示，在“预览”框中预览其模板样式。

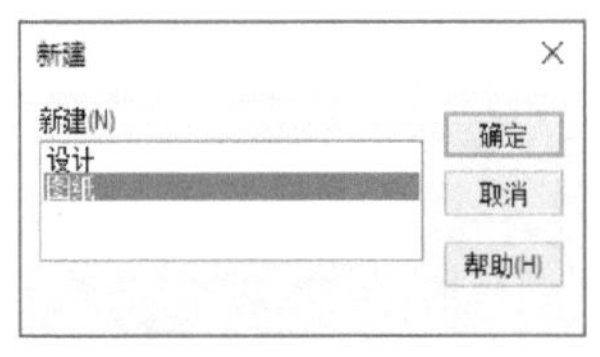

图 9-1　“新建”对话框（1）

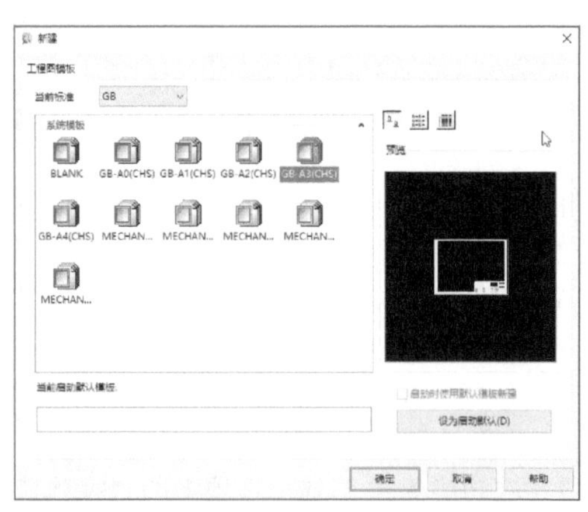

图 9-2　“新建”对话框（2）

3）单击“确定”按钮，从而创建一个工程图文档，其工程图环境界面如图 9-3 所示。

注意：在“快速启动”工具栏中单击“新的图纸环境”按钮，可以使用默认模板创建一个新的图纸环境文档。

在 CAXA 3D 实体设计 2020 的工程图环境中集成了许多和 CAXA CAD 电子图板相同的工具，对于这些工具功能的应用，读者可以参看作者的另一本图书——《CAXA CAD 电子图板 2020 工程制图》（钟日铭编著，由机械工业出版社出版），在此不再赘述。本章节将主要介绍 CAXA 3D 实体设计 2020 的 3D 转 2D 功能，即如何利用三维实体准确生成二维工程图纸。

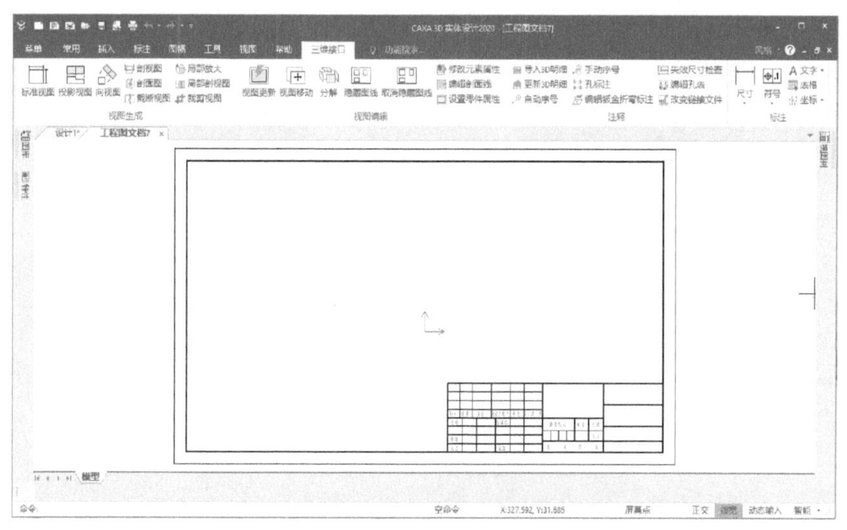

图 9-3　CAXA 3D 实体设计 2020 工程图环境

9.2 生成视图

在工程图环境中，生成视图的工具位于功能区“三维接口”选项卡的“视图生成”面板中，包括“标准视图”“投影视图”“向视图”“剖视图”“剖面图”“截断视图”“局部放大”“局部剖视图”和“裁剪视图”。

9.2.1 标准视图

下面结合图例介绍如何由三维模型来快速生成标准视图。

单击“新建文档”按钮，接着在弹出的“新建”对话框中选择“图纸”，单击“确定”按钮，然后在弹出来的对话框中选择当前标准 GB 下的“BLANK”工程图模板，然后单击“确定”按钮，从而新建一个工程图文档。

在功能区中打开“三维接口”选项卡，从该选项卡的“视图生成”面板中单击“标准视图”按钮，打开图 9-4 所示的“标准视图输出”对话框。如果之前在 CAXA 3D 实体设计 2020 中打开一个三维实体文档，那么当前三维实体自动作为工程图的默认源模型。读者可以在“视图设置”选项卡中单击“浏览”按钮，弹出“打开”对话框，指定要查找的范围，选择所需的三维实体文档，然后单击“打开”按钮，则所选文档的实体作为标准视图输出的源模型。在“标准视图输出”对话框的文件文本框列出源模型的路径和文件名，预览框预显的三维零件为主视图的角度，允许读者通过使用右侧的箭头按钮进行调节，单击“重置”按钮可恢复默认角度。

在“视图设置”选项卡的“其他视图”框中选择需要投影生成的标准视图。如果在“标准三视图设置”选项组中单击“标准三视图”按钮，则选择了主视图、俯视图和左视图。

如果有需要，还可以使用“标准视图输出”对话框的其他 3 个选项卡（“部件设置”选项卡、“螺纹线设置”选项卡和“选项”选项卡）进行相应的设置。其中，“部件设置”选项卡主要用来设置部件在二维视图中是否显示、在剖视图中是否剖切、是否显示紧固件，以及是否剖切紧固件；“螺纹线设置”选项卡用于设置显示 270°圆，选择螺纹线打开位置类型，指定螺纹线 3/4 圆开口的旋转角度；“选项”选项卡则用于设置投影生成二维图时隐藏线和过渡线的处理、生

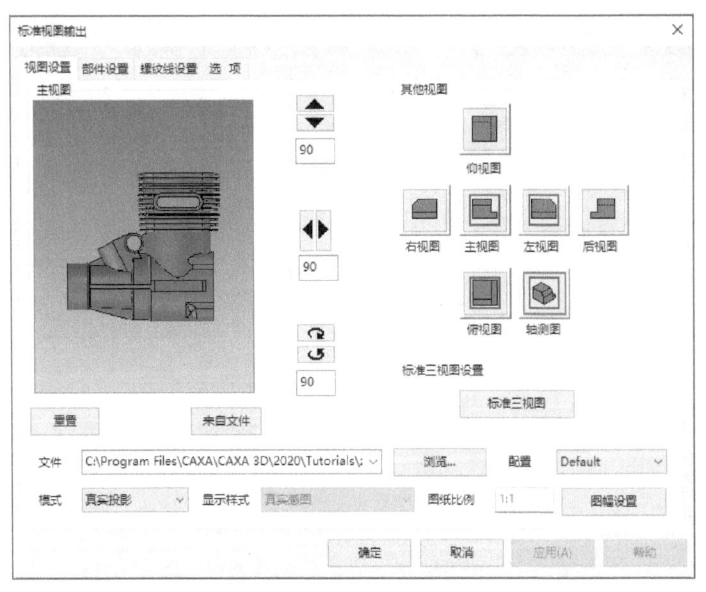

图 9-4 “标准视图输出”对话框

成何种投影对象，定制剖面线参数、视图尺寸类型和单位等。

设置完成后，单击“确定”按钮来生成视图。需要根据出现的立即菜单及提示（见图 9-5），为设定的各视图分别指定放置基点。图 9-6 分别放置了主视图、俯视图、左视图和轴测图。

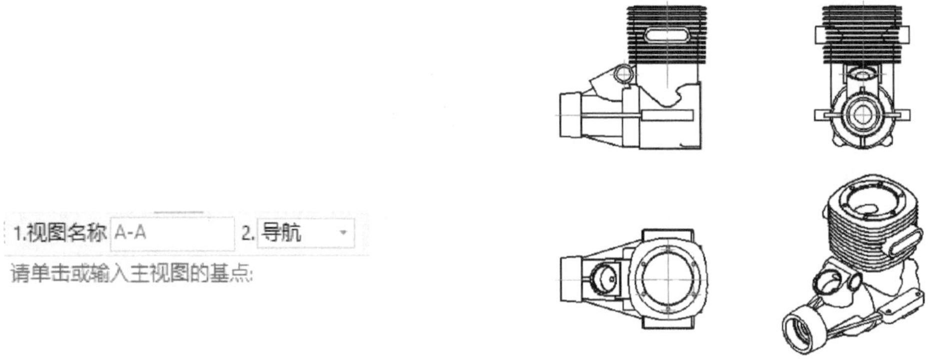

图 9-5 出现的立即菜单

图 9-6 生成设定的标准视图

9.2.2 投影视图

投影视图是基于某一个已存在的视图在其投影通道上生成的相应视图，这些投影视图可以作为指定视图的左视图、右视图、仰视图、俯视图、俯视图、轴测图等。

下面以范例的形式介绍如何创建投影视图。

1）在“快速启动”工具栏中单击“打开”按钮，弹出“打开”对话框，选择本书配套资料包的 CH9 文件夹中提供的“BC_转盘托盘_创建投影视图 . exb”文件，然后在对话框中单击“打开”按钮，文件中已创建有一个标准视图，如图 9-7 所示。

2）在功能区切换至“三维接口”选项卡，在“视图生成”面板中单击“投影视图”按钮，出现图 9-8 所示的立即菜单和状态栏提示信息。

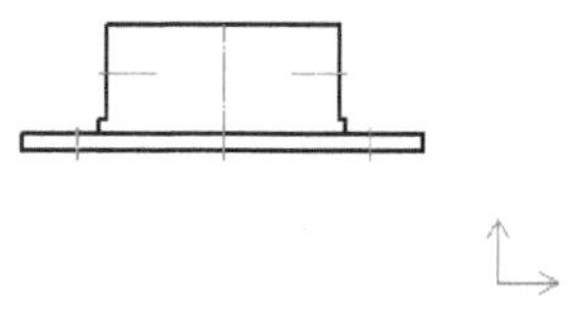

图 9-7 打开对应的视图

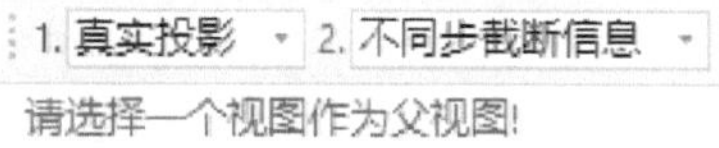

1. 真实投影 2. 不同步截断信息
请选择一个视图作为父视图!

图 9-8 出现的立即菜单和提示

3）在立即菜单中接受“真实投影”和“不同步截断信息”设置。读者也可以通过在立即菜单中单击选项框的方式来切换投影选项和尺寸信息选项。

4）选择已有的一个视图作为父视图。

5）系统出现“请单击或输入视图的基点：”的提示信息。移动鼠标在该父视图的下方投影通道中单击一点以指定该投影视图的放置基点，如图 9-9 所示。

6）可以继续生成父视图的其他投影视图，包括轴测图，如图 9-10 所示。

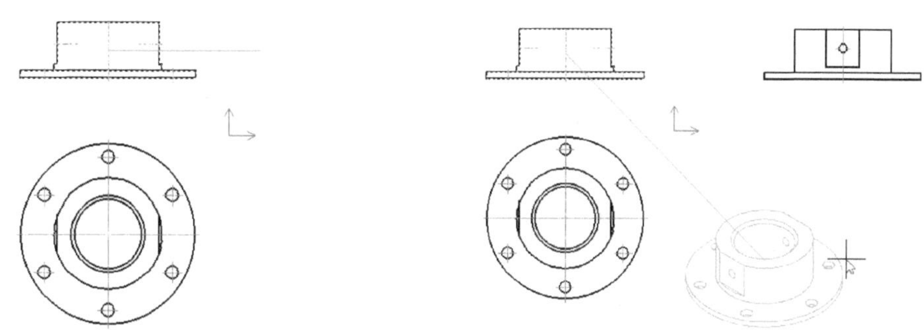

图 9-9 生成一个投影视图　　图 9-10 可继续生成父视图的其他投影视图

7）按〈Esc〉键退出投影视图命令，完成投影视图的生成操作。

9.2.3 向视图

向视图是基于某一个存在视图的给定视向的视图，它是可以自由配置的视图。

创建向视图的方法和步骤如下。

1）在功能区“三维接口”选项卡的“视图生成”面板中单击“向视图”按钮。

2）在状态栏中出现“请选择一个视图作为父视图”的提示信息。在工程图环境中选择一个视图作为父视图。

3）在状态栏中出现“请选择向视图的方向”的提示信息。选择一条线决定投影方向，所选的这条线可以是视图上的轮廓线或者是单独绘制的一条线。

4）可以在立即菜单第 2 项中设置“无箭头”或“带箭头”，状态栏出现“请单击或输入视图的基点”提示信息。

5）在投影方向上的合适位置处指定一点来生成向视图。

【课堂范例】：生成向视图练习

打开“BC_机械零件_向视图练习 . exb”文件（位于本书配套资料包的 CH9 文件夹中），在该文件中已经根据其三维实体模型（源实体模型文件为“BC_机械零件 . ics”）生成一个主视图。单击“向视图”按钮，在立即菜单中设置“1. 真实投影”“2. 无箭头”，选择主视图作为父视图，接着选择主视图中斜向的一条边定义投影方向，如图 9-11 所示，然后指定沿着投影方向放置基点来生成一个可以正视此机械零件指定斜面的向视图，如图 9-12 所示。

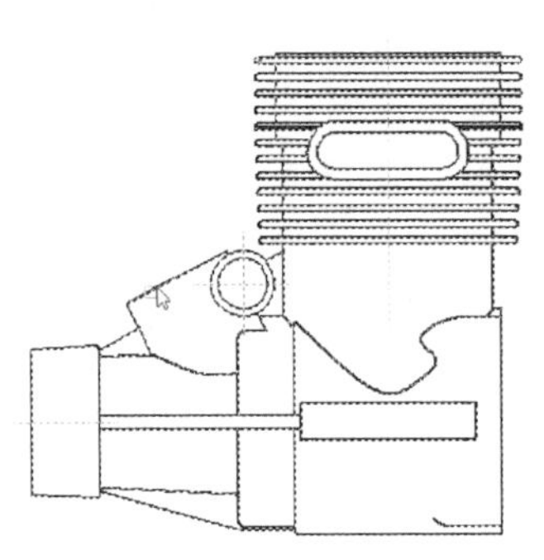

图 9-11　在主视图中选择一条斜边

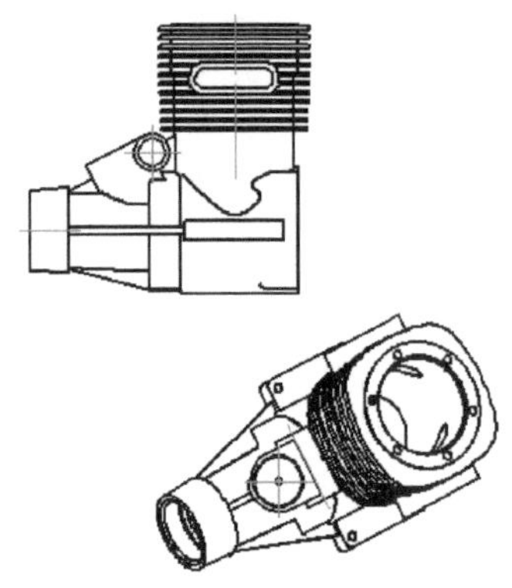

图 9-12　生成斜面的向视图

9.2.4 剖视图

假想用剖切平面剖开要操作的机件，将位于观察者和剖切平面之间的部分移去，而将剩余部分向投影面投影所得到的图形就被称为剖视图。剖视图主要用来表达物体的内部结果。

创建剖视图的一般方法和步骤如下。

1）在功能区“三维接口”选项卡的“视图生成”面板中单击“剖视图”按钮。

2）在状态栏中出现“画剖切轨迹（画线）:”的提示信息。此时可以根据机件结构特征和设计需要在状态栏中单击“正交”按钮以启用或关闭正交模式，并注意“剖面线”立即菜单各项设置，如图 9-13 所示，使用鼠标在视图上画轨迹（注意画轨迹其实就是依次指定几个点来定义轨迹，而不用执行草绘工具），可以利用导航功能追踪捕捉特殊点定义剖切线。如图 9-14 所示，在主视图中结合导航捕捉功能依次捕捉两个点来完成剖切线（在操作过程中也启用了正交模式）。

知识点拨:

如果画的剖切线是一条直线，那么可以获得一个全剖视图；如果画的剖切线是成角度的两条相接直线，那么可以得到一个旋转剖视图；如果画的剖切线是一条折线，那么可以获得阶梯剖视图。需要指定 3 个点以上（含 3 点）画剖切线时，注意在指定第 2 点后要根据情况在立即菜单中设置“垂直导航”或“不垂直导航”。

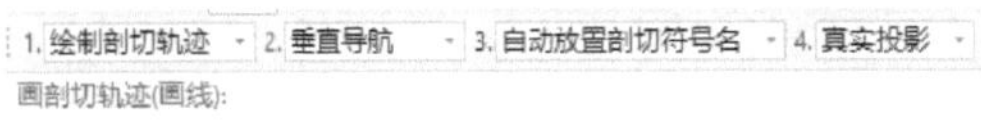

1. 绘制剖切轨迹 2. 垂直导航 3. 自动放置剖切符号名 4. 真实投影

画剖切轨迹(画线):

图 9-13　“剖视图”立即菜单

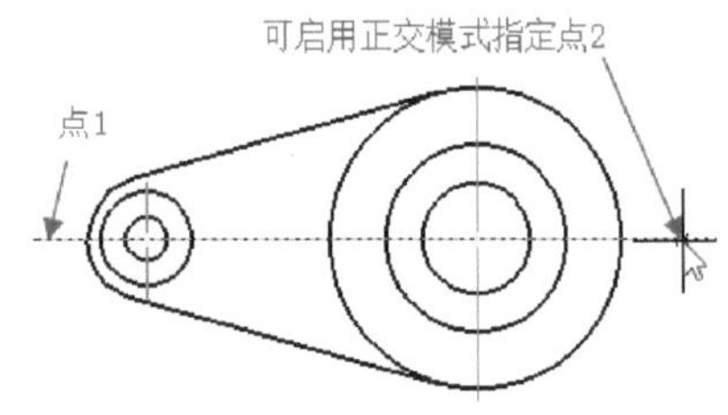

图 9-14　画剖切轨迹

3）画好剖切线后，单击鼠标右键结束。

4）此时出现两个方向的箭头，如图 9-15 所示。使用鼠标在所需箭头方向的一侧单击以选择该剖切方向，本例使用鼠标左键选择上方的箭头方向。

5）如果先前在立即菜单中选择了“自动放置剖切符号名”，则在预定位置处单击鼠标左键或右键来生成剖视图。如果先前选择“手动放置剖切符号名”，则可以在立即菜单中指定视图名称，使用鼠标左键选择标注点，单击鼠标右键并指定剖视图放置基点位置，如图 9-16 所示。

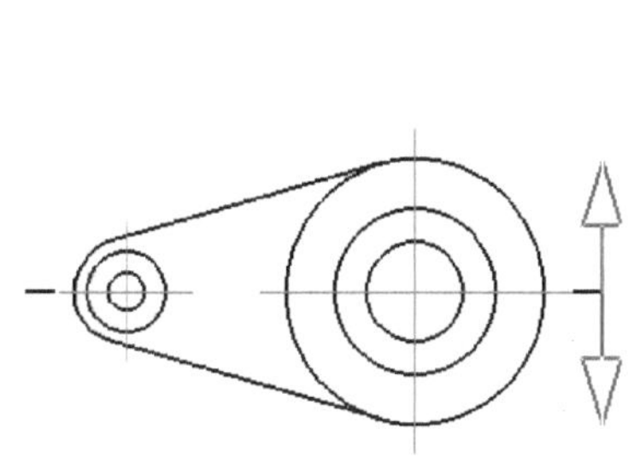

图 9-15　出现两个方向的箭头

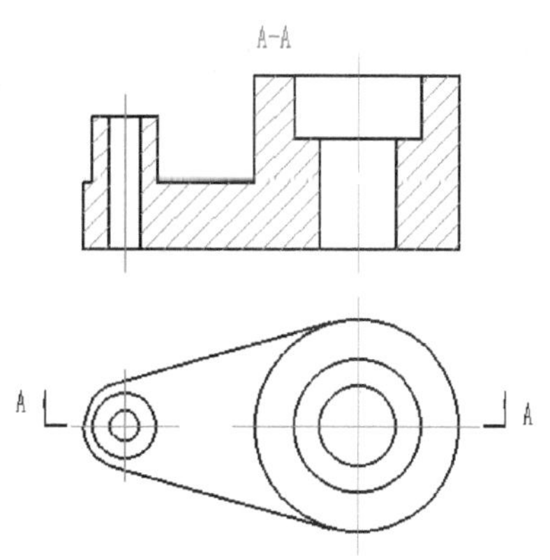

图 9-16　生成剖视图

【课堂范例】：创建旋转剖视图

1）在“快速启动”工具栏中单击“打开”按钮，打开位于配套资料包 CH9 文件夹中的“BC_连接件_创建旋转剖 . exb”文件。该文件中已经创建好一个主视图，如图 9-17 所示。

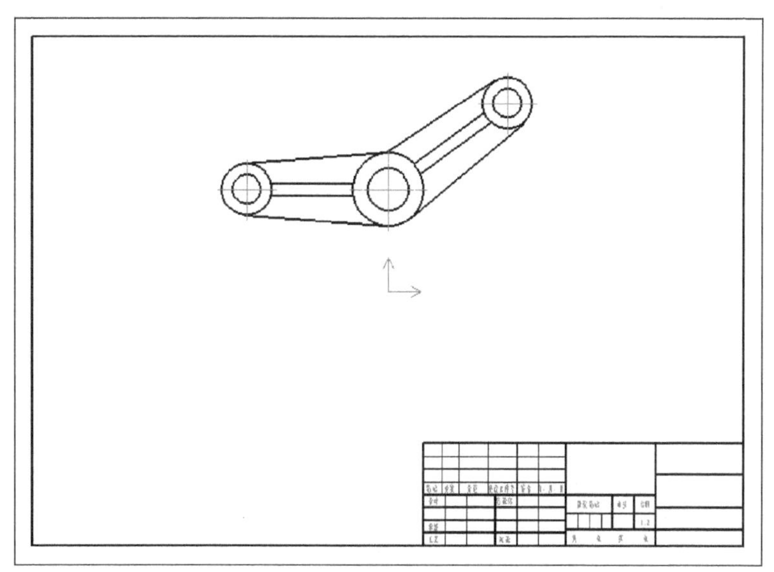
图 9-17　打开工程图文档（图纸文档）

2）在功能区“三维接口”选项卡的“视图生成”面板中单击“剖视图”按钮。

3）在立即菜单中设置“1. 绘制剖切轨迹”“2. 垂直导航”“3. 手动放置剖切符号名”“4. 真实投影”，如图 9-18 所示。

4）绘制剖切线，如图 9-19 所示。指定 3 点绘制剖切线后单击鼠标右键。

5）此时在剖切线末端显示两个方向箭头，如图 9-20 所示，单击向下的箭头选择剖切方向。

1. 绘制剖切轨迹 2. 垂直导航 3. 手动放置剖切符号名 4. 真实投影

画剖切轨迹(画线):

图 9-18 在立即菜单中设置剖视图的相关选项

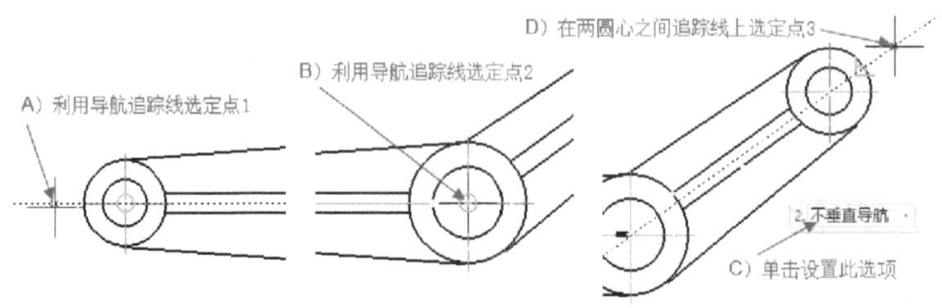

图 9-19 画剖切线

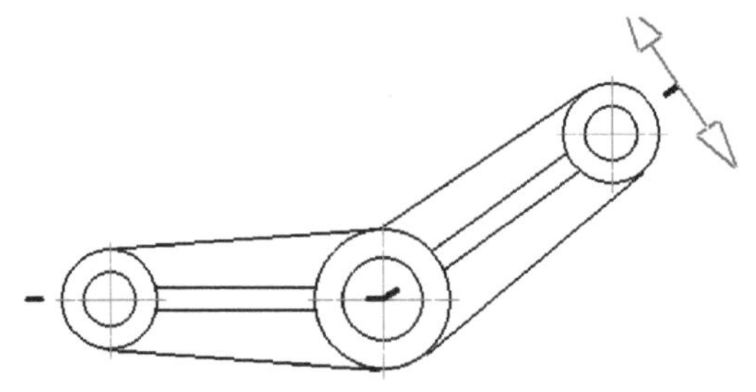

图 9-20 显示两个方向箭头

6）在立即菜单的第3项中显示默认的视图名称，如图9-21所示，可根据实际情况修改视图名称，接着在每个剖切箭头的一侧各指定剖面名称标注点，如图9-22所示，然后单击鼠标右键。

图 9-21 设定视图名称　　图 9-22 指定剖面名称标注点

7）此时在立即菜单中可以选择“导航”选项或“不导航”选项。在这里选择“导航”选项。指定新视图的基点，从而完成该旋转剖视图，如图9-23所示。

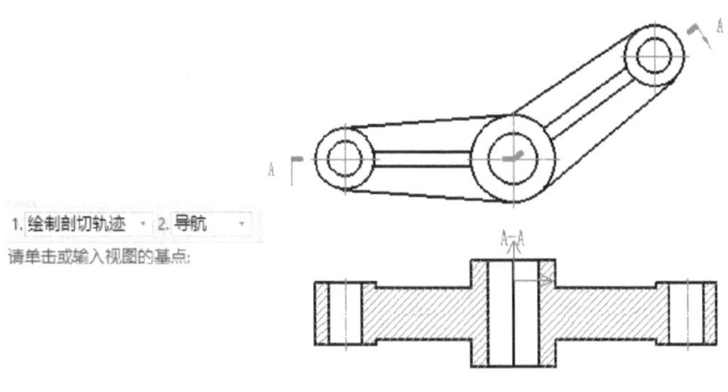

图 9-23 生成旋转剖视图

9.2.5 剖面图

假想用剖切平面将物体的某处切断，仅画出该剖切面与物体接触部分的图形，这就是剖面图，也称断面图，它是基于某一个存在视图绘制出来的，用来表示这个面上的结构。

生成剖面图的操作过程和生成剖视图的操作过程比较相似。

下面介绍创建剖面图的操作范例，在介绍该范例之前，先给出该范例所需的源实体零件，如图 9-24 所示（本书配套资料包提供该零件的参考模型文档“BC_轴.ics”）。

1）在“快速启动”工具栏中单击“打开”按钮，打开位于本书配套资料包 CH9 文件夹中的“BC_轴_创建剖面图.exb”文件。已有的主视图如图 9-25 所示。

图 9-24 轴零件

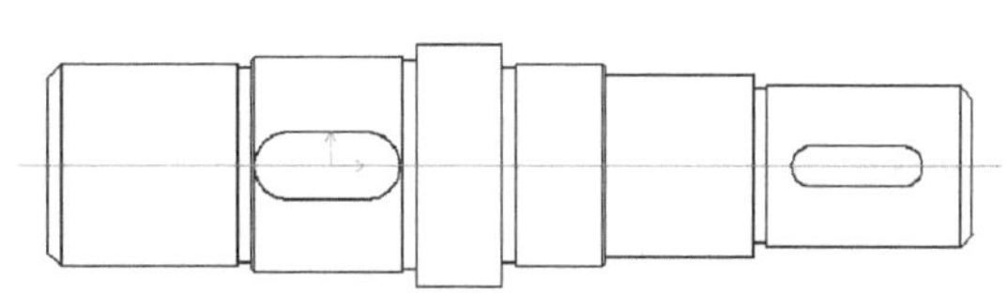

图 9-25 已有的主视图

2）在功能区“三维接口”选项卡的“视图生成”面板中单击“剖面图”按钮。

3）此时状态栏显示“画剖切轨迹（画线）”，建议在状态栏中选中“正交”按钮以启用正交模式。在立即菜单中设置“1. 绘制剖切轨迹”“2. 不垂直导航”“3. 自动放置剖切符号名”。使用鼠标在主视图左边的键槽两侧各指定一点（两点在同一垂直线上）来画剖切线，如图 9-26 所示。

4）单击鼠标右键结束剖切轨迹绘制，此时显示两个方向的箭头，如图 9-27 所示。

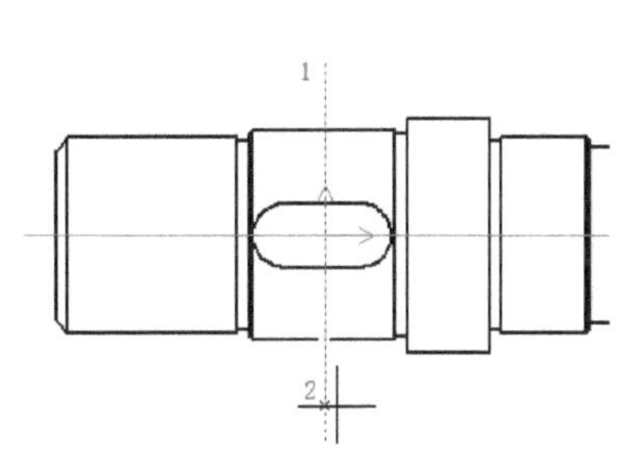

图 9-26 画剖切线

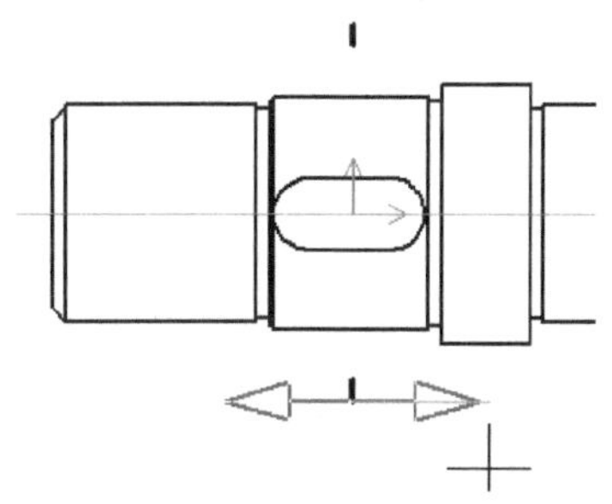

图 9-27 显示两个方向的箭头

5）使用鼠标单击指向右侧的箭头。

6）确保立即菜单的第 2 项中为“不导航”状态，如图 9-28 所示，指定剖面图的放置位置，从而生成第 1 个剖面图，如图 9-29 所示。

7）使用同样的方法，生成第 2 个剖面图，结果如图 9-30 所示。

1. 绘制剖切轨迹 2. 不导航

请单击或输入视图的基点:

图 9-28 立即菜单设置

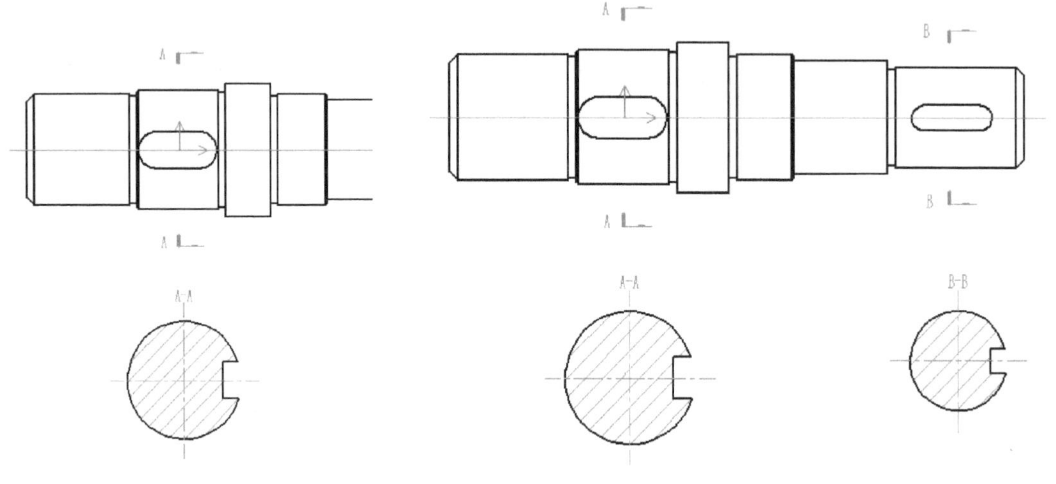

图 9-29　完成第 1 个剖面图　　　　图 9-30　完成第 2 个剖面图

9.2.6 截断视图

截断视图的生成思路是将某一个存在的视图打断来显示。通常，当较长机件沿长度方向的形状一致或均匀变化时，可以用生成截断视图的方法来表示，即用波浪线、中断线或双折线断裂绘制，注意在标注时需要标注其真实的长度尺寸。

下面通过范例介绍如何创建截断视图。

1）单击“新建文档”按钮，接着在弹出的“新建”对话框中选择“图纸”，单击“确定”按钮，然后在弹出来的对话框中选择“BLANK”工程图模板，然后单击“确定”按钮，从而新建一个工程图文档。

2）在功能区“三维接口”选项卡的“视图生成”面板中单击“标准视图”按钮，打开“标准视图输出”对话框。在“视图设置”选项卡中单击“浏览”按钮，从本书配套资料包的 CH9 文件夹里选择“BC_曲轴 . ics”文件。单击▶按钮调整主视图视角，在“其他视图”选项组中单击“主视图”按钮，如图 9-31 所示。至于“选项”选项卡中的设置，由读者自己去把握，可以采用默认设置。完成相关设置后，单击“确定”按钮。

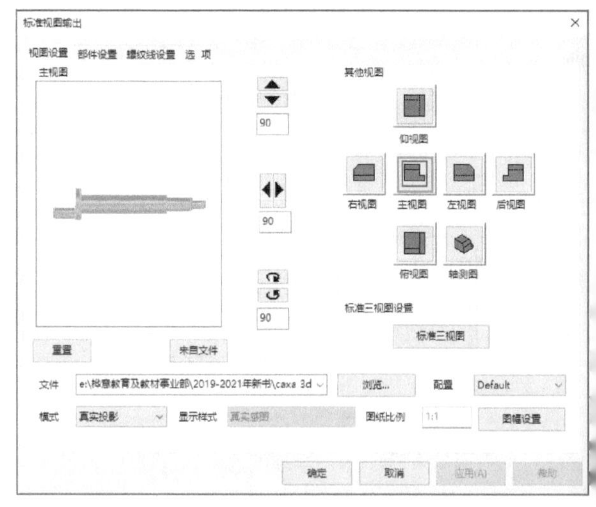

图 9-31　视图设置

3）在图纸环境中指定一点放置主视图。生成的主视图如图 9-32 所示。

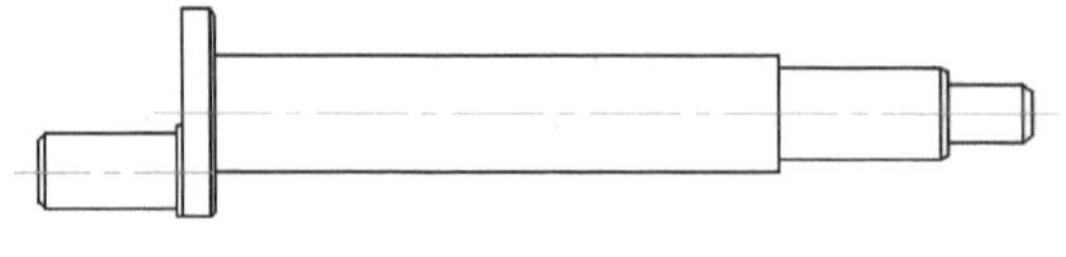

图 9-32　生成的主视图

4）在功能区“三维接口”选项卡的“视图生成”面板中单击“截断视图”按钮。

5）在出现的立即菜单中设置截断间距，如图9-33所示。

6）在图纸环境中单击主视图。

7）此时，立即菜单中的选项框如图9-34所示。在第1个框中选择“曲线”，第2个框中的选项设置为“竖直放置”。

图9-33 设置截断间距

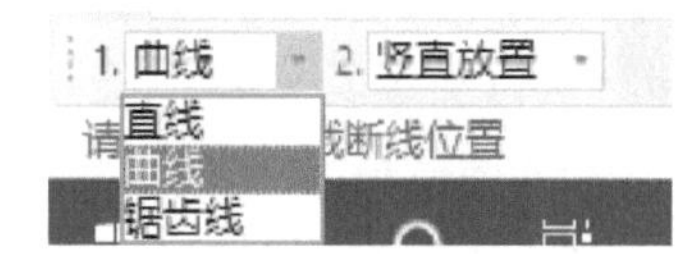

图9-34 设置截断线形状和放置方式

8）在视图中的预定位置处单击以指定第1条截断线位置，接着根据状态栏提示选定第2条截断线位置，如图9-35所示。

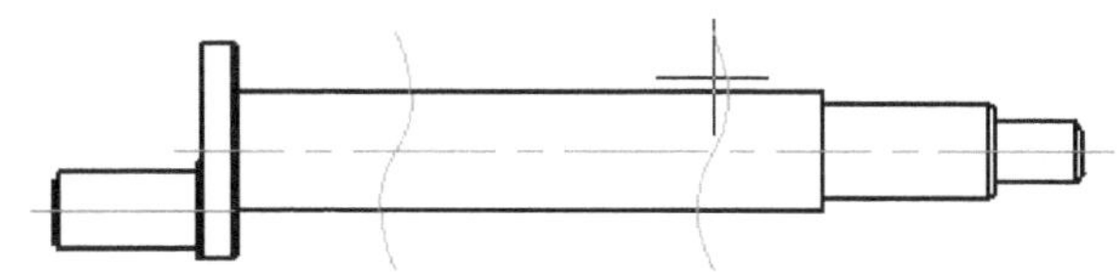

图9-35 指定两条截断线位置

9）此时截断视图命令仍然可用，单击鼠标右键结束命令。生成的截断视图效果如图9-36所示。

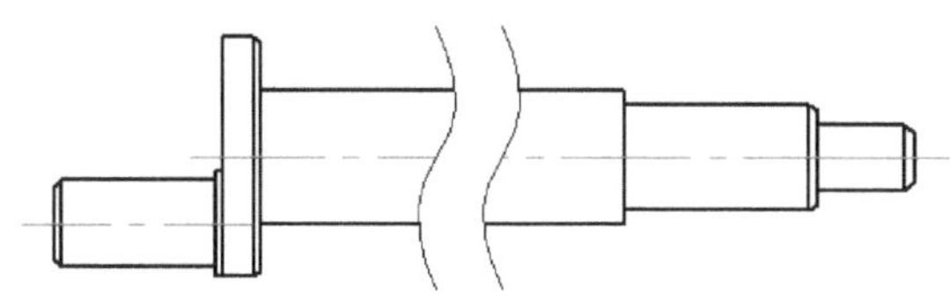

图9-36 生成截断视图

技巧：如果要取消截断视图，那么可以在选择该截断视图后右击，接着从弹出的快捷菜单中选择“三维视图编辑”|“取消截断”命令即可。

9.2.7 局部放大视图

可以创建基于某一个存在视图的局部区域的放大视图，这就是局部放大视图，它通过将选定区域的结构放大来表达。

创建局部放大视图的步骤总结如下。

1）在功能区“三维接口”选项卡的“视图生成”面板中单击“局部放大”按钮，出现图9-37所示的立即菜单。

1. 圆形边界　2. 加引线　3.放大倍数 3　4.符号 I　5. 保持剖面线图样比例

图9-37 “局部放大”立即菜单（1）

2）在立即菜单中的第1项中设置局部放大视图的边界形状，如圆形边界或矩形边界。如果在第1项中设置的边界形状为“圆形边界”，那么在第2项中设置是否加引线；在第3项中设置放大倍数；在第4项中设置标注符号；在第5项中设置是否保持剖面线图样比例。如果在第1项中设置的边界形状为“矩形边界”，那么需要分别设置图 9-38 所示的内容，其中在第 2 项中设置边框是否可见。

1. 矩形边界 2. 边框不可见 3.放大倍数 2 4.符号 5. 保持剖面线图样比例

第一角点:

图 9-38 “局部放大”立即菜单（2）

3）如果设置局部放大视图的边界形状是“圆形边界”，那么需要在父视图中指定一点作为局部区域的中心点（圆心位置），接着输入半径或圆上一点。如果设置局部放大视图的边界形状是“矩形边界”，那么需要在父视图中分别指定第 1 角点和第 2 角点来定义要局部放大的区域。

4）系统提示“符号插入点”，在该提示下指定符号插入点。

5）此时，一个局部放大视图的预览图跟随着鼠标移动，单击一点确定实体插入点（即指定局部放大视图的插入点）。

6）在状态栏中出现“输入角度或由屏幕上确定”的提示信息，此时可以输入局部放大视图的旋转角度，或者在屏幕上合适的位置单击以指定旋转角度。

7）确定该角度后，再指定标注的位置，从而完成局部放大视图的创建。

【课堂范例】：创建局部放大图

1）在“快速启动”工具栏中单击“打开”按钮，打开位于配套资料包 CH9 文件夹中的“BC_轴 2_局部放大图与局部剖视图练习模型 . ics”文件。该文件中已设计好的零件模型如图 9-39 所示。

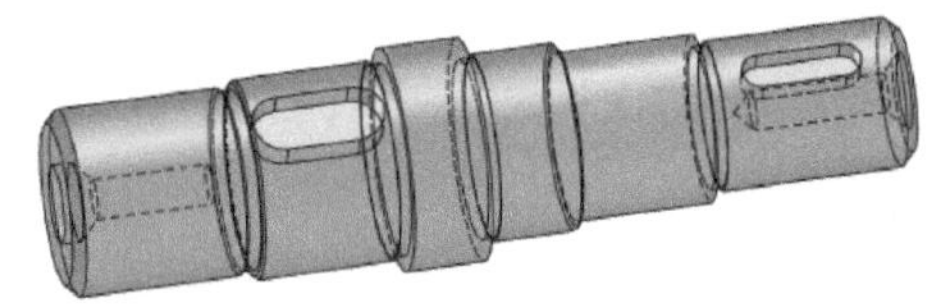

图 9-39 将作为工程图源模型的零件

2）在“快速启动”工具栏中单击“新建”按钮，新建一个使用“BLANK”模板的图纸文档。

3）在功能区“三维接口”选项卡的“视图生成”面板中单击“标准视图”按钮，打开“标准视图输出”对话框，系统自动将之前打开的三维实体模型作为默认源模型。在“视图设置”选项卡中设置图 9-40 所示的主视图设置，设置要生成主视图和左视图两个视图。

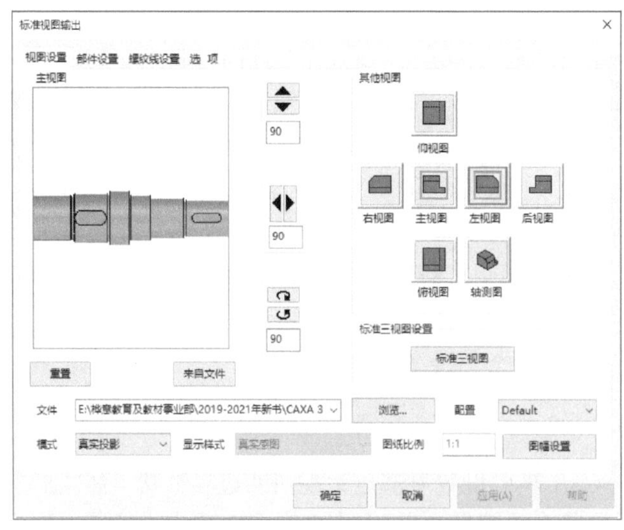

图 9-40 设置输出标准视图（视图设置）

接着切换至“选项”选项卡，在“剖面线设置”选项组中为轴零件设置用到的剖面线样式：从“图案”下拉列表框中选择“ANSI31”，比例设置为“1”，倾角为“0”，间距为“5”，单击“应用”按钮，如图9-41所示。

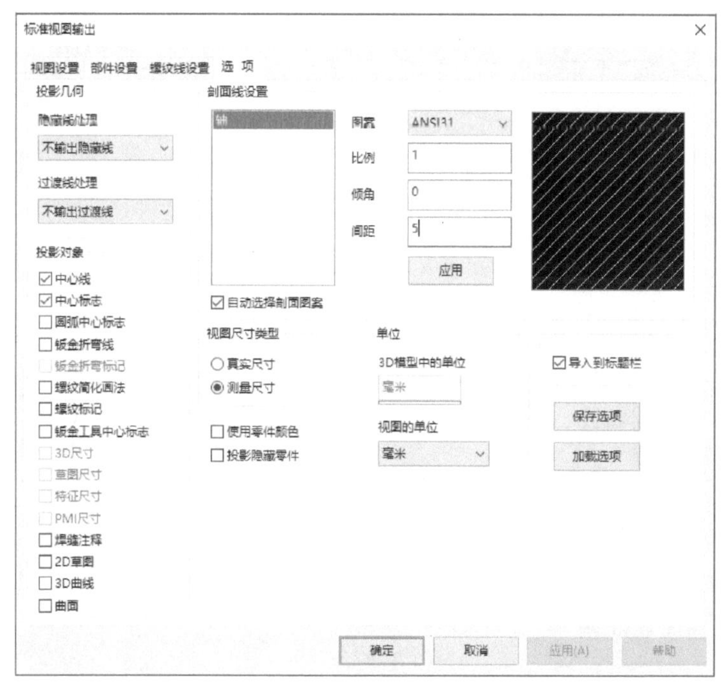

图9-41 标准视图输出设置（选项设置）

在“标准视图输出”对话框中单击“确定”按钮，接着在状态栏提示下分别指定主视图和左视图的放置点，结果如图9-42所示。

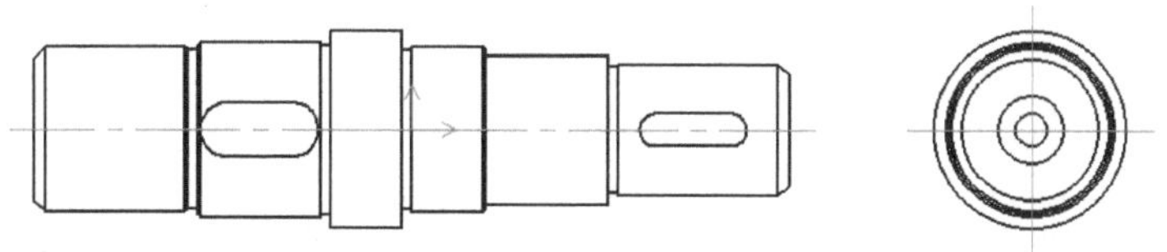

图9-42 输出的两个标准视图（主视图和左视图）

4）在功能区“三维接口”选项卡的“视图生成”面板中单击“局部放大”按钮。

5）在出现的立即菜单中设置图9-43所示的选项和参数。

图9-43 在立即菜单中设置选项

6）在主视图中指定要局部放大区域的中心点，如图9-44所示。

7）拖动鼠标光标来指定圆上一点，如图9-45所示。

8）指定符号插入点，如图9-46所示。

9）指定局部放大视图主体的插入点，如图9-47所示，接着在状态栏“输入角度或由屏幕上确定：〈-360，360〉”的提示下输入“0”，按〈Enter〉键确定。

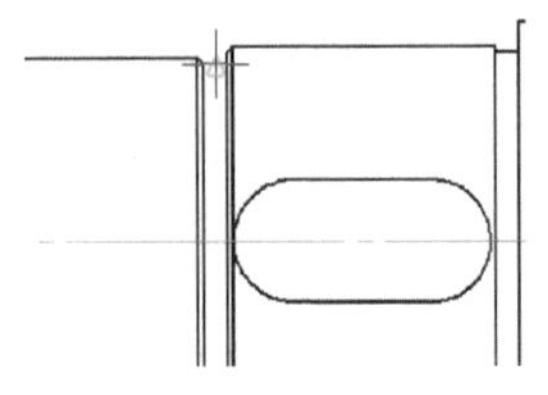

图 9-44 指定中心点

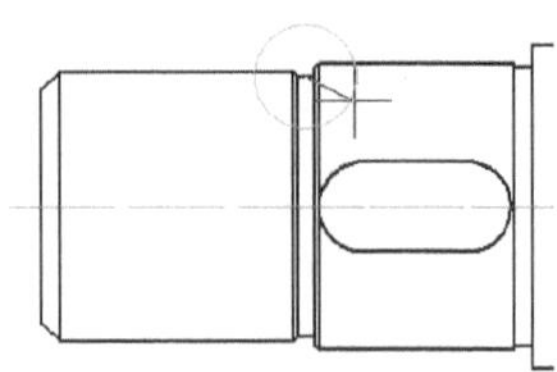

图 9-45 指定圆上一点

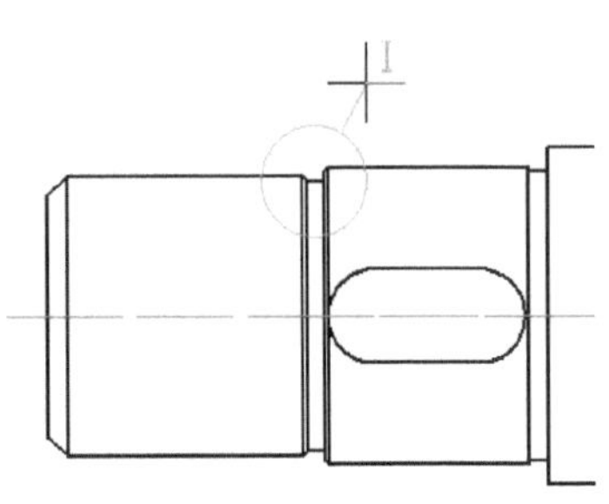

图 9-46 指定符号插入点

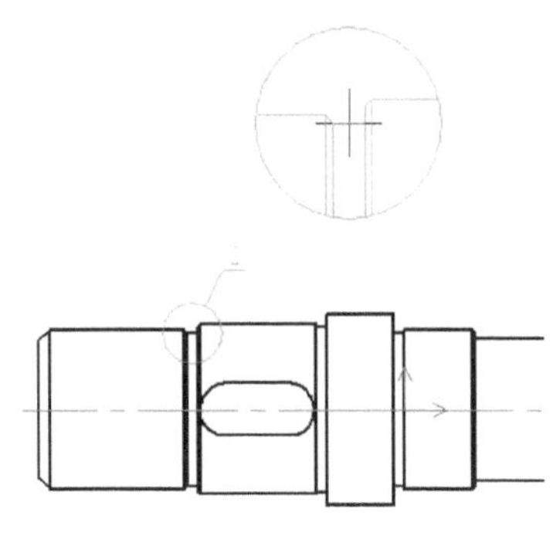

图 9-47 指定实体插入点

10）在局部放大视图主体的上方合适位置处单击，以指定符号插入点，如图 9-48 所示。生成的局部放大视图如图 9-49 所示。

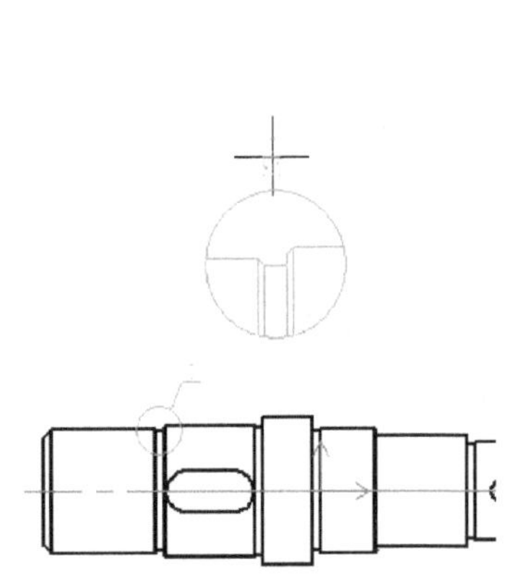

图 9-48 指定符号插入点

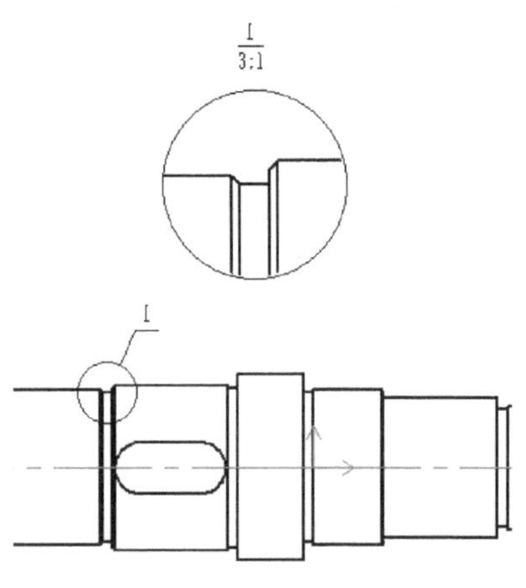

图 9-49 完成局部放大视图

11）将该图纸文档保存。在下一小节中还需要在主视图中创建局部剖视图。

9.2.8 局部剖视图

局部剖视图是指用剖切平面将物体局部剖开所得到的视图。在 CAXA 3D 实体设计 2020 中，局部剖视图包括普通局部剖视图和半剖视图。

在功能区“三维接口”选项卡的“视图生成”面板中单击“局部剖视图”按钮，打开一个立即菜单，在该立即菜单的“1”框中单击，可以在“普通局部剖”和“半剖”两个选项之间切换，如图 9-50 所示。

下面通过练习范例分别介绍如何创建这两种局部剖视图。

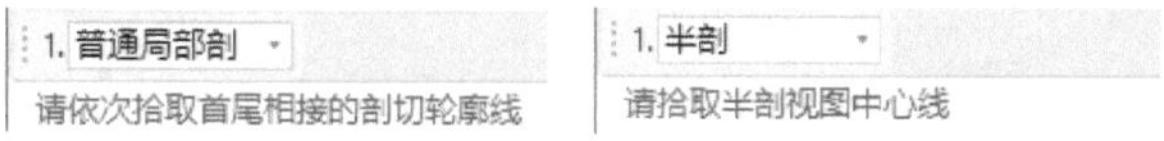

1. 普通局部剖 ▾ 请依次拾取首尾相接的剖切轮廓线 a)

1. 半剖 ▾ 请拾取半剖视图中心线 b)

图 9-50 在立即菜单中设置局部剖类型
a）选定“普通局部剖” b）选定“半剖”

1. 创建普通局部剖

创建普通局部剖的范例步骤如下。

1）在创建普通局部剖视图之前，需要使用功能区“常用”选项卡中的相关绘图工具在需要局部剖视的部位绘制一条封闭曲线。注意通常使用波浪形状的样条曲线、双折线来表示普通局部剖的剖切范围。

在这里，在功能区“常用”选项卡的“绘图”面板中单击“样条”按钮，在主视图中绘制图 9-51 所示一条封闭的样条曲线。注意将这条样条曲线所在的图层改为“细实线层”。

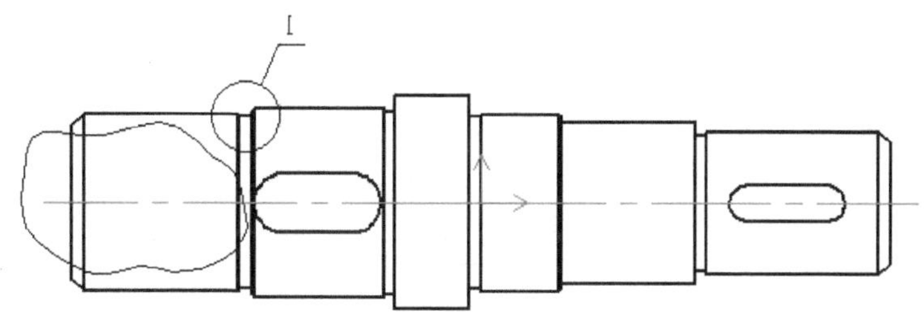

图 9-51 绘制一条封闭的样条曲线

2）切换至功能区的“三维接口”选项卡，从该选项卡的“视图生成”面板中单击“局部剖视图”按钮，接着在打开的立即菜单中确保切换至“普通局部剖”选项。

3）选取左边的一条首尾相接的剖切轮廓线（样条曲线），接着单击鼠标右键。

4）在立即菜单中设置相关的选项，如在第 2 项中选择“动态拖放模式”，在第 3 项中选择“预显”，在第 4 项中选择“不保留剖切轮廓线”，如图 9-52 所示。

1. 普通局部剖 ▾ 2. 动态拖放模式 ▾ 3. 预显 ▾ 4. 不保留剖切轮廓线 ▾

图 9-52 在立即菜单中设置相关选项

知识点拨：

在该立即菜单第 2 项中可以选择“动态拖放模式”和“直接输入深度”，当选择“直接输入深度”时，可以在第 3 项中选择“预显”或“不预显”，在第 4 项中输入深度值（在第 3 项设置预显时，指定深度的剖切位置在视图上有预显），在第 5 项中设置是否保留剖切轮廓线，如图 9-53 所示。

1. 普通局部剖 ▾ 2. 直接输入深度 ▾ 3. 预显 ▾ 4.深度: 10 5. 不保留剖切轮廓线 ▾

图 9-53 选择“直接输入深度”

5）在左视图中选择剖切深度，如图 9-54 所示。

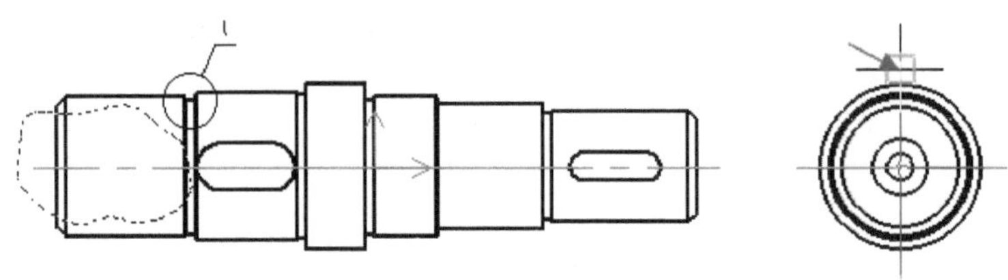

图 9-54　在左视图中选择剖切深度

在主视图中生成的普通局部剖如图 9-55 所示。

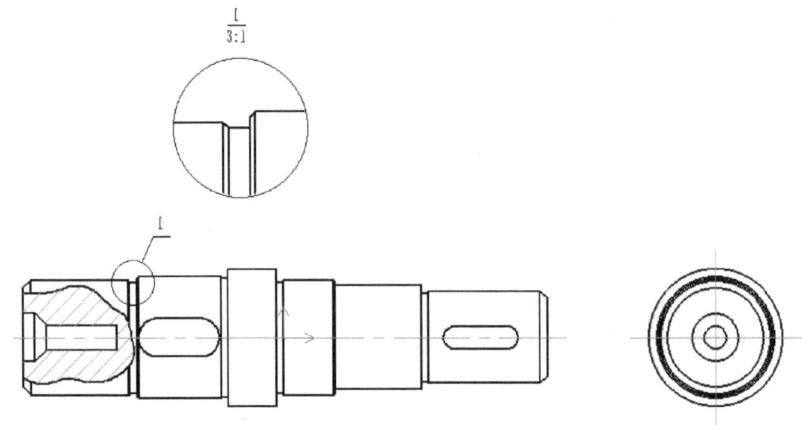

图 9-55　生成普通局部剖视图

有兴趣的读者可以继续在该范例中练习为键槽添加两个剖面图（断面图）。

2. 创建半剖视图

创建半剖视图的范例步骤如下。

1）在“快速启动”工具栏中单击“打开”按钮，打开配套资料包 CH9 文件夹中的“BC_套盖_创建半剖视图 . exb”文件，已有的主视图和俯视图如图 9-56 所示。

2）在生成半剖视图之前，需要先使用绘图工具在中心位置绘制一条直线。在这里，打开功能区的“常用”选项卡，单击“直线”按钮，在主视图的对称位置上绘制一条直线，然后将该直线所在的图层设置为“中心线层”，完成的中心线如图 9-57 所示（即图中所选的线段）。

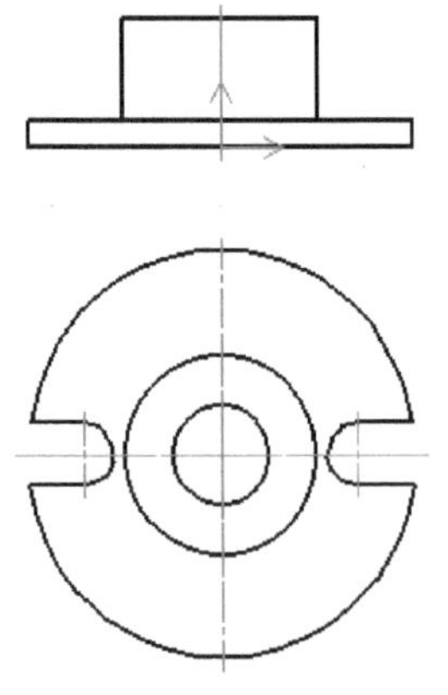

图 9-56　已有的主视图和俯视图

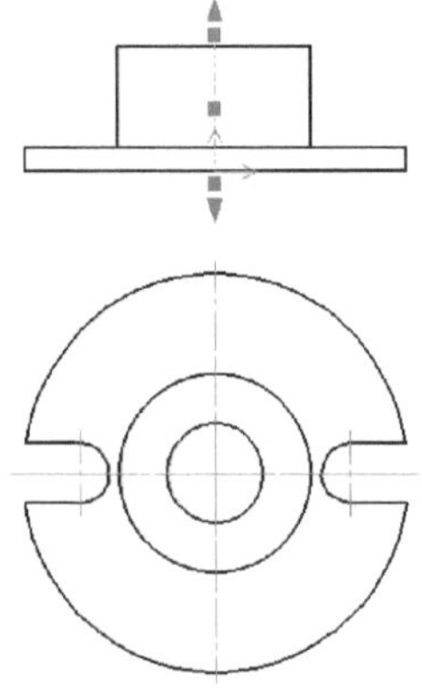

图 9-57　绘制一条直线（中心线）

3）在功能区中打开“三维接口”选项卡，从该选项卡的“视图生成”面板中单击“局部剖视图”按钮，接着在出现的立即菜单中将第1项选项切换为“半剖”选项。

4）在主视图中选择之前绘制的一条直线段（中心线）作为半剖视图中心线。

5）此时在所选中心线处出现指向两个方向的箭头，如图9-58所示，使用鼠标左键选择指向右侧的箭头。

6）立即菜单提供新内容，在第2项中选中“动态拖放模式”，在第3项中选中“预显”，在第4项中选中“不保留剖切轮廓线”，如图9-59所示。

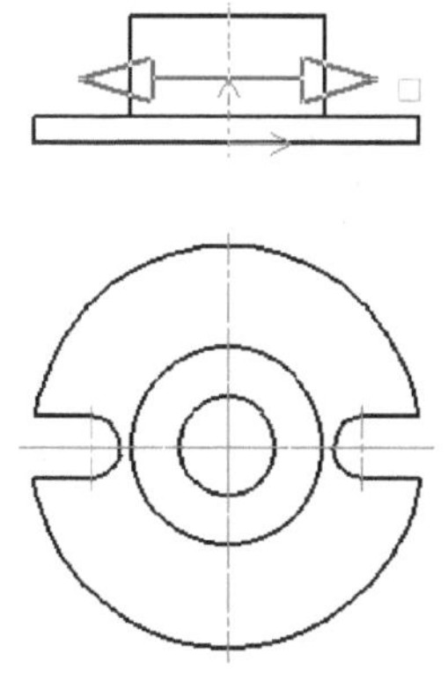

图9-58　拾取半剖视图中心后

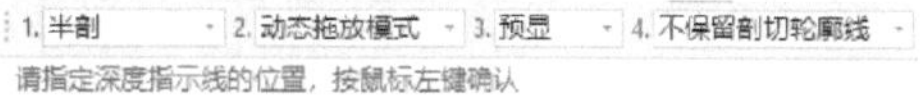

1. 半剖　2. 动态拖放模式　3. 预显　4. 不保留剖切轮廓线
请指定深度指示线的位置，按鼠标左键确认

图9-59　在立即菜单中设置相关选项

7）在俯视图中捕捉到圆心位置以指定剖切深度，如图9-60所示，从而在主视图中生成半剖视图，如图9-61所示。

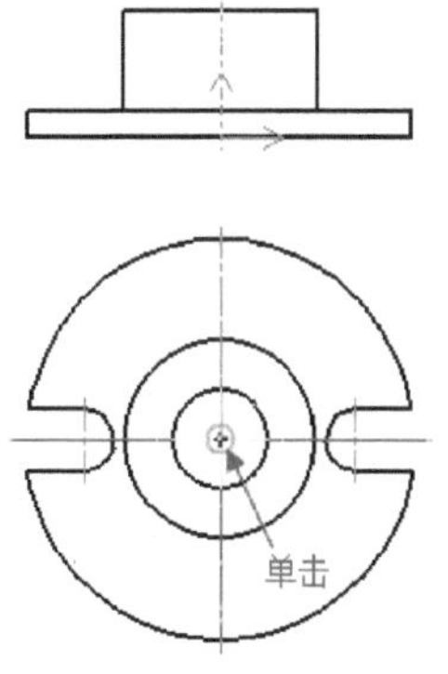

图9-60　指定剖切深度

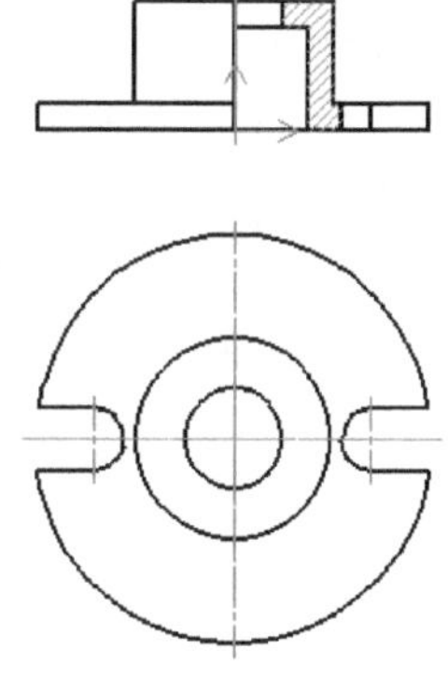

图9-61　在主视图中生成半剖视图

9.3 编辑视图

生成视图后，可以对这些视图进行编辑。本节介绍一些常用的视图编辑操作。

9.3.1 视图移动

要移动视图，可以在功能区“三维接口”选项卡的“视图编辑”面板中单击“视图移动”按钮，接着选择要移动的视图，单击鼠标左键或按〈Enter〉键确认，此时所选视图的预显跟随着鼠标移动，在合适的位置处单击鼠标左键即可将该视图从原来的位置处移到适当位置处。

在执行“视图移动”命令操作时，一定要考虑所选视图与其他视图之间的父子关系。如果选择某一个父视图来移动，那么它的子视图也会跟着移动，使子视图与父视图始终保持着约定的父子间投影关系，如图9-62所示。

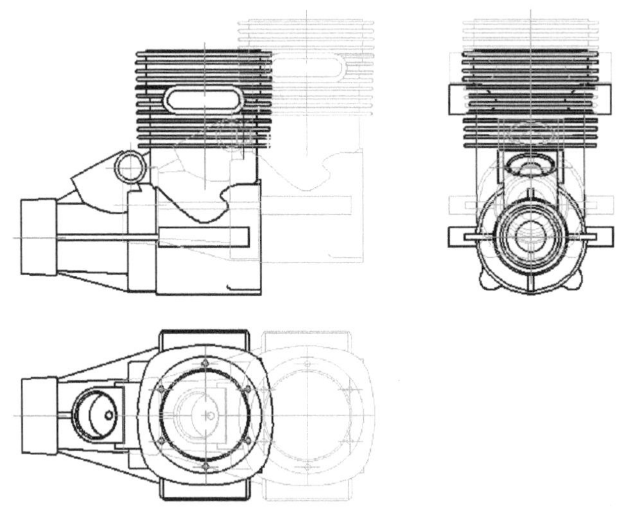

图9-62　在移动主视图过程中的预显效果

9.3.2 隐藏图线与取消隐藏图线

在功能区“三维接口”选项卡的“视图编辑”面板中单击“隐藏图线”按钮，接着使用鼠标左键去选择视图中的所需图线，选择完毕后单击鼠标右键或按〈Enter〉键确认，即可将这些图线隐藏起来，按〈Esc〉键结束此命令操作。如图9-63所示，执行“隐藏图线”命令，在偏心柱塞泵装配体的一个视图中依次单击螺钉图线，直到把所有螺钉图线隐藏。

要取消隐藏图线，则在功能区“三维接口”选项卡的“视图编辑”面板中单击“取消隐藏图线”按钮，接着在图纸环境中拾取要取消隐藏图线的视图，此时视图中所有隐藏图线以虚线重新显示出来，在这种状况下再次使用鼠标左键去单击选择或框选需要恢复显示的图线，选择好了之后单击鼠标右键或按〈Enter〉键确认，那么所选视图中选定的隐藏图线又恢复显示出来。

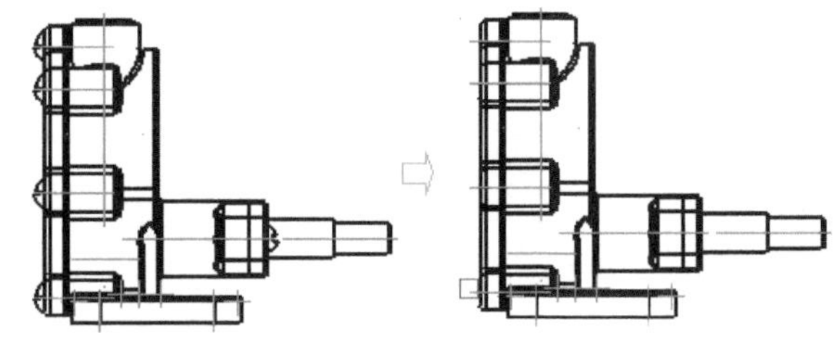

图9-63　隐藏图线

9.3.3 视图分解

可以将根据三维实体数据生成的视图分解（打散），其方法是在功能区“三维接口”选项卡的“视图编辑”面板中单击“分解”按钮，接着选择要分解的视图，选择完视图后单击鼠标右键，则所选视图被分解成若干二维曲线，此时若单击所选视图中的曲线，那么只能选择单个曲线，如图9-64所示（注意视图未分解之前，若单击视图则选中整个视图）。

另外，要分解视图，也可以这样操作：先选择要分解的视图，接着单击鼠标右键，弹出一个快捷菜单，然后从该快捷菜单中选择“视图打散”命令，如图9-65所示。

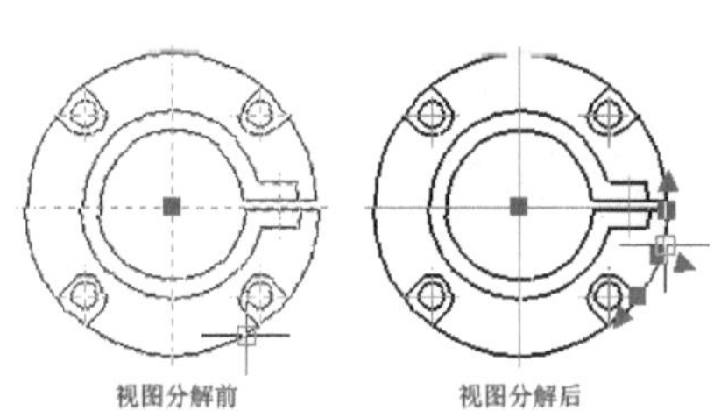

图9-64 视图分解前后

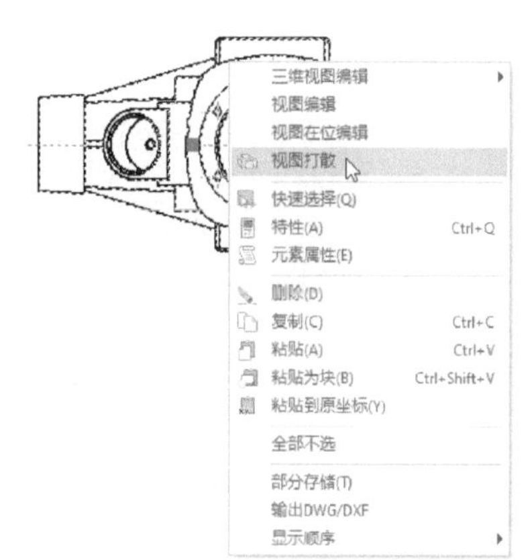

图9-65 利用右键菜单选择“视图打散”命令

9.3.4 修改元素属性

在功能区“三维接口”选项卡的“视图编辑”面板中单击“修改元素属性”按钮，并在其立即菜单“1.”中设置“根据零件”或“根据元素”选项，接着根据所设置的选项和状态栏的提示拾取零件，或者拾取视图中的图线并单击鼠标右键确认，系统弹出图9-66所示的“编辑元素属性”对话框，可以修改视图上元素的这些属性：图层、线型、线宽和颜色。

9.3.5 设置零件属性

在功能区“三维接口”选项卡的“视图编辑”面板中单击“设置零件属性”按钮，接着在“请拾取零件”的状态栏提示下选择某区域内的视图，系统弹出图9-67所示的“设置零件属性”对话框，从中可以对零件进行剖切设置和隐藏设置。

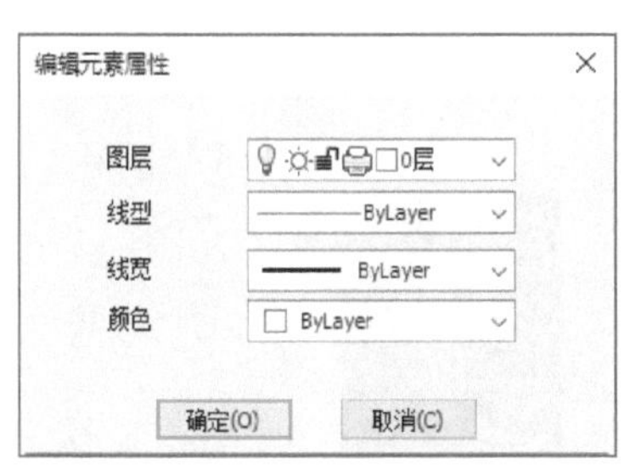

图9-66 “编辑元素属性”对话框

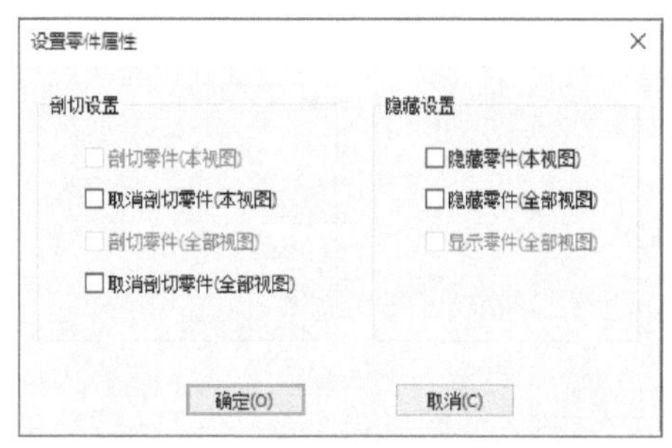

图9-67 “设置零件属性”对话框

9.3.6 编辑剖面线

要编辑视图中的剖面线，则可以在功能区“三维接口”选项卡的“视图编辑”面板中单击“编辑剖面线”按钮，接着选择视图中的剖面线，选择剖面线后系统弹出图9-68所示的“剖面图案”对话框，利用此对话框对所选零件剖面线进行设置，包括选择剖面图案，设置其比例、旋转角、间距错开值等。如果单击“高级浏览”按钮，则打开图9-69所示的“浏览剖面图案”对话框来浏览各种剖面线图案，读者可以更直观地选择想要的剖面线图案。对于同一零件，编辑其中一个剖面线，不同视图中同一零件的剖面线都会同时发生更改。

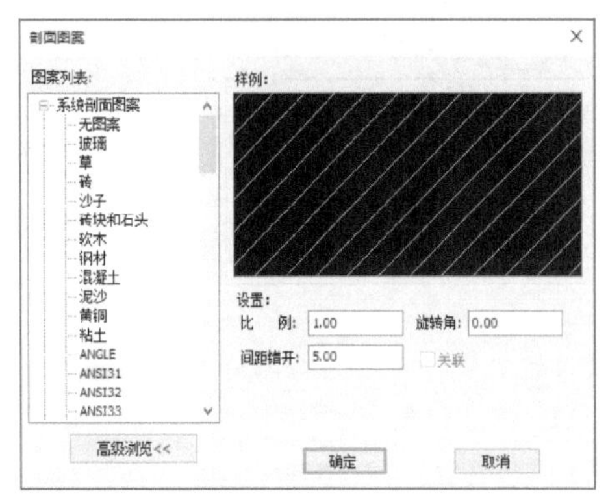

图 9-68 “剖面图案”对话框

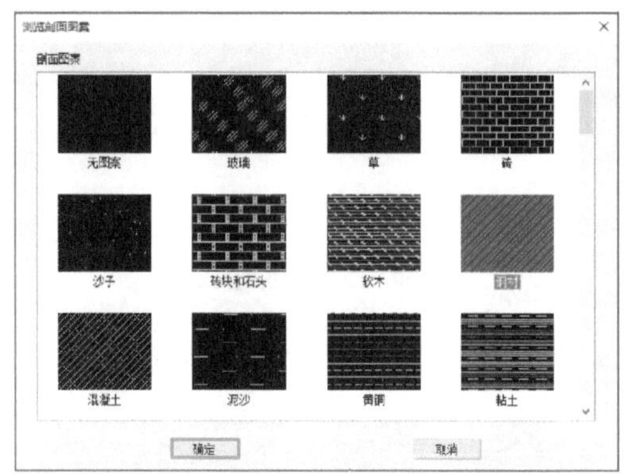

图 9-69 “浏览剖面图案”对话框

9.4 尺寸标注与符号应用

由三维模型数据产生二维工程视图的过程中，可以设置在一个或多个视图中将三维文件中的3D尺寸、特征尺寸、草图尺寸自动生成。也可以在二维工程视图生成之后，使用尺寸标注工具在视图中进行相关的标注。另外，在工程视图中符号应用也是非常重要的，如形位公差、粗糙度、倒角标注、基准代号等。

9.4.1 自动生成尺寸

在输出某三维模型的标准视图时，可以切换到“标准视图输出”对话框的“选项”选项卡，设置合适的视图尺寸类型等选项（如将视图尺寸类型设置为“真实尺寸”）后，在“投影对象”选项组中指定“3D尺寸”复选框、“草图尺寸”复选框和“特征尺寸”复选框的状态，以分别控制是否自动生成3D尺寸、特征尺寸和草图尺寸，如图9-70所示。

图 9-70 “标准视图输出”对话框的“选项”选项卡

在这里，读者需要掌握 3D 尺寸、特征尺寸和草图尺寸的概念。这 3 种尺寸的基本概念见表 9-1（主要参照 CAXA 3D 实体设计 2020 用户手册及帮助文件的相应概念说明）。

表 9-1　3D 尺寸、特征尺寸和草图尺寸的概念

尺寸类型	尺寸形成说明	图例或备注
3D 尺寸	在三维设计环境中使用智能标注功能（包括 、 、 、 、 和 ）标注的尺寸，并且右击该尺寸，从其右键快捷菜单中选择“转换到工程图”命令（使“转换到工程图”命令处于勾选状态 ），则该尺寸后面出现一个小箭头 ，表示该尺寸会输出到工程图	
草图尺寸	在草图编辑状态，单击“智能标注” 等标注工具标注草图上的尺寸，接着再右击尺寸，从弹出来的快捷菜单中选择“输出到工程图”命令，则该尺寸后附带了一个小箭头，表示可以自动在二维投影图上生成	
特征尺寸	该尺寸指生成特征时操作的尺寸	如拉伸的高度、旋转体的旋转角度、抽壳的厚度、拔模的角度、圆角半径等

假设在生成某机匣零件的标准三视图时，在“标准视图输出”对话框的“选项”选项卡中，勾选“投影对象”选项组中的“3D 尺寸”复选框、“草图尺寸”复选框和“特征尺寸”复选框，然后生成相应的视图，各视图中将自动生成各种可输出的尺寸，如图 9-71 所示。通常，自动生成的各种尺寸会显得比较凌乱，后期需要由设计人员去调整尺寸放置位置，判断哪些尺寸是需要的，哪些尺寸是多余的。

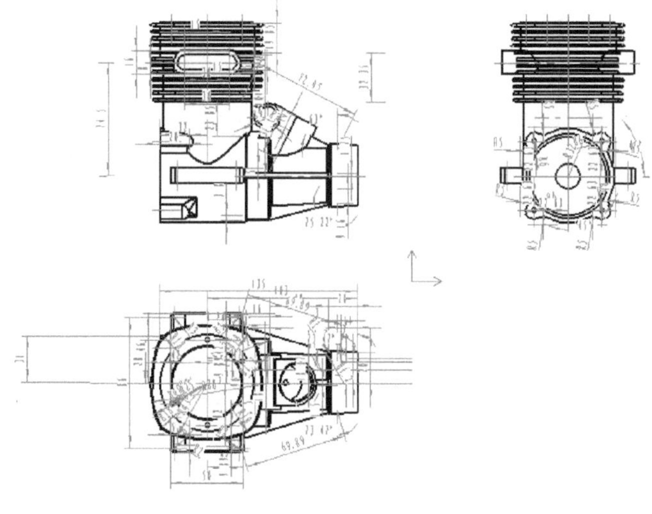

图 9-71　自动生成各类可输出的尺寸

9.4.2 标注尺寸

在工程图环境中，可以使用功能区“三维接口”选项卡“标注”面板中相应的尺寸标注工具来在视图中标注所需要的尺寸。需要注意的是，标注的视图尺寸可以是测量尺寸或者是真实尺寸。这需要在输出/生成标准视图时在“标准视图输出”对话框的“选项”选项卡中对视图尺寸类型进行设置。测量尺寸是使用现有 CAXA 电子图板中的尺寸标注方法根据测量值和比例等因素标注的尺寸，它与三维设计环境没有关联；而真实尺寸是在视图上标注出 3D 模型中测量出来的尺寸，是 3D 智能标注在二维视图上的一种显示。测量尺寸标注比较适合在正视图中标注，真实尺寸标注比较适合在轴测图中标注。

最为常用的尺寸标注工具为“尺寸标注”按钮（位于功能区“三维接口”选项卡的“标注”面板中），使用该按钮可以在视图中标注出各轮廓线的尺寸。例如，在图 9-72 所示的工程视图中，其中的全部尺寸均是使用“尺寸标注”按钮来创建的。

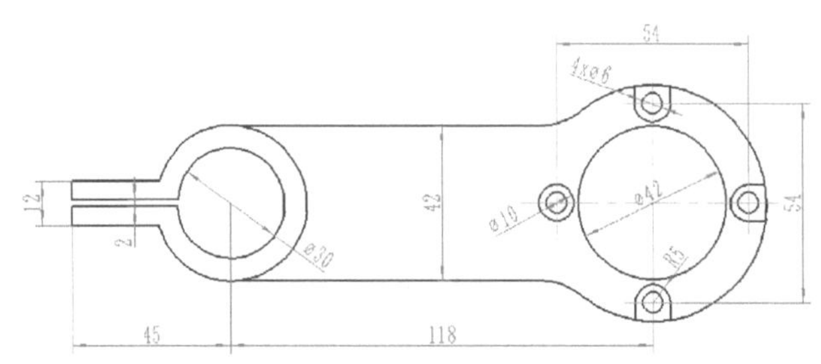

图 9-72　标注尺寸示例

在功能区“三维接口”选项卡的“标注”面板中还提供有“基本”按钮、“基线”按钮、“连续”按钮、“三点角度”按钮、“连续角度”按钮、“半标注”按钮、“大圆弧”按钮、“射线”按钮、“锥度/斜度”按钮、“曲率”按钮、“线性”按钮、“对齐”按钮、“直径”按钮、“半径”按钮、“角度”按钮和“圆弧”按钮，它们的应用方法和 CAXA CAD 电子图板 2020 中的相关标注工具的应用方法是一样的，这里不再赘述。

9.4.3 编辑尺寸

如果对自动生成的尺寸（投影生成的尺寸）或手动标注的尺寸不满意，那么可以对其进行编辑，如编辑其放置位置、尺寸数值等。

要编辑尺寸放置位置，那么可以先选择尺寸，接着按住鼠标左键拖动尺寸线位置夹点到合适位置处释放即可。也可以选择尺寸后右击，并从弹出来的快捷菜单中选择“标注编辑”命令，此时，可以通过拖动尺寸来修改它的位置。

要编辑尺寸值时，那么先选择要编辑的该尺寸，接着右击，并从弹出来的右键快捷菜单中选择“标注编辑”命令，此时出现图 9-73 所示的立即菜单。在该立即菜单中可以为尺寸添加前缀或后缀，可以修改基本尺寸值（修改后的基本尺寸值并非真实测量值，只是替代值）。

1. 尺寸线位置 · 2. 文字平行 · 3. 文字拖动 · 4. 标准尺寸线 · 5.前缀 4x%c　6.后缀　7.基本尺寸 6

图 9-73　“标注编辑”立即菜单

此外，选择尺寸后，可以打开“特性”选项板窗口（也称属性窗口），从中可查看和修改尺寸的各种属性，如所在图层、线型、线型比例、颜色、标注风格、标注字高、标注比例、文本替代、尺寸前缀、尺寸后缀、箭头是否反向等。

由三维数据生成的投影尺寸会随着三维设计的更新而更新。当三维模型数据更新时，未经修改的尺寸标注会自动更新；经过修改的尺寸标注会维持修改后的状态，但系统会更新尺寸背后的原始信息。如果在三维设计环境中由删除、退化等修改操作导致现有的尺寸无法关联到ID，那么该尺寸将无法更新，只能保持悬挂状态。

9.4.4 符号应用

在功能区“三维接口”选项卡的“标注”面板中提供了丰富的符号工具，包括“形位公差”“粗糙度”“倒角标注”“引出说明”“基准代号”“剖切符号”“焊接符号”“中心孔标注”“向视符号”“标高”“孔标注”“圆孔标记”“旋转符号”和“焊缝符号”。这些常用的符号应用方法在《CAXA CAD电子图板2020工程制图》（钟日铭，机械工业出版社）一书中有较为详细的介绍。

9.5 明细表与零件序号

对于由三维装配体数据生成的二维装配图，还需要设计其相应的明细表以及注写零件序。本节将介绍导入3D明细表、更新3D明细表和在二维装配视图中生成零件序号的应用知识。其中生成零件序号的方式有两种，即自动生成和手动生成。

9.5.1 导入3D明细表

要在图纸环境上导入3D明细表，那么切换至功能区的“三维接口”选项卡并在“注释”面板中单击“导入3D明细”按钮，打开图9-74所示的“导入3D明细”对话框。

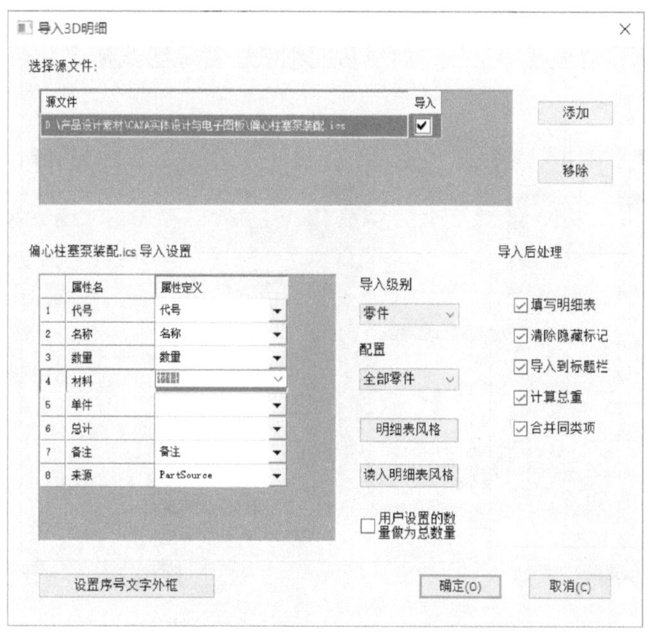

图9-74 “导入3D明细”对话框

在“选择源文件”选项组的源文件列表框中选择所需的源文件。如果源文件列表框中没有所需的源文件，那么可以单击“添加”按钮，弹出一个“打开”对话框，如图 9-75 所示，利用该“打开”对话框选择要往二维图纸导入明细表的三维文件，然后单击“打开”对话框中的“打开”按钮。

图 9-75 “打开”对话框

在“选择源文件”选项组的源文件列表框中选择要导入的源文件时，需要在“导入级别”下拉列表框中设置导入级别，即进行对应关系设置。可供选择的导入级别选项有“零件”“第 1 级”“第 2 级”等。通常选择“零件”导入级别选项，这样将输出所有零件。而在“导入设置”框中显示若干个属性名，每个属性名对应的“属性定义”框中均具有一个下拉箭头，单击该下拉箭头打开一个下拉菜单，从中选择该属性名对应 3D 环境中的项目。在“导入后处理”选项组中设置 3D 明细表导入后接着做哪些工作，如填写明细表、清除隐藏标记、导入到标题栏、合并同类项等，如图 9-76 所示。

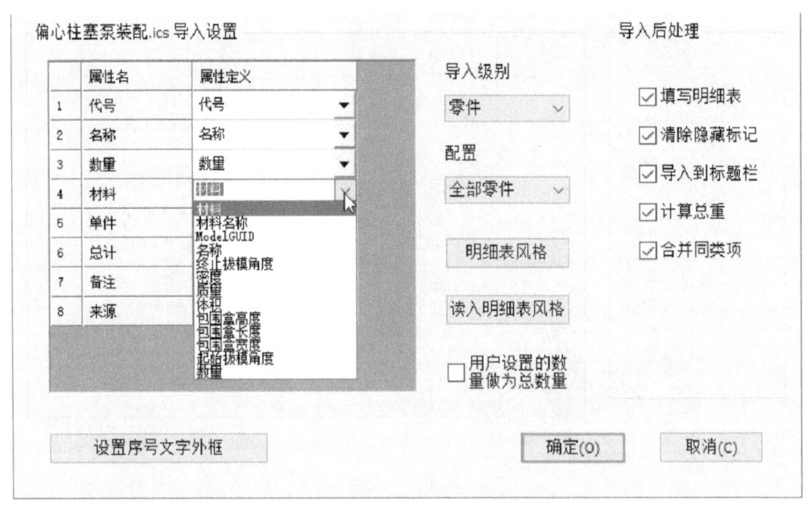

图 9-76 相关设置

倘若在“导入后处理”选项组中勾选了“填写明细表”复选框、“合并同类项”复选框等，那么单击“确定”按钮将导入3D明细表，并弹出图9-77所示的“填写明细表”对话框，从中可填写和修改明细表的内容。

序号	代号	名称	数量	材料	单件	总计	备注	来
1		泵体（7）	1					
2		曲轴（4）	1					
3		垫片（2）	1					
4		侧盖（1）	1					
5		填料压盖（13）	1					
6		圆盘（8）	1					
7		柱塞（9）	1					
8		Screw : Round - M8.0 x 20.0	7					
9		衬套（5）	1					

图9-77 “填写明细表”对话框

在“填写明细表”对话框完成填写内容后，单击“确定”按钮，则可以生成图9-78所示的明细表。

序号	代号	名称	数量	材料	单件	总计	备注
9		衬套(5)	1				
8		Screw : Round - M8.0 x 20.0	7				
7		柱塞(9)	1				
6		圆盘(8)	1				
5		填料压盖(13)	1				
4		侧盖(1)	1				
3		垫片(2)	1				
2		曲轴(4)	1				
1		泵体(7)	1				
					重量		

图9-78 生成的明细表

9.5.2 更新3D明细表

当BOM（明细表）对应的三维模型源文件发生设计变更时，比如删除了某个零件，那么当打开进入其对应的图纸文档（二维工程视图）时，明细表将根据更改来自动更新。

读者也可以采用手动操作的方式来更新BOM。在“注释”面板中单击“更新3D明细”按钮，打开图9-79所示的“更新3D明细”对话框。在该对话框中，可以删除选定的某个三维文件的 BOM，也可以对选定的 BOM 进行修改更新，包括对应的“属性定义”“导入级别”“是否计算总重”等。

图 9-79 “更新 3D 明细”对话框

9.5.3 在二维装配视图中生成零件序号

在二维装配视图中生成零件序号的方法比较灵活，既可以采用自动生成的方法，也可以采用手动生成的方法。

1. 自动序号

在导入 3D 明细表后，在“注释”面板中单击“自动序号”按钮，系统弹出图 9-80 所示的“自动序号”对话框。在该对话框中可以设置是否重排明细表，以及在“位置”选项组中通过勾选不同的位置复选框（如“上”“下”“左”“右”）来调整序号的排列位置。当选择“重排明细表”单选按钮时，明细表中的零部件顺序会根据序号的位置重新排序，需要的位置可按照“顺时针”排列，也可以按照“逆时针”排列。

在“自动序号”对话框中设定自动序号排列的方式选项后，单击“确定”按钮，出现一个立即菜单，如图 9-81 所示，接着在该立即菜单中选择“不生成重复序号”选项或“允许重复序号”选项，然后在图形窗口中选择要自动生成序号的视图，则在所选视图上自动生成零件序号。若设置了“重排明细表”，则在得到自动序号的同时，明细表的顺序也会根据序号而改变。注意：系统会根据设置的输出级别、遮挡关系、所选视图中已经标注过的零件序号综合判断，从而给出所选视图上可以标注哪些序号及序号引出位置。

例如，在图 9-82 所示的其中一个视图上自动生成序号。

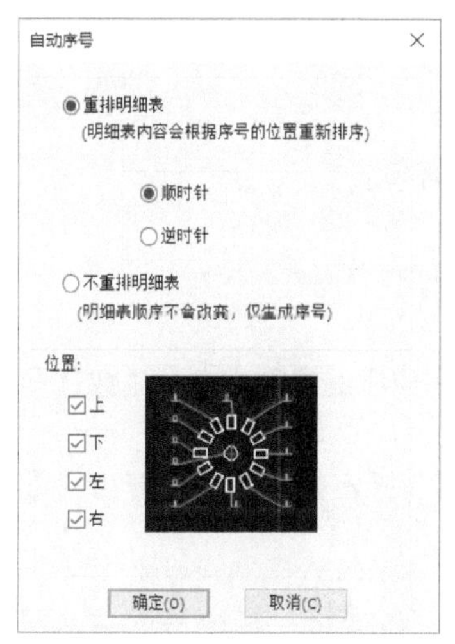

图 9-80 “自动序号”对话框

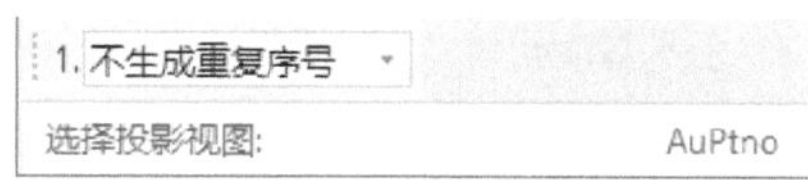

图 9-81 出现的立即菜单

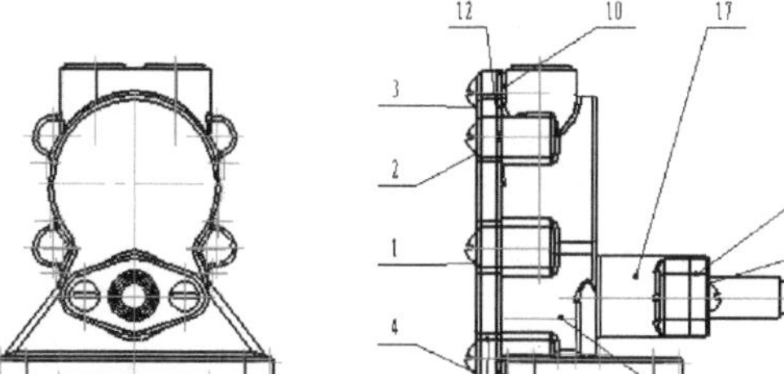

图 9-82 选择一个视图自动生成序号

2. 手动序号

在“注释”面板中单击“手动序号”按钮，出现图 9-83 所示的立即菜单，在第 1 项中选择“重排明细表”或“不重排明细表”，在第 2 项中选择“单折”或“双折”以定义引出线样式。这里，以选择“单折”选项为例，在状态栏的“拾取引出点或选择明细表行:”提示下，在所需视图上单击，系统根据单击位置自动选中该处的零件进行标注，接着指定引出线的转折点，完成该零件的序号标注（即生成该零件的 ID 号），如图 9-84 所示。可以继续进行手动序号标注的操作。需要注意的是如果在立即菜单中选择了“不重排明细表”选项，那么手动生成的序号是根据明细表中的顺序来产生的。

图 9-83 “手动序号”立即菜单

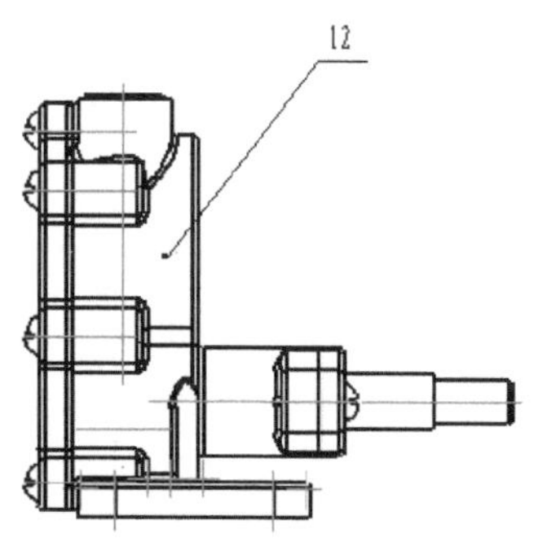

图 9-84 手动生成零件序号

9.6 思考与小试牛刀

1）在 CAXA 3D 实体设计 2020 中如何进入工程图设计环境？

2）请简述如何生成标准视图？如何生成投影视图？

3）如何创建局部剖视图？在创建局部剖视图时要注意哪些方面？

4）怎样移动视图？

5）什么是 3D 尺寸、特征尺寸和草图尺寸？如何设置在相应的视图中自动生成这些尺寸？

6）如何导入 3D 明细表？

7）上机操作：按照图 9-85 所示的零件尺寸，先建立其三维实体模型，接着由三维实体模型生成二维工程图。

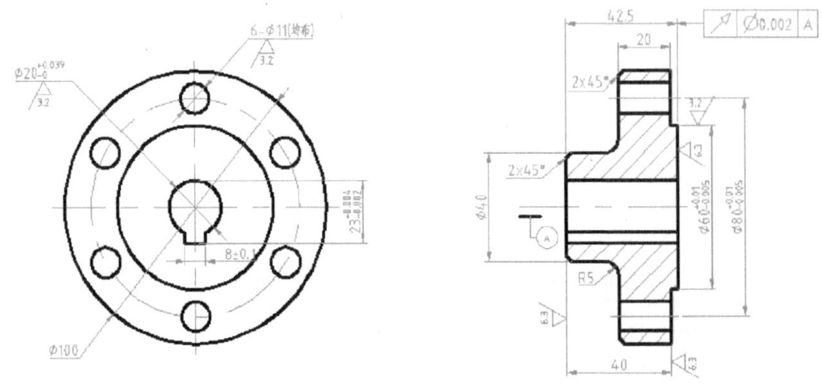

图 9-85　零件尺寸

8）上机操作：参照图 9-86 所示的模型图像，在 CAXA 3D 实体设计 2020 中建立其三维实体效果，具体尺寸由读者自行确定，然后通过 3D 转 2D 生成相应的完整视图。

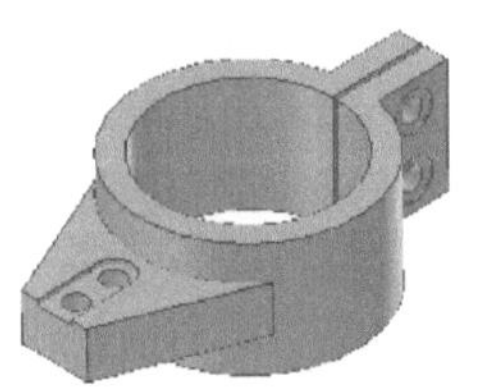 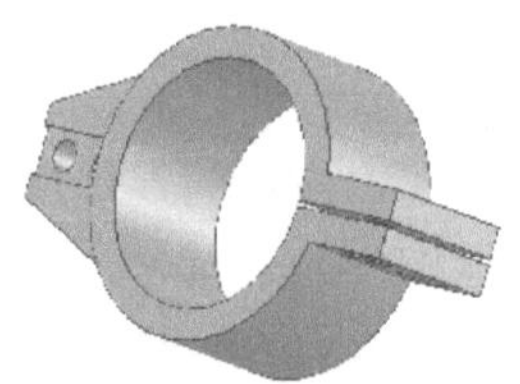 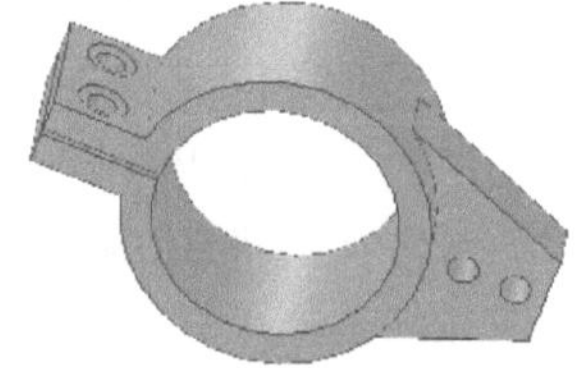

图 9-86　导杆支撑件

第 10 章　典型零件建模与工程图范例

本章导读

在产品设计和机械设计中，三维建模与出图始终是很重要的两个方面。

本章特意介绍一个典型零件的建模与工程图设计（出图），以便让读者掌握更接近于职场工作实践的综合技能。该综合范例主要包括两个环节，第 1 个环节是建立零件的三维模型，第 2 个环节是根据建立的三维零件模型来生成零件工程图。

10.1 建立零件的三维模型

本范例要完成的零件模型为轴承套，如图 10-1 所示。本例采用工程设计模式，让读者通过案例深刻掌握 CAXA 3D 实体设计的全参数化设计的基本思路。

该零件的三维模型的创建步骤如下。

（1）新建一个设计环境文件

在“快速启动”工具栏中单击“新建”按钮，接着在弹出的一个“新建”对话框（见图 10-2）中选择“设计”并单击“确定”按钮，弹出“新的设计环境”对话框，如图 10-3 所示，在“公制”选项卡的模板列表中选择所需的一个模板，然后单击“确定”按钮。

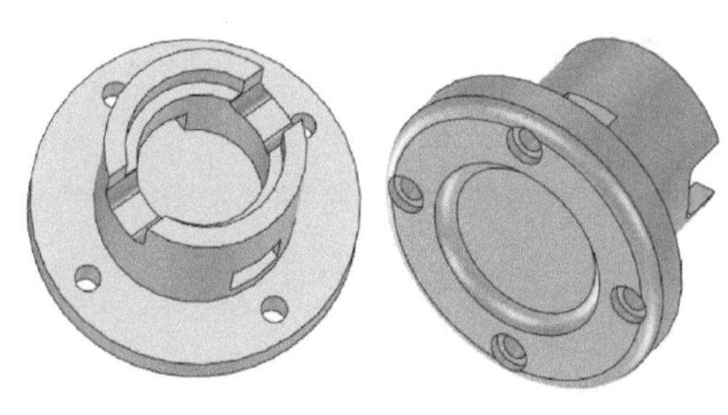

图 10-1　轴承套

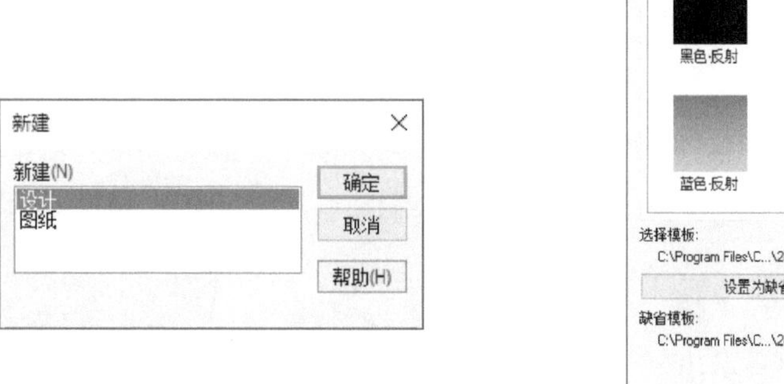

图 10-2　“新建”对话框

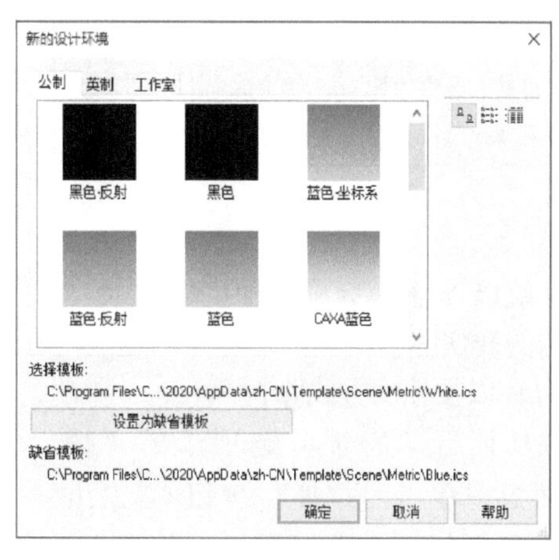

图 10-3　“新的设计环境”对话框

注意：如果没有显示设计树，那么在“快速启动”工具栏中或功能区“常用”选项卡的“显示”面板中单击“显示设计树”按钮以选中它，从而在绘图区域左侧显示设计树。

（2）在状态栏中选择“工程模式零件”选项

(3) 使用旋转向导创建旋转特征

在功能区“特征”选项卡的“特征”面板中单击“旋转向导”按钮，弹出图 10-4 所示的“旋转特征向导 – 第 1 步/共 3 步”对话框，选择“独立实体”单选按钮和“实体”单选按钮，单击“下一步”按钮。

在出现的图 10-5 所示的对话框中设置旋转角度为“360”，选择“离开选择的表面”单选按钮，然后单击“下一步”按钮。

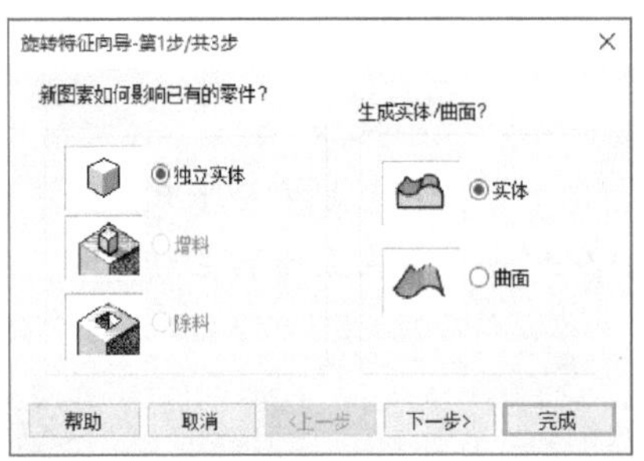

图 10-4 “旋转特征向导”对话框（1）

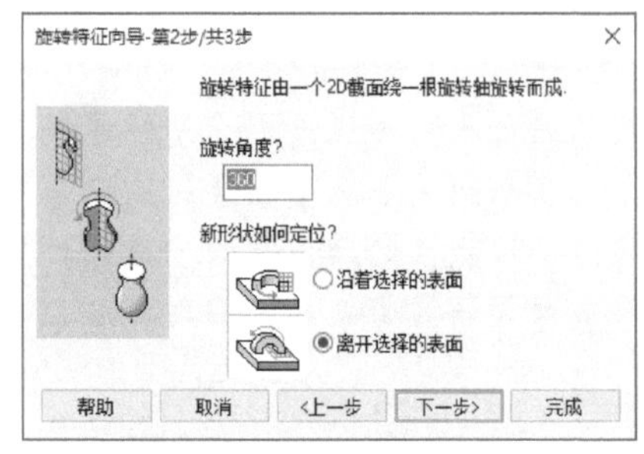

图 10-5 “旋转特征向导”对话框（2）

出现“旋转特征向导 – 第 3 步/共 3 步”对话框，从中设置图 10-6 所示的内容，然后单击“完成”按钮。

在“绘制”面板中单击“连续直线（轮廓线）”按钮，绘制图 10-7 所示的旋转剖面，单击“完成”按钮。

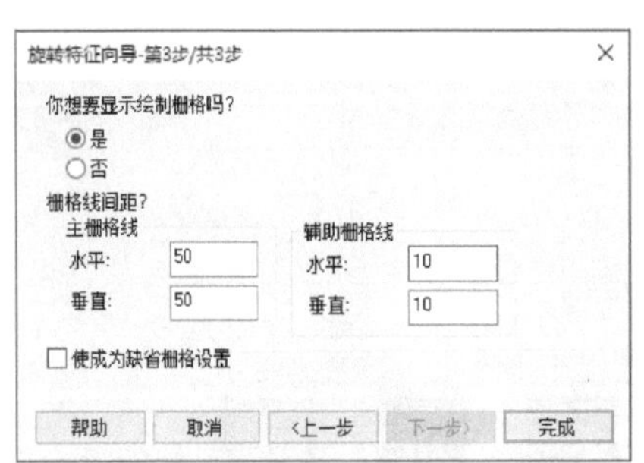

图 10-6 “旋转特征向导”对话框（3）

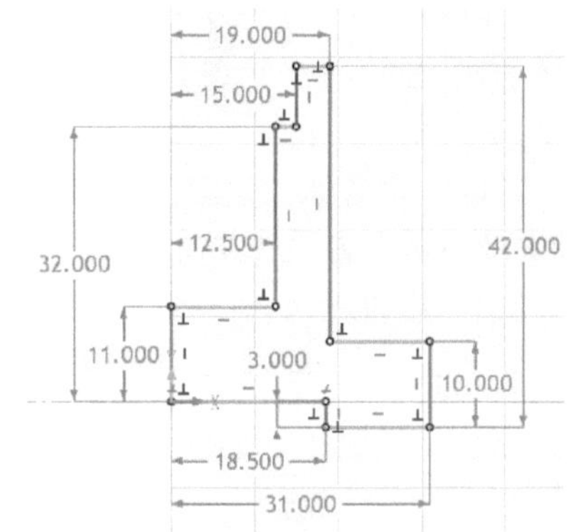

图 10-7 绘制旋转截面

系统以 Y 轴作为旋转轴生成图 10-8 所示的旋转实体。

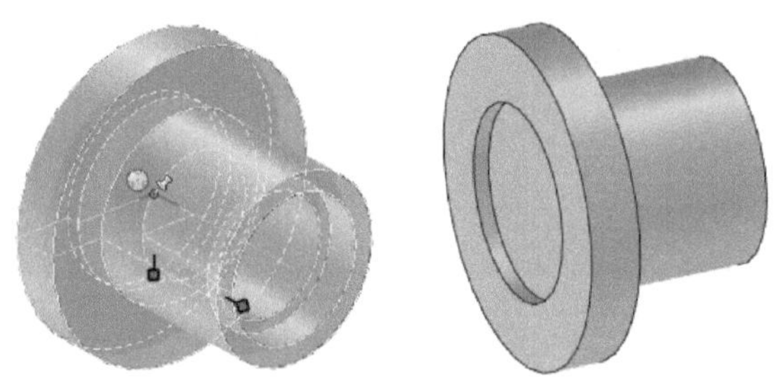

图 10-8 创建的旋转实体

(4) 以拉伸的方式除料

在功能区“特征”选项卡的“特征”面板中单击“拉伸”按钮，出现图 10-9 所示的命令“属性”管理栏，选择“从设计环境中选择一个零件”单选按钮，接着在设计环境中单击已建立的旋转实体以选择该零件。

“拉伸特征”命令“属性”管理栏变为图 10-10 所示，在“选择的轮廓”下的一个下拉列表框中单击“2D 草图”按钮。此时命令“属性”管理栏变为如图 10-11 所示，选择“过点与柱面相切”单选按钮。

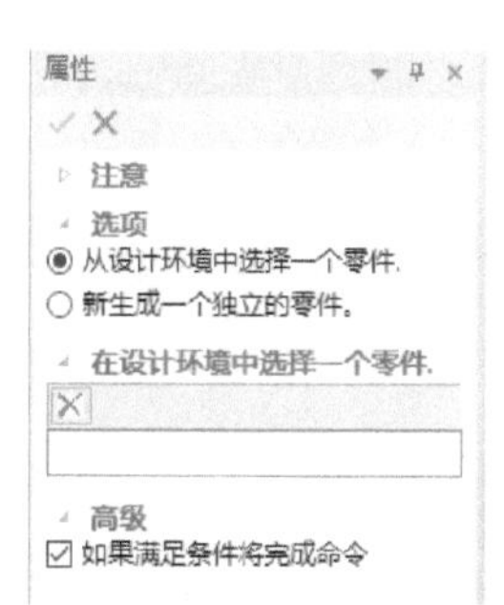

图 10-9 命令“属性”管理栏（1）

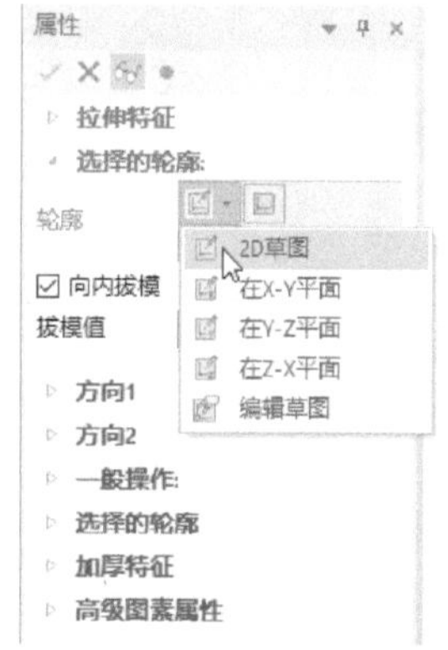

图 10-10 选择草图平面工具

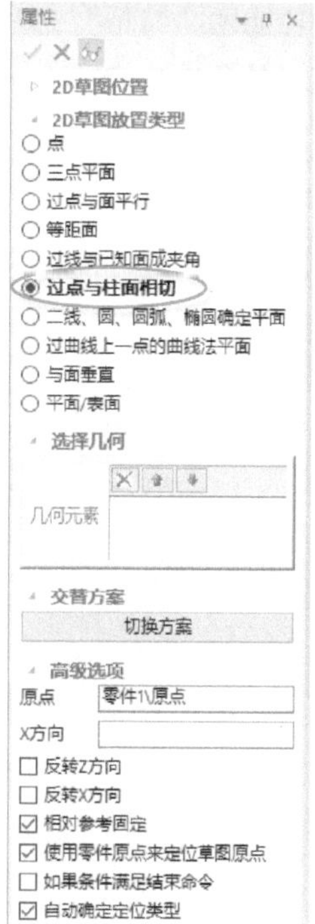

图 10-11 定义 2D 草图位置

在零件上智能捕捉到圆周边缘上的一象限点并单击，如图 10-12 所示，接着选择图 10-13 所示的圆柱曲面，单击“确定”按钮或单击鼠标中键，从而确定一个草图平面。

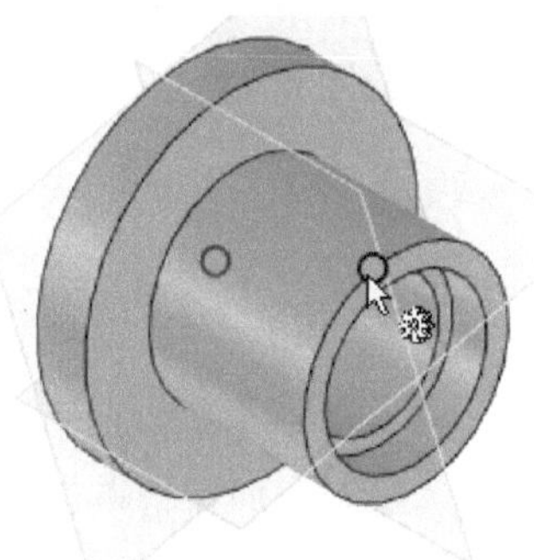

图 10-12 智能捕捉到圆周上的一象限点

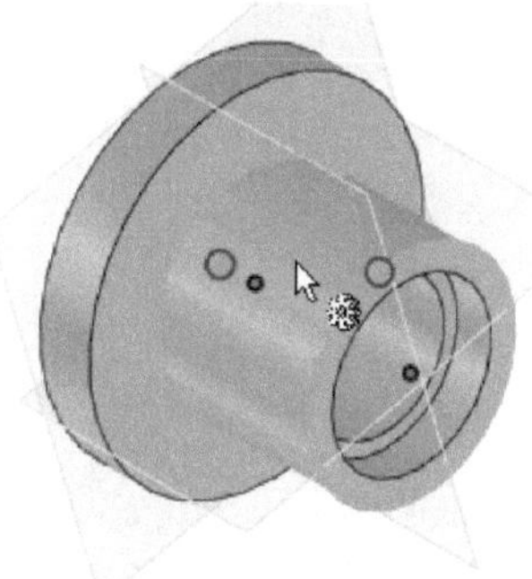

图 10-13 选择圆柱曲面

单击“连续直线（轮廓线）”按钮，绘制图 10-14 所示的闭合草图。绘制好单击“完成”按钮，完成草图绘制。

在“拉伸特征”命令管理栏中取消勾选“生成为曲面”复选框，选择“除料”单选按钮，通过“切换方向”复选框指定方向 1，接着从“方向 1 的深度”下拉列表框中选择“贯穿”，注意其他选项设置和绘图区域特征预览，如图 10-15 所示。

在“拉伸特征”命令“属性”管理栏中单击“确定”按钮，经过该拉伸除料操作后的零件模型如图 10-16 所示。

（5）继续以拉伸的方式除料

在功能区“特征”选项卡中单击“拉伸”按钮，接着在出现的命令“属性”管理栏中选择“从设计环境中选择一个零件”单选按钮，在图形窗口中单击选择现有零件。

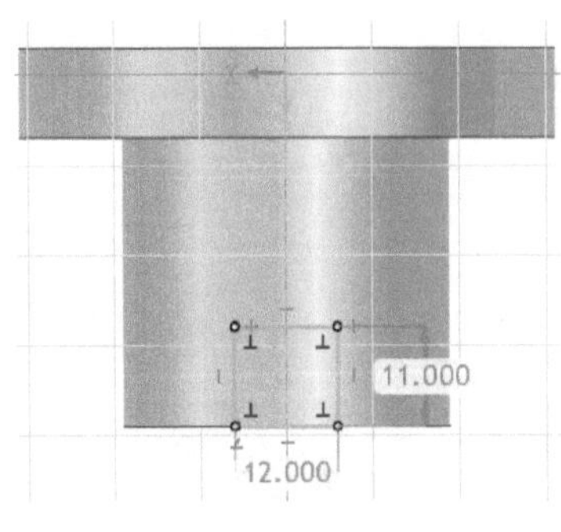

图 10-14　绘制闭合草图

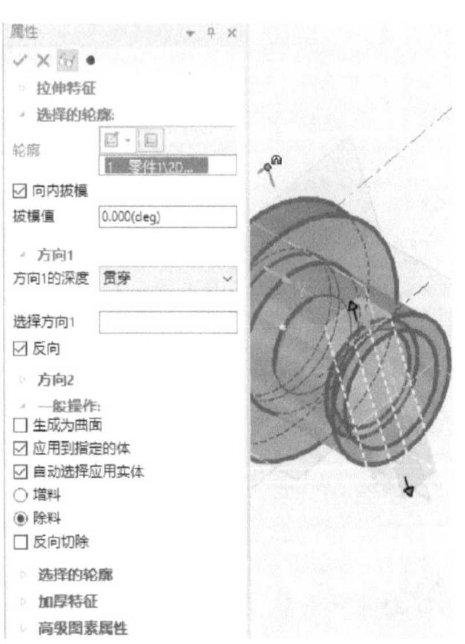

图 10-15　设置除料、方向和深度等

在命令“属性”管理栏单击“2D 草图”按钮，选择“平面/表面”单选按钮定义 2D 草图放置类型，接着在模型中选择图 10-17 所示的一个平面，单击鼠标中键。

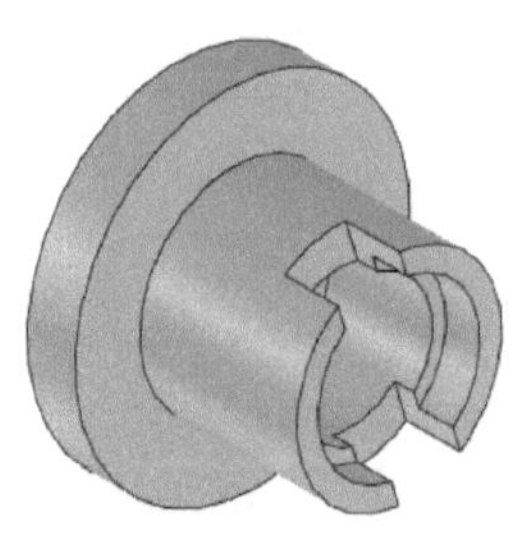

图 10-16　零件模型效果

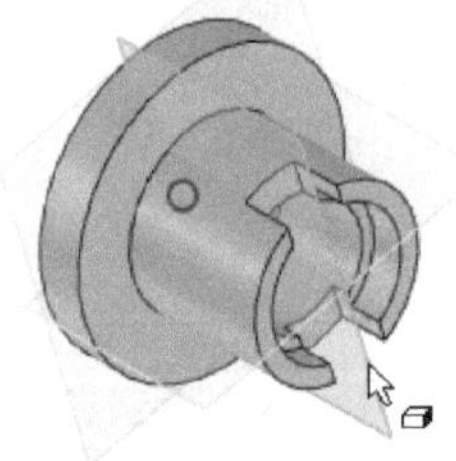

图 10-17　选择一平面定位草图

在草图面中绘制图 10-18 所示的图形。绘制方法：可以先在“绘制”面板中单击“矩形”按钮，在大概位置处绘制一个长方形，接着在“约束”面板中单击“镜像”按钮，为长方形添加所需的镜像约束，再单击“智能标注”按钮标注所需的尺寸，并修改尺寸值来驱动长方形。单击“完成”按钮，完成草图绘制。

返回到“拉伸特征”命令“属性”管理栏，选择“除料”单选按钮，接着将方向 1 和方向 2 的深度选项均更改为“贯穿”，将高度值设置为“60”，如图 10-19 所示。

在“拉伸特征”命令“属性”管理栏中单击“确定”按钮。此时零件模型如图 10-20 所示。

（6）创建圆角特征

在功能区“特征”选项卡的“修改”面板中单击“圆角过渡”按钮，在其命令“属性”管理栏中选择“等半径”单选按钮，半径设置为“3”，勾选“光滑连接”复选框，如图 10-21 所示。

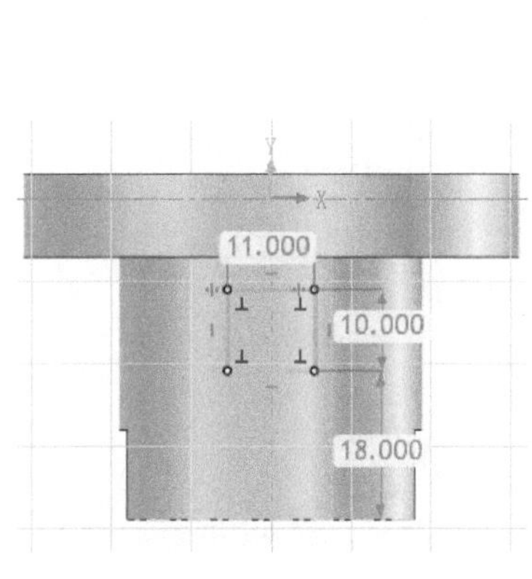

图 10-18 绘制草图

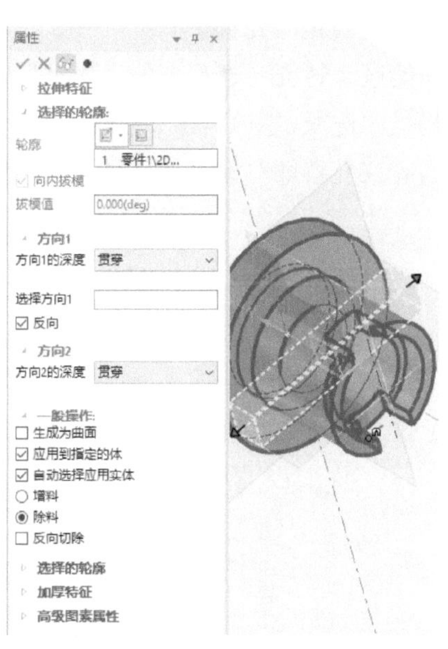

图 10-19 拉伸特征属性设置

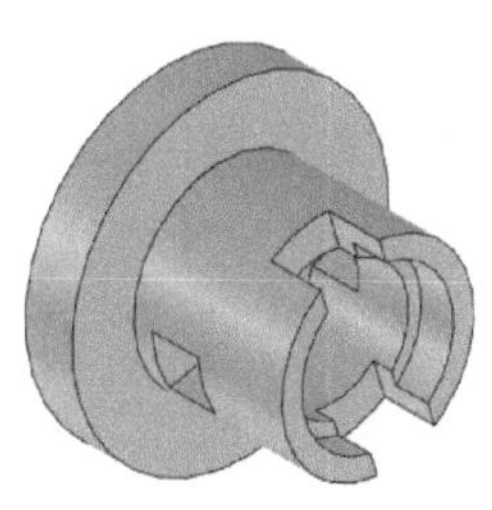

图 10-20 零件模型

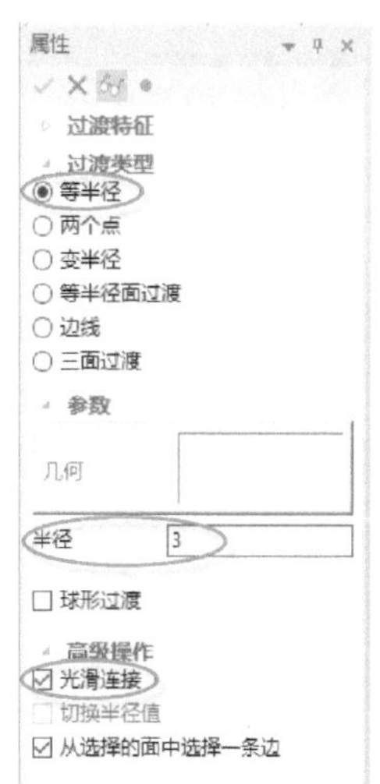

图 10-21 在命令“属性”管理栏中设置

使用鼠标在零件模型中分别单击图 10-22 所示的 6 条边线。

在“圆角过渡”命令“属性”管理栏中单击“确定”按钮✓，完成圆角过渡操作得到的零件模型如图 10-23 所示。

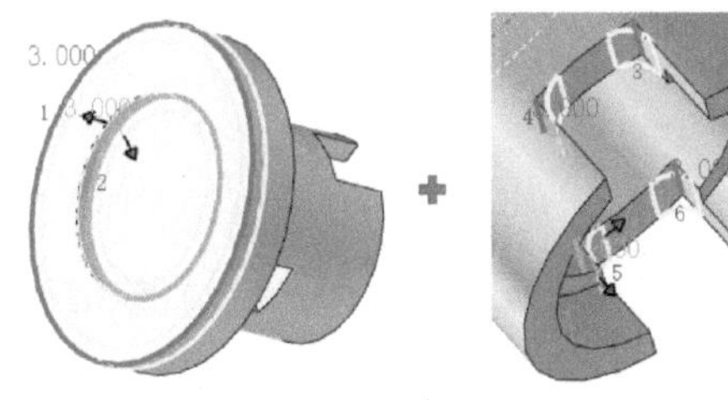

图 10-22 选择要圆角过渡的 6 条边线

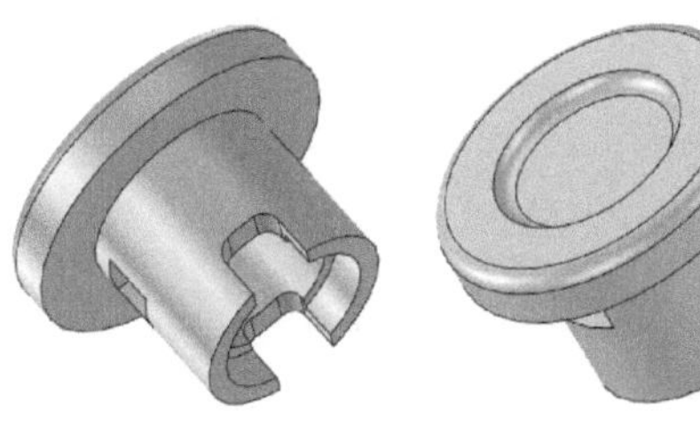

图 10-23 圆角过渡的效果

（7）创建自定义孔特征

在功能区“特征”选项卡的“特征”面板中单击“自定义孔”按钮，此时命令“属性”管理栏提供的选项如图 10-24 所示，在设计环境图形窗口中单击已有实体零件，出现图 10-25 所示的“自定义孔特征”命令“属性”管理栏，单击“2D 草图”按钮。

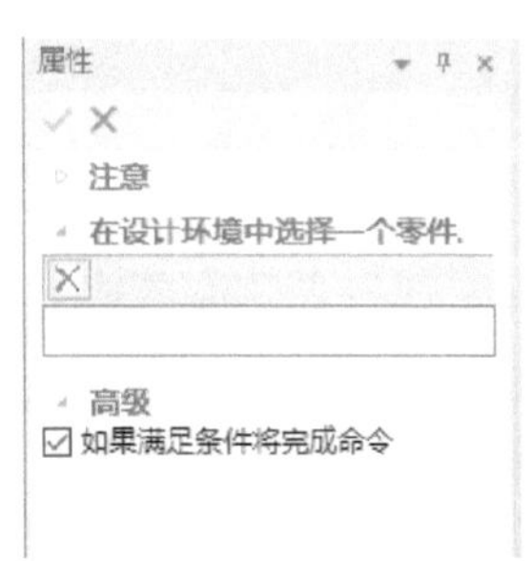

图 10-24　命令“属性”管理栏提供的选项

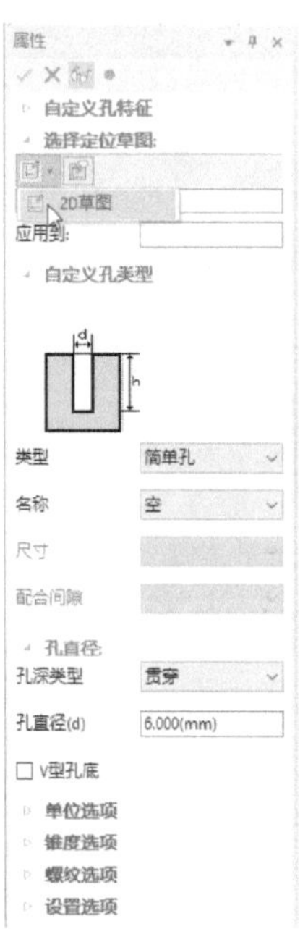

图 10-25　“自定义孔特征”命令“属性”管理栏

在出现的“2D 草图位置”命令“属性”管理栏的“2D 草图放置类型”选项组中选择“平面/表面”单选按钮，在模型中选择图 10-26 所示的实体表面，单击鼠标中键确认草图平面定义，进入到草图绘制模式。先单击“圆心 + 半径”按钮绘制一个圆心在用户坐标系原点、半径为 25 的圆并将该圆用作辅助线，接着单击“点”按钮，在该辅助圆与 X 轴、Y 轴辅助线相交的地方各创建一个实心点，共 4 个点，如图 10-27 所示，单击“完成”按钮。

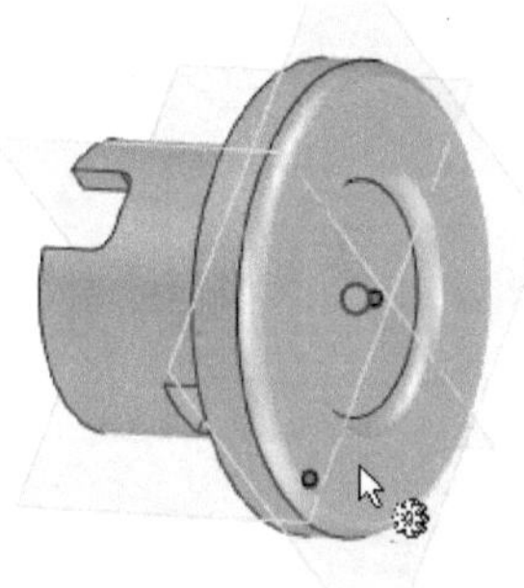

图 10-26　选择实体表面

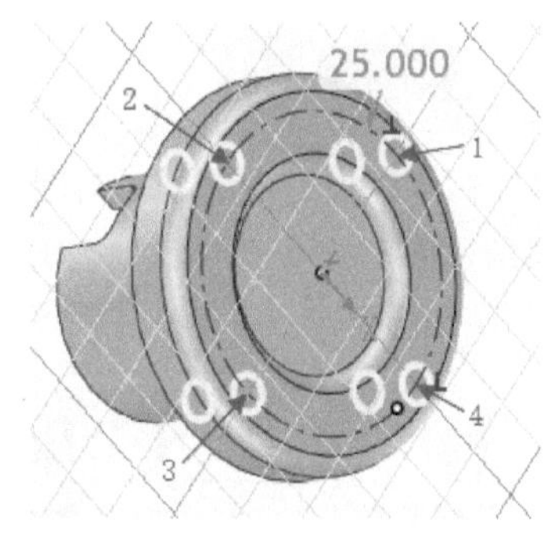

图 10-27　绘制 4 个实心点

在“自定义孔特征”命令“属性”管理栏中将孔类型设置为“沉头孔”，分别设置该沉头孔的相关参数和选项，如图 10-28 所示，然后单击“确定”按钮，或者单击鼠标中键确定，结果如图 10-29 所示。

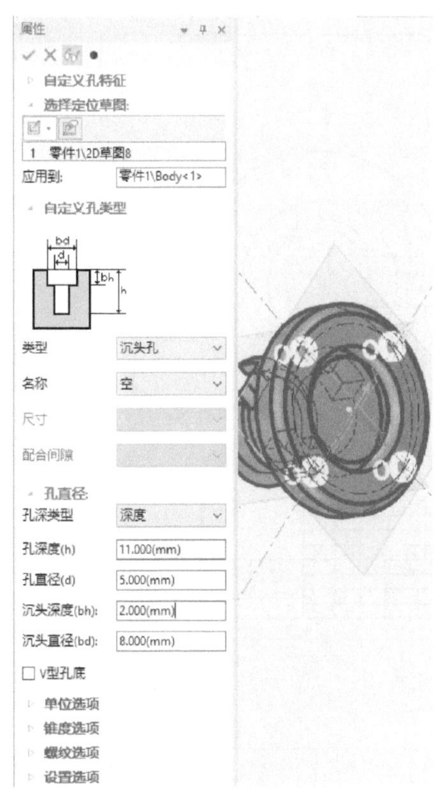

图 10-28 自定义孔特征参数

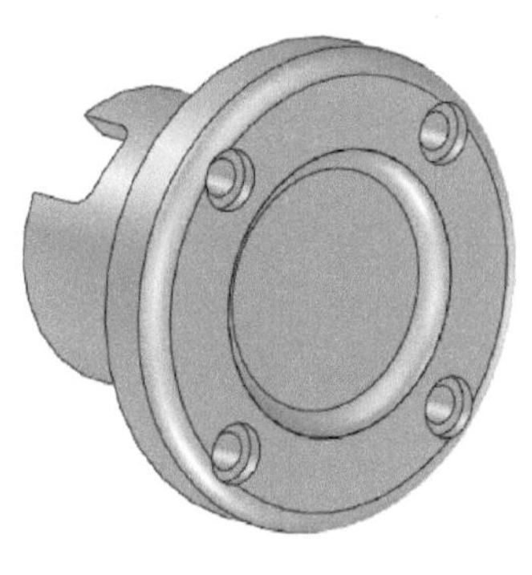
图 10-29 一次操作创建 4 个沉头孔

操作技巧:

也可以先创建一个沉头孔特征，然后再对齐进行阵列。

(8) 保存文件

在“快速启动”工具栏中单击“保存”按钮，在指定的路径目录中保存该零件。

10.2 创建零件的工程图

轴承套零件设计好之后，接下去便可以通过该零件的三维模型来创建其工程图，如图 10-30 所示。

具体的操作步骤如下。

(1) 新建一个图纸文档

在快速启动工具栏中单击“新建”按钮，接着在弹出来的对话框中选择“图纸”，单击“确定”按钮。再在弹出来的“新建”对话框中设置当前标准为“GB”，选择“GB – A3 (CHS)”模板，如图 10-31 所示，然后单击“确定”按钮。

(2) 设置绘图比例

在功能区切换至“图幅”选项卡，单击“图幅设置”按钮以打开“图幅设置”对话框，从“图纸比例”选项组的“绘图比例”下拉列表框中选择“2 : 1”，如图 10-32 所示，其他默认，单击“确定”按钮。

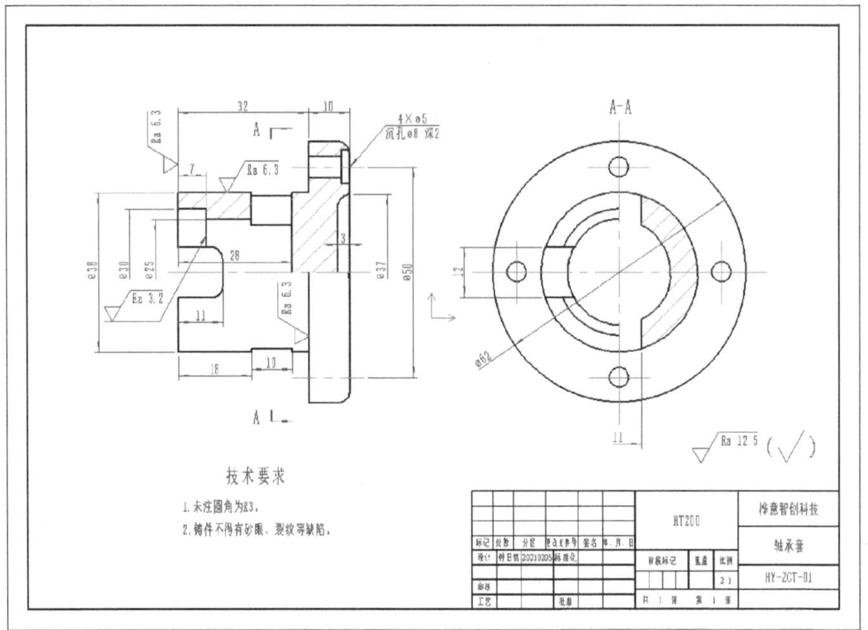

图 10-30　轴承套零件工程图

图 10-31　选择图纸模板

（3）生成标准视图

在功能区“三维接口”选项卡的“视图生成”面板中单击“标准视图”按钮，弹出“标准视图输出”对话框。

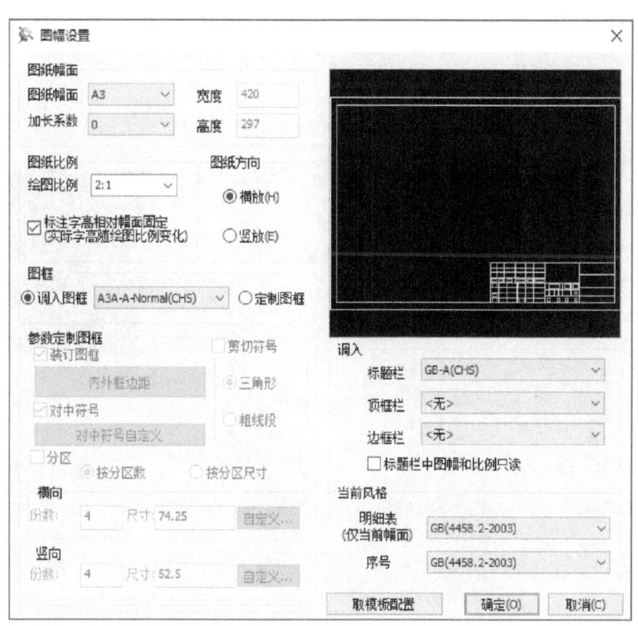

图 10-32 “图幅设置”对话框

在该对话框的“视图设置”选项卡中设置图 10-33 所示的主视图视角和要输出的两个视图（主视图和左视图）。

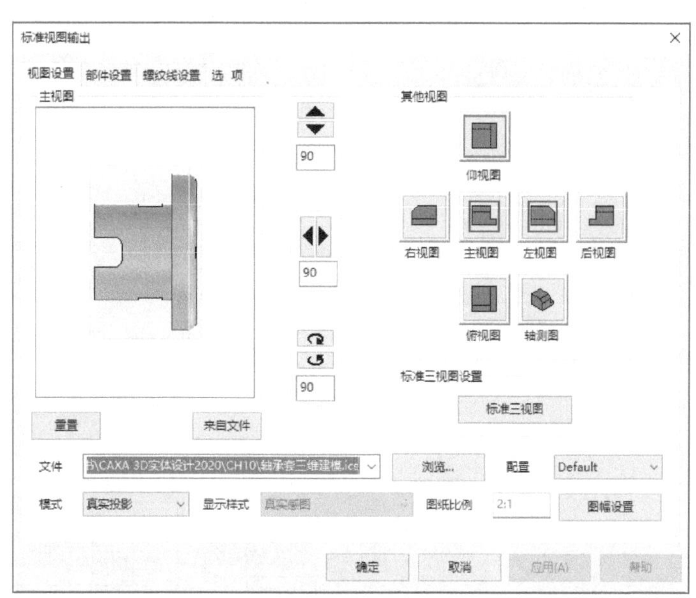

图 10-33 视图设置

切换到“选项”选项卡，在“剖面线设置”选项组的一个列表框中选择所需零件，设置剖面线的相关选项及参数，如剖面线图案为“ANSI31”，比例为“1”，倾角为“0”，间距为“6”，单击“应用”按钮，再将视图尺寸类型设置为“测量尺寸”，如图 10-34 所示，然后单击“确定”按钮。

在图纸图框内指定一点放置主视图，接着在主视图的右侧导航（投影）通道中指定一点放置左视图，结果如图 10-35 所示。

图 10-34 剖面线设置等

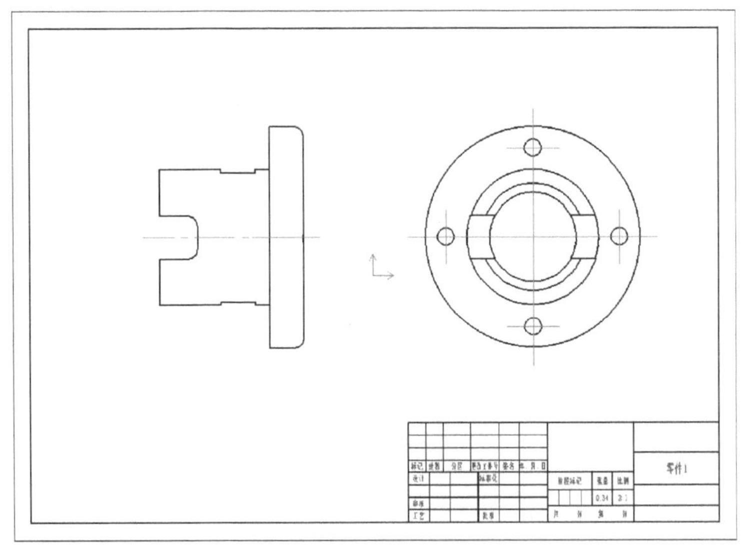

图 10-35 生成主视图和左视图

（4）在主视图中创建半剖视图

在功能区中打开“常用”选项卡，单击“基本绘图”面板中的“直线”按钮，接着在出现的立即菜单中设置“1. 两点线”“2. 单根”，如图 10-36 所示。使用鼠标光标在主视图中依次捕捉到主中心线上的左端点 1 和右端点 2，如图 10-37 所示，从而绘制一根直线段。

图 10-36 “直线”立即菜单

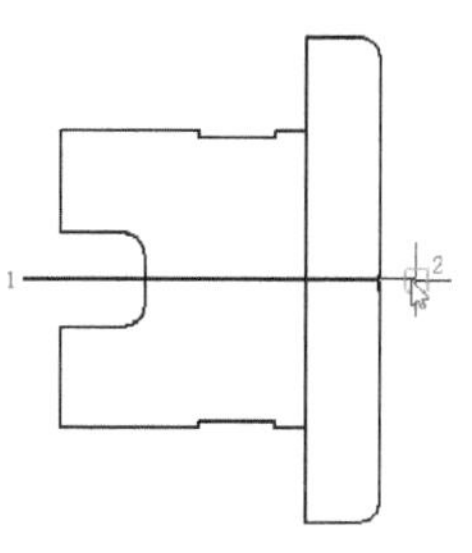

图 10-37 绘制一条直线

切换到功能区“三维接口”选项卡，从“视图生成”面板中单击“局部剖视图”按钮，接着在出现的立即菜单中设置局部剖视图的类型为“半剖”，在主视图中选择刚绘制的直线段作为半视图基准中心线，此时出现指向两个方向的箭头，如图 10-38 所示，在指向上方的箭头区域单击以完成拾取半剖视图方向。接着在立即菜单中设置“2. 动态拖动模式”“3. 预显”“4. 不保留剖切轮廓线”，如图 10-39 所示。

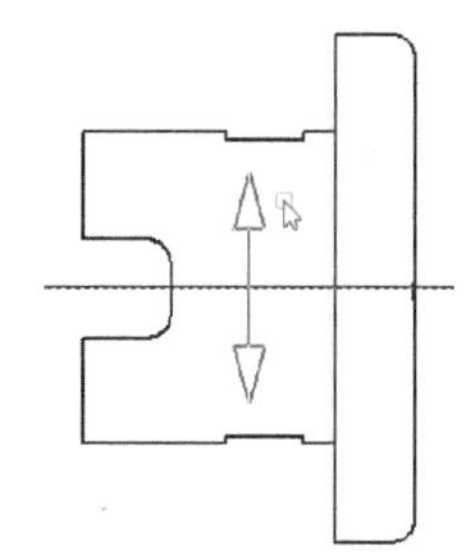

图 10-38 出现两个方向箭头

1. 半剖 2. 动态拖放模式 3. 预显 4. 不保留剖切轮廓线

请指定深度指示线的位置，按鼠标左键确认

图 10-39 在立即菜单中设置

在左视图中单击主竖直中心线上的一点以设定剖切的深度，如图 10-40 所示，从而在主视图中得到图 10-41 所示的半剖效果。

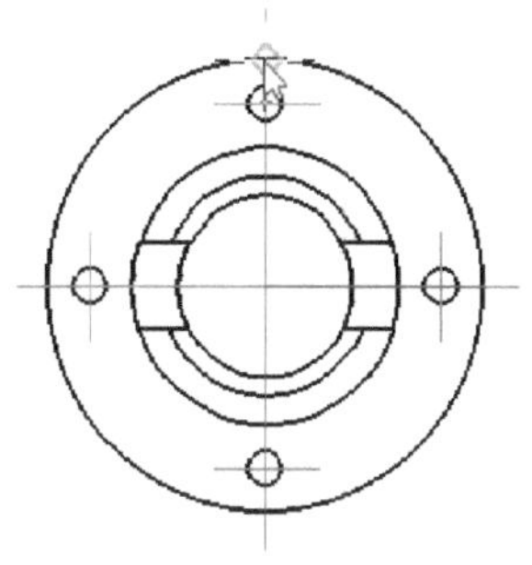

图 10-40 指定要剖切的深度

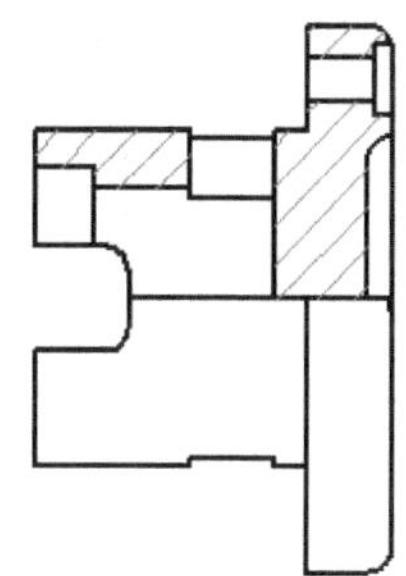

图 10-41 在主视图中生成半剖视图

（5）在左视图中创建半剖视图

打开功能区的“常用”选项卡，单击“基本绘图”面板中的“直线”按钮，在左视图中绘制图 10-42 所示的一条直线。

打开功能区的“三维接口”选项卡，从“视图生成”面板中单击“局部剖视图”按钮，接着在出现的立即菜单中设置局部剖视图的类型为“半剖”，拾取在左视图中绘制的直线段定义半剖视图中心线（见图 10-43），单击指向右侧的箭头来指示半剖视图方向。

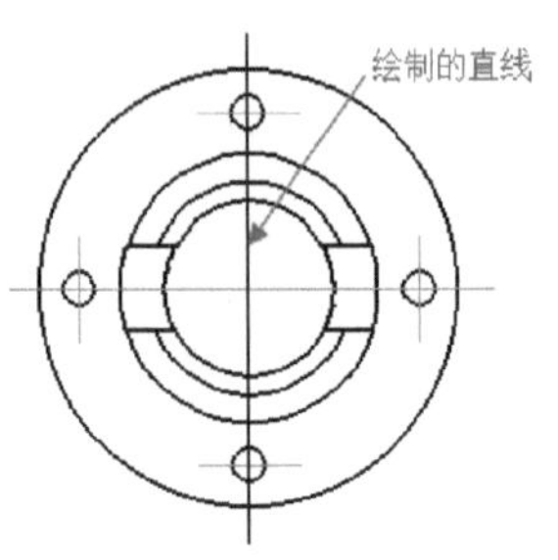

图 10-42 绘制一条直线

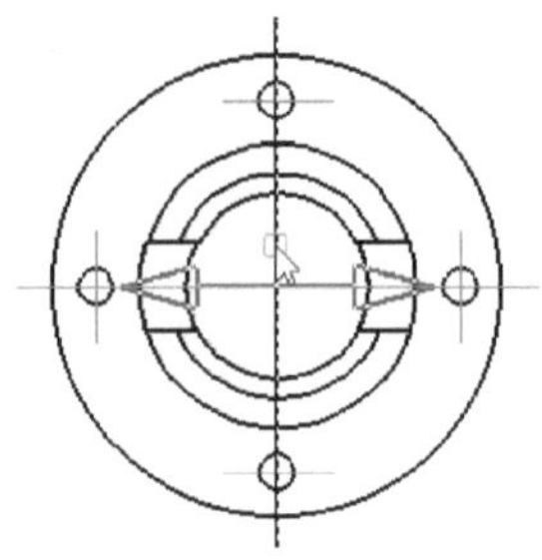

图 10-43 定义半剖视图中心线

在立即菜单中设置“2. 动态拖放模式”“3. 预显”“4. 不保留剖切轮廓线”，在主视图中单击一条短轮廓线的中点，如图 10-44 所示。

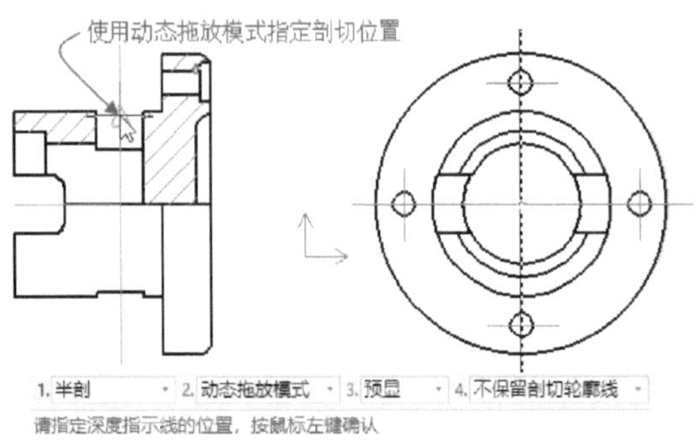

图 10-44 使用动态拖动模式

执行该步骤完成第 2 个半剖视图，结果如图 10-45 所示。

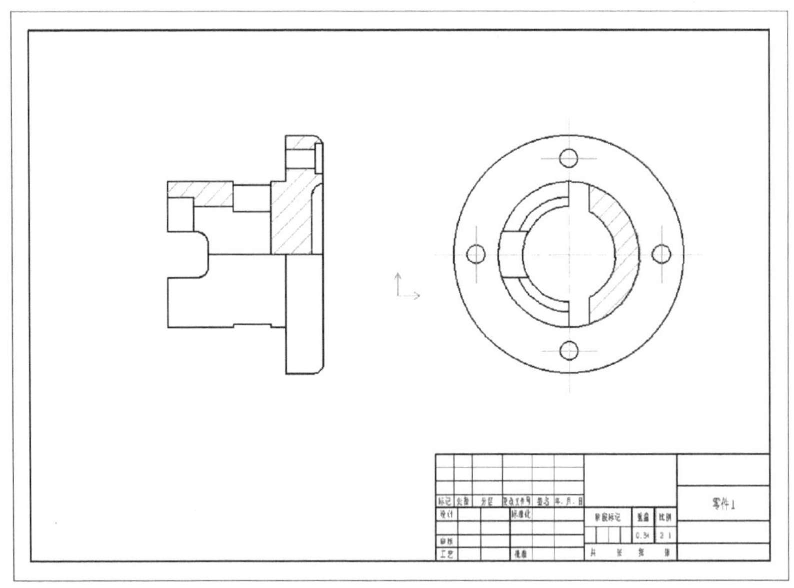

图 10-45 完成第 2 个半剖视图

(6) 捕捉设置

单击“菜单”按钮，接着选择“工具”|“捕捉设置”命令（快捷键为〈Ctrl + G〉），打开

“智能点工具设置”对话框。切换到“极轴导航”选项卡，勾选“启用特征点导航”复选框，然后单击“确定”按钮。

（7）添加剖切符号

从功能区“三维接口”选项卡的“标注”面板中单击“剖切符号”按钮，打开图 10-46 所示的立即菜单，确保视图名称为“A”。启用“正交”模式，并使用特征点导航功能来辅助指定两点以画剖切轨迹，如图 10-49 所示。单击鼠标右键，结束剖切轨迹绘制。

1. 垂直导航 2. 自动放置剖切符号名 3. 真实投影
画剖切轨迹(画线):

图 10-46 设置视图名称

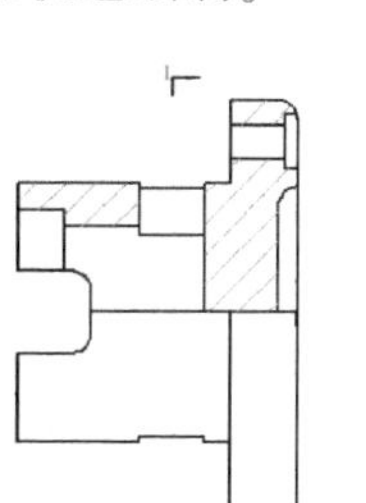

图 10-47 画剖切轨迹

出现两个箭头，如图 10-48 所示。单击指向右侧的箭头以选择剖切方向，系统自动在剖切箭头旁各放置剖切符号名称“A”，在左视图上方指定一个标注点以放置“A－A”。

可以通过“特性”选项板来修改选定的剖切符号字高，如图 10-49 所示。

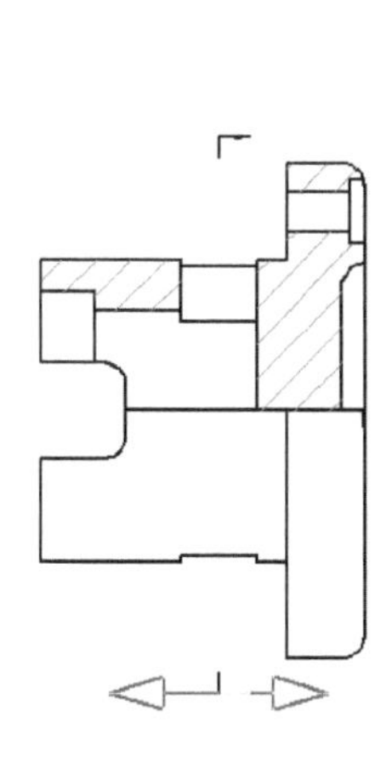

图 10-48 需选择剖切方向

特性
剖切符号 (1)

特性名	特性值
当前特性	
层	尺寸线层
线型	ByLayer
线型比例	1.000
线宽	ByLayer
颜色	ByLayer
风格信息	
风格	GB(17452-1998)
标注字高	7.000
绘图比例	0.500
消隐	消隐
符号标准	GB
几何信息	
箭头起始点	-39.029, 44.961
箭头终止点	-39.029, -24.581
几何信息	
平面线线型	平面线一
剖切基线	
基线线宽	粗线
基线长度	5.000
基线颜色	ByBlock
箭头	
箭头可见	是
箭头起始形式	起始于剖切线
起点偏移	齐边
箭头形式	箭头
大小	4.000
箭头颜色	ByBlock
文本	
文本风格	标准
字高	7.000
文本颜色	ByBlock
比例	
标注比例	1.000

图 10-49 通过“特性”选项板修改剖切符号

完成剖切符号标注的结果如图 10-50 所示。

（8）隐藏图线与补充绘制中心线

使用功能区“三维接口”选项卡的“视图编辑”面板中的“隐藏图线”按钮，将主视图和左视图位于半剖对称中心线不需要的实线隐藏。

再在功能区切换至“常用”选项卡，将“中心线层”设置为当前图层，并单击“直线”按钮，在左视图中补充绘制 3 条中心线，结果如图 10-51 所示。

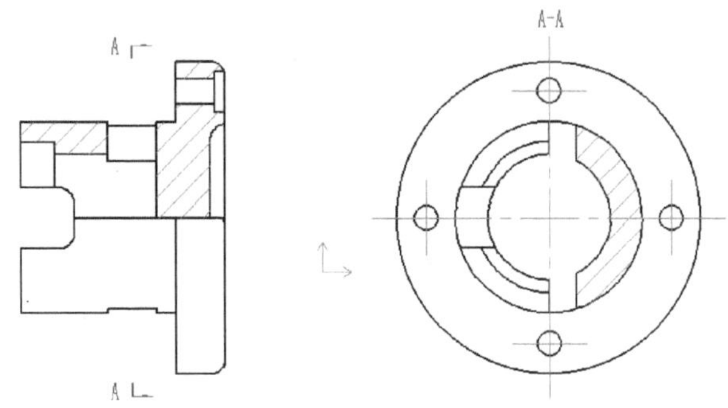

图 10-50　完成剖切符号标注

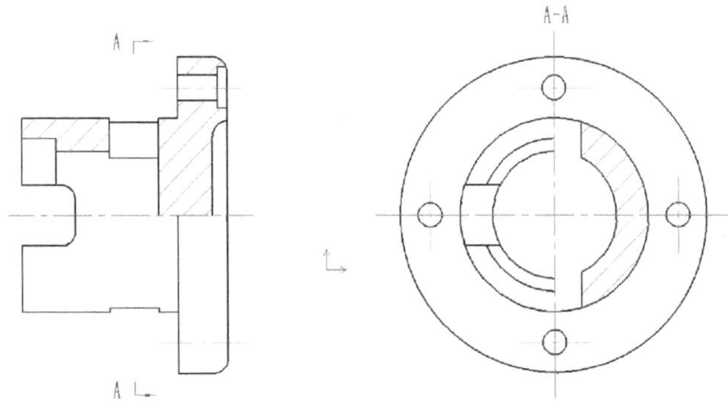

图 10-51　隐藏部分图线和补充中心线的效果

（9）尺寸标注与引出说明

单击“样式管理”按钮，打开图 10-52 所示的“样式管理”对话框，可以对相关的文本风格、尺寸风格、引线风格、粗糙度风格等进行设置，如将默认字高更改为“5”，具体过程不再赘述。

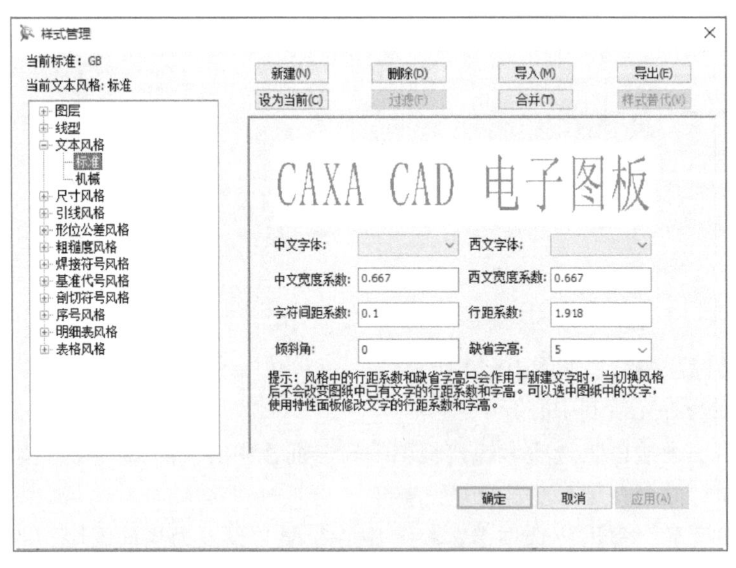

图 10-52　“样式管理”对话框

将“尺寸线层”置为当前图层，在功能区“三维接口”选项卡的“标注”面板中单击“尺寸标注”按钮，分别标注图10-53所示的各类尺寸。

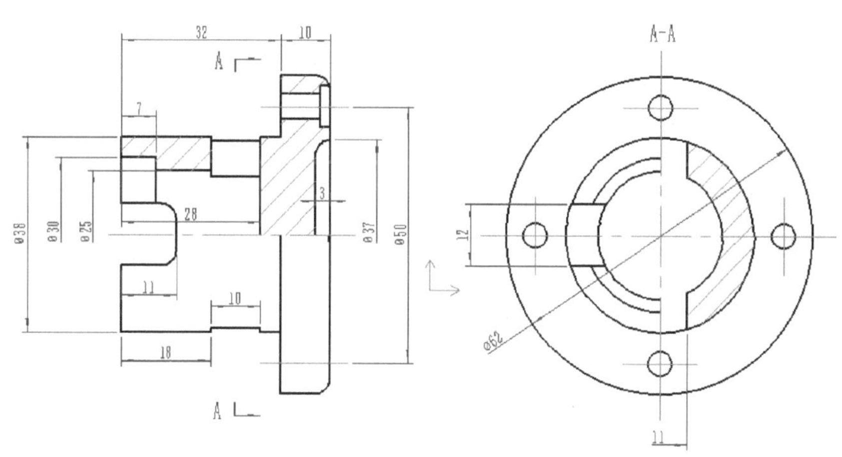

图10-53　标注结果

在功能区“标注”选项卡中单击“引出说明”按钮，弹出“引出说明”对话框，分别输入上说明和下说明，如图10-54所示，单击“确定”按钮，在出现的立即菜单中设置“1. 文字缺省方向”“2. 智能结束”“3. 无基线”，如图10-55所示，在主视图中指定引出点和第2点，完成的引出说明如图10-56所示。

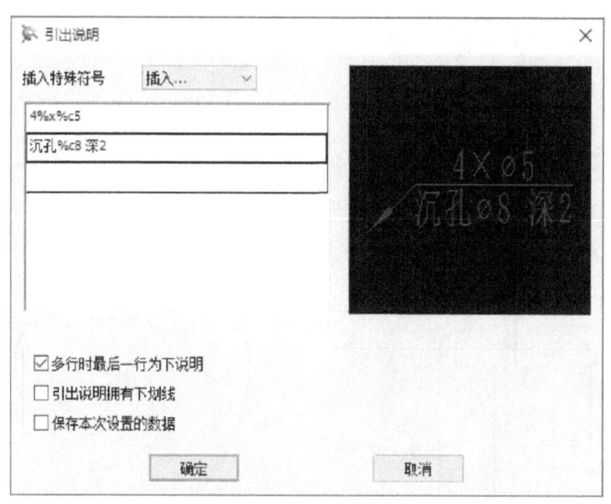

图10-54　“引出说明”对话框

图10-55　立即菜单设置

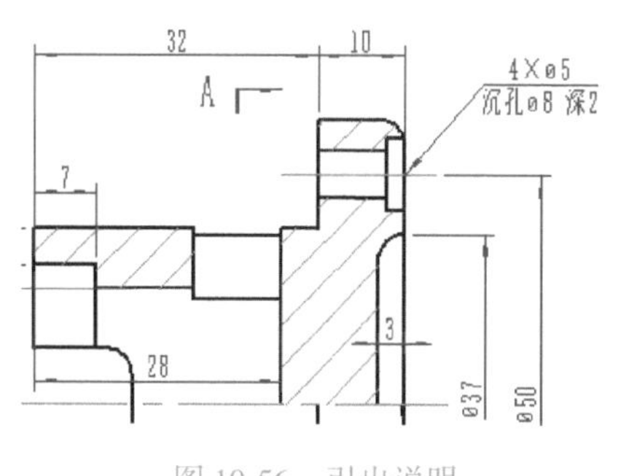

图10-56　引出说明

（10）标注表面结构要求符号

在功能区“三维接口”选项卡的“标注”面板中单击“粗糙度”按钮√，在出现的立即菜单第 1 项的框内单击以切换至“1. 标准标注”选项，系统弹出“表面粗糙度（GB）”对话框，设置图 10-57 所示的内容，单击“确定”按钮，将立即菜单的第 2 项设置为“默认方式”，接着在视图中拾取一轮廓线来放置一个表面结构要求符号，如图 10-58 所示。

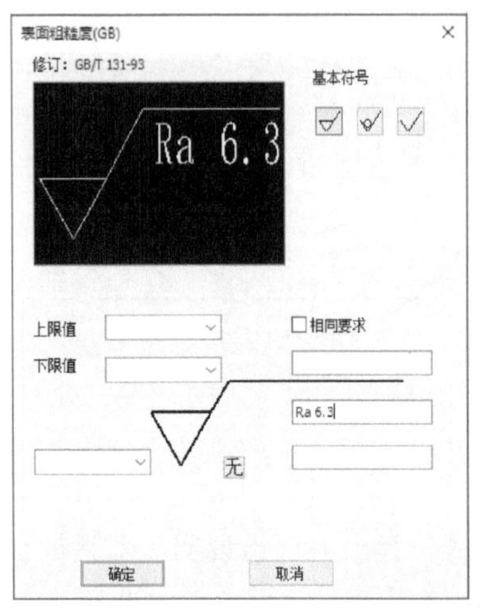

图 10-57 “表面粗糙度（GB）”对话框

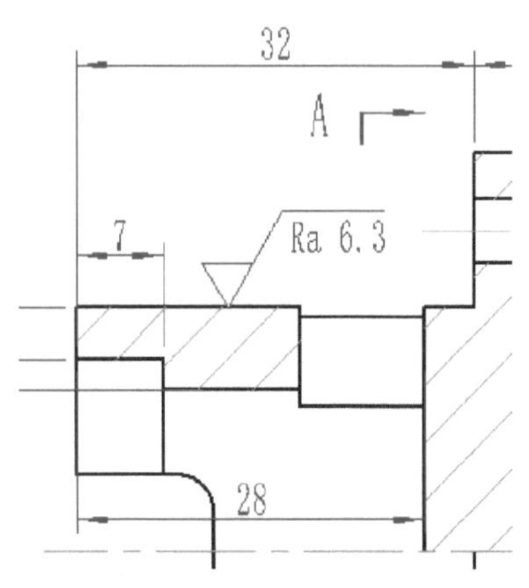

图 10-58 标注一个表面结构要求

使用同样的方法，完成其他表面结构要求，如图 10-59 所示，分括号可使用“文字”按钮A来创建。有些部位的表面结构要求需要引出线，这需要将立即菜单第 2 项的选项设置为“引出方式”，如图 10-60 所示。

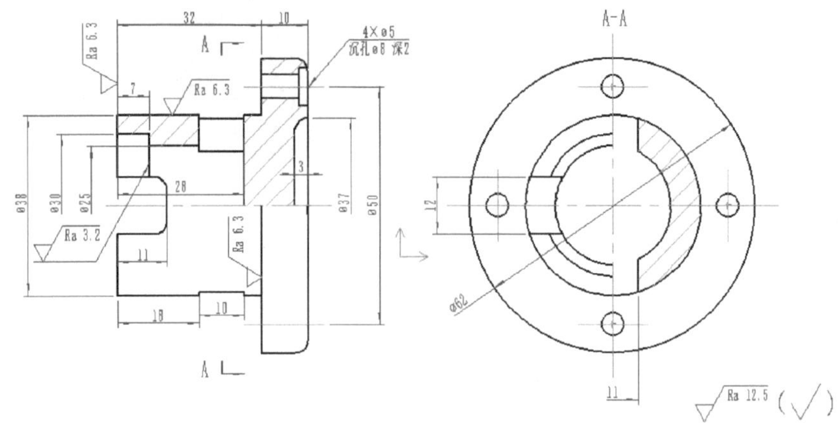

图 10-59 完成其他的表面结构要求

1. 标准标注 2. 引出方式 3. 智能结束

拾取定位点或直线或圆弧或圆

图 10-60 “粗糙度”立即菜单

（11）注写技术要求

在功能区“标注”选项卡的“文字”面板中单击“技术要求”按钮，系统弹出“技术要求库”对话框，设置“标题内容”为“技术要求”，在正文文本框中输入两段要求，如图 10-61 所示，可以单击“标题设置”按钮来对标题的样式进行设置，以及单击“正文设置”按钮对正文的样式进行设置，然后单击“生成”按钮。最后在主视图的下方适当位置处指定第 1 角点和第 2 角点，完成技术要求的生成。

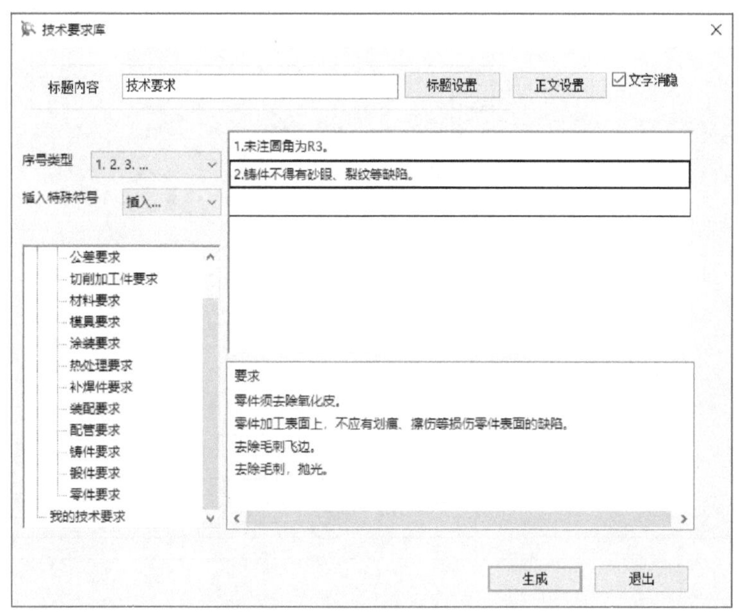

图 10-61 “技术要求库”对话框

（12）填写标题栏

在功能区中单击“图幅”标签，打开“图幅”选项卡，接着在“标题栏”面板中单击“填写标题栏”按钮，系统弹出“填写标题栏”对话框，从中设置指定属性名称的相应属性值，如图 10-62 所示，然后单击“确定”按钮。

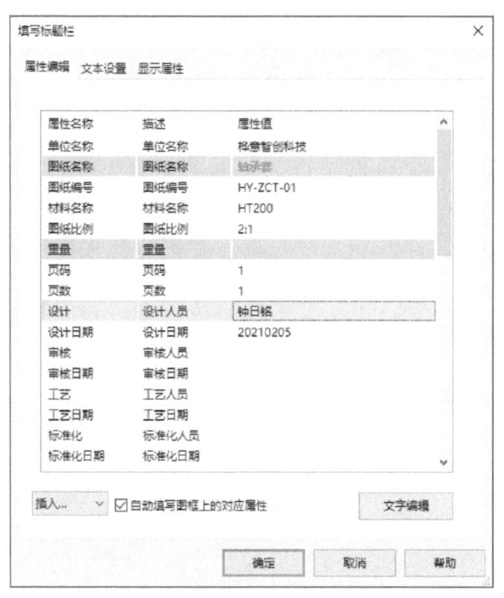

图 10-62 填写标题栏

填写标题栏后，便基本上完成了该零件的工程图设计，如图 10-63 所示。可以检查是否有疏漏的尺寸等。满意后，保存文件。

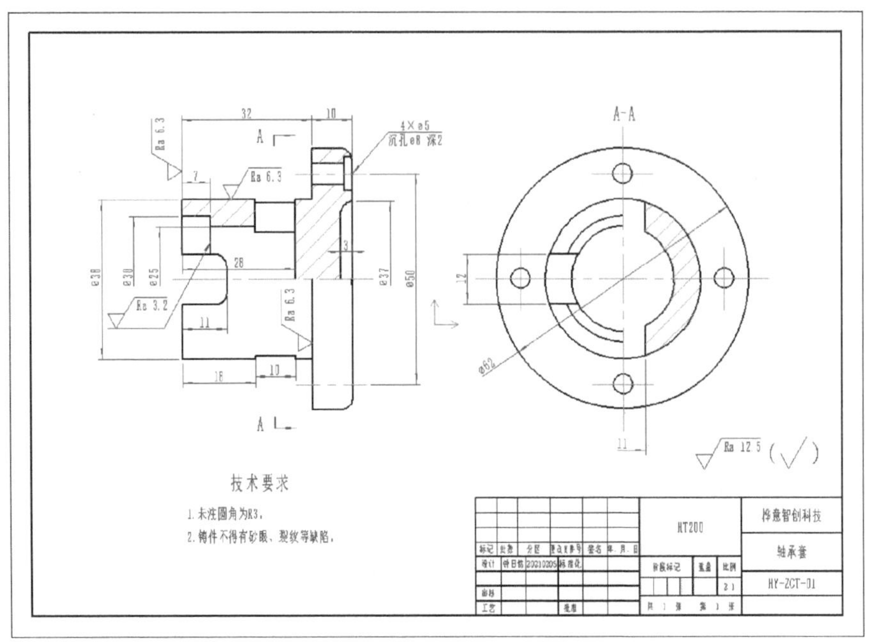

图 10-63　完成的零件工程图

对于该零件，读者也可以采用自动生成尺寸和手动标注两种方法结合完成标注，感兴趣的读者可以自己去实践。

10.3　思考与小试牛刀

1）在本章案例中，如果使用“工具”设计元素库里的“自定义孔”图素工具来创建沉孔，那么应该怎么操作？沉孔的阵列又应该怎么处理？

2）在进行零件设计时，采用创新设计模式和采用工程设计模式有什么不同吗？

3）三维球在实体设计中很有用，总结一下使用三维球可以处理哪些设计工作？

4）上机操作：请自行设计一个机械零件，要求至少有 10 个特征，然后进行其工程图设计，要求在工程图中应用有局部剖视图。

5）上机操作：请自行设计一个减速器的箱体，并创建其工程图。

第 11 章 动 画 设 计

本章导读

CAXA 3D 实体设计 2020 为用户提供了实用的智能动画功能，智能动画可以应用于图素、零件和装配上，还可以将它添加到设计环境中的视向和两种光源上。CAXA 3D 实体设计中的智能动画设计就是本章所要重点介绍的实用知识。读者一定要认真学习动画设计的相关内容，以便更好地掌握如何利用动画功能来进行运动仿真。

11.1 动画设计入门概述

CAXA 3D 实体设计 2020 提供了一个“动画”设计元素库，如图 11-1 所示，该设计元素库提供了很多预定义的智能动画元素。可以将这些预定义智能动画元素直接拖放到设计环境中的有效对象上。需要注意的是，智能动画可以应用于的有效动画对象包括图素、零件、装配、设计环境中的视向和两种光源。

每个动画实体对象都有一个定位锚，该定位锚可以为动画制作提供一个参考点，是实体的运动中心和参照物。定位锚只有在对象被选中的时候才会显现出来。实体中的定位锚由一个绿点和两条绿色线段构成，呈现“L”形标识，在定位锚中，长的方向为对象的高度轴，短的方向为长度轴，没有标记的那个方向是宽度轴，如图 11-2 所示。

图 11-1 “动画”设计元素库

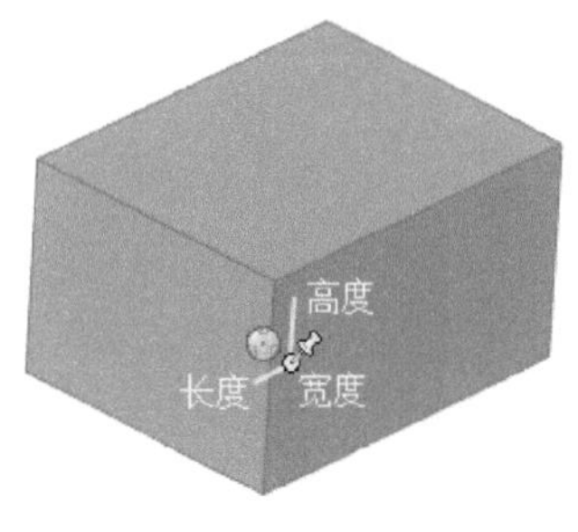

图 11-2 定位锚的方向

如果对象的定位锚位置可能不符合添加动画的要求，那么就需要调整定位锚与实体的相对位置。移动定位锚的方法主要有如下几种。

1）使用功能区“工具”选项卡“操作”面板中的“移动锚点”按钮，可以在所选择的图素上拾取一点作为定位锚的新位置点。具体操作方法是选择实体后单击“移动锚点”按钮，此时鼠标在实体上移动时会跟随着鼠标指针出现一个锚点图标。

2）使用三维球工具可以很精确地定位实体的定位锚，其操作方法简述为选择实体，接着单击锚点使其变黄，按〈F10〉键打开附着在锚点的三维球，利用三维球的手柄定位锚点的新位置即可。

3）右击实体，从快捷菜单中选择“零件属性”命令，打开一个对话框，切换至“定位锚”选项卡，从中进行相应设置，如图 11-3 所示。

图 11-3 使用“定位锚”选项卡

在 CAXA 3D 实体设计中，获得动画最快捷的方式是从“动画”设计元素库中直接将所需要的预定义动画拖放到设计环境中要操作的对象上，这些预定义动画包括基本的直线、旋转和其他复杂方式（如弹跳、摇摆等）的动画。下面通过一个简单范例说明如何拖放智能动画元素产生简单动画，并打开动画和播放动画。范例步骤如下。

1）在“快速启动”工具栏中单击“缺省模板设计环境”按钮，使用默认模板创建一个新设计环境文档。

2）打开“图素”设计元素库，从该设计元素库中选择“圆柱体”图素，按住鼠标左键将其拖入设计环境中，释放鼠标左键。

3）不必重新定位该零件的定位锚。打开“动画”设计元素库，按住鼠标左键将“滚下桌面”动画元素拖到棱锥体零件处释放，即为该零件添加选定的智能动画，如图 11-3 所示。

4）在功能区中打开“显示”选项卡，接着在图 11-5 所示的“动画”面板中单击“打开”按钮，从而打开动画并激活动画播放条，此时“播放”按钮和“回退”按钮变亮。动画播放条的时间栏用于显示动画播放进度。

图 11-4 为零件添加了智能动画

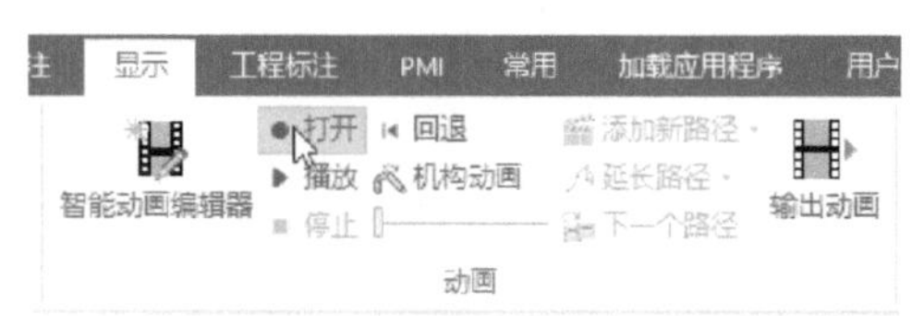

图 11-5 功能区中的“动画”面板

5）在“动画”面板中单击“播放”按钮，则开始播放动画，此时可以在设计环境中观察到圆柱体零件在进行“滚下桌面”的动作。

6）播放动画完成后，可以在“动画”面板中单击“回退”按钮，从而重置播放条，即令播放条回到最初的开始节点，操作对象返回到初始状态。如果在“动画”面板中拖动动画播放条（即时间栏）中的滑块，则可以指定动画序列中的任意一点，然后可以单击“播放”按钮从该点开始播放，直到动画结束。在播放动画的过程中如果单击“动画”面板中的“停止”按钮，则停止播放动画。

CAXA 3D 实体设计智能动画的一个独特属性就是可以将多个智能动画应用于同一个零件。需要注意的是，要给对象添加别的智能动画时，一定要退出动画播放状态，即确保“动画”面板中的“打开”按钮处于未选中的状态。

用户还可以使用智能动画向导创建自定义动画，并可以设置动画属性等。

在 CAXA 3D 实体设计中，除了可以给零部件本身添加动画之外，还可以通过为零部件间添加约束并给主动件设计动画，以带动从动件运动来实现机构的运动仿真。

另外，在 CAXA 3D 实体设计中，还可以为制作装配/爆炸动画、光源动画和视向动画等。

11.2 使用动画命令创建动画

在 CAXA 3D 实体设计 2020 中，可以使用动画命令（如“添加新路径”按钮）创建如下 3 种类型的动画，注意这些动画运动都是以对象的定位锚作为基准来定义的。

1）旋转动画：绕着某一坐标轴旋转的动画。

2）移动动画：沿着某一坐标轴移动的动画。

3）自定义动画：自定义实体的运动路径来生成的动画。

下面分别以简单范例的形式介绍如何使用动画命令创建这些动画。

11.2.1 旋转动画

使用动画命令创建旋转动画的范例步骤如下。

1）在“快速启动”工具栏中单击“缺省模板设计环境”按钮，使用默认模板创建一个新设计环境文档。

2）打开“高级图素”设计元素库，从中将一个矩形齿拖放到设计环境中。

3）在功能区“显示”选项卡的“动画”面板中单击“添加新路径”按钮，系统打开“新建动画路径”命令“属性”管理栏，如图 11-6 所示。

4）选择一个装配、零件或特征。这里“几何选择”处选择矩形齿。

5）在“运动类型”选项组中选择“旋转”单选按钮，接着在“参数”选项组设置旋转轴（长度轴、宽度轴或高度轴）、旋转角度、旋转方向、运动时间（秒）等。如果勾选“反转方向”复选框，则可将旋转方向反转；如果勾选“在结尾处添加运动”复选框（默认勾选此复选框），则后续添加的动画都会在已有动画的后面自动接续。这里，从“旋转轴”下拉列表框中选择“长度轴”选项，旋转角度为“360”，不反转旋转方向，运动时间为 5 秒（其默认为 2 秒），默认勾选“在结尾处添加运动”复选框。

6）在“新建动画路径”命令“属性”管理栏中单击“确定”按钮，完成动画制作，如图 11-7 所示。

7）在功能区“显示”选项卡的“动画”面板中单击“打开”按钮，接着单击“播放”按钮即可播放动画。注意，在设计环境中观察矩形齿实体模型与其定位锚的关系。

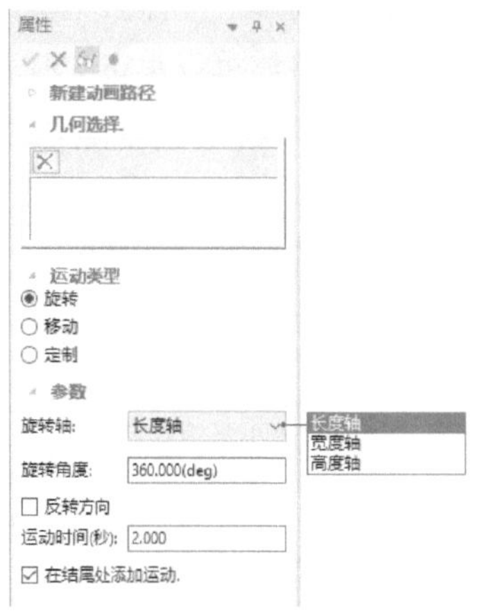

图 11-6　出现的命令“属性”管理栏

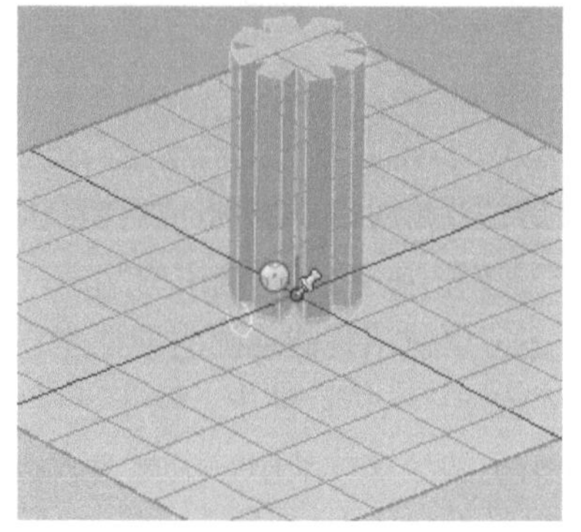

图 11-7　完成创建一个旋转动画

11.2.2 直线移动动画

使用动画命令（“添加新路径”按钮）创建移动动画的范例步骤如下。

1）继续在上一个设计中进行创建直线移动动画的操作。在进行新动画创建之前，要在功能区“显示”选项卡的“动画”面板中单击“打开”按钮以取消选中该按钮，即确保退出动画播放状态，如图 11-8 所示。

2）选中矩形齿实体零件。

3）在功能区“显示”选项卡的“动画”面板中单击“添加新路径”按钮，系统打开“新建动画路径”命令“属性”管理栏。

4）此时“几何选择”收集器显示矩形齿实体零件处于被选择的状态，在“运动类型”选项组中选择“移动”单选按钮，从“参数”选项组的“围绕方向”下拉列表框中选择“长度方向”选项，在“移动值”文本框中设置移动的距离值为“200mm”，在“运动时间（秒）”文本框中设置动画的持续时间为“5”秒，如图 11-9 所示。

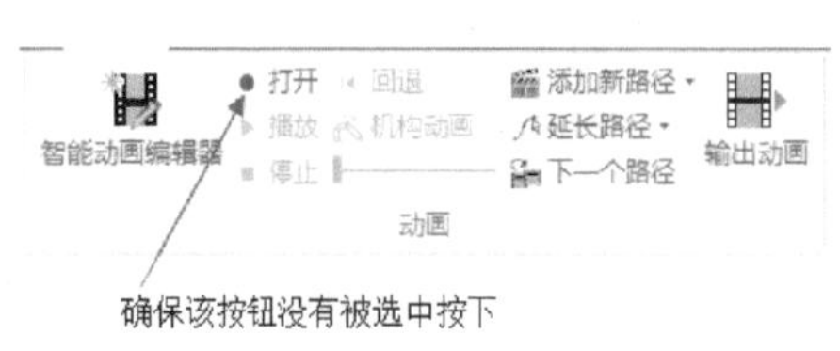

图 11-8　确保退出动画播放状态

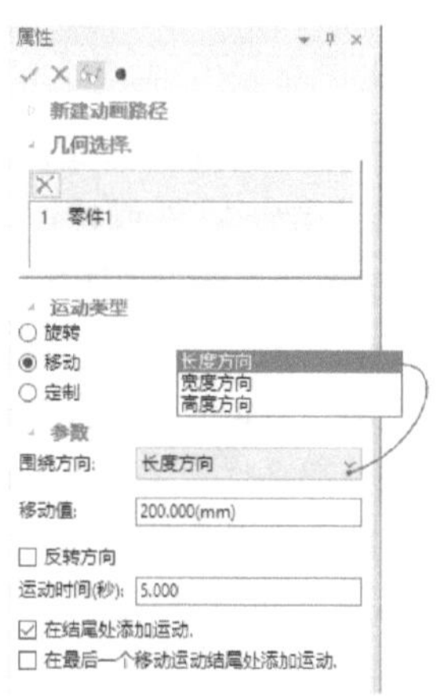

图 11-9　选择“移动”等

5）在“新建动画路径”命令管理栏中单击“确定”按钮，完成动画制作，此时可以在设计环境中看到创建的移动动画路径，如图 11-10 所示。

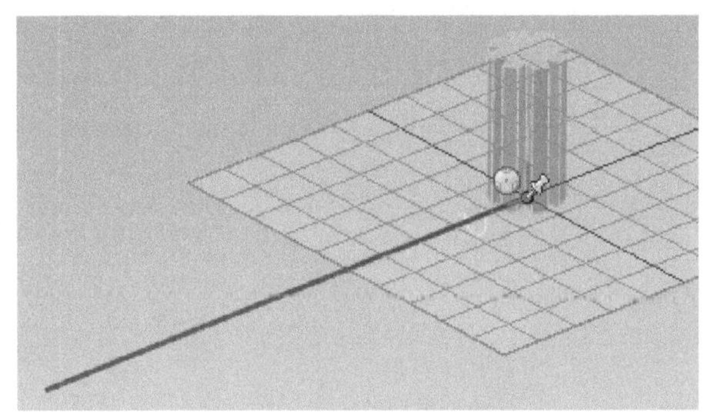

图 11-10 移动动画路径

6）在功能区“显示”选项卡的“动画”面板中单击“打开”按钮 ，接着单击“播放”按钮 ，即可播放动画。由于在矩形齿实体零件上创建了两个动画，两个动画的关系是接续关系，因此它的运动是先绕长度轴旋转，再于长度方向移动。

11.2.3 自定义动画

使用动画命令（“添加新路径”按钮 ）创建自定义动画的范例步骤如下。

1）在“快速启动”工具栏中单击“缺省模板设计环境”按钮 ，使用默认模板创建一个新设计环境文档。

2）打开“图素”设计元素库，从中将一个圆柱体拖放到设计环境中。

3）在功能区“显示”选项卡的“动画”面板中单击“添加新路径”按钮 ，系统打开“新建动画路径”命令“属性”管理栏。

4）选中圆柱体，在“运动类型”选项组中选择“定制”单选按钮，在“参数”选项组的“运动时间（秒）”文本框中输入动画持续运动时间，如设置运动时间为 5 秒，如图 11-11 所示。

5）在“新建动画路径”命令管理栏中单击“确定”按钮 ，完成创建了一个自定义动画，此时在设计环境中（见图 11-12）显示了一个动画栅格，圆柱体位于该栅格的中心，动画关键帧只产生一个，实际上还不能移动，需要接下来创建零件的自定义动画路径。

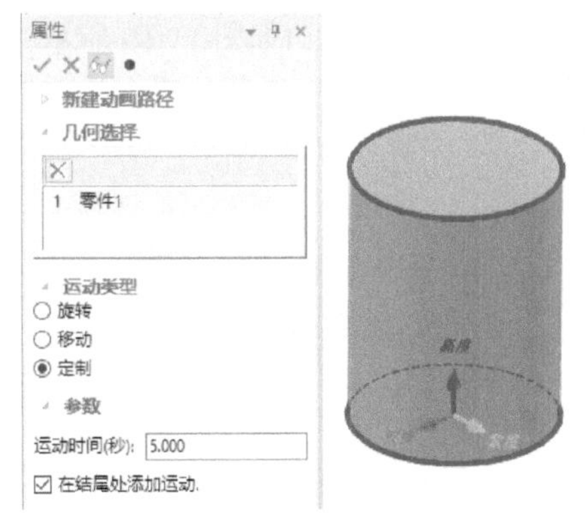

图 11-11 定义动画设置

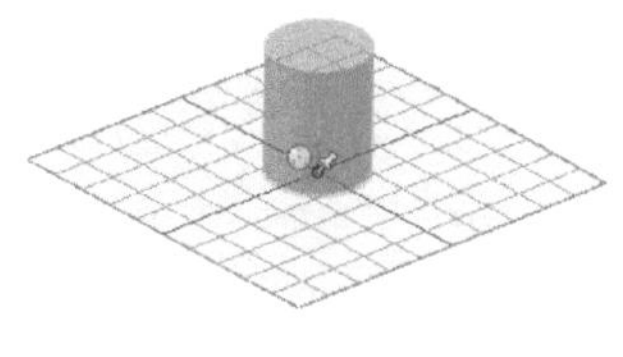

图 11-12 显示动画栅格

要创建零件的自定义动画路径，可以使用“动画”面板的一些工具命令，如“延长路径”“插入关键点”“下一个关键点”“导入路径”和“下一个路径”，如图 11-13 所示。

6）在功能区“显示”选项卡的“动画”面板中单击“延长路径”按钮，在状态栏出现“选择点延长动画路径”的提示信息，在栅格上单击一点以创建第二个关键点，如图11-14所示，在选中点的位置处会出现一个蓝色轮廓的形状，以及在其定位点处显示一个红色的小手柄。

图11-13 “动画”面板

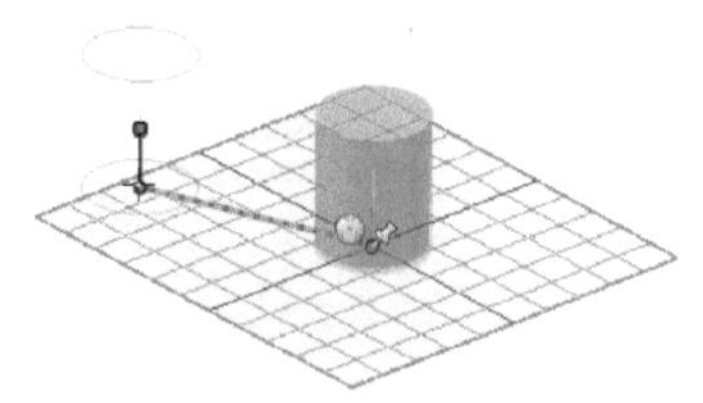

图11-14 创建第2个关键点

知识点拨：

如果在动画栅格外单击一点，那么CAXA 3D实体设计会自动扩展栅格。

7）继续单击一点以创建第3个关键点，如图11-15所示。

8）在“动画”面板中再次单击“延长路径”按钮以取消其选中状态，从而完成延长路径操作。

9）在“动画”面板中单击“打开”按钮，接着单击“播放”按钮来播放动画，此时可以看到圆柱体沿着自定义的路径运动。

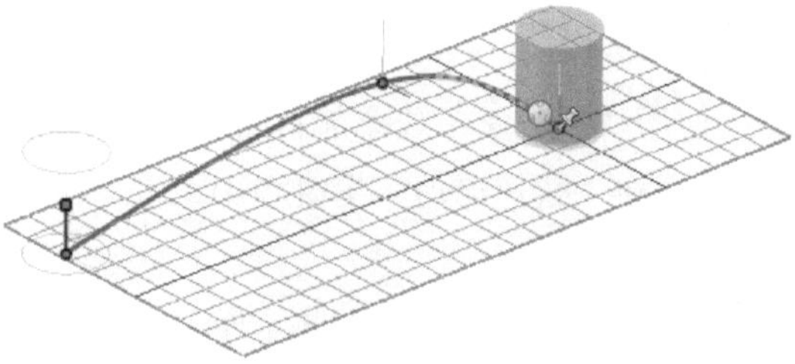

图11-15 创建第3个关键点

11.2.4 动画路径与关键帧的一般处理

在动画设计中，改变关键帧的方向和位置便可以改变实体的运动路径，因为运动路径是由关键帧组成的。

以上一个完成的自定义动画为例，当选中圆柱体时，会出现一条动画路径，在动画路径上单击则选中它，此时动画路径中的关键帧以蓝绿色带红点的定位锚形式显示出来。此时若将鼠标光标移至关键点（关键帧的定位点，小红点）处，鼠标光标变成小手图标，如图11-16所示，此时单击便可选择该关键帧，可以通过按住鼠标左键并拖动的方式将它拖至一个新位置，从而改变动画路径，如图11-17所示。

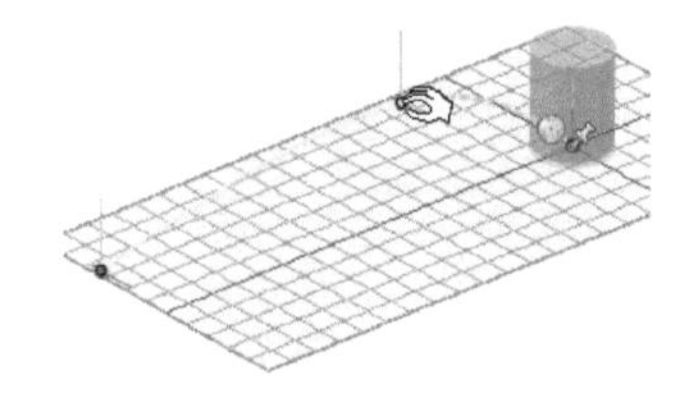

图11-16 选中动画路径并将鼠标移至关键点

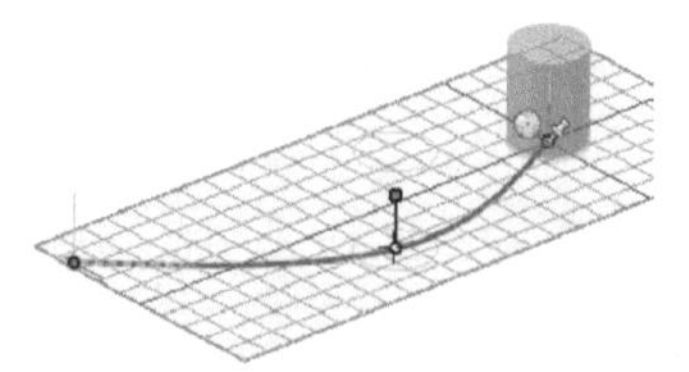

图11-17 拖放关键帧调整动画路径

在选定的关键帧位置处，单击红色的大手柄并向上或向下拖动，可以将关键点重新定位在动画栅格平面的上方或下方，如图11-18所示，这样便可以使动画产生“过山车”的效果，运动脱离动画栅格平面。

使用三维球操作关键帧同样可以调整动画路径。在显示的动画路径中单击要调整的关键帧点，按〈F10〉键打开三维球工具，三维球工具依着在该关键帧上，利用三维球工具调整该关键帧的方向和位置，如图 11-19 所示，再次按〈F10〉键取消该三维球工具完成动画路径调整。

图 11-18　向上拖动大手柄

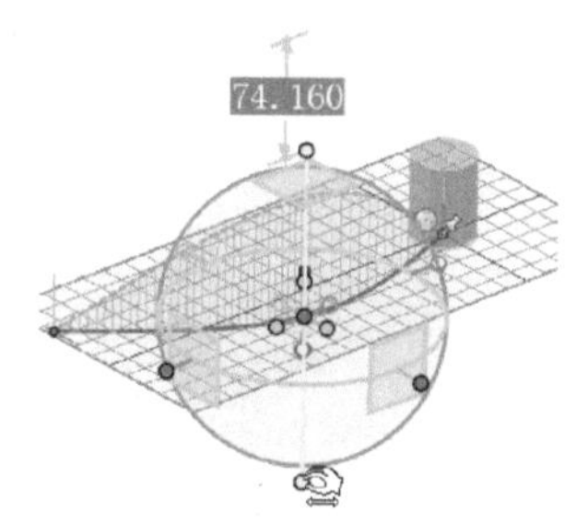

图 11-19　用三维球操作关键帧调整动画路径

技巧：三维球工具也可以附着在动画路径上，这样可以用三维球工具来调整整个动画路径的方向和位置。使用三维球操作动画路径的方法是先使动画路径处于被选择状态，接着按〈F10〉键打开三维球工具，再利用三维球进行灵活操作来调整整个动画路径的方向和位置。

如果要删除某动画路径中的某关键点，那么在选定动画路径中右击该关键点的红色小手柄，并从弹出来的快捷菜单中选择“删除”命令，如图 11-20 所示，即可将该关键帧删除。

如果要为选定动画路径插入关键帧，那么在选中动画路径并显示动画关键帧的情况下，在“动画”面板中单击“插入关键点”按钮（见图 11-21），此时将鼠标光标移至当前动画路径上时，光标变成一个小手形状，当小手形状处于想要的位置处时单击鼠标左键即可在该位置处插入一个关键帧。

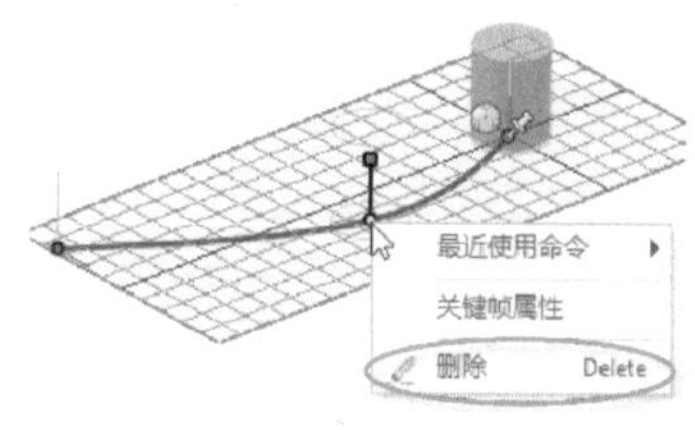

图 11-20　删除关键帧

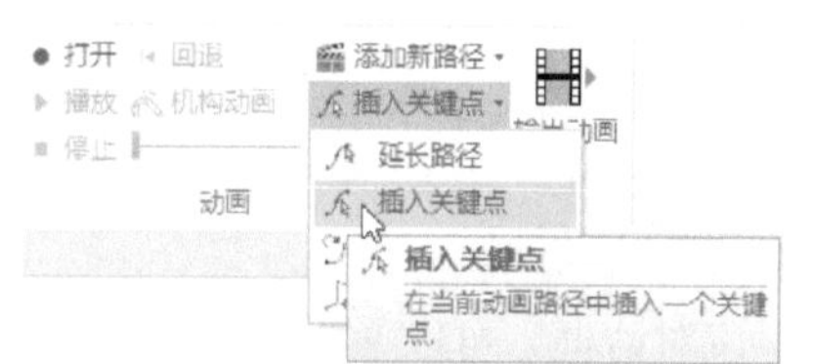

图 11-21　单击“插入关键点”按钮

在“动画”面板中单击“下一个关键点”按钮，则可以前进到动画路径的下一个关键点。

另外，对于组合动画来说，“动画”面板中的“下一个路径”按钮用于前进到下一个动画路径。

11.2.5 导入路径

除了通过指定关键点来创建或编辑动画路径之外，还可以使用已有的草图或三维曲线作为动画路径，这大大丰富了动画的表现。

例如，在 XY 平面上通过“公式曲线”工具创建一条阿基米德螺线，并将一个长方体拖放在阿基米德螺线的起点处，选择长方体，利用“添加新路径”按钮先创建一个只有单个关键帧的自定义动画，再单击“导入路径”按钮，选择阿基米德螺线（可以是设计环境中的草图或三维曲线），选择完成后阿基米德螺线便成为长方体的动画路径，如图 11-22 所示。

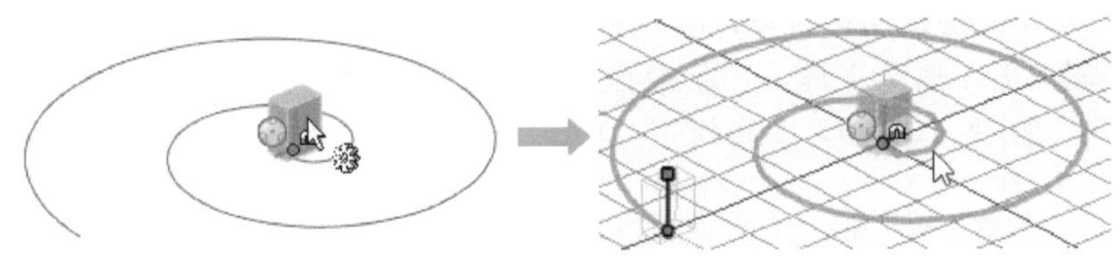

图 11-22　导入路径

11.3 智能动画编辑器

本节介绍智能动画编辑器的应用知识。

11.3.1 初识智能动画编辑器

在设计环境中为相关零件建立好智能动画后，在功能区“显示”选项卡的“动画”面板中单击“智能动画编辑器”按钮，系统弹出图 11-23 所示的“智能动画编辑器”对话框。在该对话框中显示了当前设计环境中每个动画的帧或时间路径，路径中的矩形表示每个零件的动画片断，且标有对象名称。在“智能动画编辑器”对话框中提供有“帧”和“时间”两个单选按钮，用于设置以帧或时间轴标尺来表示动画。在该对话框中还提供了两个菜单，即“文件”菜单和“编辑”菜单，前者（“文件”菜单）提供一个“关闭”命令用于关闭智能动画编辑器，后者（“编辑”菜单）提供的“清除”命令、“展开”命令、“属性”命令和“自动更新子动画”，分别用于清除选定零件动画、展开选定零件动画、打开选定“片段属性”对话框和设置是否自动更新子动画。

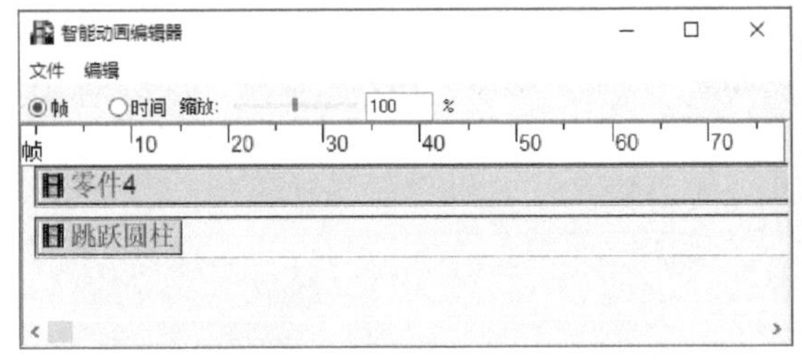

图 11-23　“智能动画编辑器”对话框

利用该对话框，可以通过拖动动画片段的边缘拉长或缩短来调整动画的持续时间长度，可以通过调整路径片段的位置来重新设定每个动画的开始时间和结束时间，以及调整各个动画的播放次序，还可以访问动画路径的关键属性表，可以进行高级动画编辑等。

需要用户注意的是，在 CAXA 3D 实体设计中，动画与零件的归属可以多样化，即多个动画可以属于同一个零件，也可以产生在不同零件之上。

11.3.2 使用智能动画编辑器编辑动画

打开“智能动画编辑器”对话框，可以发现其中显示了当前设计环境的所有动画路径，可以结合帧标尺读出每个动画路径的帧长度（帧数），或通过时间标尺读出每个动画路径的时间长度。

在“智能动画编辑器”对话框中，可以采用如下方法调整动画片断的长度。

1）在退出播放状态的情况下，在“智能动画编辑器”对话框单击要编辑的动画片断，使该动画片断变为深蓝色显示以表示选中状态。

2）将鼠标光标移至动画片断的右侧边缘，待光标变成指示两个方向的水平箭头，此时按住鼠标左键并将其向右或向左拖动，拖至合适的位置处释放，即可延长或缩短动画的持续时间，如图 11-24 所示。该调整并未改变动画的整体动作，而是改变了动画动作完成所花费的时间。

在“智能动画编辑器”对话框中可以重新定位选定动画片断的起始位置，其方法比较简单，即选中要调整的动画片断后，将光标移至该动画片断的中间，此时光标变为指向四个方向的箭头，如图 11-25 所示，按住鼠标左键并向右或向左拖动从而将该动画片断整体向右移或向左移，动画片断开始位置在标尺上便有新的对齐位置。

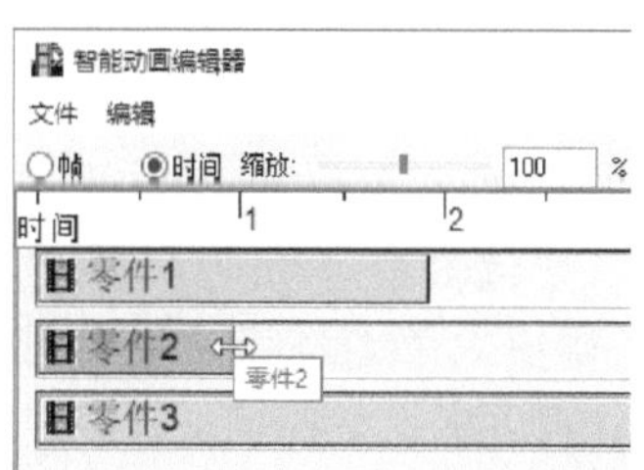

图 11-24 拖动动画片断的右侧边缘

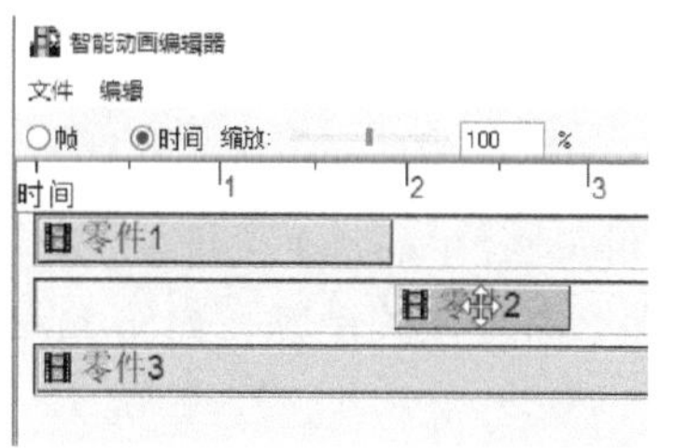

图 11-25 调整动画片断的开始时间

可以在功能区“显示”选项卡的“动画”面板中依次单击“打开”按钮 ● 和“播放”按钮 ▶，观察所编辑的动画在“智能动画编辑器”对话框中的帧滑块/时间滑块的移动，以及在设计环境中的块移动。

11.3.3 调整多个动画次序

利用“智能动画编辑器”对话框，可以调整某个零件所属的多个动画次序，以达到先后衔接动画的合成效果。

例如，打开“智能动画编辑器”对话框，其中显示了一个零件的动画片断。选择该动画片断并从对话框的“编辑”菜单中选择“展开”命令，展开后的对话框如图 11-26 所示，展开显示框里表明该零件上具有两个智能动画片断，可以看出两个子动画片段（“长度向旋转”和“X 形运动”）的开始时间和结束时间相等，应该播放看到的效果便是该零件在做长度向旋转运动的同时也在做 X 形运动。

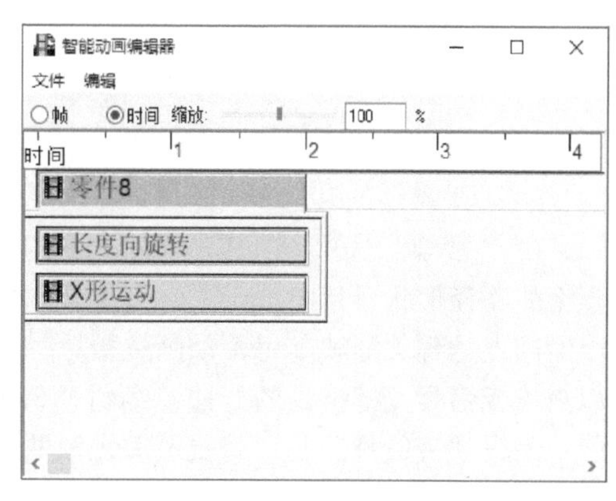

图 11-26 展开后的对话框

操作技巧：

在“智能动画编辑器”对话框中双击选定的动画片断，也可以将其展开显示。若再次双击它，则可以关闭展开显示。

通过拖拉方式将相应的智能动画片断拉长或缩短，并调整它们的开始位置，具体编辑方法同上一小节（11.3.2 节）介绍的相应方法相同。调整结果如图 11-27 所示，这时候单击“动画”面板中的“打开”按钮 ● 以打开动画，接着单击“播放”按钮 ▶，便可以观察到该零件先是做长度向旋转运动，然后做 X 形运动。

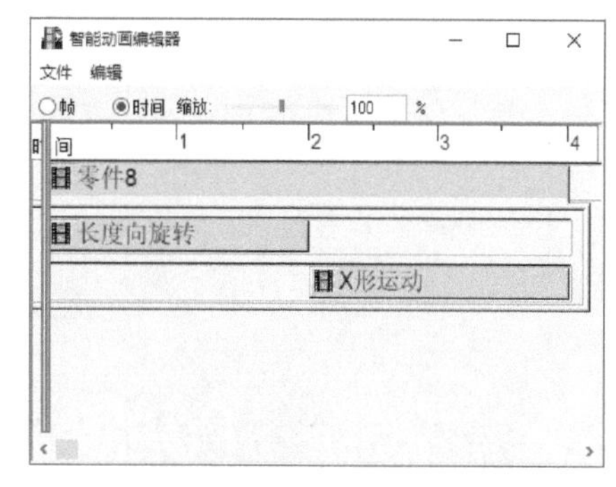

图 11-27 调整多个动画次序

11.4 使用智能动画属性表

在进行智能动画设计时，需要熟练使用智能动画属性表。智能动画属性表可以分为这几种：关键帧属性表、动画路径属性表和片断属性表。下面结合图例形式简单地介绍这几种智能动画属性表。

11.4.1 关键帧属性表

对于动画路径中的每个关键帧，可以定义其关键帧属性。要编辑当前动画路径中的某个关键帧属性，那么右击该关键帧，如图 11-28 所示，从弹出来的快捷菜单中选择“关键帧属性”命令，打开图 11-29 所示的“关键帧属性”对话框。该对话框具有以下 4 个选项卡。

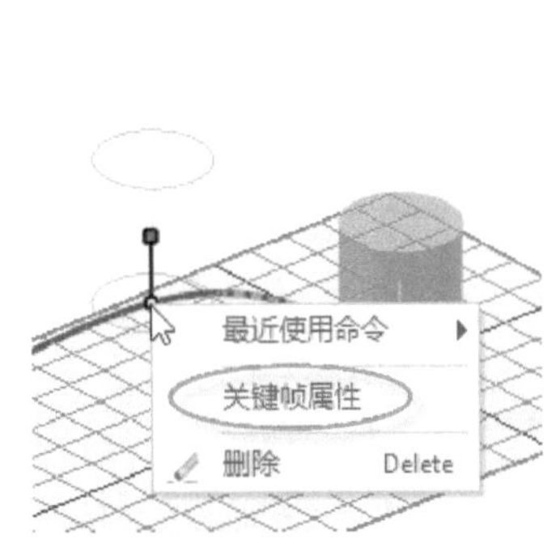

图 11-28 右击关键帧并使用快捷菜单

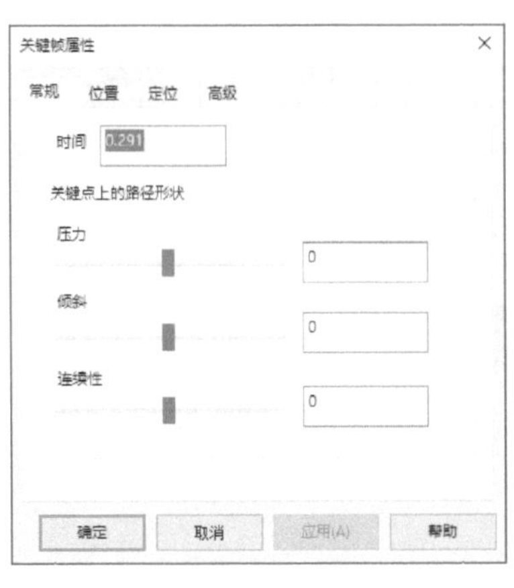

图 11-29 “关键帧属性”对话框

1）“常规”选项卡：该选项卡用来定义动画零件将在哪个时间点达到关键帧，以及定义关键点上的路径形状。其中，在“时间”文本框中输入 1 和 0 之间的数值，用于确定动画零件将在哪个时间点达到关键帧（每个动画从相对时间 0 开始并在相对时间 1 结束）。编辑“压力”值，可以放松或缩紧关键帧处的弯曲；编辑“倾斜”值，可以使弯曲路径的顶点向关键帧的某一侧倾斜；编辑“连续性”值，将更改关键帧两侧上的路径的弯曲。

2）“位置”选项卡：该选项卡如图 11-30 所示，使用该选项卡中的选项可以指定零件在关键帧处位置参数和旋转参数。

3）“定位”选项卡：该选项卡如图 11-31 所示，从中定义零件在关键帧的方位。

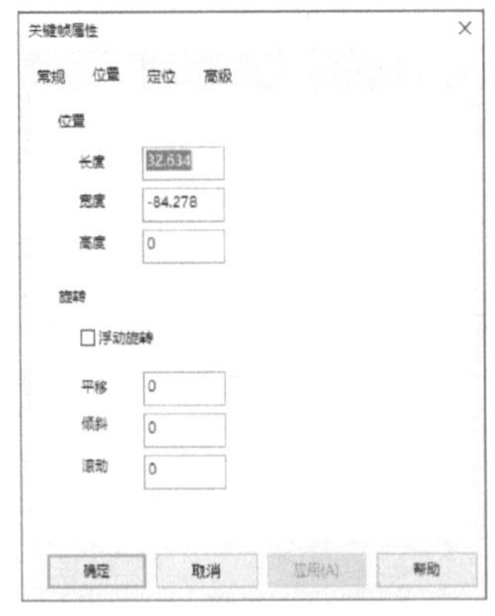

图 11-30 “位置”选项卡

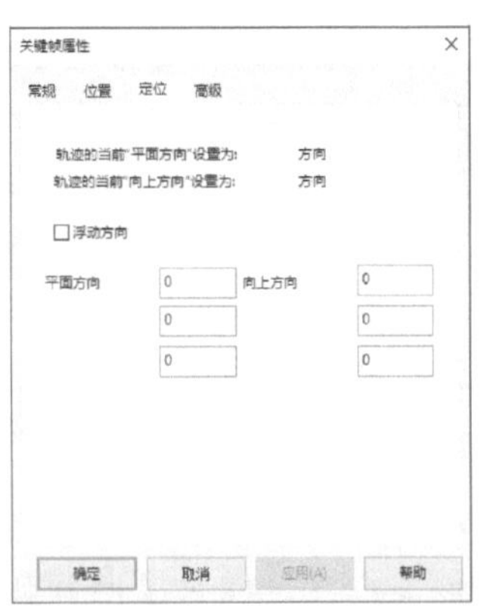

图 11-31 “定位”选项卡

4）“高级”选项卡：该选项卡如图 11-32 所示，主要用于编辑零件的缩放和定义旋转点。例如，在“比例”文本框中可以为零件输入在当前关键帧的缩放值，而“浮动缩放”复选框用于将根据前一个和后一个关键帧的缩放设置自动缩放零件。

11.4.2 动画路径属性表

可以定义动画路径属性，其方法是右击当前动画路径，接着从弹出来的快捷菜单中选择“动画路径属性”命令（见图 11-33），系统弹出“动画路径属性”对话框。该对话框具有“常规”选项卡和“时间效果”选项卡。

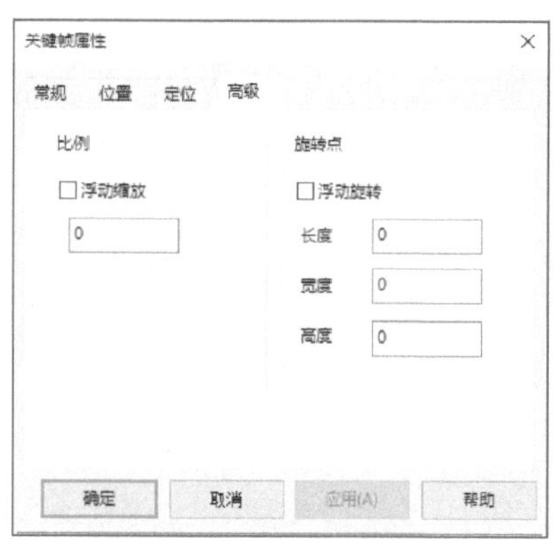

图 11-32 “高级”选项卡

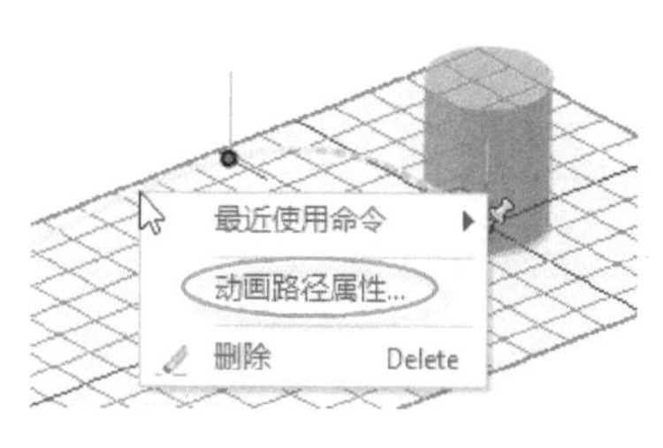

图 11-33 选择“动画路径属性”命令

- “动画路径属性”对话框的“常规”选项卡如图 11-34 所示，其中显示了应用于路径的智能动画的默认名称，以及显示了所选择的路径的关键帧数，并可以设置是否将动画路径指定为封闭路径，设定插值类型和定义零件在沿动画路径移动时的方位等。
- “动画路径属性”对话框的“时间效果”选项卡如图 11-35 所示，从中可设置零件与时间相关的运动。

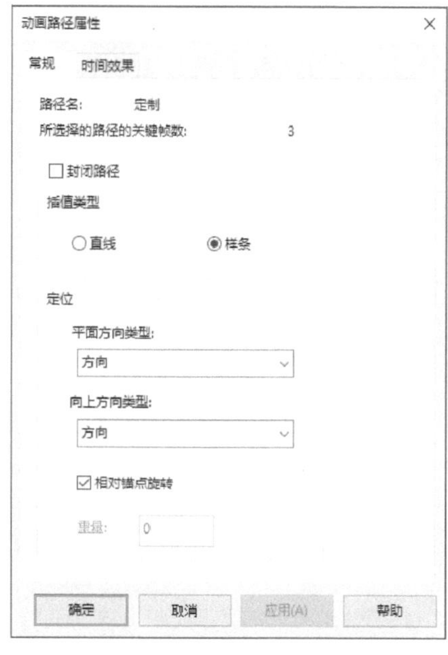

图 11-34 “常规”选项卡

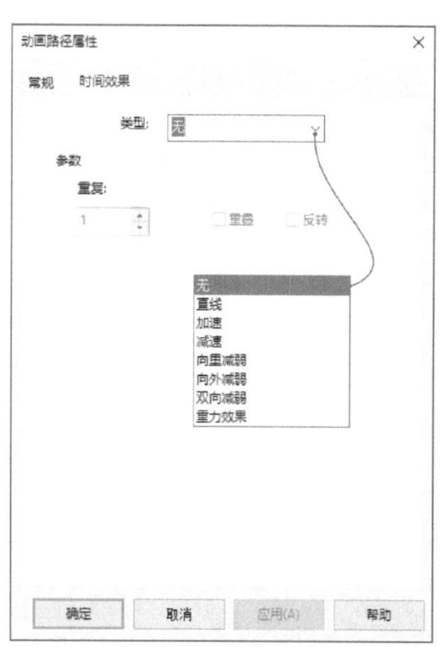

图 11-35 “时间效果”选项卡

11.4.3 片断属性表

打开“智能动画编辑器”对话框后，可以展开动画片断，接着右击所需的某动画动作片断，如图 11-36 所示，接着在弹出的快捷菜单中选择“属性”命令，打开图 11-37 所示的“片段属性”对话框。

图 11-36 右击动作片断

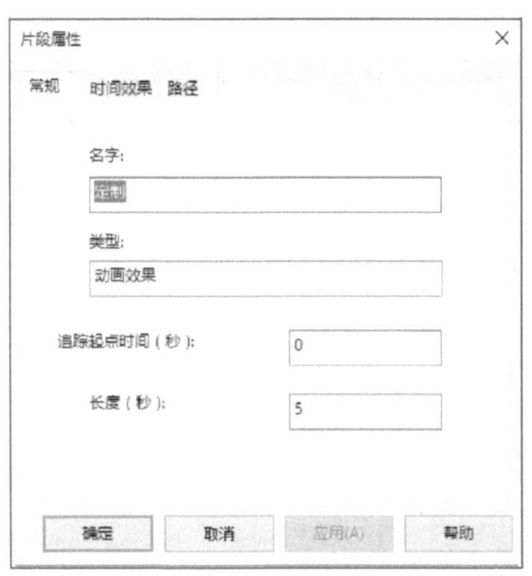

图 11-37 “片段属性”对话框

在“常规”选项卡中设置动画片断名称，并设置追踪起点时间（秒）和长度（秒），从而定义了动画持续时间。

对于定制动画而言，可以切换到“时间效果”选项卡，如图 11-38 所示，从中指定运动类型（可供选择的运动类型选项有“无”“直线”“加速”“减速”“向里减弱”“向外减弱”“双向减弱”和“重力效果”），并根据情况设置重复次数、强度、重叠和反向参数。

切换至“路径”选项卡，如图 11-39 所示，可以定义动画路径的相关参数，包括关键点参数、路径参数、插入关键点和删除关键点等。

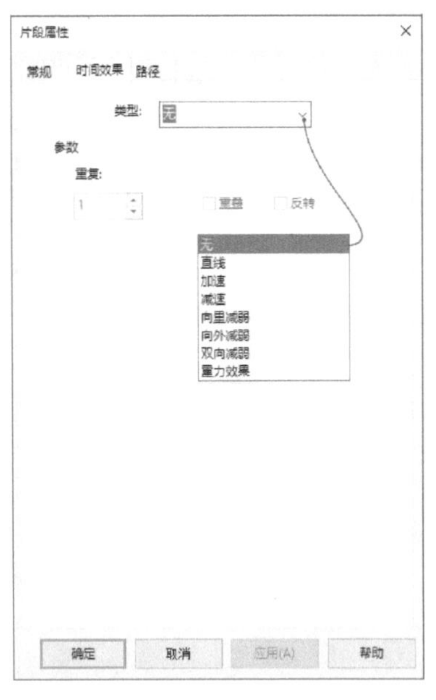

图 11-38 “时间效果”选项卡

图 11-39 “路径”选项卡

11.5 添加/编辑属性动画

本节介绍添加/编辑属性动画的一种典型应用，如可以在动画对象上添加关于颜色、透明度、光照强度的动画效果。

为装配/零件/特征添加/编辑属性动画的典型方法步骤如下。

1）选择要操作的对象，例如选择零件。

2）在功能区“显示”选项卡的“动画”面板中单击“添加新路径”旁的小三角按钮，接着单击“添加/编辑属性动画”按钮，系统弹出“智能动画编辑器”对话框，。

3）在“智能动画编辑器”对话框中，选择动画片段并右击，如图11-40所示，选择“添加”命令，系统弹出图11-41所示的“模型效果属性”对话框。

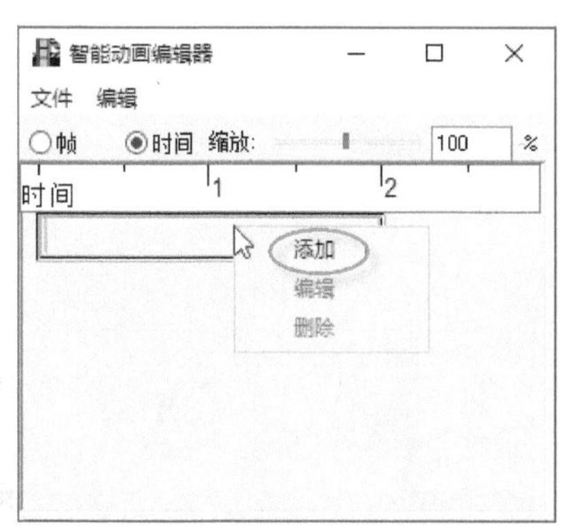

图11-40 右击选定的动画片段并选择“添加”命令

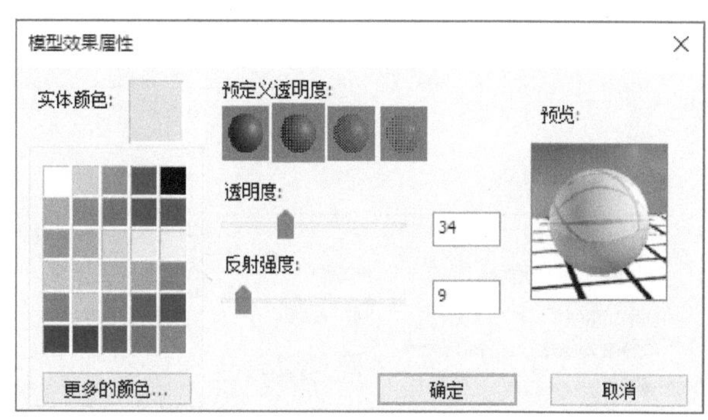

图11-41 “模型效果属性”对话框

4）在“模型效果属性”对话框中设置动画中拟实现的显示效果，如颜色、透明度、反射强度等，然后单击“确定”按钮。

5）可以在“智能动画编辑器”对话框的动画片段上，通过鼠标拖放的方式调整已添加的属性动画在动画片段上的播放时点，此时不妨播放动画，观察在播放过程中零件显示状态的变化情况。

11.6 输出动画文件

动画设计完成后，可以进行输出动画文件操作。可以输出的动画文件格式比较多。下面以输出AVI格式的动画文件为例进行说明。

1）在功能区“显示”选项卡的“动画”面板中单击“输出动画”按钮，系统弹出“输出动画”对话框。

2）在“输出动画”对话框中指定要保存到的目录地址，接着从“保存类型”下拉列表框中选择所需要的保存类型，在这里选择“AVI（*.avi）”，如图11-42所示，然后在“文件名”文本框中输入新文件名。

3）在“输出动画”对话框中单击“保存”按钮，系统弹出图11-43所示的“动画帧尺寸”对话框。利用该对话框指定动画帧的尺寸规格、分辨率等选项及参数，并可以根据需要在“渲染品质”选项组中选择所需的渲染类型等。

若单击“选项”按钮，则打开图 11-44 所示的“视频压缩”对话框，从中选定压缩程序，定义压缩质量、颜色配置等选项。在这里以选择“全帧（非压缩的）”为例，然后单击“视频压缩”对话框中的“确定”按钮。

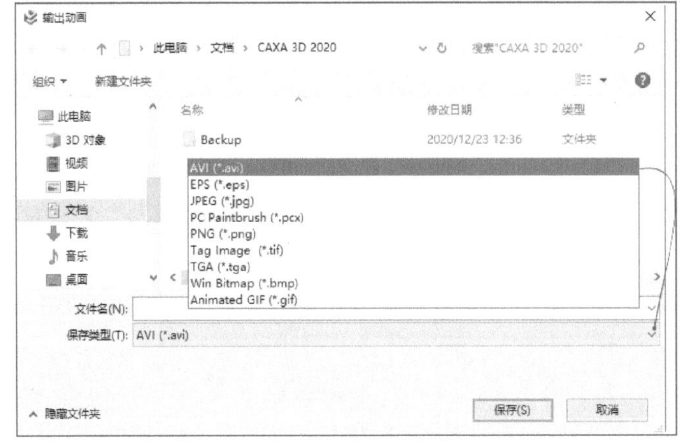

图 11-42 “输出动画”对话框

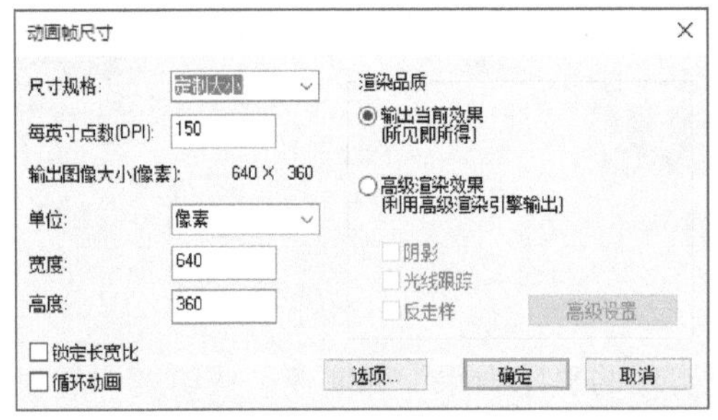

图 11-43 “动画帧尺寸”对话框

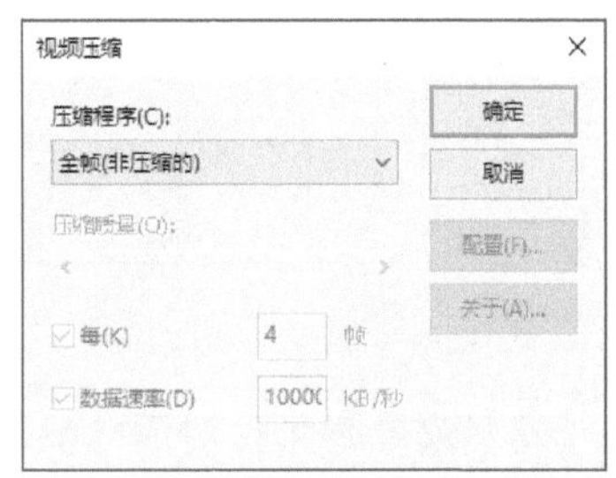

图 11-44 “视频压缩”对话框

4）在“动画帧尺寸”对话框中单击“确定”按钮，系统弹出图 11-45 所示的“输出动画”对话框，单击“开始”按钮，开始输出动画文件直到完成操作。

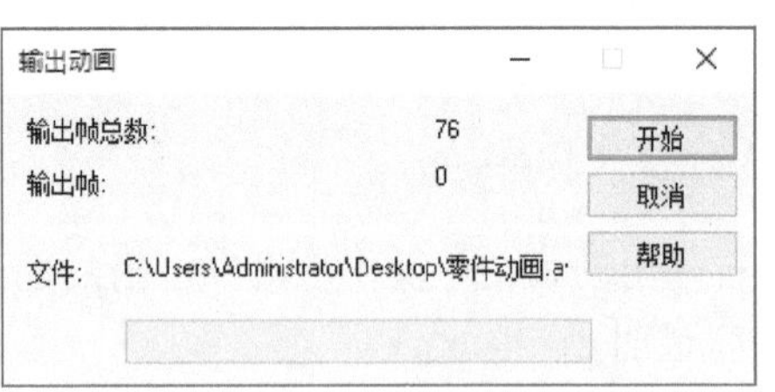

图 11-45 “输出动画”对话框

11.7 机构仿真动画设计

在 CAXA 3D 实体设计中可以进行机构仿真动画设计。这需要在功能区“工具”选项卡的“检查”面板中单击“机构仿真模式”按钮，打开“机构”命令“属性”管理栏，从中设置机构仿真模式相关选项，如图 11-46 所示。在机构仿真模式下，可以在主动件和从动件之间添加相关约束，并给主动件添加一个动画，这样便可以模拟整个机构的运动。

进行运动仿真的典型机构主要包括连杆机构、滑杆机构、齿轮连接结构、槽连接结构等。下面介绍一个简单些的机构仿真动画设计范例。

1）在“快速启动”工具栏中单击“打开”按钮，打开位于配套资料包的CH11文件夹中的“制作连杆机构仿真动画.ics”文件。文件中已经建立好4连杆结构，如图11-47所示。

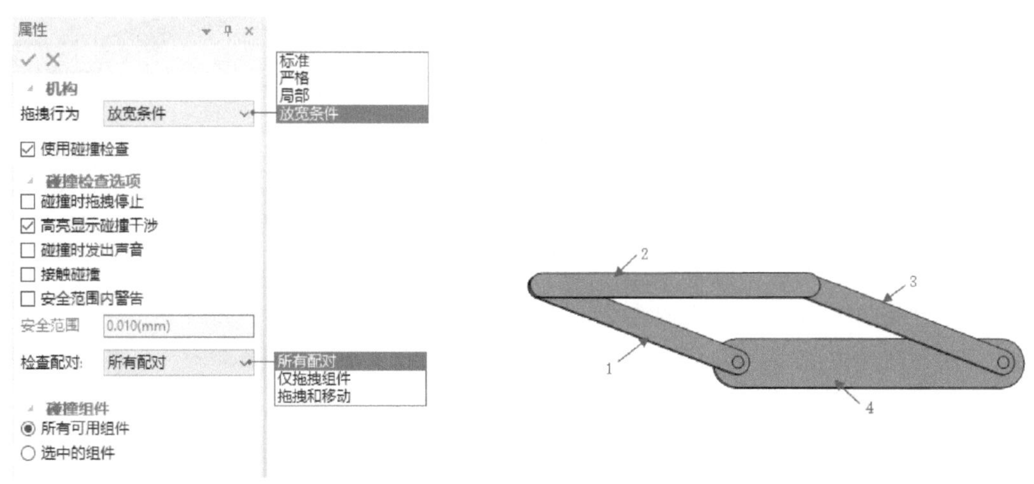

图11-46 “机构”命令“属性”管理栏

图11-47 已经建立好的连杆

在文件中已经为4个零件建立好定位约束条件来完成装配。在该连杆结构中，杆1作为主动轴，其自身不存在约束，只需为其定义旋转动画；杆2和杆3为从动杆，杆2、杆3、零件4均建立了各自所需的“同轴”约束，杆3和零件4也建立了各自所需的“平行”约束。具体零件的约束关系，读者可以查看文件中的设计树来了解。

2）在功能区中打开“工具”选项卡，单击“检查”面板中的“机构仿真模式”按钮，打开“机构”命令“属性”管理栏，从中设置图11-48所示的选项，单击“确定”按钮。

3）将选择过滤器选项设置为“零件”，在设计环境中单击杆1以在零件状态下选中它，如图11-49所示。注意，杆1的定位锚位于杆1与零件4连接的轴线上。如果杆1的定位锚不对，那么需要使用三维球工具来定位该定位锚。

图11-48 设置机构选项

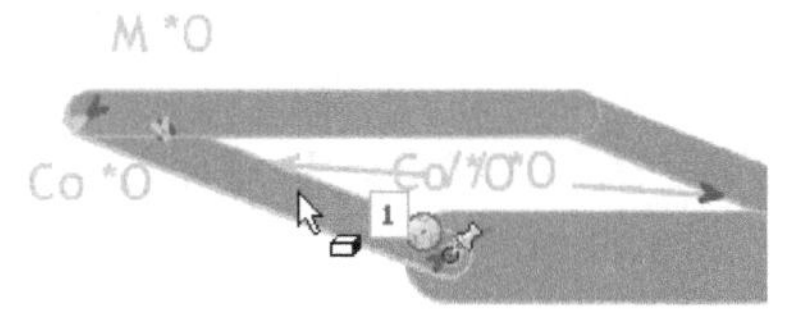

图11-49 在零件状态下选择零件

4）打开功能区“显示”选项卡，接着从“动画”面板中单击“添加新路径”按钮，打开“新建动画路径”命令“属性”管理栏，从“运动类型”选项组中选择“旋转”单选按钮，从“参数”选项组的“旋转轴”下拉列表框中选择“高度轴”选项，旋转角度设为“360”，如图 11-50 所示，然后单击“确定”按钮✓。

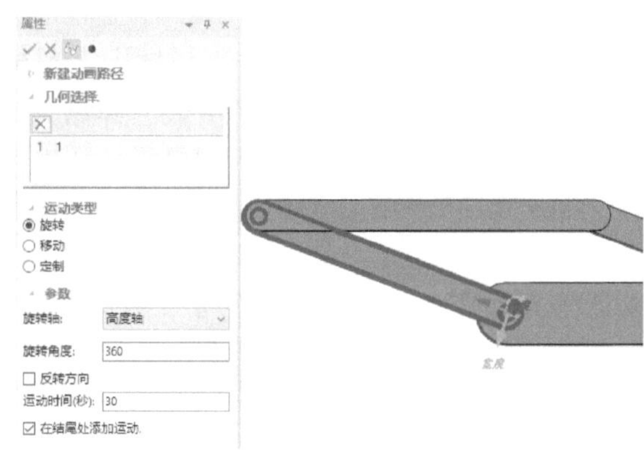

图 11-50　设置动画命令的运动类型及其参数

5）在功能区“显示”选项卡的“动画”面板中单击“打开”按钮●，激活动画播放条。

6）在功能区“显示”选项卡的“动画”面板中单击“播放”按钮▶，此时在设计环境中可以看到该机构仿真的动画效果，图 11-51 给出了该动画播放过程中的 3 个不同旋转时点的截图。

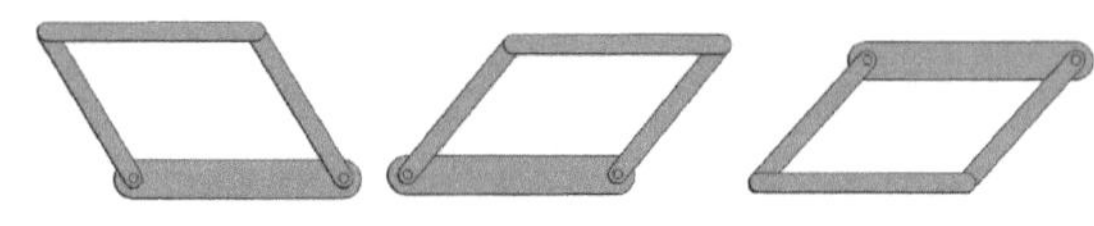

图 11-51　机构仿真的动画效果截图

7）动画播放结束后，在“动画”面板中单击“打开”按钮●，退出动画状态。

8）在“机构”命令管理栏中“确定”按钮✓。

11.8 思考与小试牛刀

1）定位锚在动画设计中左右有哪些？如何调整零件模型的定位锚？

2）如何使用智能动画向导创建自定义动画？

3）使用智能动画编辑器可以进行哪些工作？

4）如何定义关键帧属性和动画路径属性？

5）以输出 AVI 格式的动画文件为例，介绍在 CAXA 3D 实体设计 2020 中如何进行输出动画文件的操作。

6）上机练习：参照本章的机构仿真动画设计范例，执行在一个新的设计环境中创建好一个连杆机构，并建立相应的约束条件，最后进行机构仿真动画设计，输出动画文件。

7）上机练习：设计环境中的三维文字并不是实际意义上的实体特征，而是其形状为三维立体形式的，要在设计环境中生成三维文字，主要有两种方法：一种是使用“文字向导”，另一种则是利用设计元素库往设计环境添加三维文字。在这里使用“文字向导”，即在功能区“工程标注”选项卡中单击“文字”按钮*A*，在设计环境中添加图 11-52 所示的三维文字，然后从“动画”设计元素库中分别将“自旋入”和“自旋出”动画元素拖放至三维文件，再打开智能动画编辑器，将“自旋出”动画动作放在“自旋入”之后，完成播放次序后播放观看效果。还可以尝试其他动画效果，如设置颜色渐变的动画效果。

图 11-52　在设计环境中添加三维文字